南岭地理环境与生物多样性研究

李定强 周 平 主编

科学出版社

北京

内 容 简 介

本书从南岭山地的地质地貌、水文、土壤、植物多样性、动物多样性、微生物多样性等方面向读者展现了南岭的地理环境和生物多样性最新进展，同时也探索了第四纪冰川对南岭植物多样性和动物多样性的影响、气候变化对生态系统的影响，并评估了位于广东的南岭山地森林生态系统生态服务功能。书中的成果可以为南岭山地生态系统和生物多样性保护提供科学依据，为南岭山地以及类似森林生态系统的科学管理提供技术支撑。

本书可供林业、森林旅游、生物多样性、自然资源、自然地理、生态环境、生态工程等相关学科的学生、科技工作者、环境保护工作者、科普志愿人员，以及自然保护地相关管理与生产部门的工作人员参考使用。

审图号：GS京〔2023〕2423号

图书在版编目（CIP）数据

南岭地理环境与生物多样性研究 / 李定强，周平主编 . —北京：科学出版社，2024.3
ISBN 978-7-03-074730-3

Ⅰ . ①南… Ⅱ . ①李… ②周… Ⅲ . ①南岭－地理环境－研究 ②南岭－生物多样性－研究 Ⅳ . ① X21 ② Q16

中国国家版本馆 CIP 数据核字（2023）第 020527 号

责任编辑：石 珺 赵 晶 / 责任校对：严 娜
责任印制：徐晓晨 / 封面设计：无极书装

科学出版社 出版
北京东黄城根北街 16 号
邮政编码：100717
http://www.sciencep.com
固安县铭成印刷有限公司印刷
科学出版社发行 各地新华书店经销

*

2024 年 3 月第 一 版 开本：787×1092 1/16
2024 年 3 月第一次印刷 印张：29 1/2
字数：694 000

定价：368.00 元

（如有印装质量问题，我社负责调换）

自然生态系统和生物多样性是人类赖以生存和发展的基础。保护生物多样性及其生态环境有助于促进社会经济的可持续发展。研究自然生态系统变化及地带性分布规律，探索植物、动物和微生物的特征及其共存机制，是保持生态系统稳定性和可持续性的重要内容。

南岭是我国生态安全屏障中南方低山丘陵带的重要组成部分，作为珠江水系和长江水系中东江、北江、赣江、湘江等河流水源补给和源头区，为中下游城市提供了丰富的生态供给服务产品以及调节服务和文化服务产品。特别是作为粤港澳大湾区重要的生态屏障，其优良的山水资源禀赋在该区域的社会经济发展、城市群建设和生态安全保障等方面均发挥了重要作用。广东南岭森林生态系统的山地森林及生物多样性生态功能区是国家25个重点生态功能区之一，也是具有国际意义的生物多样性热点区域，《世界自然资源保护大纲》[世界自然保护联盟（IUCN）—联合国开发计划署（UNDP）—世界自然基金会（WWF），1980年]把南岭自然保护区所处地带列为优先建立保护区的陆生生物地理区域。从生态地理区划的角度看，赵松乔先生在《中国自然地理区划》中将其划为"岭南丘陵常绿阔叶林区"；我们在《中国生态区划方案》中将其划为"岭南山地常绿阔叶林生态区"，该区域是具有代表性的生态地理单元，开展自然地理环境和生物多样性研究工作意义重大。

2003年由著名昆虫学家庞雄飞院士主编的《广东南岭国家级自然保护区生物多样性研究》以丰富的材料论证了当地生物群落的起源，以及第四纪冰川期间作为动植物"避难所"，在间冰期向外扩散对南岭以北广大地区生物群落的影响，是我国最早的系统论述南岭生物多样性的著作。

时隔20年，《南岭地理环境与生物多样性研究》一书除了深入研究南岭植物生物多样性及其与生产力的关系、动物多样性格局及其受威胁因素、微生物多样性和微生物新种资源、第四纪冰期旋回对南岭动物和孑遗植物的影响外，还从自然地理的视角探索了南岭的地质地貌、水文水资源、土壤，以及气候变化和生态系统响应。其中，主要包括从全球同纬度对比的视角分析了南岭有别于同纬度沙漠和荒漠区域的地理特征，分析了该纬度带上南岭亚热带常绿阔叶林面临的危机和挑战；基于南岭国家森林生态系统观测研究站长期观测数据，首次总结出南岭山地12种不同类型的降水及其所占比例；在研究南岭降水和径流的时空特征的基础上，阐释了气候和下垫面植被变化对水资源影响的贡献；评估了广东南岭森林生态系统服务价值，提出了南岭生态保护和绿色发展的建议。

该书的特色在于从地质地貌、水文水资源、土壤、气候变化和生态系统响应多方面向读者展现了南岭的地理环境和生物多样性最新研究进展。这些成果既有生态监测的瞬时视角，也有基于地质记录的万年视角；既有区域的空间格局分析，也有基因层面的机理探索；研究结果具有科学性和应用性。

"万物各得其和以生，各得其养以成"，认识大自然的规律有助于理解万物生长和繁荣的本质，促进树立尊重自然、顺应自然、保护自然的生态文明理念。该书的出版提供了一个多学科综合观察和研究南岭大自然规律的窗口，有利于读者加深对南岭地理环境和生物多样性的认识，促进人与自然和谐共生。

傅伯杰

中国科学院院士

2023 年 2 月

前　言
FOREWORD

　　南岭山地由于古老的地质起源、复杂的地形和充足的水热条件，形成了高度多样化的地质地貌、土壤、水文、大气特征，孕育了丰富的植物、动物和微生物。南岭以其独特的"地质地貌"、丰富的"生物多样性"、和谐的"自然生态"与深厚的"历史人文"彰显着蓬勃的生命力。生物多样性是人类赖以生存和发展的基础，国际上联合国设有专门机构在全球履行《生物多样性保护公约》。南岭不仅生物多样性丰富、是具有重要国际意义和国内生物多样性的热点地区，而且还是古老孑遗种的中心发源地之一。在该区域进行地理环境和生物多样性研究意义重大。在科技部"森林生态系统状况本底调查和联网生态水文数据集成研究"、广东省科技厅"南岭国家级自然保护区生物多样性科学考察""南岭森林生态系统野外科学观测站"、广东省科学院"南岭森林生态系统监测与研究"、广东南岭森林生态系统国家野外科学观测研究站建设、岭南生物多样性维持机制和区域生物安全创新研究、广东省林业局"南岭国家公园生态系统与生物多样性监测（二期）"等项目的支持下，本书探索了南岭地理环境和生物多样性表现出的现象和规律。

　　本书紧紧围绕南岭地理环境和生物多样性展开，在广东南岭森林生态系统国家野外科学观测研究站系统观测的基础上，结合南岭地理环境和生物多样性方面的研究，阐述了南岭地质地貌、土壤、水文和大气多年监测与研究的阶段性成果，以及南岭植物、动物和微生物多样性及其变化规律，并分析了气候变化对生态系统的影响，同时对南岭森林生态系统的碳汇功能、水源涵养功能等进行了测算和评估。本书旨在更加深入地认识南岭地理环境和生物多样性规律，以及气候变化和第四纪冰期对南岭动植物多样性的影响。书中的研究成果可以为南岭山地生态系统和生物多样性保护提供科学依据，也可以为南岭山地乃至全国森林生态系统的科学经营和管理提供技术支撑。

　　全书共10章，其中第1章是绪论，阐述了何为南岭、南岭的多学科综合研究价值和南岭同纬度带气候特征差异及其影响因素；第2章介绍了南岭地质背景与地貌发育，包括南岭地质背景及矿产资源和南岭地貌初步研究；第3章详细阐述了南岭水文水资源系统，包括南岭山地降水的时空变化特征分析、南岭同纬度区域降水未来预测、南岭山地径流时空分布特征，以及气候变化和下垫面改变对水资源的影响；第4章介绍了南岭土壤理化性质与水土流失特征，主要包括南岭土壤理化性质特征、南岭山地土壤有机碳及组分海拔梯度变化特征、土壤侵蚀敏感性研究、南岭水土流失特征；第5章详细阐述了南岭植物多样性，包括南岭植被类型与分布、南岭植物种类组成与丰富度、南岭植物α多样性分析、南岭植物β多样性分析、南岭植物多样性与生产力关系研究、南岭植物发展史；第6章介绍了南岭动物多样性，包括南岭陆生脊椎动物物种多样性、南岭昆虫多样性概述、车八岭国家级自然保护区哺乳动物多样性格局及威胁因素、广东南岭保护区鸟类多样性监测、华南虎分布与保护研究；第7章是南岭微生物多样性，包括南岭土壤细菌多样性、南岭土壤真菌多样性分析、南岭大型真菌物种多样性、南岭大型真菌资源分析、南岭大型真菌新种；第8章为气候变化与生态系统响应，包括南岭气候特征、粤北1991～2020年气候平均值的变化及其影响分析、基于立体气候观测的粤北山区热量资源特征、粤北植被NPP时空分布特征及其对降水和气温的响应、华南五针松的径向生长对气候变化的响应、粤北地区木本植物春季物候特征及其对气温的响应、华南五针松形成层物候研究、第四纪冰期旋回对南岭鸟类分布影响研究、南岭孑遗植物在第四纪冰期的分布和未来迁移趋势研究；第9章评估了南岭森林生态系统生态服务功能，阐述了森林生态系统服务价值量评价方法、评价的公共数据来源、南岭山地全民所有森林生态系统服务评估结果、南岭山地各地区森林生态系统服务功能差异；第10章为南岭生态保护和绿色发展建议。

本书在撰写过程中，得到了广东省科技厅、广东省科学院、广东省林业局、广东省科学院广州地理研究所、广东省科学院微生物研究所、广东省科学院动物研究所、广东省科学院生态环境与土壤研究所、中山大学、广东南岭国家级自然保护区管理局、南岭国家公园筹建工作办公室、广东省气候中心等单位领导和专家的大力支持。广东南岭森林生态系统国家野外科学观测研究站的系统监测和研究为本书的撰写奠定了坚实的基础。感谢南岭国家站的学术委员会主任傅伯杰院士为本书作序。本书的出版离不开各方专家大力支持，在此一并表示衷心感谢。

本书涵盖知识面广、内容多、最新阶段的探索研究成果多，加之编者水平有限，书中难免存在一些疏漏之处，恳请同行专家和广大读者提出宝贵的意见和建议。

编写组

2022年11月

目　录
CONTENTS

第1章

绪　论

南岭是一座丰腴的山岭，它拥抱无数珍贵的动植物于怀中，造就了同纬度沙漠带上最大的"绿洲"。南岭是一座神奇的山岭，它经历了沧海桑田的变幻，形成了众多秀丽奇特的地质景观（周平，2018）。南岭山地拥有典型的地质、地貌特征和生物多样性，以及具有人文特色的"南岭走廊"。古老的地质地貌孕育出原生的动植物种群与群落，经过漫长的发展和演化，形成丰富的基因多样性、物种多样性与生态系统多样性。一方面，南岭为古生物学、进化生物学、生物群落学、生态系统生态学、自然地理学等学科提供了广阔且具有全球代表性的研究对象；另一方面，南岭山地在全球气候变化和人类活动干扰下，如何实现自然生态系统的结构和功能健康、人文生态系统的可持续发展，需要地理学、生态学、社会学、经济学等跨学科和多学科的综合研究支撑。20世纪20年代，南岭山地由于丹霞地层被发现首次走进国际视野，之后的90多年来，在南岭山地开展的研究主要包括地质构造、花岗岩成矿、丹霞地貌、气候变化、生物多样性、植物区系、大型真菌、鸟类监测、兽类监测、蝴蝶监测、常绿阔叶林、"南岭走廊"、自然保护区、景观格局、生态旅游等方面。通过梳理南岭山地的研究，可以发现，南岭不仅对于研究地球科学的自然地理学、人文地理学，生命科学的生物多样性、生物区系和生态系统生态学等具有重要意义，而且对于交叉学科和多学科综合研究也极具研究前景，该区域可以作为具有高潜在价值综合研究的基地。

1.1 何为南岭?

南岭是中国南方最大的横向构造带山脉，为长江流域和珠江流域的分水岭，位于我国广东、广西、湖南、江西、福建5省（自治区）的交界处。南岭有地球同纬度带上保存最完整的亚热带常绿阔叶林，是我国南方最重要的生态屏障带，也是中国十大生物多样性热点地区之一（Tang et al.，2006）。南岭是一块古陆，该区域的生物群落与陆生生物的进化和发展同步形成，经历了近亿年的长期地质演替。近年来，不断发现泥盆纪以来的植物化石和大量中生代白垩纪以来的脊椎动物化石，南岭还保留着大量孑遗植物，留下了珍贵的历史印记。结合东亚地理和气候的变迁，可以认为南岭在生物进化史中具有特殊的地位和作用。南岭的原生林，是植物群落长期进化发展的产物，是南岭以北及南岭以南东亚温带及亚热带植物的发源地和核心地带（庞雄飞，1993），是珍贵的历史遗产，保护好南岭的生态环境，关系到珠江流域北江支流的水源涵养和气候稳定性。因此，保护好南岭生态环境具有深远而现实的重要意义，有必要加强保护和进行进一步深入研究。

1.1.1 地质变迁

地质学家李四光（1942）在《南岭何在》一文中首次阐释了南岭的地质构造。南岭山地原本是露出南海的一块古陆（于津海等，2006），而周围一带都是汪洋大海。在漫长的地质时期，该古陆在晚元古代（8.5亿～6亿年前）初步固结，直到早白垩世（1.37亿～0.65亿年前）形成古南岭。这块古陆经历了在特提斯海的东面漂移、中生代地质时期的北向漂移、加里东运动、印支运动、燕山运动、喜马拉雅运动等多阶段地质活动。正是因为纬向构造、经向构造、粤北"山"形构造及新华夏系等这些地质构造互相穿插、彼此干扰，才最终塑造了南岭山地非常复杂的地质地貌特征。其基底由加里东运动形成，山脉由燕山运动的穹窿构造和背斜构造形成，核心为花岗岩体，上覆盖层多为泥盆纪硬砂岩和石炭纪灰岩（舒良树等，2006）。南岭典型的地貌为花岗岩地貌、喀斯特地貌和红层地貌。花岗岩群及其紧邻的沉积盆地是一个地质演化历史复杂，稀有金属、有色金属矿产和铀矿产资源最为富集的地区，是开展系统的成岩成矿年代学、矿物岩石（矿石）学及地球化学研究的理想场地，历来为中国地质学界所重视（陈文迪等，2016；范飞鹏等，2017；钟福军等，2017）。另外，国际命名的"丹霞地貌"首次在该区域的红层中被发现（冯景兰和朱翔声，1928）；由于中国有关丹霞地貌的研究走在世界前列，南岭丹霞地貌具有很强的典型性。2011年，国际地貌学家协会（IAG）提出以中国的研究为基础，启动全球丹霞地貌研究工作（彭华等，2013）。

南岭所在的大东山花岗岩体及周围地域，其大地构造分区属粤北拗陷，是在加里东褶皱基底上发育起来的泥盆纪至中三叠世的拗陷，故古生代沉积层，特别是晚古生代沉积层相当发育。因此，其他地质发展历史要追溯到加里东运动前的早古生代，其发展演变历史可分成四个阶段，分别是早古生代阶段、晚古生代至中三叠世阶段、晚三叠世至白垩纪阶段和新生代阶段。出露岩石主要为燕山大东山花岗岩，周缘出露不同时代地层的岩石，其中以晚古生代地层最多。出露的最古老的地层包括寒武系的八村群，其他如泥盆系、石炭系、二叠系、燕山一期形成的花岗岩、燕山三期形成的花岗岩等岩石和地层构成南岭山地地质地层的重要部分（庞雄飞，2003）。

1.1.2 南岭地理生态区

《中国自然地理》编委会所著的《中国自然地理总论》中描述，狭义的南岭包括越城岭、都庞岭、萌渚岭、骑田岭和大庾岭，俗称五岭，按照地理区域的概念，其包括东起武夷山南端，西迄大南山及其西侧融江河谷的广阔地区。广义的南岭范围除五岭外，还包括桂林海洋山、永州九嶷山、郴州香花岭、清远市北部的起微山和大东山、韶关北部的大瑶山和蔚岭、韶关东北部跨赣州南部全南县的青云山脉（主峰在两省边界上）和龙南市的九连山（主峰靠近省界），赣州东南部的三百山（跨三省交点）等众多山脉。

南岭山地西起广西壮族自治区西北部，经湖南省南部、江西省南部至广东省北部（表1.1），主要由越城岭、都庞岭、萌渚岭、骑田岭和大庾岭5条山岭组成。南岭山脉是我国南部最大的山脉，是南亚热带和中亚热带的分界线、珠江流域和长江流域的分水岭。越城岭、都庞岭和萌渚岭的山体呈东北—西南走向，骑田岭为块状山，大庾岭呈正东西走向。区内山峰海拔多在1000m左右，少数花岗岩构成的山峰海拔在1500m以上。山岭间夹有低谷盆地，西部盆地多由石灰岩组成，形成喀斯特地貌，东部盆地多由红色砂砾岩组成，经风化侵蚀形成丹霞地貌。

表1.1　南岭山地范围表

省（自治区）	县（市、区）
广东省	韶关市（乳源瑶族自治县、乐昌市、新丰县、仁化县、翁源县、始兴县、南雄市）、清远市（连南瑶族自治县、连山壮族瑶族自治县、阳山县、连州市、英德市）、河源市（和平县、连平县、龙川县）、梅州市（兴宁市、蕉岭县、平远县）、肇庆市（怀集县、广宁县）
广西壮族自治区	贺州市（富川瑶族自治县、钟山县）、桂林市（恭城瑶族自治县、平乐县、资源县、龙胜各族自治县、灌阳县、永福县、兴安县、全州县、灵川县）
湖南省	怀化市（通道侗族自治县）、永州市（江华瑶族自治县、新田县、蓝山县、宁远县、江永县、道县、双牌县、东安县）、郴州市（资兴县、桂东县、汝城县、临武县、嘉禾县、永兴县、宜章县、桂阳县）
江西省	赣州市（寻乌县、会昌县、于都县、全南县、定南县、龙南县、安远县、崇义县、上犹县、大余县）
福建省	龙岩市（武平县）

　　从生态地理区划的角度看，根据赵松乔先生在《中国自然地理区域》和傅伯杰先生在《中国生态区划方案》中的描述，该区域属于"南岭山地丘陵常绿阔叶林生态区"（傅伯杰等，2001）。该区域属亚热带季风气候，区内降水丰富，年降水量达1500～2000mm，降水季节分配较均匀。由于山岭对南北气流的阻挡，南北坡水热条件有差异，岭北常见霜雪，岭南则少有霜雪，此外岭南降水比岭北多。该区域属长江水系和珠江水系，是长江水系一级支流湘江和赣江，珠江水系干流北江、西江和东江等众多河流的源头区。区内地带性土壤为红壤，海拔700m以上有黄壤分布，山顶局部有草甸土发育。地带性植被为亚热带常绿阔叶林。自然植被垂直分布明显，海拔800m以下为亚热带常绿阔叶林，主要树种有樟、丝栗栲、苦槠栲、甜槠栲、钩栲、青冈栎等；800～1300m为落叶阔叶林，主要树种有香桦、漆树、红果槭、香枫、山毛榉、鹅耳枥等；1300～1600m为针阔混合林，主要树种有广东松、福建柏、长苞铁杉、铁杉、三尖杉和罗汉松等；1600～2100m的山顶多为矮林，局部有草甸分布。其人工林以杉木和马尾松为主，是中国南方用材林基地之一。

1.1.3　南岭山地屏障带

　　南岭的自然地理特征还表现在其作为地域分界线和生态屏障带的功能作用上，北挡寒潮南下，南隔暖湿气流北上，使得南岭南北两侧降水和气温的差异较大，成为研

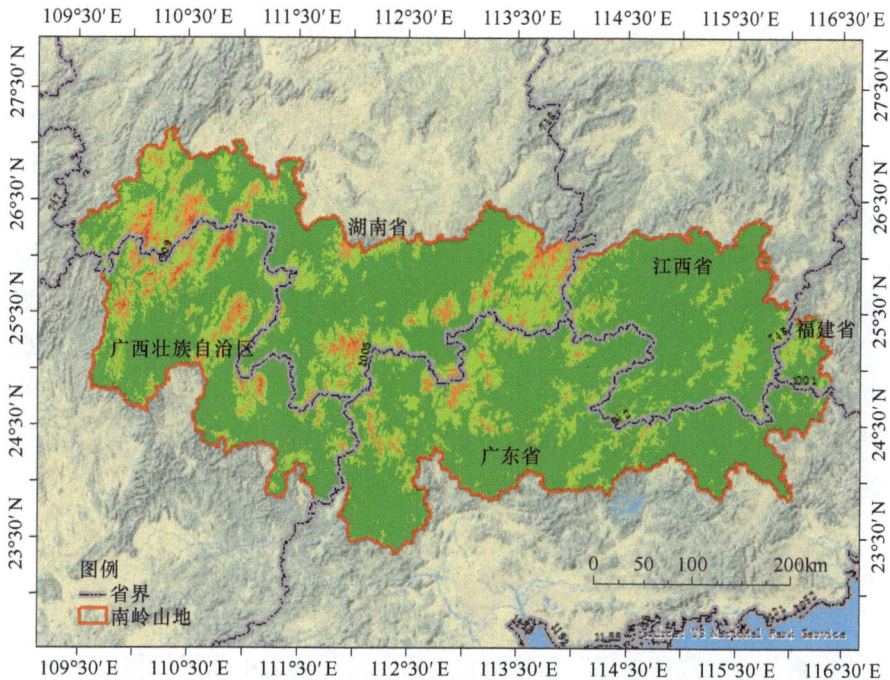

图1.1 南岭山地屏障带分布图

究全球气候变化和山地生态系统响应较好的区域。但其地域界线意义大大区别于秦岭等南北走向的山脉，由于其山体多呈南北或东北—西南走向，山地中脊不明显，两侧岭谷相间排列，浸入山谷的河流呈放射状汇入珠江和长江水系（王永安，1989）。南滨大洋的地理位置条件带来的良好山地水热条件与复杂的地形使这里成为中国江西、广东、湖南和广西四省（自治区）水源涵养型重点生态功能区、亚热带常绿阔叶林集中分布区和生物多样性保护保存重点区域（陈灵芝，1993；庞雄飞，1993；Tang et al.，2006；李恒凯等，2017）。该区域是开展构造带发育、花岗岩成矿机制等地质研究及丹霞地貌研究的绝佳胜地，也是研究地球下垫面自然地理诸多要素，如气候、水文、地质地貌、植被等的理想场所。

南岭山地屏障带（23°37′N～27°14′N，109°43′E～116°41′E）位于粤、桂、湘、赣、闽五省（自治区）交界处，东西跨度约700km，南北跨度约400km（图1.1）。其行政区域包括广东、广西、湖南、江西和福建5省（自治区）12市59县，总面积165234km²，总人口3280.4万人（周平，2018）。

1.2 南岭的多学科综合研究价值

20世纪60年代始，大量的恐龙化石和恐龙蛋化石在南岭的南雄市油山杨梅坑红层中陆续被发现，再现了南岭6700万年前白垩纪的恐龙世界（杨钟健，1965）。南雄盆地具有全球白垩纪—古近纪过渡时期陆相地球化学环境变化、恐龙灭绝和哺乳动物复苏的最完整记录（赵资奎等，2017）。20世纪80年代，中国科学院国家计划委员会自然资源综合考察委员会历时5年首次将南岭山地作为一个整体进行了全面而综合的科学考察，取得了南岭地质、地貌、土壤、植被、社会经济等第一手宝贵资料。南岭还有1981年被列入《濒危野生动植物种国际贸易公约》（CITES）附录Ⅰ保护名单中的中国特有虎亚种华南虎（*Panthera tigris amoyensis*）（韩宗先，2004），有发育于喀斯特地貌的洞深95m的"倒立漏斗"通天箩（徐颂军等，1996），有延绵2km的豹纹石地质奇观，有地球同纬度带上相对丰富的生物多样性，有被誉为全国三个民族走廊之一的"南岭民族走廊"（费孝通，2006）。总体上，南岭对于研究地球科学的自然地理学、人文地理学，生命科学的生物多样性、生物区系、生态系统生态学等均具有重要意义。

1.2.1　南岭走廊

"南岭走廊"与"藏彝走廊"和"西北走廊"被并列为中国民族格局中的三大民族走廊（费孝通，2006）。与后两者不同的是，"南岭走廊"并非是通过连通不同民族而造就的文化遽变（王元林，2006），其中的苗、瑶、畲、壮、侗、水、布依、仫佬、毛南等少数民族的迁移、定居、融合和发展模式，浓缩了地理环境对文化的驱动作用，故南岭是研究人文地理的理想区域。南岭山地还保存着许多跨越山岭和沟通南北的古通道、驿站、驿铺、古桥、古亭等，有些古道上至今还保留着古老的青石板和摩崖石刻，成为见证南岭与中原经济文化交融的珍贵历史遗址（唐孝慧和胡泰斌，2016）。多条古道曾经上通"三楚"，下达"百粤"，并经南海通道登船出海，是古代连接海陆丝绸之路的桥梁。然而，汽车时代有些古道逐渐被草丛淹没，古道附近村庄的发展相对滞后，但保留了古朴的文化遗存和山清水秀的自然环境。2018年就有政协委员提案"以'中国古驿道'为载体，助力振兴乡村、精准扶贫、提供优质生态产品和提升文化自信"。由此，南岭古驿道如何有效地保护和利用需要人文地理及相关学科提供理论支撑。

1.2.2　生态系统

南岭山地由于古老的地质起源、复杂的地形和优良的水热条件，孕育了高度多样化的生态系统类型。作为南方重要的生态屏障和中亚热带向南亚热带的气候过渡区，南岭山地属于气候敏感区域（段辉良和曹福祥，2012），一定的自然或人为干扰有可能导致当地生态系统发生强烈响应，这样的"压力-敏感-响应"机理有助于更精确地阐释生态系统过程的内部规律，也能更有效地获得生态系统模型参数。生态系统生态学的方法可以定量研究生态系统的输入输出及内部各个组分的库的大小和组分之间通量的大小及敏感性（周国逸，1997；Zhou et al.，2015）。南岭山地复杂的地形地貌、多样的生态系统，以及其气候与水系分界作用为代表生态学发展方向的生态系统生态学和代表水文学发展方向的生态水文学提供了重要的研究对象。在全球变化背景下，通过获取具有代表性的生态系统的库和流数据以驱动生态系统模型，估算南岭山地不同尺度上物质、能量及生态服务价值具有重要意义。定量化南岭山地不同生态系统物质与能量的库与流，将极大地提高生物圈、大气圈、水圈、岩石圈之间物质与能量交换的估测精度，直接服务于碳排放、水资源、生物多样性保护、生态建设等社会需求。

生态系统生态学离不开对生态要素水、土、气、生的长期定位观测和研究，针对生态系统、区域和国家尺度的重大生态问题，综合研究生态系统与环境变化的关系及调控管理的理论和技术，致力于典型生态系统、区域和国家尺度生态系统动态过程和空间格局变化的网络观测，发展和完善基于生态系统网络的观测、实验、研究体系，可以推动生态信息获取、管理和整合分析的理论创新和技术进步（于贵瑞等，2020）。全球或区域尺度多通过构建网络进行监测研究，如国际长期生态系统研究网（International Long-term Ecosystem Research，ILTER），欧洲长期生态系统研究网（Europe's Long-term Ecosystem Research，ELTER），中国生态系统研究网络（CERN），中国国家生态系统观测研究网（CNERN），通量网（FLUXNET），整合的碳观测系统（Integrated Carbon Observation System，ICOS），气溶胶、云和痕量气体研究基础设施网络（the Aerosols，Clouds，and Trace Gases Research Infrastructure Network，ACTRIS）等（Kulmala，2018）。南岭因为区位重要性和中亚热带常绿阔叶林的典型性而被纳入中国国家生态系统观测研究网络的规划中，有必要对南岭山地进行长期监测并重点开展常绿阔叶林生态系统结构、功能以及动态规律研究，常绿阔叶林生态系统结构和物质循环对区域环境变化的响应特征与机制研究，以及森林生态系统退化机理及生态恢复技术研究和示范。

南岭是《全国主体功能区划》中8个水源涵养型的生态功能区之一，主要保护我国大江大河源头区及重要饮用水水源地，以涵养水源、保护水质为主要功能，同时具有调节区域水分循环，防止河流、湖泊、水库淤塞等功能，对于调节径流、减缓与控制水旱灾害等水源涵养空间具有重要意义（吴丹等，2017）。然而，由于红壤本底及区域人类活动，近年来，南岭山地面临不同程度的退化，主要表现为水土流失严重、石漠化和沙化加剧、自然灾害频发、矿区开采对地表和植被破坏加剧及生物多样性减少，因此生态保护和建设显得尤为必要和迫切（李恒凯等，2017）。据统计，南岭山地退化面积占该区总面积的31.78%（吴丹等，2017），水土流失面积占比约为22.2%（马永等，2015）。土地退化和水土流失问题主要来源于丘岗地区崩岗侵蚀、泥沙淤埋沟道、山洪灾害、石漠化、石质山地土地退化、植被破坏、历史遗留的矿山迹地和松散堆积体导致的河道淤积和山体滑坡等，因此迫切需要研究气候变化和土地利用/土地覆盖变化对水量的影响、水源涵养的尺度效应和时空格局、生态系统服务的权衡和决策管理，以及退化生态系统的修复技术和方法。

1.2.3　生物多样性

南岭山地温暖湿润的气候、充足的光照、充沛的降水、沟壑纵横的地形为各种动植物的繁衍生息提供了理想环境，也是许多孑遗植物的"避难所"；是中国具有国际意义的陆地生物多样性关键地区之一（陈灵芝，1993）和十大生物多样性热点地区之一（Tang et al., 2006），属于生物多样性特丰产地（庞雄飞，1993），也是国家林业局（现为国家林业和草原局）与世界自然基金会选定的40处A级保护地点（李超荣等，2012）。仅在约580km^{2}的南岭国家级自然保护区内，截至目前记录到的野生高等植物累计达287科1262属3890种。其中，珍稀濒危保护植物有长柄双花木、半枫荷、华南锥等129种，国家一级保护植物有银杉、秃杉、桫椤等（杨汝荣，2000）。在南岭山地中，至今仍然生存着大量起源古老的孑遗植物，如起源于古生代的松叶蕨、石松、卷柏、莲座蕨；起源于中生代前期的紫萁、芒萁、里白；起源于侏罗纪的海金沙、金毛狗、苏铁蕨、乌毛蕨和桫椤等（庞雄飞，1993）。当前南岭占优势地位的植物物种主要有木兰科、樟科、壳斗科、槭树科、杜鹃花科。这些丰富的植物资源是研究南岭山地地质历史、气候变迁、植被演替等生态系统变化规律的自然历史证据。

据李超荣等（2012）统计，仅在广东南岭国家级自然保护区内记录到的陆栖脊椎动物已达486种，隶属27目86科287种，占当时全国陆栖脊椎动物种数的18.42%。另据广东南岭国家级自然保护区宣教科的统计，截至2017年，该保护区记录到的陆栖脊椎动物累计已达31目100科339属555种，占全国陆栖脊椎动物种数（2638种）的21%（周平，2018）。其中，中国特有种44种、中国主产种144种，分别占该保护区陆栖脊椎动物种数的9.1%和29.6%。该保护区有广东省重点保护动物18种；国家I级重点保护动物10种，国家II级重点保护动物63种；国家性受危种（在中国物种红色名录中被列为极危、濒危、易危等级的物种）74种（汪松和解焱，2004）；国际性受危种［在世界自然保护联盟（IUCN）物种红色名录中被列为极危、濒危、易危等级的物种］30种；被列入CITES附录的有75种。这些陆栖脊椎动物反映出南岭不仅是中国华南地区动物物种丰富的区域，也是具有世界意义的物种多样性及其丰富度的区域。

植物区系是植物界长期自然发展的产物，组成南岭山地植物区系的主要成分有石杉科、石松科、卷柏科、木贼科、莲座蕨科、紫萁科、瘤足蕨科、里白科、松科、三尖杉科、水青树科、连香树科、木兰科、樟科、大血藤科、金粟兰科、山茶科、猕猴桃科、旌节花科、金缕梅科、桦木科、榛科、山毛榉科、冬青科、南桦木科、槭树科、胡桃科、马尾树科、鹿蹄草科、安息香科、山矾科、透骨草科、樱井草科及禾本科的竹亚科等（庞雄飞，1993；陈涛和张宏达，1994）。南岭山地植物区系既有华夏植物区系的主要代表科，还有大量的古老、孑遗、原始和特有的华夏植物区系成分（陈涛和张宏达，1994）。植物区系特征的研究在生物多样性和珍稀濒危物种评估与保护、自然保护区规划与建设和野生植物资源开发与利用等方面具有重要意义。由于植物区系的现代分布不但取决于现代植物界的系统发育和演化，而且还受古环境条件和变化以及地区生态环境复杂化和多样化的影响。因此，南岭山地是研究植物的发展变迁、植物发育和演化与环境的关系，以及植物区系间联系与区别的重要基地。

南岭山地的动物区系由许多分类上明确和分布上重叠的物种所组成，动物分布区的地理位置、范围和大小反映了动物对现代自然条件的适应，同时也是该动物分布历史变迁的结果（李超荣等，2012）。区域内的动物区系属于华中区东部丘陵平原亚区，但具体的地理分区并不明确（庞雄飞，1993），有必要开展深入研究。南岭山地的生物群落是与陆生生物进化和发展同步形成的，经历了近4亿年的长期地质演替。近年来，不断发现古生代泥盆纪以来的植物化石和中生代白垩纪以来的脊椎动物化石，以及中国目前发现的最晚期的恐龙化石和恐龙蛋化石，这些对研究恐龙灭绝前恐龙足迹和当时的古环境具有重要证据的史料价值。位于南岭山地的南雄盆地有保存完好的白垩系—古近系界线剖面的地层层序，并含有丰富的恐龙蛋化石和古新世哺乳动物化石，是研究非海相白垩系—古近系界线和恐龙灭绝问题的重要区域（赵资奎等，2017）。南岭山地在生物进化中具有特殊地位，拥有很高的研究价值，也是研究古生物学和进化生物学的关键地区。

1.3 南岭同纬度带气候特征差异及其影响因素

地球上从热带气候到寒带气候大体遵循从赤道向两极沿纬度梯度分布的特征。然而，在同一纬度带下，即使太阳可照时间相同，但接收到的太阳辐射仍然有差异。除此之外，其他因素，如大气环流、海陆位置、地形地貌、地表覆盖、人类活动等都可能不同程度地影响区域气候。温度和降水是被政府间气候变化专门委员会（IPCC）选择用来评价气候变化的重要指标（IPCC，2007；2014），也是气候生产力模型的关键指标。从1906～2005年的气候变化来看，全球平均温度上升了0.74℃（0.56～0.92℃），近50年变暖的速率更加明显，几乎是近100年的两倍（IPCC，2007）。未来各种天气系统的活动可能更强烈、更频繁，高温、洪涝、干旱、台风、寒害等极端天气事件发生的频率有可能增加（IPCC，2014；Gao et al.，2002）。在目前全球气候变化背景和人类活动干扰下，研究地球同纬度地区气候差异及一定气候情景模式下典型区域的温度和降水是否会发生显著变化具有重要意义。

南岭同纬度带上从西到东比较典型的区域还有美洲的墨西哥荒漠、非洲的撒哈拉沙漠、西亚的阿拉伯半岛沙漠、南亚西北部的塔尔沙漠。这些同纬度区域除了南岭是亚热带湿润季风气候外，其他区域为热带沙漠气候和亚热带荒漠气候。有学者专门对副热带高压控制下的北半球沙漠带进行了研究，并明确了沙漠的分布格局，发现这是一条自

10°N附近向东北延伸至55°N，即从北非的撒哈拉，经西南亚的阿拉伯半岛、伊朗、印度北部和中亚，到中国后并没有到达喜马拉雅山东部的亚热带区域，而是呈"V"形分两路向北发展，到达中国的西北和内蒙古的东西长达13000km、占世界沙漠面积67%的条形沙漠带。从目前沙漠地带较高的石油储量来看，那里也曾经被茂密的森林覆盖过（安作相等，2004；李大荣等，2006）。另有学者采用古生物化石的方法、同位素定年的方法对沙漠气候变化进行了研究（Manning and Timpson，2014；Bruce，2015；Dinies et al.，2015；Nicoll，2018），发现距今12000年以来的气候变化及人类活动。也有研究对比过热带的沙漠和温带的沙漠在气候变化背景下的变化趋势（Mamtimin et al.，2011）。然而，很少有学者从同纬度视角来探讨这条既有典型的沙漠与荒漠，又有典型的亚热带常绿阔叶林分布的纬度带的气候差异和景观差异，并比较分析其原因。在地球沙漠和荒漠占主导的纬度带上出现湿润气候的南岭山地是否具有特殊性？它与同样是副热带高压地区，具有同样太阳可照时间的其他典型区域在降水、温度、潜在蒸散、日照百分率等方面有多大差别？南岭与同纬度其他区域的干旱期和湿润期有什么不同？该纬度带上气候迥异的原因何在？对这些问题的探索对全球变化生态学、干旱区研究均有重要的科学价值。周平和刘智勇（2018）基于91个气象站观测值和大气环流模型CCSM3，对南岭同纬度典型区域的气候特征参数进行分析，并对未来不同区域的温度和降水进行预测，进一步探索净初级生产力对温度和降水的敏感性，并分析南岭同纬度带典型区域气候差异的可能原因。

1.3.1 不同区域干湿特征差异

同一纬度带的5个典型区域的降水量和季节分布存在较大差异。降水量从多到少依次为南岭＞墨西哥荒漠＞塔尔沙漠＞阿拉伯半岛沙漠＞撒哈拉沙漠，其中南岭的降水多发生在春季和夏季，墨西哥荒漠的降水多发生在秋季，塔尔沙漠的降水多发生在夏季，阿拉伯半岛沙漠的降水集中在春季和冬季，而撒哈拉沙漠几乎全年无降水。潜在蒸散从多到少依次为撒哈拉沙漠＞阿拉伯半岛沙漠＞塔尔沙漠＞墨西哥荒漠＞南岭，其在同一纬度的排序正好与降水量相反（图1.2）。主要由降水（P）和潜在蒸散（PET）决定的气象干旱期（$P<0.5$PET）和湿润期（$P>0.5$PET为半湿润，其中$P>$PET为较湿润）在同一纬度的各区域之间也存在较大差异。其中，南岭全年处于湿润期和潮湿期，撒哈拉沙漠、阿拉伯半岛沙漠和塔尔沙漠全年都处在干旱期，而墨西哥荒漠一年有两次干旱期和两次湿润期，其中冬旱持续时间较长，夏旱持续时间较短。墨西哥荒漠雨水充沛的季节在秋季，而在每年植物开始生长的季节有一段时间的春旱。与墨西哥荒漠不同的是，南岭山地雨水充沛的季节在春季和夏季，在大部分植物生长的季节里雨热同期。墨西哥荒漠降水的季节性差异较大，且有持续干旱期，农作物生长需水期也是降水量相对较少期（Molina et al.，2016）。

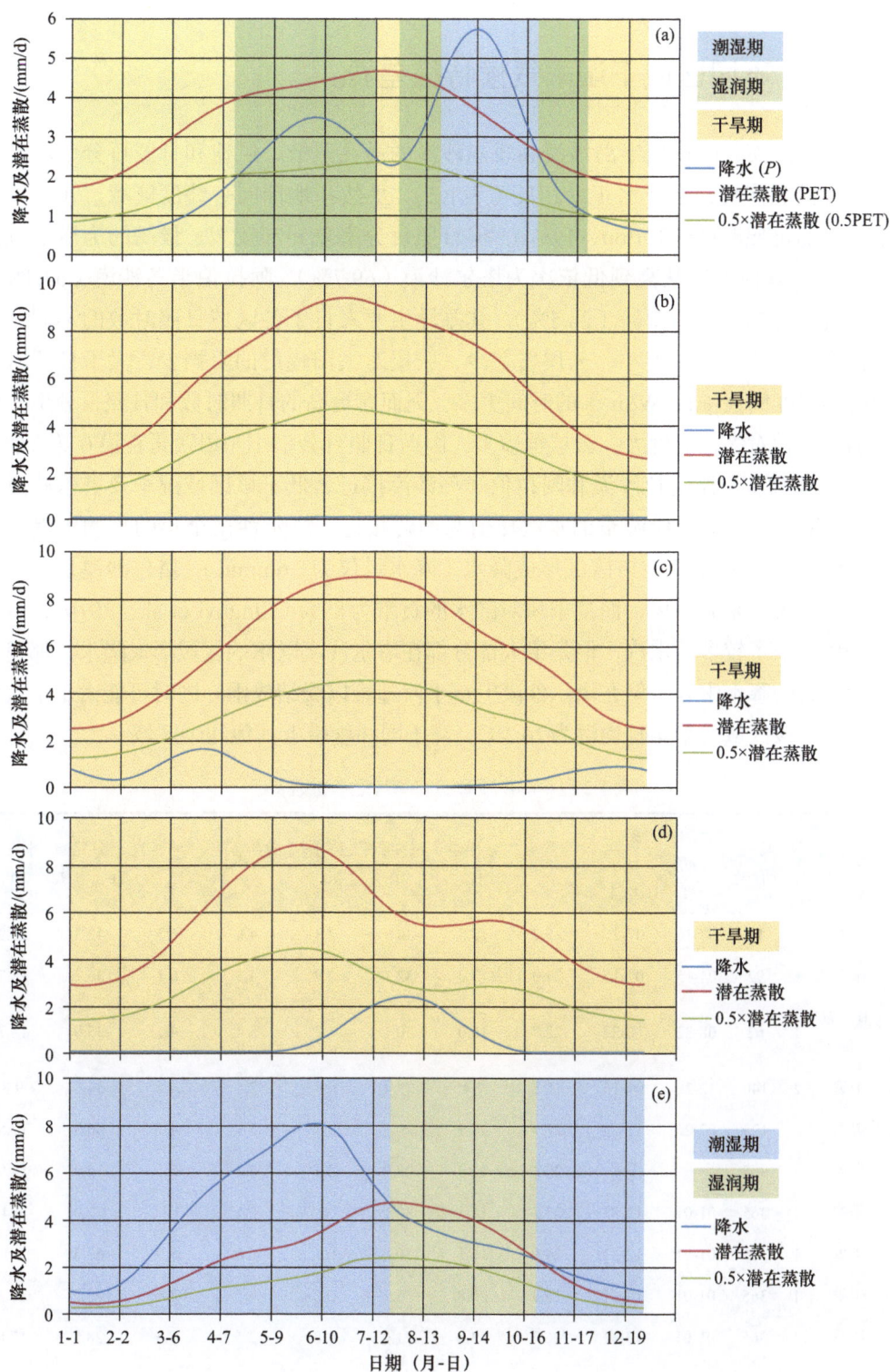

图1.2 基于多年平均日降水和潜在蒸散的年内干湿分布状况

（a）墨西哥荒漠；（b）撒哈拉沙漠；（c）阿拉伯半岛沙漠；（d）塔尔沙漠；（e）南岭

1.3.2 不同区域干湿季气候特征差异

撒哈拉沙漠、阿拉伯半岛沙漠和塔尔沙漠的潜在蒸散、风速和日照百分率均高于墨西哥荒漠和南岭，但降水正好相反（表1.2）。虽然在地球同一纬度区域，几乎得到太阳平等的可照时间（Turton，1987），但日照百分率差异却较大，最高的为撒哈拉沙漠（72%），其他地区从高到低依次为塔尔沙漠（69.7%）、阿拉伯半岛沙漠（67.3%）、墨西哥荒漠（35.9%）、南岭（28.5%），其差异主要来自于各区域日照时数的不同。撒哈拉沙漠的水汽少，湿度小，云层覆盖少，云层对太阳辐射的阻挡少，大于日照时数记录的辐照度阈值（120W/m^2）的时间更多，因而有更高的日照时数和日照百分率。而南岭的水汽相对多，湿度大，云层覆盖多，因而日照百分率小。墨西哥荒漠在第2个阶段干季的水汽压与撒哈拉沙漠和阿拉伯半岛沙漠接近，低于该区域湿季及塔尔沙漠与南岭的值，而第2个阶段湿季的水汽压值与南岭接近。塔尔沙漠全年的平均水汽压大（18.3hPa），但是却不能在该区域形成降水（降水量仅为0.6mm/d），塔尔沙漠夏天吹西南季风，冬天吹东北季风，而夏季风对降水的贡献为80%（Singhvi et al.，2010），给印度夏季风带来了较多的水汽，但是绝大部分都在塔尔沙漠以东的区域形成降水，那里也有全球最高的降水中心，但在塔尔沙漠上空水汽却难以凝结成雨。同时可能由于水汽的温室效应，该区域的多年日均温为26.3℃，高于同纬度带上其他几个区域。

表1.2　干季和湿季期间的气候参数差异

区域	阶段	分段	持续期/天	开始日期（月-日）	结束日期（月-日）	平均温/℃	最低温/℃	最高温/℃	降水/(mm/d)	潜在蒸散/(mm/d)	风速/(km/h)	日照百分率/%	水汽压/hPa
A	干季	1	10	07-16	07-25	25.7	18.5	34.3	2.3	4.6	6.3	42.3	19.9
	湿季	1	92	04-15	07-15	24.0	17.0	32.1	2.9	4.3	6.1	36.7	18.7
	（其中较湿润）	1	62	08-22	10-22	22.7	16.0	30.1	4.7	3.4	4.7	35.0	18.7
	干季	2	140	12-26	04-14	15.2	7.4	23.4	0.9	2.4	4.6	34.5	9.8
	湿季	2	123	07-26	11-25	21.9	14.9	29.5	3.5	3.3	4.7	36.3	17.5
	全年	—	365	—	—	20.0	12.7	27.9	2.3	3.2	5.1	35.9	14.9
B	干季	1	365	01-01	12-31	23.2	15.5	30.1	0	6.1	11.1	72.0	9.4
C	干季	1	365	01-01	12-31	24.0	16.1	30.8	0.5	5.8	8.9	67.3	8.1
D	干季	1	365	01-01	12-31	26.3	20.8	35.1	0.6	5.5	8.1	69.7	18.3
	湿季	1	365	01-01	12-31	16.7	13.0	21.5	3.8	2.5	7.5	28.5	17.8
E	（其中较湿润）	1	272	10-24	07-22	14.5	10.8	19.2	4.0	2.0	7.7	22.4	15.1

注：A代表墨西哥荒漠；B代表撒哈拉沙漠；C代表阿拉伯半岛沙漠；D代表塔尔沙漠；E代表南岭。

1.3.3 南岭同纬度带不同区域气候的影响因素

虽然南岭同纬度带各区域具有一样的太阳可照时间，但到达各区域的日照时数和日照百分率却不相同。日照百分率从大到小依次是撒哈拉沙漠、塔尔沙漠、阿拉伯半岛沙漠、墨西哥荒漠和南岭（表1.2），而且也形成了类似的温度格局。南岭同纬度带的大部分地区常年被副热带高压所笼罩，在这种干热气团的内部，气流总是做下沉运动，水汽难以凝结成雨。撒哈拉沙漠处在热带沙漠气候区，常年处在副热带高压和信风的控制下，盛行热带大陆气团，气流下沉，气温高、降水极少，加之日照强烈，蒸发旺盛，更加剧了气候的干燥性特点。南岭处在亚热带季风气候区，是热带海洋气团和极地大陆气团交替控制的区域，夏季高温多雨，冬季温和少雨。墨西哥荒漠区北部位于亚热带沙漠气候区，受副热带高压和干燥信风作用影响，盛夏气温与热带沙漠气候相似，夏末有热带海洋气团入侵，冬季有极地大陆气团侵入，该地区雨热不同期，降水多在秋季，主要由海陆热力差异形成。除了以上的太阳辐射和大气环流外，地球上任何一个地方的气候还可能受到海陆位置、地形地貌、典型植被、人类活动等综合因素的长期作用。

1. 海陆位置

虽然各区域均处在副热带高气压的控制范围内，但因中心点距离海洋远近不同，各缓冲区内海洋面积占海陆面积的比值各异。缓冲区内海洋面积与海陆面积的比值随缓冲区半径的变化（图1.3）表明，在不同的缓冲区内，海洋面积占比最小的是撒哈拉沙漠；其次为阿拉伯半岛沙漠；而塔尔沙漠、墨西哥荒漠和南岭在半径为300～800km的缓冲区范围内，海洋面积占比各有占上风的区间；半径800km以上，墨西哥荒漠和南岭的海洋面积占比明显高于塔尔沙漠。这种格局与目前各区域干湿程度的格局较接近。由此可见，由于海陆位置的不同，在南岭同一纬度区域，水汽输送量从少到多依次为撒哈拉沙漠、阿拉伯半岛沙漠、塔尔沙漠、墨西哥荒漠和南岭。在这些区域中，

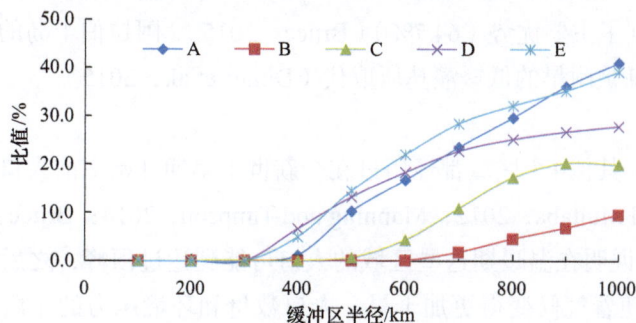

图1.3 缓冲区内海洋面积与海陆面积的比值随缓冲区半径的变化

A代表墨西哥荒漠；B代表撒哈拉沙漠；C代表阿拉伯半岛沙漠；D代表塔尔沙漠；E代表南岭

只有位于全球最大大陆的南岭，邻近地球最高的高山、面向世界最大的海洋，故其海陆热力差异最大，造就了常年湿润的气候条件。

2. 地形地貌

从地形的粗糙度来看（表1.3），塔尔沙漠的平均高程最低，且地形的粗糙度也最低，该区域为地势较低、平坦的盆地；墨西哥荒漠的平均高程最高，地形粗糙度居中。南岭山地的平均高程居中，地形粗糙度与同纬度其他4个区域相比最高，地形相对复杂、起伏较大，除了受季风环流的影响外，降水受地形的影响也很明显。由于地形阻滞作用，春季锋面低槽在此迂回时间较长，形成较多的降水（黄奇章，1990）。

表1.3　各区域的地形参数和地表覆盖植被类型

区域	平均高程/m	高程标准差/m	粗糙度/%	植被类型	当前植被开始形成的时期
A	1124	781	101.6	热带荒漠植被	公元前7000年（Bruce，2015）
B	507	153	101.8	热带沙漠植被	公元前7600～前6700年（Manning and Timpson，2014）
C	842	192	100.5	热带沙漠植被	公元前8000年（Dinies et al.，2015）
D	131	147	100.4	亚热带荒漠植被	公元前13000年（Saini and Mujtaba，2012）
E	423	289	104.5	亚热带常绿阔叶林	公元前1亿～前0.6亿年（庞雄飞，1993）

注：A代表墨西哥荒漠；B代表撒哈拉沙漠；C代表阿拉伯半岛沙漠；D代表塔尔沙漠；E代表南岭。

3. 典型植被

由于长期的气候变化和人类活动的干扰，南岭及其同纬度带的其他4个典型区域，除了南岭仍然主要由起源于新生代第三纪初期，甚至中生代白垩纪的亚热带常绿阔叶林覆盖外，其他研究区域当前为热带沙漠和亚热带荒漠植被所覆盖。然而，从这些沙漠和荒漠植被的形成时期看，在全新世期间，甚至在全新世湿润期结束前就经历了土壤沙化和植被退化的过程。撒哈拉地区在第四纪期间的不同时期是大草原林地（Nicoll，2018）；墨西哥"奇瓦瓦沙漠"的优势树种为栎树（44.4%～66.5%），伴生树种还有榆树、朴树和柳树等；阿拉伯半岛在公元前8600～前8000年的湿润期曾经被大草原覆盖。然而，撒哈拉地区在公元前7600～前6700年的湿润期末期，大多数草原和林地都遭到了破坏；墨西哥"奇瓦瓦沙漠"在公元前7700年之后气候变得干冷，包括苋科植物在内的沙漠植物占据了主要优势（64.7%）（Bruce，2015）。阿拉伯半岛的大草原在公元前8000年之后就逐渐被耐旱的低矮灌丛所取代（Dinies et al.，2015）。

4. 人类活动

除南岭以外，其他4个区域都经历过在全新世干旱期开始之前人口下降和植被沙化的过程（Saini and Mujtaba，2012；Manning and Timpson，2014；Bruce，2015；Dinies et al.，2015），这也说明在温暖期这些区域的人口可能到达过顶峰，之后超过其自然生态系统的承载力，随着气候变得更加干旱，人口数量和环境压力的矛盾更加突出，从而导致区域人口密度减少。这些区域地势相对平坦，海陆距离相对较远，对气候变化和人为干扰具有更大的脆弱性。南岭至今仍保留有地带性常绿阔叶林，除了有较高的地形粗糙度和相对较大的海陆面积占比的优势外,在南岭居住的人一直以来都有朴素的环境伦理观念(梁安,2011),他们认识到人对自然资源的依赖,从而采取"游耕"方式,让耕作过的土地得以自然恢复。现存的原生林中,还生存着许多第三纪及第三纪以前的孑遗植物,这些植物科的种类超过目前南岭所有科种类的1/3(庞雄飞,1993)。虽然南岭也有属于硬叶常绿阔叶林的乌冈栎分布(谢春平等,2011),该树种呈现旱生植物特征,表明南岭也经历过干燥的气候特征,不过南岭并没有像其他4个区域一样同时经历人类活动频繁与植被沙化的过程。

1.3.4 南岭同纬度带典型区域气候特征预测

基于气象站实测日数据值和气候模型模拟,对南岭及同纬度典型区域的气候特征参数进行分析和预测。南岭同纬度带的撒哈拉沙漠、阿拉伯半岛沙漠、塔尔沙漠的干旱时期持续较长,墨西哥荒漠仅存在季节性干旱期。南岭和墨西哥荒漠均存在湿润期,但南岭在植物生长季节内雨热同期,而墨西哥荒漠在植物生长季节内雨热不同期。在未来B1气候变化情景下,南岭同纬度带所有区域的温度都将极显著增加,降水总体呈增加趋势,但在各区域内部分异较大,也存在降水显著减少的局部区域,总体降水显著增加的区域比显著减少的区域更多。南岭的净初级生产力对温度不敏感,而对降水敏感;撒哈拉沙漠和阿拉伯半岛沙漠对降水的敏感性显著高于其他3个区域,降水是影响净初级生产力增长的限制因子。除日照百分率和大气环流的差异外,南岭同纬度区域的海陆位置和地形粗糙度也不相同,地表覆盖和人类活动干扰的强度也不相同,这些都可能是形成南岭同纬度带不同区域气候差异的原因。

气候变化和人类活动干扰通过影响地球下垫面土壤、水文、植被而影响其生态系统。在干旱区域,气候变化通过改变降水量及其时空分布格局来改变生态系统的物质循环(Chang et al., 2017)。而沙漠化通过改变地表能量和水分交换的生物地理物理过程来影响区域小气候。塔尔沙漠未来降水增加可能对其植被生长将发挥较好的促进作用。不同沙漠可能有不同表现形式,同样是增温,热带和亚热带的沙漠在夏季变暖,温带的沙漠在冬天变暖(Mamtimin et al., 2011)。长久以来普遍认为,沙漠生态系统形成的主要因素是气候变化。通过孢粉分析和碳同位素定年分析,发现许多气候变化与沙漠形成的证据。在沙漠形成之前,公元前8000年之前,无论是撒哈拉地区,还是阿拉伯半岛地区,抑或是墨西哥北部区域均处在湿润期(Manning and Timpson, 2014;Bruce, 2015;Dinies et al., 2015)。

以往人们普遍认为沙漠化主要由自然因素造成,很少注意到人类活动的贡献。撒哈拉地区的湿润期水资源相对丰富,基于考古发现的公元前11000年的鱼叉、鱼骨钩、梳子图案的陶瓷说明,这些文明是在湖泊、河流、内陆三角洲广泛分布的环境下发展起来的(Yellen, 1998;Drake et al., 2011)。在撒哈拉沙漠最干燥的核心位置,Marinova

等（2014）通过研究广泛分布的碳酸盐方解石和游泳者岩石艺术图像也发现，公元前9400～前8100年，这里有更潮湿的气候和人类活动的痕迹。从人类活动迹象看，公元前11000年后，撒哈拉地区的人口迅速增加，不同区域渔具的均一性表明了快速的人口扩张过程（Yellen，1998；Drake et al.，2011）。公元前7600～前6700年，即湿润期末期，人口出现急速下滑趋势（Manning and Timpson，2014）。沙漠化的发展也导致曾经在这些地方发展的古代人类文明的消亡，而现在的撒哈拉沙漠每年降水量为10mm，是地球上最干旱的地区，也是人口密度最小的区域。南岭同纬度带的这些沙漠或荒漠地区均是在全新世的湿润期初期具有较好的植被覆盖，都经历了人口不断增长而后急剧下降的过程。湿润期有更高的植被净初级生产力，可以为更多的人口提供自然资源，但人类对自然的索取可能超过其生态系统承载力的临界值，导致土壤、植被和水资源更加脆弱，对气候变化的适应力更差。水分是生命得以存在的重要因素，由于可利用的水资源减少，不能支撑更多的人口生存，因此人口数据被动减少。这个过程气候特征指标的变化可能是缓慢的，甚至持续几千年，但一旦突破临界点，将很难发生逆转。自然环境和人类活动的双重干扰作用，导致生态失衡而加速沙漠化。可见，人类活动对沙漠化形成的影响不容忽视。在人类活动的影响下，由于海陆位置不同而得到更少水汽传输的撒哈拉沙漠区域及地形粗糙度相对较小的塔尔沙漠区域，在曾经应对气候变化方面表现出更小的弹性。

南岭这条纬度带上的撒哈拉沙漠是地球上净初级生产力最低的地方，也是全球人口密度最低的地方之一；塔尔沙漠是目前沙漠地带人口密度最高的地方，而南岭是中国森林资源最丰富的地区之一，也是同纬度带上人口密度最高的地区之一。进一步了解气候在不同区域的差异以及生态系统弹性和承载力，有助于人类更好地应对气候变化，并保护生态环境尽可能不向沙漠化的方向发展。虽然南岭与同纬度带区域比较具有更适合动植物栖息和人类生活的自然气候条件，但是由于人类活动的干扰，南岭地区也面临石漠化严重和植被退化的问题，在未来气候变化的背景下，需要特别注意减少南岭地区人类活动对生态系统的负面干扰。

参 考 文 献

安作相，马纪，庞奇伟. 2004. 全球石油系统研究——纪念翁文波《世界油田的分布规律》发表50周年. 新疆石油地质，（4）：453-455.

陈灵芝. 1993. 中国的生物多样性——现状及其保护对策. 北京：科学出版社.

陈涛，张宏达. 1994. 南岭植物区系地理学研究，植物区系的组成和特点. 热带亚热带植物学报，2（1）：10-23.

陈文迪，张文兰，王汝成，等. 2016. 桂北苗儿山—越城岭地区独石岭钨（铜）矿床研究：对复式岩体多时代差异性成矿的启示. 中国科学：地球科学，46（12）：1602-1625.

段辉良,曹福祥. 2012. 中国亚热带南岭山地气候变化特点及趋势. 中南林业科技大学学报, 32(9): 110-113.

范飞鹏,肖惠良,陈乐柱,等. 2017. 赣南-粤北地区高分异花岗岩及其成矿特征. 地质论评, 63(S1): 171-172.

费孝通. 2006. 费孝通民族研究文集新编(上卷). 北京: 中央民族大学出版社.

冯景兰,朱翔声. 1928. 广东曲江仁化始兴南雄地质矿产. 两广地质调查所年报,(1): 38-42.

傅伯杰,刘国华,陈利顶,等. 2001. 中国生态区划方案. 生态学报, 21(1): 1-6.

韩宗先. 2004. 华南虎种群现状与拯救. 生物学教学, 29(10): 2-3.

黄奇章. 1990. 广东降水气候特征及其成因分析. 热带地理, 10(2): 113-124.

李超荣,龚粤宁,卢学理,等. 2012. 广东南岭自然保护区陆栖脊椎动物物种多样性调查. 韶关学院学报, 33(4): 55-57.

李大荣,黎发文,唐红. 2006. 阿尔及利亚三叠盆地、韦德迈阿次盆地石油地质特征及油气勘探中应注意的问题. 海相油气地质,(3): 19-26.

李恒凯,欧彬,刘雨婷. 2017. 基于MOD17A3的南岭山地森林区植被NPP时空分异分析. 西北林学院学报, 32(6): 197-202.

李四光. 1942. 南岭何在. 地质论评, 7(6): 253-265, 395.

梁安. 2011. 南岭走廊瑶族环境伦理思想探论. 贺州学院学报, 27(1): 42-44.

马永,谢莉,廖建文,等. 2015. 珠江流域水土保持区划成果及应用. 中国水土保持,(12): 31-34.

庞雄飞. 1993. 南岭山地生物群落简史. 生态科学,(1): 21-33.

庞雄飞. 2003. 广东南岭国家级自然保护区生物多样性研究. 广州: 广东科技出版社.

彭华,潘志新,闫罗彬,等. 2013. 国内外红层与丹霞地貌研究述评. 地理学报, 68(9): 1170-1181.

舒良树,周新民,邓平,等. 2006. 南岭构造带的基本地质特征. 地质论评, 52(2): 251-265.

唐孝慧,胡泰斌. 2016. 赣粤交界大庾岭古驿道区域旅游合作开发研究. 旅游纵览,(12): 108-109, 113.

汪松,解焱. 2004. 中国物种红色名录(第一卷). 北京: 高等教育出版社.

王永安. 1989. 南岭山地自然分区、立地分类和发展林业政策. 中南林业调查规划,(1): 8-15.

王元林. 2006. 费孝通与南岭民族走廊研究. 广西民族研究,(4): 109-116.

吴丹,邹长新,高吉喜,等. 2017. 水源涵养型重点生态功能区生态状况变化研究. 环境科学与技术, 40(1): 174-179.

谢春平,方彦,方炎明. 2011. 乌冈栎的地理分布. 热带地理, 31(1): 8-13, 20.

徐颂军,莫仲达,何素玲. 1996. 粤北通天箩石灰岩阴洞的植物及其与生态条件的关系. 植物生态学报, 20(1): 85-89.

杨汝荣. 2000. 南岭山区的生物多样性和生态系统保护与区域环境安全. 江西农业大学学报, 22(2): 199-203.

杨钟健. 1965. 广东南雄、始兴,江西赣州的蛋化石. 古脊椎动物与古人类, 9(2): 141-189.

于贵瑞，李文华，邵明安，等. 2020. 生态系统科学研究与生态系统管理. 地理学报，75（12）：2620-2635.

于津海，魏震洋，王丽娟，等. 2006. 华夏地块：一个由古老物质组成的年轻陆块. 高校地质学报，12（4）：440-447.

赵资奎，叶捷，王强. 2017. 南雄盆地白垩纪—古近纪交界恐龙灭绝和哺乳动物复苏. 科学通报，62（17）：1869-1881.

钟福军，潘家永，许幼，等. 2017. 南岭中段黄沙铀矿区黑云母与绿泥石的矿物化学特征及其对成岩成矿的约束. 高校地质学报，23（4）：575-590.

周国逸. 1997. 生态系统水热原理及其应用. 北京：气象出版社.

周平. 2018. 假如没有南岭. 中国国家地理，（12）：16-25.

周平，刘智勇. 2018. 南岭同纬度带典型区域气候特征差异与成因分析. 热带地理，38（3）：299-311.

Bruce M. 2015. Prehistoric and colonial land-use in the Chihuahuan Desert as inferred from pollen and sedimentary data from Coahuila, Mexico. Quaternary International, 377: 38-51.

Chang C T, Wang L J, Huang J C, et al. 2017. Precipitation controls on nutrient budgets in subtropical and tropical forests and the implications under changing climate. Advances in Water Resources, 103: 44-50.

Collins W D, Bitz C M, Blackmon M L, et al. 2006. The community climate system model: CCSM3. Journal of Climate, 19 (11): 2122-2143.

Dinies M, Plessen B, Neef R, et al. 2015. When the desert was green: Grassland expansion during the early Holocene in northwestern Arabia. Quaternary International, 382: 293-302.

Drake N, Blench R, Armitage S, et al. 2011. Ancient watercourses and biogeography of the Sahara explain the peopling of the desert. PNAS, 108: 458-462.

Gao X, Zhao Z, FilippoI G. 2002. Changes of extreme events in regional climate simulations over East Asia. Advances in Atmospheric Sciences, 19: 927-942.

IPCC. 2007. Climate Change 2007, the Physical Science Basis. Cambridge, United Kingdom and New York: Cambridge University Press.

IPCC. 2014. Annex II: Glossary//Mach K, Planton S, von Stechow C, et al. Climate Change 2014: Synthesis Report. Contribution of Working Groups I, II and III to the Fifth Assessment Report of the Intergovernmental Panel on Climate Change. Geneva: IPCC: 117-130.

Kulmala M. 2018. Build a global earth observatory. Nature, 553: 21-23.

Mamtimin B, Et-Tantawi A, Schaefer D, et al. 2011. Recent trends of temperature change under hot and cold desert climates: Comparing the Sahara (Libya)and Central Asia (Xinjiang, China). Journal of Arid Environments, 75: 1105-1113.

Manning K, Timpson I A. 2014. The demographic response to Holocene climate change in the Sahara. Quaternary Science Reviews, 101: 28-35.

Marinova M, Meckler A, Mckay C. 2014. Holocene freshwater carbonate structures in the hyper-arid Gebel

Uweinat region of the Sahara Desert (Southwestern Egypt). Journal of African Earth Sciences, 89: 50-55.

Molina-Navarro E, Hallack-Alegria M, Martinez-Perez S, et al. 2016. Hydrological modeling and climate change impacts in an agricultural semiarid region. Case study: Guadalupe River basin, Mexico. Agricultural Water Management, 175: 29-42.

Nicoll K. 2018. A revised chronology for Pleistocene paleolakes and Middle Stone Age e Middle Paleolithic cultural activity at Bîr Tirfawi e Bîr Sahara in the Egyptian Sahara. Quaternary, 463: 18-28.

Saini H, Mujtaba S. 2012. Depositional history and palaeoclimatic variations at the northeastern fringe of Thar Desert, Haryana plains, India. Quaternary International, 250: 37-48.

Singhvi I A K, Williams M A J, Ralaguru S N, et al. 2010. A 200 ka record of climatic change and dune activity in the Thar Desert, India. Quaternary Science Reviews, 29: 3095-3105.

Tang Z Y, Wang Z H, Zhen C Y, et al. 2006. Biodiversity in China's mountains. Frontiers in Ecology and the Environment, 4 (7): 347-352.

Turton S M. 1987. The relationship between total irradiation and sunshine duration in the humid tropics. Solar Energy, 38: 353-354.

Yellen J E. 1998. Barbed bone points: Tradition and continuity in Saharan and sub-Saharan Africa. African Archaeological Review, 15: 173-198.

Zhou G, Wei X, Chen X, et al. 2015. Global pattern of the effect of climate and land cover on water yield. Nature Communications, 6: 5918.

第 2 章

南岭地质背景与地貌发育

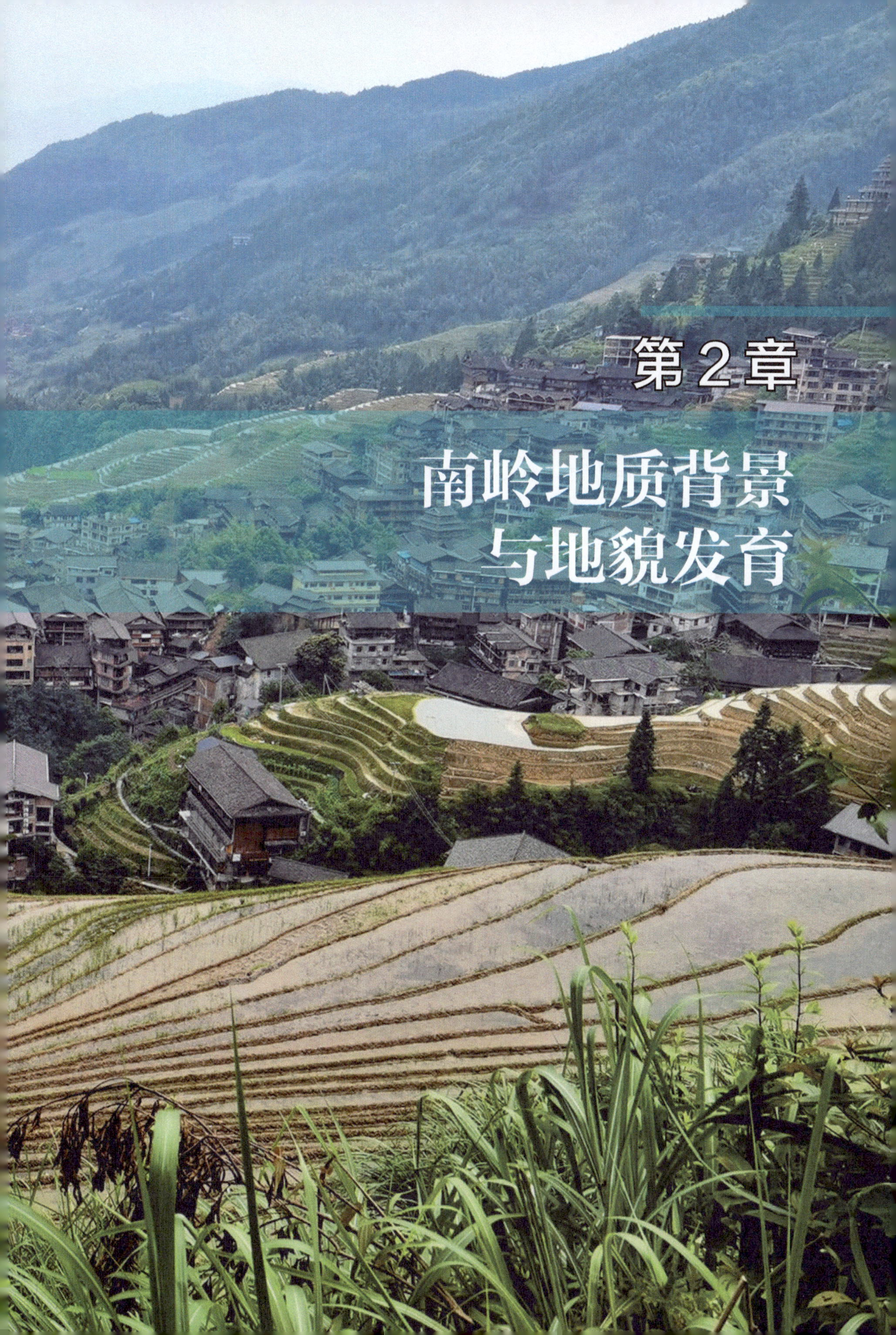

南岭一词源于秦汉早期对楚国之南（湘桂赣粤相连区）的连片群山的称谓。其横亘在湘桂、粤桂、湘粤、湘赣、赣粤、粤闽、闽赣之间，从最西端的湖南通道侗族自治县向东延伸至闽赣粤交界的福建武平县和广东蕉岭县，东西长约600km，南北宽200多千米，面积约为16.18万km²。南岭是两广丘陵和江南丘陵、南亚热带和中亚热带、珠江流域和长江流域的分界线，亦是我国多种金属矿床最为富集的区域之一，其在我国南方山脉中占有重要地位，具有独特的地理学、社会经济学和生态学意义。南岭与其他很多著名山脉不同，其海拔相对较低且不连续，其地理廊道客观上促进了南北民族、商业经济及文化的交融。深入研究南岭地区隆起和凹陷过程、地层层序和沉积建造、火成岩入侵和喷发时期、变质作用、构造构架及地貌发育特征，并对其进行区划，对进一步了解南岭地区的地质和地貌演变历史、矿产资源赋存特征、地貌景观价值以及其对生态、经济和社会的影响具有重要意义。本章中南岭范围按现有行政区划界线统计，包括75个县（市、区），所有岩石、地貌类型等的分布和占比面积均按行政区界线内的面积计算。

2.1 南岭地质背景及矿产资源

李四光（1942；1973）先生称南岭山地为横亘东西的南岭复杂构造带。亦称南岭巨型纬向构造带。南岭西部地区（湘西—桂北）属扬子地块江南构造系，其余大部分地区属华夏地块的桂湘粤赣闽构造系。杨文采（2016）认为，南岭是在上—中地壳有大规模花岗岩基的独立的板内造山带，板内造山带不同于板块边界的碰撞造山带，板内造山带多数没有山根，因而它们作为独立的大地构造单元仅在上—中地壳存在。南岭地区地质构造复杂（李四光，1942；陈骏等，2014），其部分基底由加里东运动形成，山脉由燕山运动的穹窿构造和背斜构造形成，核心为花岗岩，上覆盖层多为泥盆纪硬砂岩和石炭纪灰岩（舒良树等，2006；王春林，1993）。地层的沉积和岩浆的侵入等为南岭地质发育提供了物质基础，地质构造发展演化历史及区域构造的特征奠定了南岭地质的演变历史和空间格局。

2.1.1 地层年代与岩石建造

南岭区域年代地层分布较为广泛且较为连续，元古界、古生界、中生界和新生界地层均有出露，最老的地层为元古界的五台系，最新的地层为新生界的第四系。除西北部分地区属于扬子地层区江南分区外，其余均为东南地层区。

南岭西段的湖南通道—绥宁—城步—广西龙胜—资源一带，自西南向东北，地层整体呈现由老到新的分布，局部地区亦有新老交替现象，西部主要为中元古界和上元古界的蓟县系、青白口系和震旦系，东北、西南部主要为寒武系、泥盆系、石炭系。南岭西部扬子准地台雪峰隆起区中雪峰弧东部，前震旦系基底大片出露。上古生界除部分为砂页岩外，其余多为碳酸盐岩，其是喀斯特地貌发育的主要物质基础。

南岭中段北部地区沉积了中元古代冷家溪期以来的地层。南岭中段南部（广东）最老的地层为南华系（连平县北部的上坪镇、元善镇及英德市南部的黎溪镇），古生界地层分布广泛，其中下古生界以寒武系较为发育，上古生界以中上泥盆统至上二叠统的浅海相碳酸盐沉积较为发育。中生界及新生界除白垩系、第四系外，其余分布零星，其中上白垩统和古新统主要分布于红岩盆地，第四系主要为陆相沉积物。

南岭东段从中元古代以来经历了各个重要的构造时期，分布有中元古界以来的地层。其中，分布于湘赣边境的奥陶系出露很有特色，成串排列。中、新生代地层多以断陷盆地形式出现，沉积了大面积的红色岩系，其沉积岩按物质来源可分为火山源、陆源和内源沉积岩。

各年代地层特征简述如下（图2.1）。

（1）南岭地区的最老地层为古元古界五台系，其出露面积及出露点位均较小，其面积仅占南岭面积的0.93%，主要集中分布在南岭东部的会昌县（富城乡西南部、麻州镇东部、洞头乡东北部、中村乡大大部、筠门岭镇中东部）、武平县（永平乡北部、东留乡东北部、大禾乡南部）、定南县（龙塘镇中东部、天九镇东北部、鹅公镇西南部）和安远县（孔田镇西北部、镇岗乡西南部、新龙乡大部、虎山乡东部、鹤子镇南部等）。

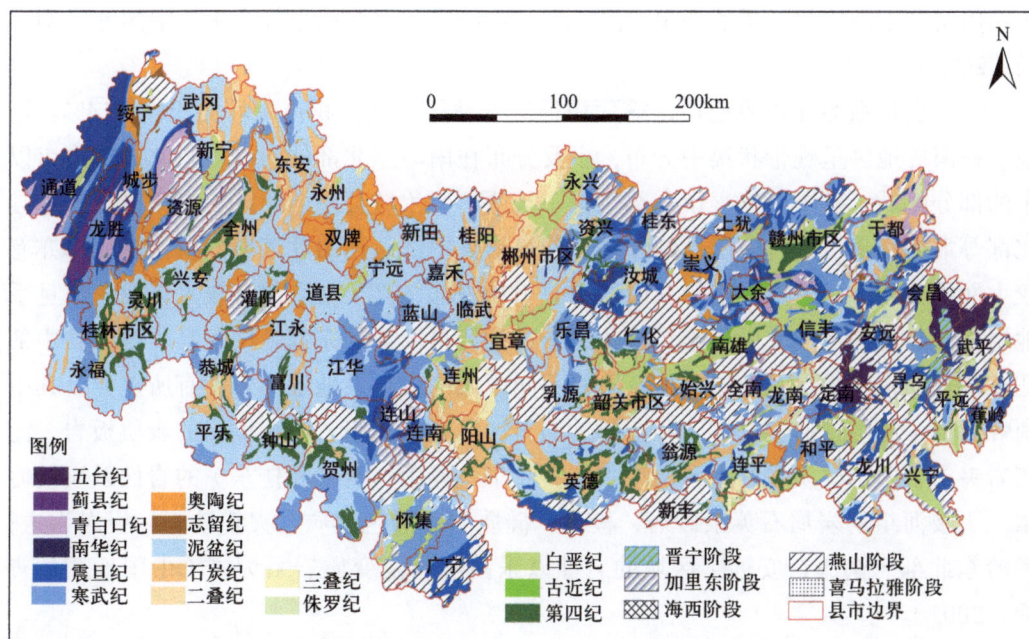

图2.1　南岭地区地层年代及岩浆活动时期简图（中国地质调查局，2002）

其地层岩性主要为桃溪（岩）组的变粒岩夹透辉（角闪）斜长变粒岩，原岩主要是粉砂岩、硅质页岩、复成分砂岩、中酸性火山岩和火山碎屑岩等（中国地质调查局，2002）。南岭其他区域鲜有五台系地层分布。

（2）次老地层为中元古界蓟县系，其出露面积及出露点位均较小，其面积仅占南岭面积的0.37%。主要呈带状集中分布在南岭西部的龙胜各族自治县（平等乡—乐江乡—瓢里镇一线的中部、三门镇大部、马堤乡北部）和城步苗族自治县（长安营乡中东部、南山镇中西部、五团镇东部），其地层岩性主要为平政变粒岩组的黑云变粒岩、黑云二长变粒岩夹黑云石英片岩（中国地质调查局，2002）。

（3）青白口系地层为南岭地区的第三老地层，其出露面积及出露点位较蓟县系地层有所增加，其面积占南岭面积的1.11%。主要分布在南岭西、东部，其中西部主要分布在龙胜各族自治县中部、城步苗族自治县东部和通道侗族自治县西南部，东部主要分布在于都县、赣县等。青白口系地层在南岭东、西部的岩性有所差异，其西部的岩性以潭头群、浒岭组、神山组为主，而东部的岩性主要为横路冲组—岩门寨组—黄狮洞组、砖墙湾组、拱洞组。

（4）南华系的出露面积及出露点位均较之前的老地层大幅增加，其面积占南岭面积的4.17%。该地层在南岭地区呈现较大斑块的集中分布，特别是南岭西部的通道侗族自治县、龙胜各族自治县的南华系地层几乎覆盖其全境，在绥宁县的西部、北部，城步苗族自治县的西部、东部及汝城县西部亦有大范围的分布。此外，在资源县中南部，郴州市东部，南雄市的中南部，南康市的南部，会昌县的西部亦有一定分布。其岩性以大绀山组、丁屋岭组、楼子坝组、洪江组、古城组、大塘坡组等为主（中国地质调查局，2002）。

（5）震旦系为元古界地层出露面积最广的地层，其面积占南岭面积的5.14%。该地层在南岭地区呈现带状集中分布，主要分布在南岭东北部的南雄市以北、资兴市以东的部分区域，其中以资兴市东部、桂东县西部、汝城县东西两翼、南康市、安远县北部等最为密集。南岭中南部的江华瑶族自治县中部、连山壮族瑶族自治县北部亦有较大面积分布。此外，在南岭东南部的龙川县中部、兴宁市东部有较大斑块的震旦系地层，而南岭西部的龙胜各族自治县、通道侗族自治县的东部、绥宁县、资源县中部亦有狭长的带状震旦系地层分布。南岭不同区域的震旦系地层的岩性有所差异，其中南岭西部（龙胜、通道、绥宁和资源）的岩性以金家洞组、留茶坡组的炭质板岩、泥灰岩夹白云岩、硅质岩为主；南岭中部（江华、连山、资兴和桂东）的岩性以埃岐岭组、丁腰河组的岩屑石英杂砂岩、板岩、硅质岩、黑色硅质岩夹粉砂岩、板岩为主；南岭东北部（南康、安远）区域的岩性以乐昌峡群浅变质岩系为主（中国地质调查局，2002）。

南岭中部震旦系上部为瑶山复背斜的核心部分，为一套浅-中等程度变质砂岩、页岩互层，中夹多层薄层硅质岩及少量碳质千枚岩，属浅海相类复理石砂泥质碎屑岩沉积

（广东省地质局区域地质调查队，1977）。

（6）南岭寒武系地层的分布较广，其占南岭面积的12.32%，且东部分布面积大于西部，尤其集中分布于南岭东北部的江西地域。寒武系地层的岩性随空间分布亦有所差异，江华瑶族自治县以东的大片区域均以变质岩为主，江华瑶族自治县以西的富川瑶族自治县西部、恭城瑶族自治县东西两翼、永福县东部、临桂县西部以砂页岩为主。江华瑶族自治县以西的通道侗族自治县、城步苗族自治县、龙胜各族自治县大部以变质岩为主。此外，在南岭西部龙胜各族自治县的江底乡西部，城步苗族自治县的汀坪乡、丹口乡中部，灵川县青狮潭镇北部，兰田瑶族乡中部亦发育灰色的碳酸盐岩（广西壮族自治区地质矿产局，1985）。

（7）南岭奥陶系地层的分布区域不及寒武系，多存在不同程度的缺失。其占南岭面积的3.99%，主要集中分布于3个区域：南岭中部的始兴县、崇义县一带；南岭中部的贺州市、双牌县、江永县一带；南岭西部的兴安县、全州县和绥宁县一带。奥陶系地层岩性主要为砂页岩，但在崇义县西北部（过埠镇北部、金坑镇南部、杰坝乡北部）和上犹县西南部（梅水乡、油石乡西北部）有较大面积的岩石发生了变质。

（8）南岭志留系地层分布较小，其仅占南岭面积的0.17%，主要集中分布在绥宁县的梅坪乡东南部、长铺子苗族乡东部、白玉乡的西部，该区域均为变质岩（条带状板岩）。此外，还有一些零星分布于大余县的黄龙镇、左拔镇中部，崇义县的横水镇南部、铅厂镇东北角，该区域多为砂砾岩。

（9）南岭泥盆系地层的面积占比最大，其占南岭面积的25.24%，分布范围较广，集中分布于湘桂地区的东安县—全州县—兴安县—灵川县—临桂县—永福县及桂阳县—嘉禾县—宁远县—道县—江永县—富川县—平乐县/钟山县两条南北带状区域，以及广东境内的阳山—乳源—英德—翁源—连平，呈现东西带状分布。泥盆纪的岩性主要为碳酸盐岩、砂页岩，其面积占泥盆系面积的比重分别为60.85%、38.25%。其中，乳源瑶族自治县以西主要为碳酸盐岩、以东主要为砂页岩。

南岭中部地区泥盆系中下统与下古生界为明显的角度不整合接触，而且其间缺失奥陶系及志留系。上统为一套浅海碳酸盐建造，主要由灰、深灰色中-厚层灰岩，白云质灰岩，泥质灰岩夹薄层灰岩组成，含有较丰富的化石，与下伏中泥盆统为整合接触关系（广东省地质局区域地质调查队，1977），分布较广，其在乐昌盆地及梅花石灰岩高原均有大面积分布。

（10）南岭石炭系地层分布较大，下统在西部以碳酸盐建造为主，部分为海陆交互相碎屑岩含煤建造；上统为碳酸盐岩建造，各层间多为整合接触。其占南岭面积的8.50%，主要集中分布于南岭中部地区的桂阳县—郴州市—宜章县—阳山县—英德市；南岭西部的武冈市—新宁县—东安县—全州县—兴安县—灵川县—临桂县—永福县，两条南北带状分布区。石炭系的岩性主要为碳酸盐岩、砂页岩，其面积占石炭系面积的比重分别为75.15%、23.92%。石炭系与泥盆系在空间分布及岩性发育方面均较为相似。

（11）南岭二叠系地层分布较小，其占南岭面积的1.66%，主要集中分布在永兴县—桂阳县—宜章县—连州市—阳山县，呈现南北带状分布。其余区域分布较为零星。二叠系的岩性主要为碳酸盐岩、砂页岩，其面积占二叠系面积的比重分别为30.73%、69.27%。碳酸盐岩主要分布在宜章县以南的连州市南面、阳山县西北及连南瑶族自治县西部。砂页岩主要分布在宜章县以北（永兴县—桂阳县—宜章县）。

（12）南岭三叠系地层分布较小，仅占南岭面积的0.90%。三叠系的岩性主要为砂页岩、碳酸盐岩，其面积占三叠系面积的比重分别为58.12%和37.93%。其中，砂页岩主要分布在英德市的西牛镇北部、洸洸镇西南部及大湾镇的中部，以及新丰县的马头镇东北部、连平县田源镇南部。碳酸盐岩主要分布在永兴县香梅乡大部、塘门口镇北部、黄泥镇西北部及便江镇中部；连州市龙平镇中部、西江镇北部，以及阳山县黄坌镇西部。

（13）南岭侏罗系地层在南岭分布较小，其占南岭面积的1.41%，集中分布于安远县中部、信丰县东北部，武平县中部，定南县西部、龙南县西北角及平远县南部等部分区域，在南岭的其余区域分布较为零星。侏罗系的岩性主要为砂页岩和红层，其面积占侏罗系面积的比重分别为89.18%和10.82%。

（14）白垩系地层在南岭存在一定范围的分布，其占南岭面积的6.52%。密集分布的区域为南岭西部的新宁县—资源县，通道侗族自治县等，南岭中部的永兴县—临武县—连州市—怀集县一线，南岭东部的于都县—信丰县—南雄市—曲江一线，分布于各个北东—南西向的山间盆地。白垩系的岩性主要为红色岩系，其面积占白垩系面积的比重为83.27%（其中丹霞群占32.54%）。

关于白垩系—古近系岩石地层序列和性质，从20世纪20年代起就开展了大量的研究（冯景兰和朱翔声，1928；Chan，1938；陈国达和刘辉泗，1939；吴尚时和曾昭璇，1946，1948；张玉萍和童永生，1963；郑家坚等，1973；黄进，1982；张捷芳，1983；广东省地质矿产局，1988；张显球，1990，1992；《中国地层典》编委会，2000；张显球等，2000a，2000b；童永生等，2002；凌秋贤和张显球，2002；罗曦等，2021）。李佩贤等（2007）提出，粤北地区白垩系—古近系岩石地层序列是由松山组、南雄群（园圃组、主田组、浈水组）、罗佛寨群（上湖组、浓山组、古城村组）组成，并指出不必用丹霞群（组）表示南雄盆地边缘相的粗碎屑岩层，并认为丹霞盆地的丹霞组相当于南雄盆地的园圃组下段，建议南雄盆地弃用丹霞群（组）一名。笔者认为，自1928年冯景兰教授提出丹霞群以来，科学家们进行了大量研究，丹霞群一名已承载了深厚的文化内涵，但在丹霞群与红层的异同方面仍需开展进一步的研究。

（15）南岭古近系地层主要为沉积建造，其中内陆断陷中的陆相红色含盐和含油建造较为常见。在南岭的分布较小，其仅占南岭面积的0.22%，主要分布于南岭粤赣交界处，包括南雄市的全安镇—帽子峰镇—珠玑镇东南部、大余县的新城镇—池江镇—青龙镇的北部和信丰县的西牛镇南部、嘉定镇北部。古近系的岩性均为红层岩系。赵资奎和严正（2000）研究了南雄盆地两个白垩系—第三系（K/T）剖面恐龙蛋壳的碳、氧稳定同位素组成，结果显示，在K/T交界过渡的大约150ka内，$\delta^{18}O$出现了多次向正值偏移，说明当时曾出现过至少3次年平均气温在27℃以上的相当严重的干燥气候，而高温干燥的气候环境有利于红色岩性的形成。

（16）南岭第四系地层为新生界地层中分布最广的，其占南岭面积的4.10%，分布于全域各地，多为松散堆积层，一般面积不大，只在河流两岸有较大面积分布，主要为陆相沉积，包括湖积、河流冲积、冲积-洪积、冲积-坡积、坡积残积等类型，其中以河流冲积和坡残积层分布最广，前者见于河流沿岸及其支流谷地，由砂砾层、砂层黏土等组成，后者发育于山区，沉积物性质随基岩性质而异，如黄色碎屑物、残余石灰土等。此外，在石灰岩溶洞中还有洞穴堆积，它们由白色石灰华和褐色砂质黏土组成。

史元润等（2021）将南岭第四纪地层划分为永州－郴州（包括越城岭以东－阳明山北缘－八面山以西的湘江中上游，在衡阳、零祁、茶永盆地沉积了较厚的冲积层和残积层）、桂林－贺州（包括灵川县－海洋山－萌渚岭一线以南的丘陵和岩溶平原，广布冲积层和洞穴堆积）、韶关－清远（包括瑶山东缘－大庾岭南缘－翁源县围限的南雄、韶关、英德、清远等盆地，多洞穴堆积）、赣州（包括赣江中上游的冲积平原和低山丘陵，以残积层和冲积层为主）、道县－阳山（位于南岭核心山地，主要沉积场所位于道县、阳山县等地的山间小盆地）5个地层小区；通过厘定每个小区的岩石地层序列、生物地层和气候地层及其测年成果，建立了综合地层的对比格架。结果表明，南岭第四系与中国更新统泥河湾阶、周口店阶、萨拉乌苏阶和尚未建阶的全新统可一一对比；其生物地层以早更新世巨猿动物群和中更新世晚期以来的马坝人、道县人和柳江人等智人演化为特点；气候地层以洞穴石笋和高山泥炭重建的古气候记录为代表，主要反映东亚季风背景下的南岭局地气候。

第四系地层主要为洪积冲积或坡积物，更新统因为时代老、地层抬升、河水下切等，一般高于洪水位，成为台地或河流阶地。全新统由于沉积时间较短，受地层抬升及河流下切作用影响小，一般为洪积冲积平原平地。

由表2.1可知，南岭地层出露以古生界为主，其面积占南岭面积的51.88%。南岭面积最大的年代地层为泥盆系。综上所述元古界地层主要分布于南岭东西两翼，古生界、中生界和新生界的地层遍及整个南岭地区，不同年代地层的空间分布有所差异（图2.1）。

表2.1　南岭不同年代地层所占比例表　　　　（单位：%）

年代地层	面积占比	年代地层	面积占比	年代地层	面积占比
五台系	0.93	奥陶系	3.99	侏罗系	1.41
蓟县系	0.37	志留系	0.17	白垩系	6.52
青白口系	1.11	泥盆系	25.24	古近系	0.22
南华系	4.17	石炭系	8.50	第四系	4.10
震旦系	5.14	二叠系	1.66		
寒武系	12.32	三叠系	0.90		

2.1.2 变质岩

变质岩为由变质作用所形成的岩石。变质作用主要包括区域变质和动力变质两种。区域变质主要发生在晋宁期和加里东期，动力变质与构造变形相关。变质岩的岩性特征，一方面受控于原岩而具有一定的继承性，另一方面则因受到变质作用而在矿物成分和结构构造上具有一定的变质特征。

变质岩在南岭的分布面积较大，面积为31431km²，占南岭总面积的19.42%。变质岩在南岭分布较为集中，且南岭东、西两端的分布明显多于中部，主要分布在三个区域：南岭西部的绥宁县—城步苗族自治县—龙胜各族自治县的带状区域，南岭中部的江华瑶族自治县—连山瑶族自治县—连南瑶族自治县—怀集县—广宁县的带状区域，以及仁化县以东的大片区域。

南岭西北部的元古界蓟县系、青白口系和桂东南的下古生界沉积岩，遭受区域变质作用较深，多为变质岩类。南岭变质岩出现的年轻地层为早志留系，为珠溪江组、两江河组条带状板岩，并夹杂砂页岩。

南岭东部是变质岩的主要分布区，其中在仁化县以东的大片区域尤为集中。主要岩石地层包括八村群（灰绿色条纹条带状板岩夹变余砂岩，底部常见凸镜状灰岩等），乐昌峡群（灰紫色长石石英砂岩夹粉砂质板岩）。

2.1.3 侵入岩

火成岩是由岩浆侵入地壳或喷出地表冷却凝固所形成的岩石，南岭岩浆活动频繁，特别是侵入岩十分发育。花岗岩是南岭分布最广的深成侵入岩，其主要矿物成分是石英、长石和云母，浅灰色和肉红色最为常见，具有等粒状结构和块状构造。南岭侵入岩分布广泛，按形成时代，由老至新可划分为晋宁期（雪峰期）、加里东期、印支—海西期、燕山期、喜马拉雅期共5期。其中，以燕山期侵入岩出露面积最大，加里东期次之。中元古代酸性侵入岩主要分布在南岭东部，是南岭最老的花岗岩。加里东期的岩浆活动剧烈，有较大规模的酸性岩浆侵入，形成越城岭、海洋山等较大的花岗岩岩基。燕山期是南岭岩浆活动的重要时期，该阶段的火成岩以花岗岩为主，主要呈北东向展布，主要分布于南岭中、东部，南岭西部该时段岩浆活动较少，主要为早、中侏罗世侵入岩，分布于龙胜与城步两县交界一带的岩体呈岩基产出，侵入青白口系和震旦系地层。岩浆活动受区域构造控制，燕山运动、加里东运动和印支运动是南岭最主要的构造运动，往往是裂解拉张期形成超镁铁岩—基性岩，在碰撞造山期形成花岗岩。南岭地区印支—海西期花岗岩分布较为零星，该时期岩浆活动的范围主要分布在南岭的东部，宜昌地质与矿产资源研究所（Yichang Institute of Geology and Mineral Resources, the Ministry of Geology，1982）研究表明，南岭地区晚古生代广泛发生了花岗质岩浆侵入活动，但尚未发现造山运动的记录，说明断裂是控制花岗质岩浆活动的主要因素，而造山运动并不是花岗质岩浆形成和侵入活动的唯一先决条件。花岗岩的分布与断裂带之间的密切关系是南岭地区花岗岩的一个非常显著的特征。

南岭地区存在3条近东西方向的花岗质岩带，它们严格受深部构造制约，岩体常受褶皱和断裂构造控制。3个花岗岩带中的岩体时代具有横向上北老南新、走向上西老东新、朝大洋方向年轻化的迁移演化规律，中生代东西向的花岗岩带是在古特提斯构造域近东西向的断裂带基础上发育的，岩浆热隆伸展构造和变质核杂岩多数发育在两组大断裂的交汇处（舒良树等，2006）。自徐克勤等（1960）在南岭地区的上犹县陡水和南康县龙回乡鹅公头发现加里东期花岗岩以来，相关学者对南岭花岗岩分布及其原因进行了广泛的研究。加里东期花岗岩主要分布于桂东北地区、湘东南地区和湘赣边境地区，总面积超过5000km²，代表性岩体有万洋山、诸广山、猫儿山、海洋山（程顺波等，2013；舒良树等，2008；孙涛，2005）。诸广山复式岩体东侧的油山岩体和坪田岩体分别属于印支期岩体和印支—燕山早期复式岩体（孙立强等，2010）。燕山运动时期，岩石圈发生强烈裂解，南岭地区处于整体伸展拉张的背景下，加之受到地幔物质上涌的作用，发生大规模的岩浆活动，形成了诸如九峰、五山一带，与大庾岭、大东山等岩体（华仁民，2005）。南岭地区花岗岩的分布主要受NE向断裂带的控制，此外S-N及NW走向岩体亦可能受赣南隆起和湘桂拗陷交接地带的复杂断裂系统控制（南京大学地质学系，1981）。

笔者通过地质图分析发现，南岭地区的岩浆岩主要集中在南岭的东部，其中主要为花岗岩。南岭岩浆活动时期和出露面积占比如表2.2，主要包括晋宁阶段、加里东阶段、海西阶段、燕山阶段和喜马拉雅阶段。其中，加里东运动和燕山运动对南岭地区地壳起到了重要的影响。

表2.2　南岭岩浆活动时期和出露面积占比表　　　　（单位：%）

构造阶段	面积占比	构造阶段	面积占比	构造阶段	面积占比
晋宁阶段	0.25	加里东阶段	4.80	海西阶段	0.20
燕山阶段	17.98	喜马拉雅阶段	0.02		

（1）晋宁阶段岩浆活动区域范围较小，该区仅占南岭面积的0.25%。岩浆活动主要发生在南岭东部，包括寻乌县的南桥镇东北角，吉潭镇、罗珊乡东部，项山乡西部；武平县的民主乡、东留乡西部；会昌县的筠门岭镇东北角，洞头乡西部，中村乡中部。该区域出露岩体主要为桂坑超单元的二长花岗岩（中国地质调查局，2002）。

（2）加里东阶段岩浆活动范围较晋宁阶段大幅增加，该区占南岭面积的4.80%。该时期岩浆活动的集中分布区域包括南岭西部的新宁县西南角、资源县大部、全州县西部、兴安县西北角，灌阳县的中西部；南岭中南部的连山壮族自治县的中东部、贺州市的东北部、道县的东南角；南岭东北部的永兴县东北角、资兴市东北部、桂东县东部；

南岭东部的武平县、平远县西部，龙川县东部。其他区域的分布较为零星。该区域出露岩体主要为二长花岗岩（中国地质调查局，2002）。

（3）海西阶段岩浆活动区域范围较加里东阶段大幅减少，该区仅占南岭面积的0.20%。该时期岩浆活动的范围主要分布在南岭的中、东部，包括仁化县扶溪镇的中南部，龙南县鹅公镇的东北部，寻乌县的桂竹帽镇的西南部，安远县的孔田镇南部，武平县的万安乡东南角、城厢镇的中部、象洞乡北部。其他区域鲜有分布。其发育岩性主要为二长（钾长）花岗岩（中国地质调查局，2002）。

（4）燕山阶段岩浆活动区域范围较海西阶段大幅增加，该阶段为南岭岩浆岩活动范围最大的时段，该区占南岭面积的17.98%。该阶段的岩浆岩活动遍及整个南岭地区，主要分布在蓝山县以西及以南，连片、大斑块包括临武县西南角—蓝山县南部—连州市北部—宁远县南部；连山壮族瑶族自治县南、北两端；怀集县北面；连州市东部—宜章县南部—阳山县东北部—乳源瑶族自治县西部—曲江县中部；新丰县中、西部；乐昌市北部—仁化县北部—汝城县东南部—南雄县、大余县西部—崇义县南、西部—桂东县东部—上犹县西部；龙川县东南部—兴宁市北部—寻乌县南部—武平县南部。其发育岩性主要为黑云母二长花岗岩、黑云母花岗岩等（中国地质调查局，2002）。

（5）喜马拉雅阶段岩浆活动区域范围较小，该阶段为南岭岩浆岩活动范围最小的时段，该区占南岭面积的0.02%，主要零星分布在通道侗族自治县的木脚乡东南角，陇城镇中部，牙屯堡西南；连平县上坪镇中部；赣县储潭镇西部—赣州市章贡区水西镇东北部。其发育岩性主要为玄武岩、辉长辉绿岩等（中国地质调查局，2002）。

2.1.4　火山岩

火山岩是由地表火山作用所形成的各种岩石，南岭地区火山岩主要形成于燕山阶段，其在南岭的分布范围较小，面积为832km^2，占南岭总面积的0.51%。其主要分布在广东省与江西的交界处，主要分布在安远县三百山的风山乡、镇岗乡一带；全南县的南迳乡东北部、西南部和中寨乡南部；龙川县的麻布岗镇北部，上坪镇南部、东北部；寻乌县的晨光镇中南部、鹅公镇东部、桂竹帽镇南部、雨桥镇北部；平远县东石镇东南部。其岩性以燕山阶段的灰、灰黄色流纹质熔结凝灰岩，深灰、灰绿玄武岩，安山质玄武岩为主，夹杂有流纹岩、英安岩（中国地质调查局，2002）。

2.1.5　褶皱构造

南岭地质构造的基本特点表现为，构造运动具多期性且各期表现形式不相同。加里东运动及印支运动表现以褶皱运动为主，燕山运动则以强烈的断裂作用和广泛的以酸性为主的岩浆岩侵入为特征，喜山运动以断块作用为主要标志。

1. 晋宁构造阶段及晋宁构造运动

晋宁构造运动使得震旦系与其先前的地层间常呈现不整合接触，而且震旦系前的地层又被新的地层所覆盖。南岭中段表现为地槽的强烈沉降。

2. 加里东构造阶段及加里东运动

加里东运动使寒武系以前的地层形成紧密线型的复式褶皱，褶皱形态多变，伴随褶皱作用产生一系列平行展布的冲断层，并发生广泛的区域变质作用（广东省地质矿产局，1988）。此期运动在粤北造成一南北向的褶皱-瑶山复背斜，由震旦系及寒武系八村群所组成，背向斜相间而列，有瑶山背斜、马寨背向斜、头寨向斜、苏公坑背斜、大桥向斜、大岭墩背斜、三元坪向斜、乌石岭背斜和沙坪向斜，两翼倾角变化较大，多在40°～70°，轴部为15°～20°，局部发生倒转，并在两翼发育有同向平行断裂。在加里东运动以后，背斜中震旦系及寒武系褶皱的地层被夷平，后为泥盆纪砂岩所覆盖，形成准平原，此夷平面对1000m准平原的生成起了很大的作用。

3. 印支-海西运动阶段和印支运动

包括泥盆系到中三叠系，各地层间均为整合或平行不整合接触，上三叠统与下伏地层则为角度不整合，说明在上三叠统沉积前发生了印支运动。印支运动使早古生界又一次经受改造，而晚古生界则相对形成褶皱和一系列同向冲断层。此阶段南岭有较小规模的酸性岩浆侵入。

4. 燕山构造阶段和燕山运动

燕山运动开始于晚三叠世，结束于晚白垩世，在粤北，各时代地层除了晚三叠系与早志留系为整合接触外，其余均为不整合（主要为角度不整合）接触，说明此阶段曾多次发生过构造运动。本期大规模的岩浆侵入活动造就了海拔高且规模大的山体。

5. 喜马拉雅构造阶段和喜马拉雅运动

本阶段开始于早古近纪，至挽近时期仍在活动。喜山运动是燕山运动的延续和发展，因而在展布方位和表现形式上都显示出一定的继承性，它以断裂活动为主，褶皱作用不强。

越城岭主要为受北东—南西断裂控制的巨大花岗岩体，其核心部位主要是加里东期的二长花岗岩，而燕山早期的二云母花岗岩侵入加里东期的二长花岗岩的薄弱处，而呈斑块状分布。猫儿岭附近，其西部和南部为青白口系、震旦系、寒武系和奥陶系的古老岩层，从花岗岩核心向外（由东到西）呈现由老到新的地层分布。其东部与西部、南部相对应，从花岗岩核心向外（由西到东）亦呈现由老到新的地层分布，相较于西、南部，东部青白口系和震旦系的地层出露较少，其真宝顶东侧也有青白口系出露，东部往外侧（往东）逐渐分布了一些泥盆系和石炭系的地层。中部受到大断裂的影响，断陷下沉，形成崀山-资源断陷盆地。其中，资源县南面尚未被侵蚀剥蚀，保留了上震旦系（Z_2）的硅质岩、页岩、板岩地层和寒武系上部边溪组（b）的杂砂岩和页岩，再往南为泥盆系地层，县城往北为资源-崀山红层盆地，岩性为白垩系的红色砂岩、泥岩、砾岩，局部夹石膏，形成了著名的八角寨-崀山丹霞地貌分布区。因此，从大的构造来看，越城岭是一个巨大的因加里东和燕山期花岗岩隆起而产生的北东—南西向背斜构造。

2.1.6 断裂构造

与南岭带构造演化关系最为密切的区域断裂带有萍乡-桂林、龙岩-海丰、赣江等5条，它们制约着中、新生代岩体和盆地的分布、规模和产状（舒良树等，2006），地壳运动造成了一系列断裂构造，影响了南岭的岩石展布和地貌格局。南岭西北部有一系列的北东—南西和北北东—南南西的断裂构造，如海洋山构造隆起在其两侧形成了巨大的北东—南西向的大断裂。

由于多次构造运动的干扰以及断裂活动带的明显继承性等，有些断裂的生成时期难以确定。在乐昌市，南北向的瑶山断裂带发育于复背斜两翼，与其平行产出，并常常破坏复式褶皱的完整性，断裂带中段为东西向断裂截切；东西向的九峰断裂带在25°20′N左右，推测在燕山运动以前就存在一东西向潜伏基底断裂带，后因燕山早期诸广山岩体的侵入，其形迹不清，此带南侧挤压破碎现象较多，说明花岗岩体是从北向南侵入，其东西长达10~30km。

深（大）断裂是指岩石圈中的大型线性构造软弱带，是切割深度大、空间延伸长，具有长期活动性和继承性发展特征，对地壳构造发展起着明显控制作用的巨型构造带。南岭深（大）断裂较为发育，多呈北东和北西向展布，其中北西向一般表现为隐伏（大）断裂。例如，湖南的13条深（大）断裂中（湖南省地质矿产局，1988），与南岭相关的有9条：安化—通道断裂带、汨罗—新宁断裂带、株洲—永州断裂带、醴陵—宁远断裂带、茶陵—蓝山断裂带、炎陵—长城岭断裂带、桂东—汝城断裂带、郴州—邵阳断裂带、连州—道县断裂带。江西深断裂10条、大断裂18条中（江西省地质矿产勘查开发局，2017），禾源—遂川、兴国—赣州—大余、宁都—定南、全南—定南—寻乌等深断裂，于都—龙南、沙地—上犹—大余等大断裂分布在南岭地区。这类深、大断裂，大部分发生于基底褶皱的晚期，定型于印支、燕山运动时期。这些深、大断裂由于多次活动，对本地区地质发展演化有着重要的影响。

2.1.7 地质发展简史

南岭区域年代地层分布较为广泛且较为连续，元古界、古生界、中生界和新生界地层均有出露。南岭地质构造发展历史可以追溯到古元古代的五台纪。震旦纪前本地区为汪洋一片，接受了巨厚的以浅海相为主的碎屑岩沉积层。寒武纪地壳趋向活跃，部分水下隆起逐渐露出水面，奥陶纪和志留纪海域自北东向南西方向开始萎缩，海水向西撤退；而加里东运动，造成早古生代地层紧密线型复式褶皱，以及越城岭等地的花岗岩入侵；晚古生代地壳进入相对稳定的发展阶段，该阶段海水进退相间，以浅海相碳酸盐类沉积为主，从泥盆纪到早二叠世几乎无沉积间断，其中在中晚石炭世至早二叠世是晚古生代海侵的全盛时期，接受了大面积的浅海相碳酸盐类沉积。此后，印支运动使几千米厚石灰岩地层发生褶皱、断裂，其间绝大部分地区崛起，如诸广热水均隆起露出水面成为剥蚀区，海侵方向由原来向东南方向转为向西北方向侵入，该区海水基本退出。自晚三叠世，来自太平洋的海水沿东南方向侵入，沉积了滨海沼泽相为主的含铁、煤碎屑岩建造。其后在早侏罗世发生了较大规模的海侵，沉积了浅海及滨海相碎屑岩，末期发生了燕山第一幕构造运动，导致岩浆岩沿东西构造带广泛侵入，形成巨大花岗岩基。晚三叠世—早侏罗世赣闽粤一带原古地理面貌和沉积环境差异明显，形成了东南高、西北低的古地理面貌。例如，中侏罗世时，武夷山东南部和沿海地区仍然处于构造挤压状态，致使该区古地形为东南高耸而西北低洼；闽西—赣南—粤北地区则处于强烈拉张环境，发育了陆内裂谷和双峰式火山作用。一些地段的区域地层和构造格局从原先的近东西方向展布变成北东方向，盆地边界和内部迭加了一些北东走向的断裂构造，尤以南岭东段的武夷山西部表现最明显。其动力学来源可能与古太平洋板块在日本的俯冲有关（王彬等，2006）。

燕山运动以来，受新华夏构造体系和其他构造体系的干扰，构造继续发育。从粤北、桂北的花岗岩体分布来看，东西排列的方向清晰可见。在南北向水平挤压力作用过程中，由于边界条件的差异，不同地方常发生南北向的水平差异运动而产生局部水平弯力，形成了"山"形构造。在纬向构造带中出现一系列向南突出的"山"形构造。在中、晚侏罗世局部地区发生沉积，而大部分为剥蚀区。白垩纪北东向主干断裂带及其相伴的北西向断裂带中发育断陷盆地，在南岭地区堆积了内陆湖泊相红色岩系的丹霞群。经中生代印支运动和燕山运动，南岭地区都已成陆，大陆上的主要山脉也已形成，地貌轮廓基本定型，并且以山地地貌为主。本地区在华夏构造控制下，地壳发生猛烈断裂、褶皱和火山岩浆活动，形成了一系列北东走向的山地。古近纪，一些地段继承发展了燕山运动所形成的盆地，堆积了红色碎屑岩。喜山构造运动使红盆地范围进一步萎缩，以致最后逐步陆升。挽近时期，新构造运动表现活跃，如发生过间歇性上升、产生各级剥蚀面以及河流阶地等，且至今还存在继续上升的趋势。

2.1.8 南岭矿产资源概述

南岭地区是我国南方有色金属、稀有金属、贵金属、稀土、放射性矿产的重要资源地和产区。20世纪50～80年代，南岭地区原地矿、冶金、有色、核工业及武警黄金部队等地质勘查单位对区内数百处矿产地开展了包括普查、详查、勘探在内的勘查工作，已探明大中型矿床260余处，享誉海内外（王登红等，2007）。广东下庄矿田的330（希望）铀矿、棉花坑矿田的302铀矿、诸广的361铀矿和帽子峰201铀矿等，曾经为我国核能事业和国防事业的发展做出过突出贡献。据粗略统计，截至2000年，南岭地区主要矿种钨、锡、铅、锌、银占全国保有储量比例分别为83%、63%、30%、22%、24%。姜耀辉等（2004）探讨了地幔流体铀成矿作用的特征，花岗岩型铀矿床分布于加里东隆起区；赵如意等（2020）认为，花岗岩内部构造结和岩体接触带附近，矿体沿断裂与蚀变体一起赋存于氧化-还原界面和脆韧性构造转换面之间的"成矿壳层"内，毛景文等（2007）认为，165～150Ma是南岭地区钨锡多金属大爆发成矿和大规模花岗岩侵位时期。近年来，南岭地区在钨锡多金属找矿方面取得了众多新进展，显示该地区仍具有巨大的资源潜力（王登红等，2007）。

现已新发现了一批大型或有望达到大型规模的矿床，如在赣南和湘南地区新发现了牛岭（W-Mo）、牛形坝（Au-Ag-Cu-Pb-Zn）、八仙脑（W-Sn-Cu-Pb-Zn-Ag）、芙蓉（Sn-W）等大中型钨锡多金属矿床。在诸广山-万洋山、香花岭等地也新发现了一批重要的锡多金属矿床，类型包括云英岩型、矽卡岩型、破碎带热液型等，湖南省地质矿产勘查开发局所属的湖南省湘南地质勘察院，在骑田岭岩体南部找到了赋存在岩体内部的破碎带热液型锡矿——芙蓉锡矿，目前控制规模已达大型以上，在一定程度推动了南岭地区锡多金属找矿工作的开展。此外，新发现的大型矿床还有广东银岩斑岩型锡矿床、江西岩背火山-次火山岩型锡矿床、广西北山铅锌矿床、湖南宝山铅锌矿床等，这充分展示出该区巨大的资源潜力（王登红等，2007）。

华夏古板块大型-特大型矿产地与构造环境密切相关，在南岭尤其与燕山期岩浆活动有关。南岭地区在燕山运动期有大量花岗岩侵入地壳上部，在高温高压作用下形成丰富的有色金属矿，其中以钨、锑矿最为丰富，为世界最集中的产地。许多大矿的矿床均位于燕山期断块运动形成的坳陷区，如锡总量的96%与燕山期花岗岩有关，特大型矿产地一般离不开矽卡岩体。矿床主要产于加里东—燕山期大义山岩体、骑田岭岩体、大东山岩体外接触带的泥盆系—石炭系—二叠系碳酸盐岩地层中，具有分布面积广、规模大、品质好、易采选等特点（文一卓等，2020）。贺州—郴州孕育了受燕山期同熔花岗岩控制的铅锌银铜矿；含铷花岗岩岩石结构多为花岗结构、斑状结构、鳞片花岗变晶结构、变余斑状结构、交代结构、交代变余结构等，大量的含铷花岗岩体（含量达到边界品位以上），多分布在近东西向的骑田岭（范飞鹏等，2014）。南岭碳酸钙类矿产广泛分布于郴州市北湖区、苏仙区、桂阳县、临武县、宜章县等地。总之，作为我国16个重要成矿带的"南岭成矿带"（陈毓川等，1990），其既是南岭矿产资源丰富的象征，也是矿产资源保护、开发和利用的重要地区。

2.2　南岭地貌初步研究

南岭地处我国第三级地形阶梯上，是我国南部地区最大的山脉群及我国重要的地理分界线，也是广西壮族自治区、湖南省、广东省、江西省和福建省的地貌骨架和主要区域。南岭包括代表性的五岭（越城岭、都庞岭、萌渚岭、骑田岭和大庾岭），以及海洋山、九嶷山、香花岭、瑶山、大瑶山、青云山、九连山和三百山等本区域内相连的山脉群。南岭西起湖南省西南部和广西壮族自治区西北部，经湖南省南部、广东省北部、江西省南部至福建省西南部的武平县，从湖南省通道侗族自治县到福建省武平县，东西跨度约600km，从湖南省绥宁县到广东省广宁县，南北跨度200多千米。从地形角度来看，东西走向的南岭形成了南北两大地形区的分隔山地，南岭以北是"江南丘陵"，而南岭以南是"两广丘陵"，所以南岭南北的地形类型都是以丘陵山地为主，地势相对崎岖。南岭分隔长江流域和珠江流域，也是我国重要的地理分界线。南岭及附近山地丘陵的海拔并不是很高，少数花岗岩构成的中山海拔在1500m以上，如越城岭主峰猫儿山（2141.5m）、真宝顶（2138m）、都庞岭主峰韭菜岭（2009m）、萌渚岭主峰山马塘顶（1787m）、骑田岭（1510m）、石坑崆（1902m）和大庾岭主峰（1000m）等。山地丘陵间夹有低谷盆地，包括山间盆地、喀斯特溶蚀谷地和红色岩系盆地等。从气候角度来看，南岭以南的区域是我国气候最为温暖的地区，主要得益于南岭对北方冷空气的阻挡，南岭的平均海拔虽然不高，而且还有低矮的通道，但是北方冷空气由于长途跋涉而无力翻越。

南岭地势（图2.2）大致呈现西高东低的分布，其中西部的资源县、灌阳县、龙胜各族自治县及城步苗族自治县等县基本以中山地貌为主，东部的于都县、会昌县、兴宁市、龙川县等基本以丘陵地貌为主。

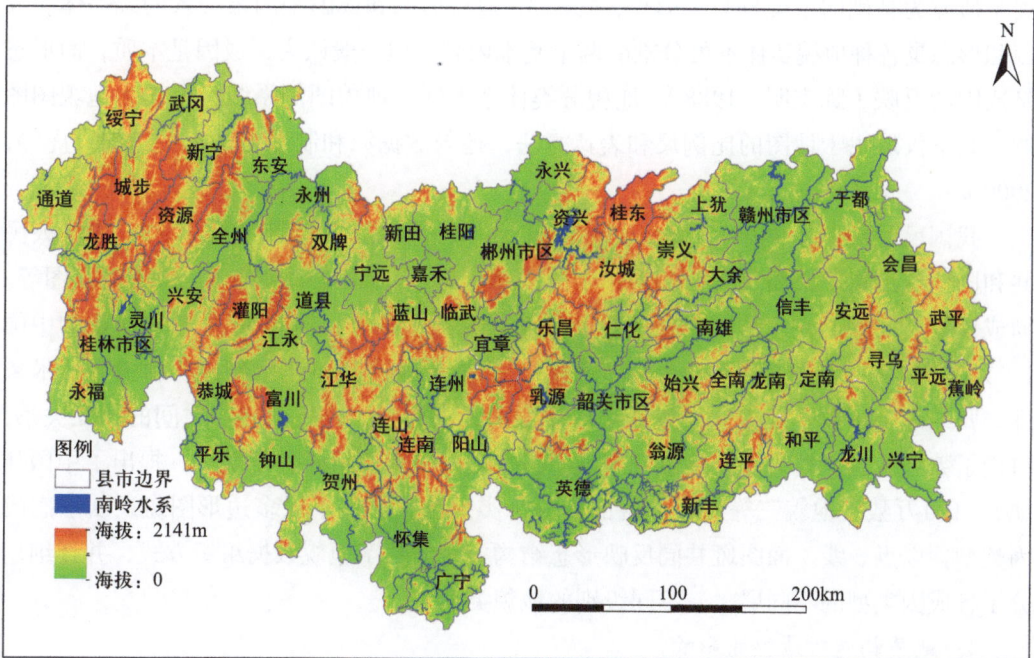

图2.2 南岭地势简图

2.2.1 南岭地貌类型划分依据和指标

地貌类型的划分主要是为了研究地貌的特征和发生发展规律、编制地貌图以及实际应用。影响地貌发育的因素主要有内外营力（形成原因）、地表组成物质（岩性）、形态特征和年龄标志等。

地貌分类是地貌学研究的重要内容。地貌分类的基础是对形成和影响地貌发育与演化的各种要素的研究（中国科学院地理研究所，1987；周成虎，2006；柴慧霞等，2006），包括地貌形态（起伏高度、坡度、海拔及其组合）、营力成因、物质分异（基岩、松散沉积物岩性）、空间组合特征（规模）、历史演化过程等方面（周成虎等，2009）。地貌要素是地球表层系统中最重要的组成要素之一，它直接影响甚至决定着其他要素的特征，并在一定程度上控制着其他生态与环境因子的分布与变化，是地理学研究的核心与基础内容之一（杨勤业等，2002；中国科学院《中国自然地理》编委会，1980；刘南威，2001）。地貌分类体系是地貌图研制的关键之一，地貌分类是反映地貌图科学性的关键（周成虎等，2009；赵荣等，2019）。地貌分类体系是建立在地貌形态成因相关分析的基础上，对众多地貌形态和成因，按其客观内在逻辑关系进行的系统分类（裴善文和李风华，1982）。地貌分类是以地貌各基本要素：包括地貌形态（起伏度、坡度、海拔及其组合–正、负地形……陡崖、陡坎）、成因、组成物质（基岩、松散沉积物）、地貌形成环境、空间特征（规模）、时间因素（演化过程）等方面及其成因内在关系研究为基础的系统分类（彭克，1964）。地貌形态和成因是因果关系的统一体。成因和形态是各种地貌实体不可分割的两个基本内容。但一般认为，成因是本质，而形态是成因的反映（陈志明，1988）。地貌分类体系不同于地貌图例系统，但作为地貌图图例，其不仅取决于地图的比例尺和表达方法，还与数据源和制图方法有关（周成虎等，2009）。

我国已经编制了中国1∶100万地貌图（中国科学院地理研究所，1987；中华人民共和国地貌图集编辑委员会，2009；周成虎和程维明，2010）、各省1∶50万地貌图等。周成虎等（2009）在总结国内外地貌及分类研究的基础上，借鉴20世纪80年代的中国1∶100万地貌图制图规范，基于遥感影像、数字高程模型和计算机自动制图等技术条件，归纳总结了数字地貌分类过程中应遵循的几大原则，分析了它们之间的相互关系，讨论了数字地貌分类的各种指标：包括形态、成因、物质组成和年龄等，提出了中国陆地1∶100万数字地貌三等六级七层的数值分类方法，扩展了以多边形图斑反映形态成因类型，以点、线、面图斑共同反映形态结构类型的数字地貌数据组织方式，并详细划分了各成因类型的不同层次、不同级别的地貌类型。

1. 地质构造对地貌的影响

内营力是地球内部能量所产生的动力。地质构造对地貌的影响包括大地构造、褶皱、断层和火山等。南岭处于活化地台区，经历了多次的造山运动，使白垩系以前的地层均受到过强烈的褶皱和断裂作用，并发生过火成岩大面积侵入及一部分喷出。本地区古近纪至第四纪继续受到多次间歇性上升运动及不均衡的升降运动的影响，每次上升运动后，即间以一个相当长的安定时期，被抬升的地表受到剧烈的侵蚀和夷平作用，形成了宽广的剥蚀面，老剥蚀面在多次抬升及安定时期的侵蚀-剥蚀作用下，又形成多级新的剥蚀面。这种多次的上升作用与侵蚀、剥蚀作用主导了地貌的发育，地貌发育既表现有剧烈侵蚀、剥蚀形态，也表现有明显的构造形态（李见贤，1961；苏时雨，1982）。

2. 气候条件对地貌的影响

从世界范围看，在20°N～30°N的亚热带光热资源丰富，但很多地区降水稀少，形成著名的回归干旱带。季风改变了亚热带的水热组合条件，地球上大约与南岭相同的纬度带内多为干燥的沙漠带，而我国这一地带却因为季风气候影响而终年湿润。加之山区地带性和非地带性因素的综合影响，形成了南岭复杂的立体气候环境。

南岭降水丰沛、径流丰富，流水的侵蚀与堆积作用是地貌的形成发育的主导因素之一。在山地和丘陵台地地区，以坡面冲刷和沟谷下切的侵蚀、剥蚀作用为主；在地势低平的平原、盆地、洼地，以堆积作用为主，广泛发育了各类流水地貌，如河流阶地、山麓洪积/冲积扇、冲积平原等。南岭高温多雨的亚热带气候条件，化学风化和流水作用使得碳酸盐岩类分布区喀斯特作用显著，侵蚀溶蚀强烈，发育有各个阶段的喀斯特地貌。在南岭的一些区域，由于淋溶作用旺盛，风化物中铁、铝富积，红色风化壳发育。在红色盆地，除了流水侵蚀作用，岩体的冷热差异性作用强，山体陡崖片状风化和块状风化作用明显，形成了南岭区域著名的丹霞地貌坡面景观。此外，南岭地区湿润的气候条件，使得微生物和低等生物生长迅速，根系、凋落物和动植物分泌的酸性物质也促进了岩体的风化作用。总之，南岭湿热、高温、多雨的气候条件加剧了不同岩体（风化壳）侵蚀、风化，形成了一批以喀斯特地貌、丹霞地貌等为特色的南岭山地、丘陵地貌。

3. 地表物质对地貌的影响

地貌是在岩性等内外地质因素及驱动力的综合作用下长期演化的结果（任美锷和杨成，1957）。岩性对地貌发育的影响主要表现在其对主要营力的响应，其中最主要的外动力地质作用是风化作用（尹国胜等，2007），岩石的物理化学性质的差异，直接体现在其抗风化能力强弱，进而影响地貌的发育。由于地表物质的不同，其抗风化、侵蚀的强度各异，在一定的外营力作用条件下，可以发育成形态多样的特殊地貌形态，如变质岩由于岩性致密坚硬，或经再结晶使其刚性增强，常构成陡峻的山体。南岭侵入岩以花岗岩分布面积最广，一方面巨大的花岗岩体因垂直节理发育，往往形成陡峻高耸的山地。另一方面，由于高温多雨的水热条件和地壳长期稳定，在丘陵地带容易形成深厚的风化壳，极容易受到侵蚀，其上面蚀、沟蚀和崩岗均易于发生。砂页岩地貌是南岭最常见的地貌之一，由于其岩性坚硬，加之侵蚀历史不同，而发育成各种地貌，其中山地地貌形态常常受到褶皱和断裂的控制。碳酸盐岩在一定温度和流水作用下发生化学反应，溶蚀侵蚀形成喀斯特地貌，其峰林、溶洞、地下河等形态特征各具特色。在南岭地区，从白垩纪至今，气候湿热，故在中、新生代陷落盆地中堆积了一套以陆相为主的红色岩系，红色岩系由于特殊的洪积、湖积、冲积形成机制和岩性特征，加之易于侵蚀，多形成有别于其他砂页岩地貌形态的红色岩系（亦称红岩、红层）地貌。其中，以丹霞群为主的地层，由于特殊坚硬而层厚的岩性和发达的节理而形成丹霞地貌。因此，南岭地貌类型分类中专门将红色岩系地貌和丹霞地貌从沉积岩/砂页岩地貌中划分出来。

为了研究地貌类型的形成原因、物质组成以及形成的时代等，必须首先了解各个地层的岩石性质、沉积建造和构造条件等因素，不同岩性和构造是地貌分类的主要指标之一。本节试图根据地貌类型划分的原则以及前面地层描述，进行沉积岩、变质岩和火成岩等岩性的地貌学分类，将出露地表的岩性分为八类：①变质岩；②花岗岩；③火山岩；④砂页岩；⑤红色岩系；⑥丹霞群；⑦碳酸盐岩；⑧第四纪地层。

1）变质岩（M）

变质岩主要为受到热力压力等变质作用产生的岩系，变质岩在南岭的分布面积较大，面积为31431km^2，占南岭总面积的19.42%。变质岩在南岭分布较为集中，且在东、西部的分布明显大于中部。变质岩主要分布在三个区域：南岭西部的绥宁县—城步苗族自治县—龙胜各族自治县的带状区域，南岭中部的江华瑶族自治县—连山瑶族自治县—连南瑶族自治县—怀集县—广宁县的带状区域以及仁化县以东的大片区域。

2）花岗岩（G）

花岗岩广泛出露于南岭全区，五岭均为花岗岩出露的地区，分别形成花岗岩山地（中山、低山）、花岗岩丘陵，花岗岩台地。花岗岩在南岭的分布较广，面积为36780km^2，占南岭总面积的22.73%。花岗岩在南岭的分布呈现东部分布明显大于西部的空间格局。连州市以西，花岗岩区主要以较大斑块集中分布在绥宁县、新宁县、资源县、全州县、灌阳县。连州市以东、以南，花岗岩区则呈现大范围、连片分布。

3）火山岩（V）

火山岩在南岭的分布范围较小，面积为832km^2，占南岭总面积的0.51%。其分布在广东省与江西的交界处，主要分布在安远县三百山的凤山乡、镇岗乡一带；全南县的南迳乡东北部、西南部和中寨乡南部；龙川县的麻布岗镇北部，上坪镇南部、东北部；寻乌县的晨光镇中南部、鹅公镇东部、桂竹帽镇南部、雨桥镇北部；平远县东石镇东南部。其岩性以燕山期的灰、灰黄色流纹质熔结凝灰岩，深灰、灰绿玄武岩，安山质玄武岩为主，夹杂有流纹岩、英安岩。

4）砂页岩（S）

砂页岩为南岭分布面积最大的岩性，面积为38758km^2，占南岭总面积的23.95%。砂页岩遍布整个南岭地区，南岭的中部、西部为砂页岩的集中分布区域，较大的砂页岩斑块包括双牌县大部、新田县东部、翁源县西部、连平县的东南部等。南雄市以东的砂页岩斑块相对较小。

5）红色岩系（R）

广义的红色岩系为侏罗纪到古近纪的红色地层，主要包括南雄群等，形成红岩山地丘陵。红层（不含丹霞群）在南岭分布不多，面积为6511km²，占南岭总面积的4.02%。南岭红层主要分布于其中部、西部，呈现临武县—连州市—怀集县的南北带状分布，以及南雄市—信丰县—于都县的南北带状分布。红色岩系在南岭西部分布较为零星，主要分布在全州咸水乡东部、石塘乡北部，道县桥头镇西北部，永福县永福镇中部，道县的柑子园镇—白马渡镇—白芒铺镇—上井街道。

6）丹霞群（D）

丹霞群地层是红色岩系的一种特殊类型，主要形成丹霞地貌，且以丹霞低山、丘陵地貌为主。丹霞群的地层年代有多种论点（包括白垩纪和古近纪），20世纪80～90年代，广东省地质矿产局将丹霞群划入晚白垩世（张显球，1990，1992；张显球等，2000a，2000b；黄进，2010）。在南岭地区，丹霞地貌主要是上白垩系红色陆相碎屑岩为主发育的山地丘陵地貌。本书丹霞群泛指形成丹霞地貌的同时代的白垩系地层。丹霞群在南岭分布较少，面积为3433km²，占南岭总面积的2.12%。南岭的丹霞地层呈现一定的狭长带状分布，北东向的丹霞带状斑块主要分布于通道侗族自治县、新宁县（崀山镇中部、金石镇西部、大塘乡镇中部）—资源县（梅西乡、资源镇中部）、永兴县（龙形市乡—鲤鱼塘乡的西部，柏林镇—太和镇—黄泥镇—便江镇—五里牌镇的东部）—资兴市（蓼江镇—程水镇的西部）、仁化县（董塘镇—丹霞街道）—曲江区（犁市镇—大桥镇—周田镇）、会昌县（武坝镇—麻州镇—左水乡—周口镇—筠门岭镇的中部）—寻乌县（罗珊乡中部）；东西向的狭长带状斑块主要分布于南雄市（古市镇西北）—始兴县（马市镇—太平镇中部）、南康市—大余县，而宜章县（玉溪镇—梅田镇）—乐昌市（坪石办事处—三溪镇—坪石镇）、于都县（贡乡镇南部、新陂乡全部、小溪乡西北部）等区域的丹霞呈现较大面积集中分布。此外，赣县中部、连平县北部亦有一些分布。

7）碳酸盐岩（K）

碳酸盐岩在南岭分布较广，面积为37553km²，占南岭总面积的23.21%。碳酸盐岩呈带状集中分布在南岭的中西部，主要集中于东安县—全州县—兴安县—灵川县—临桂县—永福县，桂阳县—嘉禾县—宁远县—道县—江永县—富川县—平乐县/钟山县两条南北带状分布，以及连州市—阳山县—英德市/曲江区一线的东西带状分布，而在仁化县以东，碳酸盐岩分布较为零星。

8）第四纪地层（Q）

第四纪的沉积物主要形成南岭的两大类地貌——洪积地貌和河成地貌，前者如洪积扇及洪积阶地，后者则包括河流边滩及江心洲、滩，冲积平原（高、低河漫滩），冲积–坡积平地，山区溪谷平地以及河流阶地等，本书由于制图比例尺所限，不进一步区分。

总体而言，如图2.3所示，南岭面积占比最大的三种岩性分别为砂页岩、碳酸盐岩和花岗岩，分别占南岭面积的23.95%、23.21%和22.73%，三者占比高达69.89%。从岩性的空间分布看，砂页岩遍布整个南岭地区，南岭的中部、西部为砂页岩的集中分布区域，较大的砂页岩斑块包括通道侗族自治县、双牌县等。花岗岩主要分布于南岭的西部、中部，其中西部主要呈大斑块集中分布于资源县、全州县及新宁县，中部主要呈现带状分布。碳酸盐主要呈带状集中分布在南岭的中西部，而在南岭东部鲜有碳酸盐岩分布。

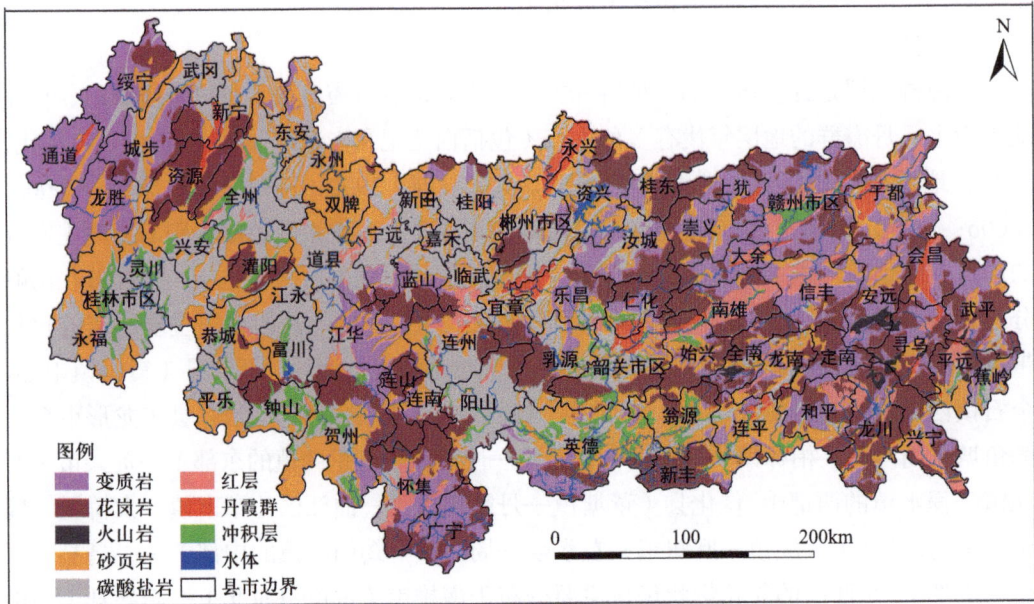

图2.3　南岭岩性的地貌学分类图

4. 海拔

海拔既是地貌划分的依据也是地貌分类的指标。海拔包括绝对高程、相对高程和基础高程。我国对于山地的划分，主要是极高山（＞5000m）、高山（3500～5000m）、中山（1000～3500m）、低山（＜1000m）。南岭地区最高海拔2141.5m（越城岭主峰猫儿山，相对高度1862m），因此地貌学家根据中国南方的实际情况（李见贤，1961），将南岭山地划分标准调整为：中山（＞800m）、低山（＜800m）。本书依据800m的海拔作为中山和低山的界定。

1）中山（M_1）

山顶海拔大于800m的山地称为中山（李见贤，1961），它的高度一般在900～2000m，相对高度在100～1500m及以上。山顶常有850m、900～1000m或1500m的残余古剥蚀面。

2）低山（M_2）

山顶海拔500～800m、相对高度500～700m的山地称为低山。它的高度常在500～700m，在低山的范围内，常有500～600m的古剥蚀面残余（李见贤，1961），其也是黄壤及红壤的过渡地带。

3）丘陵（h）

丘顶海拔250～500m、相对高度100～400m的地形称为高丘陵。在高丘陵范围内有300～350m或400～450m的古剥蚀面残余。丘顶高度100～250m、相对高度50～200m的地形称为低丘陵。低丘陵相较山地及高丘陵而言，构造形态影响已退居次要的地位，其主要是剥蚀、侵蚀作用造成的地貌。它一般分布较为零散、坡度较为和缓，其中有不少呈现残余的低丘状，难以在大区域、小比例尺图件上体现，故本书不区分高低丘陵。

4）台地（t）

台地是较为低平、较为完整的古剥蚀面。一般呈现缓坡起伏而顶面齐平的地形特征。它的海拔一般在200m以下，其相对高度有5m、15～20m或25～40m。这些台地的形成，表明该区地壳有过相当长的安定时期，在基准面稳定的情况下，受到长期的剥蚀、侵蚀作用，该区的地表夷平成为准平原。这些准平原受小量抬升并受到轻微破坏后，即成为今日的台地。其中，一部分为古河流直接作用过的地区，现已经高于洪水位，物质组成中具有河流相二元结构（古河流砂、卵石层），则称为河流阶地。台地和河流阶地可根据年代和高程分为若干级。

5）洪积冲积平原（p）

洪积冲积平原是堆积地貌，主要沿山间沟谷和河流两岸分布，其起伏小，海拔与山间沟谷和河流的海拔而有所不同，在平原地区其海拔一般低于200m。

5. 形态特征

不同的地貌类型一般具有不同的形态特征和景观格局，因此人们常将地貌的形态特征作为地貌分类的依据之一，实际上形态特征是用来描述地貌类型的手段或指标。不同的地貌类型具有相同的外在形态特征，而相同的地貌类型也有不同的形态表现。地貌类型与微地貌形态有关，但是微地貌形态不能代表地貌类型，如岩龛、凹槽、天生桥等局部微地貌形态未能体现地貌类型信息。冰川刃脊是冰川地貌的典型特征，峰林是喀斯特地貌的一个典型特征，现在许多文献也用峰林来描述张家界地貌、丹霞地貌。地貌形态特征与地貌旋回有关，各种地貌类型或者区域都遵循高地→方山→石墙→石柱→峡谷→平原等的戴维斯地貌演化过程。

6. 人类作用

人类兴建的一些工程设施对地表形态有明显的改变作用，如水利设施、坡改梯田、筑路架桥、开挖矿山等。南岭地区有著名的人工运河——灵渠（图2.4）、大型水库，也有著名的龙胜龙脊梯田（图2.5）和延绵于崇山峻岭的高速公路，这些设施极大地便利了人们的生产、生活。但若人类不合理的开发利用，则可能造成灾害性地貌或劣地，如花岗岩地区的崩岗、喀斯特地区的采石场等。

7. 岩石/地貌年龄

包括岩石形成的年龄和地貌形成的年龄。年代久远的地层由于受到变质作用而形成

图2.4 灵渠（左图为铧嘴，右图为大小天平）

图2.5 龙胜龙脊梯田（中国稻作基地）

坚硬的岩石，如南岭地区震旦纪以前的地层多为变质岩，其往往形成高大的山体。丹霞地层受到外力的剥蚀作用，往往造成形态各异、姿态万千的丹霞地貌景观。而溶洞里面的石灰华随着时间的推移，持续增长，形成极具景观价值的岩笋、岩柱。广西涠洲岛及相邻的斜阳岛为第四纪海底火山喷发沉积所成，后经构造运动而升出海面的火山岩岛历经沧海桑田之变后成为我国最新的火山地貌。

2.2.2 南岭地貌类型

南岭的地貌类型，从成因和特征来看，主要为①侵蚀-剥蚀-构造地貌（包括山地-中山和低山，高丘陵）；②剥蚀-侵蚀地貌（低丘陵，台地）；③红色岩系地貌（成因和岩性的结合）；④丹霞地貌（成因和岩性的结合）；⑤喀斯特地貌（岩性和成因的结合）；⑥洪积冲积平原（包括洪积地貌和河成地貌）；⑦人为地貌。本书采用成因、岩性、海拔、特征等命名形式，对南岭地貌类型进行划分（图2.6）。

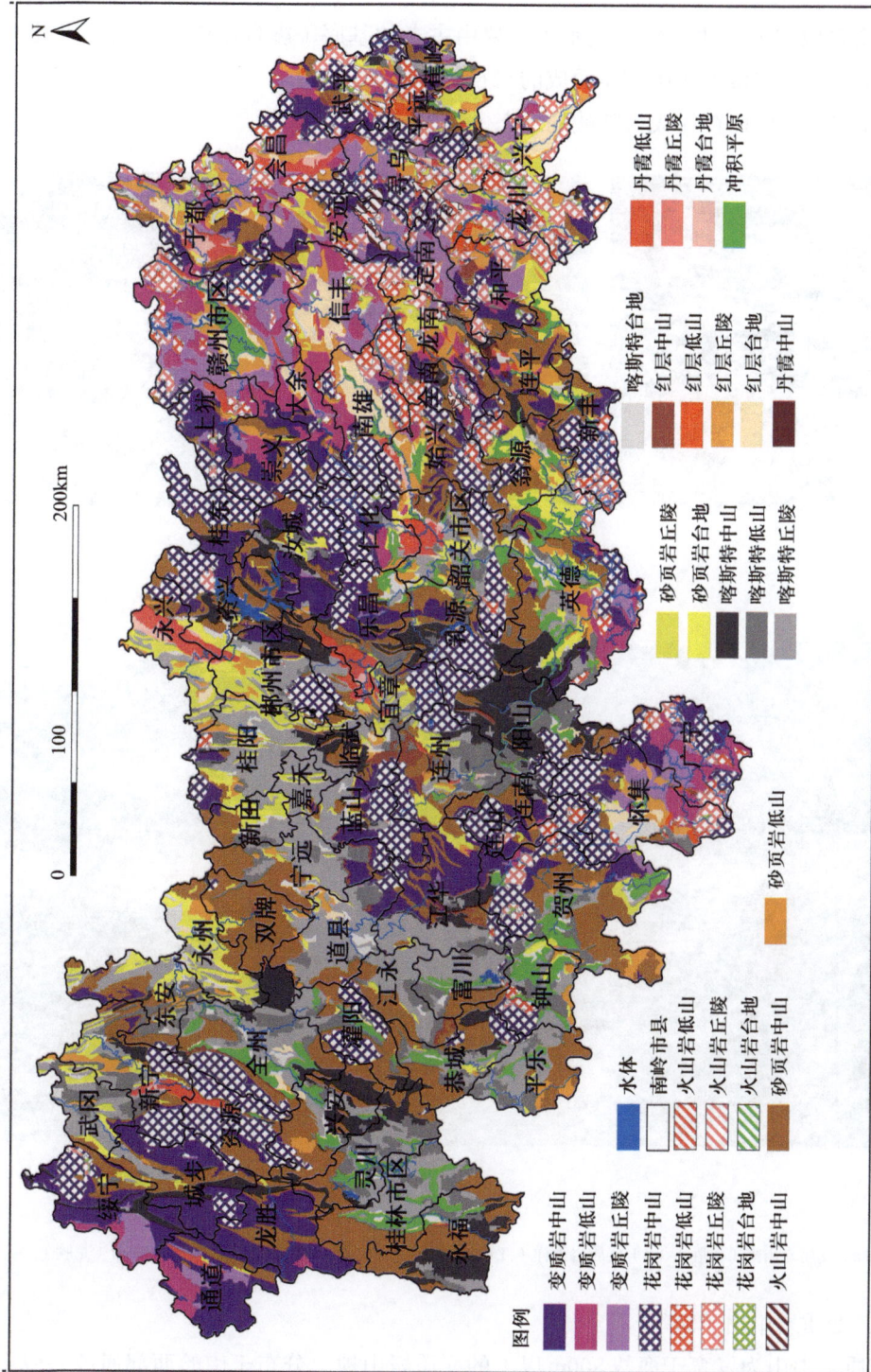

图2.6 南岭地貌类型图

1. 侵蚀-剥蚀-构造地貌

1）变质岩地貌

变质岩地貌（岩性以M/m表示）主要由古老的基底（震旦纪前的地层）以及古生代地层受到火成岩侵入作用变质而成的岩石所形成。它们由于构造上升而成为高大的中山，由于岩性坚硬而往往成为陡峻的形态（图2.7）。

(a)   (b)   (c)

(d)

图2.7　变质岩及其形成地貌

（a）变质岩出露（龙胜）；（b）变质岩采样（江华）；（c）变质岩露头（武平）；（d）变质岩中山（龙胜）

A. 变质岩中山（M_1^m）

变质岩中山为发育于海拔800m以上的变质岩山地，分布于南岭西部通道—城步—龙胜一带、中部山地及瑶山背斜的广大地区，以及东部江西等地，海拔大部分在1000m

以上。其约占南岭面积的 10.76%。

　　B. 变质岩低山（M_2^m）

　　变质岩低山为发育于海拔 500～800m 的变质岩山地，主要分布于始兴县以东的大片区域，南岭西部的变质岩低山仅在通道—绥宁的西部呈带状分布，变质岩低山形态陡峻。其约占南岭面积的 4.08%。

　　C. 变质岩丘陵（Mh）

　　发育于海拔低于 500m 的变质岩丘陵，主要分布于南雄以东的大片区域，南岭西部仅分布在通道东部、绥宁西南部的部分区域。其约占南岭面积的 4.69%。

　　2）花岗岩地貌

　　南岭花岗岩（岩性以 G/g 表示）带以燕山早期岩浆岩为主，主要由二长花岗岩和钾长花岗岩组成，其次为加里东期岩浆岩（图 2.8）。赣南燕山早期 A 型火山-侵入杂岩和双峰火山岩组合的出现，以及闽西南、粤东北和湘南同期玄武岩岩浆作用的出现，表明中国南方岩石圈在燕山早期即侏罗纪发生了伸展断裂。加里东期花岗质岩石主要分布在武夷和云开加里东隆起的湘赣、闽赣和桂粤边界地区以及扬子板块和华夏板块缝合带附近的湘桂边界地区。海西—印支期花岗质岩体通常产于加里东隆起及其外围海西拗陷的毗邻地区（史明魁等，1993）。燕山早期第一阶段（180～155Ma）花岗岩类主要分布在南岭北部（如都庞岭—九嶷山—骑田岭—诸广山—大布—古田岩带和花山—姑婆山—桂东—寨北—武平岩带），也有零星出露在南岭南部。这一阶段的花岗岩类明显向东西方向延伸。燕山早期花岗岩类是决定南岭花岗岩带和南岭山系的主要因素。南岭花岗岩带的块状花岗岩体起源于燕山早期，呈东西向展布，是南岭山系形成的主要制约因素（Chen et al.，2002）。

　　A. 花岗岩中山（M_1^g）

　　花岗岩中山为发育于海拔 800m 以上的花岗岩山地。五岭均为花岗岩中山，南岭中部九峰山地是由花岗岩侵入泥盆纪砂岩所形成的山体，其顶部保留着石英砂岩岩层，实为花岗岩体上原有岩层覆盖。在褶皱山地如瑶山，花岗岩侵入体只见于深切的一带峡谷底部（曾昭璇和黄少敏，1977）。其约占南岭面积的 15.60%。

　　B. 花岗岩低山（M_2^g）

　　花岗岩低山为发育于海拔 500～800m 的花岗岩山地，分布地区常与花岗岩中山相同，海拔不及中山。其约占南岭面积的 3.00%。

　　C. 花岗岩丘陵（Gh）

　　发育于海拔低于 500m 花岗岩丘陵，有浑圆起伏的丘顶和凸形坡。其海拔一般在350m 或 400m 以下，相对高度在 100～250m。处于长期稳定的花岗岩丘陵由于受到长期的淋溶、风化作用等，产生深厚的风化壳，易于受到外力侵蚀，是我国南方崩岗分布最广的地区之一。其约占南岭面积的 3.90%。

(a)

(b)

(c)

图2.8　花岗岩及其形成地貌

（a）花岗岩出露（猫儿山）；（b）花岗岩中山地貌（骑田岭）；（c）花岗岩丘陵地貌（郴州）

D．花岗岩台地（Gt）

花岗岩低丘陵遭受长期的剥蚀而成，台地面平缓。其约占南岭面积的0.35%。

3）火山岩地貌

火山岩地貌（岩性以V/v表示）主要分布于全南县南部，龙川—寻乌一带，还有宁远—新田一线南北方向，连平—龙南—定南—安远一线和兴宁—平远—武平一线北东方向呈断续分布的火山岩低山丘陵台地（图2.9）。

图2.9　安远县三百山一带火山岩中山及冲积平原

A. 火山岩中山（M_1^V）

火山岩中山为发育于海拔800m以上的火山岩山地，分布在安远县南部、寻乌县西部及龙川县北部，其以三百山最具代表性。其约占南岭面积的0.22%。

B. 火山岩低山（M_2^V）

火山岩低山为发育于海拔500～800m的火山岩山地，主要分布在龙南县东部、安远县中南部、寻乌县南部及龙川北部的小部分区域。其约占南岭面积的0.12%。

C. 火山岩丘陵（Vh）

发育于海拔低于500m火山岩丘陵，其分布与火山岩低山分布较为近似，且面积亦近似。其约占南岭面积的0.12%。

D. 火山岩台地（Vt）

火山岩台地多为玄武岩台地，也有部分流纹岩台地，面积较小，仅分布于安远县的凤山乡和全南县的中泰乡、南迳乡。其约占南岭面积的0.01%。

4）砂页岩地貌

虽然南岭的骨架-五岭均为花岗岩地貌，但是砂页岩（岩性以S/s表示）地貌是分布最广的沉积岩地貌，也是南岭地区面积最大的地貌类型。

A. 砂页岩褶皱断裂中山（M_1^s）

砂页岩褶皱断裂中山为发育于海拔大于800m的砂页岩山地，是由剧烈褶皱断裂作用的古生代和中生代的砂页岩所构成，主要分布于龙南县以西的大片区域。其约占南岭面积的15.57%。

B. 砂页岩低山（M_2^s）

砂页岩低山为发育于海拔500~800m的砂页岩山地，相对高度在300~650m。山的走向常与构造线一致，仍具一般中山外貌，只不过海拔比中山小些而已，如乐昌峡东部等地的低山。其约占南岭面积的2.54%。

C. 砂页岩丘陵（Sh）

砂页岩丘陵为发育于海拔低于500m的砂页岩地貌，这类丘陵较平缓，坡度一般在30°以下，在较软的砂页岩、煤系或夹有泥灰岩的丘陵，坡度只有15~20°。其约占南岭面积的3.50%。

D. 砂页岩台地（St）

砂页岩台地为受到长期侵蚀剥蚀作用形成的砂页岩地貌，起伏和缓，坡度较小。其约占南岭面积的2.35%。

5）红色岩系地貌

中生代侏罗纪至新生代古近纪，在山间和断陷盆地沉积的红色砾岩、砂岩和页岩，称为红色岩系（岩性以R表示）。发育于红色岩系的地貌称为红色岩系地貌，或简称红岩地貌、红层地貌（图2.10），包括红岩山地丘陵，也包括丹霞地貌。因为丹霞地貌的岩石性质、时代、地貌形态以及旅游价值等具有特殊性，是红岩地貌的一个特殊类型，故本书单独分类进行论述。

A. 红岩中山（M_1^R）

红岩中山为发育于海拔大于800m的红岩山地，主要分布于连州市北部—临武县南部，江华瑶族自治县中南部及和平县北部的部分区域。其约占南岭面积的0.59%。

B. 红岩低山（M_2^R）

红岩低山为发育于海拔500~800m的红岩山地，相对高度300~500m。在老坪石西北面至宜章的夹峰岭（517.6m）、乌龟寨（524.4m）的红岩低山，稍高于周围的红岩丘陵，单从海拔上来看，可定为红岩低山，但从形态等各方面来看与红岩高丘陵的性质相似。其约占南岭面积的0.34%。

C. 红岩丘陵（Rh）

红岩丘陵为发育于海拔小于500m的红岩地貌，丘顶较为齐平，在丘陵中形成长形谷地。红色页岩形成的丘陵中，由于岩性较软而休止角小，泻溜和片蚀作用非常强烈，每次大雨都可使地面形态有所改变。其约占南岭面积的1.44%。

D. 红岩台地（Rt）

红岩台地分布于白垩纪到老第三纪构造盆地中，岩性较软，利用较差，其上多长满杂草。其约占南岭面积的1.57%。

2. 丹霞地貌

丹霞地貌（岩性以D表示）是红层地貌的一种特殊类型，极具景观价值（图2.11）。

图2.10　南岭不同区域的红层丘陵及其剖面

（a）、（b）南雄；（c）武平

自从冯景兰先生在广东丹霞山命名"丹霞层"地层并详细描述了由丹霞层形成的地形（冯景兰和朱翔声，1928），陈国达和刘辉泗（1939）首次用"丹霞山地形和丹霞地形"发表论文，以及大批学者（吴尚时和曾昭璇，1946，1948；曾昭璇和黄少敏，1978a，1978b；李见贤，1961；黄进，1982）研究丹霞地貌以来，我国科学家对丹霞地貌开展了95年的研究。1984年，本书作者李定强在中山大学黄进教授指导下，撰写丹霞地貌论文时，曾写信请教了陈国达院士，他专门回信确认首次用"丹霞山地形和丹霞地形"发表论文，一并寄来了论文的复印件。1954年，我国把"地形学"改称为"地貌学"。1961年，李见贤等在编制广东省地貌图时将地貌分类的具体名称仍然称为地形，如丹霞地形、喀斯特地形、河成地形及海成地形等；1978年，曾昭璇和黄少敏发表《中国东部红层地貌》（曾昭璇和黄少敏，1978a），黄进（1991）认为在此文中曾昭璇教授首次使用丹霞地貌一词。

　　1961年，李见贤等在编制广东省地貌图时，认为前期的制图把不少河漫滩当作

(a) 丹霞山（韶石）

(b) 丹霞山（僧帽峰）

(c) 河源霍山丹霞地貌

(d) 河源越王山丹霞地貌

(e) 陕西照金的丹霞地貌

(f) 郴州飞天山的丹霞地貌

(g) 新宁崀山的林家寨丹霞地貌

(h) 宜章县的丹霞地貌

(i) 通道的万佛山丹霞地貌

(j) 龙南县的南武当丹霞地貌

(k) 囊谦县吉尼赛乡的高原丹霞地貌

(l) 武平丹霞地貌的陡壁及岩洞

图2.11 部分丹霞地貌景观

河流阶地，对喀斯特地形分类过于简略，对著名的丹霞地形缺乏特殊表示（李见贤，1961）。李见贤等较全面地对广东的地貌进行了分类和制图，将广东省地貌分为55类，并将红色岩系地貌和丹霞地形专门从沉积岩地貌中分出来，其中丹霞地形列入剥蚀侵蚀地形，编号为22，并在文中指出，丹霞地形在粤北仁化丹霞山附近发育得最为典型，故名。丹霞地貌由水平或变动很轻微的厚层红色砂岩、砾岩所构成，因岩层呈块状结构和富有易于透水的垂直节理，经流水向下侵蚀及重力崩塌作用形成陡峭的峰林或方山地形。陡壁有的呈墙状，有的呈宝塔状、柱状，有的为流水侵蚀而成为沟纹。陡壁下部常由崩塌作用形成重力堆积裙。区内谷地狭窄呈槽形，相对高度常由数十米至一百余米，赤紫色奇峰林立，风景秀丽。这类地形除丹霞山附近有大面积分布外，在粤北坪石也有较大面积分布，其他在南雄、连平、龙川霍山、平远差干、紫金古竹、清远南部的神石等地皆有零星分布（图2.11 部分丹霞地貌景观）（李见贤，1961）。

　　1948年黄进先生赴中山大学地理系读书时，途经粤北韶关，得见"五马归槽"壮丽景观，遂成为"丹霞痴"，立志以平生心力研究丹霞地貌（黄进，2004）。黄进（1982）总结的丹霞地貌"顶平""身陡""麓缓"的三大特点（这也是对他1961年丹霞地貌研究的继承和发展），成为丹霞地貌研究者引用最广的丹霞地貌基本特征。黄进先生一共考察丹霞地貌1000余处，足迹几乎遍及我国已发现的所有丹霞地区（黄进等，2015a，2015b）。2014年，本书参编作者廖义善和谢真越陪同87岁的黄进教授第四次考察西藏丹霞地貌（图2.12），历时21天，其中15天身处海拔4000m以上的地区（廖义善等，2017）。1991年在广东丹霞山，黄进教授与北京大学陈传康教授共同发起召开第一届全国丹霞地貌旅游开发学术讨论会，成立丹霞地貌旅游开发研究会，黄进教授任研究会创会会长及终身名誉会长。2011年国际地貌学家协会丹霞地貌工作组第一次会议暨第二届丹霞地貌国际学术讨论会在韶关成功召开，标志着丹霞地貌正式走向了国际（彭华等，2012）。本书作者所在的团队也曾在国际会议上展示了部分丹霞地貌的研究成果（Huang et al.，2017；Li et al.，2017；Liao et al.，2017；Yuan et al.，2017；Zhuo et al.，2017）。

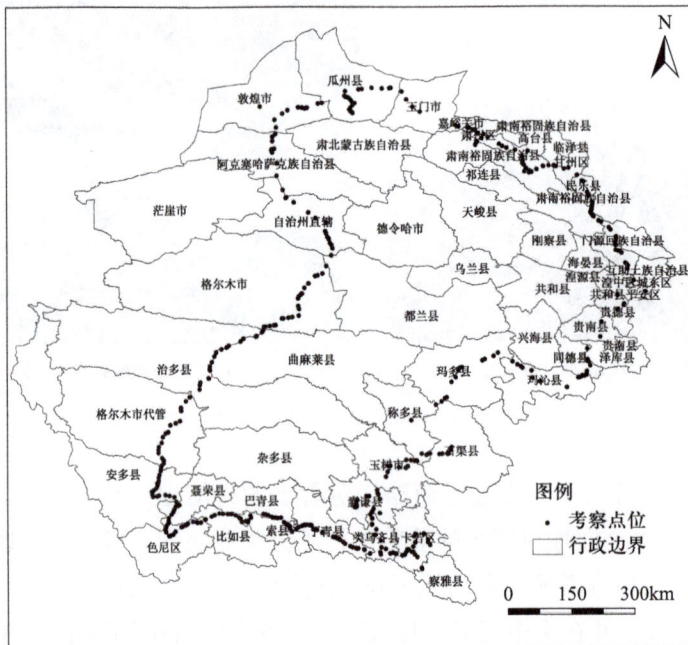

图2.12   2014年黄进教授等对青藏高原丹霞地貌考察路线图

南岭丹霞地貌具有以下特征：

岩性：以上白垩系红色陆相碎屑岩为主，为红色砾岩和砂页，以及页岩和泥岩。颗粒之间的填充物或胶结物主要是氧化铁，故呈红色（朱国南，1993）；砂页岩的交错层理明显，所以外观很美，是很好的摩崖石刻和建筑材料（图2.13）；颗粒之间胶结疏密不一，有孔隙，故透水性强；胶结物含钙质；沙砾成分来自周边山地，故成分与周边山地同源，来自碳酸盐岩的沙砾（包括部分钙质胶结物）容易受到溶蚀作用，而不是红色岩系本身的溶蚀作用。

地质构造：岩层整体抬升为主，因此有许多水平产状，倾角小，垂直节理发育。

外力：以流水侵蚀为主，兼有重力崩塌和溶蚀作用。在高原和干旱区还受到风沙、

(a) 丹霞坡面沉积纹理（飞天山）

(b) 丹霞坡面沉积纹理 [图 (a) 框图范围] 特写（飞天山）

图2.13　丹霞层典型的纹理结构

风蚀和冻融等作用的同期或后期叠加。

形态特征：顶平、身陡、麓缓。顶部受到岩层产状、上覆土和植被等影响；坡麓受到基岩以及后期的风化和搬运作用影响；陡身受到垂直节理影响，发育成为墙状、宝塔状、柱状、峡谷等，受到差异性风化和低等生物作用，这部分坡面明显有异于红岩地貌和其他岩性的地貌，这也是外观上判断丹霞地貌的标志之一；但由于坡顶与局部侵蚀基准面高差较小，或者受到侵蚀剥蚀的作用的时间较短等，这个坡面可以不是陡坡，如郴州飞天山、高椅岭一带的丹霞坡面。

丹霞微地貌特征：差异性风化作用、碳酸盐岩碎屑的溶蚀作用、河流侧蚀作用以及人为作用等产生的微地貌在丹霞地貌中较为常见，如块状或片状剥蚀、球状风化、洞穴、岩龛、额状崖、浅石沟、水平岩槽、瓯穴壶穴、天生桥（穿透洞）、石灰华和泥质华细波、海蚀崖、海蚀洞、石壁、石窟、人为石刻等（图2.14）（Li et al.，2017）。

丹霞地貌的特点是微地貌发育，喀斯特地貌的特点是微地貌和地下地貌发育的典型，两者颇具景观价值。由于红色岩系形成年代较新，接收了许多来源于喀斯特地区的物质，所以具有石灰岩砾石和钙质胶结物的岩层发育了喀斯特微地貌特征。有些地方有

(a) 丹霞层球状风化（万佛山）

(b) 丹霞层球状风化（飞天山）

(c) 丹霞坡面片状剥落（飞天山）   (d) 丹霞坡面侵蚀沟（飞天山）

图2.14　丹霞地貌坡面风化与侵蚀

淡水石灰岩和蒸发岩的存在（朱国南，1993），部分湖相沉积区会夹有膏岩、岩盐层等（杨庆坤等，2009），而早于或与碳酸盐岩同时代沉积的砂页岩则不具备这个特征。

　　南岭地区典型丹霞地貌虽分布较为零星，面积为3432.98km^2，仅占南岭面积的2.12%，但包含诸如丹霞山、霍山、崀山-八角寨、金鸡岭、飞天山、通天岩、南武当山和五指石等著名丹霞景点（图2.11），其对南岭地区旅游业发展具有重要影响。南岭丹霞地貌以丘陵地貌和低山地貌为主，其面积占比分别为55.94%、22.00%（图2.15）。丹霞地貌因其具有赤壁丹崖等极具景观价值的地貌形态，近年来随着旅游开发不断升温而成为景观地貌学关注的重要对象（郭福生等，2020）。

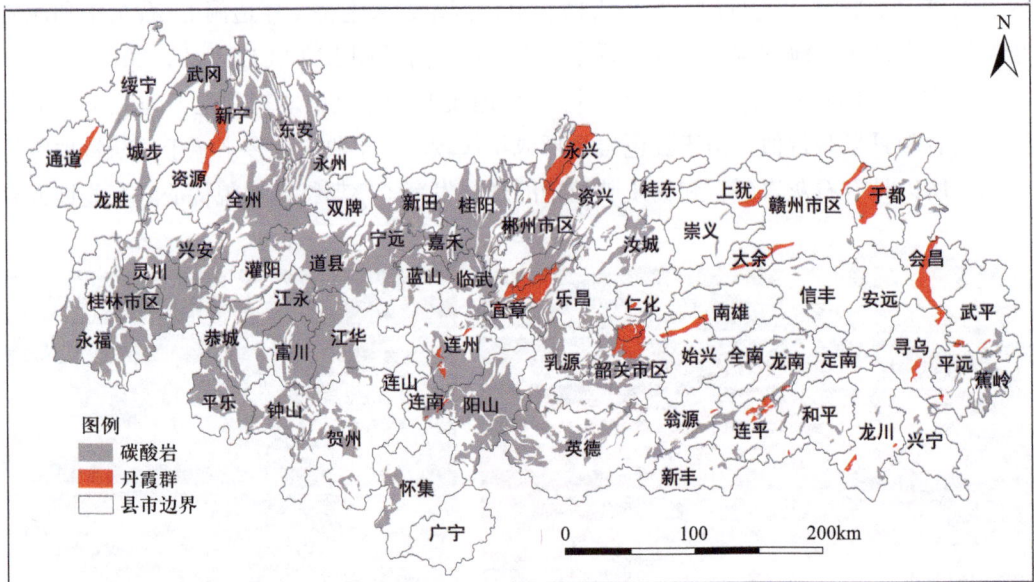

图2.15　南岭典型石灰岩和丹霞群分布图

1）丹霞中山（DM_1）

丹霞中山为发育于海拔大于800m的丹霞山地，仅在连平上坪、龙南南武当和广西—湖南八角寨等地可见。其约占南岭面积的0.03%。

2）丹霞低山（DM_2）

丹霞低山为山顶高度500～800m的丹霞山地。其约占南岭面积的0.47%。

3）丹霞丘陵（Dh）

丘陵顶部高度小于500m，在乐昌市坪石镇到宜章县一带有大面积分布，与其东部的红岩丘陵相邻。乐昌金鸡岭主峰高达356.4m，其西侧武水多年平均水位为149.50m，故其相对高度达206.9m，主峰附近及其东南、东北一带，纵横在150～200m宽的金鸡岭顶部，仍未受到较严重的破坏，呈现出颇为宽平的状态，这是受水平红色砂岩的层面所控制的结果；在上述平缓山顶的边缘，突然转变成为悬崖峭壁，坡度一般皆在80°～90°，悬崖高度为数十米至120余米，如金鸡岭独峰西侧悬崖高达90～100m；在其陡崖麓部可见到较为和缓的崩积缓坡，崩积物之下为缓坡基岩面，这些基岩缓坡的坡度与崩积坡度基本相同，不少局部地段可见到崩积物遭受风化和坡面流水冲刷搬运后直接出露基岩的缓坡面（黄进，1982）。其约占南岭面积的1.18%。

4）丹霞台地

丹霞台地由丹霞丘陵受到长期剥蚀作用而形成，呈平坦状地貌。其约占南岭面积的0.44%。

3. 喀斯特地貌

流水对可溶性岩石所进行的化学、物理和生物作用统称为喀斯特作用。流水对可溶性岩石进行溶蚀侵蚀等作用所形成的地表和地下地貌形态称为喀斯特地貌，简称喀斯特，其是碳酸盐类岩石分布的地区或存在流经石灰岩的地下水所特有的地貌现象（岩性以K/k表示）。喀斯特奇峰、异石、千沟万壑的特色颇具景观价值，在南岭发育的典型喀斯特地貌主要分布在广西、湖南和广东。广西桂林、阳朔一带发育了我国典型的喀斯特地貌（图2.16）。

在徐霞客对地理学的一系列贡献中，最突出的是他对石灰岩地貌的考察。他是我

图2.16　桂林喀斯特地貌（右图为桂林象鼻山）

国，也是世界上最早对石灰岩地貌进行系统考察的地理学家。喀斯特高原位于欧洲第四大山脉——迪纳拉山脉，在亚得里亚海的岸边，是南斯拉夫（现斯洛文尼亚西南）和意大利的交界地区，海拔一般1000~2000m，主要由石灰岩组成。受地中海式气候影响，石灰岩地形发育典型，有峰林、石芽、盲谷、溶蚀洼地、溶斗、溶洞、落水洞、地下水系等主要类型。19世纪末，南斯拉夫学者司威治（Cvijic）经过研究，认为这种地貌无法纳入已知的地貌类型，便用所在研究地的名字将其称为"喀斯特地貌"，并得到国际上通用。1966年在广西桂林召开的全国喀斯特学术会议上，将喀斯特地貌改为岩溶地貌（卢耀如，1966），但现又多用喀斯特地貌来表述。

喀斯特地貌划分为许多不同的类型。黄进教授认为前人将喀斯特地貌分类过于简单（李见贤，1961）。黄进教授20世纪80年代主持编制广东省1：50万地貌图和中国1：100万粤桂湘片地貌图时，将广东省的喀斯特地貌分为14种类型（38~51类）。本书作者李定强（1984）在他的指导下，将乐昌县喀斯特地貌分为15种类型。

南岭西段的盆地多由碳酸盐岩组成，形成了喀斯特地貌，面积为37553km^2，其中著名的"桂林甲天下的山水"即坐落其间（图2.16）。以石灰岩为代表的碳酸盐岩在外力挤压作用下形成褶皱，后经地壳抬升，出露地表。在降雨地表径流等外力作用下，发生侵蚀溶蚀形成山地丘陵地貌，形态上为峰丛地貌，而后峰丛被溶蚀成为峰林，并随着溶蚀作用的持续，形成孤峰或平地。因此，喀斯特地貌形态类型包括峰丛、峰林、孤峰、残丘、喀斯特丘陵和石芽等（王世杰等，2015），其不同地貌形态代表其不同发育阶段（袁道先，1993；刘金荣等，2001；李玉辉等，2018），如老年期发育广阔的喀斯特平原以及喀斯特平原上的孤峰与残丘（宋林华，2000）。当前南岭喀斯特地区地貌多处于地貌发育的中年期或老年期，其以喀斯特低山丘陵地貌为主（图2.17）。喀斯特台地、丘陵、低山和中山的面积比重分别为6.77%、44.30%、24.10%和24.82%。

1）喀斯特中山（KM$_1$）

喀斯特中山海拔大于800m，山体较完整，由于受到长期溶蚀作用，海拔大于800m的连片喀斯特中山已经不多，多呈峰林状点缀在石灰岩高原面上。其约占南岭面积的5.72%。

2）喀斯特低山（KM$_2$）

喀斯特低山高度为500~800m，山体已有短小的峰林出现，成为锯齿状山脊，峰林与构造线一致，河谷稀少，山体下部坡积及重力堆积相当发育，山地中有溶洞及地下河与出水洞。其约占南岭面积的5.56%。

3）喀斯特丘陵（Kh）

喀斯特丘陵为海拔小于500m的喀斯特地貌，丘顶高度100~500m，零散分布于石灰岩区域内的盆地或谷地里，一般不很连续，石芽石沟、溶洞也很发育。其约占南岭面积的10.21%。

4）喀斯特台地及残丘（kpt）

喀斯特台地及残丘是喀斯特地貌发育到老年期的阶段，峰林已成为低平的残丘状，

(a) 石灰岩出露（江华）

(b) 喀斯特孤丘（江华）

(c) 喀斯特峰林（英德）

(d) 受到构造控制排列的喀斯特峰林（英德）

图2.17　石灰岩及其发育的丘陵

残丘之间为覆有较厚残积层的和缓起伏台地。其约占南岭面积的1.56%。

4．洪积冲积地貌

洪积地貌包括洪积扇、山麓洪积倾斜平原及洪积阶地。河成地貌为由河流的侵蚀、搬运及堆积所形成的各种地貌，主要为河漫滩和河流阶地（一般有明显的二元结构）。由于制图比例尺所限，本书将洪积冲积地貌归为一类，即冲积平原（F）。其约占南岭面积的3.87%（图2.18）。

5．人为地貌

1）古代水利枢纽工程——灵渠

灵渠位于广西壮族自治区兴安县境内，于公元前214年凿成通航。灵渠流向由东向西，将兴安县东面的海洋河（湘江西源头，流向由南向北）和兴安县西面的大溶江（漓江源头，流向由北向南）相连，是世界上最古老的运河之一，有着"世界古代水利建筑明珠"的美誉。灵渠集分水、提水、引水和泄洪等多项技术和功能于一身，通过铧嘴、大小天平和陡门实现分水和提水，修筑人工裁直取弯河道使得坡度减缓，通过堰坝和陡门来实现通航需要的水深，最终实现从海拔较低的湘江流入海拔较高的漓江。灵渠的陡门早于巴拿马运河和伏尔加-顿河运河的水闸上千年，是世界船闸之父。

(a) 喀斯特平原（兴安）

(b) 河流阶地（江华）

(c) 河流阶地（安远）

图2.18　冲积平原及河流阶地

2）现代水利工程——水库

南岭建设了十数座大型水库以及不计其数的中小型水库，主要有：①广西青狮潭水库，水库总库容6亿 m^3；②天湖是水面海拔1600多米的13座高山湖泊群，坐落在真宝顶南端；③兴安小溶江水库设计总库容1.63亿 m^3；④湖南东江水库，控制流域面积4719 km^2，总库容91.5亿 m^3；⑤双牌水库设计总库容6.9亿 m^3；⑥新丰江水库，也叫万绿湖，设计库容140亿 m^3，尽管本水库坐落在南岭之外的边界处，但是它的主要集水区位于南岭范围之内；⑦龙川枫树坝水库水域面积30 km^2，库容量为19.5亿 m^3，是广东省第二大的水库；⑧乳源南水水库湖面宽达38 km^2；⑨韶关孟洲坝水电站总装机容量4.8万kW；⑩英德长湖水库最大库容1.55亿 m^3；⑪曲江小坑水库总库容1.13亿 m^3；⑫连州潭岭水库总库容1.765亿 m^3；⑬蕉岭长潭水库总库容1.72亿 m^3；⑭兴宁合水水库最大库容为1.1亿 m^3；⑮上犹江水库总库容8.22亿 m^3；⑯宁都团结水库总库容1.457亿 m^3；⑰龙潭水电站是江西省已建最高的一座双曲拱坝；⑱大余油罗口水库总库容1.16亿 m^3；⑲武平六甲水库总库容1625万 m^3。这些大型水库及重要水利设施在一定程度上改变了南岭地区的下垫面条件，并发挥了防洪、灌溉、发电等功能，有效推进了南岭地区的社会经济发展。

2.2.3　南岭地貌分区

云贵高原自西向东海拔逐渐降低，至广西已经接近高原边缘，因此广西整体属丘陵地貌。广西四周被山地环绕，东北部有南岭山地，西北部为云贵高原余脉，东南部和西南部分别为云开大山、六万大山和十万大山。这些山地的内部呈现盆地状，分布了浔江平原、郁江平原、宾阳平原、南流江三角洲等多个平原。在盆地的内部，是地理学上著名的"广西弧"。"广西弧"的东翼为东北至西南走向的架桥岭、大瑶山和莲花山，西翼为西北至东南走向的都阳山和大明山，东西两翼在宾阳和贵港交界处的镇龙山汇合，构成完整的弧形。

湖南地势处于云贵高原向江南丘陵和南岭山地向江汉平原的过渡地带。湘西有海拔在1000～1500m的武陵山、雪峰山，城步苗族自治县既属于南岭山地，又属于雪峰山余脉，是南岭与雪峰山结合部。属于南岭山地的湘南地区峰顶海拔都在1000m以上，东西走向，多有山间盆地。湘东有幕阜、连云、九岭、武功、万洋、诸广等山，海拔一般为500～1000m，均为东北—西南走向。湖南省东、西、南三面为山地丘陵，其逐渐向中部及东北部倾斜，形成向东北开口不对称的围椅状地形。省内海拔大于2000m的山地分布在东、南、西三面的山地之中。湘东最高点是炎陵县的斗笠顶，峰顶海拔2052m。东南部有桂东县的八面山，峰顶海拔2042m。湘南有道县的韭菜岭，峰顶海拔2009m。西南部有城步苗族自治县的二宝鼎，峰顶海拔2024m。西北部有石门县的壶瓶山，峰顶海拔2099m。全省地势的最低点，是临湘县的黄盖湖西岸，海拔只有24m，与省内最高点相差2000m左右。

广东地势北高南低，山地主要分布于粤北、粤西和粤东，多呈北东—南西走向，粤东西北的山地丘陵也构成了一个围椅状的地形特征。北部为南岭山地丘陵，其中石坑崆是广东最高峰（1902m），其间夹有星子盆地、南雄盆地、韶关盆地和英德盆地，粤西的山地主要有天雾山、云雾山和云开大山，粤东的山地主要是莲花山脉、罗浮山脉和九连山，往南是河谷冲积平原和三角洲平原。广东因其位于南岭以南，因此又被称为岭南地区。

江西省地形南高北低，东、西、南部三面环山，中部丘陵起伏，北部较为平坦，全省成为一个整体向鄱阳湖倾斜，而往北开口的一个围椅状地形。山脉主要有怀玉山脉、武夷山脉、大庾岭、九连山脉、罗霄山脉、幕阜山脉和九岭山脉。其中，罗霄山脉、诸广山等与湖南交界；大庾岭和九连山脉属于南岭山脉的分支，呈北东—南西走向，海拔多在600～1000m，九连山主峰黄牛石海拔1430m，九连山微地貌单元具有多样性，峰谷交错，北部多为红岩层和花岗岩组成的低山、丘陵和盆地，发育有丹霞地貌，西南与广东交界；武夷山脉与福建交界；东北部有怀玉山；西北部有幕阜山和九岭山。

福建地势总体上西北高东南低，地形以山地丘陵为主，由西、中两列大山带构成福建地形的骨架。两列大山带均呈北东—南西走向，与海岸平行。蜿蜒于闽赣边界附近的闽西大山带，由武夷山脉、杉岭山脉等组成，北接浙江仙霞岭，南连广东九连山，长约530多km，平均海拔1000多m，是闽赣两省水系的分水岭。位于武夷山市的黄岗山海拔2158m，是中国东南沿海诸省的最高峰。斜贯福建省中部的闽中大山带，被闽江、九龙江截为三部分。东部沿海为丘陵、台地和滨海平原。

从上述五个地貌单元的地势分析，各省区间相连的部位均处于各省区地势较高的山地，南岭中部三个省的围椅状地形背靠背，广西弧的东翼北东部接入了南岭西段的地形，福建武夷山南西余脉融入南岭东部。南岭的这种地形格局主要受构造、岩浆侵入和外力侵蚀等因素控制。

罗霄山脉是位于湖南省东部和江西省西部交界处的一条东北—西南走向的山脉，是由几个北东—南西走向的山脉（武功山、万洋山、八面山和诸广山）共同形成的山系，也是湘江、赣江和北江部分水系的分水岭和发源地，它的北方是幕连九山脉、南方是南岭地带。其由于受"多"形构造控制，表现为岭谷相间，镶嵌斜列。万洋山和诸广山主要由燕山期岩体及古生代地层组成南北向隆起带。诸广山位于湘赣两省边境南部的桂东、汝城、崇义、上犹等县间，属罗霄山脉南段，为珠江支流北江水系与长江支流洞庭湖水系、鄱阳湖水系的分水岭。其呈北东—南西走向，北接万洋山—八面山，南与南岭相连（与南岭山地以郴州市的东江水库为分界线），主要由燕山期花岗岩组成，由数十个高峰连接而成，主峰齐云峰海拔2061m。

按照上面的说法，诸广山属于罗霄山脉的最南端。但是广义的南岭包括诸广山，本书划定的范围是诸广山和八面山均属于南岭山地。因此，罗霄山脉与南岭的分界线应为八面山与万洋山之间的鞍部低地。南岭为大致呈现东西走向的，由山地和山间盆地组成的一个山系。从大范围来看待南岭山地，西侧的道通—城步—绥宁一带属于南岭山地，也属于雪峰山的余脉，东侧的蕉岭—武平—会昌一带属于南岭，也属于武夷山脉的余脉，如果诸广山既属于南岭又属于罗霄山脉，那么我们可以这样认为，雪峰山、南岭山地、罗霄山和武夷山是密不可分的一体，它们从地形格局上共同组成了一个"山"形结构。

地质构造发展演化历史及区域构造的特征构成了南岭地质发展的历史和空间格局。经过地质史上的长期演变，形成了不同的地貌类型，而这些地貌类型在各个地区组合成不同性质的地貌综合体，其内部又有次一级的地貌特征、作用过程、地质构造和地貌类型的差异。

地貌区划是在系统深入研究地貌类型及其组合特征、分布、成因及其异同的基础上，根据一定的原则和指标，划分若干等级的地貌区域（程维明等，2019）。地貌区划有助于人们认识地貌类型特征、组合及其演变趋势的区域差异，直观地了解不同区域的自然环境空间变化，以便因地制宜地制定合理开发利用方案。

根据前述的分析，我们将南岭地貌区划划分为第一级（地貌区域）"东南山地丘陵区域"，与大地构造单元相对应；第二级（地貌省）"扬子板块和华夏地块发育的地貌省"，我们将西部的变质岩-花岗岩中山划为扬子板块发育的地貌省，其他为华夏地块发育的地貌省；第三级（地貌区），南岭地区可以划分为西部变质岩-花岗岩中山区、中部喀斯特山地丘陵区、中南部砂页岩-花岗岩山地丘陵区、中部砂页岩-花岗岩山地丘陵区、东部花岗岩-变质岩山地丘陵区5个地貌分区，其面积分别为18221km^2、35532km^2、26898km^2、44907km^2、36268km^2（图2.19）。

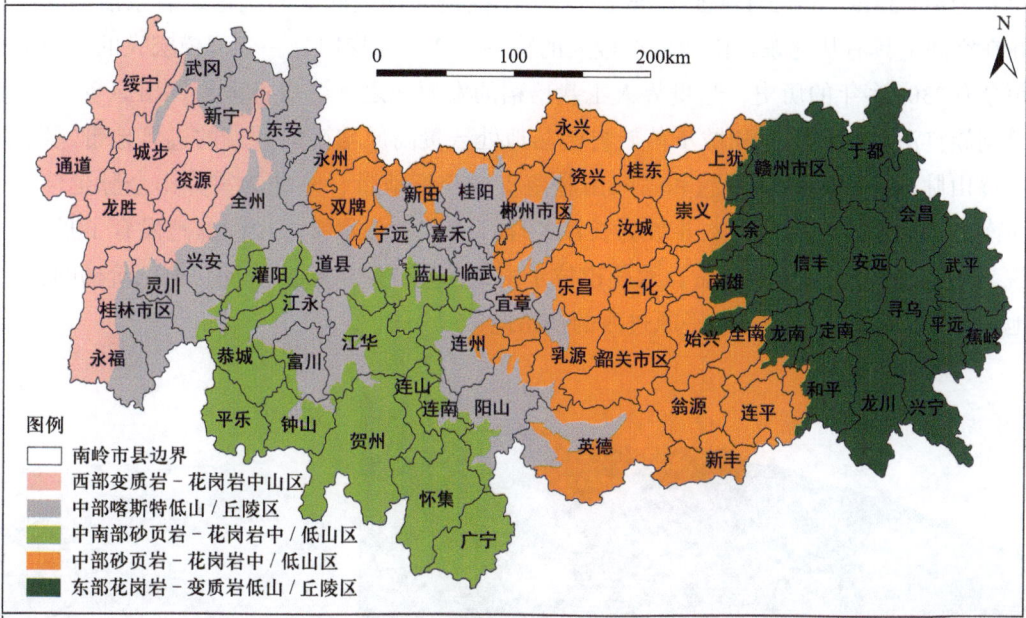

图2.19　南岭地貌区划图

（1）西部变质岩-花岗岩中山区，该区位于南岭西部，面积为18221km^2，占南岭总面积的11.26%。区域地貌以花岗岩、变质岩中山地貌为主，其占该区总面积的87.09%，行政区划上包括通道侗族自治县、龙胜各族自治县、绥宁县、资源县全部及城步苗族自治县、新宁县、东安县、全州县、兴安县、灵川县、临桂县、永福县部分地区。

该区以变质岩中山为主，主要分布在西部通道侗族自治县、绥宁县、城步苗族自治县、龙胜各族自治县一带；花岗岩中山和砂页岩中山次之，花岗岩中山主要分布于越城岭（猫儿山—真宝顶一带）、绥宁县北部瓦屋塘东部以及南山牧场一带跨越两省区的花岗岩中山高原地带；砂页岩中山主要分布在临桂县—永福县西部，以及南山牧场南部一带。永福县西南与鹿寨交界处，以及中部（绥宁县、城步苗族自治县中部）、西南角（永福县西南部）一带为喀斯特中山；通道侗族自治县的万佛岩和资源县—新宁县一线为丹霞地貌，其中八角寨主峰海拔818m，相对高度约500m，根据本书的分类系统属于丹霞中山地貌，但是由于制图比例尺较小，在图斑上表现的仍为丹霞低山。

本区特色主要如下：①越城岭呈北东—南西走向，为花岗岩断块山。主峰猫儿山以加里东晚期花岗岩及古生代变质岩为主。猫儿山是越城岭山脉的最高峰和漓江、资江的发源地，海拔2141.5m，相对高度1862m。山顶有个一花岗岩巨石，形似卧猫，故称猫儿山，也被称为"五岭绝首，华南之巅"（图2.20）。杜云等（2017）认为猫儿山岩体为晋宁期、加里东期、印支期和燕山期花岗岩组成的复式岩体，晋宁期花岗岩可划分为三个侵入期次，分别对应猫儿界岩体群、谭家坳岩体群和报木坪岩体群，其成岩年龄分别距今为811.3Ma、807±11Ma、806±9Ma，不同侵入期次间隔时间短，岩浆活动连续，并在空间上具有从北东往南西依次侵入的特点。②龙胜梯田是一个规模宏大的梯田群，距今有2300多年的历史，是世界人工栽培稻的发源地之一，堪称世界梯田原乡。③通道侗族自治县、绥宁县和城步苗族自治县地处云贵高原与南岭西端的过渡地带，以及南岭山脉八十里大南山北麓和雪峰山脉南支的交汇地带，东北为雪峰山余脉延伸地，西南有贵州苗岭余脉，以八斗坡为长江与珠江流域的分水岭，山间盆地发育了丹霞地貌（图2.21）。从中国地形看，永州市位于由西向东倾降的第二阶梯与第三阶梯的交接地带，是南岭山地向洞庭湖平原过渡的初始地带。

图2.20　花岗岩中山（猫儿山，右侧为南岭第一峰）

图2.21　丹霞地貌（万佛山附近）

（2）中部喀斯特山地丘陵区，该区位于南岭中部，面积为35532km²，占南岭总面积的21.96%。区域地貌以喀斯特丘陵、低山地貌为主，其占该区总面积的61.09%，行政区划上包括永州市、双牌县、新田县、嘉禾县、武冈市、新宁县、东安县、全州县、兴安县、灵川县、临桂县、灌阳县、道县、江永县、富川瑶族自治县、钟山县、贺州市、江华瑶族自治县、宁远县、蓝山县、临武县、宜章县、连州市、阳山县、英德市、乐昌市、郴州市、资兴市和永兴县一带。

桂林盆地发育了典型的喀斯特地貌，有"桂林山水甲天下"的美名，成为著名的旅游胜地。喀斯特山地丘陵、峰林拔地而起，多层溶洞沉积了大量的石笋、石钟乳、石花、石幔，以及人类遗迹，地表水系与地下水系相互连通、遥相呼应，如诗如画。

本地区的特色主要如下：①桂林漓江风景区是世界上规模最大、风景最美的喀斯特山水游览区，堪称百里画卷。②溶洞和地下河发育。桂林芦笛岩洞深240m，游程近500m，各种造景微地貌构成了30多处景观。永福麒麟山岩洞内步步皆景，景象变幻无穷。郴州万华岩（坦山）地下河已知总长8km多，洞中三大瀑布较为罕见。九嶷山紫霞岩洞内石壁留有唐宋以来的题刻题墨，被徐霞客列为"楚南十二名洞"之首。在道县玉蟾岩溶洞遗址，发现了10000多年以前种植的稻米和原始贴塑陶片、织纹、防潮措施、大量动植物遗骨等，可见中国的水稻和原始陶器、织布等农耕文明的起源较早，已经有上万年的历史，是世界古代文明最早的发源地之一。③喀斯特山地丘陵发育，受到构造控制，呈整齐排列状。九嶷山北部为石灰岩，海拔300～800m，喀斯特地貌发育，峰林峰丛发育，沿线看去，十分壮观。④本区的喀斯特地貌也十分典型，曲江是13万年前人类祖先"马坝人"繁衍生息之地，以及4000多年前"石峡文化"的发祥地，为华夏民族古老文化的摇篮之一，是国内外少有的旧时器遗址与新时器遗址同在一处的大型文化遗址。桂东县四都溶洞群已探明大小溶洞32座，并以在国宝洞发现熊猫化石而闻名于世。英西喀斯特峰林走廊位于英德西南的九龙和黄花两镇之间，为上千座喀斯特峰林、峰丛地貌景观和自然村落相结合的地貌风光，被誉为"南天第一峰林风光"（图2.22）。

图2.22　英西喀斯特峰林（英德）

（3）中南部砂页岩-花岗岩山地丘陵区，该区位于南岭中南部，面积为26898km²，占南岭总面积的16.62%。区域地貌以砂页岩、花岗岩的中、低山地貌为主，其占该区总面积的76.55%，行政区划上包括怀集县、广宁县、平乐县和连山壮族瑶族自治县全部及兴安县、灌阳县、道县、江永县、宁远县、蓝山县、临武县、连州市、阳山县、恭城瑶族自治县、连南瑶族自治县及富川瑶族自治县一部分。

本区西、北、东面被中部喀斯特低山丘陵区包围，并与西部变质岩-花岗岩中山区和中部砂页岩-花岗岩山地丘陵区分割开来，本区南部为两广丘陵区。五岭有二岭分布在本区，山脉从西往东主要有：①都庞岭位于灌阳县、恭城县和道县及江永县的交界处，呈北东—南西走向，长约75km，宽约20km。一般海拔1400m，主峰韭菜岭位于灌阳县和道县边境，高达2009m，为五岭的第二高峰。岩性以加里东期和燕山晚期的花岗岩为主，南北两端为寒武系砂页岩，为一断块山地。都庞岭山脊为长江水系和珠江水系分水岭。其中，东西属长江水系，西面广西境内属珠江水系；江永县境内都庞岭以南部分属珠江水系，其北面属长江水系。②都庞岭的海洋山为加里东期花岗岩穹窿构造的山地，燕山运动时再度隆起，以花岗岩为核心，外围为古生代奥陶系和泥盆系的砂页岩及灰岩。主峰宝界岭，位于兴安和灌阳边境，海拔1935.8m。③萌渚岭在江华县和贺州市八步区、钟山县之北，主峰山马塘顶海拔1787m。湘江支流潇水和西江支流贺江在这里分流。萌渚岭于寒武纪前褶皱成山，在燕山运动时进一步断裂上升，伴随着大规模的花岗岩侵入和侵蚀作用，山高谷深，山间分布着拗陷或断陷小盆地。西南部称为姑婆山，主峰海拔1731m。④起微山位于阳山县（南部）、连山县、连南县和怀集县（北部），两大主峰：大稠顶1626m、大雾山1659m。⑤罗壳山位于广宁县东北部，主峰1338m。起微山和罗壳山均呈北西—南东走向。

（4）中部砂页岩-花岗岩山地丘陵区，该区位于南岭中部面积为26898km²，占南岭总面积的27.75%。区域地貌以砂页岩、花岗岩的低山、中山地貌为主，其占该区总面积的74.66%，行政区划上包括桂东县、汝城县、仁化县、翁源县、新丰县、曲江县、韶关市区全部及阳山县、乳源瑶族自治县、连州市、英德市、道县、宁远县、临武县、宜章县、乐昌市、郴州市、资兴市、永兴县、连平县、和平县、龙南县、全南县、南雄市、大余县、南康市、上犹县和崇义县一部分。

本区特色明显，主要包括：①骑田岭位于湖南省东南部宜章县、郴州市之间，主要由花岗岩构成。主峰海拔1510m，为湘江支流耒水和北江西源武水分水岭。石坑崆/猛坑石海拔1902m，位于阳山、乳源与宜章三县交界处，为广东省最高峰。莽山位于宜章县境内，南岭山脉北麓，最高峰石坑崆/猛坑石海拔1902m，称"天南第一峰"。石坑崆/猛坑石位于南岭中部核心区域，为花岗岩中山地貌，南北坡分别建设了南岭国家级自然保护区和莽山国家级自然保护区。②本区分布了大量的红色盆地，"南雄红层盆地"的红层下蕴藏着大量的古生物化石，是远古时代恐龙的故乡。坪石—宜章红色砂页岩盆地丘陵区海拔200～500m，以丘陵山地为主。丹霞山是广东省面积最大的、以丹霞地貌景观为主的风景区和自然遗产地,也是丹霞地貌的命名地。金鸡岭位于坪石镇,因山的西北峰有一奇石,貌似雄鸡而得名,其附近的姐妹石等均为著名的旅游景区,为典型的丹霞地貌(图2.23)。全南县天龙山为典型的丹霞地貌。龙南县的南武当镇,连平县的上坪(以及广西湖南交界的八角寨)是现存的为数不多的丹霞中山地貌。郴州市丹霞分布的核心区域位于茶永盆地(茶陵—永兴)南端,由飞天山、便江和程江渌水等组成的丹霞地貌景观,涉及郴州苏仙、永兴、资兴、安仁、宜章、临武、汝城等地,总面积2442余平方公里,是我国目前已发现的、面积最大的丹霞地貌集中分布区之一。③本区石英岩和大理岩发育的地貌颇为独特。广东乳源大峡谷的两侧是高角度的绝壁峡谷,谷内出露的岩石为致密坚硬的石英岩。受到燕山造山运动的抬升,部分地块张裂下陷形成裂谷。在离大峡谷约20km处,有一个国内罕见的石英砂岩洞——景峰洞,其有别于石灰岩溶洞。崇义的聂都溶洞群在方圆2km范围内,有大理石溶洞28个,每两个洞口之间的距离不过半公里,而且洞洞相通。仙鹤岩是聂都溶洞群中成岩时间最早(震旦纪)、发育最完整的大理石溶洞,被人们称为"大理岩溶第一洞"。郴州石林的千百座石柱石峰高十多米至几十米不等,造型千姿百态。

图2.23 坪石附近丹霞地貌(左图为G4高速公路石坪隧道,右图为姐妹石)

(5)东部花岗岩-变质岩山地丘陵区,该区位于南岭东部,面积为36268km²,占南岭总面积的22.41%。区域地貌以花岗岩、变质岩的丘陵、低山地貌为主,其占该区总面积的66.20%,行政区划上包括龙川县、兴宁市、蕉岭县、平远县、寻乌县、安远县、信丰县、武平县、会昌县、于都县、赣县、赣州市区全部及和平县、龙南县、全南县、南雄市、大余县、南康市和上犹县一部分。

本区特点:①大庾岭位江西与广东两省交界处,海拔1000m左右,是珠江水系的浈水与赣江水系的章水的分水岭。大庾岭为花岗岩断块山,位于雩山-九连山隆起西南端。②丹霞地貌发育,并成为摩崖石刻、佛教和道教圣地。龙川的霍山有"丹霞山第二"之美誉,苏轼赞其为"霍山佳气绕葱茏,势压循州第一峰",是广东七大名山之一;平远县南北两端的石正南台山至中行大河背一带丹霞地貌和差干五指石丹霞地貌均为丹霞地貌的典型景点；于都县红色盆地，丹霞地貌面积达300多km^2；龙南县的南武当山地处赣粤边境九连山断层带的边缘，主峰海拔864m，属为数不多的丹霞中山地貌；赣州章贡区通天岩石窟开凿于唐朝，兴盛于北宋，被誉为"江南第一石窟"；宁都县翠微峰，金精五寨十二峰；全南天龙山景观造型独特；会昌汉仙岩坐落在闽、粤、赣三省交界处，自古以来就有"虔南第一山"和"江南小蓬莱"的称誉；青龙岩（又名龙岩仙迹）丹霞地貌，是"寻乌八景"之最，因地处东江源头，故又被称为"东江源头第一岩"。③喀斯特地貌发育。于都县梓山镇和会昌县的西江镇等地，喀斯特峰林峰丛不胜枚举，暗河溶洞发育。武平狮岩是一处喀斯特溶洞地貌，古称南安岩，现已开发成为景区。信丰西面从九渡的鸭子寮下至杨梅岗为盆地缺口，与南雄红色盆地相通为一体。④武夷山脉东段和南岭结合部的三百山属火山地貌，其景观集火山构造、奇峰幽壑、清溪碧湖、飞瀑深潭、密林古树、珍禽异兽、怪石险滩、温泉等诸奇景于一体。⑤南岭余脉横亘会昌县西南，主峰盘古嶂1184m，是赣粤分界的天然屏障；武夷山余脉逶迤会昌东部和东南部，主峰洋石嵊海拔1107.8m，是赣闽分界岭。武平县地处华南褶皱带东部的闽西南凹陷带之明溪武平凹陷和武夷山脉南段主体，是武夷山脉的最南端与广东南岭山脉东头的交汇点。

2.2.4　南岭地貌发育简史

研究地貌发育的历史，可以探索出其发生发展及分布的规律，进而对南岭地貌有更深一步的认识，并明了其发展方向。南岭地貌轮廓的形成时期基本始于中生代加里东运动时期，因为在此之前的隆起地区成为长期的剥蚀区，其他地方仍处于浅海状态，在不断地接受海相沉积。加里东运动时期的岩浆岩活动，如越城岭、海洋山、九嶷山西部、连山、八面山、诸广山等岩体，以及后来燕山期岩浆岩的叠加，成为南岭地区最大和最主要的隆起区，构成了南岭地区的山脉骨架。

南岭地区整体地貌格局受扬子古陆（西部）与华夏古陆控制，其地貌发育又受到岩石、构造和外力等诸多因素影响。在漫长的地质时期，伴随着地壳的隆起/凹陷、海侵/海退，隆起部位受到剥蚀作用；凹陷部位受到沉积作用，沉积了从古陆上剥蚀下来的泥沙和有机物等，堆积了巨厚的海相和陆相建造。历次构造运动和间歇期对南岭地貌的塑造作用表现为：第一，引起剥蚀区和沉积区的变化，进而造成了对现代地貌具有重大影响的古地质地貌格局；第二，构造运动引发的应力变化，无论是大面积的上升/下降运动，还是断块上升和断陷运动（包括水平和垂直方向的挤压和拉伸），均产生了东西、南北、北西和北东等方向的褶皱和断裂，控制了地貌发育；第三，构造运动伴随着岩浆的入侵和喷发，其造成了现代南岭地区体积巨大和海拔最高的山体；第四，构造运动和岩浆活动使得相关地层发生变质作用，变质岩岩性坚硬，往往能形成高大、挺拔的山体；第五，沉积环境影响沉积岩地貌的发育演变，受古气候、物质来源（有机无机物）、搬运营力搬运距离、胶结物质等因素的影响，造成了物质组成各异、地貌形态多样的沉积岩地貌景观：砂页岩地貌和特殊的喀斯特地貌、红色岩系地貌以及丹霞地貌；第六，地质时期和现代地貌演变时期水热条件直接影响地貌演变的外营力，塑造了不同的地貌类型，并影响其分布特征。越城岭及其附近地区为南岭最高峰所在地，包含上元古界青白口系和震旦系，古生界寒武系、奥陶系、志留系、泥盆系、石炭系、中生界侏罗系、白垩系，新生界第四系地层（缺失了古生界二叠系、中生界三叠系和古近系、新近系）；花岗岩包括加里东期的二长花岗岩，燕山早期的二云母花岗岩；构造包括以北东向为主和各个方向的断裂和褶皱（背斜与向斜）。

越城岭及其附近地貌发育历史为，加里东期花岗岩入侵，志留系以前的地层抬升并受到剥蚀作用，越城岭西部地区受到雪峰山作用，也处于抬升状态，因此南岭西部的通道、城步和龙胜等地区的高大山体多呈现为古老地层。二叠纪以前越城岭以东仍然处于海面以下，后来接受了沉积泥盆系、石炭系和二叠系的海相沉积，后经抬升、剥蚀，形成了砂页岩地貌和喀斯特地貌。越城岭为受北东—南西断裂控制的巨大花岗岩体，核心部位主要是加里东期的二长花岗岩，后来燕山早期的二云母花岗岩侵入加里东期花岗岩的薄弱处呈斑块状出露，如猫儿岭附近。加里东期花岗岩的侵入产生巨大的隆起，使得前期的地层（青白口系、震旦系、寒武系和奥陶系）发生褶皱和断裂，产生巨大的背斜，背斜西部受到雪峰山运动影响而整体抬升，东部由于局部侵蚀基准面较低而侵蚀剥蚀作用强烈，青白口系和震旦系的地层多被剥蚀而出露较少。越城岭地区大部分古老岩层被侵蚀剥蚀而出露花岗岩体，但其西部（城步苗族自治县东侧）有大片青白口系由于其抗蚀能力强或外部侵蚀能力弱而被保留下来。其东部往东后来沉积了泥盆系和石炭系的地层，发育成为砂页岩地貌和喀斯特地貌。其中部受到大断裂的影响断陷下沉，形成崀山-资源断陷盆地，发育形成了著名的八角寨-崀山丹霞地貌；南为奥陶系、泥盆系的砂页岩、碳酸盐岩地层；北为沉积盆地，沉积了泥盆系、石炭系、白垩系的碳酸盐岩、红色砂岩、泥岩、砾岩，局部夹石膏。

挽近时期以来，南岭成为多次间歇性上升以及不均衡升降运动的地区，并且每次上升后即间以一个较长相当安定时期，抬升区遭受剧烈的破坏和夷平而形成剥蚀面，剥蚀面再受抬升并间以一个相当安定时期，又形成新的剥蚀面造成了多级剥蚀面（包括石灰岩地区的高原面）。南岭及其相邻山地残留了最高夷平面，这些夷平面是最老的同一个夷平面（准平原）的遗存。越城岭一带夷平面还为断层所分割，表示夷平面形成之后地壳回春的迹象（周尚哲等，2008）。燕山运动后，白垩纪—古近纪时，地壳运动以间歇性升降为主，山地经多次抬升剥蚀发育多级剥夷面，如迄今可观察到800m以上的尚存多级剥夷面（800m、1100m、1300m、1600m、1800m左右），同时盆地则接受周围山地碎屑物堆积，即目前盆地中的山麓堆积相、洪积相和河湖堆积相的红层岩系。新近纪至第四纪期间，由于喜马拉雅运动及新构造运动的影响，陆地不断间歇上升，形成600m、500m和300m左右的三级剥夷面及河流两侧发育的多级阶地，层状地貌甚为明显。上述多级剥夷面一般具有愈老、愈高、愈破碎，愈新、愈低、愈完整的特点（朱国南等，1987）。在山间盆地和冲积平原则发育了较宽阔的河漫滩、冲积平原和山前洪积扇，随着地壳的抬升或侵蚀基准面下降形成多级台地，河流的多次间歇性下切，形成了多级河流阶地，喀斯特地区地下河抬升成为多级溶洞，溶洞与台地、河流阶地相对应，根据沉积物和地貌测年，可以判断相应的年龄。例如，马坝人头骨化石及与它同时期的古脊椎动物的化石群与第一级河流阶地的高度相当，可知第一级河流阶地的年代应为中更新世晚期或上更新世初期（李见贤，1961），那么第二、第三级阶地等的形成年代应在中更新世晚期以前甚至新近纪以前的某些地质时期。

碳酸盐岩形成于温暖的浅海坏境，通常呈现水平沉积，后来经历地壳运动，石灰岩岩层整体抬升露出水面，形成喀斯特高原地貌。南岭广泛分布的碳酸盐岩层，以及南岭地区充足的降水量，为喀斯特地貌的发育提供了良好的物质基础和外部条件。在溶蚀侵蚀的初级阶段，流水与地面碳酸盐类岩石接触，部分碳酸盐岩溶解于水中并被往下搬运，其中pH低的流水溶蚀作用更强。流水可通过两个途径，形成不同的地面、地下喀斯特景观。

一方面，流水在岩石的顶部通过溶蚀侵蚀，在一段时间后可形成浅浅的沟槽，在较长的时间后可形成石芽与溶沟等典型的喀斯特地貌微特征。而在漫长的地质时期，水流继续作用于沿节理发育的垂直/水平裂隙，并使其逐渐加宽、加深，进而分割大片的石灰岩，可形成石灰岩石柱和石林。在溶蚀的作用下，当山峰之间的沟谷深度达到峰高的1/3～1/2时，峰与峰的下半部相连，喀斯特峰丛地貌形成。当山谷被溶蚀到局部侵蚀基准面时，则形成了喀斯特峰林地貌。此后，随着流水溶蚀的持续，喀斯特峰林地貌将发育成孤峰丘陵，喀斯特平原为喀斯特老年阶段的典型地貌形态。

另一方面，雨水沿地下裂隙流动，溶蚀侵蚀作用使裂缝不断加宽、加深，可发育成垂直纵向竖井。狭窄的垂直纵向竖井将地表水与地下河道联通，大量的水进入地下，流水开始横向侵蚀发展，逐渐形成地下河。当地壳抬升，或地下水位下降时，这些地下河的河水退去，露出宽广的溶洞。南岭区域内著名的溶洞保留：桂林芦笛岩、广东的马坝、宝晶宫和古佛岩等，洞穴里有形态多样的洞穴化学沉积物——石钟乳、石笋、石柱，以及以河流沉积物为主的碎屑沉积。同时，溶洞也是良好的庇护所，溶洞中存在一些动物生存的痕迹，如动物遗骨、鸟粪堆积以及史前古人类居住时所产生的生物沉积物、文化遗物（石器和骨器）及用火痕迹等。广西柳江人和广东韶关马坝人都是在石灰岩溶洞中发现的。

由于地下的石灰岩被水流大量的侵蚀溶蚀、搬运，溶洞和暗河的规模随之变大，当洞穴足够大且顶部接近地表面时，由于溶洞支撑不了上部的岩层，洞顶会发生坍塌，在地表形成天坑、溶斗，如果地下管道不发育，或被溶蚀残余黏土碎石所堵塞，可以暂时积水成湖，如果溶蚀崩塌成更大的凹陷，则形成溶蚀洼地。坡立谷（polje），南斯拉夫语，中国学者音译和意译得非常准确，也称喀斯特平原，是喀斯特地貌发展的晚期，在规模上比喀斯特洼地大、在结构上比喀斯特洼地更复杂的一种组合地貌。坡立谷的最大特征是过境河的水，在喀斯特地区一些宽广平坦的盆地或谷底，从坡的底下流出至地下河。其入流过程表现为一般河流过程，但出流过程由于坡立谷的调蓄作用，峰值将大大减小。

在燕山运动中，隆起过程中有的地区发生拗陷和断裂，造成北东—南西向的构造盆地，随之而来的是在隆起地区产生剥蚀作用，剥蚀的物质便在盆地中进行堆积。新近纪地表主要表现为强烈的剥蚀、侵蚀，此时形成的夷平面或剥蚀面可以保留在今日的地貌上。例如，喜马拉雅造山运动使许多古剥蚀面发生断块上升成为山地，同时倾斜抬升了红岩盆地，其由堆积盆地变为侵蚀剥蚀地区。南岭构成丹霞地貌的物质以晚白垩纪时期的红色河湖相沙砾岩、砂页岩为主，受抬升运动的影响，产生许多断层和节理。喜马拉雅间歇性的抬升作用，加上外力共同作用，形成了南岭地区典型的丹霞地貌。丹霞地貌由于受到坡顶与局部侵蚀基准面的高差影响，而在形态特征上各具特色。在丹霞地貌发育的地区，除了坡面水流和重力、生物作用外，地表水系的作用尤为重要，河流的侧蚀作用加剧了地貌的发育，典型的丹霞地貌均与一定的地表水系如影随形，如丹霞山与锦江、坪石-宜章丹霞与武水、郴州便江和程江、江西九连山与桃江、八角寨-崀山与夫夷水等。在水流与重力的作用下，丹霞地貌持续发育，经历幼年期、壮年期、老年期等各个地貌发育阶段的侵蚀旋回。

花岗岩体在上覆盖层被侵蚀剥蚀出露地表后，往往呈现为崇山峻岭，多形成花岗岩中山和低山，如越城岭、都庞岭、萌渚岭、骑田岭和大庾岭等南岭高峰均属于此类。花岗岩丘陵地区由于风化壳深厚而形成浑圆状地貌，容易受到侵蚀。变质岩和砂页岩山地往往受到构造的影响形成中山和低山，丘陵地带则多有较厚的坡积洪积层。按照戴维斯地貌旋回理论这些地貌将进一步发育为台地和平原。

参 考 文 献

柴慧霞，程维明，乔玉良. 2006. 中国"数字黄土地貌"分类体系探讨. 地球信息科学，8（2）：6-13.

陈国达，刘辉泗. 1939. 江西贡水流域地质. 江西地质汇刊（第二号），（2）：164.

陈骏，王汝成，朱金初，等. 2014. 南岭多时代花岗岩的钨锡成矿作用. 中国科学：地球科学，44（1）：111-121.

陈毓川，裴荣富，张宏良，等. 1990. 南岭地区与中生代花岗岩类有关的有色、稀有金属矿床地质. 中国地质科学院院报，11（1）：79-85.

陈志明. 1988. 区域地貌的某些分类问题及其制图的分析方法. 河南大学学报，18（1）：35-40.

程顺波，付建明，马丽艳，等. 2013. 南岭地区加里东期花岗岩地球化学特征、岩石成因及含矿性评价. 华南地质与矿产，29（1）：1-11.

程维明，周成虎，李炳元，等. 2019. 中国地貌区划理论与分区体系研究. 地理学报，74（5）：839-

856.

杜云，罗小亚，黄革非. 2017. 湘西南苗儿山岩体北段新元古代晋宁期花岗岩岩石学、地球化学特征及其形成构造背景. 地质科技情报，36（6）：136-147.

范飞鹏，肖惠良，陈乐柱，等. 2014. 南岭地区含铷花岗岩地质、地球化学特征. 矿床地质，33（增刊）：1163-1164.

冯景兰，朱翙声. 1928. 广东曲江仁化始兴南雄地质矿产. 两广地质调查所地质年报（第一号），1-65.

广东省地质局区域地质调查队. 1977. 广东省地质图及说明书（1：50万）.

广东省地质矿产局. 1988. 广东省区域地质志. 北京：地质出版社.

广西壮族自治区地质矿产局. 1985. 广西壮族自治区区域地质志. 北京：地质出版社.

郭福生，陈留勤，严兆彬，等. 2020. 丹霞地貌定义、分类及丹霞作用研究. 地质学报，94（2）：361-374.

湖南省地质矿产局. 1988. 湖南省区域地质志. 北京：地质出版社.

华仁民. 2005. 南岭中生代陆壳重熔型花岗岩类成岩-成矿的时间差及其地质意义. 地质论评，51（6）：633-639.

黄进. 1982. 丹霞地貌坡面发育的一种基本方式. 热带地貌，3（2）：107-134.

黄进. 1991. 中国丹霞地貌类型的初步研究. 热带地貌，（增刊）：69-81.

黄进. 2004. 丹霞山地貌考察记. 广州：中山大学出版社.

黄进. 2010. 丹霞山地貌. 北京：科学出版社.

黄进，陈致均，齐德利. 2015a. 中国丹霞地貌分布（上）. 山地学报，33（4）：385-396.

黄进，陈致均，齐德利. 2015b. 中国丹霞地貌分布（下）. 山地学报，33（6）：649-673.

江西省地质矿产勘查开发局. 2017. 中国区域地质志：江西志. 北京：地质出版社.

姜耀辉，蒋少涌，凌洪飞. 2004. 地幔流体与铀成矿作用. 地学前缘，11（2）：491-499.

李定强. 1984. 乐昌县地貌研究. 广州：中山大学图书馆.

李见贤. 1961. 广东省的地貌类型. 中山大学学报，4：70-81.

李佩贤，程政武，张志军，等. 2007. 广东南雄盆地的"南雄层"和"丹霞层". 地球学报，28（2）：181-189.

李四光. 1942. 南岭何在. 地质论评，7（6）：253-265，395.

李四光. 1973. 地质力学概论. 北京：科学出版社.

李玉辉，丁智强，吴晓月. 2018. 基于Strahler面积-高程分析的云南石林县域喀斯特地貌演化的量化研究. 地理学报，73（5）：973-985.

廖义善，谢真越，李定强，等. 2017. 青藏高原丹霞地貌考察//第十七届全国红层与丹霞地貌学术讨论会会议论文集：176-178.

凌秋贤，张显球. 2002. 广东河源盆地红层的初步研究. 地层学杂志，26（4）：264-273.

刘金荣，黄国彬，黄学灵，等. 2001. 广西区域热带岩溶地貌不同类型的演化浅议. 中国岩溶，20（4）：247-252.

刘南威. 2001. 中国的北回归线标志. 广州：广东省地图出版社.

卢耀如. 1966. 中国地质学会全国岩溶（喀斯特）学术会议. 地质论评, 24（3）：248.

罗曦, 杨志军, 张珂, 等. 2021. 广东丹霞山红色成因的矿物学研究. 矿物学报, 41（6）：704-712.

毛景文, 谢桂青, 郭春丽, 等. 2007. 南岭地区大规模钨锡多金属成矿作用：成矿时限及地球动力学背景. 岩石学报, 23（10）：2329-2338.

南京大学地质学系. 1981. 华南不同时代花岗岩类及其成矿关系. 北京：科学出版社.

彭华, 侯荣丰, 潘志新, 等. 2012. 走向世界的丹霞地貌学术盛会. 地理学报, 67（1）：134-139.

彭克（W. Penck）. 1964. 地貌分析. 江美球译. 北京：北京大学.

裴善文, 李风华. 1982. 试论地貌分类问题. 地理科学, 2（4）：327-335.

任美锷, 杨成. 1957. 湘江流域的某些地貌和第四纪地质问题. 地理学报, 23（4）：359-377.

史明魁, 熊成云, 贾德裕, 等. 1993. 湘桂粤赣地区有色金属隐伏矿床综合预测. 北京：地质出版社.

史元润, 林晓, 徐亚东, 等. 2021. 南岭及邻区第四纪地层分区与综合地层格架. 地质科技通报, 40（3）：151-162.

舒良树, 于津海, 贾东, 等. 2008. 华南东段早古生代造山带研究. 地质通报, 27（10）：1581-1593.

舒良树, 周新民, 邓平. 2006. 南岭构造带的基本地质特征. 地质论评, 52（2）：251-265.

宋林华. 2000. 喀斯特地貌研究进展与趋势. 地理科学进展, 19（3）：193-202.

苏时雨. 1982. 地貌图及其制图对象的分类与分级. 地理科学进展, 1（4）：33-38.

孙立强, 凌洪飞, 沈渭洲, 等. 2010. 南岭地区油山岩体和坪田岩体形成年龄及其地质意义. 高校地质学报, 16（2）：186-197.

孙涛. 2005. 华南中生代岩浆岩组合及其成因. 南京：南京大学.

童永生, 李曼英, 李茜. 2002. 广东南雄盆地白垩系-古近系界线. 地质通报, 21（10）：668-674.

王彬, 舒良树, 杨振宇. 2006. 赣闽粤地区早、中侏罗世构造地层研究. 地层学杂志, 30（1）：42-49.

王春林. 1993. 南岭山脉的形成与演化. 热带地理, 14（2）：46-52.

王登红, 陈毓川, 陈郑辉, 等. 2007. 南岭地区矿产资源形势分析和找矿方向研究. 地质学报, 81（7）：882-890.

王世杰, 张信宝, 白晓永. 2015. 中国南方喀斯特地貌分区纲要. 山地学报, 33（6）：641-648.

文一卓, 田军委, 孟雨红, 等. 2020. 郴州市碳酸钙类矿产分布规律及找矿方向浅析. 资源环境与工程, 34（1）：32-35.

吴尚时, 曾昭璇. 1946. 粤北之红色砂岩. 岭南学报专号.

吴尚时, 曾昭璇. 1948. 广东坪石红色盆地. 地质评论,（12）：3-4.

徐克勤, 刘英俊, 俞受鋆, 等. 1960. 江西南部加里东期花岗岩的发现. 地质评论, 3：112-114.

杨勤业, 吴绍洪, 郑度. 2002. 自然地域系统研究的回顾与展望. 地理研究, 21（4）：407-417.

杨庆坤, 郭福生, 姜勇彪, 等. 2009. 江西红层及其地貌景观的发育特征研究. 中国科技论文, 4（11）：819-820.

杨文采. 2016. 揭开南岭地壳形成演化之谜. 地质论评, 62（2）：257-266.

尹国胜，杨明桂，马振兴，等. 2007. "三清山式"花岗岩地质特征与地貌景观研究. 地质论评，53（增刊）：56-73.

袁道先. 1993. 中国岩溶学. 北京：地质出版社.

曾昭璇，黄少敏. 1978a. 中国东南部红层地貌. 华南师范学院：自然科学版，10（1）：56-73.

曾昭璇，黄少敏. 1978b. 中国东南部红层地貌（续）. 华南师范学院：自然科学版，（2）：40-54.

曾昭璇，黄少敏. 1977. 五岭. 广州：广东人民出版社.

张捷芳. 1983. 论粤北丹霞-坪石盆地红层的时代. 广东地质科技，（2）：103-111.

张显球，黎三松，李永丰. 2000a. 南雄盆地西部地区地层研究新进展. 广东地质，15（1）：9-18.

张显球，郑胜方，李永丰，等. 2000b. 南雄盆地西部地区早第三纪地层. 广东地质，15（4）：17-30.

张显球. 1990. 粤北丹霞组及粤中百足山群介形虫化石的发现及其意义，广东地质，5（2）：54-59.

张显球. 1992. 丹霞盆地白垩系的划分与对比. 地层学杂志，16（2）：81-95.

张玉萍，童永生. 1963. 广东南雄盆地"红层"的划分. 古脊椎动物与古人类，7（3）：249-260.

赵荣，程维明，刘纪平，等. 2019. 中国陆地高精度地貌类型的划分. 测绘科学，44（6）：248-255.

赵如意，王登红，陈毓川，等. 2020. 南岭成矿带铀矿地质特征、成矿规律与全位成矿模式. 地质学报，94（1）：149-160.

赵资奎，严正. 2000. 广东南雄盆地白垩系-第三系界线剖面恐龙蛋壳稳定同位素记录：地层及古环境意义. 中国科学（D辑），30（2）：135-141.

郑家坚，汤英俊，邱占祥，等. 1973. 广东南雄晚白垩纪—早古近纪地层剖面的观察. 古脊椎动物与古人类，11（1）：18-28.

《中国地层典》编委会. 2000. 中国地层典（白垩系）. 北京：地质出版社.

中国地质调查局. 2002. 中华人民共和国地质图（1：250万）. 北京：中国地图出版社.

中国科学院《中国自然地理》编委会. 1980. 中国自然地理 - 地貌. 北京：科学出版社.

中国科学院地理研究所. 1987. 中国1：100万地貌图制图规范. 北京：科学出版社.

中华人民共和国地貌图集编辑委员会. 2009. 中华人民共和国地貌图集（1：100万）. 北京：科学出版社.

周成虎，程维明，钱金凯，等. 2009. 中国陆地1：100万数字地貌分类体系研究. 地球信息科学学报，11（6）：707-723.

周成虎. 2006. 地貌学辞典. 北京：中国水利水电出版社.

周成虎，程维明. 2010.《中华人民共和国地貌图集》的研究与编制. 地理研究，29（6）：970-979.

周尚哲，刘继鹏，郗增福，等. 2008. 南岭及其相邻山地残留的最高夷平面，冰川冻土，30（6）：938-945.

朱国南. 1993. 湖南红岩盆地与丹霞地貌. 热带地貌，14（2）：53-59.

朱国南，丁传礼，王成聪. 1987. 中国1：100万地貌图衡阳（G-49）幅简析 -1. 地貌结构特征及其发育过程. 湖南师范大学自然科学学报，10（3）：103-108.

Chan K T. 1938. On the subdivisions of the red beds of South-Eastem China. Bulletin of the Geological

Society of China, 18: 301-324.

Chen P R, Hua R M, Zhang B T, et al. 2002. Early Yanshanian post-orogenic granitoids in the Nanling region-Petrological constraints and geodynamic settings. Science in China (Series D), 45 (8): 755-768.

Huang B, Li D Q, Yuan Z J. 2017. Significance of the Discovery of Sea Eroded Landform in Qixinggang of Guangzhou. New Delhi: The 9th International Conference on Geomorphology.

Li D Q, Zhuo M N, Xie Z Y, et al. 2017. The Preliminary Study of Micro Danxia Geomorphology. New Delhi: The 9th International Conference on Geomorphology.

Liao Y S, Xie Z Y, Huang J, et al. 2017. Morphological Characteristics of Danxi Landform in Qinghai-Tibet Plateau. New Delhi: The 9th International Conference on Geomorphology.

Yichang Institute of Geology and Mineral Resources, the Ministry of Geology. 1982. Isotope geochronological study of Late Palaeozoic Granitic Rocks in the Nanling Region, South China. Geochemistry, 1 (2): 159-174.

Yuan Z J, Li D Q, Xie Z Y. 2017. Evaluation of Danxia Landform Tourism Resources in Huoshan Mountain, Guangdong Province. New Delhi: The 9th International Conference on Geomorphology.

Zhuo M N, Yuan Z J, Xie Z Y, et al. 2017. The Characteristics of Danxi Geomorphology and Social Application in Heyun, Guangdong. New Delhi: The 9th International Conference on Geomorphology.

第3章

南岭水文水资源系统

　　森林水循环是陆地水循环中的重要组成部分,不但影响森林植被的结构、功能与分布格局,还影响地球关键带的能量收支、转换和分配,在陆地生态系统的碳氮平衡过程中发挥着重要作用(刘世荣等,2007)。森林与水之间的相互作用是极其复杂的。从水分平衡角度来看,由于不同类型的森林对大气降水的林内穿透雨量、树干截留量等的影响不同,产生的地表径流、地下径流也不尽相同,森林蒸散发量也可能不一样。因此,不同地区、不同类型的森林对水资源的形成、迁移和转化等的影响自然存在差异,有时候这种差异是极其显著的(韩永刚和杨玉盛,2007)。因此,森林生态系统的水文调节功能一直是生态学与水文学研究的重点内容。

　　南岭山地保存有地球同纬度带上最完整的亚热带常绿阔叶林,是中国南方重要的生态屏障带,北挡寒潮南下,南隔暖湿气流北上,南北两侧降水和气温差异明显。同时,南岭山地更是东江、北江、湘江和赣江等众多河流的发源地和水源涵养区,对粤港澳大湾区在内的下游广大地区的供水安全起到至关重要的作用(周国逸等,2018)。因此,南岭山地以其独特的地形地貌复杂性和生态系统多样性为森林水文学、山地水文学及生态水文学等提供了理想的研究场所。

　　段辉良和曹福祥(2012)采用RegCM-Miroc预估数据分析了南岭山地的气候变化特点及趋势,结果表明,2030~2050年降水呈逐年增加趋势,但增幅相对于1980~2010年明显减少;与之相比,气温升高较快,增幅相对于1980~2010年明显增加。周平和刘智勇(2018)基于地面气象观测和大气环流模型CCSM3,对南岭同纬度典型区域的气候特征进行分析,发现南岭和同纬度其他区域呈现不同的干旱期和湿润期;基于CCSM3在B1气候情景下的预测结果发现,南岭同纬度典型区域(2000~2099年)温度均呈极显著上升趋势($P<0.001$),降水总体呈增加趋势,然而在不同阶段和区域也存在不同比例的显著减少和显著增加情况。宗天韵等(2019)采用Mann-Kendall统计检验、聚类分析和小波分析等方法,研究了南岭山地1968~2015年降水的时空分布特征,发现南岭山地的多年平均降水量介于1203~2020mm,总体上自南向北呈减少趋势,且随海拔的升高而减少;南岭山地降水序列存在多个时间尺度的周期,并认为13年作为南岭山地降水变化的主周期。周平等(2016)基于东江流域9个气象站点的逐日降水数据和3个水文代表站(龙川、河源和博罗)的逐日径流数据,分别采用Mann-Kendall趋势检验和小波分析方法,对东江流域降水量和径流量变化趋势与周期特征进行研究,结果表明,1989~2011年东江流域年降水量和春冬季节降水量呈不显著的减少趋势,而夏秋季节降水量有增多的趋势;位于上、中、下游水文站点的年径流量和枯水期径流量均呈现不显著的下降趋势。东江流域上游的森林覆盖率从1989年的51%大幅增加至2009年的63%,与此同时,东江流域上游还遭受着气候变化的叠加影响,流域径流过程呈现独特的演变趋势,在此背景下,Li等(2021)以东江上游流域为研究对象,采用基于过程和基于关系相结合的方法,在剥离气候变化影响的基础上,分析植树造林对流域径流的影响,结果发现,森林对年径流的促进作用基本上抵消了气候变化的抑制作用,最

终导致东江流域上游径流并未呈现显著的变化趋势。李艳等（2006）以北江流域多年降水量及主要控制性水文站石角站水文资料为基础，研究了流域内降雨径流的变化特征，发现降雨系列基本没有变化，而径流系列呈缓慢上升趋势；对径流系数系列进行分析显示，1973年前后径流系数发生了较大的改变，将1956~1972年作为基准期，利用降雨与径流的关系，定量分析了人类活动对径流演变的作用，发现人类活动的间接影响是径流增加的原因。

采用南岭森林生态系统国家野外科学观测研究站（简称南岭国家站）水文气象长期定位观测数据，结合基于事件尺度的退水速率与流量关系分析方法，李泽华等（2022）对2019~2021年典型南岭山地森林流域的退水过程变化进行识别，探索退水特征与同期土壤水分、地下水埋深、潜在蒸散发和实际蒸散发的关联程度，发现南岭山地森林流域在枯水条件下比在丰水条件下退水速率更快，同时地下水埋深是影响山地森林流域出口退水过程的最主要因素，由于地下水位低于河床位置，流域出口河段处于地下水补给区，因此地下水埋深越深，河道水向地下水渗失越快，从而导致流域出口退水速率加快。

在前人研究的基础上，本章主要从降水和径流的时空变化规律角度探讨了南岭地区水文水资源系统的特征；围绕气候变化和人类活动影响这个当今的研究热点和难点，本章还梳理了有关气候变化和下垫面改变对南岭地区水资源影响的相关研究成果，为大家认识和理解南岭地区的水文水资源现状和演变趋势提供参考依据。

3.1　南岭山地降水的时空变化特征分析

3.1.1　南岭山地降水类型

降水是一种大气中的水汽凝结后以液态水或固态水降落到地面的现象（陶涛，2017），是自然界中发生的雨、雪、露、霜、霰、雹等现象的统称。它是受地理位置、大气环流、天气系统条件等因素综合影响的产物，是水循环过程的最基本环节，又是水量平衡方程中的基本因数（王忠静等，2017）。降水是地表径流的本源，亦是地下水的主要补给来源。降水在空间分布上的不均匀与时间变化上的不稳定性又是引起洪、涝、旱灾的直接原因（邵丽鸥，2014）。降水可以以多种形式降落到地面，可以分为以下主要类型。

细雨：轻、均匀，由无数直径为0.1~0.5mm的微小雨滴组成。

雨：雨滴直径大于0.5mm。雨可再细分为三类，即雨强小于2.5mm/h的小雨，雨强为2.5~7.5mm/h的中雨，雨强大于7.5mm/h的大雨。

降雪：以分叉六角形或星形冰晶形式降落到地面的降水。雪粒是大气水汽直接凝华的产物，可以以单个冰晶的形式降落到地面，但更常见的是聚为雪花形式降落。雪花一般形状较大,温度接近于0℃。雪的比重可在很大范围变动,但根据经验新降雪通常取0.1左右。

雨夹雪:指降水中含有非常透明的球状或粒状冰块,由雨滴谱降落时在近地面遭遇冷空气而形成。

霰:指降水中含有白色不透明的冰粒,直径一般在0.5~5mm。

采用激光雨滴谱仪可以探测距地表1m以上(其他高度可根据实际需要进行定制)的各种降水类型,如毛毛雨、小雨、冰雹、降雪及混合降水等。据南岭国家站位于猴头山的激光雨滴谱仪的观测结果得知,2021年降水类型有毛毛雨、细雨、阵雨、小雨、中雨、大雨、阵雪、阵性雨夹雪、小雪、中雪、冻雨、霰。其中,南岭降水以小雨为主(51.85%),其次为细雨(26.59%)和中雨(7.62%)(表3.1)。

表3.1　南岭各降水类型占比　　　　　　(单位:%)

编号	降水类型	占比	编号	降水类型	占比
1	毛毛雨	5.86	7	阵雪	0.35
2	细雨	26.59	8	阵性雨夹雪	0.23
3	阵雨	3.47	9	小雪	0.24
4	小雨	51.85	10	中雪	0.04
5	中雨	7.62	11	冻雨	0.98
6	大雨	2.71	12	霰	0.05

注:加和不等于100%是由于数修约所致,全书同。

3.1.2　降水空间分布特征

选取南岭山地范围内的14个气象站48年(1968年1月~2015年12月)的逐月降水数据为主要资料,辅以南岭山地的数字高程模型,并采用Mann-Kendall趋势分析、突变检验以及小波分析等方法,研究了南岭地区近50年来的降水时空变化特征(宗天韵等,2019)。南岭地区的降水空间差异性较大,总体而言,南岭北部的8个站点(通道、武冈、永州、道县、郴州、南雄、赣县、寻乌)多年平均降水量相对较少,而南部的6个站点(桂林、八步、广宁、连州、韶关、连平)的多年平均降水量相对较多,这与南岭山地对于水汽的阻挡作用是密不可分的。其中,降水最多的为桂林站,最低的为武冈站,多年平均降水量的差异性在南岭以西表现最明显(图3.1)。结合南岭山地地形可知,桂林地区因三面环山,水汽易在此聚集,从而形成大量降水。连平则因其东南部的地理位置,有更多来自太平洋地区的水汽进入并带来降水。另外,比较几乎处于同一纬度上的连州、韶关两站多年平均降水量,可见西部的连州地区降水量是多于韶关地区的,这可能是由于连州周围环绕着海拔较高的山峰,东南面则地势较为平坦,东南面气流易于在此聚集,空气的抬升运动越强,从而易发展出较强的对流,形成降水(黄奇章,1990)。为了进一步了解地理位置对降水的影响,采取线性回归法分别构建各站点

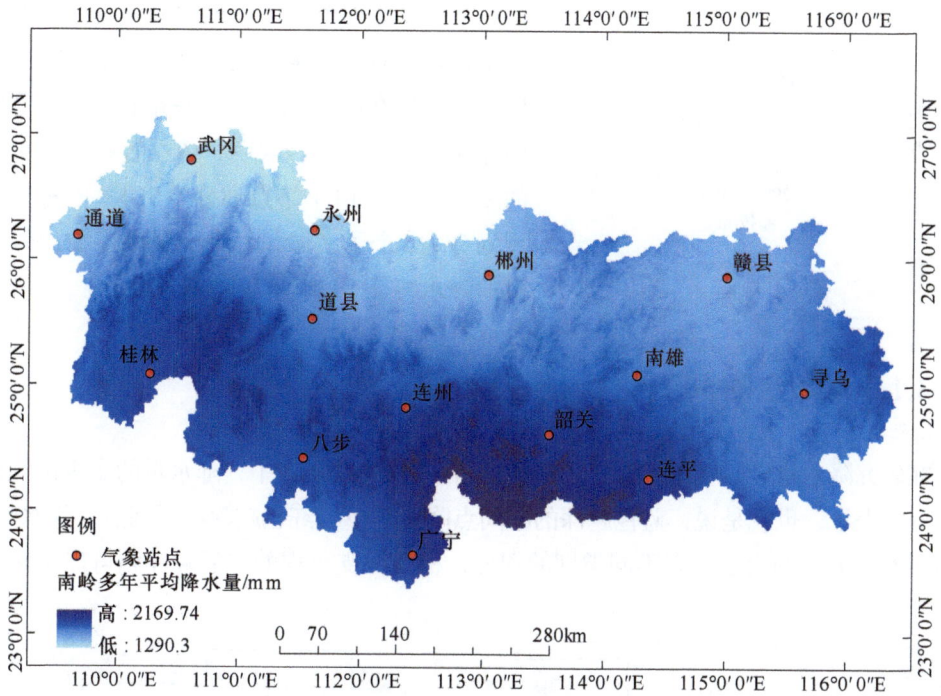

图3.1　南岭多年平均降水量分布图

多年平均降水量与经、纬度之间的相关关系。由图3.2可知，降水量有随着经度的增加而增加（$R^2=0.0019$，$P<0.01$）的趋势，但是二者相关关系很弱；由图3.3可知，降水量总体上随着纬度的增加而减少（$R^2=0.4516$，$P<0.01$）；由图3.4可知，降水量总体上随着海拔的升高而减少（$R^2=0.1175$，$P<0.01$）。

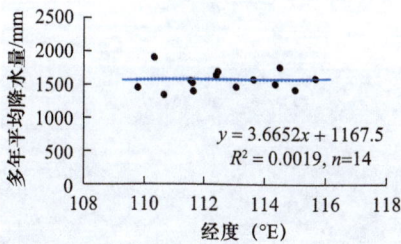

图3.2　南岭地区多年平均降水量与经度的相关关系

$y=3.6652x+1167.5$
$R^2=0.0019$, $n=14$

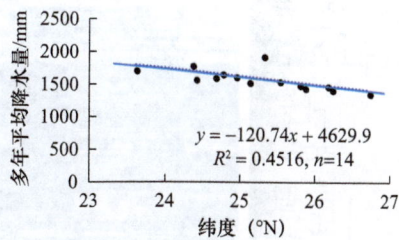

图3.3　南岭地区多年平均降水量与纬度的相关关系

$y=-120.74x+4629.9$
$R^2=0.4516$, $n=14$

根据南岭地区14个气象站点1968~2015年共计48年的逐月降雨资料，对流域月、季节、年、汛期、非汛期的降水量序列进行统计分析，得出南岭地区的降水空间差异性较大，多年平均降水量的分布范围在1200.33~2169.71mm，位于南岭西南部的广西境内以及东南部连平、韶关站所在的广东境内降水较多，而北部则降水较少。在空间上，降水总体上随经度增加而增加，但关系微弱，随纬度增加而减少，随海拔升高而减少，

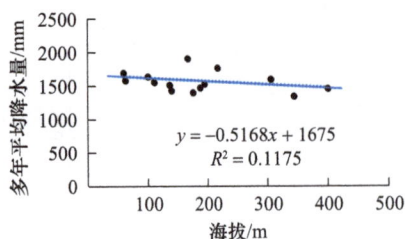

图3.4 南岭地区多年平均降水量与海拔
的相关关系

这两个关系相对明显。南岭内复杂的山地地形形成了东西方向上趋势变化不明显的差异性降水，但南岭山地在南北地区降水差异上发挥了重要的屏障作用。聚类分析表明，依据各站点降水情况的差异，可将14个站点划分为5组，即将整个区域划分为5个子区域，每个子区域存在相似度较高的降水特征。

3.1.3 降水时间变化特征

在研究降水量年际变化时，采用聚类分析的方法。图3.5中，降水量的多少由红色至蓝色分别表示，也就是说，蓝色越深的时间点降水越少，红色越深的时间点，降水越多。树形图发生分支则表示出现不同类别的划分，根据分支出现的先后顺序则可以了解各站

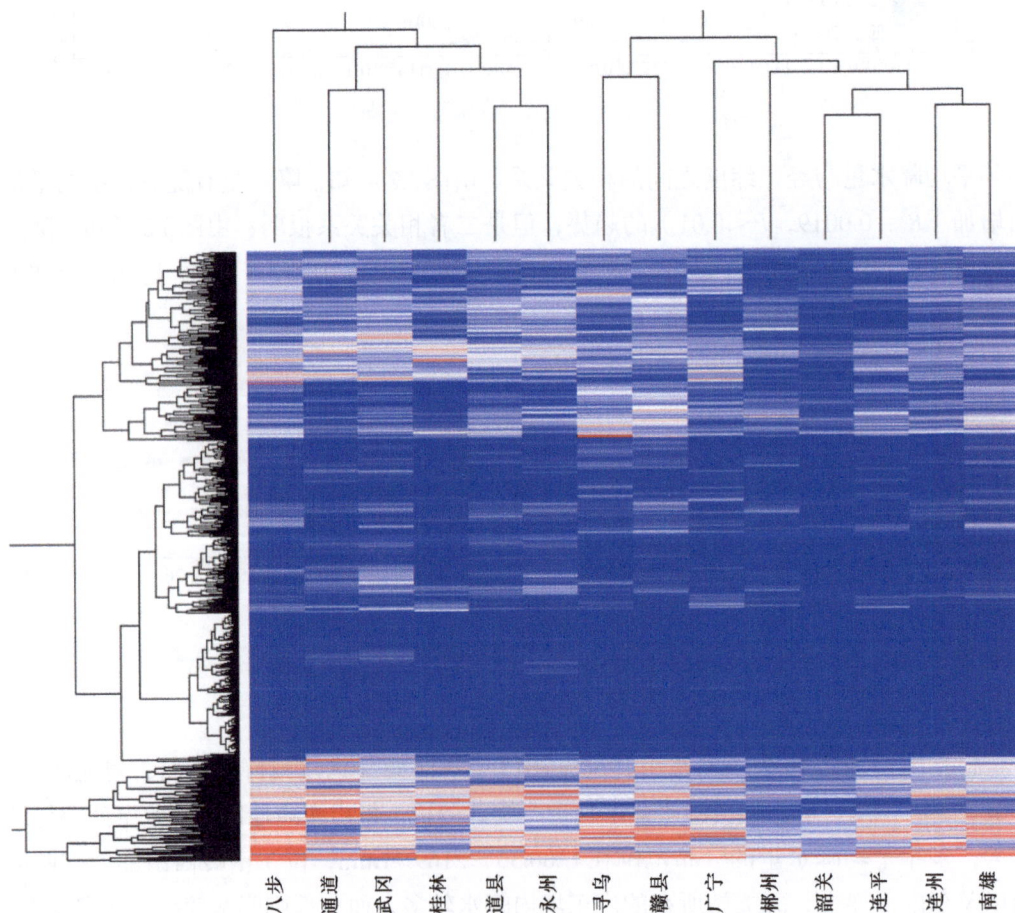

图3.5 南岭地区各站点降水量的聚类分析热图

点降水情况差异的大小。由聚类分析的树形图可见，14个站点首先被聚集为两类，一类包括位于南岭西部的通道、武冈、永州等6个站点，另一类包括位于南岭东部的郴州、连州、广宁等8个站点，这样的分类结果显示出南岭山地东西部分的降雨格局有所差异。西部6个站点所在地区因南北降水差异先后被划分为北部的八步地区和南部的通道、武冈地区，其余3个站点因东西降水特征的不同而被划分为桂林地区以及永州地区、道县地区两个部分。在南岭东部的8个站点中，赣县地区、寻乌地区首先被划分出来，可见两者所处最东部地区的降水情况与其余偏中部的6个站点的降水情况有所差异。而后，偏中部的6个站点先后被划分为广宁地区、郴州地区、连州-南雄地区以及韶关-连平地区，这样的划分结果符合不同纬度地区降水情况不同的规律。在本章研究中，根据降水情况的相似程度，将14个站点分成5个子区域，具体分类结果见表3.2。从纵向上的时间聚类结果来看，降水较多的5月、6月多集中在下方红色区域，而降水较少的11月、12月多集中在深蓝色区域，由此可见南岭山地各地区的年际降水分布是较为一致的。

表3.2　南岭地区子区域内包含气象站信息

子区域编号	包含站点
1	八步
2	通道、武冈
3	桂林、道县、永州
4	寻乌、赣县
5	广宁、郴州、韶关、连平、连州、南雄

1. 降水量趋势变化分析

利用Mann-Kendall趋势检验来分析各区域在1968～2015年48年间的降水量。由于南岭地区的降雨在年内不同季节、汛期和非汛期呈现明显的差异特征，因此以年、季节、汛期、非汛期、典型月份为时间段分析降水量。四季的划分按照气象划分法，即以3～5月为春季，6～8月为夏季，9～11月为秋季，12月至翌年2月为冬季，另将4～9月划分为汛期，10月至翌年3月界定为非汛期。表3.3即子区域1～5以及全区域的降水量趋势线斜率。

表3.3　南岭全区域及各子区域降水量趋势线斜率

子区域	春季	夏季	秋季	冬季	汛期	非汛期	年降水量
全流域	−0.800	0.720	−0.560	0.382	−0.649	0.133	−0.169
区域1	−0.755	0.862	0.258	−0.009	0.133	0.827	0.347
区域2	−1.315	−0.969	−0.027	1.244	−2.355[*]	0.382	−1.449
区域3	−0.880	1.040	−0.418	0.364	−0.187	0.204	−0.347
区域4	−0.658	0.311	−1.769	−0.293	−0.364	−0.755	−0.649
区域5	−0.489	0.613	−0.364	0.000	0.027	0.240	0.276

*表示统计量$Z < -1.96$，呈显著下降趋势。

通过分析多年平均降水量趋势变化，发现全区域的年、四季、汛期和非汛期降水量趋势变化均不显著。其中，春季、秋季的降水量变化普遍呈下降趋势，预示着发生季节性干旱的可能性有所增加；夏季、冬季降水量变化趋势大多呈上升趋势。在子区域的层面上，5个子区域大多在春季和秋季呈下降趋势，在夏季和冬季则以上升趋势为主。汛期时段的3个子区域降水量呈下降趋势，另外两个子区域降水量则表现出上升趋势，但上升趋势对应的斜率明显较下降趋势对应的斜率要更平缓。另外，其中仅有子区域2的汛期降水量呈现出显著的下降趋势，其余时间段子区域的降水量变化趋势均不显著。子区域2所在地区位于南岭的西南部，也是南岭降水最少的部分，可能因此较易发生显著的降水量变化。子区域2夏季降水量的下降趋势也可能与南岭山地的阻挡作用有关，来自东南方向的温湿气体在向内陆移动的过程中形成降雨而有所消耗，同时又不断受到山脉的阻挡，因此在到达西北部时难以形成大量降水。

结合南岭全区域和5个子区域在48年内的降水量趋势变化可见，南岭的全年降水量呈微弱下降趋势，但子区域当中的子区域1和子区域5则表现出微弱的上升趋势，两个子区域主要位于南岭山地的东南部，近年来因全球性的气温升高，南海水温有所上升，更多的水汽输送进来，形成更多的降水。但因为山地的阻隔作用，水汽未能输送到南岭的东北地区，从而造成了降水变化趋势的地域差异。以多年平均降水量为例（图3.6），2003年降水最少，仅有1203.19mm，而2002年降水量达到最高峰，为2019.56mm。1976～1994年，平均降水量普遍偏低，而后降水量有所回升，并开始了更大程度的连续波动，整体上来看，48年的降水量仍呈下降趋势。段辉良等（2012）通过区域气候模式（RegCM）研究表明，南岭地区1980～2010年的年平均降水量呈增加趋势，这与本章研究所得结果有所出入，可能的影响因素是多重的，一方面两个研究对于南岭区域的界限划分有所差异，另一方面所利用的气象站点数据也大不相同。另外，不同的研究方法也可能得到不同的降水量变化趋势的结果。

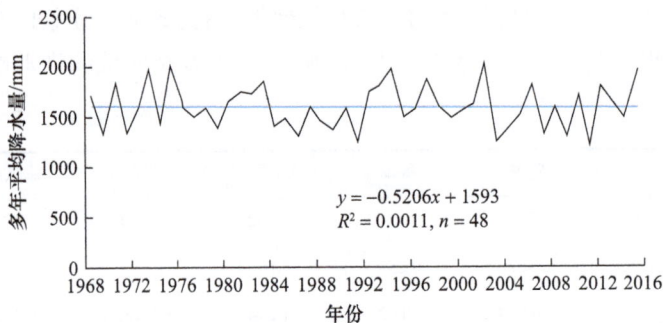

$$y = -0.5206x + 1593$$
$$R^2 = 0.0011, n = 48$$

图3.6 多年平均降水量变化趋势图

2. 降水量突变分析

为分析降雨侵蚀力序列的突变情况，采用Mann-Kendall突变检验法对子区域1～5以及南岭全区域的降水量序列进行突变分析，发现5个子区域和珠江流域的年降水量序列均没有发生显著突变。以南岭全区域的年降水量序列为例，降水量正序列统计量UF和反序列统计量UB曲线在置信区间内存在交点。最早的交点出现在1968～1969年，交点处UF＜0，但正序列UF曲线始终没有超过临界值线$u=\pm1.96$，即没有通过95%置信水平，也就是说没有发生显著突变，由此可见，近年来南岭区域内的人类活动或是大尺度的气候变化没有对当地的降水造成显著的影响。

3. 降水量周期分析

在分析南岭地区降水量周期性变化情况时，采用了小波分析的方法。由全区域小波等值线图（图3.7）可知，南岭地区1968～2015年年均降水量存在不同时间尺度上的周期振荡。图中大小不同的小波系数对应着强弱不一的信号，等值线为正的用实线表示，代表降水较多；等值线为负的用虚线表示，代表降水较少，每一个小波系数为零处则对应着一个突变点。在1～2年的时间尺度上，存在比较明显的周期振荡，年降水量经历了由多至少的多次循环交替，在10～15年的时间尺度上，年降水量也同样经历了多少交替的多次循环。

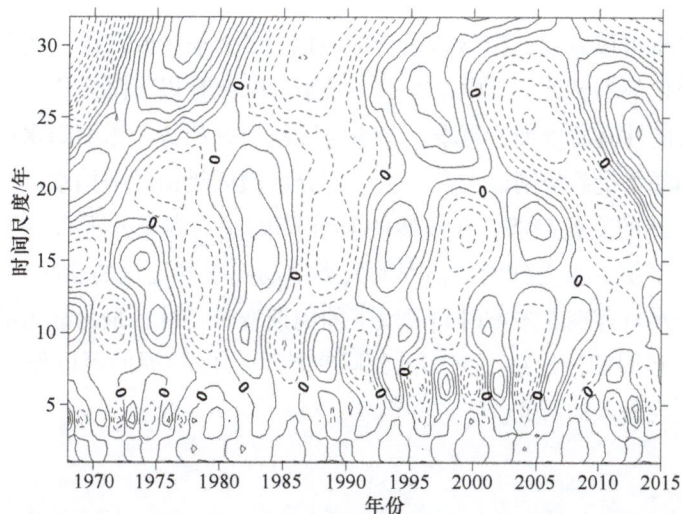

图3.7　南岭山地年平均降水量小波分析图

在多个周期当中，仅有2年和13年的周期经过了85%的红噪声检验，但两者均没有通过更高置信水平的红噪声检验（图3.8）。2年的降水量周期与农业上"大小年"的说法一致，可见所谓的"大小年"的发生有可能是因为降水量的年际变化而受到了部分影响。因为13年周期所对应的小波方差峰值较2年的峰值更高，因此有理由将13年作为南岭地区多年平均降水量序列的主周期。13年的周期与太阳黑子11.2年的周期相近，另有研究指出，华南地区大范围洪涝多发生在太阳黑子低值附近或降段（沙万英等，1997），因此该周期可能可以为洪涝灾害的预防提供依据。由图3.7中可看出，13年的周期中嵌套着幅度不一的小周期，2018年仍处于降水量增加的阶段，2020年则会进入

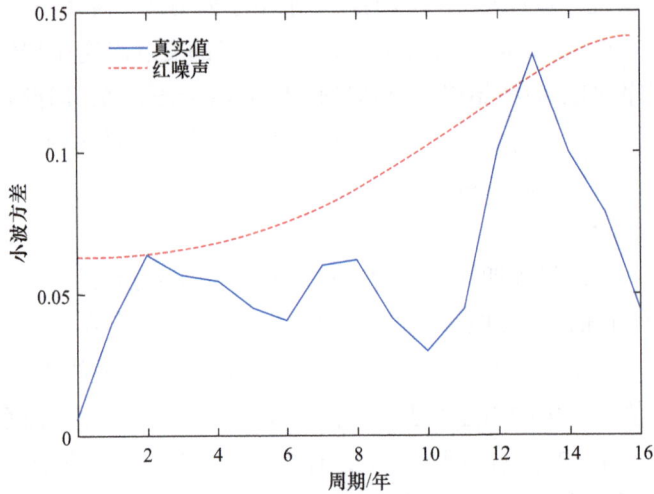

图3.8 南岭山地年平均降水量小波功率谱

新的周期。

通过趋势分析可以发现，南岭地区全区域以及5个子区域的年、四季、汛期和非汛期降水量趋势变化都不显著。其中，春季、秋季的降水量以下降趋势为主，预示着发生季节性干旱的可能性有所增加；夏季、冬季时段呈上升趋势。汛期降水量大多表现出下降趋势，非汛期降水量趋势则以上升为主。部分区域因受山脉阻挡水汽的作用而呈现出与上述规律不一致的变化趋势。在南岭的48年降雨序列内未发现有突变发生，近年来降水量变化趋于平缓，未受到太过剧烈的人类活动或气候变化的影响。小波分析表明，南岭地区的年降水量存在着多重时间尺度下的周期变化特征，最为显著的是在多个周期当中的2年和13年周期，经过了85%的红噪声检验，13年周期可以作为南岭地区降水的主周期进行更为深入的研究。

3.2 南岭同纬度区域降水未来预测

南岭是中国南方最大的横向构造带山脉，位于我国广东、广西、湖南、江西、福建五省（自治区）的交界处。它是我国南方最重要的生态屏障带，也是中国十大生物多样性热点地区之一（Tang et al.，2006）。由越城岭、都庞岭、萌渚岭、骑田岭和大庾岭5条主要山岭组成的南岭山地位于23°37′N～27°14′N，109°43′E～116°41′E，东西跨度约700km，南北跨度约400km（周平，2018），面积165234.4km²。南岭同纬度带上从西到东比较典型的区域还有美洲的墨西哥荒漠、非洲的撒哈拉沙漠、西亚的阿拉伯半岛沙漠、南亚西北部的塔尔沙漠。这些同纬度区域除了南岭是亚热带湿润季风气候外，其他区域为热带沙漠气候和亚热带荒漠气候（周平和刘智勇，2018）。

3.2.1 南岭同纬度区域未来降水变化

基于CCSM3模型在B1情景下模拟的南岭同纬度带5个典型区域（从西到东依次为美洲的墨西哥荒漠、非洲的撒哈拉沙漠、西亚的阿拉伯半岛沙漠、南亚西北部的塔尔沙漠、中国南岭山地）2019~2099年逐年降水量与1981~2010年多年平均降水量差值的分布情况。从图3.9可以看出，2019~2099年南岭同纬度区域降水总体呈上升趋势，5个区域的降水增幅平均值为19.34mm，年际间有一定的起伏，与未来温度的变化不同的是，降水并不是呈现一致增加的规律，其变幅有大有小、有正有负，不同区域未来降水呈现不同的变化规律。其中，墨西哥荒漠未来降水变幅的平均值为-14.80mm，年际间的波动较大，变幅最大值为138.85mm，最小值为-139.57mm。其他4个区域未来降水变幅的平均值均为正值，从小到大依次为撒哈拉沙漠（0.17mm）、南岭（13.11mm）、阿拉伯半岛沙漠（13.87mm）、塔尔沙漠（84.33mm）。根据CCSM3模型模拟结果，可知南岭同纬度带未来年降水量将出现较大起伏，未来出现异常的降水年代际变化偏多（偏少）的频率增大，即出现连旱和连涝的年份将增多。影响降水量大小的主要因素为赤道中东太平洋的海洋温度（纪忠萍等，2009）。未来可能会面临更严峻的高温、洪涝、台风、季节性干旱等极端天气事件。基于CCSM3模型仍然存在一些不确定的因素（Kundzewicz et al.，2018），在分析考虑特定区域时，有待结合地形和站点实测数据进一步提高降水预测的精度。

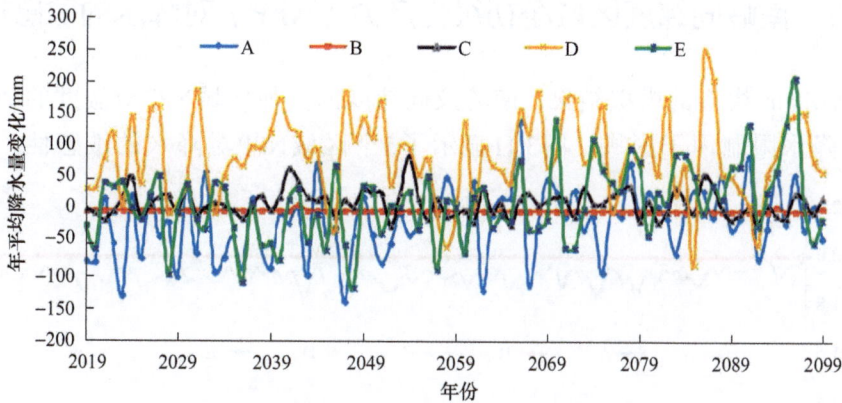

图3.9 南岭同纬度不同区域未来降水变异

A代表墨西哥荒漠；B代表撒哈拉沙漠；C代表阿拉伯半岛沙漠；D代表塔尔沙漠；E代表南岭

将CCSM3模型模拟的2000~2099年年平均降水量值每20年与1981~2010年进行独立样本T检验，结果显示，在南岭同纬度带未来5个不同时段均存在降水显著减少（$t < -1.677$）、减少但不显著（$-1.677 \leqslant t \leqslant 0$）、增加但不显著（$0 < t \leqslant 1.677$）、显著增加（$t > 1.677$）4种情况（图3.10）。其中，降水显著减少的比例相对较小（红色标

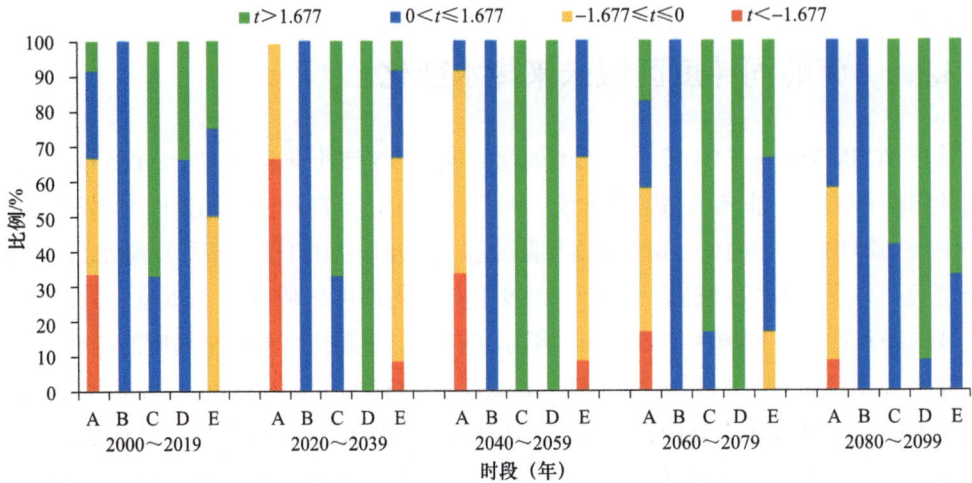

图 3.10　南岭同纬度区域不同时段相对于 1981～2010 年的降水变化差异

A 代表墨西哥荒漠；B 代表撒哈拉沙漠；C 代表阿拉伯半岛沙漠；D 代表塔尔沙漠；E 代表南岭

记，$P<0.05$），而显著增加的比例相对较多（绿色标记，$P<0.05$），存在增加或减少的情况但在统计上不显著的比例居中（黄色和蓝色标记，$P>0.05$）。从时间上看，未来 2000～2019 年、2020～2039 年、2040～2059 年、2060～2079 年这 4 个时段的降水显著增加的区域比例呈增加趋势，在 2080～2099 年时段才趋于缓和。而降水显著减少的区域比例在 2020～2039 年达到最大值，后续时段呈逐渐减少趋势。

3.2.2　南岭同纬度区域净初级生产力（NPP）对降水的敏感性分析

根据 Miami 模型的模拟结果，南岭及同纬度的其他区域 NPP 对温度的敏感性为 0，均为降水限制因子区域。图 3.11 显示了 5 个区域 NPP 对降水的敏感性，从大到

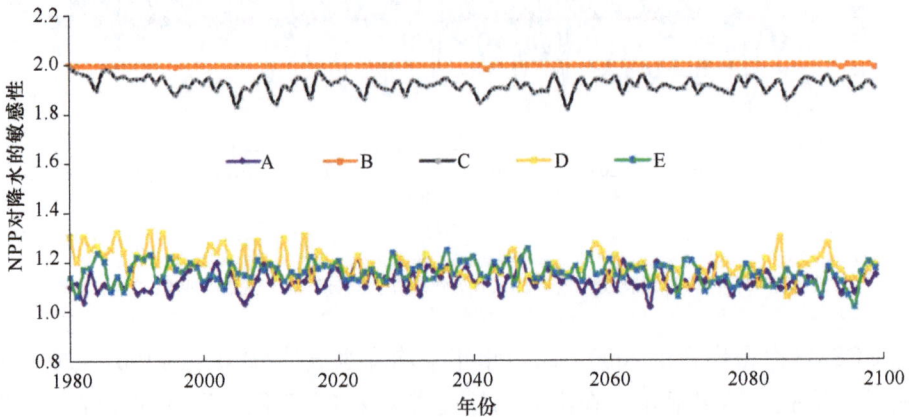

图 3.11　净初级生产力对降水的敏感性

A 代表墨西哥荒漠；B 代表撒哈拉沙漠；C 代表阿拉伯半岛沙漠；D 代表塔尔沙漠；E 代表南岭

小依次为撒哈拉沙漠（1.992±0.01）、阿拉伯半岛沙漠（1.915±0.030）、塔尔沙漠（1.181±0.060）、南岭（1.153±0.044）和墨西哥荒漠（1.118±0.041）。可以看出，撒哈拉沙漠和阿拉伯半岛沙漠对降水的敏感性显著高于墨西哥荒漠、塔尔沙漠和南岭。各区域NPP对降水的敏感性虽然年际间有一定的波动变化，但不存在趋势性变化。其中，敏感性波动最明显的是塔尔荒漠。

3.3　南岭山地径流时空分布特征

3.3.1　径流形成原理

由流域上降水所形成的、沿着流域地面和地下向河流、湖泊、水库、洼地等流动的水流称为径流。从降水到达地面至水流流出流域出口断面的整个物理过程就是径流形成过程。径流是河流、湖泊、水库等水体水文情势变化的直接原因。径流情势的变化与水资源开发利用、水旱灾害防治和生态环境保护密切相关。因此，径流形成的研究具有广泛的科学和实际意义。

1. 径流形成现象

对于任意闭合流域，一场具有相当数量和足够强度的降水，都会形成一条与之相对应的流域出口断面流量过程线（图3.12）。如果将流域出口断面流量过程与相应的降水过程作比较，就可以发现两者之间有下列明显的差异。

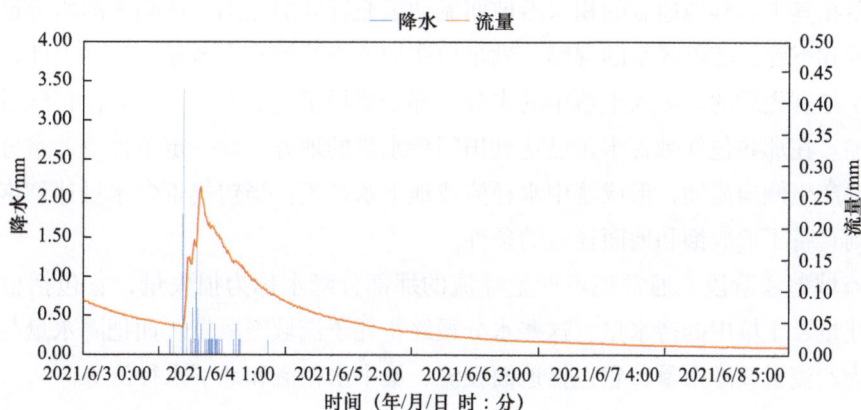

图3.12　南岭山地森林流域降水和流量过程线

（1）次降水不等于次洪径流量，后者总是小于前者。

（2）两种过程线的形状不同。降水过程变化急速而不规则，流量过程则比较平缓光滑。

（3）流量过程的起始时间，以及洪峰、重心等出现的时间都要比降水滞后一段时间。

（4）流量过程的总历时要比降水历时长得多。

以上四方面的差异每个流域都存在，只是随着流域面积的大小、流域下垫面的情况、流域所处的气候条件和降水特征不同，这种差异的量级有所不同而已。

2. 径流形成过程

径流形成过程是一个复杂而连续的物理过程。它始于降水过程，终于流域出口断面流量过程。径流形成过程一般可以概化为下列若干相互联系的子过程（芮孝芳，2004a）。

1）降水过程

从径流形成的角度看，降水过程是大气向流域的供水过程，是径流形成的必要条件。降水的特征及其时空分布虽然与径流形成有密切关系，但关于降水的形成机制却主要是气象学的研究范畴。

2）流域蓄渗过程

流域蓄渗过程是在降水开始以后，发生在流域坡地上的水文过程。最初一段时间内的降水，除小部分降落在河槽水面上的降水（C）直接参与径流形成外，大部分降水并不立刻产生径流，而是消耗于植物截留（In）、下渗（f）、填洼（D）和蒸散发（$E+$ET）。植物截留量一般不大，它最终将被蒸发耗尽。地面下渗发生在降水期间和降水结束后地面尚有积水的地方。下渗能力在时间和空间上都是变化的。降水初期下渗能力较大，随着降水的继续，它呈递减变化，最终趋近于一稳定值。在降水过程中，当降水强度小于地面下渗能力时，雨水将全部渗入土壤中。当降水强度大于地面下渗能力时，超过下渗能力的降水形成地面积水，其余部分降水渗入土壤中。在流域洼陷处产生的积水暂时停蓄在其中。其他地方的积水沿坡面流动填充近处的洼陷。洼陷中的水分最终消耗于蒸散发和下渗。随着降水的继续，满足填洼的地方开始产生地面径流。因此，地面径流的产生是有先后的。渗入土壤中的水分一部分要耗于蒸散发，一部分使包气带含水量不断增加。在那些包气带含水量已达到田间持水量的地方，在一定条件下，水分将沿着坡度方向产生侧向流动，形成壤中水径流或地下水径流。当包气带含水量达到饱和含水量时，则具备了形成饱和地面径流的条件。

在流域蓄渗阶段，通常把不产生径流的那部分降水称为损失量，它包括植物截留量、填洼量及土壤中的持水量，这些水分最终将耗于流域蒸散发。而把降水量与损失量之差称为产流量或净雨量，它包括地面径流、壤中水径流和地下水径流等。

3）坡地汇流过程

传统上曾将坡地汇流过程称为坡面漫流或坡面汇流过程。显然，这是仅针对地面径流汇流而言的。事实上，正如在蓄渗过程中所讲的，在一场降水过程中不仅可能有地面径流产生，而且还可能有壤中水径流和地下水径流产生。因此，坡地上的水流现象不仅发生在坡地表面，而且可能在坡地垂直剖面上的不同深度处发生，所以称为坡地汇流过程较为恰当。由此可知，此处所谓坡地汇流包括坡面漫流（R_s）、壤中水汇流（R_{ss}）和地下水汇流（R_g）等。

坡面漫流开始于坡面产生积水后，并随地面径流的大量产生而发展。在坡面漫流过程中，一方面要直接接受降水补给，另一方面又要继续耗于下渗和蒸散发。因此，地面径流的产流过程与坡面漫流过程一般难以截然分开，而是相互交织在一起的。

壤中水径流和地下水径流也要沿坡地汇流，分别称为壤中水汇流和地下水汇流。不过在坡地上发生壤中水汇流和地下水汇流的条件与坡面漫流不同，后者始于地面积水出现之后，前者则始于界面以上包气带含水量达到田间持水量之时。它们之间的另一个区别是坡面漫流是一种沿着坡地地面流动的水流，属明渠水流；而壤中水汇流和地下水汇流都是发生在土壤孔隙中的水流运动，属于渗流（达西流）。因此，它们的流速和流程都会有较大的差异。

对于一次具体的洪水而言，并不一定同时存在坡面漫流、壤中水汇流和地下水汇流。有的只有坡面漫流，而无壤中水汇流和地下水汇流；有的则反之，有壤中水汇流或地下水汇流，而无坡面漫流。当然三种水流同时出现的情况在有些地方也是常见的。

4）河网汇流过程

降水产生的径流，经过坡地汇流阶段后即注入河网，开始了径流形成过程的最后一个阶段——河网汇流过程，它是指各种径流成分经坡地汇流注入河网后，以洪水波的形式沿着河槽向流域出口断面汇集的水流过程。来自坡地的地面水流、壤中水水流和地下水水流，先汇入附近的小河流或沟溪，再汇入更大的河流，最后汇集至流域出口断面，形成流域出口断面流量过程线。

至此，流域上一次降水的径流形成过程结束。当本次降水形成的径流全部通过流域出口断面后，河槽中的水位和流量就恢复到原先状态。将径流形成过程划分为若干子过程来加以描述，只是为了便于对现象的认识和研究，并非意味着可以把径流形成过程机械地分割开来。

3.3.2 南岭山地水系分布及径流特征

南岭山地作为区域重要的分界线和生态屏障带，北挡寒潮南下，南隔暖湿气流北上；同时，南岭山地还是长江、珠江等河流水系的发源地和水源涵养区，是长江水系一级支流湘江和赣江，珠江水系干流北江、西江和东江等众多河流的源头区（表3.4）。南岭山地关乎下游经济社会稳定和粤港澳大湾区城市群发展的供水安全保障，对区域生态安全和可持续发展具有重要意义。图3.13显示了南岭山地河流水系分布及流域范围。

表3.4 南岭山地流域水系信息统计表

流域名称	流域面积/万 km²	南岭山地面积/万 km² 和占比/%	所属水系
西江	35.31	2.70/7.6	珠江

流域名称	流域面积/万 km²	南岭山地面积/万 km²和占比/%	所属水系
北江	4.67	3.99/85.4	珠江
东江	2.70	1.18/43.7	珠江
韩江	3.01	0.76/25.2	韩江
赣江	8.40	2.55/30.4	长江-鄱阳湖
湘江	9.30	3.84/41.3	长江-洞庭湖
资水	2.80	0.64/22.9	长江-洞庭湖
沅江	8.80	0.62/7.0	长江-洞庭湖

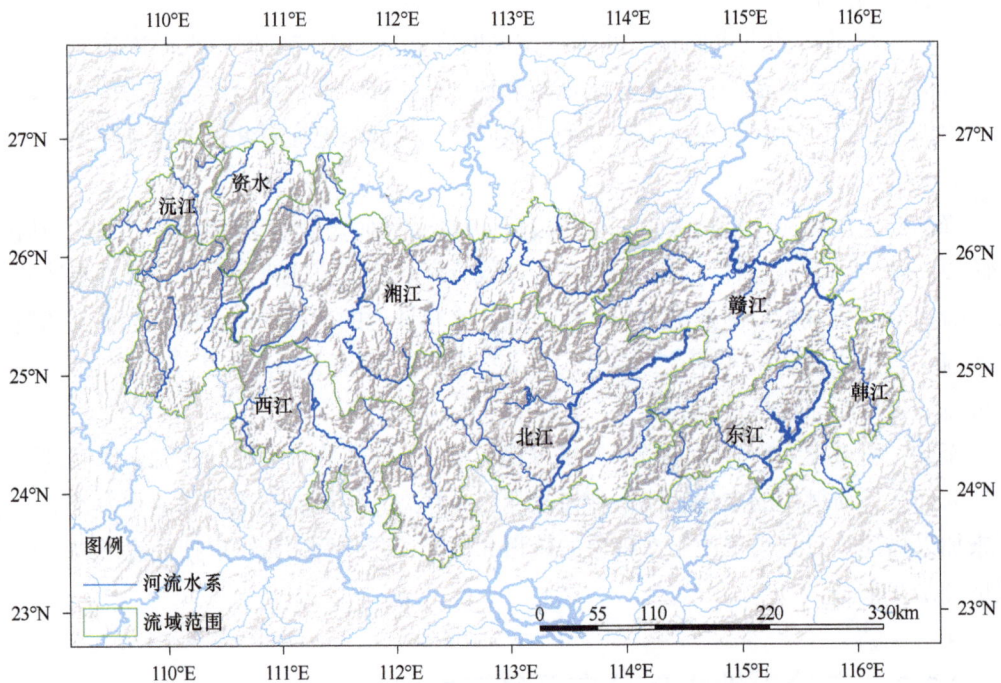

图 3.13　南岭山地河流水系分布及流域范围示意图

1. 东江流域

1）地形地貌

东江流域地势东北部高、西南部低，上中游主要为山区丘陵河谷区，出沙岭峡谷后进入平原堤围区，石龙以下是三角洲河网地带。流域内丘陵地带较多，地面高程在 500m 以上的山区占全流域面积的 8%，50～500m 的丘陵地区占 78%，50m 以下的平原地区占 14%。流域北部山区最广，统称九连山脉，其南端一段为粤赣两省天然边界，主峰在连平县东，高程约 1300m，此外，连平县东南尚有科罗笔山与复船山，高程均在 1000m 以上。南部山脉分列在东江两岸，右岸有自河源西南的桂山（高程约 1256m）至博罗的罗浮山（高程约 1280m）成一长列，走向为西北至东南。左岸则分两列，一介于西枝江与海丰县独立出海的黄江之间的莲花山、茅山顶，均高达1336m，为流域中广东省境内的最高山峰，附近高出1000m以上的山峰为数尚多；二为西枝江与秋香江的分水岭，高度稍低，亦高达1000m以上，如1186m的鸟禽山、1125m的鸡笼山走向均为东北至西南。至于东江与梅江的分水岭，反而不高，越岭山道宽广平坦。

2）河流水系

东江发源于江西省寻乌县桠髻钵，上游称寻乌水，向南流入广东境内，至龙川合河坝汇入安远水（又名定南水）后称东江。东江流经龙川、东源、源城、紫金、惠阳、惠城、博罗至东莞石龙，石龙以下习惯称东江三角洲，分南、北两支，南支称东莞水道，北支为东江北干流，再分成河网注入狮子洋，最后经虎门出海。

东江干流由东北向西南流，河道长度至石龙为520km，至狮子洋为562km。石龙以上河道平均比降为0.39‰。东江河道自桠髻钵至龙川合河坝全长138km，河道平均坡降2.21‰，河段处于山丘地带，河床陡峻，水浅河窄；龙川以下两岸地势逐渐开阔，在观音阁附近右岸出现平原；观音阁至东莞石龙，河道进入平原区，全长150km，平均坡降0.173‰。自观音阁后由于河宽逐渐增大，流速减慢，河中沙丘多，流动性大，每次洪水过后，河床变化较大。

东江石龙以上流域总面积27040km²，其中南岭山地面积11800km²，占比43.6%。东江流域支流分布众多，集雨面积在100km²以上的支流共有72条，其中一级支流共有25条。主要支流自上而下有安远水、浰江、新丰江、船塘河、秋香江、公庄河、西枝江、淡水河和石马河等，其中新丰江为东江最大支流，西枝江为第二大支流。东江主要河流信息统计见表3.5。

表3.5　东江主要河流信息统计表

河名	级别	发源地	河口	流域面积/km²	河流长度/km	比降/‰
东江	干	江西寻乌桠髻钵	东莞石龙	23540/27040*	393/520*	0.39
安远水	1	江西安远大岩栋	龙川合河口	751/2364*	46/140*	1.98
浰江	1	和平杨梅嶂	和平东水街	1677	100	2.20
新丰江	1	新丰玉田点兵	河源市	5813	163	1.29
船塘河	2	龙川火影山	河源合江	2015	104	1.08
秋香江	1	紫金黎头寨	紫金古竹江口	1669	144	1.11
公庄河	1	博罗糯米柏	博罗泰美	1197	82	4.03
西枝江	1	紫金竹坳	惠州东新桥	4120	176	0.60
淡水河	2	宝安梧桐山	惠阳紫溪口	1308	95	0.57
石马河	1	宝安大脑壳	东莞桥头	1249	88	0.51

*代表按全流域统计，其余按广东境内统计。

3）径流特征

径流的年内分配不均，各站汛期（4～9月）实测径流量占全年（水文年）径流量的64.4%～76.8%，枯水期（10月至翌年3月）占23.2%～35.6%。另外，径流的年际变化很大，各站年径流最大年与最小年的比值为3.13～6.98，博罗站实测的1997年（水文年）特丰水年和1963年特枯水年，丰枯比为3.66，而九洲站为6.92。各主要水文站年径流特征值统计如表3.6。

表3.6 东江主要水文站实测年径流特征值统计表

站名		龙川	河源	岭下	博罗	蓝塘	九洲	岳城
多年平均流量/亿m³		62.5	144.2	187.5	230.3	8.8	4	6.4
汛期占全年/%	平均	69.1	64.4	68.5	71.3	76.8	73.9	73.9
	范围	40.2～86.1	47.2～88.5	48.0～89.9	50.2～90.0	41.6～89.6	43.5～87.5	45.0～85.9
最大年	径流量/亿m³	105	323.8	286.2	345.3	14.3	7.4	10.4
	时间（年）	1975	1983	1983	1997	1959	1997	1982
最小年	径流量/亿m³	19.2	74.4	83.8	94.4	2.1	1.1	2.3
	时间（年）	1963	2004	1963	1963	1963	1963	1963
丰枯比		5.48	3.13	3.42	3.66	4.48	6.92	6.98

2. 西江流域

西江是珠江流域的主要水系，发源于云南曲靖市境内乌蒙山脉的马雄山，流经贵州、广西而入广东，在思贤滘汇入北江后进入珠江三角洲河网区。干流自源头至思贤滘西滘口长2075km，河道平均坡降0.58‰，集雨面积353120km²，其中南岭山地面积27000km²，占比7.6%，干流自上而下分为南盘江、红水河、黔江、浔江和西江5个河段。

西江的集雨面积大，径流丰富，洪水峰高量大，持续时间长，洪峰流量之大，在我国仅次于长江。而其洪涝灾害主要集中于下游人烟稠密、经济发达的广东境内。中华人民共和国成立后，西江沿岸堤围不断加高加固，抗洪能力逐步提高。但由于洪、枯水位差距大，堤身高，防洪压力大，治涝扬程高，在西江防洪工程体系逐步完成的过程中，仍然面临遭遇洪水灾害损失的威胁。

3. 北江流域

1）地形地貌

北江是广东省境内一条重要河流，地理位置在111°52′E～114°41′E，23°10′N～25°25′N。整个流域呈扇形，周围大山环亘，北有南岭与长江分界，东有九连山、滑石山、瑶岭与东江分界，西有与湘桂交界的萌渚岭与西江分界，并连二托山、大罗山接向东翼山脉。分水岭最高点是南岭的画眉山，海拔1673m，流域内最高点为中西部大东山，主峰海拔1929m。

流域自北向南贯穿广东省的北部和中部，思贤滘以上干流长468km，流域面积

$46710km^2$，其中南岭山地面积$39900km^2$，占比85.4%，总落差305m，河道平均比降为0.26‰（表3.7）。流域大部分是山区和丘陵，间有零星分布的河谷盆地，地势北高南低，上游陡峻，中游河段比较顺直，其间有香炉峡、大庙峡、盲仔峡和飞来峡4个峡谷，出飞来峡之后地势逐渐平坦，河床开阔，最后与珠江三角洲相连。地面高程在500m以上的山区占20%，50~500m的丘陵占70%，50m以下的平川约占10%。

表3.7 北江干流各河段河流特征表

河流（段）	起讫		河流长度		河道比降/‰
	起	讫	长度/km	占全江/%	
北江	石碣	思贤滘	468	100	0.26
上游（浈江）	石碣	沙洲尾	211	45.3	0.617
中游	沙洲尾	白庙	173	37.0	0.25
下游	白庙	思贤滘	83	17.7	0.0815

流域内集雨面积超过$1000km^2$的支流有墨江、锦江、武江、南花溪、南水、滃江、烟岭河、连江、青莲水、潖江、滨江、绥江、凤岗河13条，其中一级支流9条，按叶脉状排列，从东西两侧汇入干流，由于部分支流汇口距离比较接近，故易造成洪水集中，来势凶猛。当春夏之际，海洋湿暖气团往内陆积送，常受阻于南岭山脉，故流域内多暴雨，量大而急剧，洪水为患频繁。

2）河流水系

北江上游浈江，发源于江西省信丰县石碣，经大余县进入广东，自东北往西南穿山越岭，流经南雄、始兴、曲江等市（县），至韶关市沙洲尾与支流武江汇合，始称北江；再自北向南流经英德、清新、清远至三水河口，在思贤滘与西江相通，注入珠江三角洲网河区。从源头至韶关市沙洲尾为北江上游，沙洲尾至白庙为中游，白庙至思贤滘为下游。上游流于高山峻岭之间，集流快、洪水历时短、降雨损失少，有"滴水归谷"之称；但北江干流总比降平缓，洪水涨陡落缓，历时长，发洪时间多在5~7月；河床沿程一般随水量的加入而增宽，但局部河段受峡谷影响而变小，如距离英德市区12km的盲仔峡，河宽缩窄为100m，这是英德河段洪水位壅高的重要原因。

中游清远市清城区飞来峡镇附近已建成以防洪为主的大型水库——飞来峡水库，飞来峡以上孟洲坝、濛里、白石窑三座梯级电站也已经建成。北江流域主要河流信息统计见表3.8。

表3.8 北江流域主要河流信息统计表

河流名称	河流级别	发源地	河口	集雨面积/km²	河长/km	河道比降/‰
北江	干	江西信丰石碣	番禺小虎山淹尾	48288/52068*	563/573*	0.22
			三水思贤滘	42930/46710*	458/468*	0.26

河流名称	河流级别	发源地	河口	集雨面积/km²	河长/km	河道比降/‰
墨江	1	始兴棉坑顶	始兴上江口	1367	89	2.38
锦江	1	江西崇义竹洞	曲江江口	1625/1913*	104/108*	1.71
武江	1	湖南临武三峰岭	韶关沙洲尾	3734/7097*	152/260*	0.91
南花溪	2	湖南宜章白公坳	乐昌水口	304/1188*	30/117*	3.36
南水	1	乳源安墩头	曲江孟洲坝	1489	104	4.83
滃江	1	翁源船肚东	英德东岸咀	4847	173	1.24
烟岭河	2	英德羊子崀	英德狮子口	1029	61	1.55
连江	1	连县三姊妹	英德江头咀	10061	275	0.77
青莲水	2	阳山猛石坑	阳山青莲	1221	85	5.28
滓江	1	佛冈东天蜡烛	清远汛沙村	1386	82	1.74
滨江	1	清远大雾山	清远飞水口	1728	100	0.81
绥江	1	连山擒鸦岭	四会马房	7130/7184*	226	0.25
凤岗河	2	连南涩洞	怀集上角	1222	102	3.59

*代表按全流域统计，其余按广东境内统计。

3）径流特征

北江流域多年平均径流深1091.8mm，多年平均径流量521亿m³，其中广东省内469亿m³，与年降水量的地区分布趋势大体一致。南雄、始兴、仁化、乐昌、坪石一带呈一条走廊低值区，径流深在800mm以下，径流系数0.5左右；年径流高值区位于南水上游，即梯下、白竹、坪溪一带，径流深达1600mm。径流的年内分配特点基本与降水量一致，年内分配不均衡，汛期径流量占全年径流量的75%～80%。

径流的年际变化比降水量的年际变化大，年径流变差系数一般为0.30～0.45，年径流的最大年与最小年比值为2～6，年降水量变差系数一般为0.20～0.25，最大年与最小年比值为1.2～4。

北江主要水文站实测年径流特征值统计见表3.9。

表3.9　北江主要水文站实测年径流特征值统计表

河名		浈江	武江	连江	北江	北江	绥江
站名		长坝	犁市	高道	横石	石角	石狗
多年平均流量/(m³/s)		190.5	192.3	335.6	1099.1	1418.6	216.8
多年平均径流量/亿m³		60.1	60.7	105.9	346.8	447.7	68.4
最大年	径流量/亿m³	120.6	106.3	184.2	596.0	748.3	115.4
	出现时间（年）	1975	1973	1973	1973	1973	1973
最小年	径流量/亿m³	21.1	22.6	43.5	126.1	207.0	38.2
	出现时间（年）	1963	1963	1963	1963	1963	1991
最大径流/最小径流		5.7	4.7	4.2	4.7	3.6	3.0

4. 韩江流域

韩江发源于广东省紫金县的七星崇，地理位置在115°13′E～117°09′E，23°17′N～26°05′N，位于粤东、闽西南，流域地形自西北和东北向东南倾斜。干流梅江自西南向东北流经五华、梅县、梅州市区至大埔县在三河坝与汀江汇合，始称韩江，继续折向东南流经潮州市进入韩江三角洲网河区，分北、东、西溪流出南海。流域总集水面积30112km²，其中南岭山地面积7600km²，占比25.2%；干流全长470km（赵晓晨等，2023），平均坡降0.4‰。流域内集水面积大于1000km²的支流有五华河、宁江、石窟河、汀江、梅潭河5条，集水面积大于100km²的各级支流共有53条。

韩江流域年平均降水量约为1600mm，实测最大24h暴雨为东溪口站756mm。流域内多年平均径流深600～1000mm，以潮安站为代表，多年平均径流量244亿m³，多年平均流量775m³/s，年径流模数26.6L/（s·km²）。流域洪水峰高量大，最大洪水多发生在5月、6月由锋面雨造成，也有发生在7月、8月由台风雨造成，潮安站实测最大洪峰流量为1960年6月的13300m³/s，实测最高水位为1964年6月的14.51m。潮安站年输沙量为668万t，泥沙主要来自梅江。

5. 湘江流域

湘江，长江流域洞庭湖水系，是湖南省最大河流。湘江，其源头有4种说法：一是传统的正源（俗称东源）为广西壮族自治区兴安县白石乡的石梯，河源为海洋河，北流至兴安县分水塘与灵渠汇合称湘江；二是南源，广西壮族自治区灵川县海洋乡龙门界；三是广西壮族自治区兴安县南部白石乡境内海洋山脉的近峰岭，河源称上桂河（白石河），往东流至西波江口称湘江；四是湖南省永州市蓝山县紫良瑶族乡蓝山国家森林公园的野狗岭，河源为潇水，在永州市的萍岛汇合广西来水称湘江。学界较流行的说法是白石河源。湘江干流全长844km，流域面积93000km²，其中南岭山地面积38400km²，占比41.3%。

6. 赣江流域

赣江，长江主要支流之一，江西省最大河流，位于长江中下游南岸，源出赣闽边界武夷山西麓，自南向北纵贯全省，有13条主要支流汇入，长766km，流域面积84000km²，其中南岭山地面积25500km²，占比30.4%。自然落差937m，多年平均流量2130m³/s，水能理论蕴藏量360万kW。从河源至赣州为上游，称贡水，在赣州市城西纳章水后始称赣江。贡水长255km，穿行于山丘、峡谷之中。赣州至新干为中游，长303km，穿行于丘陵之间。新干至吴城为下游，长208km，江阔多沙洲，两岸筑有江堤。赣江通过鄱阳湖与长江相连，是江西省水运大动脉，也是远景规划赣粤运河的组成河段。

7. 沅江流域

沅江，又称沅水，长江流域洞庭湖支流，流经中国贵州省、湖南省。沅江是湖南省的第二大河流，干流全长1033km，流域面积88000km²，其中南岭山地面积6200km²，落差1462m，河口多年平均流量2170m³/s，年径流量668亿m³。流域跨贵州、湖南、重庆、湖北四省（直辖市），属洞庭湖湘、资、沅、澧四水中的第二大水系。

8. 资水流域

资水位于湖南省中部，西南以雪峰山脉和沅水交界，东隔衡山山脉与湘水毗邻，南以五岭山脉和广西桂水流域相接。流域形状南北长而东西窄；地势西南高而东北低。流域内丘陵、盆地约占40%，大部分分布在上游和下游，山丘区约占50%，主要分布在中游，其余为平原湖区。资水有两源：左源赧水发源于城步苗族自治县北青山，右源夫夷水发源于广西资源县越城岭，两水于邵阳县双江口汇合，流经邵阳、新化、安化、桃江、益阳等市县，于益阳市甘溪港注入洞庭湖，全长653km，流域面积28000km²，其中南岭山地面积6400km²，占比22.9%。左源赧水发源地深切高山峻岭，为高山峡谷区，坡陡流急，但到武冈附近即进入山间盆地，地势平坦开阔，坡度平缓；武冈以下至双江口，两岸多低矮山岭，只有局部峡谷，大部河谷平缓；至小庙头（位于邵阳市下游34km）为资水上游。小庙头至马迹塘为资水中游，河道穿越雪峰山脉，两岸高山对峙，海拔平均为1000m左右，河谷陡峭，基岩裸露，河床险滩礁石密布，流态紊乱，航道弯曲狭窄，最大流速达3.9m/s；河谷由前泥盆系变质岩及泥盆系砂岩等坚硬岩体构成，为开发水力资源提供了良好条件。马迹塘以下为资水下游，河谷开阔，地形平坦，多近代冲积台地和丘陵，益阳市以下为洞庭湖冲积平原。

3.3.3　南岭山地森林流域退水规律

对于包括广东省的中国大部分地区而言，降水的年内分配不均导致年径流中绝大多数在丰水期以洪水形式入海而难以利用（黄楚珩等，2019）。与丰水期径流相比，枯水期径流因为在维持河流生态系统稳定和保障下游供水安全等方面起到更重要的作用，而受到越来越多的关注（Bruijnzeel，2004；曾松青等，2010）。在枯水期内，由于降水持续偏少甚至无降水的时间较长，径流表现为逐渐消退的流域退水过程，该过程中径流成分以地下水出流为主，主要受流域特征和水文地质特性影响（穆文相，2020）。Brutsaert 和 Nieber（1977）通过将流域概化成具有不透水底板的含水层，根据 Dupuit-Boussinesq 方程的解析解和枯水期径流消退特征，将流域水文地质参数与退水过程建立联系，其中提出的利用多事件的蓄泄关系推求消退系数的方法得到广泛应用。随后有学者发现，利用多事件的蓄泄关系识别存在较大的不确定性，并转而采用基于独立事件的蓄泄关系分析流域退水过程的变化规律及影响因素（Shaw and Riha，2012；高满等，2013）。然而，在以往基于独立事件的蓄泄关系研究中，针对退水过程的影响因素，不同学者得出的结论存在较大差异。有学者将主要影响因素归结为蒸散发（Federer，1973；Cadol et al.，2012；Tashie et al.，2020），也有学者认为土壤水分起着关键作用（Shaw et al.，2013），还有学者提出地形特征和河网结构等（Biswal and Kumar，2014；Biswal and Marani，2010；Patnaik et al.，2015）主导了退水过程的变化。可见，有关退水规律和影响因素的结论多有不同，对于地形、植被、土壤和地质结构等下垫面条件更趋复杂的山地森林流域而言，其退水过程在目前更是缺乏完整的机理解释和系统的实证研究，有关森林是否具有"削峰补枯"作用的争论（陈军锋和李秀彬，2001；Wang et al.，2016；Ellison et al.，2017；Li et al.，2021；Zhao et al.，2022）也一直在持续。

南岭保存有地球同纬度带上最完整的亚热带常绿阔叶林，是中国南方重要的生态屏障带，也是北江和东江等众多河流的源头区，因为被称为"广东水塔"，对粤港澳大湾区的供水安全起到至关重要的作用。南岭山地的地形地貌复杂性和生态系统多样性为代表水文学发展方向的生态水文学提供了重要的研究对象（周国逸等，2018）。依托广东南岭森林生态系统国家野外科学观测研究站获取的一手观测数据，采用基于独立事件的蓄泄关系分析方法，揭示南岭典型的山地森林流域退水规律，识别影响退水过程的主要因素，可以为南岭山地流域的枯水期径流模拟及预测、水源涵养功能评估、河流生态系统保护与修复等提供科学依据（李泽华等，2022）。

1. 南岭山地森林流域退水事件

位于广东南岭国家级自然保护区的山地森林流域（经纬度范围为24°55′12″N～24°56′6″N和112°59′46″E～113°0′32″E，集水面积约0.86km²，海拔范围为1115～1775m）布设有测流堰（图3.14），采用6541型浮子水位计监测流域出口断面水位变化，通过堰流水力学推算断面流量过程。考虑到流域集水面积较小，由降水形成的地表径流可在

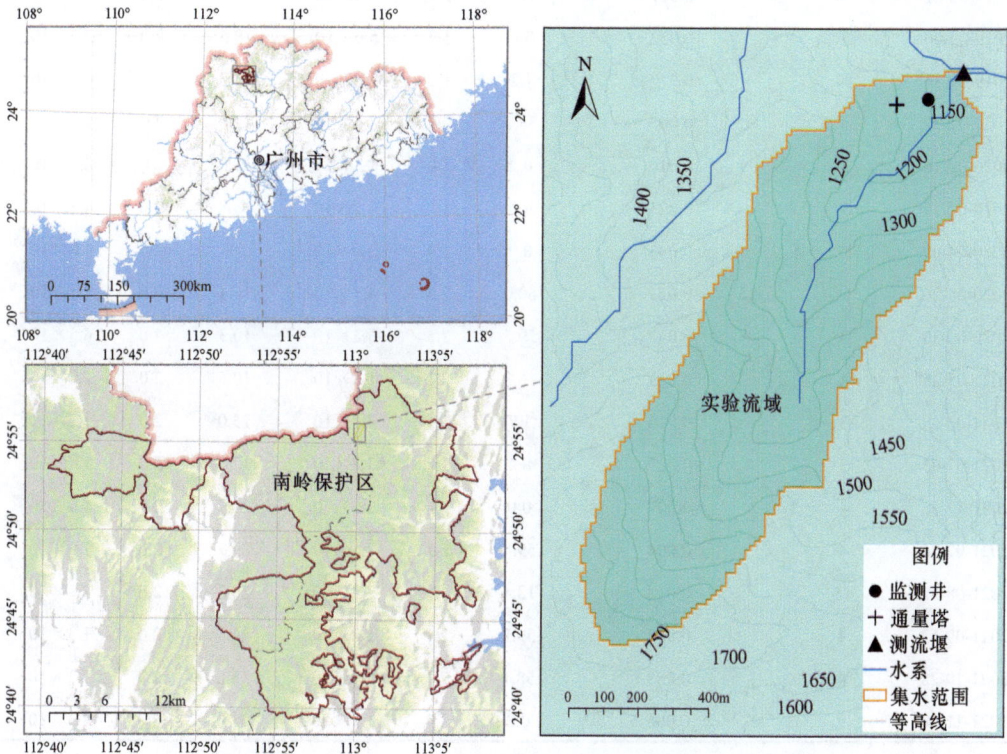

图3.14　南岭山地森林流域位置示意图

1~2天内快速流出，为排除地表径流对退水过程分析的影响，筛选退水事件以流量拐点（洪峰）后第3天作为退水过程的起始点（Brutsaert and Lopez, 1998），同时退水过程中满足流量Q及退水速率$-\mathrm{d}Q/\mathrm{d}t$连续递减的要求，即排除当日流量大于前日流量但当日退水速率快于前日退水速率的事件。根据以上原则，从2019~2021年逐日流量时间序列中共筛选出25个退水事件（表3.10和图3.15），其中2019~2021年分别筛选出10个、6个和9个退水事件，这些退水事件中持续日数最短仅3天，最长达15天，初始流量Q_0介于0.002~0.092m³/s。

表3.10 退水事件特征及参数

开始日期	持续日数/天	初始流量Q_0/（m³/s）	拟合方案1			拟合方案2		
			截距a	斜率b	RMSE	截距a	斜率b	RMSE
2019-01-24	12	0.018	4.7	2.0	1.4×10^{-4}	5.1	2.0	1.4×10^{-4}
2019-02-09	5	0.010	58.5	3.0	3.3×10^{-5}	0.6	2.0	3.4×10^{-5}
2019-03-13	5	0.040	60.0	2.8	7.1×10^{-4}	4.0	2.0	9.2×10^{-4}
2019-05-09	9	0.092	1.2	1.6	3.3×10^{-3}	3.7	2.0	3.7×10^{-3}
2019-06-27	4	0.053	0.8	1.4	3.8×10^{-4}	5.2	2.0	9.5×10^{-4}
2019-07-27	6	0.022	51.9	2.5	6.1×10^{-4}	5.7	2.0	6.2×10^{-4}
2019-08-06	5	0.029	3.9	1.8	6.6×10^{-4}	10.2	2.0	6.8×10^{-4}
2019-08-21	4	0.007	38.8	2.2	6.4×10^{-5}	13.2	2.0	6.4×10^{-5}
2019-09-06	3	0.032	3.6	1.7	5.6×10^{-6}	10.5	2.0	2.3×10^{-4}
2019-09-19	14	0.017	1.2	1.5	5.8×10^{-4}	14.2	2.0	6.2×10^{-4}
2020-01-30	4	0.005	58.7	2.3	2.4×10^{-4}	12.8	2.0	2.4×10^{-4}
2020-02-10	3	0.016	0.2	1.0	1.3×10^{-5}	12.0	2.0	2.1×10^{-4}
2020-02-19	7	0.021	4.0	1.7	3.7×10^{-4}	13.8	2.0	4.1×10^{-4}
2020-04-09	12	0.043	0.9	1.4	3.6×10^{-3}	6.9	2.0	3.8×10^{-3}
2020-04-26	14	0.027	60.0	2.4	4.1×10^{-4}	10.1	2.0	5.1×10^{-4}
2020-06-30	3	0.032	59.5	2.5	3.2×10^{-4}	10.3	2.0	6.5×10^{-4}
2021-05-25	4	0.023	16.3	2.1	1.8×10^{-4}	10.5	2.0	1.8×10^{-4}
2021-06-18	3	0.016	1.7	1.5	4.5×10^{-6}	15.0	2.0	1.3×10^{-4}
2021-07-05	3	0.025	8.4	1.8	3.7×10^{-6}	17.1	2.0	1.4×10^{-4}
2021-07-12	4	0.007	0.0	0.6	2.5×10^{-5}	24.7	2.0	1.3×10^{-4}
2021-07-26	4	0.004	59.4	2.1	7.5×10^{-5}	29.7	2.0	7.6×10^{-5}
2021-08-22	15	0.014	13.4	1.9	2.2×10^{-4}	24.3	2.0	2.3×10^{-4}
2021-09-12	4	0.002	59.2	2.1	1.2×10^{-5}	36.3	2.0	1.3×10^{-5}
2021-10-25	4	0.008	58.1	2.1	8.9×10^{-5}	31.8	2.0	9.3×10^{-5}
2021-11-28	9	0.006	0.2	1.1	1.9×10^{-4}	31.0	2.0	2.3×10^{-4}

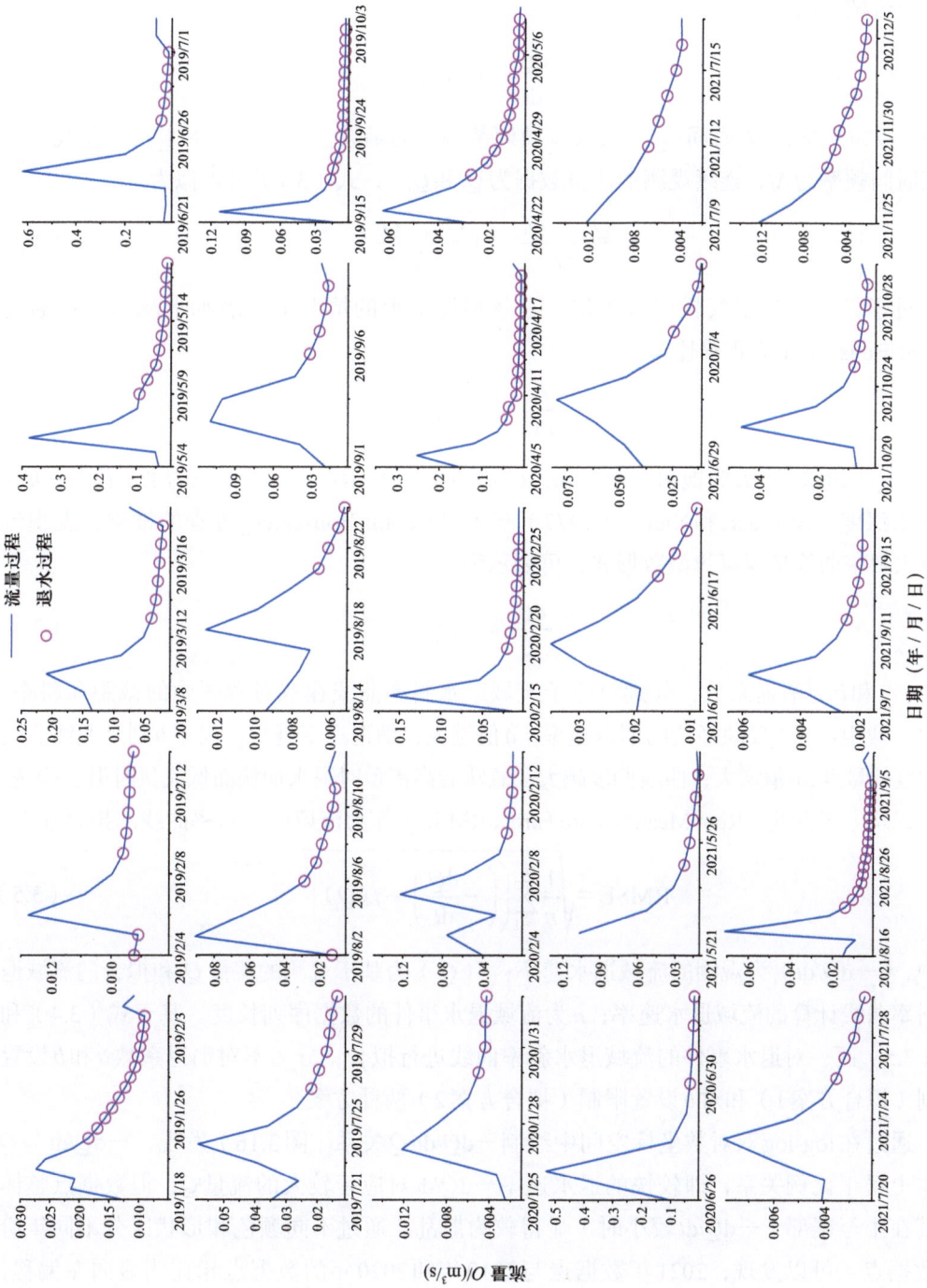

图3.15 提取退水事件流量过程线

2. 南岭山地森林流域退水特征

天然流域河道径流消退过程中，流量 Q 作为时间 t 的函数，其导数（即随 t 的变化率）与流域的调蓄特性有关：

$$\frac{\mathrm{d}Q}{\mathrm{d}t} = f(Q) \tag{3.1}$$

式中，Q 为流量；t 为时间；f 为反映流域调蓄特性的函数，亦称流域退水斜率曲线。当监测时间频率为 Δt，连续观测的流量数据为 Q_i 和 Q_{i+1}，式（3.1）可近似为

$$\frac{Q_{i+1} - Q_i}{\Delta t} = f\left(\frac{Q_{i+1} + Q_i}{2}\right) \tag{3.2}$$

对于具有不透水底板的含水层，在忽略源汇项的情况下，潜水水流运动可通过 Dupuit-Boussinesq 方程描述：

$$\frac{1}{S_y}\frac{\partial}{\partial x}\left(Kh\frac{\partial h}{\partial x}\right) = \frac{\partial h}{\partial t} \tag{3.3}$$

式中，S_y 为给水度；K 为饱和渗透系数；x 为横坐标，表示在含水层剖面的水平位置；h 为地下水深度。Brutsaert 和 Nieber（1977）基于对 Dupuit-Boussinesq 方程的推导，发现流域退水斜率曲线呈现幂律函数形式，可表示为

$$\frac{\mathrm{d}Q}{\mathrm{d}t} = -aQ^b \tag{3.4}$$

式中，a 和 b 为消退系数，分别对应于流域退水斜率曲线在双对数图中的截距和斜率。其中，截距 a 主要反映径流的消退速率，a 值越大，消退速率越快；斜率 b 则是曲线非线性程度的量度，b 值增大，曲线凹度越大，意味着高流量时退水加快而低流量时退水趋缓。

以均方根误差（Root Mean Square Error，RMSE）作为流域退水斜率曲线的拟合准则：

$$\mathrm{RMSE} = \sqrt{\frac{1}{n}\sum_{i=1}^{n}\left(\left(-\frac{\mathrm{d}Q}{\mathrm{d}t}\right)_i - f(Q_i)\right)^2} \tag{3.5}$$

式中，$\left(-\mathrm{d}Q/\mathrm{d}t\right)_i$ 为观测的流域退水速率；$f(Q_i)$ 为基于观测的流量 Q_i 和拟合的流域退水斜率曲线计算的流域退水速率；n 为流域退水事件的数据序列长度。基于式（3.4）和式（3.5）逐一对退水事件的流域退水斜率曲线进行拟合，分为不对消退系数 a 和 b 设置限制（拟合方案 1）和对 b 设置限制（拟合方案 2）两种方案。

通过在 log-log 双对数坐标空间中绘制 $-\mathrm{d}Q/\mathrm{d}t$-Q 关系（图 3.16）发现，$-\mathrm{d}Q/\mathrm{d}t$ 与 Q 基本上呈正比例关系，即较快的退水速率 $-\mathrm{d}Q/\mathrm{d}t$ 对应于较大的流量 Q，但数据点整体尤其在中至尾部（$-\mathrm{d}Q/\mathrm{d}t$ 较小时）显得较为散乱。通过不同颜色和形状区分不同年份的数据点，可以发现，2021 年数据点与 2019 年和 2020 年的数据点相比明显向左偏移，由此分别拟合的流域退水斜率曲线斜率 b 基本保持不变，但截距 a 将相应增大，说明相同流量情况下，2021 年的退水速率比 2019 年和 2020 年更快。

拟合方案1不对消退系数a和b设置限制（拟合结果见表3.10和图3.17），可以发现，拟合的斜率b值介于0.6～3.0，均值为1.9，且大部分集中分布在1.5～2.5（图3.17）；在此基础上，为便于比较不同退水事件的流域退水斜率曲线，拟合方案2假定各流域退水斜率曲线具有相同的斜率b（本研究假定$b=2.0$），可以发现，拟合的截距a值大小介于0.6～36.3，均值为14.3（拟合结果见表3.10）。

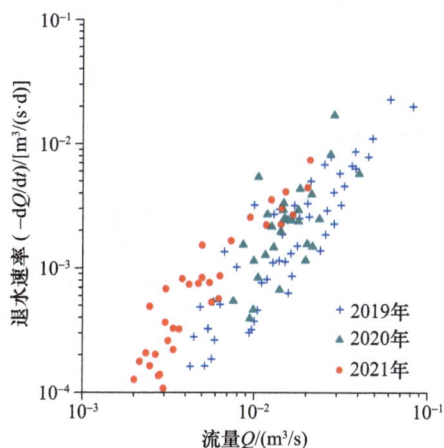

图3.16　退水速率～流量关系图　　　　图3.17　斜率b的拟合值及概率密度分布

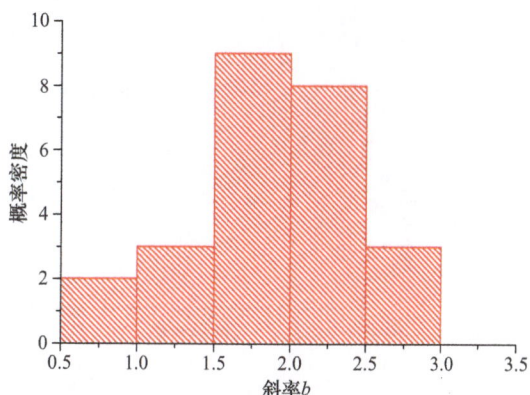

通过对比可以发现（图3.18），2019年的截距a值在8月前仍然保持在6以下水平，8月后才开始出现增加趋势，最大值为14.2；相比而言，2021年的截距a值增加时间提前至6月，且增幅加大，最大值达到36.3。2019年和2021年的降水量分别为2592mm和1223mm，2021年降水量不足2019年降水量的一半，可见$-\mathrm{d}Q/\mathrm{d}t$与Q的关系即流域退水斜率曲线与来水条件关系密切。

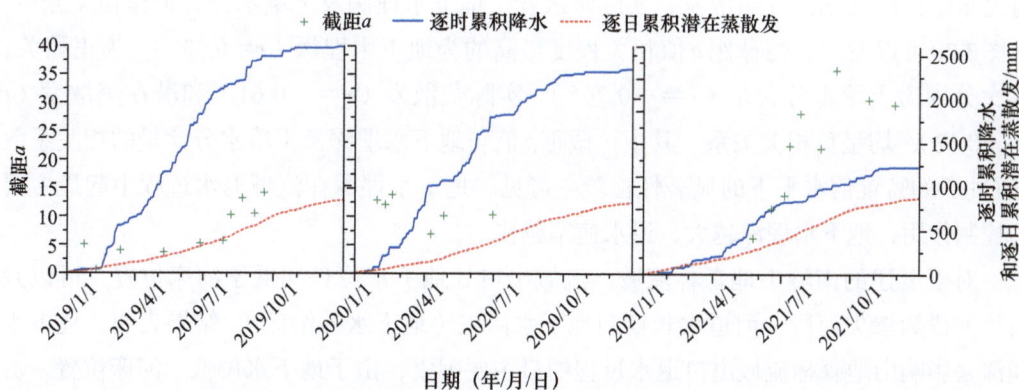

图3.18　截距a值及逐日累积降水/潜在蒸散发变化

3. 南岭山地森林流域退水影响因素

通过比较发现（图3.19），土壤水和地下水对降水的响应总体较好，地下水埋深较

(a)

(b)

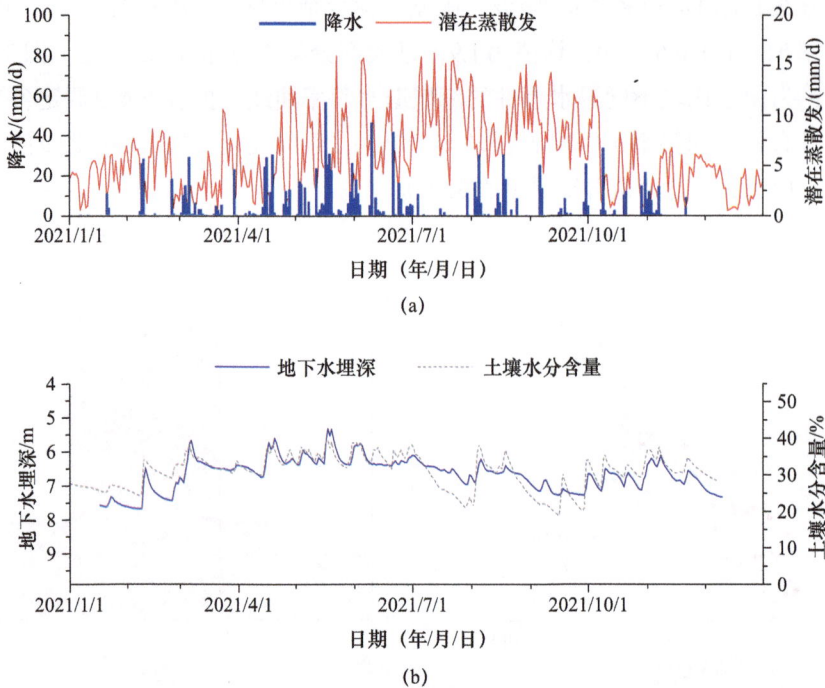

图3.19 2021年逐时降水和潜在蒸散发（a）、土壤水分含量和地下水埋深（b）变化

土壤水分含量变化略有延迟，说明土壤入渗能力较强，降水能迅速补充土壤水和地下水。2021年7月、8月中旬至9月中旬2个时间段连续无雨日数增多，同时潜在蒸散发也相对较大，在此作用下，土壤水分含量显著下降，与之相比，由于地下水埋深较大（5.0m以上），受蒸散发影响较小，因此地下水下降幅度相对缓和。

为识别退水过程的主要影响因素，将拟合方案2下各退水事件拟合的截距 a 值分别与退水事件的同期潜在蒸散发、实际蒸散发、地下水埋深及土壤水分含量作相关分析。从图3.20可以发现，与截距 a 值相关程度最高的为地下水埋深（$r=0.93*$），为正相关；其次分别为土壤水分含量（$r=-0.76*$）、实际蒸散发（$r=-0.61$）和潜在蒸散发（$r=-0.32$），均呈负相关关系。其中，截距 a 值与地下水埋深及土壤水分含量的相关系数 r 通过了99%置信水平下的显著性检验。可见，地下水埋深在流域退水过程中起最主要的控制作用，地下水埋深越大，退水速率越快。

对于上述的南岭山地森林流域，流域出口处地下水位长期低于河床位置，可以判断该河段为渗失河段，河道水长期向地下水渗失（地下水补给区）。结果表明，地下水埋深是影响山地森林流域出口退水过程的最主要因素，由于地下水位低于河床位置，流域出口河段处于地下水补给区，因此地下水埋深越大，河道水向地下水渗失越快，从而导致流域出口退水速率加快。对于山地森林流域而言，河岸带森林植被对水陆生态系统间的物质、能量、信息和生物流动具有明显的边缘效应（白晋华和郭晋平，2008），由此决定了地表水和地下水之间必然存在紧密而复杂的交换作用，这种作用对山地森林流

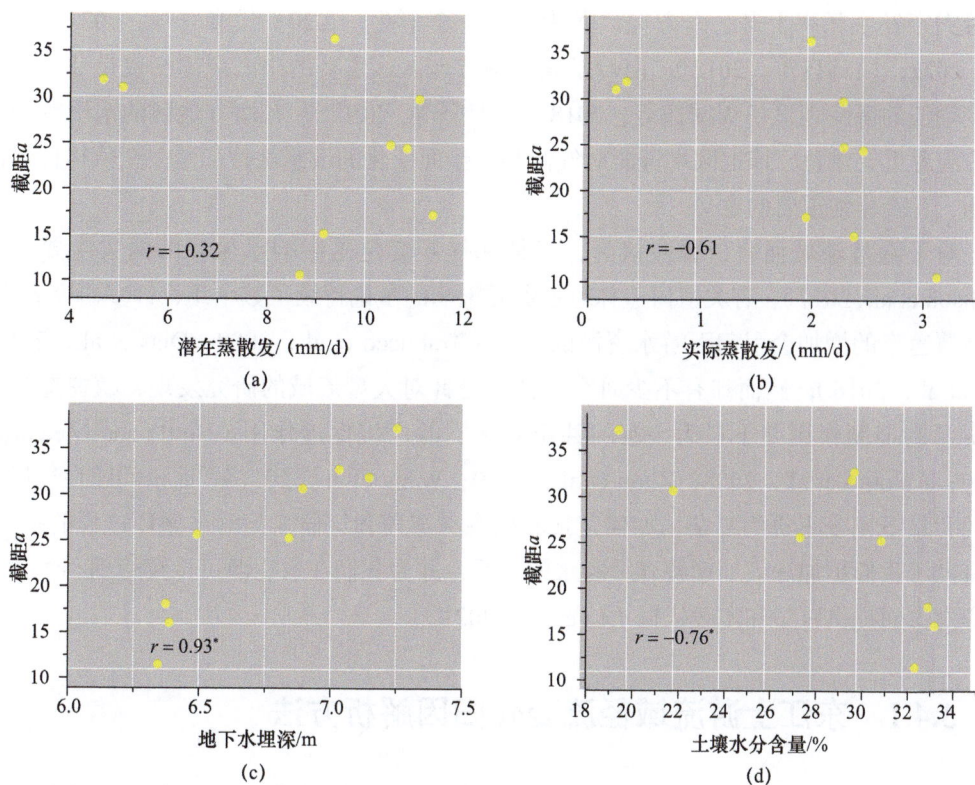

图3.20　截距a值与退水事件同期潜在蒸散发（a）、实际蒸散发（b）、地下水埋深（c）、
土壤水分含量（d）关系散点图

*表示99%置信水平下显著相关

域的枯水期径流的影响目前仍然知之甚少。在森林的生态水文效应下，山地流域河岸带
的水文地质条件、河流-含水层之间的水力梯度、包气带厚度及土壤特性等如何控制河
流与含水层系统的水热交互过程（王平，2018），以及由此对河流水文情势的具体影响
机制亟须进一步揭示，从而为山地森林流域的枯水期径流模拟及预测、水源涵养功能评
估、河流生态系统保护与修复等提供科学依据。

3.4　气候变化和下垫面改变对水资源的影响

流域水资源一直以来都是人们重点关注的内容，它对生态系统中各种生物的生长发
育以及人类社会的生产生活都有着非常重要的影响。水资源在流域中的分配主要受到气
候条件和下垫面特征的影响（Zhou et al.，2015）。受全球变暖的影响，全球气候都在发
生着剧烈变化，再加上人类活动对下垫面进行改变，使得水资源的监测和利用面临巨大
的挑战（Yi et al.，2021）。近些年，我国降水量明显增加，暴雨天气次数呈现增加趋势，

洪涝灾害发生频率上升，南方地区尤为明显（李莹等，2020；代潭龙等，2021；马铮等，2022；段辉良等，2012）。南岭是我国南方地区最重要的生态屏障，也是北江、湘江、赣江的源头地区（周国逸等，2018；张亚坚等，2017），在南方地区的水资源调控中扮演着重要角色。该地区水资源对气候和下垫面变化的敏感性特征是一个值得探讨的问题，有着非常重要的意义。

对于森林流域而言，普遍认为，森林和气候变化是影响水循环的两大主要因子（Ellison et al.，2017）。有关植树造林对水资源影响的争论持续了数十年，许多研究表明，森林覆盖率的增加会引起下游水资源的减少（Trabucco et al.，2008；Dias et al.，2015；Liu et al.，2016）；然而却有不少研究，特别是针对大型流域的研究发现，植树造林对水资源的抑制作用并不显著，有的甚至对水资源产生促进作用（Buttle and Metcalfe，2000；Antonio et al.，2008；Zhou et al.，2010；Wang et al.，2011）。而该问题在气候变化的背景下则变得更为复杂，如何定量剥离森林覆盖和气候变化对水循环过程的影响，将有助于我们更加深入地理解森林和水的关系，并为我们在水资源可持续管理和气候变化应对方面提供科学和实践依据（Li et al.，2021）。

3.4.1 东江上游流域径流变化归因解析方法

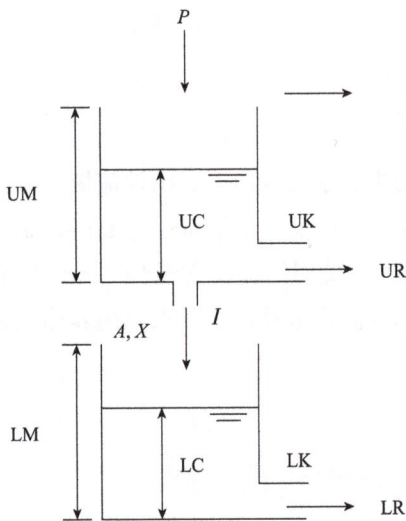

图3.21 改进的SIXPAR模型结构示意图

径流变化归因分析采用的基于过程模型SIXPAR属于概念性的降雨-径流（Conceptual Rainfall-Runoff，CRR）模型。SIXPAR模型将土壤概化为垂向双层结构，其中上层由地表延伸至根系底部，下层则用于描述地下水的存蓄（图3.21）。上下两层之间考虑重力和土壤吸力的作用，用于反映水分下渗过程（Brazil and Hudlow，1980）。本节研究具体采用改进的SIXPAR模型（Gupta and Sorooshian，1983；Duan et al.，1992）模拟逐月时间步长的径流过程，其中降水作为上层土壤的直接输入，实际蒸散发基于土壤最大持水量和实际持水量及潜在蒸散发计算（Zhao，1992；Li et al.，2021）。在此基础上，本章研究对SIXPAR模型作进一步改进，采用线性水库方法针对不同径流组分分别进行汇流计算（Zhao，1992）。因此，本章研究采用的SIXPAR模型最终由以下参数构成：上层和下层土壤最大持水量（UM和LM）、上层和下层土壤出流系数（UK和LK）、下渗方程参数（A和X），以及上层和下层线性水库系数（UR和LR）。本节研究采用多目标参数优化方法对模型进行校正（Vrugt et al.，2003）。

基于发生学原理，傅抱璞（1981）对利用偏微分方程对Budyko假设进行详细描述，通过量纲分析和数学推理相结合，推导多年平均蒸散发的解析解（Zhang et al.，2004；Yang et al.，2008），其已在全球范围内得到了应用和验证（Zhou G et al.，2015；Zhou P et al.，2018）。根据傅抱璞（1981）的理论推导，多年平均径流系数（R/P）与湿润指数（P/PET）和流域下垫面特征参数（m）的关系可通过以下公式计算：

$$\frac{R}{P}=\left(1+\left(\frac{P}{\mathrm{PET}}\right)^{-m}\right)^{\frac{1}{m}}-\left(\frac{P}{\mathrm{PET}}\right)^{-1} \tag{3.6}$$

式中，R为多年平均径流；P为多年平均降水；PET为多年平均潜在蒸散发；m为流域下垫面特征参数。

分别采用基于过程和基于关系的两种模型，通过情景构建和模拟剥离气候变化和植树造林对流域径流的影响。本节研究根据流域实际情况，将研究期（1961~2010年）划分为基准期（1961~1990年）和造林期（1991~2010年）。多年平均径流的变化假设由气候变化和植树造林影响叠加造成：

$$\Delta R=\Delta R^{\mathrm{c}}+\Delta R^{\mathrm{f}} \tag{3.7}$$

其中，ΔR可通过以下公式计算：

$$\Delta R=R_{\mathrm{oa}}-R_{\mathrm{or}} \tag{3.8}$$

式中，R_{or}和R_{oa}分别为基准期和造林期的实测多年平均径流；ΔR^{c}和ΔR^{f}分别为气候变化和植树造林对径流的影响。控制模型参数在基准期和造林期保持不变，可通过情景构建与模拟剥离出气候变化对径流的影响，由此ΔR^{c}可通过式（3.9）推算：

$$\Delta R^{\mathrm{c}}=R_{\mathrm{sa}}-R_{\mathrm{sr}} \tag{3.9}$$

式中，R_{sr}和R_{sa}分别为基准期和造林期的模型模拟的多年平均径流。基于上述情景构建与模拟方法，最终可计算获得ΔR、ΔR^{c}和ΔR^{f}的具体结果。

3.4.2 东江上游流域下垫面植被和气候变化

1. 东江上游森林覆盖变化

东江是珠江三大水系之一，其径流情势对包括广州、深圳、东莞、惠州和香港等粤港澳大湾区东翼城市群的供水安全至关重要。自广东省实施大规模的植树造林以来，东江流域的森林覆盖率经历了快速显著的增高。有关研究显示，集水面积达7699km²的东江上游（龙川以上）流域森林覆盖率由1989年的51.0%上升至2009年的63.3%（表3.11）（彭资等，2014）。

表3.11　1989年和2009年东江上游土地利用/覆盖比较　　　（单位：%）

年份	耕地	园地	草地	林地	城镇	水域	未利用地
1989	8.0	20.4	6.0	51.0	7.7	1.0	6.0
2009	16.8	9.5	1.3	63.3	7.2	0.6	1.3

2. 东江上游流域降水和蒸散发变化

根据流域实际情况，将研究期（1961～2010年）划分为基准期（1961～1990年）和造林期（1991～2010年）。通过比较发现，与基准期（1961～1990年）相比，造林期（1991～2010年）春季（3～5月）东江上游降水显著减少，而夏季（6～8月）降水则明显增多；与之相比，年降水量和潜在蒸散量并未出现显著变化趋势（图3.22和图3.23）。

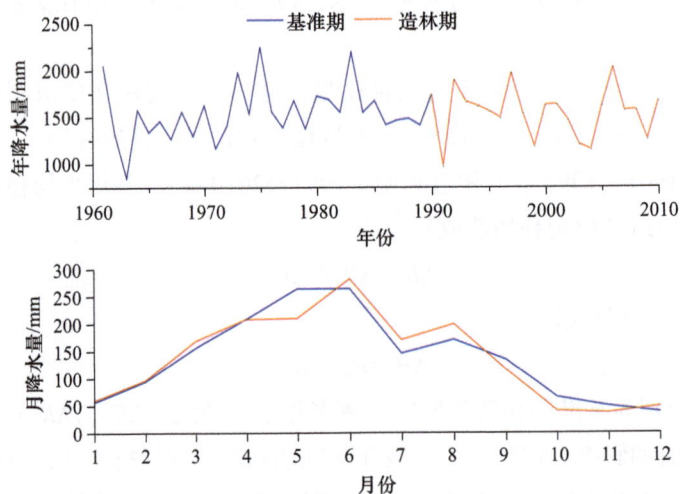

图3.22　基准期和造林期东江上游流域降水量对比

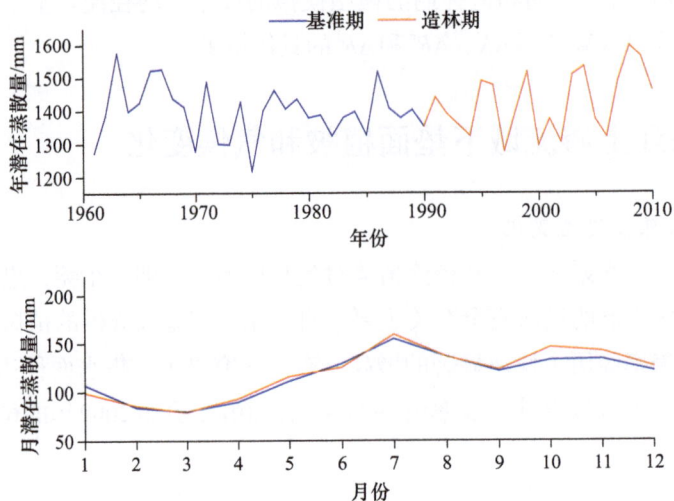

图3.23　基准期和造林期东江上游流域潜在蒸散量对比

3.4.3　气候变化和植树造林对水资源变化的贡献

气候变化和植树造林对东江上游流域年径流影响的量化分析结果（表3.12）表明，基于过程模型方法的分析结果发现，气候变化对年径流的影响为−50～−25mm，而植树造林对年径流的影响为+21～+47mm；同时，基于关系模型方法也得出类似的结果，发现气候变化对年径流的影响为−21mm，而植树造林对年径流的影响为+18mm。两种方法均表明，过去几十年来气候变化对东江上游流域的径流产生抑制作用，相反，植树造林则起到促进作用并有效抵消了气候变化的负面影响，最终结果是东江上游径流的实测年径流只出现轻微的减少（−3mm）。此外，基于过程模型方法还能提供气候变化和植树造林对东江上游流域月径流影响的量化分析结果（表3.13）。

表3.12　气候变化和植树造林对年径流影响的量化分析结果　（单位：mm）

方法	ΔR^c	ΔR^f	ΔR
基于过程模型	−50～−25	+21～+47	−3
基于关系模型	−21	+18	

表3.13　气候变化和植树造林对月径流影响的量化分析结果　（单位：mm）

月份	ΔR^c	ΔR^f	ΔR
1	−2～−1	+10～+11	+8
2	−6～−4	+15～+17	+11
3	−1～+1	+3～+5	+4
4	−1～0	0～+1	+1
5	−29～−25	−6～−2	−31
6	−9～−4	−26～−21	−30
7	0～+10	+9～+19	+19
8	+9～+17	−4～+4	+13
9	−9～−4	+2～+7	−2
10	−5～−4	+5～+6	+1
11	−4～−2	+2～+4	0
12	−1～0	+3～+5	+3

参 考 文 献

白晋华, 郭晋平. 2008. 流域森林植被水文生态效应研究展望. 山西水土保持科技, （3）: 1-5.

陈军锋, 李秀彬. 2001. 森林植被变化对流域水文影响的争论. 自然资源学报, 16（5）: 474-480.

代潭龙, 王秋玲, 王国复, 等. 2021. 2020年中国气候主要特征及主要天气气候事件. 气象, 42（4）:

472-480.

段辉良，曹福祥. 2012. 中国亚热带南岭山地气候变化特点及趋势. 中南林业科技大学学报，32（9）：110-113.

傅抱璞. 1981. 论陆面蒸发的计算. 大气科学，（1）：23-31.

高满，陈喜，张志才. 2013. 垂向非均质含水层退水规律及水文地质参数推求方法. 工程勘察，41（6）：43-47.

韩永刚，杨玉盛. 2007. 森林水文效应的研究进展. 亚热带水土保持，19（2）：20-25.

黄楚珩，蒋志云，杨志广，等. 2019. 基于熵值法和层次分析法的广东省水资源安全评价及影响因素分析. 水资源与水工程学报，30（5）：140-147.

黄奇章. 1990. 广东降水气候特征及其成因分析. 热带地理，2：113-124.

纪忠萍，温晶，方一川. 2009. 近50年广东冬半年降水的变化及连旱成因. 热带气象学报，25（1）：29-36.

李艳，陈晓宏，王兆礼. 2006. 人类活动对北江流域径流系列变化的影响初探. 自然资源学报，21（6）：910-915.

李莹，曾红玲，王国复，等. 2020. 2019年中国气候主要特征及主要天气气候事件. 气象，46（4）：547-555.

李泽华，周平，黄远洋，等. 2022. 南岭山地森林流域退水规律及影响因素. 热带地理，42（3）：481-489.

刘世荣，常建国，孙鹏森. 2007. 森林水文学：全球变化背景下的森林与水的关系. 植物生态学报，31（5）：753-756.

马瑞，董启明，孙自永，等. 2013. 地表水与地下水相互作用的温度示踪与模拟研究进展. 地质科技情报，32（2）：131-137.

马铮，王国复，张颖娴. 2022. 1961—2019年中国区域连续性暴雨过程的危险性区划. 气候变化研究进展，18（2）：142-153.

穆文相. 2020. 下垫面变化对岔巴沟流域次洪退水过程的影响研究. 西安：西安理工大学.

彭资，谷成燕，刘智勇，等. 2014. 东江流域1989-2009年土地利用变化对生态承载力的影响. 植物生态学报，38（7）：675-686.

芮孝芳. 2004a. 径流形成原理. 南京：河海大学出版社.

芮孝芳. 2004b. 水文学原理. 北京：中国水利水电出版社.

沙万英，李克让，尹思明. 1997. 中国南部沿海地区雨涝灾害时空特征及趋势预测. 自然灾害学报，1：72-78.

邵丽鸥. 2014. 生命之源 地球水资源. 长春：吉林美术出版社.

陶涛. 2017. 水文学与水文地质. 上海：同济大学出版社.

王平. 2018. 西北干旱区间歇性河流与含水层水量交换研究进展与展望. 地理科学进展，37（2）：183-196.

王忠静，梁友，耿国婷. 2017. 水文学导论. 北京：气象出版社.

曾松青，陈建耀，付丛生. 2010. 同位素在小流域基流计算中的应用研究. 水文，30（2）：20-24.

张亚坚，刘宗君，谢勇. 2017. 南岭国家级自然保护区森林生态系统服务价值评估. 陕西林业科技，
225（5）：32-37.

赵晓晨，张亚娟，陈基培. 2023. 韩江流域河流健康评估中新旧方法差异分析. 水资源开发与管理，
（11）：33-42.

周国逸，张虹鸥，周平. 2018. 南岭山地的多学科综合研究价值. 热带地理，38（3）：1-6.

周平. 2018. 假如没有南岭. 中国国家地理，（12）：16-25.

周平，陈刚，刘智勇，等. 2016. 东江流域降水与径流演变趋势及周期特征分析. 生态科学，35（2）：
44-51.

周平，刘智勇. 2018. 南岭同纬度带典型区域气候特征差异与成因分析. 热带地理，38（3）：299-311.

朱金峰，刘悦忆，章树安，等. 2017. 地表水与地下水相互作用研究进展. 中国环境科学，37（8）：
3002-3010.

宗天韵，周玮莹，周平. 2019. 南岭山地1968到2015年降雨的时空变化特征研究. 生态科学，38（2）：
182-190.

Antonio C B, Enrique M T, Miguel A L U, et al. 2008. Water resources and environmental change in a
Mediterranean environment: The south-west sector of the Duero river basin (Spain). Journal of Hydrology,
351: 126-138.

Biswal B, Kumar D N. 2014. What mainly controls recession flows in river basins? Advances in Water
Resources, 65: 25-33.

Biswal B, Marani M. 2010. Geomorphological origin of recession curves. Geophysical Research Letters, 37:
L24403.

Brazil L E, Hudlow M D. 1980. Calibration procedures used with the National Weather Service river forecast
system. Water and Related Land Resources, 13: 457-566.

Bruijnzeel L A. 2004. Hydrological functions of tropical forests: Not seeing the soil for the trees? Agriculture,
Ecosystems and Environment, 104: 185-228.

Brutsaert W, Lopez J P. 1998. Basin-scale geohydrologic drought flow features of riparian aquifers in the
Southern Great Plains. Water Resources Research, 34 (2): 233-240.

Brutsaert W, Nieber J L. 1977. Regionalized drought flow hydrographs from a mature glaciated plateau. Water
Resources Research, 13 (3): 637-643.

Buttle J M, Metcalfe R A. 2000. Boreal forest disturbance and streamflow response, northeastern Ontario.
Canadian Journal of Fisheries and Aquatic Sciences, 57 (S2): 5-18.

Cadol D, Kampf S, Wohl E. 2012. Effects of evapotranspiration on baseflow in a Tropical Headwater
Catchment. Journal of Hydrology, 462/463: 4-14.

Dias L C P, Macedo M N, Costa M H, et al. 2015. Effects of land cover change on evapotranspiration and streamflow of small catchments in the Upper Xingu River Basin, Central Brazil. Journal of Hydrology: Regional Studies, 4 (Part B): 108-122.

Duan Q, Sorooshian S, Gupta V. 1992. Effective and efficient global optimization for conceptual rainfall-runoff models. Water Resources Research, 28: 1015-1031.

Ellison D, Morris C E, Locatelli B, et al. 2017. Trees, forests and water: Cool insights for a hot world. Global Environmental Change, 43: 51-61.

Federer C A. 1973. Forest transpiration greatly speeds streamflow recession. Water Resources Research, 9 (6): 1599-1604.

Gupta V K, Sorooshian S. 1983. Uniqueness and observability of conceptual rainfall-runoff model parameters: The percolation process examined. Water Resources Research, 19: 269-276.

Kundzewicz Z W, Krysanova V, Benestad R E, et al. 2018. Uncertainty in climate change impacts on water resources. Environmental Science and Policy, 79: 1-8.

Li Z, Zhou P, Shi X, et al. 2021. Forest effects on runoff under climate change in the Upper Dongjiang River Basin: Insights from annual to intra-annual scales. Environmental Research Letters, 16: 014032.

Liu Y, Zhao M, Motesharrei S, et al. 2016. Recent trends in vegetation greenness in China significantly altered annual evapotranspiration and water yield. Environmental Research Letters, 11: 94010.

Patnaik S, Biswal B, Kumar D N, et al. 2015. Effect of catchment characteristics on the relationship between past discharge and the power law recession coefficient. Journal of Hydrology, 528: 321-328.

Shaw S B, McHardy T M, Riha S J. 2013. Evaluating the influence of watershed moisture storage on variations in base flow recession rates during prolonged rain-free periods in medium-sized catchments in New York and Illinois, USA. Water Resources Research, 49: 6022-6028.

Shaw S B, Riha S J. 2012. Examining individual recession events instead of a data cloud: Using a modified interpretation of dQ/dt-Q streamflow recession in glaciated watersheds to better inform models of low flow. Journal of Hydrology, 434/435: 46-54.

Tang Z, Wang Z, Zheng C, et al. 2006. Biodiversity in China's mountains. Frontiers in Ecology and the Environment, 4 (7): 347-352.

Tashie A, Pavelsky T, Emanuel R E. 2020. Spatial and temporal patterns in baseflow recession in the Continental United States. Water Resources Research, 55: 2019WR026425.

Trabucco A, Zomer R J, Bossio D A, et al. 2008. Climate change mitigation through afforestation/reforestation: A global analysis of hydrologic impacts with four case studies. Agriculture, Ecosystems & Environment, 126 (1-2): 81-97.

Vrugt J A, Gupta H V, Bastidas L A, et al. 2003. Effective and efficient algorithm for multiobjective optimization of hydrologic models. Water Resources Research, 39 (8): 1214.

Wang S, Fu B, He C, et al. 2011. A comparative analysis of forest cover and catchment water yield relationships in northern China. Forest Ecology and Management, 262 (7): 1189-1198.

Wang S, Fu B, Piao S, et al. 2016. Reduced sediment transport in the Yellow River due to anthropogenic changes. Nature Geoscience, 9: 38-41.

Yang H B, Yang D W, Lei Z D, et al. 2008. New analytical derivation of the mean annual water-energy balance equation. Water Resources Research, 44 (3): 893-897.

Yi P H, Zhang M F, Wei X H, et al. 2021. Quantification of ecohydrological sensitivities and their influencing factors at the seasonal scale. Hydrology and Earth System Sciences, 25 (3): 1447-1466.

Zhang L, Hickel K, Dawes, W R, et al. 2004. A rational function approach for estimating mean annual evapotranspiration. Water Resources Research, 40: W02502.

Zhao B, Lei H, Yang D, et al. 2022. Runoff and sediment response to deforestation in a large Southeast Asian monsoon watershed. Journal of Hydrology, 606: 127432.

Zhao R. 1992. The Xinanjiang model applied in China. Journal of Hydrology, 135 (1-4): 371-381.

Zhou G, Wei X, Chen X, et al. 2015. Global pattern for the effect of climate and land cover on water yield. Nature Communications, 6: 5918.

Zhou G, Wei X, Luo Y, et al. 2010. Forest recovery and river discharge at the regional scale of Guangdong Province, China. Water Resources Research, 46: W09503.

Zhou P, Li Q, Zhou G, et al. 2018. Correspondence: Reply to "Flawed assumptions compromise water yield assessment". Nature Communications, 9: 4788.

第 4 章

南岭土壤理化性质与水土流失特征

土壤作为陆地生态系统的基础，是地球物质与能量交换和循环至关重要的反应场所，并为人类社会发展提供诸多的生态系统服务功能。山地生态系统是陆地生态系统的重要组成部分，具有生产力高、生物多样性富集、环境敏感性强等鲜明特征，并且受到人类活动的普遍影响，是自然和人类活动过程的综合体。山地土壤在区域内通常存在着明显的垂直地带性特征，其形成是不同海拔的水热条件、地形、植物生长、土壤发育以及人类活动等相互作用的结果。目前，关于南岭土壤资源的研究报道相对较少，相关研究亟须进一步开展。本章主要研究内容如下：①分析了南岭土壤理化性质特征，包括基本性质、养分、矿质元素、微量元素、重金属含量特征等；②探讨了南岭山地土壤有机碳及组分海拔梯度变化特征；③分析了南岭土壤侵蚀类型及敏感性；④概述了南岭地区典型的水土流失类型及特征。本章的结果能够为南岭土壤资源保护与利用提供重要的科学理论基础。

4.1 南岭土壤理化性质特征

森林土壤为林木生长提供基础，是森林生态系统物质与能量流通的重要载体，对于维持生态系统健康至关重要。森林土壤理化性质受土壤母质、植被类型、气候条件等因素的综合影响。南岭地处南亚热带向中亚热带过渡区域，是我国"两屏三带"生态安全屏障中"南方丘陵山地带"重要的组成部分，该区域分布着世界上同纬度地区保存最完好、面积最大、最具代表性的亚热带长生型常绿阔叶林，并保存有针阔混交林、针叶林、山顶矮林、山地草甸等植被类型。南岭地区气候、植被、土壤分布具有明显的海拔梯度特征，对南岭山地土壤理化性质的研究有利于充分认识南岭土地资源特征及生产潜力。

4.1.1 研究方法及实验方案

1. 研究区域概况

研究区域位于广东省南岭国家级自然保护区内，居南岭山脉中段南麓（112°30′E～113°04′E，24°37′N～24°57′N）。保护区为珠江下游北江水系的发源地，地貌以中山山地为主，海拔最低为202.1m、最高为1902.3m（石坑崆）。土壤母质包括花岗岩、变质岩、砂岩等；地带性土壤为红壤，土壤类型随海拔增加依次为红壤（500m以下）、山地红黄壤（500～900m）、山地黄壤（900～1700m）以及山地灌丛草甸土（1700m局部）（刘安世，1993）。该区域属中亚热带季风气候区，多年平均气温17.7℃，极端最低气温−4.2℃，极端最高气温34.4℃，地区降水量充沛，年均降水量达1200～2000mm，多集中在3～8月（宗天韵等，2019）。保护区内具有较为完整的森林植被垂直带谱结构，随海拔的增加，植被类型依次为低山常绿阔叶林（＜800m）、中山常绿阔叶林（800～1200m）、针叶林或针阔混交林（1200～1500m）、常绿阔叶矮林和局部分布的山顶灌草丛（＞1500m）。

2. 土壤样品采集与处理

分别于2020年5月、8月、11月以及2021年2月对南岭山地土壤进行分季节采样。在研究区范围内根据海拔和植被类型的不同，分别设置不同海拔的沟谷常绿阔叶林（S1和S2）、山地常绿阔叶林（S3和S4）和针阔混交林（S5和S6）、高山草甸（S7）以及山顶矮林（S8）共计8个样地（表4.1）。每个样地投影面积180m²（15m×12m），在样地内设置6个5m×6m的样方，每个样方内按照随机布点法采集10个0～20cm表层土壤样品，并混合成一个样品，共计采集4个季节8个样地的192个土壤样品。土壤样品带回实验室后在自然条件下进行风干后去除根系、石砾及动植物残体等，并过2mm土筛，采用标准方法分析土壤养分（全氮、全磷、全钾、速效氮、有效磷、速效钾、缓效钾等）含量。

表4.1　采样地基本情况

样地	海拔/m	坡度/(°)	土壤类型	植被类型	优势植被
S1	402	8	山地红壤	沟谷常绿阔叶林	广东润楠（*Machilus kwangtungensis*）、石栎（*Lithocarpus glaber*）、鹿角锥（*Castanopsis lamontii*）、赤楠（*Syzygium buxifolium*）
S2	798	15	山地红壤	沟谷常绿阔叶林	广东润楠（*Machilus kwangtungensis*）、青冈（*Cyclobalanopsis glauca*）、罗浮锥（*Castanopsis fabri*）
S3	920	18	山地黄壤	山地常绿阔叶林	甜槠（*Castanopsis eyrei*）、水青冈（*Fagus longipetiolata*）、米锥（*Castanopsis chinensis*）
S4	1184	10	山地黄壤	山地常绿阔叶林	鹿角锥（*Castanopsis lamontii*）、青冈（*Cyclobalanopsis glauca*）、木油桐（*Vernicia montana*）、罗浮锥（*Castanopsis fabri*）、甜槠（*Castanopsis eyrei*）
S5	1364	15	山地黄壤	针阔混交林	华南五针松（*Pinus kwangtungensis*）、木荷（*Schima superba*）、马尾松（*Pinus massoniana*）、甜槠（*Castanopsis eyrei*）、青冈（*Cyclobalanopsis glauca*）
S6	1396	15	山地黄壤	针阔混交林	木荷（*Schima superba*）、华南五针松（*Pinus kwangtungensis*）、甜槠（*Castanopsis eyrei*）、长苞铁杉（*Tsuga longibracteata*）
S7	1536	5	山地草甸土	高山草甸	五节芒（*Miscanthus floridulus*）
S8	1653	8	山地黄壤	山顶矮林	野茉莉（*Styrax japonicus*）、少花桂（*Cinnamomum pauciflorum*）、青冈（*Cyclobalanopsis glauca*）

于2019年11月，在南岭山地不同海拔的8个样地内随机设置3个5m×6m的样方，每个样方内按照随机布点法分层采集0～10cm、10～20cm、20～40cm、40～60cm、60～100cm土壤样品，每一层用土钻采集10个土壤样品并混合成一个样品，共计采集120个土壤样品。每个样地同时用环刀取样器采集原状土用于土壤容重（Soil Bulk Density，SBD）和土壤含水率（Soil Moisture Content，SMC）的测定。部分样品（鲜

土）用于测定水溶性有机碳，其余在自然条件下进行风干后去除根系、石砾及动植物残体等，并过2mm土筛用于有机碳含量及组分、pH、质地、机械组成、全氮、全磷、全钾、矿质全量指标（硅、铁、铝、锰、钛、镁、钾、钠、磷、硫等）、微量元素（全硼、全钼、全锰、全锌、全铜、全铁、硒等）、重金属（镉、铅、铬、镍、砷、汞等）等性质的测定。

3. 土壤理化指标测定

土壤理化性质参考标准方法测定（鲁如坤，2000）。土壤pH使用玻璃电极pH计（METTLER TOLEDO公司，美国）测定；土壤机械组成采用吸管法测定；全氮（Total Nitrogen，TN）含量采用凯氏法测定；全磷（Total Phosphorus，TP）含量采用NaOH熔融-钼锑抗比色法测定；全钾（Total Potassium，TK）含量采用HF-HClO₄消煮沸-原子吸收火焰光度法测定；土壤含水率、土壤容重采用烘干-沉重法测定；土壤有机碳（Soil Organic Carbon，SOC）含量采用重铬酸钾-硫酸加热氧化法测定（Nelson and Sommers，1982）；易氧化有机碳（Readily Oxidizable Carbon，ROC）含量采用高锰酸钾氧化法测定（Huggins et al.，1998）；水溶解性土壤有机碳（Water Dissolved Soil Organic Carbon，WSOC）含量采用蒸馏水浸提新鲜土壤样品（水土比1：30，25℃条件下振荡30min），提取液经离心（4000r/min，10min）过滤后在TOC-VCPH分析仪（岛津公司，日本）上测定；颗粒有机碳（Particle Organic Carbon，POC）含量采用六偏磷酸钠提取法测定（Kantola et al.，2017）；惰性碳（Recalcitrant Carbon，RC）采用HCl水解法和重铬酸钾容量法-外加热法测定。

4. 数据处理

土壤有机碳（组分）密度计算公式如下：

$$SOCD = \sum (1-\rho_i) \times D_i \times T_i \times C_i / 100 \tag{4.1}$$

式中，SOCD为土壤有机碳（组分）密度（kg/m²）；ρ_i为砂石比例（%）；D_i为第i层土壤容重（g/cm）；T_i为第i层土壤厚度（cm）；C_i为第i层土壤有机碳含量（g/kg）。

土壤有机碳及组分与理化性质在不同土层深度和海拔的差异性采用双因素方差分析（Two-way ANOVA）计算，显著性水平设定为$P<0.05$，各指标间相关性采用Pearson相关分析计算，显著性和极显著性水平分布设定为$P<0.05$和$P<0.01$。采用冗余分析（Redundancy Analysis，RDA）方法分析有机碳及组分与土壤理化性质之间的关系，RDA分析通过R语言实现。采用SPSS Statistics 19.0和GraphPad Prism 9.0进行数据处理和作图。

4.1.2　南岭土壤基本性质与养分含量特征

不同海拔土壤基本理化性质随深度变化特征如图4.1所示。南岭山地土壤整体呈极强酸性和强酸性（3.65≤pH≤5.30），随海拔的增加，土壤pH呈先增加后减小的趋势，

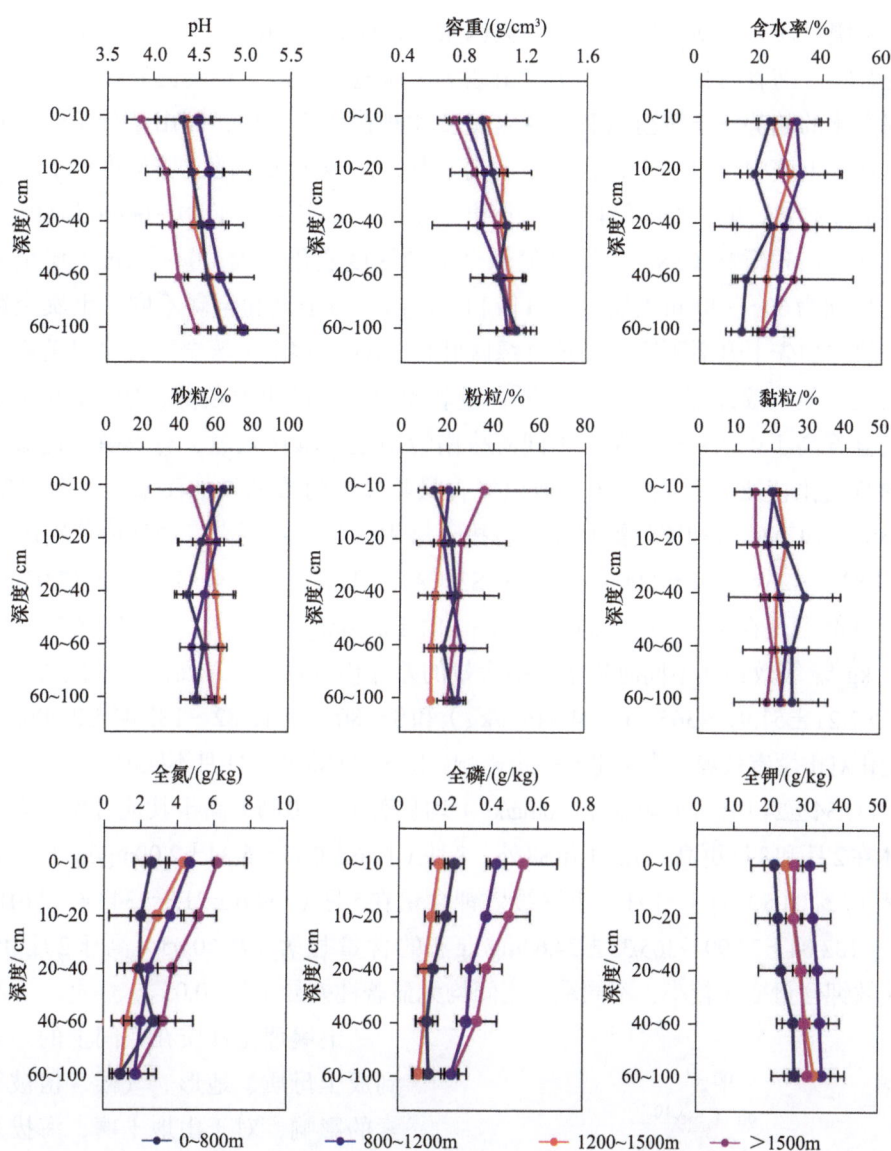

图4.1 不同海拔土壤基本理化性质随深度变化特征

山地常绿阔叶林黄壤pH（4.67±0.42）显著高于其他海拔土壤；随土壤深度的增加，土壤pH上升明显，60~100cm土层pH（4.73±0.30）显著高于其他深度土层。不同海拔土壤容重的差异并不显著；随土壤深度增加，土壤容重呈现明显的增大趋势，60~100cm土层平均土壤容重是表层（0~10cm）土壤容重的1.55倍。土壤含水率总体上随海拔的增加而上升，并随土层深度的增加而降低。除沟谷常绿阔叶林S2处外，土壤机械组成均以砂粒为主（>50%），但砂粒和粉粒含量变化无明显规律，黏粒含量总体随海拔的增加而下降，并随土壤深度的增加而上升。南岭山地土壤按质地分类（美国制）是以砂黏壤和砂壤为主，还包括黏壤、壤土、粉壤等，总体上为砂质土壤（图4.2）。山地土壤质地受土壤母质以及所处区域生物气候因素的影响，不同海拔土壤受到不同程度风化作用的影响。随着海拔的增加，南岭山地土壤质地表现出一定的由砂黏土向砂壤再向砂黏壤变化的趋势。土壤全氮和全磷含量变化规律较为类似，高山草甸（S7）和山顶矮林（S8）土壤中全氮和全磷含量显著高于其他海拔土壤；随土壤深度增加，两者都呈明显下降趋势，0～10cm和10～20cm土层全氮含量显著高于40～60cm和60～100cm土层，其中山顶矮林（S8）土壤全氮和全磷随深度变化最大，0～10cm土层全氮和全磷含量分别为60～100cm土层的7.74倍和2.24倍。与全氮和全磷不同，土壤全钾含量随海拔的增加先上升后下降，山地常绿阔叶林（S3和S4）土壤全钾含量显著高于其他海拔土壤；随土壤深度的增加，全钾含量表现出一定的上升趋势，60～100cm土壤全钾含量显著高于0～10cm土壤。不同海拔南岭山地土壤速效氮、有效磷、速效钾、缓效钾季节变化特征如图4.3所示。速效氮含量整体随海拔的增加而增加，但在S6处出现最小值，而有效磷和速效钾则在低海拔土壤中含量相对更高，最高值分别出现在S2（AP：2.83±1.26～5.34±2.00mg/kg）和S3（AK：117.20±18.4～118.96±17.95mg/kg），最小值也都出现在S6（AP：0.66±0.46～1.81±0.90mg/kg；AK：48.64±8.71～58.83±8.28mg/kg）。缓效钾在不同海拔土壤中含量的差异相对较小，最高值和最低值分别出现在S3（207.21±51.91～365.35±24.64mg/kg）和S5（80.57±12.82～182.04±24.00mg/kg）。季节变化对土壤有效养分含量也有一定影响，除S5与S6外，11月不同海拔土壤速效氮的含量（137.54±24.16～420.40±175.50mg/kg）均显著（$P<0.05$）高于其他月份。有效磷含量总体在2月和8月更高，除S1和S8外，8月（1.46±0.77～5.34±2.00mg/kg）有效磷含量显著（$P<0.05$）高于11月。土壤缓效钾含量在5月（154.6±21.3～343.4±2.61mg/kg）和8月（182.04±23.99～365.35±24.64mg/kg）的含量显著（$P<0.05$）高于2月和11月。土壤速效钾含量变化较小，不同季节之间均无显著性差异（$P>0.05$）。

土壤理化性质在空间上的差异性受到成土母质、地形、气候、植被等多因素的影响，对于山地土壤，海拔是影响其理化性质最突出的地形因子。研究表明，森林土壤中土壤pH与有机质含量呈极显著的负相关关系，这是有机质分解产生的有机酸增加土壤酸度，致使土壤pH下降（关于土壤有机碳分布特征在4.2节中详细讨论）。南岭土壤多由花岗岩母质发育，主要的成土过程包括腐殖化和富铝化（何宜庚，1985），其含有大量半风化的石英砂，因而粗颗粒含量相对较高，土壤通透性能良好。土壤

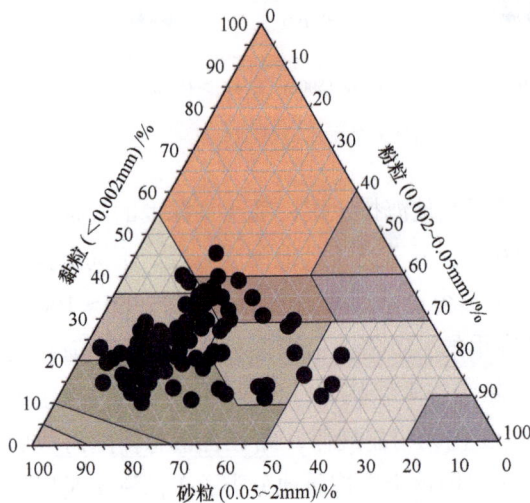

图4.2　南岭土壤质地三角图

全氮、全磷含量随海拔的增加逐渐升高，而全钾则是先上升后下降，这与在周边莽山土壤养分的研究结果相类似（Dai and Huang，2006）。全氮、全磷含量主要取决于植物养分循环过程和成土母质的影响。随海拔的升高，土壤风化程度降低、微生物对养分元素的矿化速度减弱，有利于氮、磷的累积，但海拔的增加也会改变植被类型，影响凋落物的产生量。此外，实际位置和地形也会对养分含量造成一定影响，S2、S3和S6三处采样点坡度较大，距离公路或溪流较近，土壤侵蚀作用可能导致更多的养分流失。全钾含量随土壤深度增加而增加，主要由于有机碳含量对矿物钾起到"稀释效应"，另外，表层土壤钾易风化淋失，深层土壤钾含量在一些情况下高于表层土壤（王春燕等，2016）。

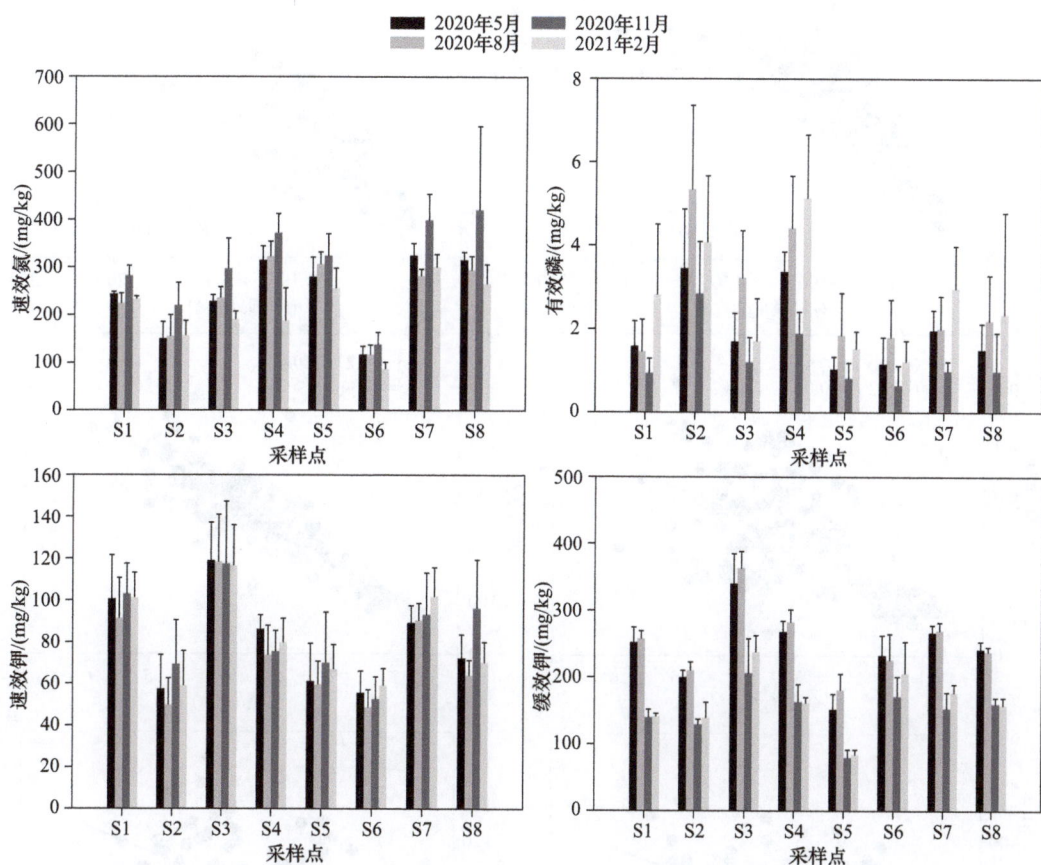

图4.3　不同海拔南岭山地土壤速效氮、有效磷、速效钾、缓效钾季节变化特征

南岭土壤pH与有机质、全氮、全钾、速效氮、缓效钾呈极显著相关关系（$P<0.01$），有机质与全氮、全磷、速效氮、pH呈极显著相关关系（$P<0.01$）；有机质与全氮和速效氮、全氮与全磷和速效氮、全磷与速效氮和速效钾均表现出较好的线性关系（图4.4）。土壤中速效养分直接为植物和微生物等提供养分来源，其在土壤中的含量

与生物作用过程密切相关。低海拔地区温湿度相对较高，碳氮转化速率快，因而速效氮的含量相对更低。此外，5月和8月植被处于快速生长阶段，对土壤养分需求大，也会造成土壤中速效氮的含量有所下降。土壤中有效磷含量一般较低，容易受到氧化还原条件、凋落物分解、雨水淋溶和径流损失的影响。南岭山地土壤有效磷变化的环境作用过程体现了一定复杂性，多数研究表明，土壤水分条件变化导致的氧化还原条件改变是影响土壤中磷的有效性的关键因素（薛敬意等，2003；何晓丽等，2018），还原环境导致的无定形铁含量增加会降低土壤中磷的释放，而南岭山地土壤有效磷与pH呈显著性正

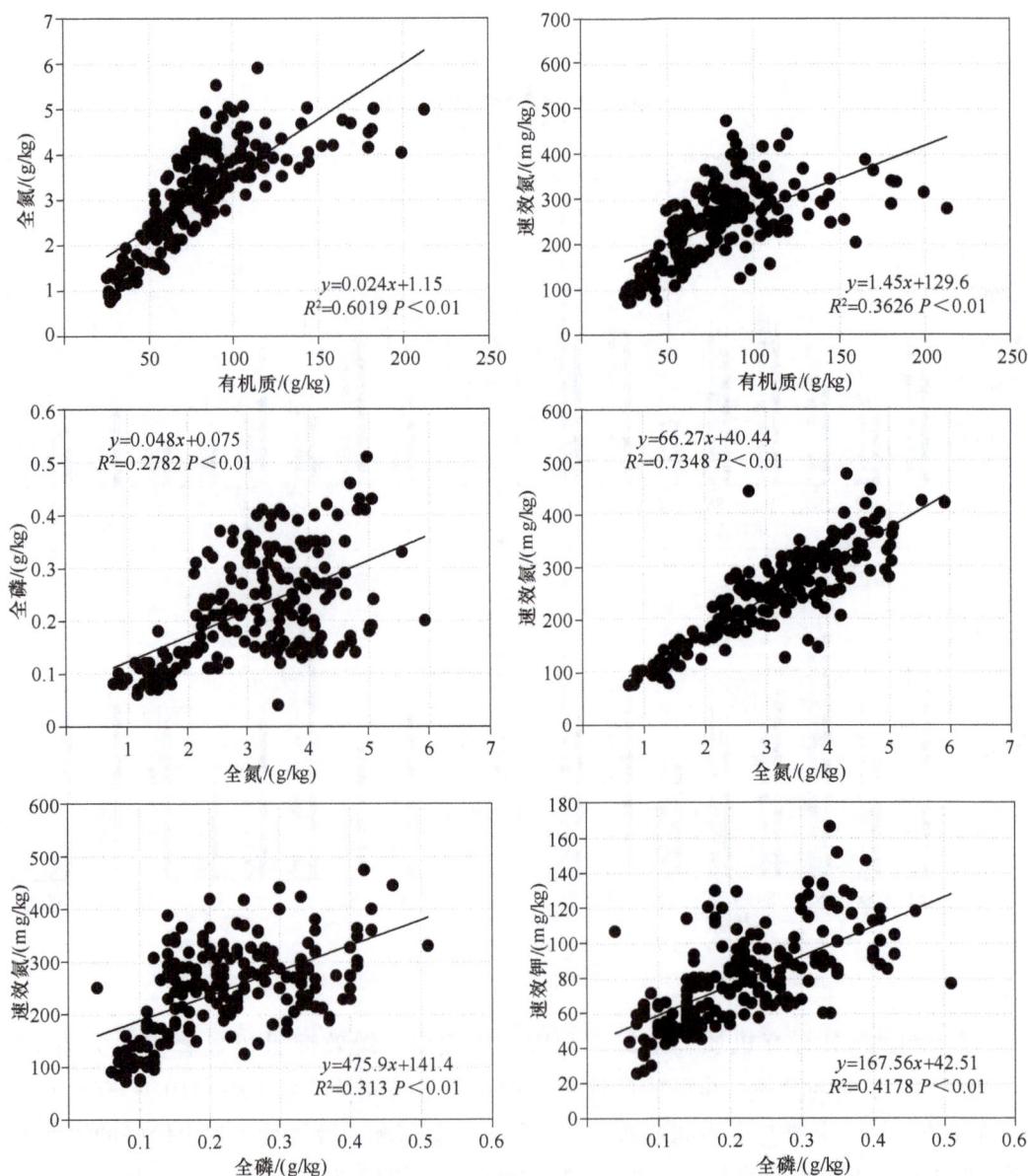

图4.4 有机质与全氮和速效氮、全氮与全磷和速效氮、全磷与速效氮和速效钾的线性关系

相关（$P<0.05$），表明有效磷受氧化还原作用的影响可能较小。温度对有效磷的作用也可能存在两面性，温度升高促进微生物对凋落物的分解，增加有效磷输入，但也可能会强化土壤中磷的吸附和沉淀（蒋芬等，2021）。缓效钾含量在5月和8月的含量较高，这可能是大量凋落物分解引起的外源输入的结果。

4.1.3 南岭土壤矿质元素含量特征

南岭山地不同海拔土壤矿质元素含量剖面分布情况如图4.5所示。不同矿质元素含量大小顺序为：SiO_2（54.06%±5.49%）＞Al_2O_3（21.60%±4.00%）＞K_2O（4.01%±0.98%）＞Fe_2O_3（3.84%±1.27%）＞Na_2O（0.45%±0.37%）＞TiO_2（0.37%±0.17%）＞MgO（0.35%±0.13%）＞S（0.11%±0.04%）＞P_2O_5（0.06%±0.03%）＞CaO（0.05%±0.13%）＞MnO（0.03%±0.02%）。定义变异系数$CV<10\%$为弱变异性，$10\%\leqslant CV\leqslant100\%$为中等变异性，$CV>100\%$为强变异性，南岭山地土壤养分在不同海拔和深度上均存在中等变异性（$10.17\%\leqslant CV\leqslant81.03\%$），其中变异性最大的为$MnO$，最小的为$Na_2O$。$SiO_2$和$Fe_2O_3$含量总体上随海拔的增加呈现逐渐下降的趋势，而$Al_2O_3$则呈整体上升趋势。在低海拔地区，山地红壤和黄壤富铁铝化作用较强，在高海拔区域，富铁铝化作用依然明显，这可能与特定矿物的风化过程有关（向万胜

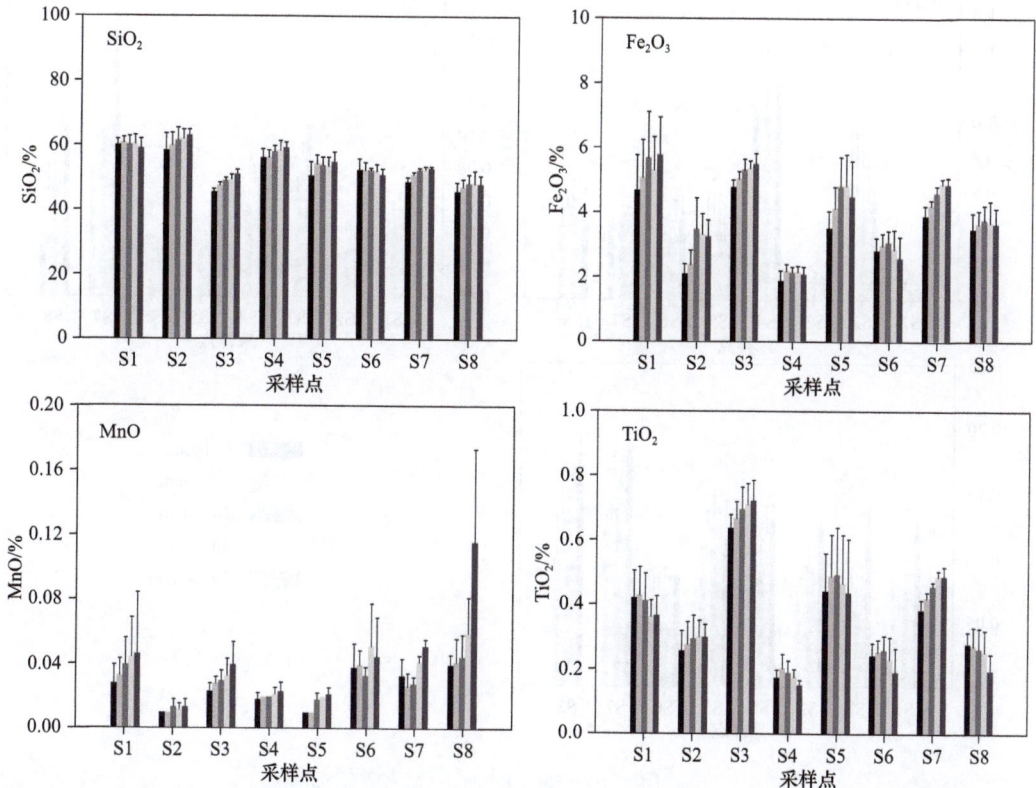

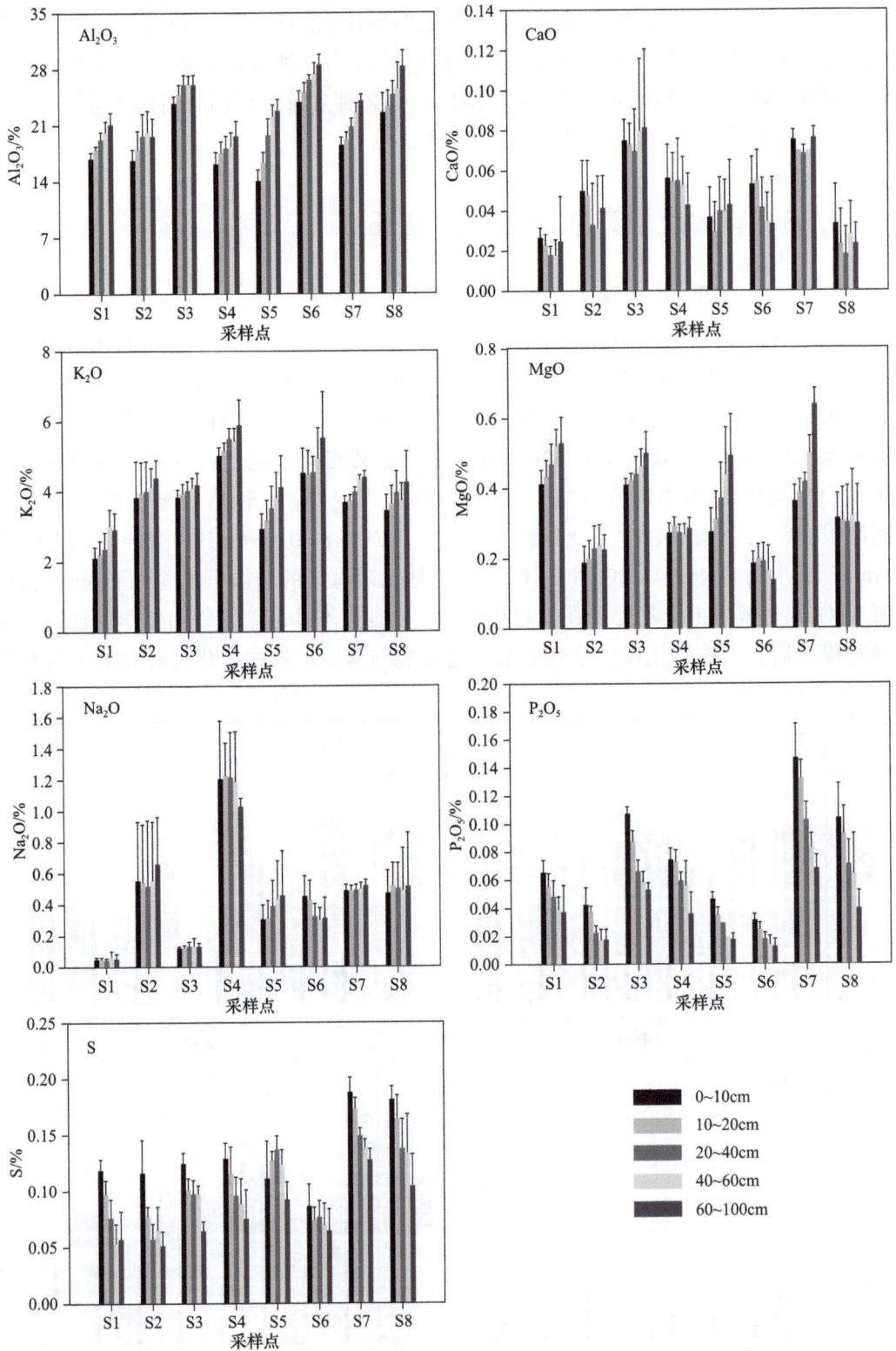

图4.5 南岭山地不同海拔土壤矿质元素含量剖面分布

等，1990）。随土壤深度的增加，Fe_2O_3、MnO、Al_2O_3、K_2O、MgO含量表现出一定的上升趋势，而P_2O_5和S则呈明显的下降趋势。

4.1.4　南岭土壤微量元素与重金属含量特征

南岭山地不同海拔土壤微量元素与重金属含量剖面分布情况如图4.6所示。除Mo表现出强变异性外（CV＝134.33%），其余微量元素和重金属含量都呈中等变异性（27.75%≤CV≤76.49%），变异系数最小的元素为Zn（27.75%）、Hg（32.60%）、As（34.44%）

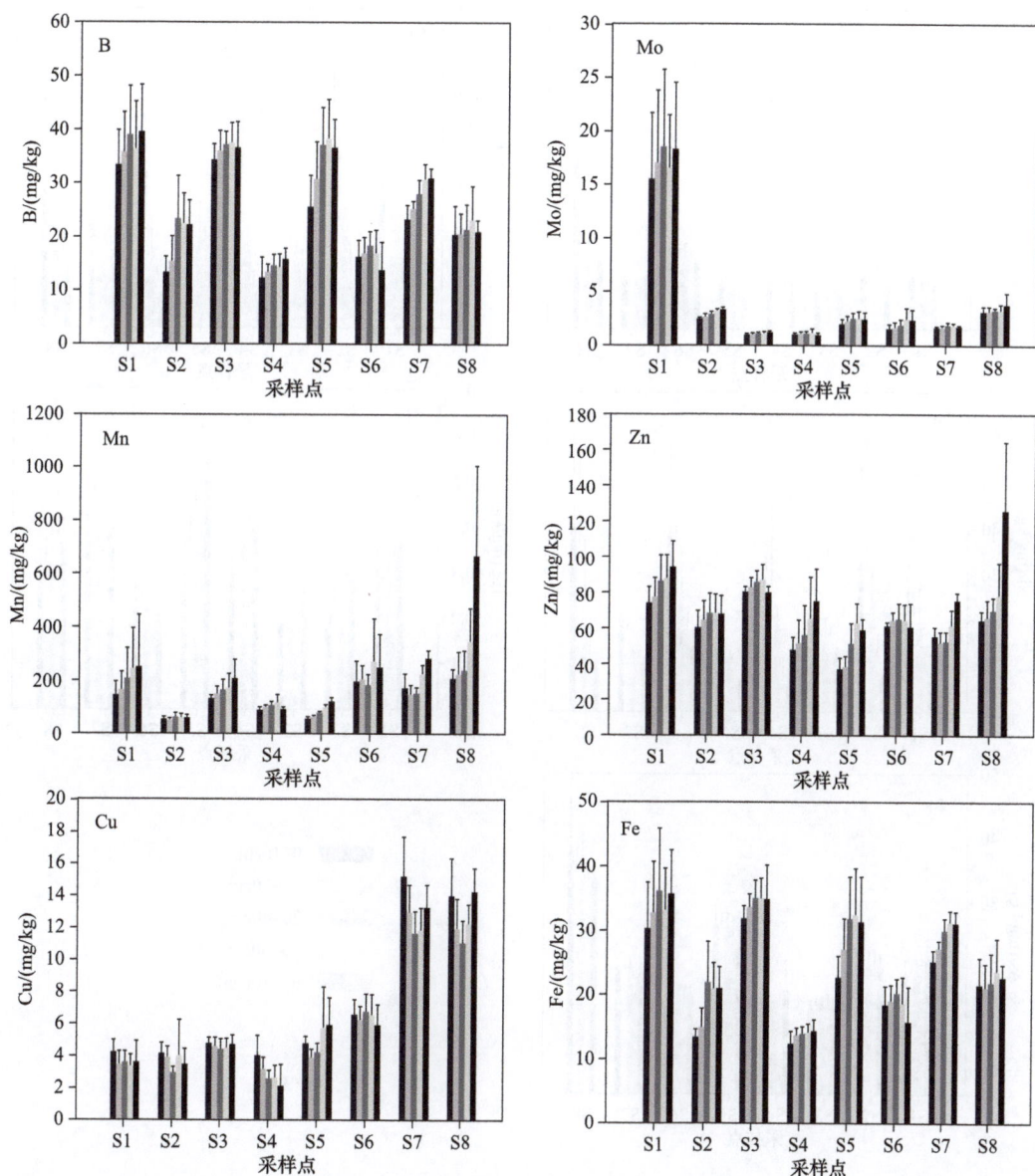

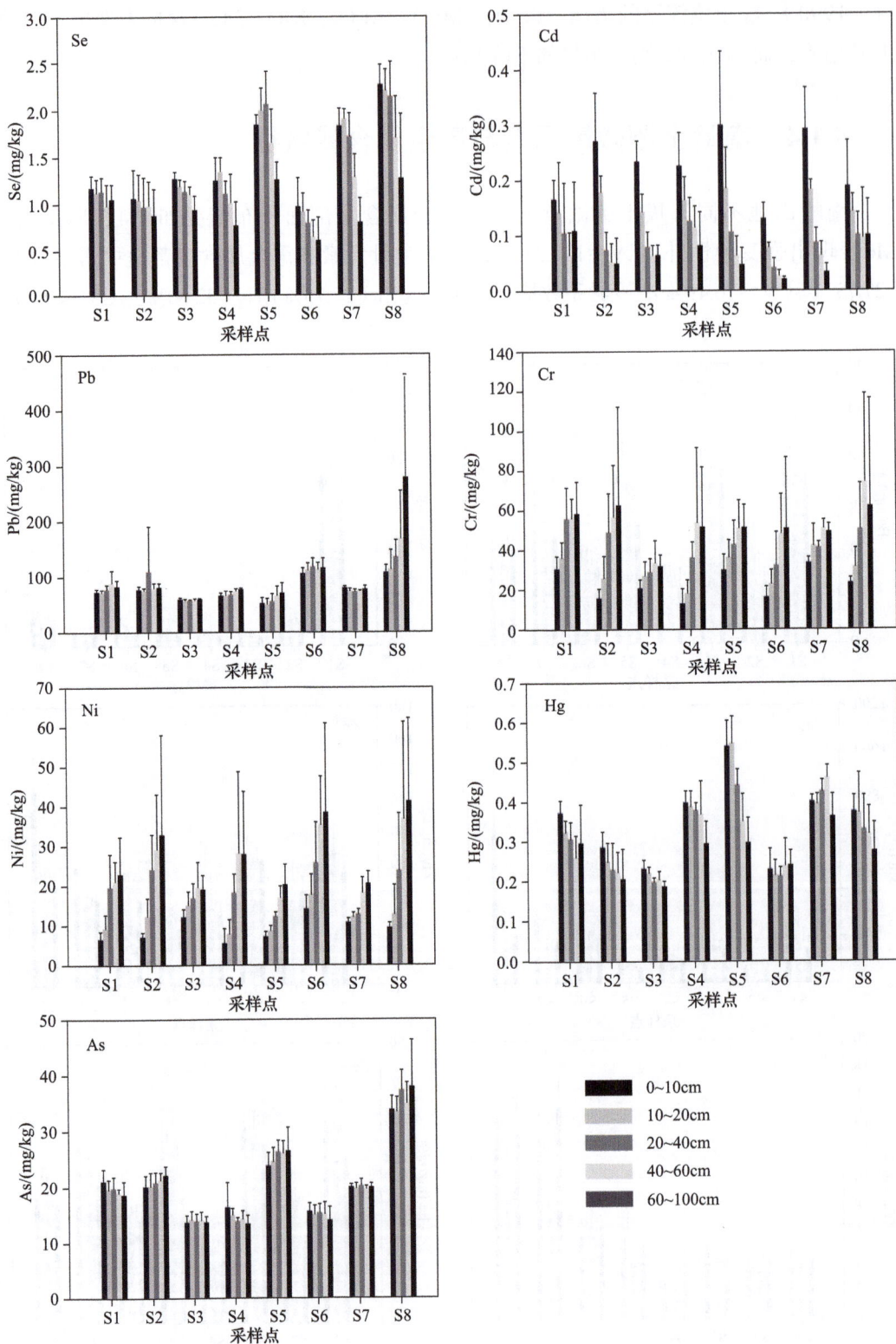

图4.6 南岭山地不同海拔土壤微量元素和重金属含量剖面分布

等。除Cu、Se、Hg在高海拔土壤中的含量相对较高外，其他重金属含量随海拔多呈不规则变化特征。随土壤深度的增加，B、Fe、Mn、Cr、Ni的含量逐渐升高，而Se、Cd、Hg的含量逐渐降低。通过富集系数计算重金属元素在土壤环境中的富集特征：

$$EF = C_i / C_{背景} \qquad\qquad (4.2)$$

式中，C_i为重金属元素的浓度（mg/kg）；$C_{背景}$为对应重金属元素的地区背景值浓度区［韶关市《土壤环境背景值》（DB4402/T 08—2021）］（mg/kg）。重金属元素富集程度按照以下等分类：EF<1，无富集；1≤EF<2，轻度富集；2≤EF<3，中度富集；3≤EF<6，高度富集；EF≥6，极度富集（刘旭等，2021；郑龙等，2022）。

从富集系数看，南岭山地土壤不同微量元素EF大小顺序为：As（4.83±3.43）＞Hg（3.20±1.13）＞Ni（2.44±1.38）＞Cr（2.09±0.96）＞Pb（1.56±1.38）＞Zn（1.02±0.26）＞Cu（0.54±0.32）＞Cd（0.71±0.57）。绝大部分采样点Cu、Zn、Cd、Pb元素为无富集或者轻度富集，Cr、Ni在深层土壤中（40～100cm）出现中度或高度富集，Hg在所有土壤中均表现为中度或高度富集（2.03≤EF≤5.83），且在低海拔的S1（3.16≤EF≤4.27）和S2（3.18≤EF≤5.83）处富集系数相对较高。As除在S8处为轻度富集（1.38≤EF≤1.55）和S5处为极度富集（6.22≤EF≤6.93）外，在所有土壤中均表现为中度或高度富集（3.47≤EF≤5.48）。微量元素与重金属之间的相关性分析结果见表4.2。Mn、Pb、Cr、Ni之间呈极显著相关性（$P<0.01$）；Hg与Zn、Se、Cd、Ni呈极显著相关性（$P<0.01$）；Cd与Zn、Fe、Se呈极显著相关性（$P<0.01$）；As与Mn、Cu、Se、Pb、Cr、Hg呈极显著相关性（$P<0.01$）。对于富集程度较低的Cd、Cu、Zn等元素，主要来源于土壤母质本身，而As、Hg等富集系数较高的重金属元素可能受到外源性输入的影响。余斐等（2022）对韶关市花岗岩地区森林土壤重金属污染特征研究，也发现Hg元素存在中等生态风险，并可能受到人为因素影响，如工业生产过程中产生的Hg随大气沉降及在降雨径流作用下进一步迁移（Hernandez et al., 2003；程正霖等，2017）。森林土壤的有机质等组分对重金属元素的吸附以及植物的吸收作用同样会影响微量元素和重金属在土壤中的富集程度（Guala et al., 2010；Lasota et al., 2020）。总体上，森林土壤中重金属的富集受人类活动影响相对较小，土壤中部分重金属的来源及迁移转化等问题仍需进一步深入研究。

表4.2　南岭山地土壤微量元素与重金属之间的Pearson相关矩阵

指标	Mn	Zn	Cu	Fe	Se	Cd	Pb	Cr	Ni	Hg	As
Mn	1										
Zn	0.405**	1									
Cu	0.466**	0.020	1								
Fe	0.156*	0.275**	0.110	1							
Se	−0.009	−0.210**	0.423**	0.185**	1						
Cd	−0.121	−0.195**	0.070	−0.171**	0.385**	1					

指标	Mn	Zn	Cu	Fe	Se	Cd	Pb	Cr	Ni	Hg	As
Pb	0.749**	0.531**	0.359**	−0.191**	0.008	−0.088	1				
Cr	0.332**	0.225**	0.118	0.205**	0.073	−0.294**	0.202**	1			
Ni	0.430**	0.286**	0.058	−0.070	−0.216**	−0.397**	0.382**	0.855**	1		
Hg	−0.129*	−0.321**	0.216**	−0.052	0.590**	0.440**	−0.116	0.014	−0.275**	1	
As	0.354**	0.045	0.513**	0.090	0.619**	0.062	0.439**	0.284**	0.107	0.249**	1

*代表 $P<0.05$；**代表 $P<0.01$。

4.2　南岭山地土壤有机碳及组分海拔梯度变化特征

　　土壤有机碳是全球陆地生态系统最大的碳库，储量约为1500Pg[①]，是大气碳库的2倍、陆地植被碳库的2～4倍（Terrer et al.，2021）。森林是陆地生态系统的主体，全球森林土壤碳储量约为380Pg，占森林总碳储量的44%、陆地土壤碳库的16%～26%，森林土壤在调节森林生态系统碳循环和缓解全球气候变化中起着重要作用（Zhao et al.，2020）。土壤有机碳物质组成十分复杂，可进一步划分为活性有机碳、缓效有机碳和惰性有机碳，不同组分有机碳生物化学稳定性和周转时间存在较大差异（Han et al.，2016）。活性有机碳可划分为易氧化有机碳、颗粒有机碳、可溶性有机碳或水溶性有机碳及轻组有机碳等（Luo et al.，2017；张方方等，2021），虽然这部分碳在有机碳中所占的比例相对较小，但易被分解、氧化和生物利用，对环境变化响应敏感（刘春增等，2017）；而缓效有机碳和惰性有机碳周转周期长、物理化学性质稳定，可直接反映土壤碳累积和碳库稳定性（Liu et al.，2020）。

　　土壤有机碳的含量和组分通常受到多种环境因素影响，如温度、水分、植被类型、生物活动等（王深华等，2021；Kučerík et al.，2018；Jia et al.，2020）。海拔梯度通过对区域的温度和降雨等的再分配，直接或间接地影响土壤碳库的大小和组成。研究表明，海拔梯度是影响山地森林土壤有机碳含量的主导因素，但不同地区海拔对土壤有机碳的影响规律有所差异。柯娴氢等（2012）对粤北亚热带山地森林土壤有机碳的海拔格局的研究发现，土壤有机碳含量随海拔上升而升高；而习丹等（2020）发现，同处亚热带地区的官山土壤有机碳含量随海拔的升高呈现先增加后下降的趋势。不同土壤有机碳组分也存在海拔分异特征，研究表明，随海拔的上升，湿度和温度逐步降低，微生物活动减弱，活性有机碳含量及比例多呈下降趋势，并随土壤深度增加而降低（向慧敏等，2015）。然而，也有研究表明，不同土壤活性有机碳组分分布特征受海拔的影响较为复杂，如秦海龙等（2018）发现罗浮山土壤颗粒有机碳比例在不

────────────

① 1Pg＝10^{15}g。

同海拔土壤中的变化并无明显规律。

目前，对于山地森林土壤有机碳分布规律的研究以总有机碳分析为主，对于不同活性组分有机碳变化及其对不同海拔环境的响应研究仍然相对较少。亚热带森林是我国森林碳容量和固碳潜力最大的生态区（刘迎春等，2015）。研究南岭山地土壤有机碳及组分在海拔梯度下的变化规律，有助于揭示南岭土壤碳组分的动态变化特征，并对合理评估亚热带山地生态系统土壤碳库存量及其对气候变化的响应具有重要的意义。

4.2.1　南岭不同海拔土壤有机碳分布特征

1. 土壤有机碳分布特征

土壤样品采集方法如4.1.1节所述。土壤有机碳含量沿海拔与土壤深度变化的分布特征如图4.7所示。南岭不同海拔山地土壤有机碳含量差异较大（0～100cm平均值：11.40～47.75g/kg）。总体上，土壤有机碳含量随海拔升高呈先增高后减少的趋势，针阔混交林S5处土壤有机碳含量显著高于其他海拔土壤，而沟谷常绿阔叶林S1和针阔混交林S6处土壤有机碳含量显著低于其他

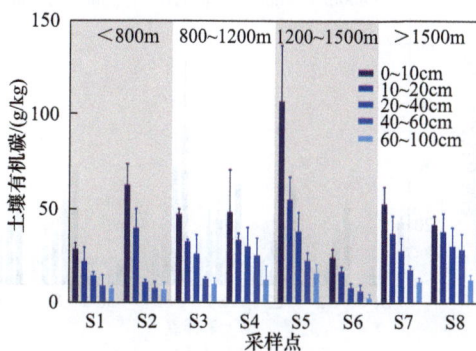

图4.7　不同海拔土壤有机碳分布情况

海拔处土壤。随土壤深度的增加有机碳含量呈明显下降趋势，60～100cm土层有机碳含量均不到0～10cm土层的30%，其中S2和S6处土壤有机碳含量下降趋势最为明显，60～100cm土层有机碳仅分别为0～10cm土层的11.1%和11.7%。S5处平均土壤有机碳含量最高（47.74±36.14g/kg），表层0～10cm和次表层10～20cm土层有机碳含量分别达到107.01±17.26g/kg和55.22±6.85g/kg，均显著高于其他海拔相同深度土壤；而同为针阔混交林的S6处各层有机碳含量（2.79±1.02～23.77±2.51g/kg）的平均值均最低。高海拔地区由于气温较低，凋落物分解缓慢，腐殖质层通常累积较厚（Dai and Huang，2006；王春燕等，2016）。在针阔混交林（S6）也出现有机碳含量最低的情况，原因可能是受地形和位置影响，采样点距离公路或溪流较近，受到更强土壤侵蚀作用的影响，地表凋落物明显较少。常绿阔叶林虽然能在表层形成较多的枯落物，但低海拔处水热条件较好，微生物对凋落物的分解过程较快，因而有机碳含量可能相对较低。

2. 土壤有机碳组分分布特征

水溶性有机碳（WSOC）随海拔的增加整体呈下降趋势，但在海拔最高的山顶矮林（S8）土壤出现较高值。沟谷常绿阔叶林S1处土壤WSOC含量显著高于其他海拔土壤，而S2、S3、S4、S5之间的WSOC含量无显著性差异，S6和S7处的土壤WSOC含量显著低于其他海拔土壤（图4.8）。不同土壤深度上，0～10cm土层WSOC含量显著高

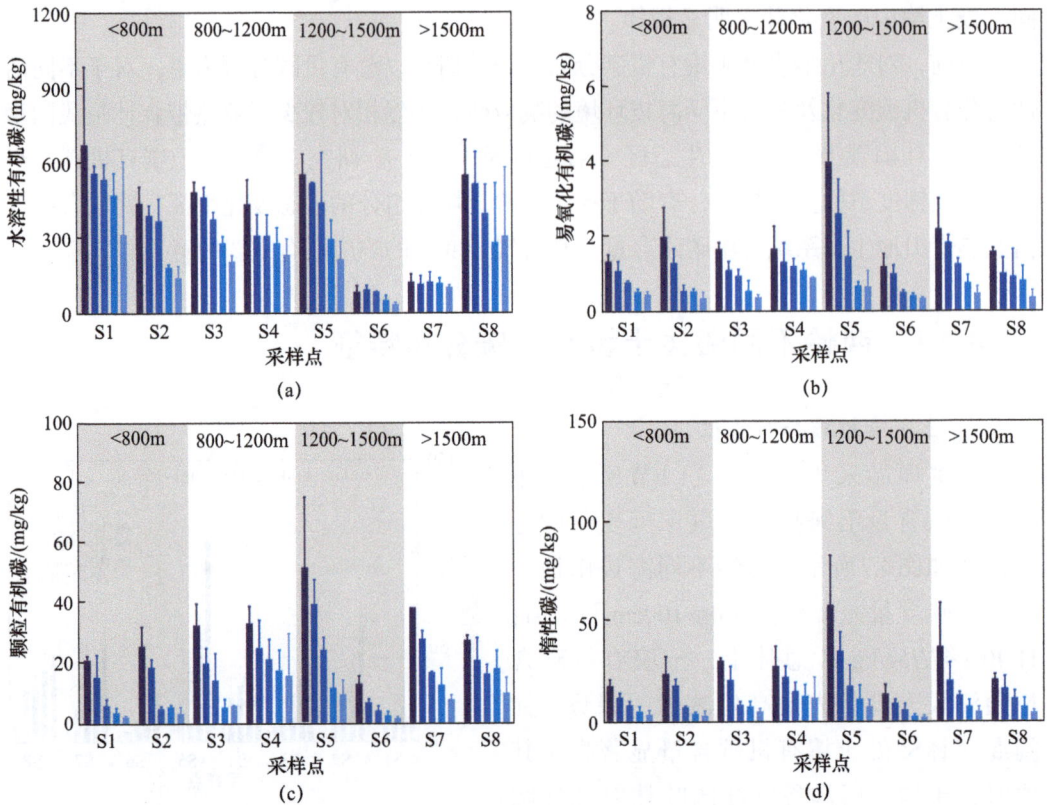

图4.8 不同海拔土壤有机碳组分分布情况

于其他土层，10～20cm和20～40cm含量又显著高于40～60cm和60～100cm土层，呈阶梯下降趋势。土壤易氧化有机碳（ROC）、颗粒有机碳（POC）、惰性碳（RC）含量与土壤有机碳（SOC）变化规律较为类似，均是在S5和S6处分别出现最大值和最小值，其中S5处土壤ROC和RC含量显著高于其他土壤。ROC在除S5外的海拔类型土壤中差异性均不显著，POC在S4、S5、S8处的含量显著高于S2和S6，表现出随海拔升高先增加后减少的总体趋势，而RC则只在S4和S5处显著高于S2和S6。与SOC和WSOC一样，随土壤深度增加，ROC、POC、RC含量逐渐降低，在表层0～10cm中的含量均显著高于其他深度土层，但随深度的增加，其下降幅度有所减缓，三种组分在40～60cm和60～100cm土层的含量均无显著性差异。随海拔变化幅度最大的有机碳组分为WSOC（54.07～425.95g/kg），最小的为ROC（10.29～23.10g/kg）；而随深度变化幅度最大的为POC（0～10cm与60～100cm比值：2.12～10.85），最小的为WSOC（0～10cm与60～100cm比值：1.18～3.15）。

不同土壤有机碳组分占总有机碳比例见表4.3。WSOC比例随海拔的升高呈逐步下降趋势，S1、S3、S5土壤中WSOC比例显著高于S6和S7，其中，S1的WSOC平均比例为S7的4.3倍。随土壤深度增加，WSOC比例逐渐升高，0～10cm和10～20cm土层WSOC比例显著低于其他深度土层，S6的WSOC比例随深度变化幅度最大，60～100cm

表4.3 不同土壤有机碳组分占总有机碳比例

（单位：%）

组分	土层	采样点							
		S1	S2	S3	S4	S5	S6	S7	S8
WSOC	0~10cm	2.42±1.23	0.72±0.20	1.02±0.16	1.04±0.48	0.55±0.19	0.24±0.06	0.23±0.02	1.34±0.48
	10~20cm	2.75±0.96	1.03±0.36	1.42±0.17	0.92±0.09	1.07±0.23	0.50±0.17	0.32±0.13	1.37±0.29
	20~40cm	3.79±0.84	3.41±0.64	1.61±0.64	1.29±0.34	0.75±0.19	0.88±0.03	0.43±0.08	1.38±0.40
	40~60cm	6.31±2.68	2.75±1.52	2.22±0.11	1.13±0.26	1.23±0.30	0.96±0.50	0.65±0.11	0.85±0.66
	60~100cm	3.79±3.35	2.16±0.64	2.09±0.35	2.25±0.76	1.54±0.49	1.84±1.81	0.89±0.12	2.22±1.82
ROC	0~10cm	4.69±0.04	3.32±1.54	3.50±0.29	3.33±0.71	3.63±1.04	4.88±0.47	4.02±1.07	3.76±0.23
	10~20cm	4.93±0.45	3.29±0.95	3.37±0.81	3.93±1.60	4.60±0.69	5.66±0.81	5.00±0.79	2.67±1.25
	20~40cm	5.27±0.77	4.89±1.45	3.81±0.96	4.29±1.60	3.68±0.77	6.83±3.18	4.75±1.34	2.94±1.38
	40~60cm	6.79±3.24	7.38±3.03	4.09±2.17	4.34±0.74	2.84±0.18	8.83±6.50	4.03±0.66	2.80±0.26
	60~100cm	5.70±0.50	5.10±1.89	3.75±1.47	8.73±5.25	4.11±2.33	9.36±1.87	3.84±1.90	2.66±1.20
POC	0~10cm	68.65±2.92	41.35±16.09	58.31±4.43	64.71±26.11	56.85±29.80	51.18±2.11	59.68±4.5	64.75±9.91
	10~20cm	55.75±16.95	47.97±21.41	59.57±14.89	71.43±15.21	69.85±9.35	37.18±2.22	62.05±3.38	51.06±8.23
	20~40cm	34.73±9.71	40.95±8.67	50.00±14.33	68.62±1.84	62.83±10.03	37.35±23.07	57.31±17.9	48.85±9.65
	40~60cm	26.93±0.00	50.62±6.53	37.9±22.58	65.14±3.42	48.27±17.85	37.06±20.08	53.08±2.85	43.91±19.58
	60~100cm	26.06±0.53	42.62±25.58	55.92±13.49	40.14±5.92	54.73±19.95	30.31±3.70	62.21±6.04	55.02±11.33
RC	0~10cm	64.01±13.78	40.93±12.08	65.41±7.19	47.09±9.87	46.68±33.9	54.95±8.49	46.87±8.53	49.28±2.28
	10~20cm	55.57±8.125	48.56±14.73	51.46±2.67	66.5±13.11	54.56±17.51	50.58±7.83	42.58±12.83	40.38±7.63
	20~40cm	57.38±18.84	63.21±9.74	32.46±6.06	50.19±5.75	45.11±27.67	40.18±8.33	46.58±7.88	37.51±8.18
	40~60cm	41.05±12.36	34.48±9.39	56.63±17.83	46.67±6.19	45.76±24.17	43.22±19.63	38.74±14.83	31.35±10.13
	60~100cm	42.58±19.70	52.92±4.55	45.39±4.45	58.50±3.70	44.69±11.52	52.23±13.34	36.87±14.81	35.02±13.91

注：WSOC，水溶性有机碳；ROC，易氧化有机碳；POC，颗粒有机碳；RC，惰性有机碳。下同。

土层 WSOC 比例达到表层 0～10cm 的 7.7 倍。随土壤深度增加，ROC 比例总体呈增加趋势，40～60cm 与 60～100cm 土层 ROC 比例要显著高于 0～10cm 土层，其中，S8 的 ROC 比例随深度增加幅度最大（1.91 倍）。POC 比例总体上随海拔升高呈先增加后减小的趋势，S4 的 POC 比例显著高于 S1、S2、S3、S6 和 S8；在不同土壤深度 POC 比例在不同土壤中均无显著性差异。RC 比例随海拔升高呈先减小后增加的总体趋势；不同深度上，0～10cm 和 10～20cm 土层 RC 比例显著高于 40～60cm。

土壤有机碳的剖面分布是有机质长期累积的结果，与土壤剖面的发育以及有机质的更新过程密切相关（王怡雯等，2019）。南岭森林土壤表层有机碳含量明显较高，表层土壤接受枯枝落叶，并且存在大量根系，有机质来源丰富，随土壤深度加大，土壤层埋藏时间增加，有机碳来源明显减少。不同组分代表了有机碳的不同活性，WSOC 含量及在 SOC 中的占比随海拔的增加整体呈下降趋势，如前面提到的，WSOC 的含量与微生物活动强度密切相关，高海拔温度相对较低，微生物活动较弱。ROC、POC、RC 与 SOC 的分布规律较为类似，呈极显著正相关，说明无论是活性还是惰性有机碳组分，其在土壤中的含量总体取决于土壤有机碳储量，这与以往一些研究的结果一致（秦海龙等，2018）。不同有机碳组分占总有机碳的比例随海拔升高的变化规律并不完全一致，这可能是由于不同组分对海拔变化的敏感性有所差异。

不同海拔土壤（0～100cm 土层）有机碳及组分密度分布情况如图 4.9 所示。有机碳及不同类型组分密度随海拔升高的变化趋势与各自在土壤中的含量分布规律较为类似，均在 S6 出现最小值（SOC：8.81 ± 2.31kg/m^2、POC：3.88 ± 0.39kg/m^2、RC：4.83 ± 0.96kg/m^2、WSOC：0.068 ± 0.07kg/m^2、ROC：0.58 ± 0.13kg/m^2）；SOC 密度最大值出现在 S5（26.59 ± 5.80kg/m^2），POC、RC、ROC 最大值出现在 S4（POC：17.58 ± 7.48kg/m^2、RC：16.12 ± 6.85kg/m^2、ROC：1.16 ± 0.18kg/m^2），而 WSOC 的最大值出现在 S1（0.46 ± 0.16kg/m^2）。

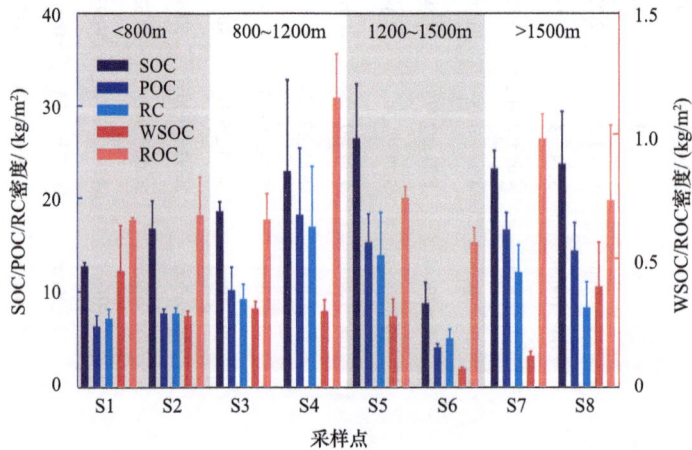

图 4.9　不同海拔土壤（0～100cm 土层）有机碳及组分密度分布情况

土壤有机碳密度是估算土壤碳库的重要指标，南岭不同海拔和植被类型土壤有机碳密度差异较大（8.81～26.59kg/m^2），与相邻的莽山土壤有机碳密度范围（9.46～27.8kg/m^2）接近，与华南地区同处中、南亚热带的山地土壤相比，整体高于罗浮山（5.2～24.4kg/m^2）（秦海龙等，2018）和同属南岭山脉的九连山（8.37～12.66kg/m^2）（吴小刚等，2020），而在同海拔范围（<800m）也高于鼎湖山（2.06～2.87kg/m^2）（向慧敏等，2015），这可能是由于南岭整体海拔较高，人为干扰相对较少。表层土壤有机碳对于土壤碳密度具有重要影响，不同海拔土壤0～20cm土层有机碳密度占0～100cm土层的比例介于27.69%～60.36%，WSOC、ROC、POC、RC的密度占比分别介于17.70%～31.02%、22.00%～46.09%、20.92%～56.50%、26.89%～54.62%，其中，低海拔常绿阔叶林（S2、S3）表层土壤有机碳及组分密度相对较高，这与阔叶林表层土壤较多的枯落物与较快的有机碳周转速率有关。

4.2.2　土壤理化性质对有机碳分布影响

相关性分析结果表明（表4.4），RC与土壤容重、ROC与TK、WSOC与POC和RC呈显著性相关关系（$P<0.05$）；土壤有机碳（SOC）及各组分与pH呈极显著负相关（$P<0.01$）；SOC、ROC、RC与土壤含水率呈极显著正相关（$P<0.01$）；SOC、ROC与粉粒含量呈极显著正相关（$P<0.01$）；除WSOC外，SOC及各组分均与黏粒和TN含量分别呈极显著负相关和正相关（$P<0.01$）；SOC与TK含量及各SOC组分呈极显著正相关（$P<0.01$）；ROC、RC以及POC相互之间呈极显著性正相关（$P<0.01$）。

对SOC及各组分与理化性质进行冗余分析（图4.10），结果显示，土壤含水率、TN、TP、pH能很好地解释SOC的变化，其中，土壤含水率、TN、TP与SOC呈正相关，而pH与SOC呈负相关；土壤含水率、TN、容重、黏粒含量能很好地解释RC和ROC的变化，其中土壤含水率、TN与RC和ROC呈正相关，而容重、黏粒含量与RC和ROC呈负相关；TN、TP、土壤含水率、黏粒含量能够很好地解释WSOC变化，其中，黏粒含量与WSOC呈正相关，TN、TP、土壤含水率与WSOC呈负相关；TP、土壤含水率、pH能够很好地解释POC变化，其中，TP、土壤含水率与POC呈正相关，pH与POC呈负相关。RDA分析结果与相关性分析结果类似。总体上，各环境因子对南岭SOC及各组分变化的解释量的贡献率排序大小为：TN>TP>土壤含水率>容重>pH>黏粒>砂粒>粉粒>TK，其中TN、TP与土壤含水率占土壤理化因子总解释量的75.35%。

土壤理化性质对山地SOC海拔差异具有直接的影响。随土壤pH降低，土壤微生物与相关酶的活性降低，SOC矿化强度下降，有利于土壤中SOC的累积，而有机质分解产生的有机酸会增加土壤酸度，进一步致使土壤pH下降。研究发现，有机质与无机物形式羧基的络合作用随pH的降低而增加，低pH能够提高有机质与黏土矿物结合的稳定性（Leifeld et al.，2013）。pH是影响土壤WSOC浓度的关键因素，通常WSOC的溶解性

表 4.4 有机碳及组分与土壤理化性质相关性矩阵

	pH	容重	含水率	砂粒	粉粒	黏粒	TN	TP	TK	SOC	WSOC	ROC	POC	RC
pH	1													
容重	-0.110	1												
含水率	-0.208*	-0.054	1											
砂粒	0.045	0.299**	0.152	1										
粉粒	-0.029	0.028	-0.048	-0.440**	1									
黏粒	0.332**	-0.120	-0.182*	0.018	0.020	1								
TN	-0.172	-0.032	0.382**	0.013	0.118	-0.175	1							
TP	-0.065	-0.006	0.289**	-0.02	0.062	-0.020	0.737**	1						
TK	-0.062	-0.117	0.400	0.012	0.027	-0.062	-0.184*	-0.184*	1					
SOC	-0.494**	-0.120	0.275**	-0.111	0.237**	-0.366**	0.355**	0.182	0.245**	1				
WSOC	-0.363**	-0.071	-0.057	-0.144	0.077	0.045	0.009	0.000	-0.001	0.260**	1			
ROC	-0.408**	-0.100	0.290**	-0.135	0.311**	-0.308**	0.241**	0.067	0.220**	0.866**	0.140	1		
POC	-0.364**	-0.076	0.185	-0.620	0.168	-0.280**	0.788**	0.520**	-0.101	0.642**	0.219*	0.510**	1	
RC	-0.414**	-0.193*	0.328**	-0.160	0.157	-0.356**	0.282**	0.073	0.173	0.783**	0.186*	0.685**	0.643**	1

*代表$P<0.05$；**代表$P<0.01$。

随pH的降低而下降，但低pH致使土壤中淋溶出更多的金属阳离子（Al^{3+}、Ca^{2+}、Mg^{2+}等），这些阳离子可以与有机阴离子络合，从而又增加SOC的溶解性（Kalbitz et al.，2000）。山顶矮林（S8）尽管海拔较高，但WSOC在该处出现较大值可能与土壤pH相对较高有关。本章研究中土壤WSOC含量与pH呈极显性负相关关系，但两者之间的线性关系较差（$y = -145.2x + 875.8$，$R^2 = 0.1277$，$P = 0.011$），说明pH对南岭土壤WSOC含量的影响具有一定的复杂性，相关作用机理需进一步探究。黏粒对有机质具有一定的保护作用（Kučerík et al.，2018），有机

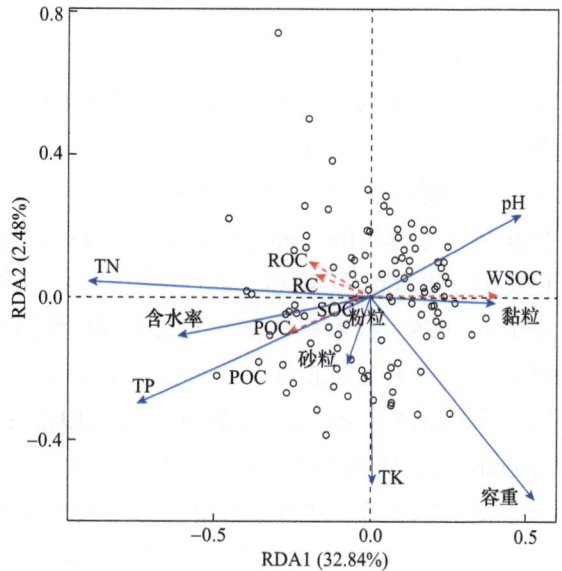

图4.10　土壤有机碳及组分与理化性质冗余分析结果

质与其结合得越紧密，越能抵抗微生物的分解作用，从而减少周转时间及其向下淋失的可能性。SOC及各组分与TN相关性较好，而与TP、TK的相关性较差，这与以往研究结果一致（习丹等，2020；王怡雯等，2019）。氮含量高低能够显著影响土壤中微生物的活动强度，一般认为，在一定范围内土壤C/N值越低，微生物对有机质的分解速率越快。总体上，南岭低海拔土壤C/N值高于高海拔，可能是由于低海拔的阔叶林和针阔混交林凋落物较多，加之水热条件较好，氮的矿化量较大。

南岭不同海拔山地土壤理化性质、SOC及各组分含量差异明显。SOC随海拔升高呈先增高后减少的趋势，WSOC、ROC、POC、RC等组分在不同海拔土壤中的含量大小与SOC储量密切相关。南岭山地SOC密度高于与其地理位置相近的山地土壤，低海拔阔叶林表层SOC及各组分密度比例相对较高。土壤pH、黏粒含量、TN等理化性质指标对SOC及组分含量分布的影响最显著。SOC在土壤中的分布和形态特征是不同环境因子综合作用的结果，本章研究仅探究了海拔与土壤理化性质的影响，忽略了地形（坡位、坡向、坡度等）、林地状况（林分密度与结构、凋落物状况等）、人为活动等因素，深入了解南岭山地土壤碳动态过程需进一步对碳循环中涉及的多尺度、多界面、多因素过程进行全面监测和探究（黄斌等，2022）。

4.3　土壤侵蚀敏感性研究

土壤侵蚀敏感性指在自然状况下发生土壤侵蚀的潜在可能性及其程度，是区域生

态环境质量评价、生态区划与管理、水土保持措施制定的重要参考依据，对区域生态环境保育和可持续发展具有重要意义（李铖等，2009；Thomas et al.，2017；Mijatov et al.，2010）。土壤侵蚀敏感性评价，是根据区域土壤侵蚀的形成机制，分析其区域分异规律，明确可能发生的土壤侵蚀的类型、范围与可能程度（莫斌等，2004）。目前，土壤侵蚀敏感性评价研究中，通用土壤流失方程（Universal Soil Loss Equation，USLE）及其修订方程（Revised Universal Soil Loss Equation，RUSLE）是全球广泛使用的经验模型，20世纪90年代以来，学者开始将其与地理信息系统（Geographic Information System，GIS）技术相结合，进行区域尺度的土壤侵蚀评价和定量分析（Millward and Mersey，1999；Lufafa et al.，2003；Chen et al.，2017；Zhu，2015；Panagos et al.，2015；何君等，2016）。Rawat 等（2016）利用 RUSLE、Landsat 7 遥感影像和 GIS 技术对印度 Jhagrabaria 流域的土壤侵蚀风险进行了研究，并将其划分为极低、低、中、中高、高 5 个等级。Chen 等（2017）利用 RUSLE 模型对中国西南喀斯特地区的水土流失进行了研究，得出西南喀斯特地区多年平均侵蚀速率为30.24Mg/（$hm^2 \cdot a$）。彭建等（2007）以云南丽江为例，对滇西北山区土壤侵蚀空间特征进行了研究，并分析了土壤侵蚀在海拔、坡度与土地利用类型等方面的空间分布特征。

南岭国家级自然保护区坐落在粤湘两省交界的南岭腹地，广东省北部南岭山脉的中心地带。受区域地貌与气候等综合影响，区内坡度陡、海拔跨度大，花岗岩风化壳总体较薄，雨期集中，山地侵蚀强烈。此外，区内开发建设过程中的人类活动，特别是修路、配套设施建设等对山体及植被造成了大面积的破坏，加剧了土壤侵蚀和山地次生灾害，如滚石、滑坡、泥石流的发生，亟须对区内的土壤侵蚀及其敏感性等进行研究，以便采取水土保持和生态修复措施，指导基础设施开发建设，减少水土流失和生态环境破坏，保持水土和生物多样性，促进人与自然和谐发展。目前，专门针对该地区的土壤侵蚀定量研究鲜有报道。唐淑英（1991）指出，广东山区水土流失较普遍，土层往往很薄，土壤的侵蚀模数一般为2000～6000t/（$km^2 \cdot a$），特别是花岗岩发育土壤的水土流失，若不及时治理，往往会发展为侵蚀量达30000t/（$km^2 \cdot a$）的沟状流失和崩岗流失。孙昕等（2008）统计的广东省水土流失面积达14521.8km^2，自然流失主要分布在低山丘陵地区，占区域流失总面积的84%。吴志峰等（2005）对广东省的降雨侵蚀力进行了分析，广东省的多年平均降雨侵蚀为7282～25098（MJ·mm）/（$hm^2 \cdot h \cdot a$），平均为13739（MJ·mm）/（$hm^2 \cdot h \cdot a$）。汪明冲等（2016）通过整理连江流域35个气象站1980～2013年逐日雨量数据，利用日雨量、月雨量和年雨量方法，计算了粤北岩溶区连江流域的降雨侵蚀力。朱立安等（2007）计算了广东省的土壤可蚀性 K 值为0.116～0.415（t·h）/（MJ·mm）。为此，本书基于修订的通用水土流失方程 RUSLE 和 GIS 技术，对广东南岭国家级自然保护区的降雨侵蚀因子 R、土壤侵蚀因子 K、植被与管理因子 C 以及坡度坡长因子 LS 进行分析，进而评估南岭地区土壤侵蚀的敏感性，探讨土壤侵蚀的分布规律及其主导因子的空间分异特征，以期为该地区的水土保持措施制定、生态区划与管理、基础设施布局等提供依据。

4.3.1　南岭土壤侵蚀类型

南岭国家级自然保护区坐落于粤湘两省交界的南岭腹地,广东省北部南岭山脉的中心地带,地理坐标为24°38′02″N～25°00′00″N,112°40′37″E～113°31′00″E,总面积为583.68km²。地质构造上属南岭构造带的大东山—贵东—九连山东西走向花岗岩带的西部,出露岩石主要为花岗岩,其次为砂页岩和灰岩,属中山山地地貌,山高谷深,地势峻峭,最高峰石坑崆为广东省第一高峰,海拔1902.3m,最低点为龙溪口,海拔202.1m,相对高差1700.2m。该区为我国中亚热带与南亚热带的气候分界线,是我国冬季有冰雪的最南端地区之一,且霜期和冰期较长,多年平均降水量为1705mm,雨期相对集中。该区域的地带性土壤为红壤,从山麓至山顶,依次分布着红壤、山地黄红壤、山地黄壤、山地灌丛草甸土,土壤垂直带谱明显。区内开发过程中的建设活动,特别是修路、旅游配套设施建设等对山体及植被造成大面积的破坏,加剧了水土流失和山地次生灾害,如滚石、滑坡、泥石流的发生。受区域地貌与气候、人类活动等的综合影响,区内山地侵蚀强烈,自然侵蚀和人为加速侵蚀并存,对地表生态环境造成了严重的破坏,土壤侵蚀已成为这一地区严重的生态环境问题之一,如图4.11所示。

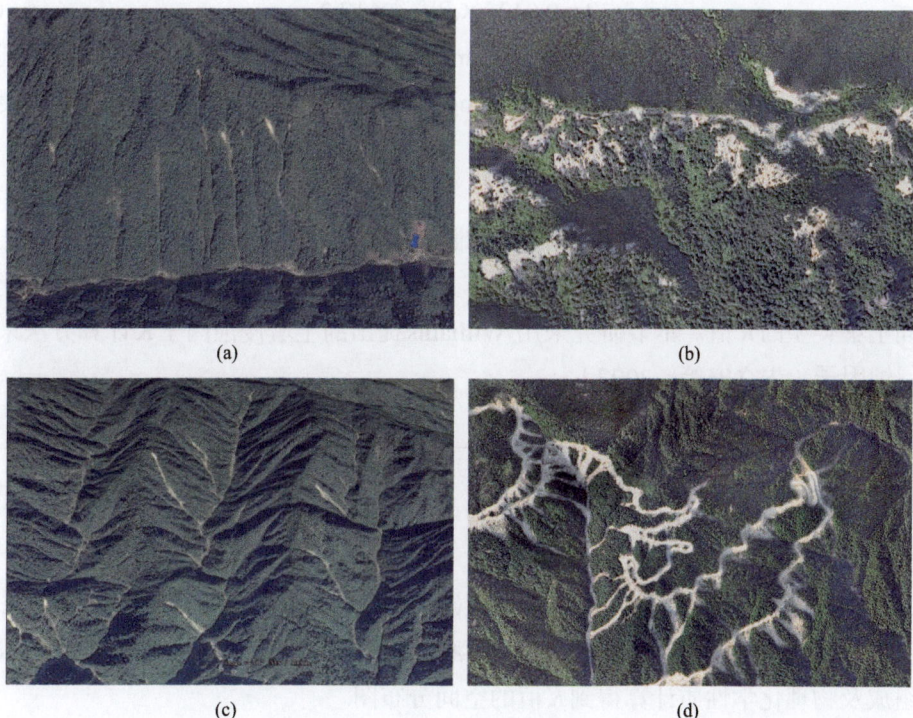

(a)　　　　　　　　　　　　　　(b)

(c)　　　　　　　　　　　　　　(d)

图4.11　研究区土壤侵蚀

（a）浅沟侵蚀；（b）面蚀；（c）切沟侵蚀；（d）人为加速侵蚀

4.3.2 南岭土壤侵蚀敏感性评估方法与数据来源

1. 评估方法

修订的通用土壤流失方程（RUSLE）综合考虑了降雨、地形、土壤、植被与管理因子等，公式如下（Renard et al., 1997）：

$$A = R \times K \times LS \times C \times P \tag{4.3}$$

式中，A 为土壤流失量 $[t/(hm^2 \cdot a)]$；R 为降雨侵蚀因子 $[(MJ \cdot mm)/(hm^2 \cdot h \cdot a)]$；$K$ 为土壤蚀性因子 $[(t \cdot h)/(MJ \cdot mm)]$；LS 为坡长坡度因子，无量纲；$C$ 为植被与经营管理因子；P 为水土保持措施因子。

1）降雨侵蚀因子 R

降雨侵蚀因子 R 的经典算法是 Wischmeier 等提出的基于 EI_{30} 的计算方法，但该方法需要详细的雨量和雨强资料，适用性受到较大的限制。各国学者陆续推出不同的降雨侵蚀因子简易计算方法，被称为简易计算法（田鹏等，2015）。汪明冲等（2016）基于 35 个气象站 1980~2013 年的逐日雨量数据，提出了粤北岩溶区连江流域降雨侵蚀因子计算公式。本研究区位于连江流域上游，环境和气候条件比较接近，因此本研究采用汪明冲等的公式对降雨侵蚀因子 R 进行估算，公式如下：

$$R = 0.0125 \times P_m^{1.6295} \times 17.2 \tag{4.4}$$

式中，R 为降雨侵蚀因子 $[(MJ \cdot mm)/(hm^2 \cdot h \cdot a)]$；$P_m$ 为月降水量。计算得到各站点的多年平均降雨侵蚀因子后，采用 Kriging 内插方法进行空间插值，绘制降雨侵蚀因子等值线图。

2）土壤侵蚀因子 K

土壤侵蚀性是评价土壤遭受降雨侵蚀难易程度的重要指标。RUSLE 模型中土壤侵蚀因子 K 是通过实验获取的，为了方便计算，研究者提出在测定土壤性质的基础上可计算不同土壤类型的 K 值。本节研究采用 Williams 提出的土壤侵蚀因子 K 计算方法来计算土壤侵蚀因子（朱立安等，2007）：

$$K = \left\{ 0.2 + 0.3\exp\left[0.0256\text{San}\left(1 - \frac{\text{Sil}}{100}\right)\right] \right\} \cdot \left(\frac{\text{Sil}}{\text{Cla} + \text{Sil}}\right)^{0.3} \left(1 - \frac{0.25C}{C + \exp(3.72 - 2.95C)}\right)$$
$$\cdot \left(1 - \frac{0.75C}{\text{Sn} + \exp(-5.51 + 22.95\text{Sn})}\right) \tag{4.5}$$

式中，San、Sil、Cla 分别为土壤砂粒、粉粒、黏粒含量；Sn 为常数，Sn＝1－San/100；C 为土壤有机碳含量（%）。根据研究区土壤类型及野外采集的 32 个土壤样品获取土壤颗粒组成及物理化学性质计算得到 K 值的空间分布图。

3）坡度坡长因子 LS

由于研究区陡坡地较多，采用如下的坡度坡长因子 LS 计算方法（齐述华等，2011）：

$$L=（\lambda/22.1）^{m} \tag{4.6}$$

$$S=\begin{cases} 10.8\sin\theta & \theta<5° \\ 16.8\sin\theta & 5\leqslant\theta<14° \\ 21.9\sin\theta & \theta\geqslant14° \end{cases} \tag{4.7}$$

式中，λ 为根据DEM提取的坡长；L 为坡长因子；m 为坡度坡长指数，取0.5；S 为坡度因子；θ 为坡度值。针对30m栅格的DEM提取地形参数，获得研究区坡度坡长因子图。

4）植被与管理因子 C

植被与管理因子 C 主要受地表土地利用类型与指标覆盖度的影响，根据Landsat 8遥感影像和土地利用类型数据，计算归一化植被指数（NDVI），通过式（4.8），计算植被与管理因子 C（Ostovari et al.，2017）：

$$C=\exp\left[-\alpha\times\frac{NDVI}{\beta-NDVI}\right] \tag{4.8}$$

式中，C 为植被与管理因子；NDVI为归一化植被指数；α 和 β 为常数，本节研究中其值分别为2和1。

5）水土保持措施因子 P

由于农业措施主要与人类活动密切相关，对自然生态系统的反应不太敏感，而且根据现场调查，研究区水土保持措施不多，因此本节研究不考虑水土保持措施因子 P，P 值取1。

2. 数据来源

本节研究基础资料主要包括地形数据、降雨数据、土壤数据、遥感影像数据、现场调查数据。地形数据主要包括30m分辨率的DEM数据和1：20万地形图数据。降雨数据主要为研究区11个雨量站点的逐日雨量数据和搜集到的雨量统计数据，11个站点中3个雨量站的数据为2008～2016年的日降雨数据，少量缺失，其余站点为2008年至今的雨量数据，少量缺失；考虑资料的完整性和连续性，本节研究采用11个雨量站2008～2016年的日降雨资料计算研究区降雨侵蚀因子 R。土壤数据主要为土壤分布图和土壤采样点的位置、土体颗粒组成、有机碳等土壤属性数据，本节研究在大量野外考察的基础上，沿着等高线在南坡和北坡分别采集16个土壤数据，在室内测定颗粒组成、有机碳、氮、磷等土壤属性。遥感影像数据主要为2015年的多期Landsat 8遥感影像数据，空间分辨率为30m。现场调查数据主要为无人机飞行数据、野外土壤侵蚀调查数据、照片等。原始数据在ArcGIS 10.1中进行几何校正及投影变换，将用于叠加分析的所有图层的投影坐标系都统一为Universal Transverse Mercator 49 North（UTM-49N）。

4.3.3　南岭土壤侵蚀敏感性评估

1. 土壤侵蚀敏感性特征

采用研究区11个雨量站点的2008~2016年的月降雨数据，通过公式（4.4）计算的研究区降雨侵蚀因子R如表4.5所示，可以看出，南岭国家级自然保护区降雨侵蚀因子R的变化区间为8181.52~14621.56（MJ·mm）/（hm²·h·a），平均值为12131.32（MJ·mm）/（hm²·h·a），降雨主要集中于4~9月雨季，占了全年的80%以上。本章的研究结果与吴志峰等（2005）和汪明冲等（2016）的研究结果基本一致。通过Kriging内插方法进行降雨侵蚀因子R的空间插值，绘制降雨侵蚀因子R空间分布图，如图4.12所示。

表4.5　研究区降雨侵蚀因子R计算结果

年份	月降水量/mm												年降水量/mm	R值/[（MJ·mm）/（hm²·h·a）]
	1月	2月	3月	4月	5月	6月	7月	8月	9月	10月	11月	12月		
2008	127.2	53.4	156.4	160.0	148.6	561.6	214.6	115.1	142.5	79.3	79.2	15.7	1853.6	12700.94
2009	26.4	12.1	145.4	176.5	196.1	294.5	220.6	144.8	66.8	2.3	123.2	43.5	1452.1	8181.52
2010	245.1	95.4	88.0	326.1	424.0	380.1	60.0	93.0	193.5	28.7	8.7	87.7	2030.3	14621.56
2011	30.2	70.8	116.6	61.7	562.8	253.8	134.7	91.0	128.6	157.1	43.4	9.9	1660.6	11736.97
2012	142.2	82.2	162.9	288.8	231.6	373.5	163.7	113.0	61.2	21.7	249.2	123.9	2014.1	12754.99
2013	39.9	56.7	164.6	248.9	335.0	173.7	110.1	474.0	173.1	7.1	61.6	78.9	1923.5	13391.34
2014	13.5	89.4	182.4	180.2	340.3	246.5	208.3	208.4	64.9	8.8	88.0	48.6	1679.2	10187.64
2015	50.0	95.5	95.2	123.3	379.7	208.0	187.9	127.9	220.3	109.1	155.8	192.9	1945.6	11597.85
2016	177.0	58.6	211.6	370.5	242.6	293.4	187.1	260.7	92.4	104.0	125.1	31.5	2154.5	14009.08

研究区的南北坡32个土壤样品的采样高程、坡度、颗粒组成、有机质含量以及计算的土壤侵蚀因子K值如表4.6所示。可以看出，研究区土壤侵蚀因子K值与土壤黏粒、粉粒、有机质含量具有显著的相关性，最大值、最小值和平均值分别为0.2384（t·h）/（MJ·mm）、0.1456（t·h）/（MJ·mm）和0.1714（t·h）/（MJ·mm）。通过Kriging内插方法进行土壤侵蚀因子K值的空间插值，绘制土壤侵蚀因子K的空间分布图［图4.12（b）］。

在ArcGIS10.1中，按式（4.6）和式（4.7）分别提取坡长坡度因子LS，如图4.13（a）所示。可以看出，研究区坡长坡度因子LS的最大值为612.1，分类统计发现，65.76%的区域LS小于100，25.01%的区域LS介于200~300，仅9.23%的区域LS大于300，主要分布在山顶山脊的地形陡峻处，如乳源的石坑崆范围。

在ENVI 5.1中，通过Landsat 8遥感影像提取NDVI值，通过多期遥感影像的NDVI值，提取研究区的平均NDVI值，然后在ArcGIS10.1中通过式（4.8）计算植被与管理因子C。可以看出，研究区的平均NDVI在−0.092~0.533变化，而植被与管理因子C在0.101~1.183变化，如图4.13（b）所示。

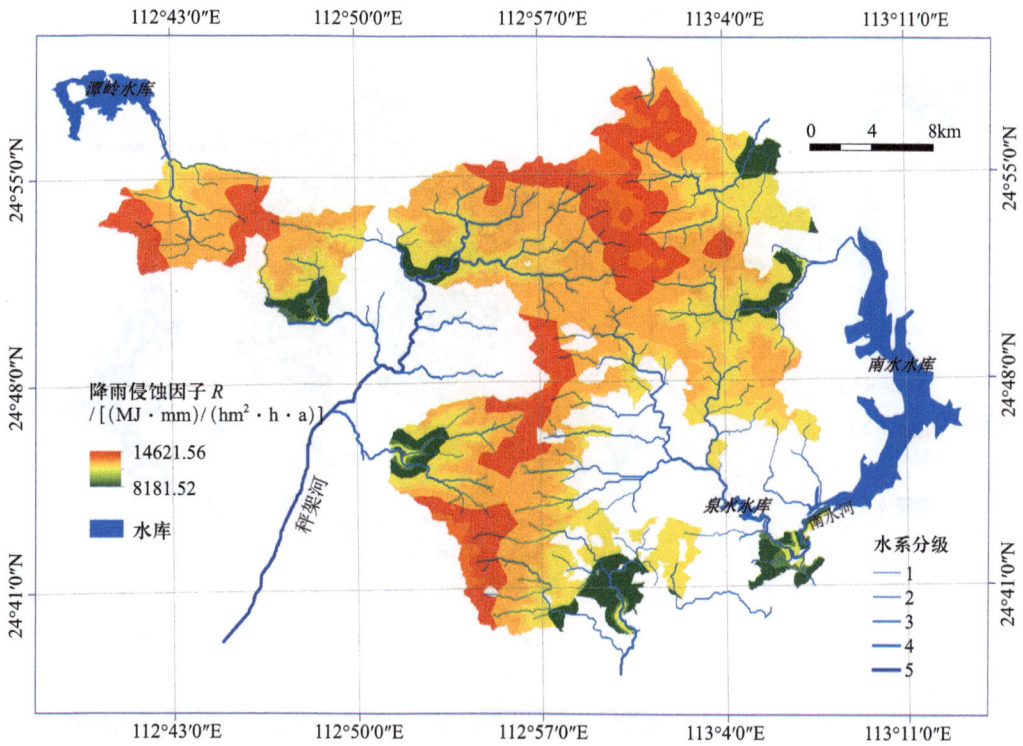

(a)

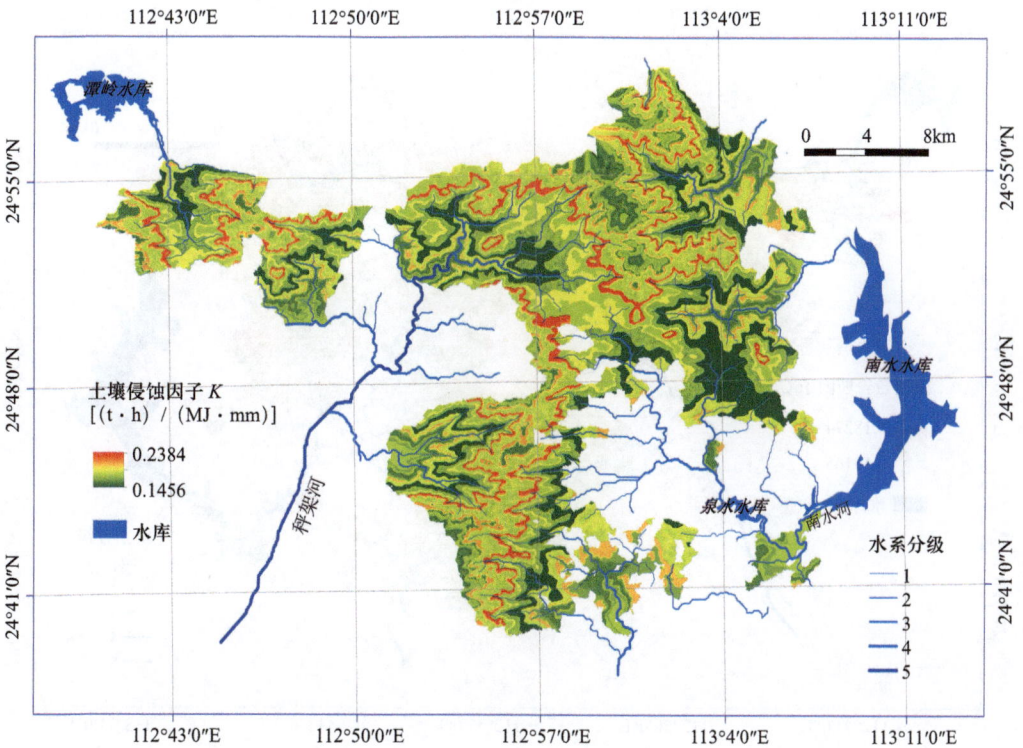

(b)

图4.12　研究区降雨侵蚀因子R与土壤侵蚀因子K的空间分布图

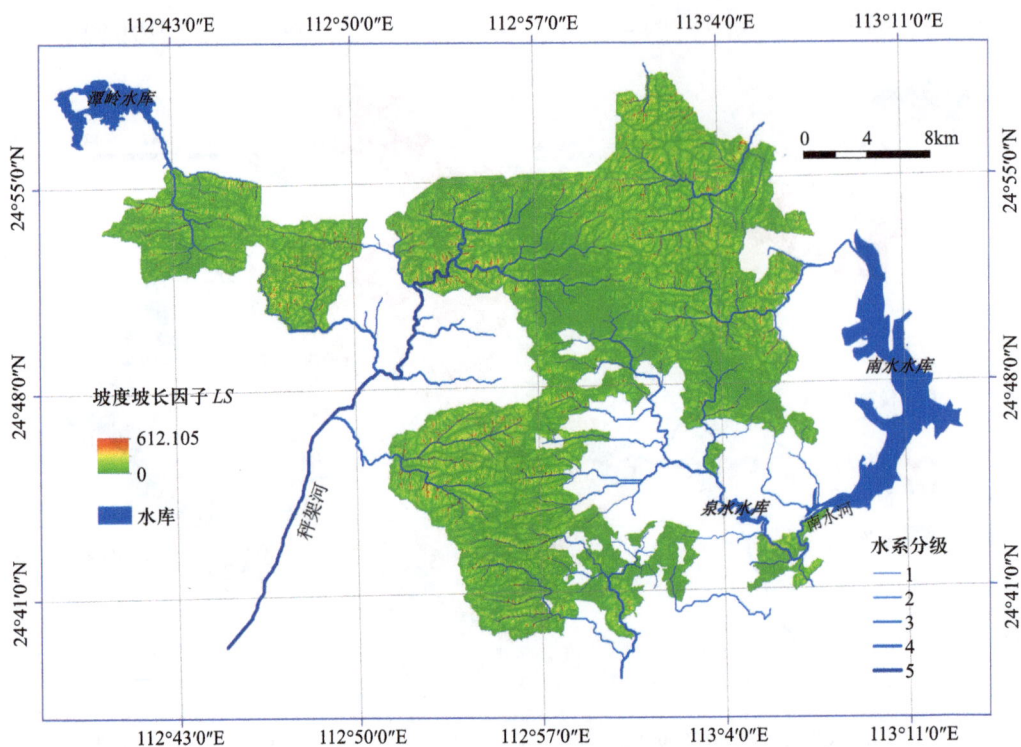

(a)

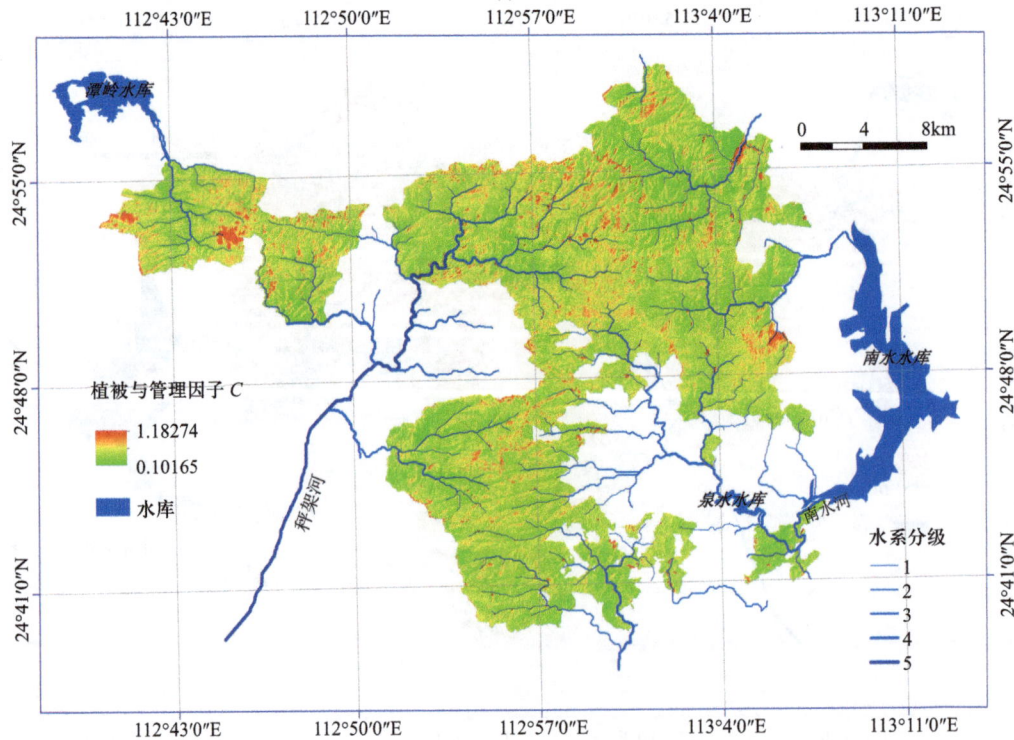

(b)

图4.13　研究区坡度坡长因子LS和植被与管理因子C的空间分布图

表4.6　研究区32个土壤样品的属性和土壤侵蚀因子 K 的计算结果

序号	坡度/(°)	高程/m	黏粒含量/% <0.002mm	粉粒含量/% 0.002~0.05mm	砂粒含量/% 0.05~2.0mm	有机质含量/%	K值/[(t·h)/(MJ·mm)]
S4	41	413	2.9333	69.7600	27.3167	2.30	0.1761
S5	30	522	16.4967	42.6367	40.8567	0.78	0.1747
S6	59	604	7.6833	59.4200	32.8900	3.39	0.1518
S7	35	715	19.7867	66.5733	13.6267	2.59	0.2041
S8	50	803	15.7333	64.6200	19.6400	4.15	0.1761
S9	37	919	10.5100	55.3733	34.1200	5.35	0.1467
S10	37	1015	7.6933	62.0267	30.2800	5.15	0.1563
S11	34	1104	6.1333	68.6067	25.2400	4.32	0.1750
S12	26	1199	9.0133	76.7567	14.2333	4.76	0.2384
S13	13	1318	8.2167	71.8833	19.8967	2.78	0.1975
S14	30	1402	7.0033	74.0900	18.9067	5.77	0.2085
S15	35	1498	16.8000	64.1267	19.0633	1.94	0.1801
S16	40	1606	7.1567	65.6600	27.1933	5.21	0.1654
S17	34	1696	9.0667	65.8933	25.0200	2.47	0.1693
S18	26	1795	8.7233	61.3367	29.9433	3.26	0.1553
S19	37	1897	8.5533	67.4200	24.0233	5.18	0.1740
N5	41.00	503	8.7700	46.1033	45.0933	1.22	0.1656
N6	38.00	605	15.5033	58.3100	26.1967	1.54	0.1638
N7	34.00	700	12.5733	62.3433	25.0833	1.82	0.1661
N8	45.00	805	12.7667	67.8833	19.3367	1.87	0.1911
N9	30.00	900	4.2667	38.1833	57.3467	2.04	0.1470
N10	34.00	1014	5.2667	70.7800	23.8967	4.41	0.1837
N11	10.00	1087	6.8167	71.2900	21.8933	3.72	0.1898
N12	34.00	1210	7.9433	68.3933	23.6567	3.56	0.1773
N13	18.00	1317	4.0467	66.2133	29.7467	3.49	0.1642
N14	40.00	1415	9.8967	61.1033	28.9867	2.98	0.1555
N15	25.00	1503	7.0100	65.9300	27.0633	3.74	0.1661
N16	28.00	1594	4.4667	61.5433	33.9867	2.84	0.1548
N17	30.00	1700	7.0200	51.6200	41.3600	7.87	0.1456
N18	30.00	1603	5.2167	53.3567	41.4267	3.04	0.1475
N19	41.00	1707	5.6367	50.8400	43.5133	3.68	0.1462
N20	36.00	1812	14.2767	63.7633	21.6233	4.94	0.1697

在得到单要素敏感性评价图的基础上，通过式（4.3）和各个要素的叠加分析，可以得到研究区土壤侵蚀模数的空间分布图，如图4.14（a）所示，可以看出，研究区土

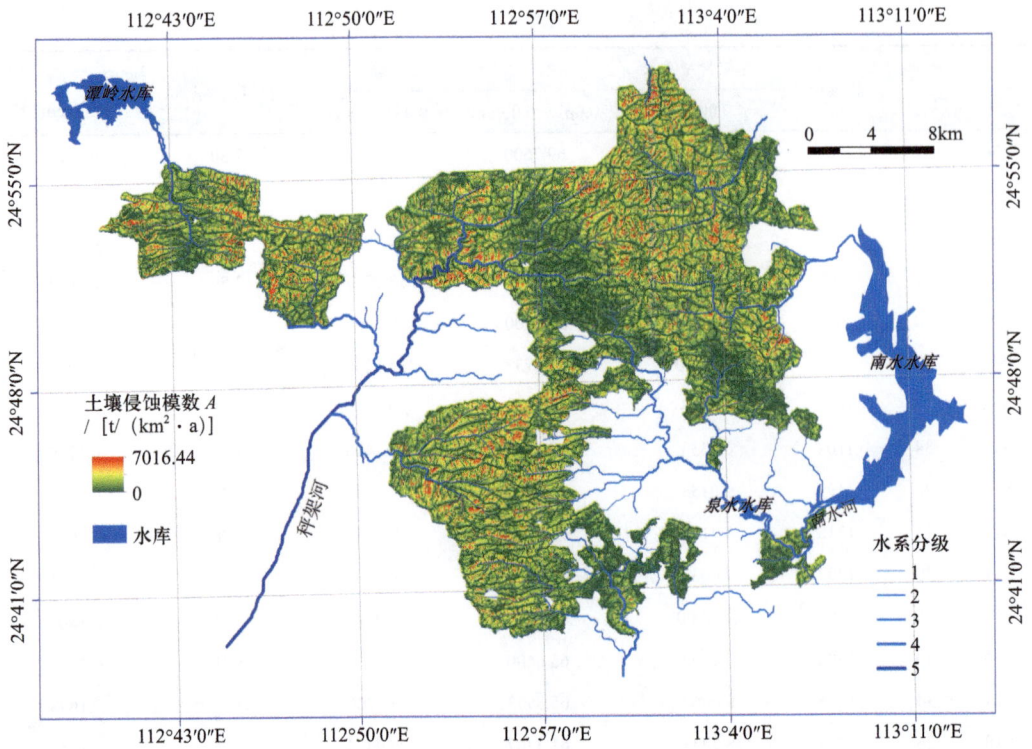

(a)

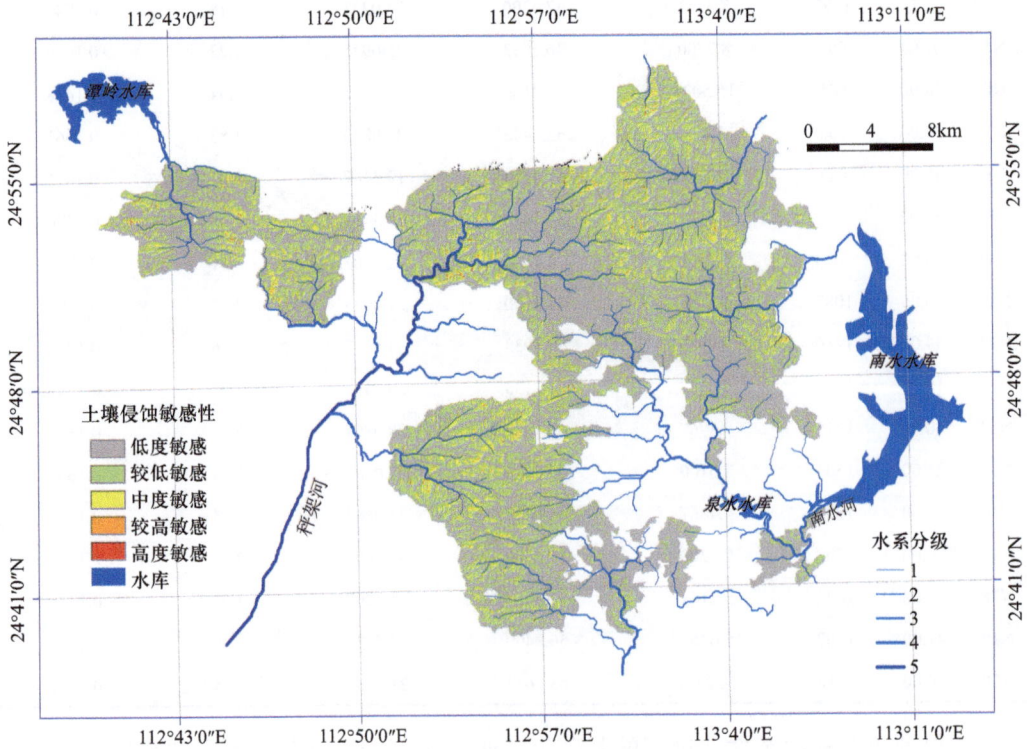

(b)

图4.14 研究区土壤侵蚀空间分布图

壤侵蚀模数的最小值、最大值和平均值分别为0、7016.5t/（km²·a）和137.69t/（km²·a）。根据水利部颁发的《土壤侵蚀分类分级标准》（SL190—2007）（水利部，2008），将研究区连续空间的土壤侵蚀模数进行重分类，结果表明，研究区98%的区域分布在微度和轻度区，中度以上侵蚀区域面积仅为2%。为了体现研究区土壤侵蚀的空间变异特征，选择自然断点分级法对土壤侵蚀进行分级，得到研究区土壤侵蚀敏感性分级图［图4.14（b）］，统计表如表4.7所示。研究区土壤侵蚀敏感性评价结果显示，目前广东南岭国家级自然保护区绝大多数属于侵蚀低度敏感和较低敏感地区，约占研究区总面积的90%，中度以上敏感区面积为55.81km²，约占总面积的10%。

表4.7 研究区土壤侵蚀敏感性分级

编号	土壤侵蚀分级	土壤侵蚀模数/［t/（km²·a）］	面积/km²	比例/%
1	低度敏感	<110.1	307.24	52.64
2	较低敏感	110.1～302.7	220.63	37.80
3	中度敏感	302.7～687.9	49.36	8.46
4	较高敏感	687.9～1761	5.96	1.02
5	高度敏感	1761～7016.5	0.49	0.08

2. 南岭土壤侵蚀敏感性影响因素

为了验证划分结果的可靠性，选择Landsat 8遥感影像（2015年8月15日，空间分辨率为30m）进行土壤侵蚀现状的遥感解译，解译结果为：研究区土壤侵蚀的面积约为11.91km²，占总面积的2.0%。在GIS中对土壤侵蚀敏感性分级结果和遥感影像解译结果进行叠加分析发现，RUSLE模型划分的较高敏感和高度敏感区与自然侵蚀部分吻合程度较好，与人类活动引发的加速侵蚀吻合程度不好。选择A、B两处人为加速侵蚀的实例进行说明（图4.15）。A处为通往广东第一峰石坑崆的一条公路，修建公路对周围大量的斜坡稳定性造成了破坏，加剧了土壤侵蚀，对生态环境造成了严重的损坏，如图4.15（b）所示；图4.15（a）为对应的土壤侵蚀敏感性分级图，可以看出，两者相差较大。B处为居民点和耕地，主要为不合理的耕作措施加速了土壤侵蚀程度，如图4.15（d）所示；图4.15（c）为对应的土壤侵蚀敏感性分级结果，可以看出两者结果相差也较大。本节研究采用的RUSLE模型为坡面土壤侵蚀模型，对人类活动如道路建设、配套设施建设、水库建设等的考虑不多，而这正是研究区造成土壤侵蚀的重要组成部分；因此，在此后的研究中，将对RUSLE模型进行改进，突出道路、配套设施、水库建设等人类活动对土壤侵蚀的加速作用，使模型更加切合实际。

进一步分析不同敏感区的单因素R、K、LS和C值，统计结果如表4.8所示，可以看出，在这些因子中，R和K因子随着敏感性不同变化不大，而LS因子和C因子随着土壤侵蚀敏感性的变化而发生较大变化，说明地形因素和土地覆被因素对研究区的土壤侵蚀影响较大，为土壤侵蚀的主要敏感因子。在土壤侵蚀敏感性的诸多影响因子中，降雨侵

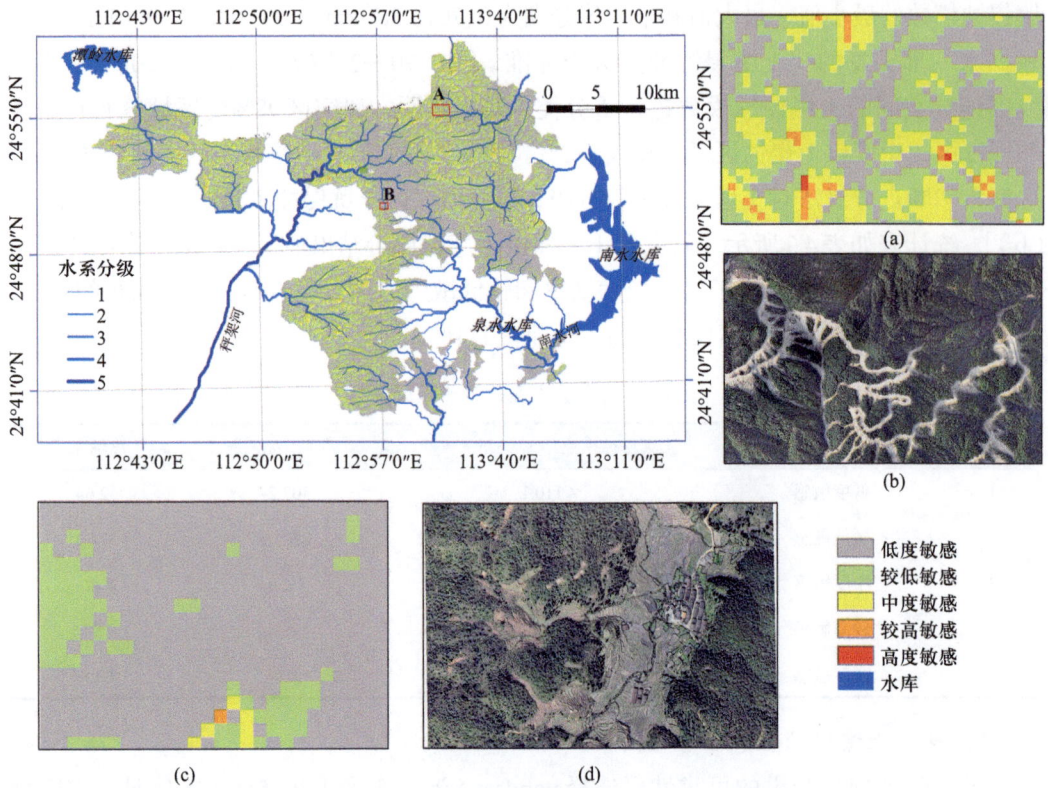

图4.15 土壤侵蚀敏感性分级结果和遥感影像对比图

蚀因子R、土壤侵蚀因子K、坡度坡长因子LS均相对稳定，唯有植被与管理因子C、水土保持措施因子P较易调控，可依据土壤侵蚀敏感性等级及其主要影响因子，因地制宜，采取有针对性的土壤侵蚀防治措施，达到防止土壤侵蚀的目的，特别是要控制人类活动强度，保护保护区的景观效果、防止次生灾害，如滑坡、泥石流的发生。

表4.8 不同土壤侵蚀敏感性分级的RUSLE因子统计分布表

敏感性分级	土壤侵蚀模数/[t/(km²·a)]	R值/[(MJ·mm)/(hm²·h·a)]		K值/[(t·h)/(MJ·mm)]		LS值		C值	
		平均值	变动区间	平均值	变动区间	平均值	变动区间	平均值	变动区间
低度	<110.1	9647	8181~14621	0.174	0.146~0.238	1.62	0~22.30	0.35	0.10~1.04
较低	110.1~302.7	9861.	8181~14621	0.176	0.146~0.238	12.42	2.09~59.39	0.37	0.11~1.18
中度	302.7~687.9	10147	8181~14621	0.183	0.146~0.238	26.80	7.19~136.70	0.39	0.13~1.06
较高	687.9~1761	10244	8181~14621	0.184	0.147~0.238	66.83	17.55~235.56	0.41	0.13~1.00
高度	1761~7016.5	12634	8181~14621	0.179	0.147~0.238	181.58	52.31~612.11	0.46	0.24~0.86

土壤侵蚀敏感性评价结果显示，目前广东南岭国家级自然保护区绝大多数属于侵蚀低度敏感和较低敏感地区，约占研究区总面积的90%，中度以上敏感区面积为55.81km²，约占总面积的10%；较高和高度敏感区仅占研究区总面积的1.1%，约为6.45km²，呈斑

块状分布，主要分布在地形陡峻处山顶山脊两侧及人类活动范围内。土壤侵蚀敏感性分析结果和遥感影像解译的对比结果表明，RUSLE模型和自然侵蚀部分吻合较好，与人为加速侵蚀相差较大，需要对RUSLE模型进行改进，突出人类活动因子，使模型更加切合实际。不同影响因子在敏感性分区的变化范围不同，降雨侵蚀因子R和土壤侵蚀因子K对土壤侵蚀相对不敏感，坡度坡长因子LS和植被与管理因子C对土壤侵蚀的敏感性较高，地形因子和土地覆被是影响土壤侵蚀的关键因子，可以依据土壤侵蚀敏感性等级及其关键因子，因地制宜，采取有针对性的土壤侵蚀防治措施。

4.4　南岭水土流失特征

南岭地区主要有四种水土流失类型，分别是崩岗、林下侵蚀、石漠化、矿区弃土场导致的人为水土流失。

4.4.1　崩岗

"崩岗"一词源于广东省梅州地区，当地客家人将"丘陵山地冲沟源头汇水区围椅状崩塌崖壁地貌"称为崩岗（张大林和刘希林，2014）。崩岗的"崩"是指以崩塌为主的侵蚀方式，"岗"则指经常发生这种侵蚀类型的原始地貌形态（李思平，1992），其较贴切地描述了崩岗的侵蚀方式及地貌形态，为当地老百姓所口头流传。早期相关文献资料中，有学者将崩岗称为切沟（张木匋，1990）。直至1958年，曾昭璇在其《韩江上游地形略论》中首次以研究论文的形式提及"崩岗地形"，1960年在其《地形学原理》一书中首次将"崩岗"一词引入地貌学研究，此后"崩岗"作为专用名词而被广泛使用。从区域分布来看，南岭地区的崩岗主要分布在江西赣州以及广东梅州（图4.16）。

1. 崩岗组成要素

崩岗地貌是我国特有的地貌形态，主要发育于华南和东南热带与亚热带湿润季风气候区（刘希林，2018）。国外亦有一些类似的侵蚀地貌形态，如马达加斯加的lavakas地貌（Voarintsoa et al.，2012）、巴西的vocorocas地貌（Bacellar et al.，2005）以及日本的"崩坏"地貌（林拙郎，2008），但相较崩岗而言，lavakas地貌的坡度偏小，所处海拔偏大；vocorocas地貌一般发育于地势较低、坡度小于30%的缓坡地带，且单体规模较大；"崩坏"地貌一般发育于早白垩纪地层之上，发育的密度较小，且多以单体出现。而崩岗多发育于坡度较大的丘陵坡面，其要素组成、侵蚀、发育特点均与上述地貌存在一定差异。发育于花岗岩风化壳之上的崩岗，其岩土颜色、结构及风化程度均呈现一定纵向层次性规律（熊平生和袁航，2018）。张淑光和钟朝章（1990）自上而下将其划分

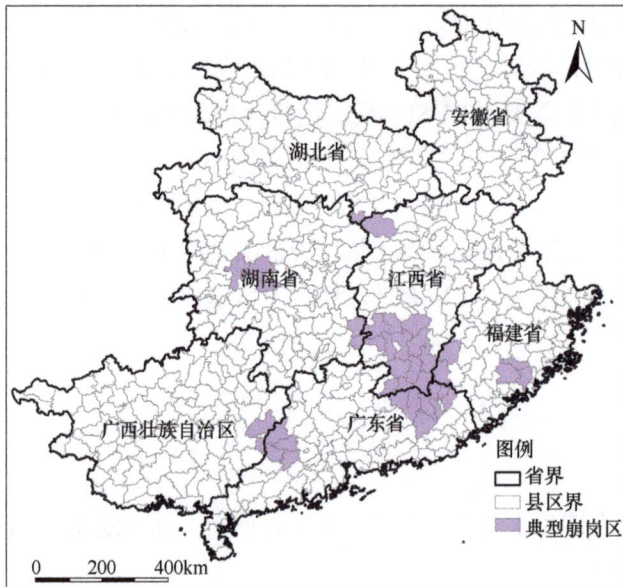

图4.16　南方七省典型崩岗发育区（沈灿燊，1993；阮伏水，1996；牛德奎，2009；李双喜等，2013）

为表土层、红土层、砂土层（风化层）、碎屑层（半风化层）和球状风化层。刘希林等（2013）自上而下将花岗岩风化壳垂直剖面依次分为表土层、红土层、砂土层、碎屑层和裂隙风化层。邓羽松等（2016）通过崩岗土壤剖面颜色和植被根系的差异，将其自上而下分为表土层、红土层、过渡层、砂土层和碎屑层。笔者对广东、福建、江西等典型崩岗区的实地调查发现，典型崩岗侵蚀沟一般很难到达球状风化层（裂隙风化层），砂土层与碎屑层间的过渡层亦不多见，倾向于将崩岗纵向剖面自上而下划分为表土层、红土层、砂土层、碎屑层（刘希林，2018）。完整的崩岗应由上方汇水区、崩壁、崩积体、输沙通道和洪积锥等要素组成，上方汇水区/输沙通道等要素可在崩岗的不同发育阶段消失/出现（图4.17）。

　　崩岗各部位的侵蚀类型有所侧重，其上方汇水区以水力侵蚀为主，其输入崩壁的含沙径流可促进崩壁及崩积体的侵蚀。崩壁以重力崩塌为主，是崩岗的主要侵蚀源地。崩积体以水力再侵蚀产沙为主，为崩岗的主要产沙源地。输沙通道除供水流输沙外，该部位的沉积或侵蚀情况因其崩岗谷坊治理措施的有、无而异。洪积锥为输出崩口泥沙的沉积区域，总体以沉积为主。当前研究虽然明确了崩岗水力、重力侵蚀的主要发生部位，但未能阐明诸如上方汇水区等崩岗各组分之间的相互作用及其与崩岗水力、重力侵蚀之间的定量关系。此外，崩积体因其土质疏松、粗颗粒含量高、坡度大、易侵蚀，为当前崩岗研究中最为关注的崩岗部位，相关学者从降雨（Liu et al.,2018）、径流（蒋芳市等，2013）、坡度（Jiang et al.，2014）及坡面糙度（廖义善等，2017）等方面对崩积体侵蚀产沙进行了较为深入的研究，但多基于人工模拟降雨试验，自然降雨条件下的野外原位观察试验还较少开展。

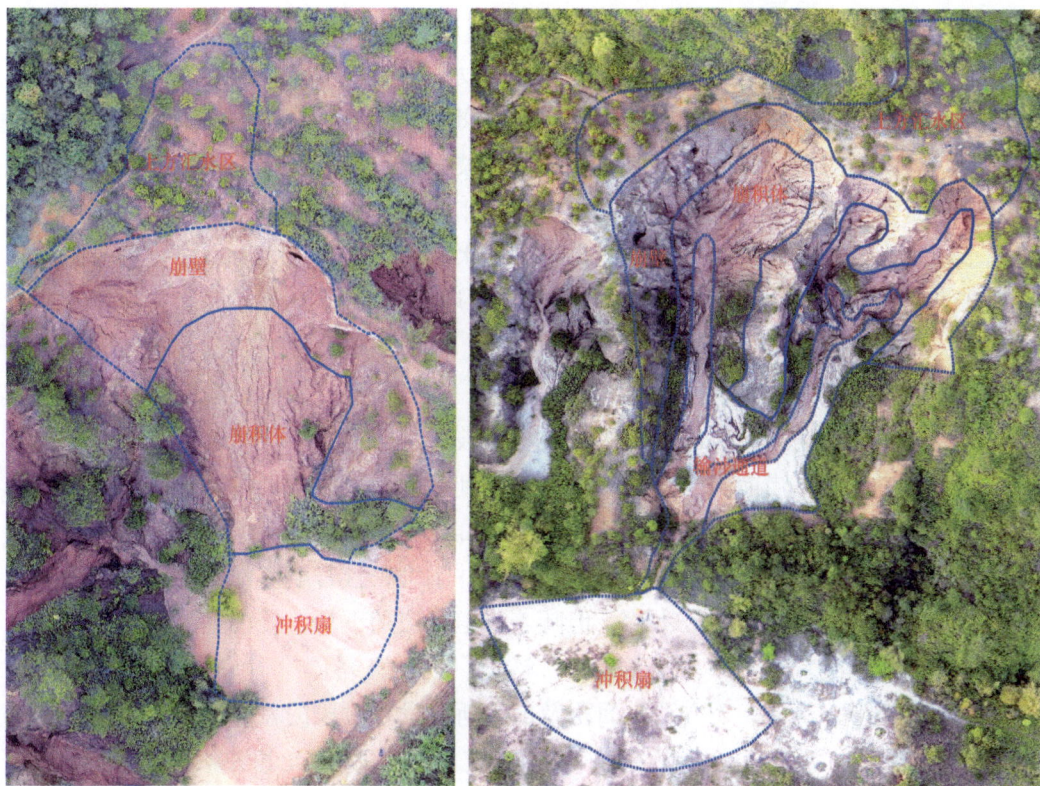

图4.17　崩岗组成要素

2. 崩岗发育阶段及形态特征

常规崩岗的发育，通常是随着坡面细沟、浅沟、切沟的相继产生，进而形成崩岗的雏形（张淑光和钟朝章，1990），并在水力和重力的交互作用下继续发育。当前多依据水力侵蚀、重力侵蚀在崩岗不同发育阶段的变化情况，对崩岗的发育阶段进行划分。史德明（1984）将崩岗的发育过程划分为三个阶段，其初期阶段以径流下切作用为主，重力崩塌较少；中期阶段崩岗发育最为活跃，径流下切和崩塌作用相互促进；末期阶段上方来水减少，径流的下切和边坡切割作用基本停止，以重力侵蚀为主，且崩岗面积仍在逐步扩大。吴克刚等（1989）亦将崩岗发育过程划分为三个阶段：深切期、崩塌期和夷平期，其划分阶段与史德明的划分近似，但其认为在夷平期大规模的崩塌基本停止，以水蚀作用为主。牛德奎（1990）根据崩岗形成的特点，将崩岗的发育过程划分为网状细沟阶段、阶梯沟阶段、深沟阶段和崩岗扩展四个阶段。其中，网状细沟阶段、阶梯沟阶段、深沟阶段对应史德明、吴克刚等划分的崩岗发育第一阶段（初期或深切期）。其崩岗的扩展阶段与崩岗发育的中期或崩塌期近似，且涵盖了崩岗发育的末期或夷平期。但牛德奎认为，崩岗扩展阶段的崩岗发育仍是重力和水力侵蚀共同作用的结果，强调只要有渗透水流及径流因素作用，崩塌仍会以小规模的方式持续一定时期，直至形成稳定的沟道边坡，崩塌才会停止。以上研究均认为，水力侵蚀是崩岗发育初期的主要诱因，但对水力、重力侵蚀在崩岗发育后期作用的认识有所不同，史德明认为以重力侵蚀为主，吴克刚等认为只存在水蚀作用，而牛德奎则认为水力、重力作用同时存在。

此外，亦有学者通过崩岗沟头位置判断崩岗所处的发育阶段。阮伏水（1996）将浅沟和切沟阶段归为崩岗的幼年期；沟头位于坡面中下部，且沟头溯源和沟床下切速度较快，而沟壁重力侵蚀较弱的阶段划分为青年期；沟头溯源至分水岭，上坡集水面积减小阶段为发育的壮年期；把从沟头超过分水岭至临空面重力坍塌停止这一阶段称为晚年期。丁光敏（2001）亦根据沟头位置将崩岗的发育分成初期、中期和晚期三个阶段，其沟头对应的位置为：坡面的中下位、坡面的中上位、切过分水岭。崩岗沟头所处的位置可指示沟头上方汇水面积的大小，亦是一种有效衡量崩岗发育阶段的方法。但该方法假设崩岗侵蚀沟发育的初始点为坡底，但自然界中侵蚀沟并非都是从坡底开始发育。此外，当前研究认为，崩岗沟头到达崩岗坡面分水岭后，由于上游汇水面积减小，其崩岗趋于稳定。但上游汇水面积的变化是相对于崩岗沟头部位而言的，若相对于崩岗沟道出口，其上游汇水面积变化并不大，且若崩岗沟头与沟口间存在较大落差时，即使沟头已抵达分水岭，但随着沟道径流的下切，侵蚀基准面的下降，其崩岗侵蚀仍将持续。

受局部地形、地质、上方汇水面积及崩岗所处发育阶段的差异影响，崩岗会呈现出不同形态特征。冯明汉等（2009）在史德明（1984）、张淑光和钟朝章（1990）研究的基础上，将崩岗划分为瓢形、条形、爪形、弧形、混合形5种形态类型（图4.18）。其中，不同形态崩岗的数量从多到少依次为条形（25.76%）、混合形（23.71%）、瓢形（21.71%）、弧形（20.54%）、爪形（8.28%），除爪形崩岗外，各种形态崩岗的数量差异不大。此外，崩岗的发育规模依据面积可分为3个级别，其中60~1000m^{2}为小型崩岗、1000~3000m^{2}为中型崩岗、大于3000m^{2}为大型崩岗（冯明汉等，2009）。单个崩岗的平均发育规模从大到小依次为混合形、爪形、瓢形、条形、弧形。当前研究多侧重于不同形态崩岗的数量及规模差异。而在不同形态崩岗的侵蚀强度及趋势特征、崩岗发育过程中部分简单形态（瓢形、条形、弧形）崩岗向复杂形态（混合形、爪形）崩岗的演化规律，以及崩岗形态演化过程中侵蚀量的变化趋势等方面还有待进一步研究。

综上所述，当前研究依据崩岗的主导侵蚀类型或崩岗沟头所处坡面部位，对崩岗发育阶段进行划分。但对崩岗发育阶段与崩岗侵蚀强度及变化趋势的关系还缺乏定量研究，特别是将细沟、浅沟阶段视为崩岗的初期或幼年期还有待商榷。因为并非所有细沟、浅沟均能发育成崩岗，崩岗的初期或幼年期应为崩岗形成之后的阶段。此外，崩岗形态、面积与其所处的发育阶段、地形部位、集水区面积、风化壳厚度的关系，以及崩岗形态演化对崩岗侵蚀强度影响等方面还有待进一步研究（廖义善等，2018）。

3. **崩岗侵蚀防治措施**

鉴于崩岗侵蚀的危害性，我国学者自1954年以来，相继开展了崩岗治理措施相关研究（张淑光等，1999）。当前崩岗治理措施已从早期单一的工程、生物治理措施发展

图4.18　崩岗形态照片

为以"三位一体"（上拦、下堵、中削，内外绿化）（史德明，1984）和"五位一体"（集水坡面、崩壁、崩积体、沟道和洪积锥系统治理措施）（马媛等，2016）为代表的综合治理模式。

　　崩岗侵蚀防治措施依据其作用分为减蚀、拦沙两类。其中，减蚀措施包括坡面防护措施（植物措施、鱼鳞坑、水平沟），沟头防护措施（截水沟、跌水等），崩壁稳定措施（削坡开梯、崩壁小台阶、崩壁绿化）；拦沙措施包括沟道防护措施（谷坊等），洪积锥防护措施（生物固沙、拦沙坝等）。此外，崩岗防治措施亦可按类型分为植物措施和工程措施两类（表4.9）。植物措施可减少坡面水蚀强度，进而降低坡面沟蚀乃至崩岗侵蚀发生的概率（Li et al.，2009）。削坡开梯等工程措施可改善坡面状况并削减坡面径流的能量。截水沟等工程措施能减少上方径流、泥沙的汇入，可有效减少崩岗的进一步发育及新的崩岗崩塌面的产生（Xu and Zeng，1992）。此外，谷坊、拦沙坝等工程措施能拦蓄泥沙，提高崩岗侵蚀基准面，有利于崩壁的稳固（廖建文，2006）。由于崩岗分布面积广，治理成本高、难度大，因而可视崩岗的危害程度有区别地开展防治措施。

表4.9　崩岗植物、工程措施概括

部位	植物措施	工程措施	防治要点
集水坡面	选用马尾松、木荷、枫香、胡枝子、芒草、马唐草、鹧鸪草等根系发达、适应性强的乔灌草植物；在立地条件较好的坡面，亦可考虑果树、茶树等经济作物	截流排水沟、蓄水池、鱼鳞坑、水平沟	控制坡面水蚀；减少水沙进入崩岗体，抑制崩岗溯源侵蚀。实施措施时不能过于靠近、扰动崩岗沟缘
崩壁	选用蟛蜞菊、葛藤、大翼豆、爬山虎等植株、根系小，但覆盖度高、抗干旱耐贫瘠的藤蔓型植物	打穴、削坡开梯、修筑崩壁小台阶等	降低陡壁土块剥落和土壤泻溜；减缓雨滴溅击、径流冲刷及阳光直射而引发的土体热胀冷缩。实施措施时应避免较大扰动及过度增加崩壁承重
崩积体	对于活跃性崩岗的堆积体，可选用香根草、麻竹、藤枝竹等根系发达、抗掩埋的植物。而在相对稳定崩岗的堆积体还可选用芒萁、鹧鸪草、野古草、小叶冬青、酸味子、野牡丹等灌草植物	大型堆积体可实施削坡或整地处理；小型崩积体可实施堆边夯实，修整台阶	改变坡面地形条件，增加坡面植被覆盖，减缓雨滴溅击、径流冲刷，稳固崩积体
沟道	对于活跃性崩岗的沟道，可选用香根草、麻竹、藤枝竹根系发达、抗掩埋的植物；而在相对稳定崩岗的沟道，还可选用茶树、桉树和竹类等耐阴植物	谷坊、拦沙坝	围封崩口，蓄洪拦沙，抬高侵蚀基准面，进而稳定沟床、崩积体、崩壁
洪积锥	可选用香根草、麻竹、藤枝竹、南方泡桐、宽叶雀稗、巨菌草、糖蜜草、象草、胡枝子以及果树等乔灌草植物	拦沙坝、挡墙和排水设施	固持泥沙，减少洪积锥泥沙向外输移，防止掩埋农田或淤塞河道

4.4.2　林下侵蚀

林下侵蚀是发生在林地的土壤侵蚀，它是一种典型的水力侵蚀现象。"远看青山在，近看水土流"是对林下侵蚀最为直观的反应。林下侵蚀具有隐蔽性强、影响因素多的特征，其造成的土壤养分流失、植物生境恶化以及区域生态系统维持稳定和调节的功能降低等危害往往得不到应有的重视（袁再健等，2020）。许多水土保持实践过分强调了增加植被覆盖率对减少土壤侵蚀的重要作用，而忽略了森林中林下植被覆盖，导致林地地表覆盖较差，从而形成"空中绿化"（Wang et al.，2015）。而且冠层积聚小雨滴，能增加降雨动能，若无有效的林下覆盖，可能加剧林下侵蚀的发生（Geißler et al.，2012）。南岭分布有一定面积的桉树林、马尾松林（图4.19），其林下侵蚀较为严重。

1. 林下侵蚀成因

林下侵蚀是多种因素综合影响的结果（Prosdocimi et al.，2016；Wang et al.，2013）。

图4.19 马尾松林下侵蚀劣地

1) 土壤抗蚀性差、人为干扰严重

我国南方红壤丘陵区地形破碎、起伏大，成土母质复杂、土质类型多样，而且土壤侵蚀因子K值较大，抗蚀性差，不同母质发育的红壤水力侵蚀特征显著不同（梁音等，2008；何圣嘉等，2011；欧阳春，2011）。加之该地区属热带、亚热带季风气候，降雨充沛、集中且强度大，水力侵蚀风险较高（谢锦升等，2004；Amundson et al.，2015）。尤其是花岗岩风化区基岩裸露、土壤孔隙大，保肥能力差（雷环清，2007）。与第四纪红黏土发育红壤相比，花岗岩和红砂岩等母质发育红壤砂粒含量高、透水性强、土体松散，在强降雨条件下，更易发生土壤侵蚀（徐铭泽等，2018）。此外，不合理的造林方式和人类活动也是林下侵蚀的重要影响因素（赵其国等，2013）。全垦造林、林地清耕等人为活动对林下土壤侵蚀具有显著影响（何圣嘉等，2011；陈小英等，2009）。在营造新林时，原有地形地貌和植被遭到破坏，林下土壤松散、土壤黏结力下降。若未能形成有效的林下防护植被，则易引起持续的林下水土流失。而且过度收获薪材，清除林下凋落层，降低林地养分归还量，则造成林地土壤质量下降、抗蚀性减弱，从而进一步加剧了林下水土流失（莫江明等，2004）。尤其在第四纪红黏土发育的红壤林地，长期的林下耕作破坏了土壤团聚体，降低了土壤抗蚀性，从而加重了林地土壤侵蚀（张勇等，2011）。对于砂粒含量高、胶结能力差的花岗岩发育红壤，林下翻耕产生的松散土体更易被径流冲刷，发生水土流失。频繁的人为活动破坏了林地植被，导致林地植被覆盖率下降、生物多样性减少（谢锦升等，2004）。有研究表明，与荒地相比，在无任何管护措施的情况下，炼山挖坑种植桉树，可造成林下土壤侵蚀量增加18.86%～146.15%（王会利等，2012）。而且高强度的人为活动能显著影响林地的土壤肥力和微生物活性，造成土壤表层微生物量减少，土壤质量下降，植被生长受限，加剧土壤侵蚀（史衍玺和唐克丽，1998；刘启明等，2016）。

2）林下植被匮乏、生物多样性差

水土流失严重的林地土壤养分含量低，立地条件差，植物难以生长，林下植被匮乏，并且林下植被单一，生物多样性丧失，进一步加剧水土流失（谢锦升等，2004；Neris et al.，2013）。在南方红壤丘陵区普遍存在的针叶纯林地，林木能分泌有机酸，加剧土壤酸化，抑制林下植被的生长，使林地植物多样性降低，土壤质量下降（汪邦稳等，2014；查轩等，2003）。林下植被的缺失造成林下凋落物减少，使林地养分归还量减少、土壤微生物含量和活性不足，进而影响土壤结构稳定性，减弱土壤抗蚀性，加剧土壤侵蚀。而且针叶林凋落物不易降解，导致养分归还周期延长，土壤质量下降，抗蚀性减弱（林德喜和樊后保，2005）。在土壤贫瘠的自然林及次生林地，植株稀疏且分布不均匀、生长缓慢，乔木层郁闭度低，林下层植被匮乏而且种类单一，植物群落不稳定，林地植被退化明显，基本丧失了水土保持和水源涵养功能，林下土壤侵蚀严重（马志阳和查轩，2008；谢锦升等，2004）。

尽管红壤丘陵区整体的森林覆盖率较高，但在林下侵蚀劣地，表层土壤流失严重，土壤有机质和氮磷等养分缺失，土壤质量下降，林地植物生长缓慢甚至不生长，林地植物多样性减少，土壤结构变差，加剧了土壤侵蚀（李钢等，2012；汪邦稳等，2014；李桂静等，2014）。林地植被在水土流失防治过程中具有重要作用，植被的垂直分层结构能减小雨滴终速、降低降雨动能，减弱雨滴对林下土壤的溅蚀作用（张海东等，2014）。然而，南方红壤丘陵区地形破碎，降雨集中，红壤"酸、黏、瘦"以及人为活动频繁等因素（赵其国，2006；赵其国等，2013），导致退化丘陵山区林地植物生长受限、林下植被匮乏、水土流失严重。一方面，南方低效林地郁闭度低，林冠层不能有效减弱降雨动能，造成林下土壤侵蚀（张海东等，2014；张颖等，2008）；另一方面，林下层植被缺失，不能有效降低坡面径流流速，林冠截留的降雨通过枝叶汇聚树干，形成树干流，使坡面径流量增大，亦可加剧林下水土流失（Neris et al.，2013；Sun et al.，2018；Wang et al.，2015）。林下植被在拦截降雨径流、防止土壤养分淋失，以及加快土壤营养元素的吸收同化、促进乔木层生长等方面的作用显著（杨昆和管东生，2006）。因此，在林下水土流失防治过程中，不仅要促进乔木生长，维持一定的林冠层郁闭度，而且要重视林地植被垂直结构的发展，恢复林下植被，才能有效减少林下水土流失，改善侵蚀区土壤养分状况，促进生态环境恢复（张海东等，2014）。

2. 林下侵蚀防治技术措施

林下侵蚀防治以减少林下土壤侵蚀、改善土壤结构、提高林地土壤质量、促进林地植物生长为目的。其主要的防治措施包括：以增加林下覆盖度、减少地表径流量为主的生物措施，减少人为干扰的封禁管理措施，以改变坡面地形、控制径流为主的工程措施。

生物措施是利用乔、灌、草林下套种补植以及秸秆、树枝覆盖等手段提高林地地表覆盖，促进植物生长，从而达到减水减沙、提高土壤质量、恢复林地生态功能的目的（张颖等，2008；黄茹等，2012）。工程措施主要通过改变坡长、坡度，分段拦截径流，增加土壤入渗及降低径流流速等方式达到减少坡面侵蚀的目的（欧阳春，2011；任文海，2012）。工程措施包括坡改梯（杨洁等，2012）、水平沟（万勇善等，1992）、水平阶（袁希平和雷廷武，2004；褚利平等，2010）、鱼鳞坑（向风雅，2014）等。在坡面整地时，可在坡面修建排水沟等，起到分流排水的作用（王静等，2014）。在有一定植被覆盖的林地，采用水平阶、鱼鳞坑、水平沟等微地形改造措施，结合生物措施进行覆盖，减少工程实施对坡面土壤和林地植被的干扰与破坏。利用水平沟、鱼鳞坑、梯田等工程措施，改全垦造林为穴垦、带垦造林，减少对原有坡面的干扰（谢锦升等，2004）。同时，利用生物措施在林下等种植灌、草植物形成植物篱（或植被过滤带），提高林下覆盖度，改善土壤结构，增强林地稳定性（张杰等，2017）。再结合截流沟、蓄水池等工程措施，通过改变坡度、坡长，增加坡面粗糙度等，使其水土保持效益更加显著（宋月君和郑海金，2014；张展羽等，2008；Saskia et al.，2016）。不同林下侵蚀防治措施具有不同特点和适用范围（表4.10），具体应用时需充分考虑区域植被恢复的立地条件、生物多样性状况，构建土壤肥力提升和植被恢复重建的综合防治技术体系（史志华等，2018）。

表4.10 不同林下侵蚀防治措施特征

类型	内容	特点	应用范围	主要来源
林下补植	林地补植乔、灌植物，形成混交林	既提高林地郁闭度，又改善林下土壤环境；需适当施肥、补肥	常用于林分结构单一、灌木稀疏、林下植被匮乏的纯林或幼林地	何圣嘉等，2011；Neris et al.，2013；李桂静等，2014；张坤等，2017
林下覆盖	包括生物覆盖：林下植草、套种作物、植物篱等；非生物覆盖：林下铺稻草秸秆、碎石等	生物覆盖可在林下形成植物篱，增强效果；非生物覆盖措施操作简单、投入少、来源广泛	用于林下地表裸露的自然林地和经果林地，一般在坡度较小的缓坡，便于操作	Ruiz-Colmenero et al.，2013；Massimo et al.，2016；张杰等，2017；任寅榜等，2018
封禁管理	封山育林，减少人为干扰，植被自然恢复	利用林地群落自然演替，植被自然生长，投入少，但见效时间长	适合雨量充沛、温度条件好、植被自然恢复能力较强且对生产生活影响较小的偏远林地	何圣嘉等，2011；谢锦升等，2002；杨玉盛等，1999；蔡道雄等，2007
鱼鳞坑	穴垦整地，坑内土在下沿形成土埂，坑内种树、植草；有翼式、半圆形、"V"形等形状	施工简单，破土面积小，易推广，为坑内植物蓄积水肥，提高植物存活率；强降雨易发生溢流，加重土壤侵蚀，需要定期维护	用于坡度在10°~25°、土壤贫瘠、保水性差的林地的植草覆盖或疏林补植	欧阳春，2011；杨娅双等，2018；王青宁等，2015；陶禹等，2015
水平沟	带状整地，沿等高线挖浅沟，筑土埂，回填部分沟土；沟内植树，沟埂植草	布置形式、规格多样，拦蓄泥沙，增加植物根部土层厚度，促进植物生长；受坡面地形限制，强降雨会发生溢流冲蚀下坡面	用于坡度在15°~25°侵蚀严重的林地改造或稀疏林地补植	林和平，1993；陈宏荣等，2007；欧阳春，2011；杨娅双等，2018
坡改梯	削坡营造梯田，改变陡坡坡度、建造水平台面；有反坡梯田、隔坡梯田等	有效调控径流，减弱径流对坡面的冲刷作用；工程量大，技术要求高，经济投入较大；改造初期土壤侵蚀量较大，需结合生物措施，植草护坡	用于结构稳定、坡度较缓（15°以下）、土层较厚的坡面造林和经果林地改造	胡建民等，2005；欧阳春，2011；宋月君和郑海金，2014；张杰等，2017

续表

类型	内容	特点	应用范围	主要来源
水平阶	沿等高线内切，形成宽1.0～1.5m的阶面（反坡3°～5°），呈反坡阶梯状	工程量小、成本低，调控坡面径流，提高植物成活率；但规格较小且不规则，不利于机械化操作	用于坡度为5°～25°、对立地条件要求高的经果林地	袁希平和雷廷武，2004；褚利平等，2010；杨娅双等，2018

作为重要的林下侵蚀防治措施，鱼鳞坑、水平沟、水平阶、梯田等工程措施，在林下水土流失防治和植被恢复的过程中具有重要作用。这些工程措施能改变林地的坡面地形，增加土层厚度，为林地植物生长提供有利条件。由于土壤养分随泥沙迁移而流失，在林下地表裸露、植被稀疏的次生林、经果林地进行水平沟、鱼鳞坑和水平阶改造，有利于径流泥沙的沉积和枯枝落叶的积累，为植物生长蓄积养分，促进植物生长（林和平，1993；Xiao et al.，2017；杨娅双等，2018）。对于水土流失严重的生态林地，先进行一定的人为干预，如施肥、补植、营造鱼鳞坑、开挖水平沟等，再对林地进行封禁管理，自然修复的同时辅以人工措施，从而降低土壤侵蚀程度，提高林地生产力（谢锦升等，2002；Zheng et al.，2005）。这些措施实施后，要对林地进行适当封育，尽可能降低人为活动对林地植被的破坏。尽管封禁管理措施见效慢且短期的封山育林并不能有效防治水土流失，但封禁管理对增加林地生物量、提高物种多样性的作用显著（蔡道雄等，2007；马志阳和查轩，2008）。因此，封禁管理应作为退化红壤区林地水土流失综合防治体系中的必备措施，以封促治，使侵蚀林地达到土壤肥力提升和生态调节功能改善的目的。

此外，红壤具有"酸、黏、瘦"等特点（赵其国等，2013），在解决林地水土流失防治、恢复林地植被的同时，需要增加土壤肥力，为初期植被的生长提供必要养分（谢锦升等，2004）。化肥、有机肥料以及土壤改良剂在改善土壤结构、提高土壤质量和水土保持方面起着重要作用（杨玉盛等，1999；Wang et al.，2011；李桂静等，2014）。在侵蚀严重林地，必须施加一定的基肥进行补肥，才能提高补植乔、灌、草植物的成活率。为改良红壤丘陵区低效林地的土壤状况，可施用土壤改良剂，如秸秆（王珍和冯浩，2010）、污泥（方熊等，2013）、秸秆粉碎汁液（魏霞等，2015）、化学药剂（Sepaskhah and Shahabizab，2010；Wang et al.，2011），它们对提高土壤肥力、调节土壤环境具有明显效果，但土壤改良剂具有潜在的环境风险，在一定程度上限制了其应用（方熊等，2013；魏霞等，2015）。而利用生物措施在林地补植绿肥植物，则是增加林下覆盖、提高土壤质量较为常见的技术措施（杨洁等，2012；张杰等，2017）。秸秆覆盖在果、茶林地应用广泛（陈小英等，2009）。林地秸秆覆盖等措施不仅增大了地表粗糙度，提高了土壤蓄水能力，有利于植物根系对水、肥的吸收，增加了林地经济效益，而且覆盖在地表的秸秆可以有效减弱降雨击溅作用，并拦蓄径流，降低林地产流率（Massimo et al.，2016）。虽然在果、茶林下进行补植、套种或增加秸秆等覆盖物能增大林下地表粗糙度、拦蓄降雨径流、减少土壤侵蚀，但在土壤贫瘠且坡度较大的低效林地，简单的植草或覆盖方式并不能有效减少水土流失、提升林地土壤肥力，还需结合坡面地形改造、土壤改良等方面的技术措施（谢锦升等，2004），才能有效解决当前低效林地土壤退化、水土流失严重的问题（史志华等，2018）。尽管当前林下水土流失防治措施取得了较好的水土保持效益，但在措施适宜性评价方面仍需要进一步研究（赵其国等，2013；王会利等，2016），以为明确措施的适用范围和科学制定相关的防治方案提供依据。

3. 林下侵蚀防治存在的不足与展望

目前，林下侵蚀的预防和治理已初见成效，众多治理措施在水土保持和土壤养分流失防控等方面取得了良好的效果，但这些措施往往局限于短期的水土保持效益，缺乏治理的整体性（赵其国，2006），而且对各措施防治效果的时空差异性缺乏系统研究，防蚀理论研究也滞后于水土保持实践，缺少治理的指导标准（史志华等，2018；王静等，2014）。同时，有些林下侵蚀治理措施实施不规范，治理措施缺少区域针对性（史志华等，2018），而且治理效益评价方法单一，对林下侵蚀整体性的综合评价研究不足（王会利等，2016）。此外，部分林下侵蚀劣地还存在土壤贫瘠、植被难以生长的问题。如何提高侵蚀劣地的土壤肥力、恢复林下植被是当前林下侵蚀防治研究的重点和难点。

针对当前林下侵蚀防治现状，建议今后侧重从以下方面开展相关研究：①针对不同林下侵蚀关键驱动因素，因地制宜，创新林下侵蚀治理模式，加强低成本、快速高效的治理技术措施的研究与应用，同时强调治理的长期性和整体性，侧重防治措施对林地群落生态功能的改善，提升林地侵蚀防治综合效益，实现区域中、长期的水土保持和生态防护目标。②分析林地土壤供肥特性和植物需肥规律，针对性地补充林地土壤相对缺乏的养分，全面提升土壤肥力，同时探索并应用合适的土壤改良剂，构建提升林地土壤肥力、改善土壤结构和提高水土保持能力的综合防治技术体系。③强化对林下侵蚀技术措施实施的技术指导、监管和维护，形成操作性较强并易于推广的综合防治技术体系。此外，构建相关措施的适宜性评价体系也是今后研究的重要内容。

4.4.3　石漠化

石漠化是荒漠化的类型之一（图4.20），它是在亚热带脆弱的喀斯特环境背景下，受人类不合理社会经济活动的干扰破坏，造成土壤严重侵蚀、基岩大面积裸露、土地生产力严重下降、地表出现类似荒漠景观的土地退化过程（王世杰，2002）。石漠化过程涉及物理、化学、生物等各个方面，包括土壤侵蚀、碳酸盐岩溶蚀、植被退化、地表水渗漏等过程，其中植被退化是石漠化发展的最直观的因子，土壤侵蚀是最本质的过程（张素红等，2006）。

1. 石漠化危害

石漠化地区森林植被稀少，水土流失严重，进而导致石漠化面积逐年增加，土地生

图4.20　石漠化

产能力下降，可利用土地减少。石漠化地区生态环境脆弱，抵御自然灾害的能力较差。石漠化导致生态系统失去了土壤涵养水源功能，旱涝灾害时有发生，给当地人民的生产生活和生命财产安全造成极大威胁。石漠化地区地貌上特有的"先天缺陷"与人为的"后天失调"，使当地人民背负土地石漠化和生活贫困的双重包袱。此外，南岭石漠化地区是广东省中下游地区珠江三角洲经济发达地区的水源地与源头。因岩溶区的森林生态系统失衡，其调水蓄水能力和土壤保持能力极度减弱，对珠江水系产生直接的影响（冯汉华和熊育久，2011）。

2. 石漠化成因

1）自然因素

（1）丰富的碳酸盐岩是石漠化形成的自然基础。碳酸盐岩极易淋溶风化，不溶性的残留物少，成土条件极差，岩层渗漏强，蓄水能力差，为石漠化提供了物质基础。研究表明，碳酸盐岩形成1m厚的土层，需要2.8万～8.4万年（黄金国，2007）。在不发生水土流失的最理想状态下，喀斯特地貌要形成20cm的土壤耕作层需4万～5万年（沈灿燊和林健枝，1989）。

（2）地质构造运动通过岩体破裂和变形，塑造陡峻而破碎的岩溶地貌景观，形成了地表崎岖不平的高山低地，这为石漠化提供了动力潜能。

（3）温暖湿润的气候为石漠化的形成提供了溶蚀环境。南岭岩溶地区雨热同期，降水量大，促进了岩溶土壤的侵蚀和化学溶蚀。降雨时间相对集中、强度大，为石漠化形成提供了强大的动能；另外，工业化发展带来的酸雨有所增加，为碳酸盐岩提供了丰富的溶解介质，岩溶得以强烈发育。

（4）裸露碳酸盐岩分布广，植被覆盖率低，加上降水集中，容易导致水土流失。

2）人为因素

（1）过度化伐木。因历史原因，南岭岩溶地区山地森林植被先后遭受三次较大规模的破坏。第一次是 20 世纪 50 年代末，"大炼钢铁"高潮使大片原始林、次生林毁于一旦；第二次是在"文革"期间"以粮为纲"，大搞开山造田，大肆毁林开垦；第三次是 80 年代末，在广东经济高速发展过程中，岩溶地区作为广东最重要的木材生产区，为全省经济建设输出了大量的木材。因此，许多地方千百年积累形成的石山薄土层，因失去森林植被的庇护，几年内就被雨水冲刷流失殆尽，岩石逐渐裸露，形成石漠化。

（2）不当的经营方式。随着岩溶地区人口不断增多，耕地资源、生活能源与人口之间的矛盾不断加剧，岩溶地区的群众为了自身生存，毁林开荒、开山采石、开山造田等人为活动致使森林植被不断遭受破坏。常年的不适当经营，加上岩溶地区本身土层较薄，立地条件极差，造成水土流失严重，石漠化趋势日益明显。

（3）火烧。岩溶地区农村人口多，耕地少，生活压力迫使人类活动向山地转移，烧山毁林、开垦农田活动频繁。部分石山植被受森林火灾危害，林地覆盖率明显降低，但在久雨或暴雨侵蚀下，斜坡土层或表层松散土体容易流失，致使基岩裸露，形成石漠化。

（4）其他人为原因。一些地方开发秩序混乱，随意开采挖掘、加工碎石和乱堆乱放废弃矿渣等现象，导致地表林草植被破坏，形成新的石漠化。此外，由于这些地区边远偏僻，农业人口比重较大，为了基本生活，当地居民在山上过度放牧或樵采等，导致石漠化速度加剧。同时，一些地方在经济开发和项目建设中，往往只从部门、地方的短期行为和经济利益出发，对区域植被的恢复和生态重建的重要性认识不够，对土地进行掠夺性开发、索取，加剧了土地石漠化（冯汉华和熊育久，2011）。

3. 石漠化治理

在我国，石漠化综合治理问题科学研究始于"五五""六五"期间。当时国家科委选择了贵州普定和独山地下河、广西都安地苏地下河、山西娘子关和湖南洛塔 4 个典型地区作为试点，对全国喀斯特进行立项攻关；之后又相继开展了国家科技攻关、经济开发和世界粮食计划署（WFP）3146 及 3356 等工程项目，在许多地方开设了石漠化综合治理的试点，取得了一定的成效（中国科学院学部，2003）。20 世纪 90 年代，国家也通过实施多项工程，特别是国家"十五"计划的黔、滇、桂喀斯特地区石漠化综合治理工程，在一定程度上缓解了当地老百姓生活的困难。国家发展和改革委员会在 2004 年 8 月颁布了《关于进一步做好西南石山地区石漠化综合治理工作指导意见的通知》，提出了石漠化综合治理的五大工程措施，即生态修复工程、基本农田建设工程、岩溶水开发利用工程、农村能源工程及生态移民工程。2008 年，国务院批复了《岩溶地区石漠化综合治理规划大纲》，确立了工程建设的三大目标、六大任务等未来发展方向。截至 2016 年，我国已在西南喀斯特地区实施了全球岩溶区最大的生态修复与保护工程，形成了适用于不同喀斯特区域综合治理的成套技术体系（种国双等，2021）。

在历届省委、省政府的高度重视下，广东省采取了一系列政策措施加快岩溶地区的石漠化综合治理工作，如通过开展科学合理的生态建设与生态恢复项目，逐步改善岩溶地区脆弱的生态环境；发展沼气等新能源，改变岩溶地区农民向山上索取生产生活燃料，不断改善岩溶地区农村能源结构等（冯汉华和熊育久，2011）。南岭的石漠化综合治理取得了一定的成效。

4.4.4　矿区弃土场

近年来，随着我国工业化、城市化步伐的加快，开发建设项目造成的水土流失问题已相当突出，引起了全社会的关注。据水利部、中国科学院、中国工程院联合组织完成的"中国水土流失与生态安全综合科学考察"结果显示，"十五"期间，全国开发建设项目扰动地表面积5.5万km²，弃土弃渣量达92亿t。大规模的开发建设项目在建设过程中，施工现代化水平低、管理粗放，加之气候、自然地理条件的限制，使得水土流失呈现出地域不完整、新增水土流失不均衡、突发性较强、形式和流失强度多样、危害性大等特点。弃土场作为开发建设项目实施过程中最常见的一种形态，成为最主要的水土流失来源（蔡小麟，2013）。南岭山区矿产资源丰富，早期盲目无序开发导致当地生态环境问题突出，特别是历史上的私挖乱采后留下大量的废土堆场，造成矿区严重的水土流失。

1. 粤北南岭典型矿区弃土场的水土流失

粤北矿山生态修复区主要包括大宝山矿（图4.21）、凡口铅锌矿、乐昌铅锌矿等。这些矿山植被破坏和水土流失问题突出，地质灾害风险隐患较大。长期的有色金属矿产开采、选矿和冶炼等活动，尤其是一些矿民一度无序开采矿山，遗留了大量的矿山地质环境问题，其弃土场的水土流失严重。近年来，韶关市高度重视生态文明建设，在粤北南岭山区持续开展大规模整顿和规范矿产资源开发秩序工作，先后关闭了一批生态环境问题突出的小型矿山，从源头上遏制生态环境恶化，并将粤北南岭山区作为矿山地质环境重点治理区和土壤污染综合防治先行区。2018年，广东粤北南岭山区山水林田湖草生态保护修复工程列入国家第三批试点工程（罗明等，2019）。

2. 矿区弃土场水土流失治理措施

弃土场作为工程建设中的临时用地，一般在工程竣工后交还当地复垦利用。因此，在工程建设期间对此类临时用地的生态治理不仅要考虑其水土保持效果，而且要考虑其日后的复垦利用（卓慕宁等，2007）。弃土场水土保持防护措施主要包括减小边坡坡度，设置挡渣墙、拦渣堤、干砌石护脚，以及排水工程等（王健，2016）。

1）控制渣土

弃土场边坡坡度是影响其稳定性的重要因素，因此在施工过程中，应严格加强对

图4.21　南岭大宝山矿弃土场

堆渣土程序的控制，避免弃渣土堆放方式不妥当，而导致渣土体出现高陡边坡。由于渣土体容易出现滑动，此时在弃土弃渣堆的边坡坡脚设置的挡渣墙就起到了很好的稳定作用，牢牢地稳定了护脚，从而避免渣土体出现滑坡。对于堆高超过5m的弃土弃渣堆，设置拦渣堤防护是十分必要的。

2）综合护坡工程

综合护坡工程主要取决于弃土弃渣场边坡的高度，如果其高度在5m以上，对每级坡面的防护以干砌石方式为主，以最大限度地确保该级坡面渣土堤的稳定性。对于护脚上的裸露坡面，可以通过挂网植草或喷种的方式进行防护。如果边坡的高度在5m以下，则直接通过植树种草等生物措施进行防护。

3）排水工程

弃渣土容易受降雨或上游径流的冲蚀，因此修建截水沟是十分必要的，具体位置应在弃土场上游边界外1.0～3.0m处修建，两侧的排水沟应为纵向排水沟，这样截水沟可以阻截上游的径流，并引导上游的径流从两侧的排水沟导出去。在弃土场的每一级平台上，应该修建横向排水沟，这样有助于坡面的径流集中到两侧的排水沟。若弃土场为较大宽度的弃土场，应在渣土体边坡上修建一条辅助的纵向排水沟，以帮助排除弃土场的汇水，修建的间距以50m为宜。排水沟可以采用浆砌石修筑，在浆砌石修筑的墙体上，应在适当距离设置排水孔，截面宽度具体由弃土场周围汇水面积的大小来确定，排水沟和截水沟的边坡坡度都可以按照1∶1的比例来设置。

参 考 文 献

蔡道雄, 卢立华, 贾宏炎, 等. 2007. 封山育林对杉木人工林林下植被物种多样性恢复的影响. 林业科学研究, 20 (3): 319-327.

蔡小麟. 2013. 弃土场水土流失规律研究进展. 农业科技与装备, 7 (229): 53-54, 57.

陈宏荣, 岳辉, 彭绍云, 等. 2007. 侵蚀地劣质马尾松林改造效果分析. 中国水土保持科学, 5 (4): 62-65.

陈小英, 查轩, 陈世发. 2009. 山地茶园水土流失及生态调控措施研究. 水土保持研究, 16 (1): 51-54.

程正霖, 罗遥, 张婷, 等. 2017. 我国南方两个典型森林生态系统的硫、氮和汞沉降量. 环境科学, 38 (12): 5004-5011.

褚利平, 王克勤, 白文忠, 等. 2010. 水平阶影响坡地产流产沙及氮磷流失的试验研究. 水土保持学报, 24 (4): 1-6.

邓羽松, 夏栋, 蔡崇法, 等. 2016. 基于分形理论模拟花岗岩崩岗剖面土壤水分特征曲线. 中国水土保持科学, 14 (2): 1-8.

丁光敏. 2001. 福建省崩岗侵蚀成因及治理模式研究. 水土保持通报, 21 (5): 10-15.

方熊, 刘菊秀, 尹光彩, 等. 2013. 丘陵林地土壤酸化改良剂的集中施用-自然扩散修复技术研究. 环境科学, 34 (1): 293-301.

冯汉华, 熊育久. 2011. 广东岩溶地区石漠化现状及其综合治理措施探讨. 中南林业调查规划, 30 (1): 15-19.

冯明汉, 廖纯艳, 李双喜, 等. 2009. 我国南方崩岗侵蚀现状. 人民长江, 40 (8): 66-68.

何君, 李月臣, 朱康文, 等. 2016. 重庆市土壤侵蚀敏感性时空分异特征研究. 重庆师范大学学报 (自然科学版), 33 (6): 45-53.

何圣嘉, 谢锦升, 杨智杰, 等. 2011. 南方红壤丘陵区马尾松林下水土流失现状、成因及防治. 中国水土保持科学, 9 (6): 65-70.

何晓丽, 吴艳宏, 周俊, 等. 2018. 贡嘎山东坡亚高山土壤生物有效磷的时空分异. 土壤学报, 55 (6): 1502-1512.

何宜庚. 1985. 从莽山土壤探讨南岭山地土壤的特性及其开发利用中的问题. 华南师范大学学报 (自然科学版), (1): 14-20.

胡建民, 胡欣, 左长清. 2005. 红壤坡地坡改梯水土保持效应分析. 水土保持研究, 12 (4): 271-273.

黄斌, 王泉泉, 李定强, 等. 2022. 南岭山地土壤有机碳及组分海拔梯度变化特征. 土壤通报, 53 (2): 374-383.

黄金国. 2007. 粤北岩溶山区水土流失现状与治理对策. 水土保持研究, (5): 78-80.

黄茹, 黄林, 何丙辉, 等. 2012. 三峡库区坡地林草植被阻止降雨径流侵蚀. 农业工程学报, 28 (9):

70-76.

蒋芳市, 黄炎和, 林金石, 等. 2013. 坡面水流分离崩岗崩积体土壤的动力学特征. 水土保持学报, 27 (1): 86-89.

蒋芬, 黄娟, 褚国伟, 等. 2021. 增温对南亚热带森林土壤磷形态的影响及其对有效磷的贡献. 植物生态学报, 45 (2): 197-206.

康希睿, 张涵丹, 王小明, 等. 2021. 北亚热带3种森林群落对大气湿沉降重金属的调控. 生态学报, 41 (6): 2107-2117.

柯婳氡, 张璐, 苏志尧. 2012. 粤北亚热带山地森林土壤有机碳沿海拔梯度的变化. 生态与农村环境学报, 28 (2): 151-156.

雷环清. 2007. 兴国县花岗岩区林下水土流失及其防治. 中国水土保持, (3): 58-59.

李铖, 李俊祥, 朱飞鸽, 等. 2009. 基于RUSLE的环杭州湾地区土壤侵蚀敏感性评价及关键敏感因子识别. 应用生态学报, 20 (7): 1577-1585.

李钢, 梁音, 曹龙熹. 2012. 次生马尾松林下植被恢复措施的水土保持效益. 中国水土保持科学, 10 (6): 25-31.

李桂静, 崔明, 周金星, 等. 2014. 南方红壤区林下土壤侵蚀控制措施水土保持效益研究. 水土保持学报, 28 (5): 1-5.

李双喜, 桂惠中, 丁树文. 2013. 中国南方崩岗空间分布特征. 华中农业大学学报, 32 (1): 83-86.

李思平. 1992. 广东省崩岗侵蚀规律和防治的研究. 自然灾害学报, 1 (3): 68-74.

梁音, 张斌, 潘贤章, 等. 2008. 南方红壤丘陵区水土流失现状与综合治理对策. 中国水土保持科学, 6 (1): 22-27.

廖建文. 2006. 广东省崩岗侵蚀现状与防治措施探讨. 亚热带水土保持, (1): 35-36.

廖义善, 唐常源, 袁再健, 等. 2018. 南方红壤区崩岗侵蚀及其防治研究进展. 土壤学报, 55 (6): 1297-1312.

廖义善, 卓慕宁, 唐常源, 等. 2017. 崩岗崩积体坡面糙度及其侵蚀方式的耦合影响研究. 农业机械学报, 48 (11): 300-306.

林德喜, 樊后保. 2005. 马尾松林下补植阔叶树后森林凋落物量、养分含量及周转时间的变化. 林业科学, 41 (6): 10-18.

林和平. 1993. 水平沟耕作在不同坡度上的水土保持效应. 水土保持学报, 7 (2): 63-69.

林拙郎. 2008. 保全砂防学入门: 土砂灾害の予知と防灾. 東京: 创荣图书印刷株式会社.

刘安世. 1993. 广东土壤. 北京: 科学出版社.

刘春增, 常单娜, 李本银, 等. 2017. 种植翻压紫云英配施化肥对稻田土壤活性有机碳氮的影响. 土壤学报, 54 (3): 657-669.

刘启明, 叶淑琼, 焦玉佩, 等. 2016. 南方红壤区不同经济林地土壤理化特征和酶活性的对比研究. 地球与环境, 44 (5): 502-505.

刘希林, 张大林, 贾瑶瑶. 2013. 崩岗地貌发育的土体物理性质及其土壤侵蚀意义: 以广东五华县莲塘岗崩岗为例. 地球科学进展, 28（7）: 802-811.

刘希林. 2018. 全球视野下崩岗侵蚀地貌及其研究进展. 地理科学进展, 37（3）: 342-351.

刘旭, 王训, 王定勇. 2021. 亚热带高山森林土壤典型重金属的空间分布格局及其影响因素: 以云南哀牢山为例. 环境科学, 42（7）: 3507-3517.

刘迎春, 于贵瑞, 王秋凤, 等. 2015. 基于成熟林生物量整合分析中国森林碳容量和固碳潜力. 中国科学: 生命科学, 45（2）: 210-222.

鲁如坤. 2000. 土壤农业化学分析方法. 北京: 中国农业科技出版社.

罗明, 周妍, 鞠正山, 等. 2019. 粤北南岭典型矿山生态修复工程技术模式与效益预评估——基于广东省山水林田湖草生态保护修复试点框架. 生态学报, 39（23）: 8911-8919.

马媛, 丁树文, 何溢钧, 等. 2016. 崩岗"五位一体"系统性治理措施探讨. 中国水土保持,（4）: 65-68.

马志阳, 查轩. 2008. 南方红壤区侵蚀退化马尾松林地生态恢复研究. 水土保持研究, 15（3）: 188-193.

莫斌, 朱波, 王玉宽, 等. 2004. 重庆市土壤侵蚀敏感性评价. 水土保持通报, 24（5）: 45-48.

莫江明, 彭少麟, Sandra B, 等. 2004. 鼎湖山马尾松林群落生物量生产对人为干扰的响应. 生态学报, 24（2）: 193-200.

牛德奎. 1990. 赣南山地丘陵区崩岗侵蚀阶段发育的研究. 江西农业大学学报, 12（1）: 29-36.

牛德奎. 2009. 华南红壤丘陵区崩岗发育的环境背景与侵蚀机理研究. 南京: 南京林业大学.

欧阳春. 2011. 两种母质发育红壤的侵蚀治理效益与配置模式的研究. 武汉: 华中农业大学.

彭建, 李丹丹, 张玉清. 2007. 基于GIS和RUSLE的滇西北山区土壤侵蚀空间特征分析——以云南省丽江县为例. 山地学报, 25（5）: 548-556.

齐述华, 蒋梅鑫, 于秀波. 2011. 基于遥感和ULSE模型评价1995～2005年江西土壤侵蚀. 中国环境科学, 31（7）: 1197-1203.

秦海龙, 贾重建, 卢瑛, 等. 2018. 广东罗浮山土壤有机碳储量与组分垂直分布特征. 西南林业大学学报, 38（3）: 108-115.

任文海. 2012. 花岗岩红壤坡面工程措施的水土保持效应研究. 武汉: 华中农业大学.

任寅榜, 吕茂奎, 江军, 等. 2018. 侵蚀退化地植被恢复过程中芒萁对土壤可溶性有机碳的影响. 生态学报, 38（7）: 2288-2298.

阮伏水. 1996. 福建崩岗沟侵蚀机理探讨. 福建师范大学学报（自然科学版）, 12（增刊）: 24-31.

沈灿燊, 林健枝. 1989. 广东水土流失类型和成因及其整治措施. 生态科学,（2）: 52-59.

沈灿燊. 1993. 广东亚热带花岗岩崩岗和水沙流失预报模型. 中山大学学报论丛,（2）: 12-19.

史德明. 1984. 我国热带、亚热带地区崩岗侵蚀剖析. 水土保持通报,（3）: 32-37.

史衍玺, 唐克丽. 1998. 人为加速侵蚀下土壤质量的生物学特性变化. 土壤侵蚀与水土保持学报, 4（1）: 29-34.

史志华, 杨洁, 李忠武, 等. 2018. 南方红壤低山丘陵区水土流失综合治理. 水土保持学报, 32（1）: 6-9.

水利部. 2008. 土壤侵蚀分类分级标准（SL190—2007）. 北京：中国水利水电出版社.

宋月君, 郑海金. 2014. "前埂后沟＋梯壁植草＋反坡梯田"坡面工程优化配置技术解析. 水土保持应用技术, （6）：38-40.

孙昕, 李德成, 俞元春, 等. 2008. 广东省水土流失动态演变. 土壤, 40（3）：382-385.

唐淑英. 1991. 广东山区水土流失特点和分布规律. 资源科学, 13（5）：72-79.

陶禹, 向凤雅, 任文海, 等. 2015. 花岗岩红壤坡面工程措施初期的水土保持效果. 水土保持学报, 29（5）：34-39.

田鹏, 赵广举, 穆兴民, 等. 2015. 基于改进RUSLE模型的皇甫川流域土壤侵蚀产沙模拟研究. 资源科学, 37（4）：832-840.

万勇善, 席承藩, 史德明. 1992. 南方花岗岩区不同侵蚀土壤治理效果的研究. 土壤学报, 29（4）：419-426.

汪邦稳, 段剑, 王凌云, 等. 2014. 红壤侵蚀区马尾松林下植被特征与土壤侵蚀的关系. 中国水土保持科学, 12（5）：9-16.

汪明冲, 张新长, 王兮之, 等. 2016. 粤北岩溶区连江流域降雨侵蚀力. 热带地理, 36（3）：495-502.

王春燕, 何念鹏, 吕瑜良. 2016. 中国东部森林土壤有机碳组分的纬度格局及其影响因子. 生态学报, 36（11）：3176-3188.

王会利, 曹继钊, 孙孝林, 等. 2016. 桉树-牧草复合经营模式下水土流失和土壤肥力的综合评价. 土壤通报, 47（6）：1468-1474.

王会利, 杨开太, 黄开勇, 等. 2012. 广林巨尾桉人工林土壤侵蚀和养分流失研究. 西部林业科学, 41（4）：84-87.

王健. 2016. 黄土地区公路建设中取土场和弃土场水土流失防治措施探讨. 公路交通科技（应用技术版）, （10）：48-50.

王静, 李海林, 吴水丰, 等. 2014. 临安市山核桃林下水土流失治理探讨. 中国水土保持, （11）：36-38.

王青宁, 衣学慧, 王晗生, 等. 2015. 黄土坡面植被重建鱼鳞坑整地的土壤水分特征. 土壤通报, 46（4）：866-872.

王深华, 江军, 刘丰彩, 等. 2021. 中国成熟天然林土壤有机碳垂直分异特征. 应用生态学报, 32（7）：2371-2377.

王世杰. 2002. 喀斯特石漠化概念演绎及其科学内涵的探讨. 中国岩溶, 21（2）：101-105.

王怡雯, 许浩, 茹淑华, 等. 2019. 有机肥连续施用对土壤剖面有机碳分布的影响及其与重金属的关系. 生态学杂志, 38（5）：1500-1507.

王珍, 冯浩. 2010. 秸秆不同还田方式对土壤入渗特性及持水能力的影响. 农业工程学报, 26（4）：75-80.

魏霞, 李勋贵, Huang C H. 2015. 玉米茎秆汁液防治坡面土壤侵蚀的室内模拟试验. 农业工程学报, 31（11）：173-178.

吴克刚, Clarke D, Dicenzo P. 1989. 华南花岗岩风化壳的崩岗地形与土壤侵蚀. 中国水土保持, (2): 2-6.

吴小刚, 王文平, 李斌, 等. 2020. 中亚热带森林土壤有机碳的海拔梯度变化. 土壤学报, 57 (6): 1539-1547.

吴志峰, 刘平, 王继增, 等. 2005. 广东省降雨侵蚀力时间变化初步分析. 亚热带水土保持, 17 (1): 34-37.

习丹, 余泽平, 熊勇, 等. 2020. 江西官山常绿阔叶林土壤有机碳组分沿海拔的变化. 应用生态学报, 31 (10): 3349-3356.

向凤雅. 2014. 水土保持工程措施对花岗岩红壤坡面异质性的影响. 武汉: 华中农业大学.

向慧敏, 温达志, 张玲玲, 等. 2015. 鼎湖山森林土壤活性碳及惰性碳沿海拔梯度的变化. 生态学报, 35 (18): 6089- 6099.

向万胜, 李元沅, 张富强, 等. 1990. 莽山土壤特性研究. 湖南农学院学报, (3): 272-279.

谢锦升, 杨玉盛, 陈光水, 等. 2002. 封禁管理对严重退化群落养分循环与能量的影响. 山地学报, 20 (3): 325-330.

谢锦升, 杨玉盛, 解明曙. 2004. 亚热带花岗岩侵蚀红壤的生态退化与恢复技术. 水土保持研究, 11 (3): 154-156.

熊平生, 袁航. 2018. 花岗岩风化壳崩岗侵蚀剖面风化强度和粒度分布特征. 水土保持研究, 25 (2): 157-161.

徐铭泽, 杨洁, 刘窑军, 等. 2018. 不同母质红壤坡面产流产沙特征比较. 水土保持学报, 32 (2): 34-39.

薛敬意, 唐建维, 沙丽清, 等. 2003. 西双版纳望天树林土壤养分含量及其季节变化. 植物生态学报, 27 (3): 373-379.

杨洁, 郭晓敏, 宋月君, 等. 2012. 江西红壤坡地柑橘园生态水文特征及水土保持效益. 应用生态学报, 23 (2): 468-474.

杨昆, 管东生. 2006. 林下植被的生物量分布特征及其作用. 生态学杂志, 25 (10): 1252-1256.

杨娅双, 王金满, 万德鹏. 2018. 人工堆垫地貌微地形改造及其水土保持效果研究进展. 生态学杂志, 37 (2): 569-579.

杨玉盛, 何宗明, 邱仁辉, 等. 1999. 严重退化生态系统不同恢复和重建措施的植物多样性与地力差异研究. 生态学报, 19 (4): 490-494.

袁希平, 雷廷武. 2004. 水土保持措施及其减水减沙效益分析. 农业工程学报, 20 (2): 296-300.

袁再健, 马东方, 聂小东, 等. 2020. 南方红壤丘陵区林下水土流失防治研究进展. 土壤学报, 57 (1): 12-21.

曾昭璇. 1960. 地形学原理: 第一册. 华南师范学院内部刊印.

查轩, 黄少燕, 林金堂. 2003. 林地针叶化对土壤微生物特征影响研究. 水土保持学报, 17 (4): 18-21.

张大林, 刘希林. 2014. 崩岗泥砂流粒度特性及流体类型分析——以广东五华县莲塘岗崩岗为例. 地球科学进展, 29 (7): 810-818.

张方方, 岳善超, 李世清. 2021. 土壤有机碳组分化学测定方法及碳指数研究进展. 农业环境科学学报, 40 (2): 252-259.

张海东, 于东升, 董林林, 等. 2014. 侵蚀红壤恢复区植被垂直结构对土壤恢复特征的影响. 土壤, 46 (6): 1142-1148.

张杰, 陈晓安, 汤崇军, 等. 2017. 典型水土保持措施对红壤坡地柑橘园水土保持效益的影响. 农业工程学报, 33 (24): 165-173.

张坤, 包维楷, 杨兵, 等. 2017. 林下植被对土壤微生物群落组成与结构的影响. 应用与环境生物学报, 23 (6): 1178-1184.

张木匋. 1990. 一年来河田土壤保肥试验工作. 福建水土保持, (3): 54-58.

张淑光, 钟朝章. 1990. 广东省崩岗形成机理与类型. 水土保持通报, 10 (3): 8-16.

张淑光, 姚少雄, 梁坚大, 等. 1999. 崩岗和人工土质陡壁快速绿化的研究. 土壤侵蚀与水土保持学报, 5 (5): 67-71.

张素红, 李森, 李红兵, 等. 2006. 粤北石漠化地区土壤侵蚀初步研究. 中国岩溶, 25 (4): 280-284.

张颖, 牛健植, 谢宝元, 等. 2008. 森林植被对坡面土壤水蚀作用的动力学机理. 生态学报, 28 (10): 5084-5094.

张勇, 陈效民, 邓建强, 等. 2011. 不同母质发育的红壤电荷特性研究. 土壤, 43 (3): 481-486.

张展羽, 左长清, 刘玉含, 等. 2008. 水土保持综合措施对红壤坡地养分流失作用过程研究. 农业工程学报, 24 (11): 41-45.

赵其国, 黄国勤, 马艳芹. 2013. 中国南方红壤生态系统面临的问题及对策. 生态学报, 33 (24): 7615-7622.

赵其国. 2006. 我国南方当前水土流失与生态安全中值得重视的问题. 水土保持通报, 26 (2): 1-8.

郑龙, 张欢, 高超. 2022. 合肥市及其郊区土壤重金属富集特征及来源解析. 江西农业学报, 34 (1): 186-192.

中国科学院学部. 2003. 关于推进西南岩溶地区石漠化综合治理的若干建议. 地球科学进展, 18 (4): 489-492.

种国双, 海月, 郑华, 等. 2021. 中国西南喀斯特石漠化治理现状及对策. 长江科学院院报, 38 (11): 38-43.

朱立安, 李定强, 魏秀国, 等. 2007. 广东省土壤可蚀性现状及影响因素分析. 亚热带水土保持, 19 (4): 4-7.

卓慕宁, 李定强, 郑煜基. 2007. 高速公路弃土场的水土流失监测及其生态治理. 水土保持通报, 27 (4): 96-99.

宗天韵, 周玮莹, 周平. 2019. 南岭山地1968到2015年降雨的时空变化特征研究. 生态科学, 38 (2): 182-190.

Amundson R, Berhe A A, Hopmans J W, et al. 2015. Soil and human security in the 21st century. Science, 348 (6235): 1261071.

Bacellar L de A P, Coelho Netto A L, Lacerda W A. 2005. Controlling factors of gullying in the Maracujá catchment, southeastern Brazil. Earth Surface Processes and Landforms, 30 (11): 1369-1385.

Chen H, Takashi O, Wu P. 2017. Assessment for soil loss by using a scheme of alterative sub-models based on the RUSLE in a Karst Basin of Southwest China. Journal of Integrative Agriculture, 16 (2): 377-388.

Dai W H, Huang Y. 2006. Relation of soil organic matter concentration to climate and altitude in zonal soils of China. Catena, 65 (1): 87-94.

Geißler C, Kühn P, Böhnke M, et al. 2012. Splash erosion potential under tree canopies in subtropical SE China. Catena, 91: 85-93.

Guala S D, Vega F A, Covelo E F. 2010. The dynamics of heavy metals in plant-soil interactions. Ecological Modelling, 221 (8): 1148-1152.

Han L F, Sun K, Jin J, et al. 2016. Some concepts of soil organic carbon characteristics and mineral interaction from a review of literature. Soil Biology and Biochemistry, 94: 107-121.

Hen T, Niu R, Li P, et al. 2011. Regional soil erosion risk mapping using RUSLE, GIS, and remote sensing: A case study in Miyun watershed, North China. Environmental Earth Sciences, 63 (4): 533-541.

Hernandez L, Probst A, Probst J L, et al. 2003. Heavy metal distribution in some French forest soils: Evidence for atmospheric contamination. Science of the Total Environment, 312 (1-3): 195-219.

Huggins D R, Clapp C E, Allmaras R R, et al. 1998. Carbon dynamics in corn soybean sequences as estimated from natural 13C abundance. Soil Science Society of America Journal, 62: 195-203.

Jia Y, Kuzyakov Y, Wang G, et al. 2020. Temperature sensitivity of decomposition of soil organic matter fractions increases with their turnover time. Land Degradation & Development, 31 (5): 632-645.

Jiang F S, Huang Y H, Wang M K, et al. 2014. Effects of rainfall intensity and slope gradient on steep colluvial deposit erosion in Southeast China. Soil Science Society of America Journal, 78: 1741-1752.

Kalbitz K, Solinger S, Park J H, et al. 2000. Controls on the dynamics of dissolved organic matter in soils: A review. Soil science, 165 (4): 277-304.

Kantola I B, Masters M D, deLucia E H. 2017. Soil particulate organic matter increases under perennial bioenergy crop agriculture. Soil Biology and Biochemistry, 113: 184-191.

Kouli M, Soupios P, Vallianatos F. 2009. Soil erosion prediction using the revised universal soil loss equation (RUSLE)in a GIS framework, Chania, Northwestern Crete, Greece. Environmental Geology, 57 (3): 483-497.

Kučerík J, Tokarski D, Demyan M S, et al. 2018. Linking soil organic matter thermal stability with contents of clay, bound water, organic carbon and nitrogen. Geoderma, 316: 38-46.

Lasota J, Błońska E, Łyszczarz S, et al. 2020. Forest humus type governs heavy metal accumulation in specific organic matter fractions. Water, Air, & Soil Pollution, 231 (2): 1-13.

Leifeld J, Bassin S, Conen F, et al. 2013. Control of soil pH on turnover of belowground organic matter in subalpine grassland. Biogeochemistry, 112 (1): 59-69.

Li M, Yao W Y, Ding W F, et al. 2009. Effect of grass coverage on sediment yield in the hillslope-gully side erosion system. Journal of Geographic Science, 19 (3): 321-330.

Liu X, Chen D T, Yang T, et al. 2020. Changes in soil labile and recalcitrant carbon pools after land-use change in a semi-arid agro-pastoral ecotone in Central Asia. Ecological Indicators, 110: 105925.

Liu X L, Qiu J A, Zhang D L. 2018. Characteristics of slope runoff and soil water content in benggang colluvium under simulated rainfall. Journal of Soils and Sediments, 18 (1): 39-48.

Lufafa A, Tenywa M M, Iisabirye M, et al. 2003. Prediction of soil erosion in a Lake Victoria basin catchment using a GIS-based Universal Soil Loss model. Agricultural Systems, 76 (3): 883-894.

Luo Z, Feng W, Luo Y, et al. 2017. Soil organic carbon dynamics jointly controlled by climate, carbon inputs, soil properties and soil carbon fractions. Global Change Biology, 23 (10): 4430-4439.

Massimo P, Paolo T, Artemi C. 2016. Mulching practices for reducing soil water erosion: A review. Earth-Science Reviews, 161: 191-203.

Mijatov B, Cunningham A L, Diefenbach R J. 2010. The combined effect of vegetation and soil erosion in the water resource management. Water Resources Management, 24 (13): 3701-3714.

Millward I A A, Mersey J E. 1999. Adapting the RUSLE to model soil erosion potential in a mountainous tropical watershed. Catena, 38 (2): 109-129.

Nelson D W, Sommers L E. 1982. Total carbon, organic carbon, and organic matter: Laboratory methods// Sparks D L. Methods of Soil Analysis. Part 3. Chemical Methods. Madison,Wisconsin:Soil Science Society of America: 961-1010.

Neris J, Tejedor M, Rodríguez M, et al. 2013. Effect of forest floor characteristics on water repellency, infiltration, runoff and soil loss in Andisols of Tenerife (Canary Islands, Spain). Catena, 108: 50-57.

Ostovari Y, Ghorbani-Dashtaki S, Bahrami H A, et al. 2017. Soil loss estimation using RUSLE model, GIS and remote sensing techniques: A case study from the Dembecha Watershed, Northwestern Ethiopia. Geoderma Regional 11: 28-36.

Panagos P, Borrelli P, Poesen J, et al. 2015. The new assessment of soil loss by water erosion in Europe. Environmental Science & Policy, 54: 438-447.

Prosdocimi M, Artemi C, Paolo T. 2016. Soil water erosion on Mediterranean vineyards: A review. Catena, 141: 1-21.

Rawat K S, MishraI A K, Bhattacharyya R. 2016. Soil erosion risk assessment and spatial mapping using LANDSAT-7 ETM +, RUSLE, and GIS-a case study. Arabian Journal of Geosciences, 9 (4): 1-22.

Renard K G, Foster G R, Weesies G A, et al. 1997. Predicting Soil Erosion by Water: A Guide to Conservation Planning with the Revised Universal Soil Loss Equation (RUSLE). Washington DC: Agriculture Handbook No. 703.

Ruiz-Colmenero M, Bienes R, Eldridge D J, et al. 2013. Vegetation cover reduces erosion and enhances soil organic carbon in a vineyard in the central Spain. Catena, 104: 153-160.

Saskia K, Paulo P, Agata N, et al. 2016. Effects of soil management techniques on soil water erosion in apricot orchards. Science of the Total Environment, 551/552: 357-366.

Sepaskhah A R, Shahabizad V. 2010. Effects of water quality and PAM application rate on the control of soil erosion, water infiltration and runoff for different soil textures measured in a rainfall simulator. Biosystems Engineering, 106 (4): 513-520.

Sun D, Zhang W X, Lin Y B, et al. 2018. Soil erosion and water retention varies with plantation type and age. Forest Ecology and Management, 422: 1-10.

Terrer C, Phillips R P, Hungate B A, et al. 2021. A trade-off between plant and soil carbon storage under elevated CO_2. Nature, 591 (7851): 599-603.

Thomas J, Joseph S, Thrivikramji K P. 2017. Assessment of soil erosion in a tropical mountain river basin of the southern Western Ghats, India using RUSLE and GIS. Geoscience Frontiers, 9 (3): 893-906.

Voarintsoa N R G, Cox R, Razanatseheno M O M, et al. 2012. Relation between bedrock geology, topography and lavaka distribution in Madagascar. South African Journal of Geology, 115 (2): 225-250.

Wang A P, Li F H, Yang S M. 2011. Effect of polyacrylamide application on runoff, erosion, and soil nutrient loss under simulated rainfall. Pedosphere, 21 (5): 628-638.

Wang B, Zheng F L, Römkens M J M, et al. 2013. Soil erodibility for water erosion: A perspective and Chinese experiences. Geomorphology, 187: 1-10.

Wang B W, Zhang G H, Duan J. 2015. Relationship between topography and the distribution of understory vegetation in a Pinus massoniana forest in Southern China. International Soil and Water Conservation Research, 3 (4): 291-304.

Wang Z, Feng H. 2010. Effect of straw-incorporation on soil infiltration characteristics and soil water holding capacity (In Chinese). Transactions of the Chinese Society of Agricultural Engineering, 26 (4): 75-80.

Xiao H B, Li Z W, Chang X F, et al. 2017. Soil erosion-related dynamics of soil bacterial communities and microbial respiration. Applied Soil Ecology, 119: 205-213.

Xu J X, Zeng G H. 1992. Benggang erosion in subtropical granite crust geoecosystems: An example from Guangdong Province//Walling D E, et al. ed. Erosion, debris flows and environment in mountain regions. IAHS Publication No. 209: 455-463.

Zhao J, Ma J, Hou M, et al. 2020. Spatial-temporal variations of carbon storage of the global forest ecosystem under future climate change. Mitigation and Adaptation Strategies for Global Change, 25 (4): 603-624.

Zheng H, Ouyang Z Y, Wang X K, et al. 2005. Effects of regenerating forest cover on soil microbial communities: A case study in hilly red soil region, Southern China. Forest Ecology and Management, 217 (2): 244-254.

Zhu M. 2015. Soil erosion assessment using USLE in the GIS environment: A case study in the Danjiangkou Reservoir Region, China. Environmental Earth Sciences, 73 (12): 7899-7908.

第5章 南岭植物多样性

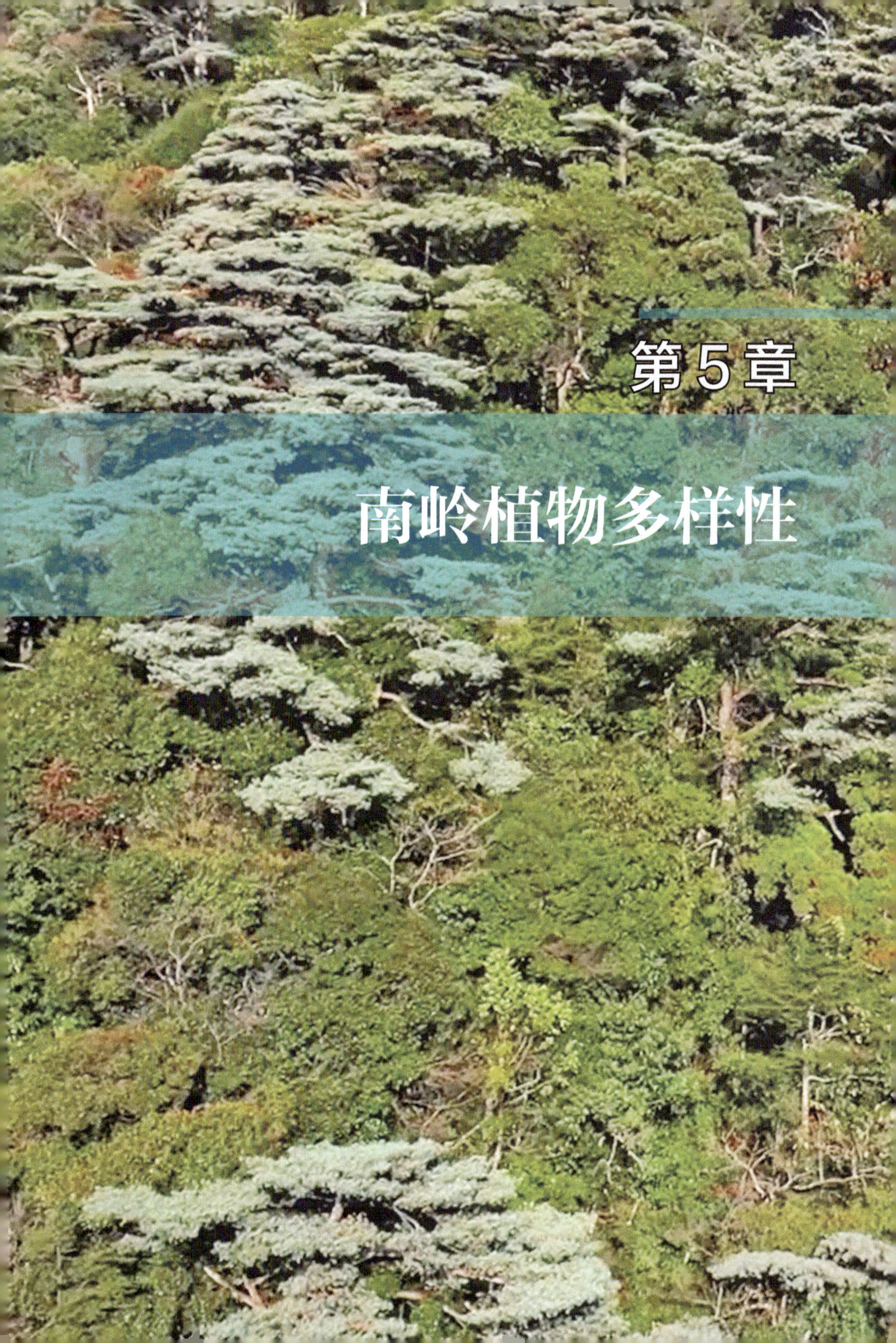

　　南岭作为较完整的自然地理单元，东西绵延1000km，由绵延断续的越城岭、都庞岭、萌渚岭、骑田岭、大庾岭的五岭山脉组成，是长江流域和珠江流域的分水岭，连接云贵高原与武夷山脉。广义的南岭还包括九连山、海洋山、猫儿山、九嶷山、香花岭、大瑶山等，最高峰为猫儿山，海拔2141.5m。地史上，南岭是华南地台的一部分，是中国著名的纬向构造带之一，其核心为花岗岩体，局部地方为较大面积的石灰岩山地。土壤类型有山地黄壤、红壤、赤红壤、砖红壤、紫色土、石灰岩土等。南岭主要受太平洋季风控制，属东亚独特的湿润亚热带气候，是华南地区阻挡北来寒潮的重要屏障，常作为热带与亚热带气候分界线。南岭植物区系起源古老、历史悠久，受第四纪冰川的影响较小，包含大量子遗植物和特有物种，被视为很多科属植物现代起源和演化中心之一（庞雄飞，2003）。南岭植物资源丰富，是中国具有国际意义的陆地生物多样性关键地区和热点地区之一（陈灵芝，1993）。目前，世界上同纬度地区大多为沙漠荒地或者稀树草原，而南岭由于独特的地理和气候条件，保存有同纬度面积最大的森林，包括亚热带常绿阔叶林、针阔叶混交林、针叶林等多种植被类型（王发国等，2013）。

　　关于南岭植物多样性及植物区系，国内学者已做过大量的调查研究工作。日军侵华时期，为避开战火，中山大学农林植物研究所几经迁徙，随中山大学农学院于1940～1944年从云南澄江迁至骑田岭附近的湖南宜章栗源堡。当时，蒋英、陈少卿等带领采集队，在湖南与广东交界的宜章、临武境内采集了大量珍贵的植物标本。中华人民共和国成立后，中国科学院华南植物研究所和中山大学多次组织调查队在南岭进行大规模的调查采集，尤以20世纪50年代与70年代陈少卿、黄茂先、邓良、李学根、谭沛祥等一批优秀的植物学家的采集工作最为突出。其中，1986～1988年，叶华谷、陈邦余等在南岭腹地乐昌进行多年的野外考察，出版了《乐昌植物志》。近期，陈涛（1993）、陈锡沐等（1999）、黎昌汉等（2005）、成夏岚等（2008，2010）和陈林等（2010）均对南岭植物种类进行了大量调查研究工作。另外，广西境内的南岭植物研究从20世纪50年代开始，中国科学院植物研究所、广西植物研究所、广西大学林学院、广西壮族自治区林业勘测设计院等先后组织调查队在广西境内的南岭山地，包括都庞岭、萌渚岭、猫儿山等地进行长期的调查工作。其中，钟济新、李树刚、梁时芬等对桂北与桂东北南岭地区的植物进行调查研究，采集了大量的标本，积累了丰富的文献资料。同时，中南林业科技大学、湖南师范大学、湖南科技大学等单位也在湖南境内的莽山、都庞岭、骑田岭等地进行了长期的植物调查，以祁承经、曹铁如、喻勋林、严岳鸿等学者对南岭山脉北麓的植物调查研究工作最具有代表性。近年来，江西境内的南岭调查工作主要由南昌大学、江西农业大学、中南林业科技大学等单位进行，尤其在赣粤边界的九连山和大庾岭等地开展的研究，为南岭的植物研究积累了宝贵的文献资料和标本。

　　多年来，许多学者在南岭地区开展系列植物调查工作，出版了多部专著，如《粤北大东山植物区系研究》（唐绍清，1981年）、《广东南岭国家级自然保护区生物多样性研究》（广东省林业局等，2003年）、《乐昌植物志》（叶华谷和陈邦余，2005年）、《广东植物物种多样性编目》（叶华谷和彭少麟，2006年）、《广东南岭国家级自然保护区植物群落学研究》（董安强，2010年）、《南岭植物名录》（张奠湘和李世晋，2011年）、《南岭植物物种多样性编目》（邢福武等，2012年）、《南岭国家级自然保护区植物区系与植被》（王发国等，2013年）、《韶关珍稀濒危植物》（王发国等，2021年）等。南岭国家站周平等2022年组织完成了"广东南岭国家级自然保护区生物多样性科学考察"，基于外业实地调查和历史文献整理，更新了广东南岭国家级自然保护区的苔藓类、蕨类、裸子植物和被子植物名录，比此次科考前2018年的记录增加了540种。基于南岭国家站建立的公顷样地、标准固定样地和样线等野外观测数据，徐卫等（2022）探索了南岭山地植物物种组成动态、生物多样性分布格局及维持机制，以及生物多样性和生产力的相关关系等。

前人已对南岭的植物区系与植被开展了大量的调查研究工作，为南岭植物物种多样性研究奠定了坚实的基础。在此基础上，本章主要通过以下几个内容：南岭植被类型与分布、植物种类组成与丰富度、植物的α及β多样性分析和植物发展史等，对南岭植被及植物多样性的研究工作进行论述，加深读者对南岭植物多样性的认识。

5.1　南岭植被类型与分布

南岭山地位于中亚热带，地质上属华南褶皱带，中国植被区划上属于中亚热带常绿阔叶林南部亚地带，拥有同纬度带上保存最完整的亚热带植被（郝莹莹等，2017；周国逸等，2018；陈芳，2011）。作为湘江、赣江、北江等众多河流的源头，南岭是我国南方重要的生态屏障区。其温暖湿润的气候、纵横交错的复杂地形为各种野生动植物提供了理想的栖息地，同时也是众多孑遗植物的避难所，是中国具有国际意义的陆地生物多样性关键地区和热点地区。多种植被类型覆盖的南岭山地拥有大量古老、孑遗和特有的华夏植物区系植物，是植物分布的发展变迁、植物发育和演化等研究的关键地区和重要场所。目前，世界上与南岭同纬度的地区大都是稀树草原或热带沙漠，南岭由于独特的气候条件是仅存面积最大的常绿阔叶林（周平和刘智勇，2018），并保存着亚热带常绿阔叶林、针阔叶混交林、针叶林和山顶矮林等各种森林植被类型，其中包括大面积罕见的原始森林，在当今以牺牲环境为代价的经济发展造成的全球生物多样性损失日趋严重的情况下，其是研究地球植物发生演化的宝贵材料。

5.1.1　南岭植被类型

根据《中国植被》的分类原则，南岭地区植被的分类单位可以分为4级：植被型组、植被型、植被亚型、群系。依据王发国等2013年对南岭山地植物区系的研究，将南岭山地植被类型划分为6个植被型组、9个植被型和16个植被亚型，详见表5.1。

表5.1 南岭植被类型统计

植被型组	植被型	植被亚型
阔叶林	亚热带常绿阔叶林	亚热带沟谷常绿阔叶林
		亚热带山地常绿阔叶林
		亚热带山顶常绿阔叶矮林
		亚热带石灰岩常绿阔叶林
	亚热带常绿与落叶阔叶混交林	亚热带常绿与落叶阔叶混交林
		亚热带石灰岩常绿与落叶阔叶混交林
针叶林	亚热带常绿针叶林	亚热带常绿针叶林
	亚热带常绿针阔叶混交林	亚热带常绿针阔叶混交林
		亚热带常绿针阔叶混交山顶矮林
草甸	亚热带草甸	亚热带山地草甸
灌丛	亚热带灌丛	亚热带石灰岩灌丛
		亚热带山地灌草丛
		亚热带河滩灌草丛
竹林	亚热带竹林	亚热带竹林
沼泽和水生植被	亚热带沼泽	亚热带山地沼泽
	水生植被	亚热带高山湖泊植被

亚热带常绿阔叶林主要有亚热带沟谷常绿阔叶林、亚热带山地常绿阔叶林、亚热带山顶常绿阔叶矮林和亚热带石灰岩常绿阔叶林等类型，其中亚热带沟谷常绿阔叶林一般分布在海拔200~700m，地处亚热带季风区的沟谷内，受地势及河流影响，旱季仍能保持温暖湿润，植被显示出部分雨林特征，林下也常有一些寄生或腐生植物；亚热带山地常绿阔叶林主要分布在海拔1400m以下的丘陵中，群落终年常绿，树冠整齐，群落高度一般在15~20m，上层大树树冠多呈广伞形或圆锥形，多为壳斗科植物；亚热带山顶常绿阔叶矮林主要分布在海拔1500m以上的山顶和山脊上，树木极为低矮，树木高度一般只有4~6m，多呈乔木或者灌木状，分枝比较多，密被苔藓，整体林冠比较整齐；亚热带石灰岩常绿阔叶林多分布在石灰岩地区沟谷中，物种组成与亚热带沟谷常绿阔叶林有明显差别，主要由樟科、木樨科、山茱萸科等常绿植物组成。

亚热带常绿与落叶阔叶混交林主要有亚热带常绿与落叶阔叶混交林和亚热带石灰岩常绿与落叶阔叶混交林两种。其中，亚热带常绿与落叶阔叶混交林主要分布在海拔800~1200m的山地，受冬季低温影响，分布有亮叶桦（*Betula luminifera*）、水青冈（*Fagus longipetiolata*）等落叶树种，植被季节变化明显，群落结构相对简单；亚热带石灰岩常绿与落叶阔叶混交林主要分布在石灰岩地区，面积一般较小，分布有乌桕

（*Triadica sebifera*）、君迁子（*Diospyros lotus*）等落叶树，物种组成多数为常绿树种。

原生的亚热带常绿针叶林在广东省分布非常有限，在南岭地区海拔1000m以上的偏远地区有极小分布，主要针叶树种为广东松（*Pinus kwangtungensis*）、福建柏（*Fokienia hodginsii*）、长苞铁杉（*Nothotsuga longibracteata*）等。其余多是阔叶林被破坏后的次生林或者人工种植针叶树的用材林，主要建群树种为马尾松（*P. massoniana*）和杉木（*Cunninghamia lanceolata*）等。

亚热带常绿针阔叶混交林一般出现在海拔1000m以上的山脊或陡坡中，与山地常绿阔叶林呈镶嵌或者重叠分布。高大的冠层树种一般由针叶树种组成，亚林层主要为小乔木类型的阔叶树种，常见的组成树种有广东松、福建柏、长苞铁杉、木荷（*Schima superba*）、锥类等。

亚热带常绿针阔叶混交山顶矮林分布较为稀少，与山顶常绿阔叶矮林的植被外貌特征极为相似，树木比较低矮，群落主要树种中有针叶树种粗榧（*Cephalotaxus sinensis*）或宽叶粗榧（*C. latifolia*）等。

亚热带山地草甸一般分布在海拔1800m以上的山顶，分布面积较小，以草本植物为主，平均高度约为30cm，主要物种为莎草（*Carex* sp.）、紫菀（*Aster* sp.）等。

亚热带灌丛主要包括亚热带石灰岩灌丛、亚热带山地灌草丛和亚热带河滩灌草丛三类，群落组成种类简单，只有灌木和草本两层，受地形、气候和人为干扰的影响，组成物种存在显著差别，是植被演替中的一个过渡类型。

亚热带竹林一般混生于各种常绿阔叶林之下，在整个群落中占据主导地位的竹林很少，主要由禾本科、竹亚科植物组成，主要是无性繁殖，形成优势层片。目前，广东南岭地区的竹林多为人工栽植的毛竹（*Phyllostachys edulis*）竹林。

沼泽和水生植被类型多处在沼泽、湖泊、湿地中，多以草本为主，从淤泥或者水域中吸收营养物质，组成植物多以莎草科、禾本科等植物为主。

5.1.2 南岭植被群系

植被群系是植被分类中重要的中级分类单位，以群落组成特征和结构特征进行分类和命名，具有相同建群种的群落类型一般划分成一个群系，优势种一般依据调查的植物物种的多度和重要值排序决定。南岭地区植被类型多样，物种丰富，一般具有多个建群物种。依据王发国等2006~2009年对南岭国家级自然保护区的调查，认为南岭植被群系一般分为28种。阔叶林一般包括观光木群系、阿丁枫群系、栲群系、南岭栲＋栲＋毛桃木莲群系、甜锥＋大果马蹄荷群系、木荷＋红楠＋青榨槭群系、罗浮栲＋猴欢喜群系、光叶红豆＋红车群系、南华杜鹃-南岭箭竹群系、硬壳柯＋山指甲-南岭箭竹群系、山指甲-南岭箭竹群系、山桂花＋茜树群系、青冈＋赤杨叶＋银钟花群系、水青冈＋杜鹃＋罗浮栲群系、圆果化香树＋黄连木群系；针叶林包括马尾松群系、杉木群系、广东松+五列木群系、长苞铁杉群系、连蕊茶+粗榧+青冈群系；竹林主要有毛竹群系；灌丛主要有檵木+箬竹群系、杜鹃-芒群系、润楠+细叶水团花群系；草甸主要为莎草+紫菀群系；沼泽和水生植被包括华克拉莎群系、睡莲+水毛花群系、莼菜群系等。南岭植被类型多样，具体植被群系也呈多样化。由于自然条件的差异，南岭各地植被群落的种类组成及外貌结构特征存在差异，因此南岭植被群系也需做进一步的研究。

5.1.3 南岭植被水平分布特征

根据中国植被区划图，南岭山地呈东西走向，横贯广东北部，在植被分类系统上可作为中亚热带常绿阔叶林和南亚热带常绿阔叶林的分界线。由于南岭地形复杂，自然条件也存在差别，南岭山地区域的森林植被类型水平分布多呈镶嵌分布。在南岭范围内除了主要分布的亚热带常绿阔叶林外，还分布有亚热带落叶阔叶林、亚热带常绿落叶阔叶混交林、亚热带和热带竹林和竹丛、亚热带针叶林、温带针叶林等森林植被类型（图5.1）。其中，亚热带季风常绿阔叶林的面积占各类森林植被总面积的0.18%，亚热带常绿阔叶林面积占比为18.19%，亚热带常绿落叶阔叶混交林占比为3.49%。

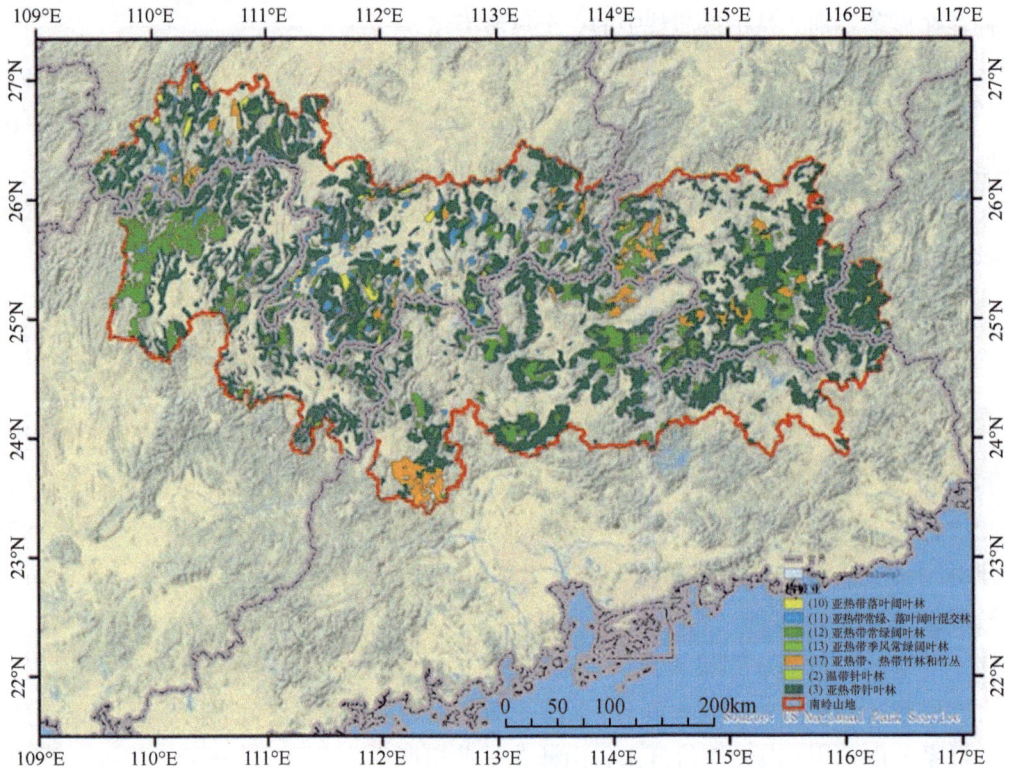

图5.1 南岭森林植被类型分布图

5.1.4 南岭植被垂直分布特征

南岭地区内植被垂直分布变化明显，南岭在广东省内最高海拔达1902m，上下高差较大，由于海拔与地形条件所影响的水热条件存在明显差异，因此植被也随着水热条件和土壤的垂直变化而呈现垂直变化规律。南岭地区从下而上植被类型垂直分布带如下：河滩灌丛、山地常绿阔叶林、沟谷常绿阔叶林、常绿落叶阔叶混交林、常绿针叶阔叶混交林、山顶常绿阔叶矮林、山顶针阔混交矮林、山地灌草丛、山地草甸（图5.2、图5.3）。

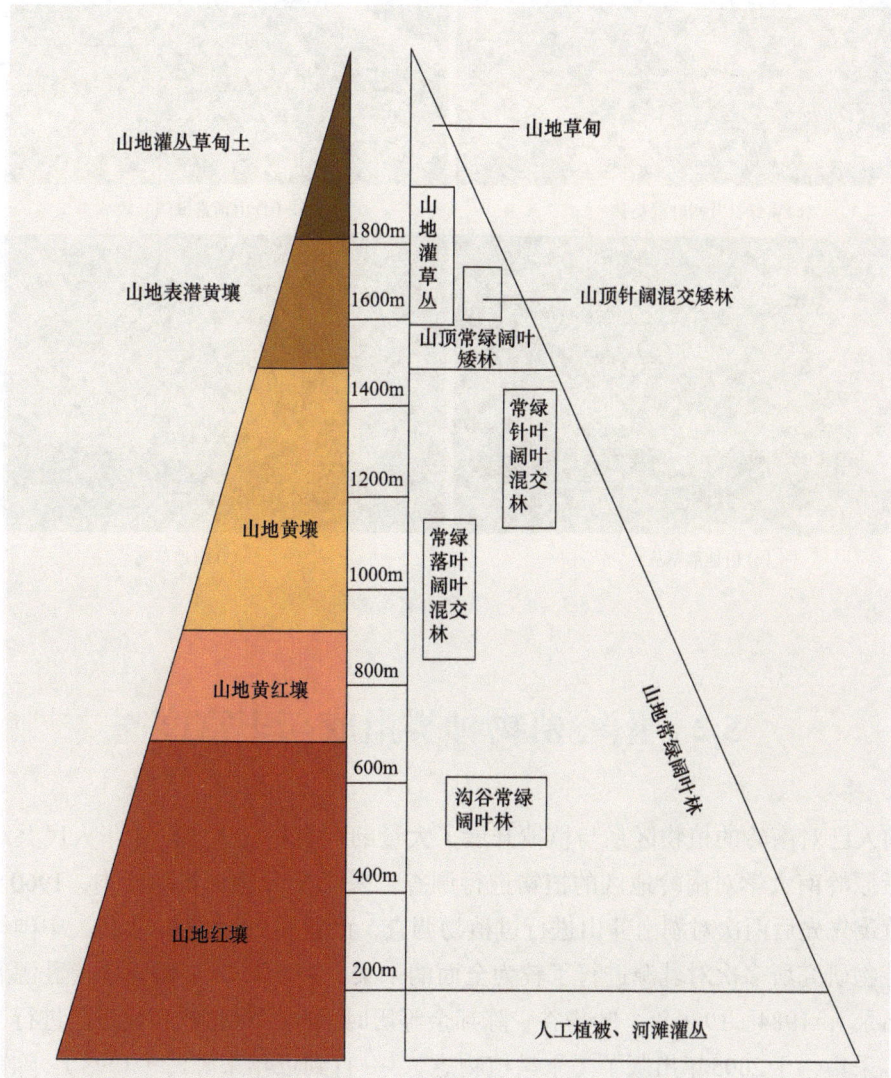

图5.2 南岭山地植被类型的垂直分布示意图

(a) 沟谷常绿阔叶林

(b) 山地常绿阔叶林

(c) 常绿针叶阔叶混交林

(d) 山顶常绿阔叶矮林

(e) 山地灌草丛

(f) 山地草甸

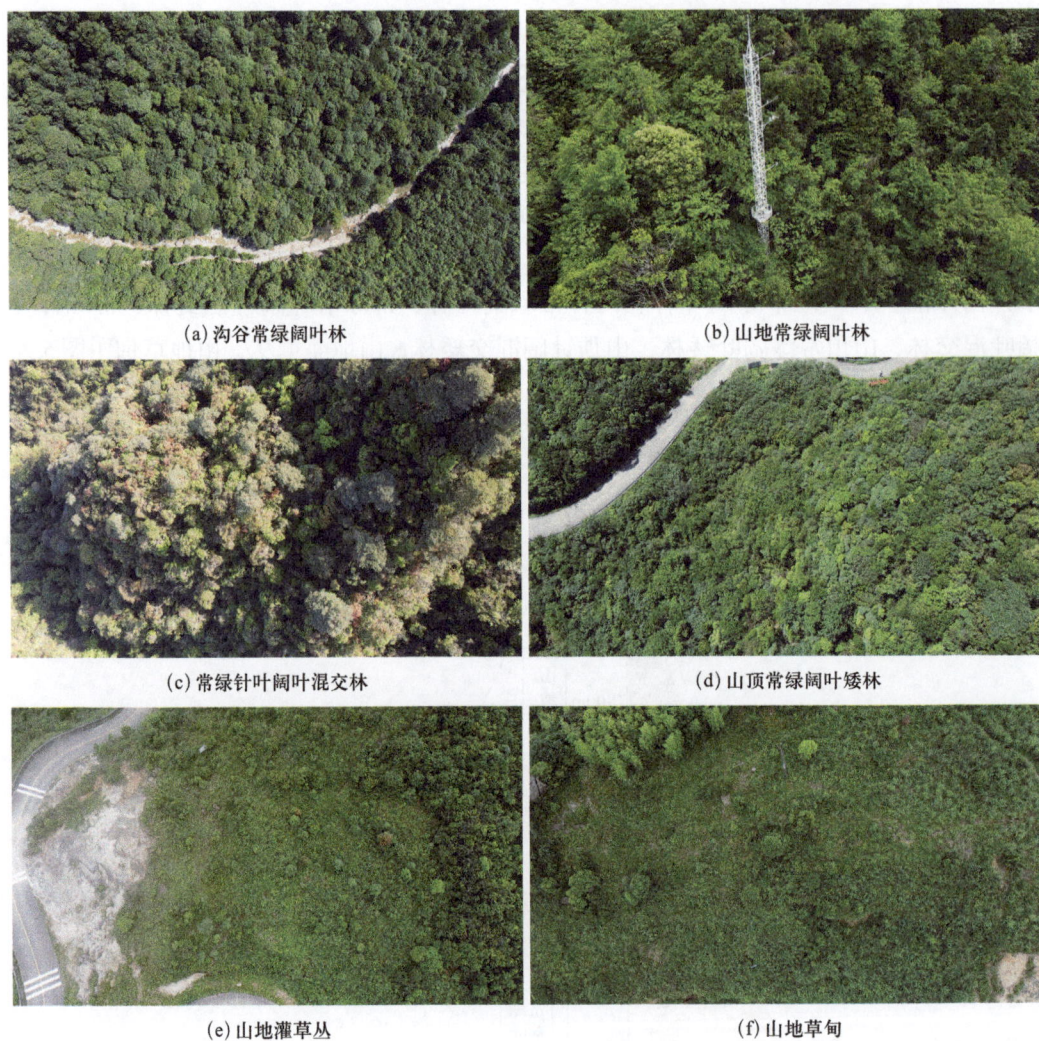

图5.3 南岭山地植被类型鸟瞰图

5.2 南岭植物种类组成与丰富度

前人已对南岭的植物区系与植被开展了大量的调查研究工作。中华人民共和国成立前后原岭南大学对南岭地区的植物进行调查，采集了大量珍贵的标本，1960～1964年，黄茂先先后两次对湖南莽山进行过植物调查，而后在20世纪70年代，中国科学院华南植物研究所多次对乳源进行了较为全面的采集，并于1974年编辑了《乳源五指山植物名录》，1984～1986年，叶华谷、陈邦余等历时三年，对南岭腹地乐昌进行了全面的标本采集，于2005年出版了《乐昌植物志》，一直到近年来陈涛（1993）、陈锡沐等（1999）、黎昌汉等（2005）、成夏岚等（2008，2010）和陈林等（2010）均对南岭植物种类进行了大量调查研究工作。其中，张奠湘和李世晋（2011）主编了《南岭植物名录》，统计出南岭山地的野生维管植物有261科1470属6205种。国家重点保护植物有40种，其中国家Ⅰ级重点保护野生植物有中华水韭、银杉、南方红豆杉、水松、伯乐树、银杏、仙湖苏铁7种，国家Ⅱ级重点保护野生植物有金毛狗、福建柏、华南五针松、香樟、丹霞梧桐、喜树等33种。邢福武等（2011）在南岭进行了植物区系与植被的调查研究，收录广东南岭国家级自然保护区、湖南莽山国家级自然保护区和乐昌沙坪八宝山的高等植物3760种，隶属268科、1306属，其中苔藓植物250种，隶属35科、106属；蕨类植物329种，隶属46科、108属；裸子植物25种，隶属8科、15属；被子植物3156种，隶属179科、1077属，它们为南岭植物物种多样性研究奠定了坚实的基础。

南岭国家公园筹建工作办公室2021年统计出南岭国家公园候选区范围内的维管植物达313科1455属4748种。其中，广东南岭国家级自然保护区作为南岭国家公园的主要组成部分，是广东省植物物种分布最丰富的地区之一，约含有广东2/3的种类；同时其地处南亚热带和中亚热带的过渡地带，自然环境复杂多样，为植物的生存发展创造了良好的生境。在周平等2019～2022年的广东南岭国家级自然保护区生物多样性科学考察的数据基础上，结合标本和历史数据分析，统计显示，南岭国家级自然保护区现有野生植物4430种，隶属265科、1332属，其中，苔藓植物365种，隶属64科、159属；蕨类植物482种，隶属29科、106属；裸子植物22种，隶属5科、14属；被子植物3561种，隶属167科、1053属。各大类群的科、属、种数量统计见表5.2。

表5.2 广东南岭国家级自然保护区野生植物组成统计

组成统计	本次科考前 (2018年)			本次科考统计（2022年）		
	科	属	种	科	属	种
苔藓植物	67	154	334	64	159	365
蕨类植物	29	94	396	29	106	482
裸子植物	5	13	19	5	14	22
被子植物	165	942	2749	167	1053	3561
合计	266	1203	3498	265	1332	4430

从表5.2中可以看到，广东南岭国家级自然保护区植物物种丰富，野生植物现有4430种（比本次科考前增加932种），其中野生维管植物（包括蕨类植物、裸子植物和被子植物）有4065种（比本次科考前增加901种），占广东省野生维管植物总数（6135种；叶华谷和彭少麟，2006）的66.3%，其中裸子植物种类最少，但它们多是古老孑遗植物和中国特有成分，在某些地段常占有较大优势，有些甚至形成常绿针阔混交林，如在乳阳片区小黄山段山脊陡坡的广东松群落和悬崖峭壁上的南方铁杉，秤架片区太平洞附近海拔1400m左右山顶遭受破坏的常绿针阔混交林下的疏齿木荷-福建柏群落，以及乳阳片区靠近莽山地段的长苞铁杉-南方铁杉群落等。

5.2.1 苔藓植物多样性及区系分析

苔藓植物是一群小型的高等植物，没有真根和维管组织的分化，多生于阴湿环境中，具有配子体世代占优势的独特生活史。配子体产生性器官（精子器和颈卵器）和配子（精子和卵子）；孢子体产生孢子，但它们不能独立生存，必须依赖配子体提供水分和营养物质。全世界约有23000种苔藓植物，分为苔纲（Hepaticae）、藓纲（Musci）和角苔纲（Anthocerotae）。苔藓植物在不毛之地和受干扰后的次生生境中担当重要的拓荒者角色；泥炭藓（*Sphagnum cymbifolium*）等种类在园艺和微缩景观设计中有着巨大价值，也是广泛用于监测空气污染和作为科学研究上的模式植物。

结合历史文献资料及本次科考调查，南岭国家级自然保护区共有苔藓植物365种，按照《中国生物物种名录》（2013版）系统，其隶属于64科159属。该区系中所含种数超过10种的有11科，分别是：细鳞苔科（31种/12属）、灰藓科（30种/10属）、曲尾藓科（25种/7属）、丛藓科（24种/10属）、锦藓科（20种/9属）、蔓藓科（16种/10属）、真藓科（15种/6属）、金发藓科（14种/3属）、羽藓科（14种/5属）、青藓科（12种/5属）和凤尾藓科（11种/1属），这些科的种数占南岭保护区苔藓植物种类总数的58.1%。其中，含有5属以上的有细鳞藓科（12属）、灰藓科（10属）、丛藓科（10属）、蔓藓科（10属）、锦藓科（9属）、曲尾藓科（7属）、真藓科（6属）、羽藓科（5属）和青藓科（5属）9科，其所含属数占总属数的46.5%，占总种数的51.2%。所含种数超过5种的属共有20属134种，占总种数的36.7%。

5.2.2 蕨类植物多样性及区系分析

蕨类植物又称羊齿植物，是地球上古代和现代植物界的一个重要组成部分（吴兆洪和秦仁昌，1991），其起源古老，分布广泛，在形态结构和适应环境条件的能力等方面是介于苔藓植物和种子植物之间的过渡类群。目前，全世界有蕨类植物10000～12000种，我国有2200～2600种，除了热带少数科属外，我国拥有的科属数几乎占全世界总数的95%（严岳鸿等，2004），具有相当高的多样性。

结合历史文献资料及本次科考调查，南岭国家级自然保护区共有蕨类植物482种，按照APG系统，其隶属于29科106属。该区系中所含种数超过10种的有10科，分别是：鳞毛蕨科（106种/9属）、凤尾蕨科（64种/10属）、水龙骨科（59种/17属）、蹄盖蕨科（47种/7属）、金星蕨科（44种/13属）、铁角蕨科（26种/3属）、碗蕨科（21种/6属）、卷柏科（16种/1属）、石松科（14种/5属）和膜蕨科（13种/3属），这些科的种数占南岭国家级自然保护区蕨类植物种类总数的85.1%。其中，含有5属以上的水龙骨科（17属）、金星蕨科（13属）、凤尾蕨科（10属）、鳞毛蕨科（9属）、蹄盖蕨科（7属）、碗蕨科（6属）、石松科（5属）7科所含属数占总属数的63.2%，占总种数的73.7%，区系的优势科现象已比较明显。所含种数超过5种的属共有31属345种，占总种数的71.6%，以鳞毛蕨属所含种数最多（38种）。

依照吴兆洪和秦仁昌（1991）的《中国蕨类植物科属志》，将广东南岭国家级自然保护区的蕨类植物划为世界分布、泛热带、热带亚热带分布和温带分布四种类型，其中南岭国家级自然保护区蕨类植物地理成分以泛热带和热带亚热带分布为主，世界分布次之，温带分布最少，反映了南岭蕨类植物的热带亚热带起源特征（陈林等，2012）。从各科的地理分布来看，泛热带和热带亚热带分布的科占总科数的60%以上，是南岭地区蕨类植物区系的重要组成部分，世界分布的蹄盖蕨科、铁角蕨科和水龙骨科种数最多，占总种数的27.4%；温带分布的科较少，但鳞毛蕨科内的种数最多，反映了该区的温带成分特征。

5.2.3　种子植物多样性分析

参考前人的采集记录和研究资料（中国科学院华南植物研究所，1974；唐绍清，1981；庞雄飞，2003；叶华谷和彭少麟，2006；董安强，2010），结合历史文献资料及本次科考调查，裸子植物22种，隶属于5科14属；被子植物3561种，按照APGIV排列隶属于167科1053属（表5.3）。

表5.3　南岭种子植物数量组成统计

分类群		南岭国家级自然保护区	广东	占广东比例/%	中国	占中国比例/%
裸子植物	科	5	8	62.5	10	50.0
	属	14	16	87.5	34	41.2
	种	22	37	59.5	227	9.7
被子植物	科	167	227	73.6	327	51.1
	属	1053	1418	74.3	3246	32.4
	种	3561	5765	61.8	29716	12.0

资料来源：广东裸子植物、被子植物（仲铭锦和廖文波，1995；叶华谷和彭少麟，2006）；中国裸子植物（田先华，2002）、被子植物科（李锡文，1996）、属（王荷生，2000）、种（李锡文，1996）。

种子植物所含种数超过50种的有17科，分别是：菊科（204种/82属）、豆科（178种/65属）、禾本科（174种/87属）、唇形科（149种/40属）、兰科（139种/57属）、蔷薇科（139种/22属）、莎草科（127种/20属）、茜草科（112种/38属）、樟科（106种/12属）、壳斗科（83种/7属）、大戟科（73种/24属）、报春花科（65种/10属）、葡萄科（62种/9属）、杜鹃花科（61种/8属）、冬青科（58种/1属）、夹竹桃科（55种/22属）和山茶科（51种/6属），这些科的种数占南岭国家级自然保护区种子植物种数的51.2%，属数占南岭国家级自然保护区种子植物属数的47.8%。

　　虽然种子植物含50种以上的大科仅有17科，但其总共有1836种，占总种数的51.2%，说明其是该地植物区系的重要组成部分。广东南岭国家级自然保护区以寡种科为主，占总科数的39.5%，但单种科和所含种数较多的科也占有一定的比例。单种科和寡种科所占比例较大，反映了该地强烈的地带性特征，也与区系起源古老有关（吴征镒，1991）。

　　南岭国家级自然保护区种子植物的地理成分中，热带成分占巨大的优势，其中以壳斗科、樟科、山茶科、木兰科、金缕梅科、安息香科等为代表的含有10种以上的科共28科，占10种以上的科的总数的41%，是南岭地带性植被亚热带常绿阔叶林的优势种类和建群种类，对群落结构有着重要作用（陈锡沐等，1999）。温带分布的科，如忍冬科、杜鹃花科、槭树科等占10种以上的科共12科，占总数的18%，是南岭地区植物区系不可或缺的组成部分。蔷薇科、茜草科、木樨科等世界分布性质的植物虽然种类较多，但多混生在混交林中，很难形成优势种类，在南岭植被区系中的代表性比较有限（王发国等，2013）。

5.3　南岭植物α多样性分析

　　生物多样性（biodiversity）是一个描述自然界多样性程度的概念，蒋志刚等（1997）给生物多样性所下的定义为："生物多样性是生物及其环境形成的生态复合体以及与此相关的各种生态过程的综合，包括动物、植物、微生物和它们所拥有的基因以及它们与其生存环境形成的复杂的生态系统"。生物多样性通常包括遗传多样性、物种多样性和生态系统多样性三个组成部分，其中物种多样性是生物多样性的核心。物种多样性是指地球上动物、植物、微生物等生物种类的丰富程度。物种多样性包括两个方面，其一是指一定区域内的物种丰富程度，可称为区域物种多样性；其二是指生态学方面的物种分布的均匀程度，可称为生态多样性或群落物种多样性（蒋志刚等，1997），物种多样性是衡量一定地区生物资源丰富程度的一个客观指标。物种多样性主要有三个空间尺度：α多样性、β多样性、γ多样性。其中，α多样性主要关注局域均匀生境下的物种数目，这个指标是指一个群落内物种的个数 (species richness，物种丰富度) 以及每个物种的数量及分布 (evenness，均匀度)。度量α多样性的指数有很多，常用的如物种个数、辛普森指数（Simpson index）、香农-威纳指数（Shannon-Weiner index）、Pielou均匀度指数等。

　　关于南岭山地不同植物多样性的研究有很多，朱彪等（2004）对南岭东西段植物群落树种多样性进行研究；张璐等（2007a）于2007年对南岭国家级自然保护区森林群落的数量进行分类排序研究；田怀珍和邢福武（2008）分析了兰科植物物种多样性的海拔梯度格局；刘敏（2010）对南岭低山常绿阔叶林物种多样性进行了研究；陈芳（2011）分析了南岭莽山地区的植物物种多样性格局；徐翔（2018）分析了中国热带亚热带山地种子植物多样性格局的机制，也分析了南岭山地种子植物的多样性格局；徐卫等（2022）分析了南岭山地物种多样性沿海拔梯度的分布格局。对南岭山地植物群落进行α多样性分布格局研究，可以发现，一般乔木层α多样性指数随海拔的升高呈现"单峰曲线"变化趋势，灌木和草本层α多样性指数随海拔的升高呈现下降趋势。

5.3.1 南岭植物物种组成分析

南岭山地属中亚热带常绿阔叶林南部亚地带，地带性植被为常绿阔叶林，随海拔增加，植被类型依次为常绿阔叶林、针阔混交林、山地矮林和高山草地。作为南岭山地的地带性植被，研究区内的常绿阔叶林分为沟谷常绿阔叶林和山地常绿阔叶林。沟谷常绿阔叶林的物种丰富度（58±12.48）略低于山地常绿阔叶林（61.67±17.39），而其Shannon-Wiener指数（3.31±0.42）略高于山地常绿阔叶林（3.29±0.39）。沟谷常绿阔叶林主要分布在海拔900m以下的沟谷内，以广东润楠（*Machilus kwangtungensis*）、华润楠（*M. chinensis*）等樟科润楠属（*Machilus*）乔木和壳斗科的鹿角锥（*Castanopsis lamontii*）占优势。而山地常绿阔叶林主要分布在海拔900～1360m的山体，主要以甜槠（*Castanopsis eyrei*）、水青冈（*Fagus longipetiolata*）、鹿角锥、罗浮锥（*C. faberi*）、米槠（*C. carlesii*）等壳斗科树种为优势树种。针阔混交林和山地矮林的物种丰富度和多样性指数均低于常绿阔叶林，其中针阔混交林内针叶树种以广东松（*Pinus kwangtungensis*）和马尾松（*P. massoniana*）为主，阔叶树种以木荷类（*Schima* spp）、青冈（*Cyclobalanopsis glauca*）和甜槠等为主。山地矮林主要分布在海拔1600m以上的山地，是常绿落叶阔叶混交林适应南岭山顶风大的特殊环境条件的一种植被变型，平均树高在6m以下，优势树种主要有野茉莉（*Styrax japonicus*）、青冈和冬青（*Ilex chinensis*）等（表5.4）。

表5.4 南岭山地沿海拔梯度乔木物种组成变化

植被类型	海拔/m	科数	属数	优势树种
沟谷常绿阔叶林	413	18	27	广东润楠（*Machilus kwangtungensis*）、鹿角锥（*Castanopsis lamontii*）、华润楠（*Machilus chinensis*）、赤楠蒲桃（*Syzygium buxifolium*）、柯（*Lithocarpus glaber*）
	421	23	35	广东润楠（*Machilus kwangtungensis*）、赤楠蒲桃（*Syzygium buxifolium*）、罗浮柿（*Diospyros morrisiana*）、柯（*Lithocarpus glaber*）、港柯（*Lithocarpus harlandii*）
	439	23	41	广东润楠（*Machilus kwangtungensis*）、毛栲（*Castanopsis fordii*）、大果马蹄荷（*Exbucklandia tonkinensis*）、红锥（*Castanopsis hystrix*）、鹿角锥（*Castanopsis lamontii*）
	839	32	46	广东润楠（*Machilus kwangtungensis*）、青冈（*Cyclobalanopsis glauca*）、罗浮锥（*Castanopsis faberi*）、米槠（*Castanopsis carlesii*）、鹿角锥（*Castanopsis lamontii*）
	842	29	42	青冈（*Cyclobalanopsis glauca*）、广东润楠（*Machilus kwangtungensis*）、罗浮锥（*Castanopsis faberi*）、米槠（*Castanopsis carlesii*）
	843	29	44	淋漓锥（*Castanopsis uraiana*）、米槠（*Castanopsis carlesii*）、小叶青冈（*Cyclobalanopsis myrsinifolia*）、马尾松（*Pinus massonia*）、柯（*Lithocarpus glaber*）

植被类型	海拔/m	科数	属数	优势树种
山地常绿阔叶林	918	23	32	甜槠（*Castanopsis eyrei*）、水青冈（*Fagus longipetiolata*）、杜鹃（*Rhododendron simsii*）、赤杨叶（*Alniphyllum fortunei*）、华润楠（*Machilus chinensis*）
	920	22	30	甜槠（*Castanopsis eyrei*）、水青冈（*Fagus longipetiolata*）、杨桐（*Adindra millettii*）、杜鹃（*Rhododendron simsii*）、赤杨叶（*Alniphyllum fortunei*）
	925	26	38	米槠（*Castanopsis carlesii*）、大果马蹄荷（*Exbucklandia tonkinensis*）、多花杜鹃（*Rhododendron cavaleriei*）、杉木（*Cunninghamia lanceolata*）、杜英（*Elaeocarpus decipiens*）
	1170	27	51	鹿角锥（*Castanopsis lamontii*）、罗浮锥（*Castanopsis faberi*）、深山含笑（*Michelia maudiae*）、小叶青冈（*Cyclobalanopsis myrsinifolia*）、杉木（*Cunninghamia lanceolata*）
	1182	27	39	千年桐（*Vernicia montana*）、罗浮锥（*Castanopsis faberi*）、米槠（*Castanopsis carlesii*）、枫香（*Liquidambar formosa*）、木莲（*Manglietia fordiana*）
	1205	28	42	青冈（*Cyclobalanopsis glauca*）、甜槠（*Castanopsis eyrei*）、千年桐（*Vernicia montana*）、亮叶桦（*Betula luminifera*）、黧蒴锥（*Castanopsis fissa*）
针阔混交林	1360	17	26	广东松（*Pinus kwangtungensis*）、木荷（*Schima* spp）、红淡比（*Cleyera japonica*）、五列木（*Pentaphylax euryoides*）、马尾松（*Pinus massonia*）
	1360	24	40	木荷（*Schima* spp）、广东松（*Pinus kwangtungensis*）、甜槠（*Castanopsis eyrei*）、鹿角锥（*Castanopsis lamontii*）、五列木（*Pentaphylax euryoides*）
	1388	24	39	广东松（*Pinus kwangtungensis*）、甜槠（*Castanopsis eyrei*）、长苞铁杉（*Tsuga longibracteata*）、五列木（*Pentaphylax euryoides*）
	1398	26	38	青冈（*Cyclobalanopsis glauca*）、甜槠（*Castanopsis eyrei*）、华润楠（*Machilus chinensis*）、亮叶桦（*Betula luminifera*）、含笑花（*Michelia figo*）
	1504	25	40	木荷（*Schima* spp）、广东松（*Pinus kwangtungensis*）、广东润楠（*Machilus kwangtungensis*）、马尾松（*Pinus massonia*）
	1517	24	39	长苞铁杉（*Tsuga longibracteata*）、广东松（*Pinus kwangtungensis*）、鹿角锥（*Castanopsis lamontii*）、多花杜鹃（*Rhododendron cavaleriei*）
山地矮林	1687	23	30	野茉莉（*Styrax japonicus*）、青冈（*Cyclobalanopsis glauca*）、厚皮香八角（*Illicium ternstroemioides*）、冬青（*Ilex chinensis*）
	1691	21	28	青冈（*Cyclobalanopsis glauca*）、野茉莉（*Styrax japonicus*）、少花桂（*Cinnamomum pauciflorum*）、柃（*Eurya japonica*）、广东润楠*Machilus kwangtungensis*
	1698	26	37	野茉莉（*Styrax japonicus*）、少花桂（*Cinnamomum pauciflorum*）、青冈（*Cyclobalanopsis glauca*）、冬青（*Ilex chinensis*）

5.3.2　南岭植物群落结构分析

随着海拔的增加，乔木层的最大树高呈现单峰变化趋势。乔木层的最大树高从低海拔常绿阔叶林的20.83m减少到针阔混交林的19.5m，后减少到亚热带山顶常绿阔叶矮林的10.17m左右。其中，小黄山内海拔1388m样方内最大树高26m。最大树高的变化反映了随着海拔的变化，树木生长潜力发生改变。与最大树高的变化相似，乔木层的最大胸径随海拔增加的变化曲线呈单峰分布格局，表现出先增加后减少的趋势。从低海拔（413m）的沟谷常绿阔叶林内乔木的最大胸径39.3～51.5cm增加到中海拔（1170m）的山地常绿阔叶林内乔木的最大胸径72cm，中高海拔的针阔混交林内乔木最大胸径降低到58.4cm，海拔1600m以上的山地矮林内乔木最大胸径降低到42cm。

　　乔木物种的胸高断面积和随海拔梯度增加的变化趋势与乔木最大胸径相似，即随着海拔增加，胸高断面积和呈单峰曲线变化格局。其中，位于海拔1170m的八宝山处的山地常绿阔叶林内乔木层的胸高断面积和为最大值。立木密度随海拔上升表现出不明显的下降趋势。群落内立木密度主要受自然和人为干扰及立地环境因素的影响较大，对海拔的变化响应并不明显。然而，不同植被类型森林群落的立木密度有所差别，海拔1170m的八宝山处的山地常绿阔叶林样方内乔木层立木密度值最高，但针阔混交林内乔木层平均立木密度高于其他三种植被类型（图5.4）。

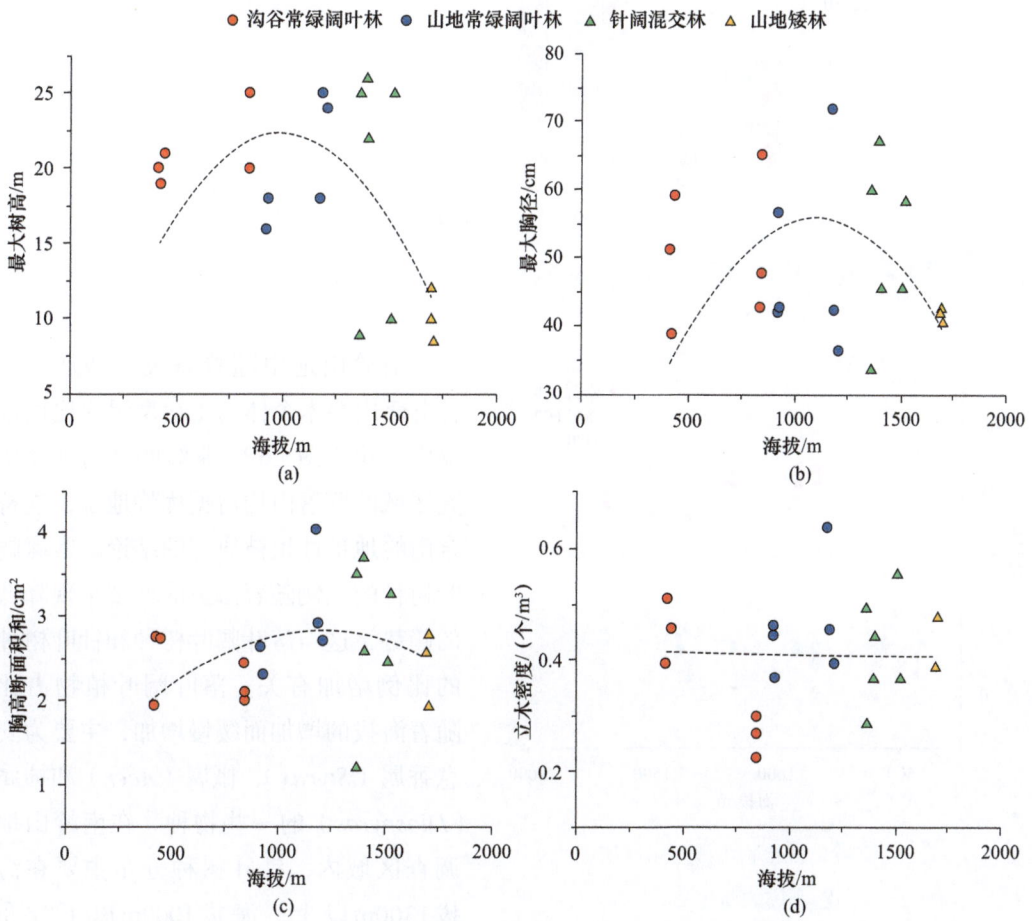

图5.4　南岭山地乔木层的最大树高（a）、最大胸径（b）、胸高断面积和（c）和立木密度（d）随海拔梯度的变化

　　比较南岭山地研究区内不同植被类型森林群落内乔木层的最大树高、最大胸径、胸高断面积和及立木密度的平均状况，发现沟谷常绿阔叶林内乔木平均的最大树高和最大胸径大于山地常绿阔叶林，而立木密度和胸高断面积和均值却小于山地常绿阔叶林

（图5.5）。针阔混交林内乔木的最大树高低于沟谷常绿阔叶林，而最大胸径、立木密度和胸高断面积和均高于沟谷常绿阔叶林。这也说明研究区针阔混交林内乔木层平均林木质量要优于沟谷常绿阔叶林。沟谷常绿阔叶林内乔木虽然单个个体指标优于山地常绿阔叶林，但是平均林木质量要低于山地常绿阔叶林。

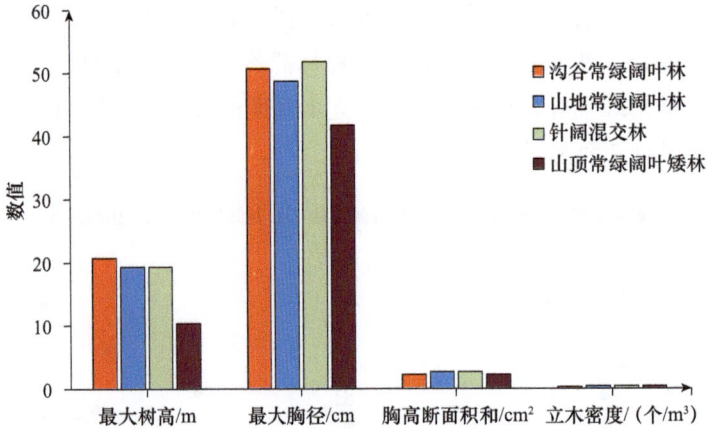

图5.5   南岭不同植被类型乔木层的最大树高、最大胸径、胸高断面积和与立木密度

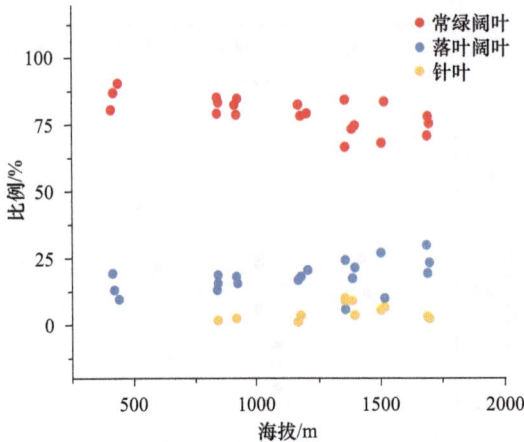

图5.6   南岭山地植物生活型组成比例
随海拔的变化

南岭山地中随着海拔的增加，森林群落内乔木个体的生活型组成比例也发生变化（图5.6）。常绿阔叶树种在研究区域的群落内均占据优势地位，这符合南岭地带性植被研究的结论。常绿阔叶树种的比例随着海拔的增加呈现降低的趋势，这与落叶阔叶树种和针叶树种的比例增加有关。落叶阔叶植物占比随着海拔的增加而缓慢增加，主要为安息香属（*Styrax*）、槭属（*Acer*）和柿属（*Diospyros*）的一些物种。在南岭山地调查区域内，针叶树种分布主要在海拔1300m以上，海拔1000m以下分布

的针叶树种主要是马尾松（*P. massoniana*）和杉木（*Cunninghamia lanceolata*），分布在大东山海拔800～900m的沟谷常绿阔叶林内。在海拔1600m以上的山顶常绿阔叶矮林中分布的针叶树为白豆杉（*Pseudotaxus chienii*），均为胸径小于10cm的个体。分布在1000～1500m中海拔山地的针叶树种多为广东松和马尾松，与常绿阔叶树种形成比较明显的混交状态。

5.3.3 南岭植物α多样性分布格局

乔木物种数随海拔变化呈单峰曲线分布格局，灌木和草本的物种数随海拔变化呈线性单调递减。乔木树种的Shannon-Wiener指数随海拔升高呈现单峰曲线变化模式，而Simpson指数随海拔升高表现为不明显的下降趋势。灌木和草本植物的Shannon-Wiener指数和Simpson指数随海拔升高呈下降趋势。其原因可能是群落的热量条件随着海拔上升而逐渐下降，但水分条件随海拔升高会先增加后降低，从而导致物种数的变化趋势为单峰曲线。但山地矮林的样点数较少，一定程度上造成Simpson指数的单峰曲线格局并不明显。乔木层Pielou均匀度指数的海拔分布格局为单峰分布，灌木和草本植物的Pielou均匀度指数随海拔升高而逐渐降低，如图5.7所示。

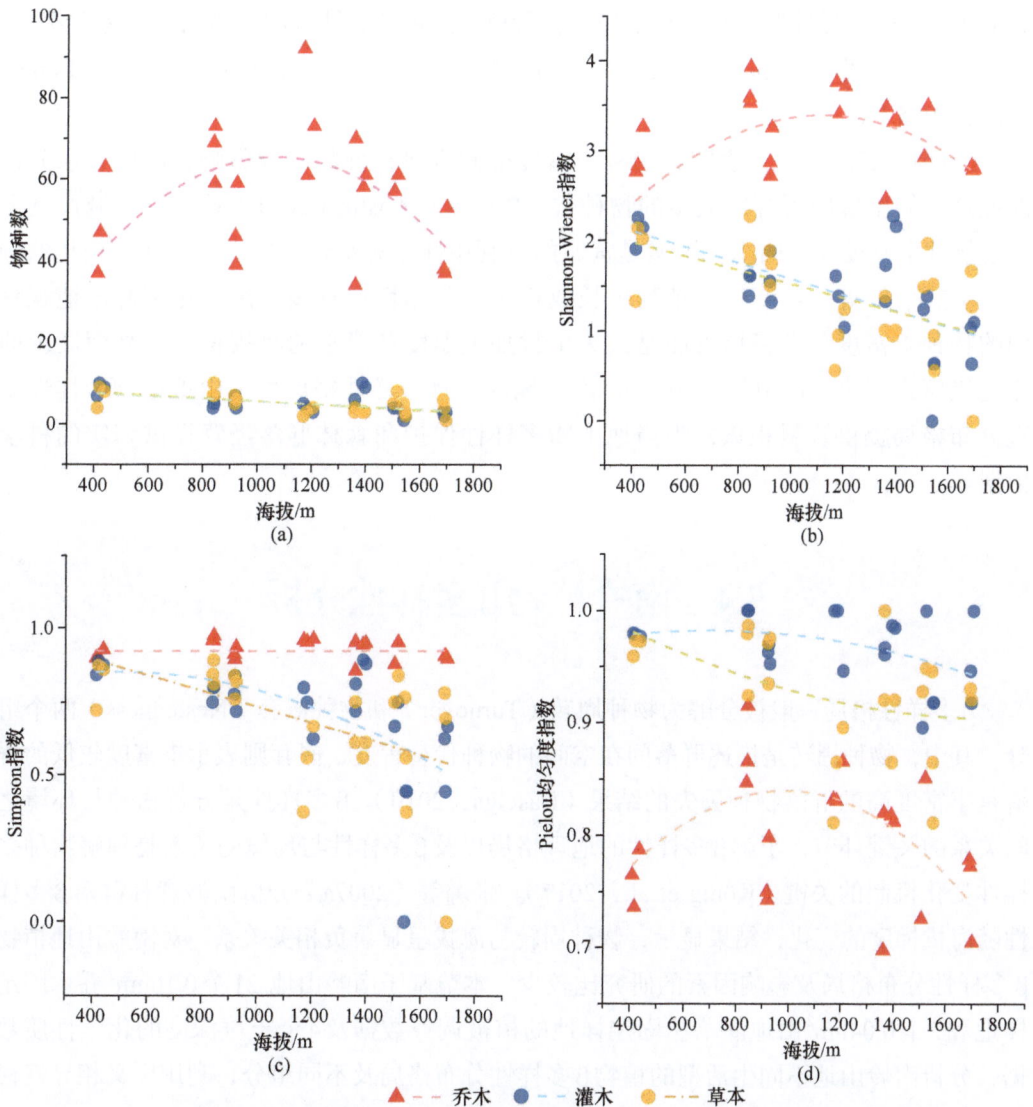

图5.7 南岭山地不同植被森林群落物种多样性随海拔的变化

乔木物种多样性的单峰分布格局与年平均降水随海拔变化的分布格局类似，它们会随海拔升高先增加后降低，峰值位于八宝山内海拔1170m的山地常绿阔叶林内，温度对南岭森林的乔木多样性格局的影响不大。低海拔的山地未表现出很高的乔木物种多样性的原因可能在于低海拔地区接近保护区内居民住所，受人为干扰影响相对较大。高海拔地区水热条件降低、风速较大，生境条件严酷，降低了部分物种的生存机会。灌木和草本植物的物种多样性格局为随海拔升高递减，与年平均温度随海拔变化的分布格局相似，说明灌木和草本植物分布更受温度限制。其与秦浩（2018）在山西关帝山发现的草本植物随海拔上升而递增的格局并不一致，关帝山的草本植物多样性格局的主要限制因子是降水。但其与古兜山和莲花山上的灌木和草本海拔分布格局相似（陈碧海等，2020；林谕彤等，2018）。南岭山区降水丰富，水分并不是灌木和草本植物生长的限制因子。森林生态系统中，灌木和草本层位于森林垂直结构的下层，因此灌木和草本的多样性形成和分布格局受林冠植物的种类、结构和环境因子的综合作用，海拔分布格局多样（张文馨，2016；黄阶华等，2021；Sánchez-González and López-Mata，2005）。

Liu等（2007）研究表明，物种丰富度受到水热条件的综合影响，温度、水分条件最理想的生境内可容纳最多的物种数。Pausas和Austin（2001）认为，局域尺度上决定物种丰富度模式的主要因素是资源的可利用性和对水热条件等环境变量变化的响应，水热条件等环境变量对植物生长或资源可利用性有直接作用。在南岭山地观察到的物种丰富度分布格局可能是人为干扰加上温度和降水随海拔梯度升高而展现的非随机模式变化（徐卫等，2022）。南岭地区生物多样性格局可为山地植物多样性垂直分布格局提供资料积累，为当地生物多样性保护和森林群落经营提供切实的科学依据。

5.4 南岭植物 β 多样性分析

β多样性格局一般被分解为物种周转（Turnover）和物种嵌套（Nestedness）两个组分。其中，物种周转是描述群落间在空间的物种代替程度，嵌套则表示丰富度较低的群落是丰富度高的群落物种丢失的结果（Baselga，2010）。β多样性是分析物种与环境之间关系的关键环节，了解β多样性的地理格局以及β多样性与环境的关系是理解物种多样性变化机制的关键（König et al.，2017）。张璐等（2007a）分析南岭森林群落β多样性随海拔梯度的变化，结果显示，物种周转与海拔呈显著负相关关系。对南岭山地植物β多样性分布格局及影响因素的研究比较少。本节基于南岭山地 21 个 0.16hm² 乔木固定样地和 3 个 0.04hm² 山地灌草丛固定样地的植被调查数据及 4 个土壤深度的化学性质数据，分析南岭山地不同生活型的植物β多样性分布格局及不同组分，利用广义相异性模型探讨不同土壤深度的土壤理化性质、地理距离及海拔等地形因子对不同生活型植物的β多样性格局的影响，量化环境因子对β多样性不同成分（周转和嵌套）的影响，为南岭山地生物多样性分布格局及物种保护的研究提供科学依据。

5.4.1 不同生活型植物群落β多样性分布格局

通过对24个样地调查，共发现并记录物种233种，隶属于70科132属，其中乔木层200种、灌木层46种、草本层68种。对比分析群落物种组成不相似性与距离的关系，发现研究区内乔木层、灌木层和草本层植物物种组成的差异性随着地理距离的增加而增加，表明南岭山地植物群落中物种组成存在着明显的物种周转现象（图5.8）。随着地理距离的增加，样地间的物种组成相似性呈下降趋势（或差异呈增加趋势），这与Martins等（2021）的研究结果相似。对于这种距离衰减关系的解释，包括物种对生物和非生物条件的确定性反应（生态位分化、竞争不对称性等）及影响物种找到合适环境能力的空间过程（扩散能力等）的相互作用（Chase，2010；Mori et al.，2013，2018）。

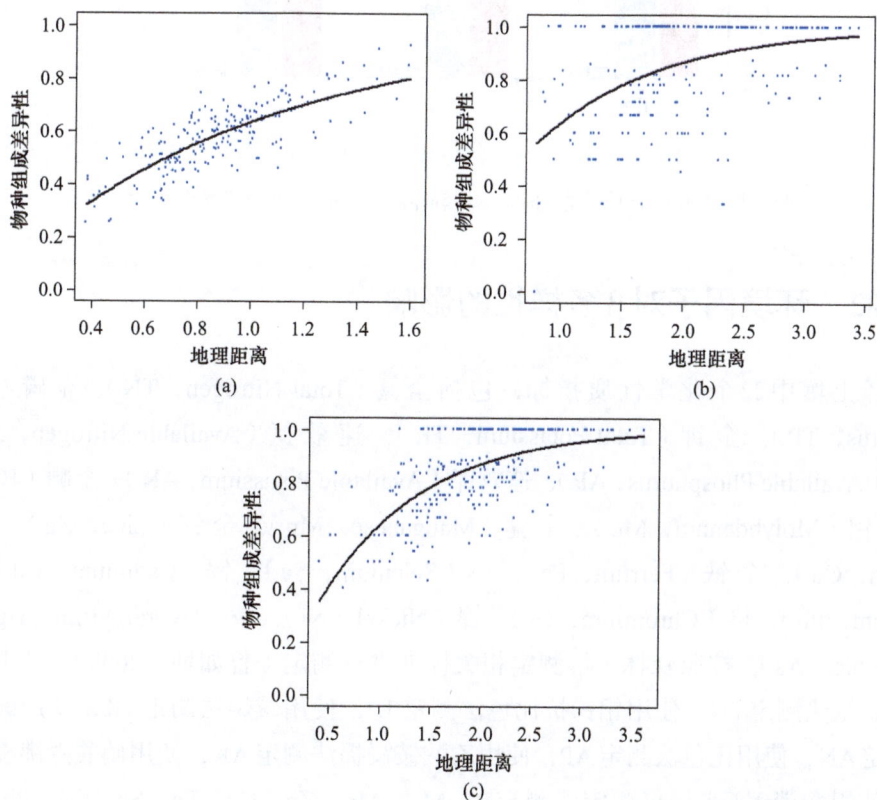

图5.8 乔木层（a）、灌木层（b）和草本层（c）物种组成差异性与地理距离的关系

通过计算不同生活型植物的 Bray-Curtis 距离指数，可以发现，乔木的 β-sor 为 0.87，灌木 β-sor 为 0.95，草本 β-sor 为 0.94，说明在研究区样地之间植物物种组成差异较大，其中灌木和草本植物的物种不相似性更高。将 β 多样性分解为物种周转和物种嵌套后，乔木的 β 多样性周转组分为 0.83，嵌套组分为 0.04；灌木的 β 多样性周转组分为 0.93，嵌套组分为 0.02；草本的 β 多样性周转组分为 0.92，嵌套组分为 0.02。乔木层、灌木层和草本层植物中均是物种周转组分占主要比例，物种嵌套组分不足 10%，说明研究区域内物种组成中周转组分更为重要（图 5.9）。

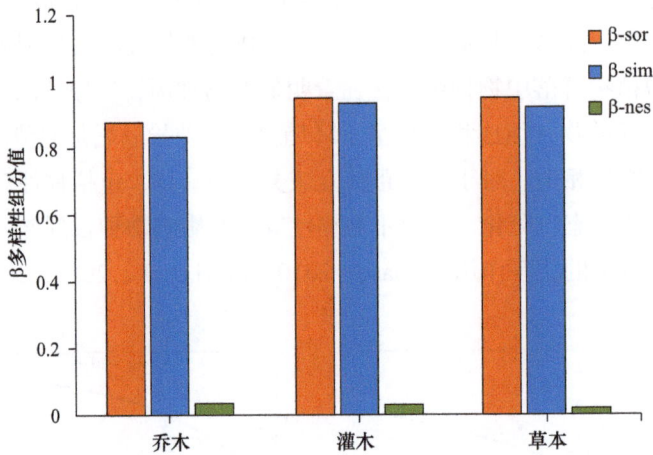

图 5.9　南岭不同生活型植物 β 多样性及组分

β-sor 表示 Sorensen 相异指数；β-sim 表示 Simpson 周转指数；β-nes 表示嵌套指数

5.4.2　环境因子对 β 多样性的影响

选择土壤中 22 个化学性质指标，包括全氮（Total Nitrogen，TN）、全磷（Total Phosphorus，TP）、全钾（Total Potassium，TK）、速效氮（Available Nitrogen，AN）、有效磷（Available Phosphorus，AP）、速效钾（Available Potassium，AK）、全硼（Boron，B）、全钼（Molybdenum，Mo）、全锰（Manganese，Mn）、全锌（Zinc，Zn）、全铜（Cuprum，Cu）、全铁（Ferrum，Fe）、硒（Selenium，Se）、镉（Cadmium，Cd）、铅（Plumbum，Pb）、铬（Chromium，Cr）、镍（Nickel，Ni）、汞（Hydrargyrum，Hg）和砷（Arsenic，As），按照森林土壤测定相关标准进行测定（鲁如坤，2000）。其中，使用凯氏定氮法测定 TN，使用钼锑抗比色法测定 TP，使用碱熔法测定 TK，使用碱解扩散法测定 AN，使用比色法测定 AP，使用乙酸铵浸提法测定 AK，使用硝酸煮沸浸提法测定，使用酸消解 - 光谱仪测定法测定 B、Mo、Mn、Zn、Cu、Fe、Se、Cd、Pb、Cr、Ni、Hg 和 As 含量。

考虑样地的随机效应，使用线性混合效应模型检验不同土层深度土壤元素含量的差异，并通过Shapiro-Wilk检验来检验模型残差的正态性，筛选出在不同土层深度分布有显著差异（$P<0.05$）的元素数据用于广义相异性模型计算，不同土层数据元素含量均值及F检验数据见表5.5。

表5.5　不同土层深度元素含量描述统计

元素	不同土层元素含量/（mg/kg）				F值	P值
	0～20cm	20～40cm	40～60cm	60～100cm		
B	23.72	27.40	27.92	27.35	9.19	<0.0001***
Mo	3.85	4.24	4.20	4.43	2.23	0.0919
Mn	139.15	155.46	196.49	244.63	7.34	0.0002***
Zn	61.92	80.71	72.79	81.19	2.41	0.0743
Cu	6.76	5.87	6.43	6.71	4.92	0.0037**
Fe	23.03	26.53	26.43	26.06	9.64	<0.0001***
Se	1.45	1.39	1.16	0.93	27.55	<0.0001***
Cd	0.19	0.09	0.07	0.07	70.40	<0.0001***
Pb	78.25	94.88	90.55	106.05	2.16	0.1008
Cr	26.86	45.21	52.88	51.85	16.03	<0.0001***
Ni	10.43	21.56	25.47	27.81	24.34	<0.0001***
Hg	0.35	0.33	0.31	0.27	10.70	<0.0001***
As	20.11	20.87	20.25	20.56	0.59	0.6237
TN	3.35	2.42	1.87	1.38	41.26	<0.0001***
TP	0.24	0.25	0.23	0.19	11.17	<0.0001***
TK	22.27	29.78	31.28	32.55	73.28	<0.0001***
AN	246.39	264.39	205.83	150.79	17.77	<0.0001***
AP	1.98	0.84	0.58	0.31	24.10	<0.0001***
AK	80.04	109.88	101.95	110.56	10.59	<0.0001***

$P<0.01$，*$P<0.001$。

使用配对Sorensen指数将植物β多样性分成β-sim周转和β-nes嵌套组分，计算乔木层、灌木层和草本层植物的β多样性组分与不同深度的土壤化学性质的Person相关性及Mantel检验，结果见表5.6～表5.8。乔木层植物的β-sim组分与20～60cm土层中的TN、TP、AN、Cu和Hg元素呈显著正相关，与60～100cm土层中Cu和Hg元素呈显著正相关。乔木层植物的β-nes与0～60cm中AP、Fe、Cr和Ni元素有显著相关性。对于灌木层，β-sor仅与土壤环境中的TN、TP、AN和Cu有显著相关关系。草本层植物的β多样性的β-sim组分主要与0～20cm表层土中的TP、Cd和Ni元素呈显著正相关，而β-nes组分主要与0～20cm表层土中的AK、Cd和Ni元素呈显著负相关。

表5.6 不同土壤深度的环境因子与乔木层β多样性及其组分的相关性

元素	β-sor				β-sim				β-nes			
	0~20cm	20~40cm	40~60cm	60~100cm	0~20cm	20~40cm	40~60cm	60~100cm	0~20cm	20~40cm	40~60cm	60~100cm
TN	0.01	0.09**	0.11*	0.12	-0.0002	0.09	0.09**	0.00	0.001	-0.08	-0.23	-0.01
TP	0.06	0.04*	0.03*	0.07*	0.01	0.03*	0.02	0.02	0.00	0.00	0.002	0.00
TK	0.02	0.02	-0.001	0.02	0.01	0.01	-0.004	0.01	0.001	0.00	0.01	-0.01
AN	0.01	0.12**	0.13**	0.003	0.01	0.11**	0.1**	0.01	-0.001	0.00	-0.0002	-0.01
AP	-0.004	0.04	0.06	0.002	-0.02	0.01	0.05	0.00	0.05*	0.02	0.001	-0.01
AK	0.031*	-0.0001	0.03	0.02	0.05*	0.003	0.05*	0.05	-0.02	-0.03	-0.03	-0.04
B	0.05*	0.02	-0.002	0.00	0.01	0.01	-0.01	0.00	0.03	0.01	0.03	0.01
Cu	0.07**	0.08**	0.09**	0.07*	0.06*	0.06*	0.06*	0.04*	0.00	0.00	0.00	0.01
Fe	0.05*	0.03*	0.00	0.01	0.05*	0.01	-0.01	-0.001	0.05*	0.02	0.08**	0.07
Se	0.03*	-0.0004	0.002	-0.01	0.05*	0.001	0.001	-0.003	-0.02	-0.01	0.00	-0.001
Cd	0.004	-0.004	-0.04	0.00	0.01	-0.001	-0.01	0.01	-0.02	-0.01	-0.01	-0.01
Cr	0.001	-0.002	0.0002	-0.02	-0.01	-0.01	-0.01	-0.01	0.06*	0.01	0.03	-0.001
Ni	0.003	0.01	0.004	-0.01	-0.01	0.001	-0.003	-0.01	0.1**	0.04	0.08*	0.00
Hg	0.01	0.08***	0.10**	0.04*	0.02	0.09***	0.13**	0.04*	-0.03	-0.01	-0.03	-0.004

***P<0.001，**P<0.01，*P<0.05。

表5.7 不同土壤深度的环境因子与灌木层β多样性及其组分的相关性

元素	β-sor				β-sim				β-nes			
	0~20cm	20~40cm	40~60cm	60~100cm	0~20cm	20~40cm	40~60cm	60~100cm	0~20cm	20~40cm	40~60cm	60~100cm
TN	0.005	0.02*	0.02*	0.0004	0.01	0.02*	0.02*	0.15	-0.55	-0.01	-0.01	-0.002
TP	0.002	0.02*	0.01	0.001	0.001	0.01	0.01	0.008	0.002	-0.003	-0.01	-0.0003
TK	0.002	-0.002	-0.01	-0.01	0.001	-0.003	-0.028	-0.02	0.0001	0.004	0.02	0.01
AN	0.02*	0.04**	0.03	0.001	0.02	0.03*	0.03*	0.001	-0.01	-0.01	-0.01	-0.001
AP	0.01	0.004	0.02	0.002	0.01	0.01	0.02	0.002	-0.003	-0.005	-0.01	-0.001
AK	-0.13	-0.002	0.01	0.001	0.001	0.002	0.004	0.001	-0.003	-0.002	-0.002	0.001
B	-0.002	-0.0003	-0.01	-0.01	-0.001	-0.002	-0.02	-0.02	0.0001	0.004	0.01	0.02
Cu	0.02	0.03*	0.03	0.03	0.01	0.01	0.01	0.01	0.001	0.0006	-0.0001	-0.0004
Fe	0.0001	0.0001	-0.004	-0.01	0.001	-0.001	-0.01	-0.01	-0.002	0.0006	0.01	0.01
Se	0.01	-0.03	0.002	-0.01	0.0003	-0.002	0.001	-0.02	0.003	0.01	-0.03	0.01
Cd	0.003	0.01	-0.002	0.004	0.0001	0.004	-0.001	-0.01	0.002	-0.002	-0.002	0.004
Cr	0.001	0.02	-0.004	-0.003	-0.001	0.01	0.001	-0.001	0.004	-0.006	-0.01	-0.002
Ni	0.01	0.03	0.001	0.0001	0.002	0.02	0.003	0.002	0.0001	-0.001	-0.01	-0.01
Hg	-0.01	0.003	0.02	0.01	-0.001	0.0002	0.01	0.02	0.001	0.001	0.001	-0.02

**$P<0.01$，*$P<0.05$。

表5.8 不同土壤深度的环境因子与草本层β多样性及其组分的相关性

元素	β-sor				β-sim				β-nes			
	0~20cm	20~40cm	40~60cm	60~100cm	0~20cm	20~40cm	40~60cm	60~100cm	0~20cm	20~40cm	40~60cm	60~100cm
TN	0.69	0.04*	0.01	−0.13	0.01	0.013	0.002	0.002	−0.28	0.65	0.01	0.003
TP	0.14**	0.02	0.001	0.05	0.06**	0.01	0	0.02*	−0.12	−0.03	0.002	−0.01
TK	0.16	−0.003	−0.02	0.10	−0.04	−0.001	−0.01	−0.0001	0.0002	−0.001	0	−0.001
AN	0.03*	0.04*	0.02	0.07	0.01	0.01	0.002	0	0.001	0.01	0.01	0
AP	−0.34	0.002	0.001	−0.14	−0.01	0	0.02	0.01	0.02	0.01	0.002	0.02
AK	0.01	0.01	0.03	0.01	0.02	0.01	0.03	0.02	−0.03*	−0.002	−0.01	−0.01
B	0.03*	0.04*	0.01	0.04*	0.03	0.05*	0.02	0.05**	−0.02	−0.03	−0.02	−0.03*
Cu	0.02	0.02	0.02	0.01	0.001	0.002	0.002	0	0.02	0.02	0.02	0.02
Fe	0.02	0.02	0.01	0.02	0.02	0.03*	0.01	0.03*	−0.01	−0.02	−0.004	−0.01
Se	0.02	0.0004	0.01	0.01	0.01	0.001	0.003	0.01	0.002	−0.1	−0.001	−0.01
Cd	0.15***	0.02	0.01	0.01	0.13***	0.01	0.01	0.02	−0.04*	−0.009	−0.001	−0.01
Cr	−0.0002	0.03	−0.003	0.002	−0.01	0.04	−0.0004	−0.003	0.02	−0.02	−0.001	−0.004
Ni	0.08**	0.12**	0.03*	0.02	0.09**	0.11**	0.03	0.03	−0.05**	−0.03	−0.02	−0.02
Hg	0.01	0.06**	0.05**	0.02	0.01	0.05**	0.002	0.004	−0.0004	−0.01	0.09**	0.01

***$P<0.001$，**$P<0.01$，*$P<0.05$。

5.4.3　不同土壤深度对β多样性的贡献量

使用GDM模型拟合不同土壤深度的环境因子对乔木层、灌木层和草本层植物β多样性的贡献量，发现土壤深度环境因子对乔木深度的β多样性解释度最高，为63.5%，灌木深度最低，平均解释度为24.5%（图5.10）。随着土壤深度的增加，土壤环境因子对乔木、灌木和草本的β多样性的模型解释度逐渐减少，而0~20cm的土壤对植被的β多样性解释度高于其他土壤深度。60~100cm的土壤深度环境因子对乔木深度、灌木深度和草本层的β多样性解释度最低。

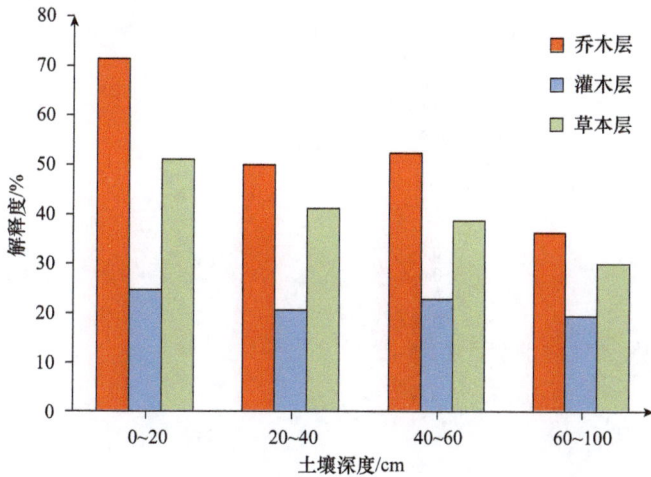

图5.10　不同土壤深度环境因子对植物β多样性的贡献量

I-spline样条函数拟合物种组成矩阵和环境矩阵的关系，样条函数的参数指示海拔、地理距离和不同土壤深度环境因子对乔木深度、灌木深度和草本层β多样性的影响（图5.11）。乔木深度β多样性主要受到海拔和0~60cm土壤深度环境中部分元素含量的影响，其中包括AN、Fe和重金属Ni元素，另外60~100cm土壤中的Fe和Se元素对乔木深度β多样性也有重要影响。灌木深度的β多样性主要受到海拔、地理距离和0~60cm的土壤深度环境因子的影响，包括0~20cm土壤中K、AK、Cu和Hg元素，20~40cm土壤中TN、AN、K、Hg和Ni元素，以及40~60cm土壤中的Cr、Ni元素，60~100cm土壤对灌木深度的物种组成影响较弱。草本层β多样性主要受到海拔、B、Cd、Ni元素的影响，0~40cm的土壤对草本物种组成的影响较强。

海拔对乔木深度和草本层植物的β多样性及周转组分有更重要的贡献，对灌木层植物β多样性及其组分的贡献较小。这可能与林下的灌木深度植物通过改变自身的功能性状来适应环境，林内水热条件异质性较小，海拔反映的降水、气温和光辐射等条件产生的变化对于灌木植物的限制较低（黄润霞等，2020）。基于GDM模型计算的南岭植物群落物种组成相异性随地理距离的增加而呈现空间递增格局，不同土壤深度环境因子对

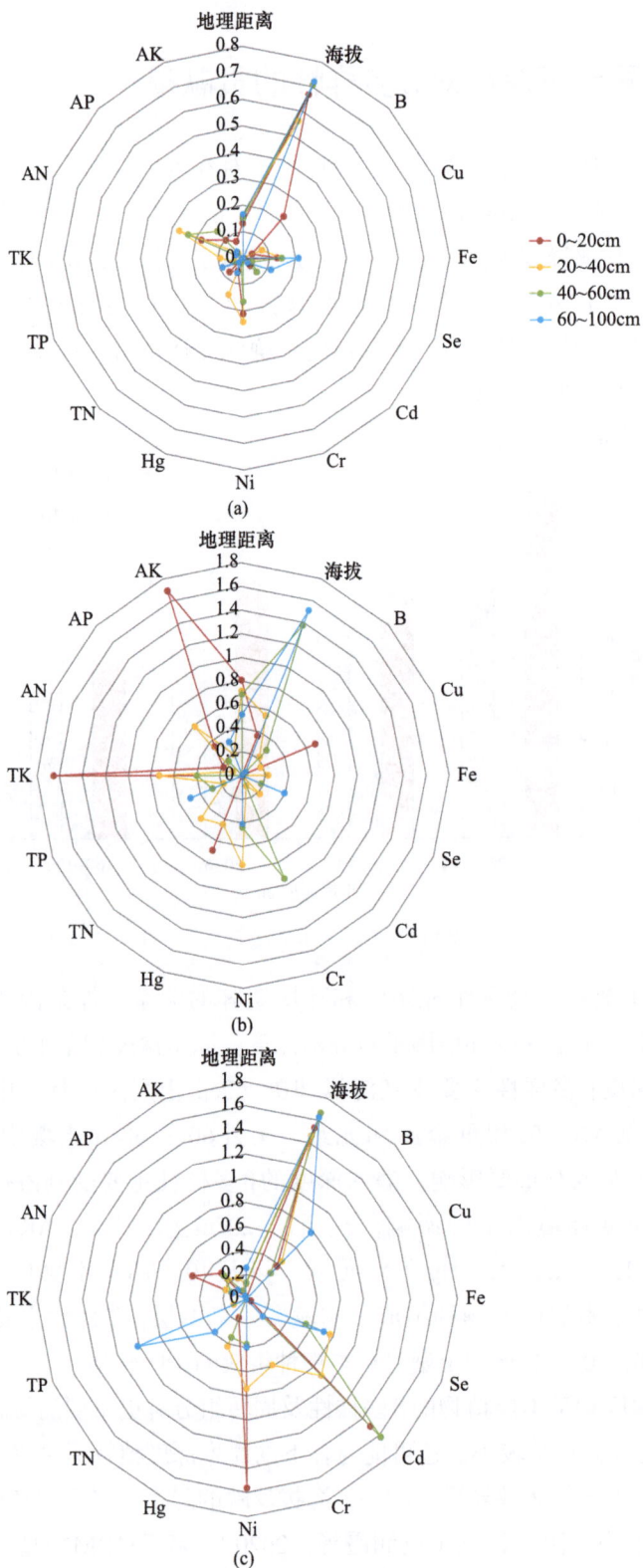

图5.11 环境因子对乔木（a）、灌木（b）和草本（c）β多样性影响

乔木层、灌木层和草本层植物的β多样性呈现不同的影响，这证明海拔、土壤因子等环境因素指示的环境过滤过程和以地理距离为表征的扩散限制共同作用于南岭植物群落β多样性及其组分，这与在中国其他山地的研究结果一致（桂旭君等，2019；姜小蕾等，2020）。环境过滤和扩散限制对植物群落β多样性及其组分的相对贡献存在差异，扩散限制作用对乔木层、灌木层和草本层的解释度分别为8.78%、16.64%和5.38%，而海拔和土壤等环境因子对乔木层、灌木层和草本层β多样性的解释度远远大于扩散限制作用的解释度，这与对山地群落多样性的研究得到的结果类似。这说明在南岭山地生态系统中，环境异质性较大，对山地生态系统物种组成和格局变化起到主导作用。

5.5 南岭植物多样性与生产力关系研究

在全球物种灭绝速度骤增的今天，随着人类对地球的利用和开发，物种灭绝可能带来严重的生态系统功能退化问题，生物多样性与生产力的关系问题已是亟待解决的重要问题（Brun et al.，2019）。近20年来，生态学家致力于通过各种手段与方法来研究物种多样性与生态系统功能的关系以及维持二者作用的内在机制，发现物种多样性与生产力直接存在正相关、负相关、单峰曲线和不相关4种关系。其中，普渡大学的Liang Jingjing教授于2016年在 *Science* 发表的文章中提到，森林群落在全球尺度上存在正向的生物多样性-生产力关系。也有研究表明，森林生态系统还存在负相关和不相关的情况（Cavard et al.，2010；Vilà et al.，2013）。关于物种多样性与生产力的关系研究还存在争议，也尚未找到合适的理论来诠释（郭梦昭等，2019）。本节基于南岭山地乔木固定样地两期调查数据，分析南岭山地不同植被类型的植物生产力差异，利用线性回归探讨不同植被类型的生物多样性与生产力的关系，从而为南岭山地生物多样性分布格局及物种保护的研究提供科学依据。

5.5.1 乔木死亡和增补的物种多样性

除了树木自身的生长量之外，森林生态系统的生产力还与树木的死亡和幼苗幼树的增补有关。统计南岭国家级自然保护区21个乔木固定样地2017年和2020年两期树木死亡与新增情况，发现不同植被类型群落的死亡和幼树增补物种多样性与个体数存在一定的差异（图5.12）。其中，山地常绿阔叶林的样地内树木死亡物种数最多，其次是沟谷常绿阔叶林和针阔混交林。而这3年间胸径大小超过1cm的乔木增补数量也存在差异，增补物种数最多的是沟谷常绿阔叶林，其次是山地常绿阔叶林、针阔混交林。山顶常绿阔叶矮林内的死亡物种数和新增物种数最低，与矮林群落的物种结构相对简单有关。

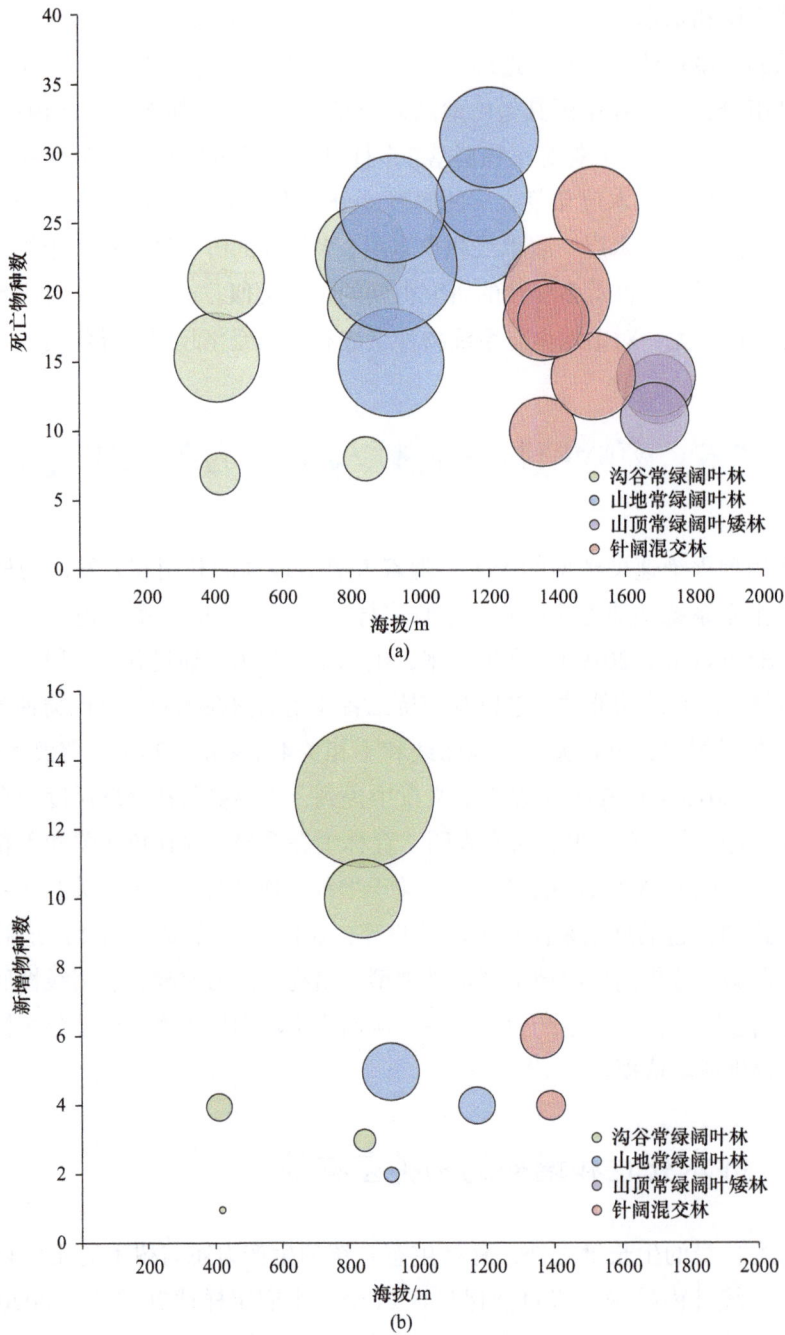

图 5.12　样地乔木死亡与新增物种数

　　考虑到整体乔木数量，乔木死亡率最高的是沟谷常绿阔叶林，其次是针阔混交林、山顶常绿阔叶矮林和山地常绿阔叶林。增补率随着海拔升高呈现逐渐降低的趋势，其中最高的是沟谷常绿阔叶林，其次是山地常绿阔叶林、针阔混交林和山顶常绿阔叶矮林（图 5.13）。通过分析乔木的死亡率和增补率，可以发现中海拔的山地常绿阔叶林死亡率较低，增补率适中，存在较好的发育趋势。

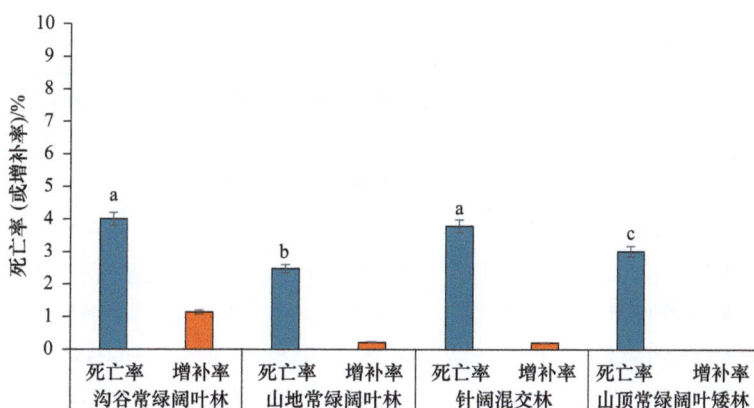

图5.13 不同植被类型乔木死亡率和增补率

5.5.2 不同植被类型的乔木生产力

通过异速生长模型计算样地乔木的生物量,统计出21个0.16hm²样地的两期地上生物量和,计算出三年间样地的地上生物量生产力。其中,NL01R1样地的生物量生产力最多,达3984.75kg,NL07R3样地的生物量生产力最少,由于样地内一株胸径高达55cm的青冈死亡,极大程度上抵消树木生长和新乔木增补产生的生物量生产力,所以整个样地的生物量生产力呈负值,为−771.45kg(表5.9)。

表5.9 样地乔木地上生物量及生物量生产力

样方号	植被类型	海拔/m	2017年地上生物量/kg	2020年地上生物量/kg	生物量生产力/kg	生物量增长率/%
NL01R1	沟谷常绿阔叶林	843	31586.43	35571.17	3984.75	12.62
NL01R2	沟谷常绿阔叶林	839	30184.05	31618.50	1434.44	4.75
NL01R3	沟谷常绿阔叶林	842	28951.41	31943.49	2992.08	10.33
NL02R1	沟谷常绿阔叶林	413	18575.41	20379.38	1803.97	9.71
NL02R2	沟谷常绿阔叶林	421	22471.03	24741.25	2270.22	10.10
NL02R3	沟谷常绿阔叶林	439	34485.25	37570.78	3085.53	8.95
NL03R1	山地常绿阔叶林	1170	35167.75	38345.99	3178.24	9.04
NL03R2	山地常绿阔叶林	1182	35138.46	38577.05	3438.59	9.79
NL03R3	山地常绿阔叶林	1205	29668.71	32423.08	2754.37	9.28
NL08R1	山地常绿阔叶林	920	34293.90	36344.74	2050.84	5.98
NL08R2	山地常绿阔叶林	918	25658.63	26899.99	1241.36	4.84
NL08R3	山地常绿阔叶林	925	27714.60	30055.58	2340.98	8.45
NL06R1	针阔叶混交林	1360	9406.29	11900.53	2494.24	26.52
NL06R2	针阔叶混交林	1504	13401.25	16238.38	2837.13	21.17

样方号	植被类型	海拔/m	2017年地上生物量/kg	2020年地上生物量/kg	生物量生产力/kg	生物量增长率/%
NL06R3	针阔混交林	1398	30924.13	32473.45	1549.32	5.01
NL07R1	针阔混交林	1360	54667.96	56768.38	2100.42	3.84
NL07R2	针阔混交林	1388	89185.46	92308.81	3123.35	3.50
NL07R3	针阔混交林	1517	54401.76	53630.31	−771.45	−1.42
NL05R1	山顶常绿阔叶矮林	1698	15019.51	17124.18	2104.67	14.01
NL05R2	山顶常绿阔叶矮林	1691	22552.37	22826.55	274.18	1.22
NL05R3	山顶常绿阔叶矮林	1687	16704.44	18537.95	1833.51	10.98

比较不同植被类型的地上生物量生产力，发现沟谷常绿阔叶林的平均地上生物量生产力高于其他植被类型，山地常绿阔叶林其次，山顶常绿阔叶矮林的地上生物量生产力最低。通过方差分析及多重比较，发现沟谷常绿阔叶林、山地常绿阔叶林和针阔混交林的地上生物量生产力之间没有显著差异，而沟谷常绿阔叶林、山地常绿阔叶林和针阔混交林的地上生物量生产力均与山顶常绿阔叶矮林的地上生物量生产力之间存在显著差异（图5.14）。

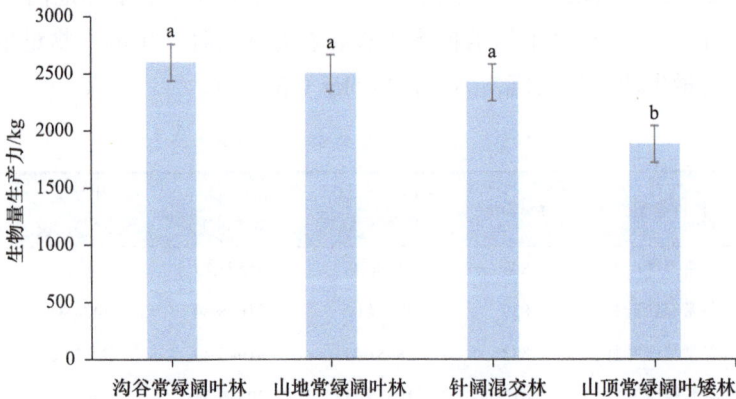

图5.14　不同植被类型生物量生产力

5.5.3　物种多样性与生产力的关系

计算样地内乔木的物种数、Shannon-Wiener指数、Simpson指数和Pielou均匀度指数，分析乔木的物种多样性与生产力之间的关系。可以发现，乔木的物种多样性与其地上生物量生产力呈现正向的相关关系，不同的多样性指数对年平均生产力的解释度存在差异。其中，乔木物种数与年平均生产力最相关，Shannon-Wiener指数对地上生物量生产力的解释度次之，Simpson指数与Pielou均匀度指数对地上生物量生产力的解释度最低，如图5.15。本次分析没有剔除NL07R3样地的地上生物量生产力，通过分析得知，该样

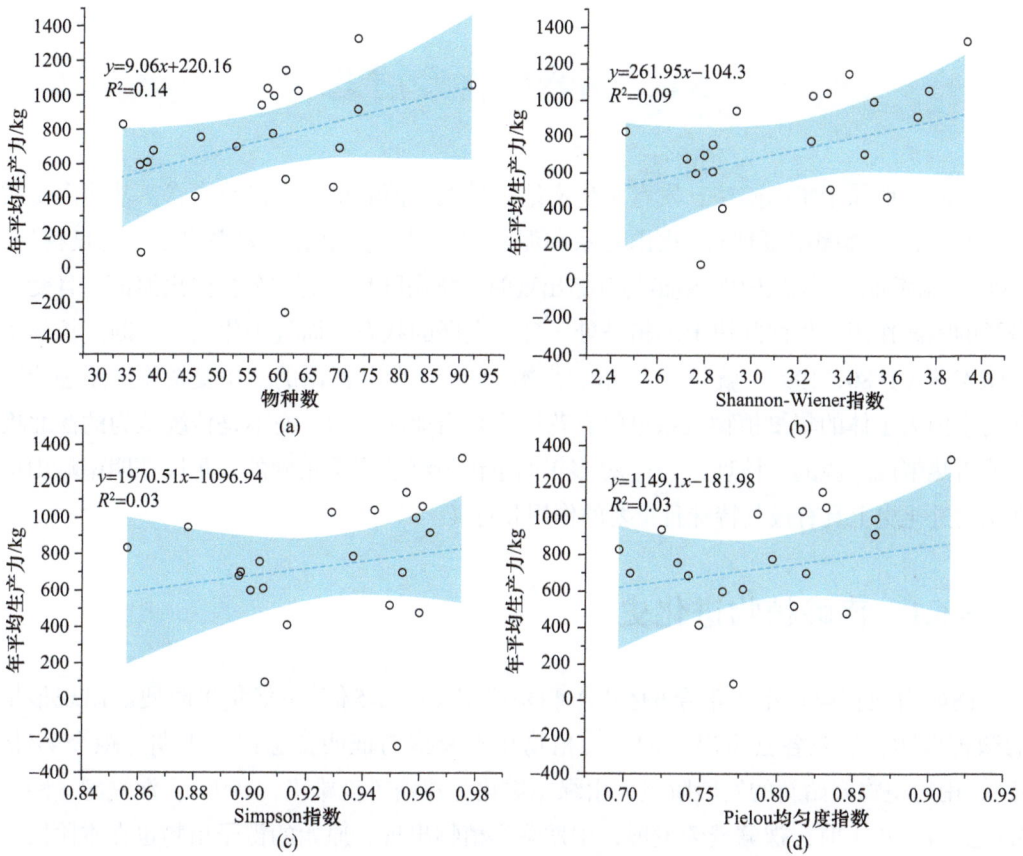

图5.15　不同多样性指数与生物量生产力之间的关系

地内一株胸径高达55cm的青冈死亡，极大程度上抵消树木生长和新乔木增补产生的生物量增量，使得整个样地的生物量生产力呈负值，本节认为该数据为合理数据。

乔木的物种多样性与其地上生物量生产力呈现正向的相关关系，这与Liang等（2016）使用全球范围内的自然生态系统关系数据得到的结论相同。然而，也有研究发现，物种多样性与生产力存在单峰的关系（Mittelbach et al.，2001；Fraser et al.，2015）。Burn等（2019）认为，观察性研究可能提供了一幅有限的自然群落生产力与物种多样性关系的视角，但是物种多样性等于物种数量这一假设相当粗糙，使得观察性研究得到的结果准确性受到限制。森林生态系统是陆地生物多样性的重要组成部分，但是森林退化、气候变化等因子一定程度上造成树木物种多样性丧失，可能产生更大的负面影响（Gourlet-Fleury et al.，2004）。特别是在物种多样性热点地区，森林砍伐和物种多样性丧失可能对森林生态系统的生产力产生相当大的影响（McCarthy et al.，2012；Chen et al.，2020）。对于物种多样性与生产力关系及多样性丧失对生产力的影响等还需要进一步的研究。

5.6　南岭植物发展史

南岭山地属于华南陆块，发育了华南地区最大规模的早中生代花岗岩，基地由变质的新元古代—奥陶纪复理石–火山岩系和泥盆纪—早三叠纪沉积岩系组成（舒良树等，2006）。据考证，泥盆纪中陆生植物开始出现时，华南陆块已有部分裸露出海面，且受到海洋的隔离作用，华南陆块上的植被处于独立发展的状态，而且进化从未中断。植物学家张宏达（1980，1994）就是基于南岭植物区系特点萌芽提出的"华夏植物区系理论"，认为中国为主体的华夏植物区系里的有花植物是当地起源的，而不是传统认为的泛北极区或古热带区起源的。该理论经过20多年的争论最终证实是正确的，足以证明南岭山地在生物进化史上具有极其特殊且重要的作用和意义。

5.6.1　南岭植物进化史

南岭山地在震旦纪（距今6亿年）和寒武纪（距今5亿～6亿年）时便已出现最早的微古植物。广东各县市出土的南岭植物化石及孢粉证明，志留纪末期（距今4.4亿年），南岭植物开始新的发展阶段，由绿藻进化为裸蕨（庞雄飞，1993）。泥盆纪（距今3.5亿～4亿年）时，裸蕨繁荣发展，中期蕨类植物出现，原始的裸子植物也在本阶段形成。真蕨类、石松、种子蕨等植物在石炭纪（距今2.85亿～3.5亿年）阶段出现且繁荣发展，在二叠纪（距今2.3亿～2.85亿年）初期衰落，同期裸子植物繁盛。中生代的三叠纪（距今1.95亿～2.3亿年），裸子植物进一步发展，同期原始有花植物开始出现。侏罗纪（距今1.37亿～1.95亿年）时期，真蕨、苏铁、银杏和松柏类繁盛。在白垩纪（距今0.67亿～1.37亿年）阶段，被子植物大量出现，并在第三纪迅速发展，形成茂密的森林。第四纪冰期使南岭以北喜温植物大量死亡，对东亚温带的植物群落产生重要影响。冰期结束后，南岭保存下来的喜温植物重新向北扩展，逐渐形成现代植物群落。

5.6.2　南岭现存孑遗植物

孑遗植物指起源古老的植物，在新生代第三纪或更早有广泛的分布，大部分因为地质、气候的变化而灭绝，极少数未受到环境巨变影响存活下来，只存在于很小的范围内。这些植物的形状和在化石中发现的植物基本相同，保留了其远古祖先的原始形状，且其近缘类群多已灭绝，因此比较孤立、进化缓慢，也被称为"活化石"植物。南岭山地作为第四纪冰期植物的避难所，现存的森林还存有丰富的孑遗植物。当前中国有100多种孑遗植物，南岭山地当前记录的孑遗植物有25种（庞雄飞，1993），详见表5.10。

表 5.10 南岭山地现存孑遗植物

现存孑遗植物	拉丁名	距今时间	地质年代
松叶蕨	*Psilotum nudum*	距今2.3亿～5.7亿年	古生代
石松	*Lycopodium* spp.	距今2.4亿～5.7亿年	古生代
卷柏	*Selaginella* spp.	距今2.5亿～5.7亿年	古生代
莲座蕨	*Angiopteris* spp.	距今2.6亿～5.7亿年	古生代
银杏	*Ginkgo biloba*	距今2.3亿年	三叠纪
紫萁	*Osmunda* spp.	距今2.3亿年	中生代前期
芒萁	*Dicranopteris* spp.	距今2.3亿年	中生代前期
里白	*Diplopterygium* spp.	距今1.45亿～2.0亿年	中生代前期
金毛狗	*Cibotium barometz*	距今1.45亿～2.0亿年	侏罗纪
苏铁蕨	*Brainea insignis*	距今1.45亿～2.0亿年	侏罗纪
乌毛蕨	*Blechum orientalis*	距今1.45亿～2.0亿年	侏罗纪
桫椤	*Cyathea* spp.	距今1.45亿～2.0亿年	侏罗纪
苏铁	*Cycas* spp.	距今1.45亿～2.0亿年	侏罗纪
海金沙	*Lygodium* spp.	距今1.45亿～2.0亿年	侏罗纪
水松	*Glyptostrobus pensilis*	距今6550万～1.455亿年	白垩纪
福建柏	*Fokienia hodginsii*	距今6550万～1.455亿年	白垩纪
穗花杉	*Amentotaxus argotaenia*	距今6550万～1.455亿年	白垩纪
杉	*Cunnighanmia lanceolate*	距今260万～6500万年	第三纪
柳杉	*Cryptomeria fortunei*	距今260万～6500万年	第三纪
水杉	*Metasequoia glyptostroboides*	距今260万～6500万年	第三纪
观光木	*Tsoongiodendron odorum*	距今260万～6500万年	第三纪
石笔木	*Tutcheria* sp.	距今260万～6500万年	第三纪
猪血木	*Euryodendron excelsum*	距今260万～6500万年	第三纪
半枫荷	*Semiliquidambar* spp.	距今260万～6500万年	第三纪
四药门花	*Tetrathyrium subcordatum*	距今260万～6500万年	第三纪

5.6.3 南岭现存珍稀濒危植物

南岭山地作为古老孑遗植物的中心发源地之一，也是许多科属植物的现代起源和演化中心，生长许多中国特有种和地方特有种。众多学者对南岭地区的珍稀植物调查研究可以追溯到20多年前，其中张金泉（1993）对南岭国家级自然保护区乳阳八宝山的国家级和省级保护植物进行统计，共记录26种；李镇魁等（1996）对乳阳八宝山的珍稀濒危物种又进行了调查，共记录25种；王发国等（2004）统计广东省界内南岭地区的珍稀濒危植物有37种；于慧等（2005）在韶关乐昌记录到38种珍稀濒危植物。

由于地方野生和栽培珍稀植物调查标本数量的扩增，近些年对南岭现存珍稀濒危植物的调查取得极为可观的进步,其中王发国等(2021)对韶关珍稀濒危植物进行补充调查和系统整理,共收录119种野生珍稀濒危植物。南岭国家公园筹建办公室2021年收录南岭国家公园范围内共有珍稀濒危野生植物120种,包括2种国家Ⅰ级重点保护野生植物和118种国家Ⅱ级重点保护野生植物。周平等于2019~2022年在南岭国家级自然保护区进行了生物多样性科学考察,结合标本和历史数据分析,根据2021《国家重点保护野生植物名录》统计得知,广东南岭国家级自然保护区共有2种国家Ⅰ级重点保护野生植物和83种国家Ⅱ级重点保护野生植物。依据IUCN的濒危物种等级统计显示,南岭国家级自然保护区有极危物种(Critical Species,CR)2种、濒危物种(Endangered Species,EN)8种、易危物种(Vulnerable Species,VU)17种、近危物种(Near Threatened Species,NT)4种和无危物种(Least Concern,LC)5种,详见表5.11。

表5.11　广东南岭国家级自然保护区珍稀濒危植物

中文名	拉丁名	保护等级	IUCN级别	中文名	拉丁名	保护等级	IUCN级别
多纹泥炭藓	*Sphagnum multifibrosum*	二级		细茎石斛	*Dendrobium moniliforme*	二级	
长柄石杉	*Huperzia javanica*	二级		独蒜兰	*Pleione bulbocodioides*	二级	LC
昆明石杉	*Huperzia kunmingensis*	二级		台湾独蒜兰	*Pleione formosana*	二级	VU
南岭石杉	*Huperzia nanlingensis*	二级		墨兰	*Cymbidium sinense*	二级	VU
四川石杉	*Huperzia sutchueniana*	二级		六角莲	*Dysosma pleiantha*	二级	
千层塔(蛇足石杉)	*Huperzia serrata*	二级		八角莲	*Dysosma versipellis*	二级	VU
华南马尾杉	*Phlegmariurus austrosinicus*	二级		毛八角莲	*Dysosma hispida*	二级	
福氏马尾杉	*Phlegmariurus fordii*	二级		黄连	*Coptis chinensis*	二级	
闽浙马尾杉	*Phlegmariurus mingcheensis*	二级		短萼黄连	*Coptis chinensis* var. *brevisepala*	二级	EN
有柄马尾杉	*Phlegmariurus petiolatus*	二级		长柄双花木	*Disanthus cercidifolius* subsp. *longipes*	二级	
马尾杉	*Phlegmariurus phlegmaria*	二级		山豆根	*Euchresta japonica*	二级	VU
福建观音座莲	*Angiopteris fokiensis*	二级		小叶红豆	*Ormosia microphylla* Merr	一级	
金毛狗	*Cibotium barometz*	二级		野大豆	*Glycine soja*	二级	
桫椤	*Alsophila spinulosa*	二级	NT	光叶红豆	*Ormosia glaberrima*	二级	
平鳞黑桫椤	*Gymnosphaera henryi*	二级		花榈木	*Ormosia henryi*	二级	VU
黑桫椤	*Gymnosphaera podophylla*	二级	LC	秃叶红豆	*Ormosia nuda*	二级	
大叶黑桫椤	*Gymnosphaera gigantea*	二级	LC	软荚红豆	*Ormosia semicastrata*	二级	
水蕨	*Ceratopteris thalictroides*	二级	VU	苍叶红豆	*Ormosia semicastrata* f. *pallida*	二级	
苏铁蕨	*Brainea insignis*	二级	VU	木荚红豆	*Ormosia xylocarpa*	二级	
华南五针松	*Pinus kwangtungensis*	二级	NT	大叶榉树	*Zelkova schneideriana*	二级	NT

续表

中文名	拉丁名	保护等级	IUCN级别	中文名	拉丁名	保护等级	IUCN级别
百日青	*Podocarpus neriifolius*	二级		长穗桑	*Morus wittiorum*	二级	LC
福建柏	*Fokienia hodginsii*	二级	VU	伞花木	*Eurycorymbus cavaleriei*	二级	LC
穗花杉	*Amentotaxus argotaenia*	二级		梧桐	*Firmiana simplex*	二级	
篦子三尖杉	*Cephalotaxus oliveri*	二级	VU	伯乐树	*Bretschneidera sinensis*	二级	NT
南方红豆杉	*Taxus wallichiana* var. *mairei*	一级	VU	金荞麦	*Fagopyrum dibotrys*	二级	
白豆杉	*Pseudotaxus chienii*	二级	VU	茶	*Camellia sinensis*	二级	
莼菜	*Brasenia schreberi*	二级	CR	小花金花茶	*Camellia micrantha*	二级	EN
金耳环	*Asarum insigne*	二级		棱果秤锤树	*Sinojackia henryi*	二级	
天竺桂	*Cinnamomum japonicum*	二级	VU	中华猕猴桃	*Actinidia chinensis*	二级	
闽楠	*Phoebe bournei*	二级	VU	金花猕猴桃	*Actinidia chrysantha*	二级	
龙舌草	*Ottelia alismoides*	二级		条叶猕猴桃	*Actinidia fortunatii*	二级	
金线兰	*Anoectochilus roxburghii*	二级	EN	巴戟天	*Morinda officinalis*	二级	
浙江金线兰	*Anoectochilus zhejiangensis*	二级	EN	七叶一枝花	*Paris polyphylla*	二级	
白及	*Bletilla striata*	二级	EN	华重楼	*Paris polyphylla* var. *chinensis*	二级	
杜鹃兰	*Cremastra appendiculata*	二级		疣粒野生稻	*Oryza granulata*	二级	
建兰	*Cymbidium ensifolium*	二级	VU	华南锥	*Castanopsis concinna*	二级	
蕙兰	*Cymbidium faberi*	二级		金柑	*Citrus japonica*	二级	
多花兰	*Cymbidium floribundum*	二级	VU	红椿	*Toona ciliata*	二级	
春兰	*Cymbidium goeringii*	二级		香果树	*Emmenopterys henryi*	二级	
寒兰	*Cymbidium kanran*	二级	VU	驼峰藤	*Merrillanthus hainanensis*	二级	EN
广东石斛	*Dendrobium kwangtungense*	二级	CR	报春苣苔	*Primulina tabacum*		二级
美花石斛	*Dendrobium loddigesii*	二级	VU	扣树	*Ilex kaushue*		二级
罗河石斛	*Dendrobium lohohense*	二级	EN				

参 考 文 献

陈碧海，吴林芳，何碧胜，等. 2020. 海拔梯度对广东古兜山木本植物生物量及碳储量的影响. 林业与环境科学，36（5）：97-103.

陈芳. 2011. 莽山植物种多样性及其土壤理化性质关系的研究. 长沙：湖南农业大学.

陈林，董安强，王发国，等. 2010. 广东南岭国家级自然保护区疏齿木荷＋福建柏群落结构与物种多样性研究. 热带亚热带植物学报，18（1）：9.

陈林，龚粤宁，谢国光，等. 2012. 广东南岭国家级自然保护区珍稀濒危植物及其保护. 植物科学学报，（3）：277-284.

陈灵芝. 1993. 中国的生物多样性-现状及保护对策. 北京：科学出版社.

陈涛. 1993. 南岭植物区系的研究. 生态科学，（1）：166-170.

陈锡沐，李镇魁，冯志坚，等. 1999. 南岭国家级自然保护区种子植物区系分析. 华南农业大学学报，（1）：100-105.

成夏岚，董安强，邢福武，等. 2010. 广东南岭秋色叶植物群落结构特点及其生态园林应用. 广西林业科学，（1）：29-32.

成夏岚，巫远坤，邢福武，等. 2008. 八宝山秋叶植物资源及其园林应用评价. 安徽农业科学，（5）：1832-1834，1878.

董安强. 2010. 广东南岭国家级自然保护区植物群落学研究. 北京：中国科学院.

傅立国. 1989. 中国珍稀濒危植物. 上海：上海教育出版社.

桂旭君，练琚愉，张入匀，等. 2019. 鼎湖山南亚热带常绿阔叶林群落垂直结构及其物种多样性特征. 生物多样性，27（6）：619-629.

郭梦昭，高露双，范春雨. 2019. 物种多样性与生产力研究进展. 世界林业研究，32（3）：18-23.

郝莹莹，罗小波，仲波，等. 2017. 基于植被分区的中国植被类型分类方法. 遥感技术与应用，32（2）：315-323.

黄阶华，吴林芳，钟慧聪，等. 2021. 广东南山保护区常绿阔叶林主要树种空间分布格局和空间关联. 林业与环境科学，37（1）：36-42.

黄润霞，徐明锋，刘婷，等. 2020. 亚热带5种森林类型林下植物物种多样性及其环境解释. 西南林业大学学报，40（2）：53-62.

姜小蕾，孙振元，郝青，等. 2020. 崂山次生林群落β多样性格局及其组分的驱动因素. 生态学杂志，39（10）：3211-3220.

蒋志刚，马克平，韩兴国. 1997. 保护生物学. 杭州：浙江科学技术出版社.

黎昌汉，严岳鸿，邢福武. 2005. 广东南岭自然保护区堇菜属植物垂直分布格局的研究. 热带亚热带植物学报，（2）：139-142.

李锡文. 1996. 中国种子植物区系统计分析. 云南植物研究，18（4）：22.

李镇魁，吴志敏，冯志坚. 1996. 广东省珍稀濒危植物资源的研究. 华南农业大学学报，17（2）：98-102.

林谕彤，李海滨，黄潇洒，等. 2018. 广东惠州莲花山木本植物的多样性和生物量沿海拔的变化及相关性分析. 植物资源与环境学报，27（4）：42-52.

刘敏. 2010. 南岭国家级自然保护区低山常绿阔叶林植物群落分析. 广东林业科技，26（3）：65-70.

鲁如坤. 2000. 土壤农业化学分析方法. 北京：中国农业科技出版社.

庞雄飞. 1993. 南岭山地生物群落简史. 生态科学，（1）：21-33.

庞雄飞. 2003. 广东南岭国家级自然保护区生物多样性研究. 广州：广东科技出版社.

秦浩. 2018. 山西高原植物群落多样性格局与构建机制. 太原：山西大学.

舒良树，周新民，邓平，等. 2006. 南岭构造带的基本地质特征. 地质论评，52（2）：15.

束祖飞，卢学理，陈立军，等. 2018. 利用红外相机技术对广东车八岭国家级自然保护区兽类和鸟类资源的初步调查. 兽类学报，38(5)：504-512.

宋相金，邹发生. 2017. 车八岭鸟类图鉴. 广州：广东科技出版社.

唐绍清. 1981. 粤北大东山植物区系研究. 广州：中山大学.

田怀珍，邢福武. 2008. 南岭国家级自然保护区兰科植物物种多样性的海拔梯度格局. 生物多样性，（1）：75-82.

田先华. 2002. 中国裸子植物的物种多样性. 陕西师范大学继续教育学报, 19 (1): 3.

王发国, 陈振明, 陈红锋, 等. 2013. 南岭国家级自然保护区植物区系与植被. 武汉: 华中科技大学出版社.

王发国, 叶华谷, 叶育石, 等. 2004. 广东省珍稀濒危植物地理分布研究. 热带亚热带植物学报, 12 (1): 21-28.

王发国, 周宏, 龚粤宁, 等. 2021. 韶关珍稀濒危植物. 北京: 中国林业出版社.

王荷生. 2000. 中国植物区系的性质和各成分间的关系. 植物多样性, 22 (2): 1-3.

吴兆洪, 秦仁昌. 1991. 中国蕨类植物科属志. 北京: 科学出版社.

吴征镒. 1991. 中国种子植物属的分布区类型. 云南植物研究, 增刊IV: 1-139.

邢福武, 严岳鸿, 陈红锋, 等. 2012. 南岭植物物种多样性编目. 武汉: 华中科技大学出版社.

徐卫, 杨婷, 李泽华, 等. 2022. 广东南岭植物群落物种多样性沿海拔梯度分布格局. 林业与环境科学, 38 (1): 9-17.

徐翔. 2018. 中国热带亚热带山地种子植物多样性格局的机制研究. 北京: 华北电力大学.

徐燕千. 1993. 车八岭国家级自然保护区调查研究综合报告//车八岭国家级自然保护区调查研究论文集编委会. 车八岭国家级自然保护区调查研究论文集. 广州: 广东科技出版社: 1-7.

严岳鸿, 何祖霞, 陈红锋, 等. 2004. 广东石门台自然保护区珍稀濒危植物及其保护. 广西植物, 24 (1): 6.

叶华谷, 陈邦余. 2005. 乐昌植物志. 广州: 广东世界出版公司.

叶华谷, 彭少麟. 2006. 广东植物物种多样性编目. 北京: 世界图书出版公司.

于慧, 叶华谷, 叶育石, 等. 2005. 广东省乐昌市珍稀濒危植物及保育. 华南农业大学学报, 26 (2): 77-80.

张奠湘, 李世晋. 2011. 南岭植物名录. 北京: 科学出版社.

张宏达. 1980. 华夏植物区系的起源与发展. 中山大学学报 (自然科学版), 1 (1): 89-98.

张宏达. 1994. 再论华夏植物区系的起源. 中山大学学报 (自然科学版), (2): 1-9.

张金泉. 1993. 广东乳阳八宝山自然保护区的植被特点. 生态科学, (1): 39-124.

张璐, 李镇魁, 苏志尧, 等. 2007a. 南岭国家级自然保护区森林群落的数量分类与排序. 华南农业大学学报, (3): 71-75.

张璐, 苏志尧, 李镇魁. 2007b. 南岭国家级自然保护区森林群落β多样性随海拔梯度的变化. 热带亚热带植物学报, (6): 506-512.

张文馨. 2016. 山东植物群落及其物种多样性分布格局与形成机制. 济南: 山东大学.

仲铭锦, 廖文波. 1995. 广东种子植物区系科的组成及其特点. 广西植物, 15 (1): 8.

周国逸, 张虹鸥, 周平. 2018. 南岭山地的多学科综合研究价值. 热带地理, 38 (3): 293-298.

周平, 刘智勇. 2018. 南岭同纬度带典型区域气候特征差异与成因分析. 热带地理, 38 (3): 299-311.

朱彪, 陈安平, 刘增力, 等. 2004. 南岭东西段植物群落物种组成及其树种多样性垂直格局的比较. 生物多样性, 12 (1): 53-62.

Baselga A. 2010. Partitioning the turnover and nestedness components of beta diversity. Global Ecology and

Biogeography, 19: 134-143.

Brun P, Zimmermann N E, Graham C H, et al. 2019. The productivity-biodiversity relationship varies across diversity dimensions. Nature Communications, 10 (1): 1-11.

Cavard X, Bergeron Y, Chen H Y H, et al. 2010. Mixed-species effect on tree aboveground carbon pools in the east-central boreal forests. Canadian Journal of Forest Research, 40 (1): 37-47.

Chase J M. 2010. Stochastic community assembly causes higher biodiversity in more productive environments. Science, 328: 1388-1391.

Chen Y, Huang Y, Niklaus P A, et al. 2020. Directed species loss reduces community productivity in a subtropical forest biodiversity experiment. Nature Ecology & Evolution, 4 (4): 550-559.

Fraser L H, Pither J, Jentsch A, et al. 2015. Worldwide evidence of a unimodal relationship between productivity and plant species richness. Science, 349: 302-305.

Gourlet-Fleury S, Guehl J M, Laroussinie O. 2004. Ecology and Management of a Neotropical Rainforest: Lessons Drawn from Paracou, a Long-term Experimental Research Site in French Guiana. Paris: Elsevier.

König C, Weigelt P, Kreft H. 2017. Dissecting global turnover in vascular plants. Global Ecology and Biogeography, 26 (2): 228-242.

Liang J, Crowther T W, Picard N, et al. 2016. Positive biodiversity-productivity relationship predominant in global forests. Science, 354 (6309): aaf8957.

Liu Y, Zhang Y P, He D M, et al. 2007. Climatic control of plant species richness along elevation gradients in the Longitudinal Range-Gorge Region. Chinese Science Bulletin, 52 (2): 50-58.

Martins P M, Poulin R, Goucalves S T. 2021. Drivers of parasite β-diversity among anuran hosts depend on scale, realm and parasite group. Philosophical Transactions of the Royal Society B, 376 (1837): 20200367.

McCarthy D P, Donald P F, Scharlemann J P W, et al. 2012. Financial costs of meeting global biodiversity conservation targets: Current spending and unmet needs. Science, 338 (6109): 946-949.

Mittelbach G G, Steiner C F, Scheiner S M, et al. 2001. What is the observed relationship between species richness and productivity? Ecology, 82: 2381-2396.

Mori A S, Isbell F, Seidl R. 2018. β-diversity, community assembly, and ecosystem functioning. Trends in Ecology & Evolution, 33 (7): 549-564.

Mori A S, Shiono T, Koide D, et al. 2013. Community assembly processes shape an altitudinal gradient of forest biodiversity. Global Ecology and Biogeography, 22 (7): 878-888.

Pausas J G, Austin M P. 2001. Patterns of plant species richness in relation to different environments: An appraisal. Journal of Vegetation Science, 12 (2): 153-166.

Sánchez-González A, López-Mata L. 2005. Plant species richness and diversity along an altitudinal gradient in the Sierra Nevada, Mexico. Diversity and Distributions, 11 (6): 567-575.

Vilà M, Carrillo-Gavilán A, Vayreda J, et al. 2013. Disentangling biodiversity and climatic determinants of wood production. PLoS One, 8 (2): e53530.

第6章 南岭动物多样性

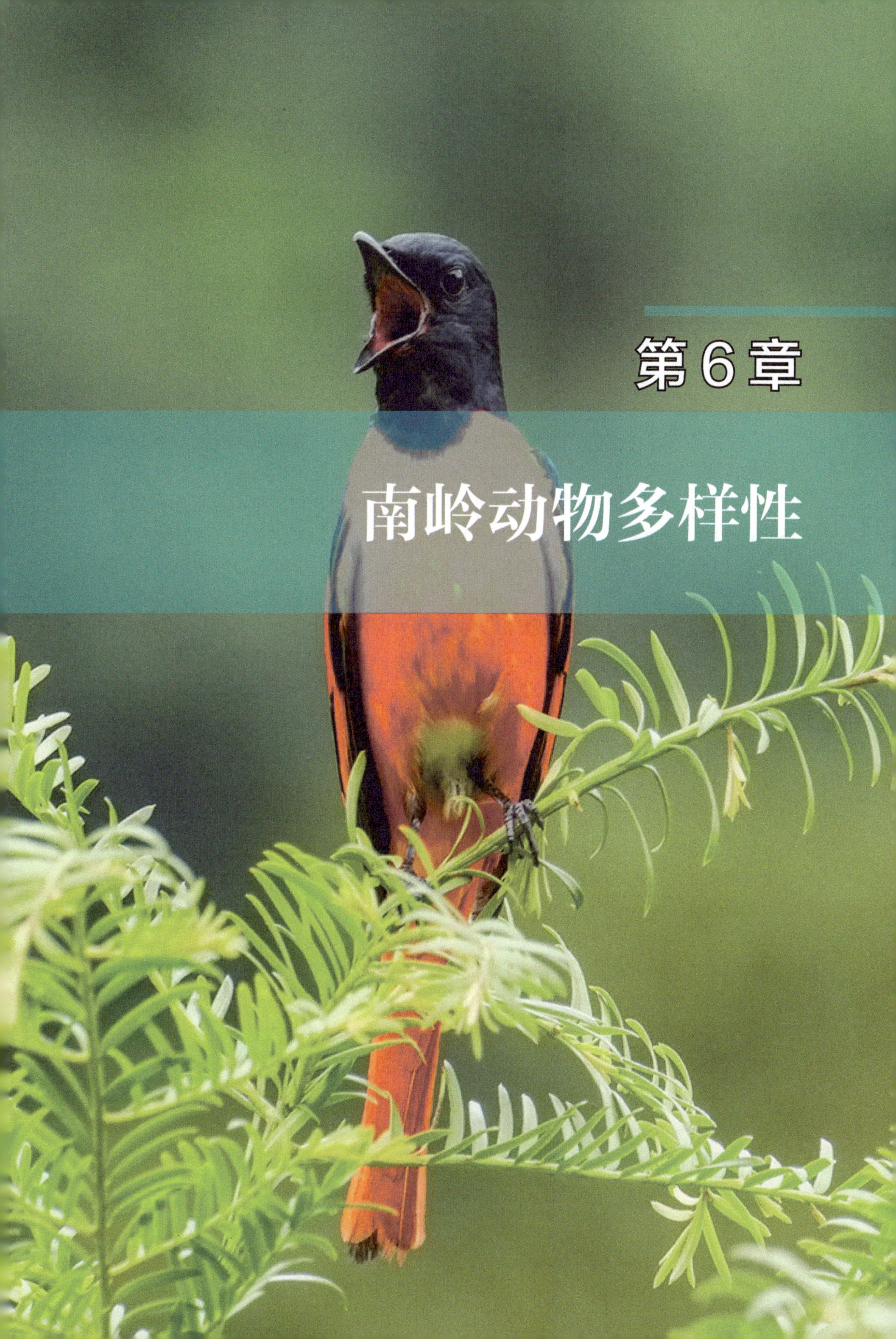

"什么决定了物种的多样性?"是生态学和保护生物学相关领域最受关注的科学问题之一。生物多样性分布格局是一系列复杂过程的结果,在时间和空间维度上系统地探究物种多样性的变化规律依然是当代生态学家和保护生物学家面临的巨大挑战。目前,全球气候变化和环境破坏带来的生态问题受到社会的广泛关注。这些变化对生物多样性会造成何种影响是一个急需解决的问题,而解决该问题首先就是要理清目前生物多样性分布格局的形成机制。物种的空间分布格局是历史条件下物种分化和环境影响的结果,反映了物种对环境变化的适应情况,因此研究生物多样性分布格局不仅有助于了解决定多样性空间分布格局的机制,也有助于预测全球气候和环境变化对生物多样性的影响。

山地生态系统是生物多样性热点区域的典型代表。山地海拔落差大,有着复杂多样的环境,蕴藏着丰富的自然资源,同时也孕育了丰富的生物多样性。根据联合国环境规划署世界保护监测中心对山地的定义,山地面积约占全球陆地面积的27%(Blyth,2002)。《世界自然保护联盟濒危物种红色名录》(IUCN,2015年)(http://www.iucnredlist.org)的数据显示,山地生态系统是生物多样性和濒危物种的宝库和庇护所;全球有超过50%的保护区都在山区建立。山地生态系统在整个地球的生态系统中有着极其重要的地位。南岭山脉(23°37′N～27°14′N,109°43′E～116°41′E)(图6.1)地处湘、桂、粤、闽、赣五省(自治区)的边境,是中国南部最大的山脉和重要的自然地理界线,也是长江、珠江水系的分水岭。该区是我国14个具有国际意义的陆地生物多样性关键地区之一(陈灵芝,1993)。虽然南岭山脉的物种丰富,但目前该区的研究仅有一些以自然保护区为主的调查和研究,缺乏针对整个南岭山脉的物种分布格局的研究工作。

早在19世纪初,我国已经有学者开始在南岭山脉地区进行相关的生物学研究。但相对于对横断山区、青藏高原、秦岭等我国典型地带生物多样性的研究与了解而言,南岭地区的生物多样性起步较晚、成果不多,而以植物多样性方面的研究较为丰富,许多学者在南岭地区进行了众多有关植物区系与植被的调查研究,但是动物多样性的研究少之又少。较早期的综合性研究是由庞雄飞(2003年)院士组织的广东南岭国家级自然保护区多样性研究,其中包括脊椎动物多样性的章节;其次香港嘉道理农场暨植物园从20世纪90年代开始,在南岭山脉的广东、广西地区开展了动物多样性科学考察工作。近10年间,南岭山脉广东地区围绕保护区生物多样性保护成效开展了一系列的动植物调查工作,如开展了广东省林业自然保护区第一期动植物多样性监测体系建设工作,出版了系列专著,如《广东陆生脊椎动物分布名录》(邹发生和叶冠峰,2016年)、《广东南岭国家级自然保护区动物多样性研究》(邹发生等,2018a年)、《广东南雄小流坑-青嶂山省级自然保护区动植物资源调查成果汇编》(邹发生和张英宏,2018年),

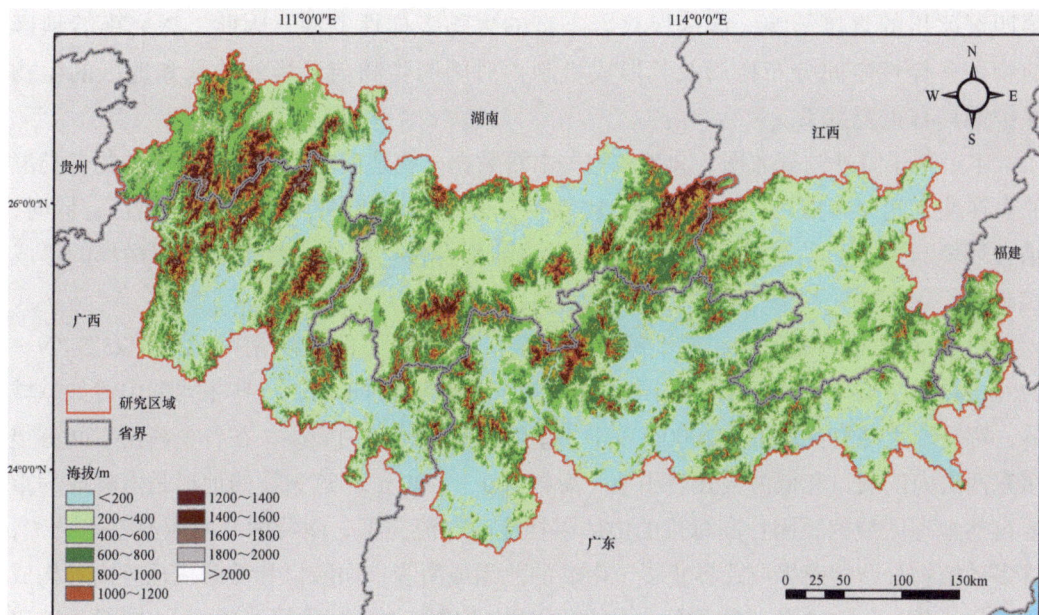

图6.1 南岭山地脊椎动物多样性研究区域

掀起了南岭山脉动植物调查的一个小高潮。除广东外的其他南岭山脉地区有《湖南动物志（鸟纲 雀形目）》（邓学建等，2013年）、《广西陆生脊椎动物分布名录》（周放等，2011年）等书籍可供参阅。

在前人研究的基础上，本章主要通过以下几方面内容：陆生脊椎动物物种多样性、昆虫多样性、保护区体系的研究案例（以车八岭和南岭国家级保护区为例）以及华南虎的分布与保护等研究，对南岭地区的动物多样性及其相关的保护研究进行初步梳理，以便为大家勾勒出该重要区域动物多样性的一个轮廓。

6.1 南岭陆生脊椎动物物种多样性

我们熟知的"多样性"的概念主要有四个层次：生态（功能）多样性、有机体或分类多样性、遗传多样性以及文化多样性。物种是有机体分类中最基本的分类单元，属于有机体多样性的范畴。物种多样性不但承载着个体和生物群落的遗传多样性，也是生态系统多样性的基本组成单元之一，因此物种多样性是生物多样性中极为重要的一环。现阶段，生物多样性的焦点问题是生物多样性的保育。而生物多样性保育的第一原则就是在有限资源的条件下对多样性高的地区进行保护。南岭山脉作为我国南方东西走向的重要地理屏障，是很多动物分布的过渡带；由于没有受到第四纪冰川的直接影响，该区保存着丰富的生物多样性资源。因此，探究南岭地区的物种多样性空间分布格局及其形成机制，对阐明生物与环境的关系和地区的生物保护都具有重要意义。

本节基于野外调查数据、文献和相关书籍数据，构建南岭现生陆生脊椎动物各类群的多样性空间分布格局，描述南岭地区陆生脊椎动物物种多样性空间格局特征；同时，结合环境与人类活动等影响因子，探究南岭陆生脊椎动物多样性空间分布格局的形成机制。

研究区域地处湘、桂、粤、闽、赣五省（自治区）的边境南岭山脉（23°37′N～27°14′N，109°43′E～116°41′E）（图6.1），整个山脉呈东西走向，一些主要的山岭如越城岭、都庞岭主峰海拔均可达2000m以上。南岭山脉整体较为破碎，在各个高山之间有很多东西走向的隘口和低海拔丘陵山地（海拔500～1200m）。这独特的地形是南岭成为重要自然地理区域的原因：高海拔的山体阻挡冷暖气流交汇，南岭南北两侧温差4～5℃，许多动植物分布的南界或北界止步于南岭的北缘或南缘；而隘口和低海拔丘陵山地构成了扩散通道，许多亚热带物种凭借这些通道向北扩张（陈宜瑜等，1986）。同时，破碎的山势、多变的走向造成了丰富的小气候，使得南岭成为南北生物的交汇地带以及多个类群的避难地和分化中心（陈涛和张宏达，1994）。

6.1.1　南岭陆生脊椎动物物种

我们结合野外调查数据、文献和相关书籍数据，构建南岭地区陆生脊椎动物各个类群的名录。在中国知网、万方和Web of Science等文献数据库，以"南岭""南岭五岭"（越城岭、都庞岭、萌渚岭、骑田岭、大庾岭）或五岭周边山地（具体地名）搭配"哺乳动物（哺乳类）""鸟类""两栖类""爬行类""生物多样性"为关键词，进行文献搜索；另通过地方动物志、植被志等书籍，查阅南岭区域内的地区生物物种多样性数据；最后汇总为研究区域的动物名录。据此，我们在南岭山脉地区共记录了823种陆生脊椎动物，其中哺乳类动物123种，鸟类动物548种，爬行类动物63种，以及两栖类动物88种（表6.1～表6.4）。

南岭地区的123种哺乳类动物隶属8目30科（表6.1）。其中，国家一级保护动物5种，分别是豺、云豹、金猫、林麝和穿山甲；国家二级保护动物15种，分别为狼、貉、赤狐、豹猫、小爪水獭、水獭、黄喉貂、黑熊、中华鬣羚、中华斑羚、毛冠鹿、短尾猴、熊猴、猕猴、藏酋猴；广东省重点保护动物7种，分别为小麂、赤麂、印度假吸血蝠、食蟹獴、大菊头蝠、中国豪猪、红背鼯鼠。另外，南岭地区哺乳动物区系组成以东洋界物种为主（70种），其次为广布种（32种）。

表6.1　南岭哺乳类动物名录

目	科	中文名	学名
食肉目（Carnivora）			
	犬科（Canidae）		
		豺	*Cuon alpinus*
		狼	*Canis lupus*
		貉	*Nyctereutes procyonoides*
		赤狐	*Vulpes vulpes*
	猫科（Felidae）		
		云豹	*Neofelis nebulosa*
		金钱豹	*Panthera pardus*
		金猫	*Pardofelis temminckii*
		豹猫	*Prionailurus bengalensis*
	獴科（Herpestidae）		
		爪哇獴	*Herpestes javanicus*
		食蟹獴	*Herpestes urva*
	鼬科（Mustelidae）		
		小爪水獭	*Aonyx cinerea*
		猪獾	*Arctonyx collaris*
		水獭	*Lutra lutra*
		黄喉貂	*Martes flavigula*
		狗獾	*Meles leucurus*
		鼬獾	*Melogale moschata*
		黄腹鼬	*Mustela kathiah*
		黄鼬	*Mustela sibirica*
	熊科（Ursidae）		
		黑熊	*Ursus thibetanus*
	灵猫科（Viverridae）		
		果子狸	*Paguma larvata*
		大灵猫	*Viverra zibetha*
		小灵猫	*Viverricula indica*
		斑林狸	*Prionodon pardicolor*
偶蹄目（Cetartiodactyla）			
	牛科（Bovidae）		
		中华鬣羚	*Capricornis milneedwardsii*
		中华斑羚	*Naemorhedus griseus*

续表

目	科	中文名	学名
偶蹄目（Cetartiodactyla）	鹿科（Cervidae）		
		毛冠鹿	*Elaphodus cephalophus*
		小麂	*Muntiacus reevesi*
		赤麂	*Muntiacus vaginalis*
		马来水鹿	
	麝科（Moschidae）		
		林麝	*Moschus berezovskii*
	猪科（Suidae）		
		野猪	*Sus scrofa*
翼手目（Chiroptera）			
	鞘尾蝠科（Emballonuridae）		
		黑髯墓蝠	*Taphozous melanopogon*
		大墓蝠	*Taphozous theobaldi*
	蹄蝠科（Hipposideridae）		
		三叶蹄蝠	*Aselliscus stoliczkanus*
		无尾蹄蝠	*Coelops frithii*
		大蹄蝠	*Hipposideros armiger*
		中蹄蝠	*Hipposideros larvatus*
		小蹄蝠	*Hipposideros pomona*
		普氏蹄蝠	*Hipposideros pratti*
	假吸血蝠科（Megadermatidae）		
		印度假吸血蝠	*Megaderma lyra*
	犬吻蝠科（Molossidae）		
		皱唇犬吻蝠	*Tadarida plicata*
	狐蝠科（Pteropodidae）		
		犬蝠	*Cynopterus sphinx*
		棕果蝠	*Rousettus leschenaultii*
	菊头蝠科（Rhinolophidae）		
		中菊头蝠	*Rhinolophus affinis*
		马铁菊头蝠	*Rhinolophus ferrumequinum*
		华南菊头蝠	*Rhinolophus huananus*
		短翼菊头蝠	*Rhinolophus lepidus*
		大菊头蝠	*Rhinolophus luctus*
		大耳菊头蝠	*Rhinolophus macrotis*
		皮氏菊头蝠	*Rhinolophus pearsoni*

续表

目	科	中文名	学名
翼手目（Chiroptera）		小菊头蝠	*Rhinolophus pusillus*
		中华菊头蝠	*Rhinolophus sinicus*
	蝙蝠科（Vespertilionidae）		
		大黑伏翼	*Arielulus circumdatus*
		大棕蝠	*Eptesicus serotinus*
		南蝠	*Ia io*
		哈氏彩蝠	*Kerivoula hardwickii*
		亚洲长翼蝠	*Miniopterus schreibersii*
		中管鼻蝠	*Murina huttoni*
		西南鼠耳蝠	*Myotis altarium*
		尖耳鼠耳蝠	*Myotis blythii*
		大足鼠耳蝠	*Myotis pilosus*
		中华鼠耳蝠	*Myotis chinensis*
		绯鼠耳蝠	*Myotis formosus*
		华南水鼠耳蝠	*Myotis laniger*
		普通伏翼	*Pipistrellus pipistrellus*
		高颅鼠耳蝠	*Myotis siligorensis*
		中华山蝠	*Nyctalus plancyi*
		东亚伏翼	*Pipistrellus abramus*
		锡兰伏翼	*Pipistrellus ceylonicus*
		小伏翼	*Pipistrellus tenuis*
		斑蝠	*Scotomanes ornatus*
		小黄蝠	*Scotophilus kuhlii*
		小扁颅蝠	*Tylonycteris pachypus*
		毛翼管鼻蝠	*Harpiocephalus harpia*
		褐扁颅蝠	*Tylonycteris robustula*
劳亚食虫目（Eulipotyphla）			
	猬科（Erinaceidae）		
		东北刺猬	*Erinaceus amurensis*
		中国鼩猬	*Neotetracus sinensis*
	鼩鼱科（Soricidae）		
		微尾鼩	*Anourosorex squamipes*
		喜马拉雅水麝鼩	*Chimarrogale himalayica*
		利安得水麝鼩	*Chimarrogale leander*
		灰麝鼩	*Crocidura attenuata*

续表

目	科	中文名	学名
劳亚食虫目（Eulipotyphla）		臭鼩	*Suncus murinus*
	鼹科（Talpidae）		
		华南缺齿鼹	*Mogera insularis*
		长吻鼹	*Euroscaptor longirostris*
鳞甲目（Pholidota）			
	鲮鲤科（Manidae）		
		穿山甲	*Manis pentadactyla*
灵长目（Primates）			
	猴科（Cercopithecidae）		
		短尾猴	*Macaca arctoides*
		熊猴	*Macaca assamensis*
		猕猴	*Macaca mulatta*
		藏酋猴	*Macaca thibetana*
啮齿目（Rodentia）			
	豪猪科（Hystricidae）		
		帚尾豪猪	*Atherurus macrourus*
		中国豪猪	*Hystrix hodgsoni*
	兔科（Leporidae）		
		华南兔	*Lepus sinensis*
	刺山鼠科（Platacanthomyidae）		
		猪尾鼠	*Typhlomys nanus*
	松鼠科（Sciuridae）		
		毛耳飞鼠	*Belomys pearsonii*
		赤腹松鼠	*Callosciurus erythraeus*
		珀氏长吻松鼠	*Dremomys pernyi*
		红腿长吻松鼠	*Dremomys pyrrhomerus*
		红颊长吻松鼠	*Dremomys rufigenis*
		红白鼯鼠	*Petaurista alborufus*
		红背鼯鼠	*Petaurista petaurista*
		霜背大鼯鼠	*Petaurista philippensis*
		白斑小鼯鼠	*Petaurista punctatus*
		倭花鼠	*Tamiops maritimus*
	仓鼠科（Cricetidae）		
		东方田鼠	*Alexandromys fortis*
		黑腹绒鼠	*Eothenomys melanogaster*

续表

目	科	中文名	学名
啮齿目（Rodentia）	鼠科（Muridae）		
		青毛巨鼠	*Berylmys bowersi*
		黑线姬鼠	*Apodemus agrarius*
		中华姬鼠	*Apodemus draco*
		喜马拉雅姬鼠	*Apodemus pallipes*
		褐家鼠	*Berylmys bowersi*
		笔尾树鼠	*Chiropodomys gliroides*
		白腹巨鼠	*Leopoldamys edwardsi*
		巢鼠	*Micromys minutus*
		小家鼠	*Mus musculus*
		北社鼠	*Niviventer confucianus*
		针毛鼠	*Niviventer fulvescens*
		拟刺毛鼠	*Niviventer huang*
		东亚屋顶鼠	*Rattus brunneusculus*
		黄毛鼠	*Rattus losea*
		黄胸鼠	*Rattus tanezumi*
	鼹型鼠科（Spalacidae）		
		银星竹鼠	*Rhizomys pruinosus*
		中华竹鼠	*Rhizomys sinensis*
攀鼩目（Scandentia）			
	树鼩科（Tupaiidae）		
		北树鼩	*Tupaia belangeri*

南岭地区的526种鸟类隶属18目71科（表6.2）。其中，国家重点保护鸟类共85种，国家Ⅰ级重点保护鸟类9种，如中华秋沙鸭、黄嘴白鹭等。国家Ⅱ级重点保护鸟类76种，如斑头秋沙鸭、斑头大翠鸟等。广东省重点保护动物18种，如白喉斑秧鸡、白颈鸦、芦鹀等。南岭地区鸟类区系组成以广布种为主（256种），其次为东洋界物种（186种）、古北界物种（18种）。

表6.2　南岭鸟类名录

目	科	中文名	学名
雁形目（Anseriformes）			
	鸭科（Anatidae）		
		鸳鸯	*Aix galericulata*
		针尾鸭	*Anas acuta*
		绿翅鸭	*Anas crecca*
		绿头鸭	*Anas platyrhynchos*

续表

目	科	中文名	学名
雁形目（Anseriformes）		斑嘴鸭	*Anas poecilorhyncha*
		白额雁	*Anser albifrons*
		灰雁	*Anser anser*
		鸿雁	*Anser cygnoid*
		小白额雁	*Anser erythropus*
		豆雁	*Anser fabalis*
		青头潜鸭	*Aythya baeri*
		红头潜鸭	*Aythya ferina*
		凤头潜鸭	*Aythya fuligula*
		鹊鸭	*Bucephala clangula*
		小天鹅	*Cygnus columbianus*
		栗树鸭	*Dendrocygna javanica*
		白腹海雕	*Haliaeetus leucogaster*
		罗纹鸭	*Mareca falcata*
		赤颈鸭	*Mareca penelope*
		赤膀鸭	*Mareca strepera*
		斑头秋沙鸭	*Mergellus albellus*
		普通秋沙鸭	*Mergus merganser*
		中华秋沙鸭	*Mergus squamatus*
		棉凫	*Nettapus coromandelianus*
		花脸鸭	*Sibirionetta formosa*
		琵嘴鸭	*Spatula clypeata*
		白眉鸭	*Spatula querquedula*
		赤麻鸭	*Tadorna ferruginea*
		翘鼻麻鸭	*Tadorna tadorna*
雨燕目（Apodiformes）			
	雨燕科（Apodidae）		
		短嘴金丝燕	*Aerodramus brevirostris*
		小白腰雨燕	*Apus nipalensis*
		白腰雨燕	*Apus pacificus*
		白喉针尾雨燕	*Hirundapus caudacutus*
夜鹰目（Caprimulgiformes）			
	夜鹰科（Caprimulgidae）		
		林夜鹰	*Caprimulgus affinis*
		普通夜鹰	*Caprimulgus jotaka*

续表

目	科	中文名	学名
鸻形目（Charadriiformes）			
	鸻科（Charadriidae）		
		环颈鸻	*Charadrius alexandrinus*
		金眶鸻	*Charadrius dubius*
		长嘴剑鸻	*Charadrius placidus*
		东方鸻	*Charadrius veredus*
		金鸻	*Pluvialis fulva*
		灰鸻	*Pluvialis squatarola*
		灰头麦鸡	*Vanellus cinereus*
		凤头麦鸡	*Vanellus vanellus*
		白脸鸻	*Charadrius dealbatus*
	燕鸻科（Glareolidae）		
		须浮鸥	*Chlidonias hybrida*
		鸥嘴噪鸥	*Gelochelidon nilotica*
		普通燕鸻	*Glareola maldivarum*
		红嘴巨鸥	*Hydroprogne caspia*
		白额燕鸥	*Sterna albifrons*
	蛎鹬科（Haematopodidae）		
		蛎鹬	*Haematopus ostralegus*
	雉鸻科（Jacanidae）		
		水雉	*Hydrophasianus chirurgus*
	鸥科（Laridae）		
		白翅浮鸥	*Chlidonias leucoptera*
		海鸥	*Larus canus*
		红嘴鸥	*Larus ridibundus*
		小黑背鸥	*Larus fuscus*
	反嘴鹬科（Recurvirostridae）		
		黑翅长脚鹬	*Himantopus himantopus*
	彩鹬科（Rostratulidae）		
		彩鹬	*Rostratula benghalensis*
	鹬科（Scolopacidae）		
		矶鹬	*Actitis hypoleucos*
		翻石鹬	*Arenaria interpres*

续表

目	科	中文名	学名
鸻形目（Charadriiformes）		三趾滨鹬	*Calidris alba*
		黑腹滨鹬	*Calidris alpina*
		流苏鹬	*Calidris pugnax*
		红颈滨鹬	*Calidris ruficollis*
		长趾滨鹬	*Calidris subminuta*
		扇尾沙锥	*Gallinago gallinago*
		大沙锥	*Gallinago megala*
		孤沙锥	*Gallinago solitaria*
		针尾沙锥	*Gallinago stenura*
		斑尾塍鹬	*Limosa lapponica*
		黑尾塍鹬	*Limosa limosa*
		姬鹬	*Lymnocryptes minimus*
		白腰杓鹬	*Numenius arquata*
		小杓鹬	*Numenius minutus*
		中杓鹬	*Numenius phaeopus*
		丘鹬	*Scolopax rusticola*
		鹤鹬	*Tringa erythropus*
		林鹬	*Tringa glareola*
		青脚鹬	*Tringa nebularia*
		白腰草鹬	*Tringa ochropus*
		红脚鹬	*Tringa totanus*
鹳形目（Ciconiiformes）	鹭科（Ardeidae）		
		大白鹭	*Ardea alba*
		苍鹭	*Ardea cinerea*
		中白鹭	*Ardea intermedia*
		草鹭	*Ardea purpurea*
		池鹭	*Ardeola bacchus*
		大麻（千干鸟）	*Botaurus stellaris*
		牛背鹭	*Bubulcus ibis*
		绿鹭	*Butorides striata*
		黄嘴白鹭	*Egretta eulophotes*
		白鹭	*Egretta garzetta*
		栗头（千干鸟）	*Gorsachius goisagi*
		海南（千干鸟）	*Gorsachius magnificus*
		黑冠（千干鸟）	*Gorsachius melanolophus*

续表

目	科	中文名	学名
鹳形目（Ciconiiformes）		栗苇（千干鸟）	*Ixobrychus cinnamomeus*
		紫背苇（千干鸟）	*Ixobrychus eurhythmus*
		黄斑苇（千干鸟）	*Ixobrychus sinensis*
		夜鹭	*Nycticorax nycticorax*
		黑鳽	*Ixobrychus flavicollis*
	鹳科（Ciconiidae）		
		东方白鹳	*Ciconia boyciana*
		黑鹳	*Ciconia nigra*
	鹮科（Threskiornithidae）		
		白琵鹭	*Platalea leucorodia*
		黑头白鹮	*Threskiornis melanocephalus*
鸽形目（Columbiformes）			
	鸠鸽科（Columbidae）		
		绿翅金鸠	*Chalcophaps indica*
		斑尾鹃鸠	*Macropygia unchall*
		珠颈斑鸠	*Spilopelia chinensis*
		灰斑鸠	*Streptopelia decaocto*
		山斑鸠	*Streptopelia orientalis*
		火斑鸠	*Streptopelia tranquebarica*
		红翅绿鸠	*Treron sieboldii*
佛法僧目（Coraciiformes）			
	翠鸟科（Alcedinidae）		
		普通翠鸟	*Alcedo atthis*
		斑头大翠鸟	*Alcedo hercules*
		斑鱼狗	*Ceryle rudis*
		蓝翡翠	*Halcyon pileata*
		白胸翡翠	*Halcyon smyrnensis*
		冠鱼狗	*Megaceryle lugubris*
	佛法僧科（Coraciidae）		
		三宝鸟	*Eurystomus orientalis*
	蜂虎科（Meropidae）		
		栗喉蜂虎	*Merops philippinus*
		蓝喉蜂虎	*Merops viridis*
		栗头蜂虎	*Merops leschenaulti*

续表

目	科	中文名	学名
鹃形目（Cuculiformes）			
	杜鹃科（Cuculidae）		
		八声杜鹃	*Cacomantis merulinus*
		小鸦鹃	*Centropus bengalensis*
		褐翅鸦鹃	*Centropus sinensis*
		翠金鹃	*Chrysococcyx maculatus*
		红翅凤头鹃	*Clamator coromandus*
		大杜鹃	*Cuculus canorus*
		四声杜鹃	*Cuculus micropterus*
		小杜鹃	*Cuculus poliocephalus*
		中杜鹃	*Cuculus saturatus*
		噪鹃	*Eudynamys scolopaceus*
		霍氏鹰鹃	*Hierococcyx nisicolor*
		鹰鹃	*Hierococcyx sparverioides*
		绿嘴地鹃	*Phaenicophaeus tristis*
		乌鹃	*Surniculus dicruroides*
		北鹰鹃	*Hierococcyx hyperythrus*
隼形目（Falconiformes）			
	鹰科（Accipitridae）		
		褐耳鹰	*Accipiter badius*
		苍鹰	*Accipiter gentilis*
		日本松雀鹰	*Accipiter gularis*
		雀鹰	*Accipiter nisus*
		赤腹鹰	*Accipiter soloensis*
		凤头鹰	*Accipiter trivirgatus*
		松雀鹰	*Accipiter virgatus*
		白腹隼雕	*Aquila fasciata*
		白肩雕	*Aquila heliaca*
		草原雕	*Aquila nipalensis*
		褐冠鹃隼	*Aviceda jerdoni*
		黑冠鹃隼	*Aviceda leuphotes*
		灰脸鵟鹰	*Butastur indicus*
		普通鵟	*Buteo japonicus*
		毛脚鵟	*Buteo lagopus*
		白尾鹞	*Circus cyaneus*
		鹊鹞	*Circus melanoleucos*

续表

目	科	中文名	学名
隼形目（Falconiformes）		白腹鹞	*Circus spilonotus*
		乌雕	*Clanga clanga*
		黑翅鸢	*Elanus caeruleus*
		栗鸢	*Haliastur indus*
		林雕	*Ictinaetus malaiensis*
		黑鸢	*Milvus migrans*
		鹰雕	*Nisaetus nipalensis*
		凤头蜂鹰	*Pernis ptilorhynchus*
		蛇雕	*Spilornis cheela*
	隼科（Falconidae）		
		红脚隼	*Falco amurensis*
		游隼	*Falco peregrinus*
		猛隼	*Falco severus*
		燕隼	*Falco subbuteo*
		红隼	*Falco tinnunculus*
		白腿小隼	*Microhierax melanoleucus*
	鹗科（Pandionidae）		
		鹗	*Pandion haliaetus*
鸡形目（Galliformes）			
	雉科（Phasianidae）		
		白额山鹧鸪	*Arborophila gingica*
		棕胸竹鸡	*Bambusicola fytchii*
		灰胸竹鸡	*Bambusicola thoracicus*
		红腹锦鸡	*Chrysolophus pictus*
		鹌鹑	*Coturnix japonica*
		中华鹧鸪	*Francolinus pintadeanus*
		原鸡	*Gallus gallus*
		白鹇	*Lophura nycthemera*
		环颈雉	*Phasianus colchicus*
		勺鸡	*Pucrasia macrolopha*
		蓝胸鹑	*Synoicus chinensis*
		黄腹角雉	*Tragopan caboti*
		红腹角雉	*Tragopan temminckii*
鹤形目（Gruiformes）			
	鹤科（Gruidae）		
		灰鹤	*Grus grus*

续表

目	科	中文名	学名
鹤形目（Gruiformes）	秧鸡科（Rallidae）		
		白胸苦恶鸟	*Amaurornis phoenicurus*
		花田鸡	*Coturnicops exquisitus*
		白骨顶	*Fulica atra*
		董鸡	*Gallicrex cinerea*
		黑水鸡	*Gallinula chloropus*
		灰胸秧雞	*Lewinia striata*
		棕背田鸡	*Porzana bicolor*
		白喉斑秧鸡	*Rallina eurizonoides*
		普通秧鸡	*Rallus indicus*
		红脚苦恶鸟	*Zapornia akool*
		红胸田鸡	*Zapornia fusca*
		小田鸡	*Zapornia pusilla*
	三趾鹑科（Turnicidae）		
		棕三趾鹑	*Turnix suscitator*
		林三趾鹑	*Turnix sylvatica*
		黄脚三趾鹑	*Turnix tanki*
雀形目（Passeriformes）	长尾山雀科（Aegithalidae）		
		红头长尾山雀	*Aegithalos concinnus*
		银喉长尾山雀	*Aegithalos caudatus*
	百灵科（Alaudidae）		
		云雀	*Alauda arvensis*
		小云雀	*Alauda gulgula*
		歌百灵	*Mirafra javanica*
	燕（贝鸟）科（Artamidae）		
		灰燕（贝鸟）	*Artamus fuscus*
	太平鸟科（Bombycillidae）		
		小太平鸟	*Bombycilla japonica*
	山椒鸟科（Campephagidae）		
		大鹃（贝鸟）	*Coracina macei*
		褐背鹟（贝鸟）	*Hemipus picatus*
		短嘴山椒鸟	*Pericrocotus brevirostris*
		小灰山椒鸟	*Pericrocotus cantonensis*

目	科	中文名	学名
雀形目（Passeriformes）		灰山椒鸟	*Pericrocotus divaricatus*
		赤红山椒鸟	*Pericrocotus flammeus*
		灰喉山椒鸟	*Pericrocotus solaris*
	叶鹎科（Chloropseidae）		
		橙腹叶鹎	*Chloropsis hardwickii*
	河乌科（Cinclidae）		
		褐河乌	*Cinclus pallasii*
	鸦科（Corvidae）		
		黄胸绿鹊	*Cissa hypoleuca*
		小嘴乌鸦	*Corvus corone*
		达乌里寒鸦	*Corvus dauuricus*
		秃鼻乌鸦	*Corvus frugilegus*
		大嘴乌鸦	*Corvus macrorhynchos*
		白颈鸦	*Corvus torquatus*
		灰喜鹊	*Cyanopica cyana*
		灰树鹊	*Dendrocitta formosae*
		松鸦	*Garrulus glandarius*
		星鸦	*Nucifraga caryocatactes*
		喜鹊	*Pica pica*
		红嘴山鸦	*Pyrrhocorax pyrrhocorax*
		红嘴蓝鹊	*Urocissa erythrorhyncha*
	啄花鸟科（Dicaeidae）		
		纯色啄花鸟	*Dicaeum concolor*
		朱背啄花鸟	*Dicaeum cruentatum*
		红胸啄花鸟	*Dicaeum ignipectus*
	卷尾科（Dicruridae）		
		古铜色卷尾	*Dicrurus aeneus*
		鸦嘴卷尾	*Dicrurus annectans*
		发冠卷尾	*Dicrurus hottentottus*
		灰卷尾	*Dicrurus leucophaeus*
		黑卷尾	*Dicrurus macrocercus*
	鹀科（Emberizidae）		
		黄胸鹀	*Emberiza aureola*
		黄眉鹀	*Emberiza chrysophrys*
		三道眉草鹀	*Emberiza cioides*
		黄喉鹀	*Emberiza elegans*

续表

目	科	中文名	学名
雀形目（Passeriformes）		栗耳鹀	*Emberiza fucata*
		小鹀	*Emberiza pusilla*
		田鹀	*Emberiza rustica*
		栗鹀	*Emberiza rutila*
		芦鹀	*Emberiza schoeniclus*
		灰头鹀	*Emberiza spodocephala*
		白眉鹀	*Emberiza tristrami*
		蓝鹀	*Latoucheornis siemsseni*
		凤头鹀	*Melophus lathami*
		戈氏岩鹀	*Emberiza godlewskii*
	梅花雀科（Estrildidae）		
		斑文鸟	*Lonchura punctulata*
		白腰文鸟	*Lonchura striata*
	燕雀科（Fringillidae）		
		金翅雀	*Carduelis sinica*
		黄雀	*Carduelis spinus*
		普通朱雀	*Carpodacus erythrinus*
		黑尾蜡嘴雀	*Eophona migratoria*
		黑头蜡嘴雀	*Eophona personata*
		燕雀	*Fringilla montifringilla*
		褐灰雀	*Pyrrhula nipalensis*
	燕科（Hirundinidae）		
		烟腹毛脚燕	*Delichon dasypus*
		金腰燕	*Hirundo daurica*
		家燕	*Hirundo rustica*
		崖沙燕	*Riparia riparia*
	伯劳科（Laniidae）		
		牛头伯劳	*Lanius bucephalus*
		栗背伯劳	*Lanius collurioides*
		红尾伯劳	*Lanius cristatus*
		棕背伯劳	*Lanius schach*
		楔尾伯劳	*Lanius sphenocercus*
		虎纹伯劳	*Lanius tigrinus*
	王鹟科（Monarchinae）		
		黑枕王鹟	*Hypothymis azurea*
		寿带	*Terpsiphone paradisi*
		紫寿带	*Terpsiphone atrocaudata*

续表

目	科	中文名	学名
雀形目（Passeriformes）	鹡鸰科（Motacillidae）		
		布氏鹨	*Anthus godlewskii*
		红喉鹨	*Anthus cervinus*
		树鹨	*Anthus hodgsoni*
		田鹨	*Anthus richardi*
		黄腹鹨	*Anthus rubescens*
		水鹨	*Anthus spinoletta*
		山鹨	*Anthus sylvanus*
		暗灰鹃（贝鸟）	*Coracina melaschistos*
		山鹡鸰	*Dendronanthus indicus*
		白鹡鸰	*Motacilla alba*
		灰鹡鸰	*Motacilla cinerea*
		黄头鹡鸰	*Motacilla citreola*
		黄鹡鸰	*Motacilla flava*
	鹟科（Muscicapidae）		
		方尾鹟	*Culicicapa ceylonensis*
		山蓝仙鹟	*Cyornis banyumas*
		海南蓝仙鹟	*Cyornis hainanus*
		蓝喉仙鹟	*Cyornis rubeculoides*
		纯蓝仙鹟	*Cyornis unicolor*
		铜蓝鹟	*Eumyias thalassinus*
		红喉姬鹟	*Ficedula albicilla*
		锈胸蓝姬鹟	*Ficedula hodgsonii*
		棕胸蓝姬鹟	*Ficedula hyperythra*
		鸲姬鹟	*Ficedula mugimaki*
		黄眉姬鹟	*Ficedula narcissina*
		橙胸姬鹟	*Ficedula strophiata*
		小斑姬鹟	*Ficedula westermanni*
		白眉姬鹟	*Ficedula zanthopygia*
		北灰鹟	*Muscicapa dauurica*
		灰纹鹟	*Muscicapa griseisticta*
		褐胸鹟	*Muscicapa muttui*
		乌鹟	*Muscicapa sibirica*
		棕腹大仙鹟	*Niltava davidi*
		小仙鹟	*Niltava macgrigoriae*
		棕腹仙鹟	*Niltava sundara*

续表

目	科	中文名	学名
雀形目（Passeriformes）		棕腹蓝仙鹟	*Niltava vivida*
		白喉林鹟	*Rhinomyias brunneata*
		白腹蓝姬鹟	*Cyanoptila cyanomelana*
		琉璃蓝鹟	*Cyanoptila cumatilis*
	花蜜鸟科（Nectariniidae）		
		叉尾太阳鸟	*Aethopyga christinae*
		蓝喉太阳鸟	*Aethopyga gouldiae*
		黑胸太阳鸟	*Aethopyga saturata*
		纹背捕蛛鸟	*Arachnothera magna*
		黄腹花蜜鸟	*Nectarinia jugularis*
	黄鹂科（Oriolidae）		
		黑枕黄鹂	*Oriolus chinensis*
		鹊鹂	*Oriolus mellianus*
	鸦雀科（Paradoxornithidae）		
		短尾鸦雀	*Paradoxornis davidianus*
		灰头鸦雀	*Paradoxornis gularis*
		点胸鸦雀	*Paradoxornis guttaticollis*
		金色鸦雀	*Paradoxornis verreauxi*
		棕头鸦雀	*Paradoxornis webbianus*
	山雀科（Paridae）		
		大山雀	*Parus major*
		绿背山雀	*Parus monticolus*
		黄颊山雀	*Parus spilonotus*
		黄腹山雀	*Parus venustulus*
		黄眉林雀	*Sylviparus modestus*
		攀雀	*Remiz consobrinus*
	雀科（Passeridae）		
		麻雀	*Passer montanus*
		山麻雀	*Passer rutilans*
	八色鸫科（Pittidae）		
		仙八色鸫	*Pitta nympha*
	盔（贝鸟）科（Prionopidae）		
		钩嘴林（贝鸟）	*Tephrodornis gularis*
	鹎科（Pycnonotidae）		
		白喉冠鹎	*Alophoixus pallidus*
		栗背短脚鹎	*Hemixos castanonotus*

续表

目	科	中文名	学名
雀形目（Passeriformes）		黑短脚鹎	*Hypsipetes leucocephalus*
		绿翅短脚鹎	*Hypsipetes mcclellandii*
		白喉红臀鹎	*Pycnonotus aurigaster*
		红耳鹎	*Pycnonotus jocosus*
		白头鹎	*Pycnonotus sinensis*
		黄臀鹎	*Pycnonotus xanthorrhous*
		领雀嘴鹎	*Spizixos semitorques*
	戴菊科（Regulidae）		
		戴菊	*Regulus regulus*
	扇尾鹟科（Rhipiduridae）		
		金头扇尾莺	*Cisticola exilis*
		棕扇尾莺	*Cisticola juncidis*
		黑喉山鹪莺	*Prinia atrogularis*
		山鹪莺	*Prinia crinigera*
		黄腹山鹪莺	*Prinia flaviventris*
		纯色山鹪莺	*Prinia inornata*
		褐山鹪莺	*Prinia polychroa*
		暗冕山鹪莺	*Prinia rufescens*
		白喉扇尾鹟	*Rhipidura albicollis*
	䴓科（Sittidae）		
		普通（䴓鸟）	*Sitta europaea*
		绒额（䴓鸟）	*Sitta frontalis*
	椋鸟科（Sturnidae）		
		八哥	*Acridotheres cristatellus*
		家八哥	*Acridotheres tristis*
		粉红椋鸟	*Pastor roseus*
		灰椋鸟	*Sturnus cineraceus*
		灰头椋鸟	*Sturnus malabaricus*
		黑领椋鸟	*Sturnus nigricollis*
		丝光椋鸟	*Sturnus sericeus*
		灰背椋鸟	*Sturnus sinensis*
		北椋鸟	*Sturnus sturninus*
	莺科（Sylviidae）		
		棕脸鹟莺	*Abroscopus albogularis*
		厚嘴苇莺	*Acrocephalus aedon*
		大苇莺	*Acrocephalus arundinaceus*

续表

目	科	中文名	学名
雀形目（Passeriformes）		黑眉苇莺	*Acrocephalus bistrigiceps*
		钝翅苇莺	*Acrocephalus concinens*
		东方大苇莺	*Acrocephalus orientalis*
		噪苇莺	*Acrocephalus stentoreus*
		棕褐短翅莺	*Bradypterus luteoventris*
		高山短翅莺	*Bradypterus mandelli*
		中华短翅莺	*Bradypterus tacsanowskius*
		斑胸短翅莺	*Bradypterus thoracicus*
		黄腹树莺	*Cettia acanthizoides*
		远东树莺	*Cettia canturians*
		日本树莺	*Cettia diphone*
		强脚树莺	*Cettia fortipes*
		大草莺	*Graminicola bengalensis*
		小蝗莺	*Locustella certhiola*
		苍眉蝗莺	*Locustella fasciolata*
		矛斑蝗莺	*Locustella lanceolata*
		长尾缝叶莺	*Orthotomus sutorius*
		黄腹柳莺	*Phylloscopus affinis*
		棕眉柳莺	*Phylloscopus armandii*
		极北柳莺	*Phylloscopus borealis*
		冕柳莺	*Phylloscopus coronatus*
		白斑尾柳莺	*Phylloscopus davisoni*
		峨眉柳莺	*Phylloscopus emeiensis*
		褐柳莺	*Phylloscopus fuscatus*
		淡眉柳莺	*Phylloscopus humei*
		黄眉柳莺	*Phylloscopus inornatus*
		灰喉柳莺	*Phylloscopus maculipennis*
		黄腰柳莺	*Phylloscopus proregulus*
		冠纹柳莺	*Phylloscopus reguloides*
		黑眉柳莺	*Phylloscopus ricketti*
		巨嘴柳莺	*Phylloscopus schwarzi*
		棕腹柳莺	*Phylloscopus subaffinis*
		淡脚柳莺	*Phylloscopus tenellipes*
		暗绿柳莺	*Phylloscopus trochiloides*
		白眶鹟莺	*Seicercus affinis*
		金眶鹟莺	*Seicercus burkii*

续表

目	科	中文名	学名
雀形目（Passeriformes）		栗头鹟莺	*Seicercus castaniceps*
		灰脸鹟莺	*Seicercus poliogenys*
		淡尾鹟莺	*Seicercus soror*
		比氏鹟莺	*Seicercus valentini*
		白颈长尾雉	*Syrmaticus ellioti*
		灰腹地莺	*Tesia cyaniventer*
		鳞头树莺	*Urosphena squameiceps*
		华南冠纹柳莺	*Phylloscopus goodsoni*
		白斑尾柳莺	*Phylloscopus ogilviegranti*
	树莺科（Cettiidae）		
		金头缝叶莺	*Orthotomus cucullatus*
	旋壁雀科（Tichidromidae）		
		红翅旋壁雀	*Tichodroma muraria*
	画眉科（Timaliidae）		
		褐顶雀鹛	*Alcippe brunnea*
		金胸雀鹛	*Alcippe chrysotis*
		褐头雀鹛	*Alcippe cinereiceps*
		褐胁雀鹛	*Alcippe dubia*
		灰眶雀鹛	*Alcippe morrisonia*
		金额雀鹛	*Alcippe variegaticeps*
		矛纹草鹛	*Babax lanceolatus*
		金眼鹛雀	*Chrysomma sinense*
		白尾蓝地鸲	*Cinclidium leucurum*
		白额燕尾	*Enicurus leschenaulti*
		斑背燕尾	*Enicurus maculatus*
		灰背燕尾	*Enicurus schistaceus*
		小燕尾	*Enicurus scouleri*
		白腹凤鹛	*Erpornis zantholeuca*
		棕噪鹛	*Garrulax berthemyi*
		画眉	*Garrulax canorus*
		黑喉噪鹛	*Garrulax chinensis*
		灰翅噪鹛	*Garrulax cineraceus*
		红翅噪鹛	*Trochalopteron formosum*
		褐胸噪鹛	*Garrulax maesi*
		红尾噪鹛	*Trochalopteron milnei*
		小黑领噪鹛	*Garrulax monileger*

目	科	中文名	学名
雀形目（Passeriformes）		眼纹噪鹛	*Garrulax ocellatus*
		黑领噪鹛	*Garrulax pectoralis*
		黑脸噪鹛	*Garrulax perspicillatus*
		白颊噪鹛	*Garrulax sannio*
		银耳相思鸟	*Leiothrix argentauris*
		红嘴相思鸟	*Leiothrix lutea*
		红翅薮鹛	*Liocichla phoenicea*
		蓝翅希鹛	*Minla cyanouroptera*
		火尾希鹛	*Minla ignotincta*
		纹胸鹪鹛	*Napothera epilepidota*
		小鳞胸鹪鹛	*Pnoepyga pusilla*
		长嘴钩嘴鹛	*Pomatorhinus hypoleucos*
		棕颈钩嘴鹛	*Pomatorhinus ruficollis*
		栗额（贝鸟）鹛	*Pteruthius aenobarbus*
		红翅（贝鸟）鹛	*Pteruthius flaviscapis*
		淡绿（贝鸟）鹛	*Pteruthius xanthochlorus*
		红尾水鸲	*Rhyacornis fuliginosa*
		灰林（即鸟）	*Saxicola ferreus*
		黑喉石（即鸟）	*Saxicola torquatus*
		丽星鹩鹛	*Spelaeornis formosus*
		红头穗鹛	*Stachyris ruficeps*
		红顶鹛	*Timalia pileata*
		鹪鹩	*Troglodytes troglodytes*
		栗耳凤鹛	*Yuhina castaniceps*
		黑颏凤鹛	*Yuhina nigrimenta*
		华南斑胸钩嘴鹛	*Pomatorhinus swinhoei*
		斑胸钩嘴鹛	*Erythrogenys erythrocnemis*
		赤尾噪鹛	*Trochalopteron milnei*
	鸫科（Turdidae）		
		红胁蓝尾鸲	*Tarsiger cyanurus*
		北红尾鸲	*Phoenicurus auroreus*
		白喉短翅鸫	*Brachypteryx leucophrys*
		蓝短翅鸫	*Brachypteryx montana*
		白顶溪鸲	*Chaimarrornis leucocephalus*
		鹊鸲	*Copsychus saularis*
		日本歌鸲	*Erithacus akahige*
		红喉歌鸲	*Luscinia calliope*
		蓝歌鸲	*Luscinia cyane*

目	科	中文名	学名
雀形目（Passeriformes）		红尾歌鸲	*Luscinia sibilans*
		黑胸歌鸲	*Luscinia pectoralis*
		蓝喉歌鸲	*Luscinia svecica*
		白喉矶鸫	*Monticola gularis*
		栗腹矶鸫	*Monticola rufiventris*
		蓝矶鸫	*Monticola solitarius*
		紫啸鸫	*Myophonus caeruleus*
		灰翅鸫	*Turdus boulboul*
		乌灰鸫	*Turdus cardis*
		斑鸫	*Turdus eunomus*
		灰背鸫	*Turdus hortulorum*
		乌鸫	*Turdus merula*
		宝兴歌鸫	*Turdus mupinensis*
		红尾鸫	*Turdus naumanni*
		白眉鸫	*Turdus obscurus*
		白腹鸫	*Turdus pallidus*
		橙头地鸫	*Zoothera citrina*
		虎斑地鸫	*Zoothera dauma*
		白眉地鸫	*Zoothera sibirica*
		怀氏虎鸫	*Zoothera aurea*
	绣眼鸟科（Zosteropidae）		
		红胁绣眼鸟	*Zosterops erythropleurus*
		暗绿绣眼鸟	*Zosterops japonicus*
鹈形目（Pelecaniformes）			
	鹈鹕科（Pelecanidae）		
		卷羽鹈鹕	*Pelecanus crispus*
	鸬鹚科（Phalacrocoracidae）		
		普通鸬鹚	*Phalacrocorax carbo*
䴕形目（Piciformes）			
	须䴕科（Capitonidae）		
		黑眉拟啄木鸟	*Psilopogon faber*
		蓝喉拟啄木鸟	*Megalaima asiatica*
		大拟啄木鸟	*Psilopogon virens*
	啄木鸟科（Picidae）		
		黄嘴栗啄木鸟	*Blythipicus pyrrhotis*
		大黄冠啄木鸟	*Chrysophlegma flavinucha*
		棕腹啄木鸟	*Dendrocopos hyperythrus*

续表

目	科	中文名	学名
䴕形目（Piciformes）		大斑啄木鸟	*Dendrocopos major*
		苍头竹啄木鸟	*Gecinulus grantia*
		蚁䴕	*Jynx torquilla*
		栗啄木鸟	*Micropternus brachyurus*
		星头啄木鸟	*Picoides canicapillus*
		斑姬啄木鸟	*Picumnus innominatus*
		灰头绿啄木鸟	*Picus guerini*
		白眉棕啄木鸟	*Sasia ochracea*
䴙䴘目（Podicipediformes）	䴙䴘科（Podicipedidae）		
		凤头䴙䴘	*Podiceps cristatus*
		黑颈䴙䴘	*Podiceps nigricollis*
		小䴙䴘	*Tachybaptus ruficollis*
鸮形目（Strigiformes）	鸱鸮科（Strigidae）		
		短耳鸮	*Asio flammeus*
		长耳鸮	*Asio otus*
		雕鸮	*Bubo bubo*
		领鸺鹠	*Glaucidium brodiei*
		斑头鸺鹠	*Glaucidium cuculoides*
		黄腿渔鸮	*Ketupa flavipes*
		褐渔鸮	*Ketupa zeylonensis*
		鹰鸮	*Ninox scutulata*
		领角鸮	*Otus lettia*
		黄嘴角鸮	*Otus spilocephalus*
		红角鸮	*Otus sunia*
		褐林鸮	*Strix leptogrammica*
		灰林鸮	*Strix nivicolum*
		北鹰鸮	*Ninox japonica*
	草鸮科（Tytonidae）		
		草鸮	*Tyto longimembris*
咬鹃目（Trogoniformes）	咬鹃科（Trogonidae）		
		红头咬鹃	*Harpactes erythrocephalus*
戴胜目（Upupiformes）	戴胜科（Upupidae）		
		戴胜	*Upupa epops*

南岭地区的99种爬行类动物隶属2目18科（表6.3）。国家Ⅰ级重点保护爬行类动物有3种，分别为鳄蜥、圆鼻巨蜥、莽山烙铁头蛇；国家Ⅱ级重点保护爬行类动物11种，分别为尖喙蛇、荔波睑虎、角原矛头蝮、四眼斑水龟、地龟、三线闭壳龟、黄额闭壳龟、闪鳞蛇、大壁虎、蒲氏睑虎、英德豹壁虎。广东省重点保护动物3种，分别为越南烙铁头、白头蝰、崇安草蜥。区系组成以东洋界物种为主（74种），其次为广布种（6种）。

表6.3　南岭爬行类动物名录

目	科	中文名	学名
有鳞目（Squamata）			
	鬣蜥科（Agamidae）		
		丽棘蜥	*Acanthosaura lepidogaster*
		斑飞蜥	*Draco maculatus*
		长鬣蜥	*Physignathus cocincinus*
		短肢拟树蜥	*Pseudocalotes brevipes*
	游蛇科（Colubridae）		
		青脊蛇	*Achalinus ater*
		井冈山脊蛇	*Achalinus jinggangensis*
		方花蛇	*Archelaphe bella*
		广西林蛇	*Boiga guangxiensis*
		绞花林蛇	*Boiga kraepelini*
		钝尾两头蛇	*Calamaria septentrionalis*
		双斑锦蛇	*Elaphe bimaculata*
		百花锦蛇	*Elaphe moellendorffi*
		玉斑蛇	*Euprepiophis mandarinus*
		黄链蛇	*Lycodon flavozonatus*
		福清白环蛇	*Lycodon futsingensis*
		南方链蛇	*Lycodon meridionale*
		赤链蛇	*Lycodon rufozonatus*
		黑背白环蛇	*Lycodon ruhstrati*
		中国小头蛇	*Oligodon chinensis*
		菱斑小头蛇	*Oligodon eberhardti*
		台湾小头蛇	*Oligodon formosanus*
		龙胜小头蛇	*Oligodon lungshenensis*
		饰纹小头蛇	*Oligodon ornatus*
		黄斑后棱蛇	*Opisthotropis maculosa*
		福建后棱蛇	*Opisthotropis maxwelli*

续表

目	科	中文名	学名
有鳞目（Squamata）		崇安斜鳞蛇	*Pseudoxenodon karlschmidti*
		横纹翠青蛇	*Ptyas multicinctus*
		颈槽蛇	*Rhabdophis nuchalis*
		颈棱蛇	*Rhabdophis rudis*
		尖喙蛇	*Rhynchophis boulengeri*
		环纹华游蛇	*Sinonatrix aequifasciata*
	双足蜥科（Dibamidae）		
		白尾双足蜥	*Dibamus bourreti*
	眼镜蛇科（Elapidae）		
		舟山眼镜蛇	*Naja atra*
		建华珊瑚蛇	*Sinomicrurus kelloggi*
	睑虎科（Eublepharidae）		
		荔波睑虎	*Goniurosaurus liboensis*
		英德豹壁虎	*Goniurosaurus yingdeensis*
		蒲氏睑虎	*Goniurosaurus zhelongi*
	壁虎科（Gekkonidae）		
		鹰氏壁虎	*Gekko adleri*
		中国壁虎	*Gekko chinensis*
		大壁虎	*Gekko gecko*
		铅山壁虎	*Gekko hokouensis*
		多疣壁虎	*Gekko japonicus*
		蹼趾壁虎	*Gekko subpalmatus*
		原尾蜥虎	*Hemidactylus bowringii*
		密疣蜥虎	*Hemidactylus brooki*
	蜥蜴科（Lacertidae）		
		古氏草蜥	*Takydromus kuehnei*
		北草蜥	*Takydromus septentrionalis*
		南草蜥	*Takydromus sexlineatus*
		崇安草蜥	*Takydromus sylvaticus*
	水游蛇科（Natricidae）		
		白眶蛇	*Amphiesmoides ornaticeps*
		无颞鳞腹链蛇	*Hebius atemporale*
		白眉腹链蛇	*Hebius boulengeri*
		锈链腹链蛇	*Hebius craspedogaster*
		八线腹链蛇	*Hebius octolineatum*

续表

目	科	中文名	学名
有鳞目（Squamata）		丽纹腹链蛇	*Hebius optatum*
		坡普腹链蛇	*Hebius popei*
		棕黑腹链蛇	*Hebius sauteri*
		缅北腹链蛇	*Hebius venningi*
		香港后棱蛇	*Opisthotropis andersonii*
		莽山后棱蛇	*Opisthotropis cheni*
		广西后棱蛇	*Opisthotropis guangxiensis*
		挂墩后棱蛇	*Opisthotropis kuatunensis*
		侧条后棱蛇	*Opisthotropis lateralis*
		山溪后棱蛇	*Opisthotropis latouchii*
	钝头蛇科（Pareidae）		
		平鳞钝头蛇	*Pareas boulengeri*
		钝头蛇	*Pareas chinensis*
		横纹钝头蛇	*Pareas margaritophorus*
		福建钝头蛇	*Pareas stanleyi*
	斜鳞蛇科（Pseudoxenodontidae）		
		横纹斜鳞蛇	*Pseudoxenodon bambusicola*
		纹尾斜鳞蛇	*Pseudoxenodon stejnegeri*
	蟒科（Pythonidae）		
		缅甸蟒	*Python bivittatus*
	石龙子科（Scincidae）		
		光蜥	*Ateuchosaurus chinensis*
		长尾南蜥	*Eutropis longicaudata*
		多线南蜥	*Eutropis multifasciata*
		中国石龙子	*Plestiodon chinensis*
		丽纹石龙子	*Plestiodon elegans*
		崇安石龙子	*Plestiodon popei*
		四线石龙子	*Plestiodon quadrilineatus*
		股鳞蜓蜥	*Sphenomorphus incognitus*
		北部湾蜓蜥	*Sphenomorphus tonkinensis*
		海南棱蜥	*Tropidophorus hainanus*
		中国棱蜥	*Tropidophorus sinicus*
	鳄蜥科（Shinisauridae）		
		鳄蜥	*Shinisaurus crocodilurus*
	剑蛇科（Sibynophiidae）		
		黑头剑蛇	*Sibynophis chinensis*

续表

目	科	中文名	学名
有鳞目（Squamata）	蝰蛇科（Viperidae）		
		圆鼻巨蜥	*Varanus salvator*
		白头蝰	*Azemiops feae*
		圆斑蝰	*Daboia siamensis*
		越南烙铁头	*Ovophis tonkinensis*
		角原矛头蝮	*Protobothrops cornutus*
		莽山烙铁头蛇	*Protobothrops mangshanensis*
		原矛头蝮	*Protobothrops mucrosquamatus*
		竹叶青蛇	*Trimeresurus stejnegeri*
	闪皮蛇科（Xenodermidae）		
		棕脊蛇	*Achalinus rufescens*
	闪鳞蛇科（Xenopeltis）		
		海南闪鳞蛇	*Xenopeltis hainanensis*
		闪鳞蛇	*Xenopeltis unicolor*
龟鳖目（Testudines）			
	地龟科（Geoemydidae）		
		黄额闭壳龟	*Cuora galbinifrons*
		三线闭壳龟	*Cuora trifasciata*
		地龟	*Geoemyda spengleri*
		四眼斑水龟	*Sacalia quadriocellata*

　　南岭地区的86种两栖类动物隶属2目9科（表6.4）。国家Ⅰ级重点保护两栖类动物1种，为猫儿山小鲵；国家Ⅱ级重点保护两栖类动物15种，分别为乐东蟾蜍、峨眉髭蟾、香港湍蛙、小腺蛙、蔡氏疣螈、云雾瘰螈、武陵瘰螈、香港瘰螈、富钟瘰螈、尾斑瘰螈、橙脊瘰螈、潮汕蝾螈、黄斑拟小鲵、老山树蛙、务川臭蛙。广东省重点保护动物2种，分别为费氏刘树蛙、黑石顶角蟾。两栖类区系组成以东洋界物种为主（25种），其次为广布种（2种）。

表6.4　南岭两栖类名录

目	科	中文名	学名
无尾目（Anura）			
	蟾蜍科（Bufonidae）		
		乐东蟾蜍	*Ingerophrynus ledongensis*
	叉舌蛙科（Dicroglossidae）		
		福建大头蛙	*Limnonectes fujianensis*
		隆肛蛙	*Nanorana quadranus*

续表

目	科	中文名	学名
无尾目（Anura）		小棘蛙	*Quasipaa exilispinosa*
		九龙棘蛙	*Quasipaa jiulongensis*
		棘侧蛙	*Quasipaa shini*
	雨蛙科（Hylidae）		
		三港雨蛙	*Hyla sanchiangensis*
		昭平树蟾	*Hyla zhaopingensis*
	角蟾科（Megophryidae）		
		猫儿山掌突蟾	*Leptobrachella maoershanensis*
		上思掌突蟾	*Leptobrachella shangsiensis*
		五皇山掌突蟾	*Leptobrachella wuhuangmontis*
		云开掌突蟾	*Leptobrachella yunkaiensis*
		峨眉髭蟾	*Leptobrachium boringii*
		崇安髭蟾	*Leptobrachium liui*
		尾突角蟾	*Megophrys caudoprocta*
		陈氏角蟾	*Megophrys cheni*
		黄山角蟾	*Megophrys huangshanensis*
		井冈角蟾	*Megophrys jinggangensis*
			Megophrys lini
		黑石顶角蟾	*Megophrys obesa*
		雨神角蟾	*Megophrys ombrophila*
			Megophrys popei
		桑植角蟾	*Megophrys sangzhiensis*
		棘指角蟾	*Megophrys spinata*
		棘疣角蟾	*Megophrys tuberogranulata*
		利川齿蟾	*Oreolalax lichuanensis*
		红点齿蟾	*Oreolalax rhodostigmatus*
	姬蛙科（Microhylidae）		
		弄岗狭口蛙	*Kaloula nonggangensis*
		合征姬蛙	*Microhyla mixtura*
	蛙科（Ranidae）		
		白棘湍蛙	*Amolops albispinus*
		崇安湍蛙	*Amolops chunganensis*
		戴云湍蛙	*Amolops daiyunensis*
		香港湍蛙	*Amolops hongkongensis*
		文山湍蛙	*Amolops wenshanensis*

续表

目	科	中文名	学名
无尾目（Anura）		武夷湍蛙	*Amolops wuyiensis*
		云开湍蛙	*Amolops yunkaiensis*
		小腺蛙	*Glandirana minima*
		阔褶水蛙	*Hylarana latouchii*
		弹琴蛙	*Nidirana adenopleura*
		小竹叶臭蛙	*Odorrana exiliversabilis*
		合江臭蛙	*Odorrana hejiangensis*
		景东臭蛙	*Odorrana jingdongensis*
		龙头山臭蛙	*Odorrana leporipes*
		龙胜臭蛙	*Odorrana lungshengensis*
		鸭嘴竹叶蛙	*Odorrana nasuta*
		凹耳蛙	*Odorrana tormota*
		竹叶臭蛙	*Odorrana versabilis*
		务川臭蛙	*Odorrana wuchuanensis*
		宜章臭蛙	*Odorrana yizhangensis*
		湖北侧褶蛙	*Pelophylax hubeiensis*
		金线侧褶蛙	*Pelophylax plancyi*
		桑植趾沟蛙	*Pseudorana sangzhiensis*
		昭觉林蛙	*Rana chaochiaoensis*
		寒露林蛙	*Rana hanluica*
	树蛙科（Rhacophoridae）		
		抚华费树蛙	*Feihyla fuhua*
		广东纤树蛙	*Gracixalus guangdongensis*
		田林纤树蛙	*Gracixalus tianlinensis*
		费氏刘树蛙	*Liuixalus feii*
		十万大山刘树蛙	*Liuixalus shiwandashan*
		老山树蛙	*Rhacophorus laoshan*
		经甫树蛙	*Zhangixalus chenfui*
		白线树蛙	*Zhangixalus leucofasciatus*
		峨眉树蛙	*Zhangixalus omeimontis*
		瑶山树蛙	*Zhangixalus yaoshanensis*
有尾目（Caudata）			
	小鲵科（Hynobiidae）		
		猫儿山小鲵	*Hynobius maoershanensis*
		黄斑拟小鲵	*Pseudohynobius flavomaculatus*

续表

目	科	中文名	学名
有尾目（Caudata）	蝾螈科（Salamandridae）		
		福鼎蝾螈	*Cynops fudingensis*
		灰蓝蝾螈	*Cynops glaucus*
		东方蝾螈	*Cynops orientalis*
		潮汕蝾螈	*Cynops orphicus*
		弓斑肥螈	*Pachytriton archospotus*
		张氏肥螈	*Pachytriton changi*
		费氏肥螈	*Pachytriton feii*
		秉志肥螈	*Pachytriton granulosus*
		瑶山肥螈	*Pachytriton inexpectatus*
		莫氏肥螈	*Pachytriton moi*
		贺州肥螈	*Pachytriton wuguanfui*
		黄斑肥螈	*Pachytriton xanthospilos*
		橙脊瘰螈	*Paramesotriton aurantius*
		尾斑瘰螈	*Paramesotriton caudopunctatus*
		富钟瘰螈	*Paramesotriton fuzhongensis*
		香港瘰螈	*Paramesotriton hongkongensis*
		七溪岭瘰螈	*Paramesotriton qixilingensis*
		武陵瘰螈	*Paramesotriton wulingensis*
		云雾瘰螈	*Paramesotriton yunwuensis*
		浏阳疣螈	*Tylototriton liuyangensis*
		莽山疣螈	*Tylototriton lizhengchangi*
		蔡氏疣螈	*Tylototriton ziegleri*

6.1.2　南岭陆生脊椎动物多样性空间分布格局

为构建南岭哺乳类物种完整的丰富度分布格局，根据南岭的物种名录（表6.1～表6.4）在《世界自然保护联盟濒危物种红色名录》网站（IUCN，http://www.iucnredlist.org）获取各个物种的地理分布图层文件（shp.格式文件）。利用ArcGIS10.4软件，本节将研究区域划分为5km²的等面积网格；然后将各物种的地理分布范围重叠，以构建南岭地区的物种多样性空间分布。研究区域的每个网格的物种多样性（物种丰富度）即物种分布范围的重叠数。

图6.2～图6.4为南岭地区各同类群陆生脊椎动物（即哺乳类、鸟类和两栖爬行类

动物）物种多样性空间分布格局。总体而言，南岭南部陆生脊椎动物物种多样性要比南岭北部高，南岭西部陆生脊椎动物物种多样性要比南岭东部高。同时，沟谷和丘陵地区陆生脊椎动物物种较为丰富；在南岭地区南部广阔而平坦的平原地区，陆生脊椎动物物种多样性比相邻的丘陵山地要低。另外，南岭各个类群的多样性热点区域有所差异。

南岭的哺乳类动物物种多样性分布热点区域在南岭的西南部山地。物种多样性空间分布总体呈自西向东递减的趋势；南北方向上则自西南部山地的中心向外围递减。南岭哺乳类动物物种多样性最低的区域位于东南部地区，该区最为接近城市化程度较高的大湾区区域（图6.2）。

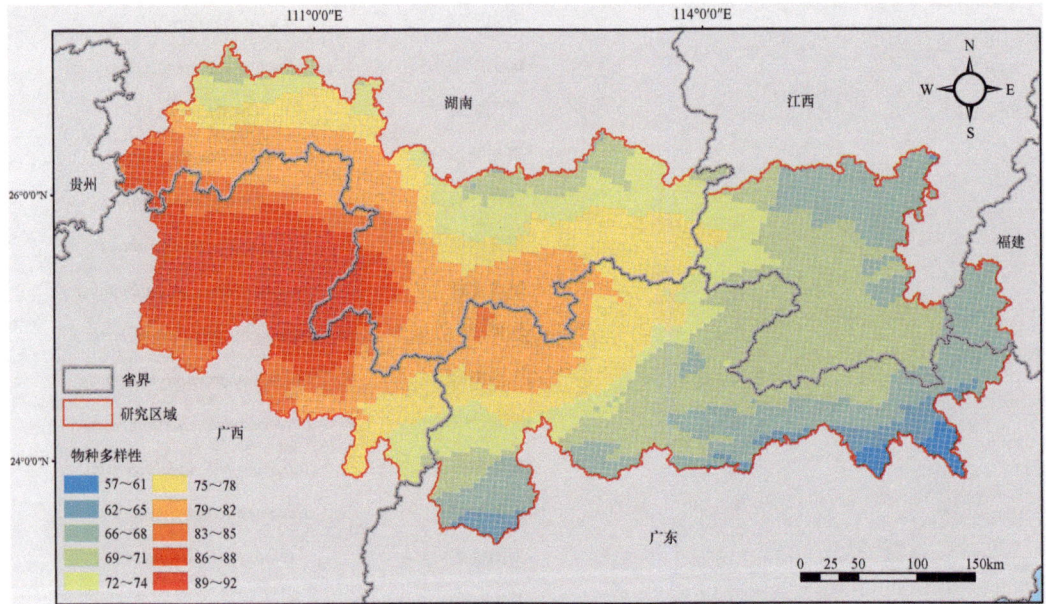

图6.2   南岭哺乳类动物物种多样性空间分布格局

南岭的鸟类动物物种多样性分布中心在东南部地区。鸟类物种多样性空间分布格局总体自东南向西北递减；该格局与哺乳类动物物种多样性格局相差较大。南岭东南部主要为低地（平原和丘陵），城市化进程相对该区其他区域要快；但相对于哺乳类动物而言，鸟类动物对人类用地（如农田、城镇、鱼塘等）的适应能力较强。另外，东南部鸟类动物物种多样性较高的原因还可能与候鸟的分布有关：广东沿海地区位于世界上重要的候鸟迁徙路线上（图6.3）。

由于爬行类动物和两栖类动物生态习性类似，且单个类群数量较少，所以我们将其合并为一类进行分析。南岭地区两栖爬行类动物物种多样性分布格局展现出多个热点区域（图6.4）：西南山地、中部山地（韶关、清远等地区）以及东南丘陵地区。这些热点区域都为海拔落差大、地形复杂的山地。该格局体现了山地对两栖爬行类动物

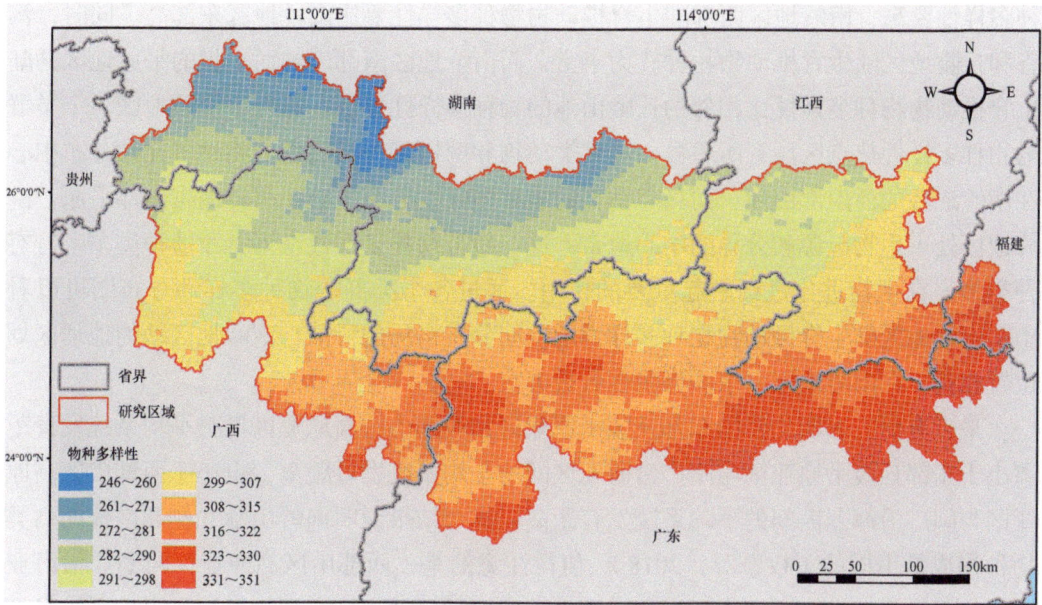

图6.3 南岭鸟类动物物种多样性空间分布格局

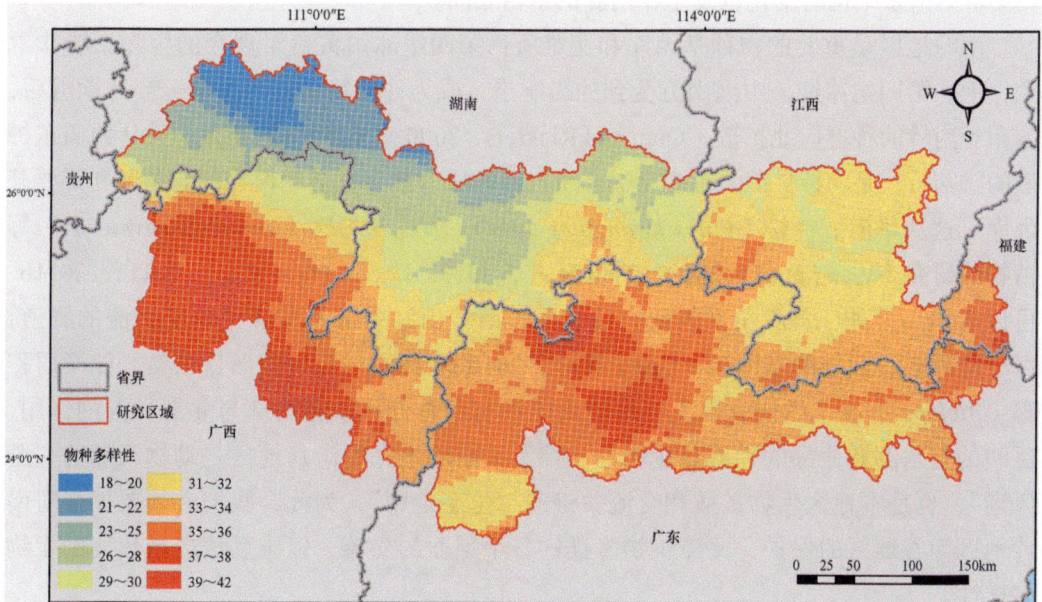

图6.4 两栖爬行类动物物种多样性空间分布格局

庇护的作用。总体而言，南岭南部的两栖爬行类动物物种多样性也明显较北部高。这种现象与该区喜暖的东洋界动物群为主的物种结构有关，南部温暖的气候更适宜该区两栖爬行类动物生存。

总体上，南岭地区南部陆生脊椎动物物种多样性要比南岭地区北部陆生脊椎动物物种多样性要高，南岭地区西部陆生脊椎动物物种多样性要比南岭地区东部高。同时，沟谷和丘陵地区陆生脊椎动物物种较为丰富，而南岭地区南部广阔而平坦的平原地区的陆生脊椎动物物种多样性比相邻的丘陵山地的物种多样性要低。另外，南岭地区各个类群的物种多样性热点区域有所差异。哺乳类动物和两栖爬行类动物的物种多样性分布中心在南岭地区的西南部山地，而鸟类动物的物种多样性分布中心在南岭的东南部平原。南岭地区处于生物起源和分异的中心地带，这一地带物种多样性丰富，孑遗种类多，特有种类多，在生物进化过程中起重要的作用。通过各个类群的物种多样性分布图可以看出，南岭地区陆生脊椎动物物种多样性的空间分布格局的特征与南岭地区动物地理区划位置相符（在南岭地区，东洋界物种数量丰富）。

最近有研究表明，我国东部丘陵平原亚区和西部山区高原亚区鸟类平均系统发育距离小于东部丘陵平原亚区与闽广沿海亚区间的平均系统发育距离，也小于西部山区高原亚区与闽广沿海亚区间的平均系统发育距离，这个结果说明南岭山脉北侧和南侧的鸟类物种构成是不同的（权擎等，2018）。值得注意的是，西部山区高原亚区与闽广沿海亚区间的平均系统发育距离小于东部丘陵平原亚区和西部山区高原亚区鸟类平均系统发育距离，这表明南岭山脉西侧的鸟类有较高的南北向的基因交流频率，同时暗示南岭山脉鸟类群落谱系结构的变化也发生在山脉的东西之间。

南岭地区是重要的物种基因库和避难所：第四纪冰川覆盖对现今的生物影响非常大，但在第四纪冰期，中国南方受到的影响小，成为许多物种的避难所，当冰期退后，分布于南岭的种群向北扩散（Qian and Ricklefs，2000）；南岭山脉还是物种从西向东扩散的脚踏石，是物种扩散的重要廊道，所以南岭成为现今许多动植物的起源地和重要基因库。这从华南五针松（*Pinus kwangtungensis*）、伞花木（*Eurycorymbus cavaleriei*）等植物的研究（Wang et al.，2009；Tian et al.，2010；López-Pujol et al.，2011a，2011b）可以看出。另外，黄腹角雉的研究还表明，南岭山脉中部是黄腹角雉基因流的廊道，可以阻隔东、西部的基因流（Dong et al.，2010）。我们对几种雀形目鸟类，如淡眉雀鹛（*Alcippe hueti*）的研究也支持南岭山脉没有起着分化山脉南部与北部种群的作用，反映的是东部和西部的种群分化明显。综上，南岭地区的沟谷地区是动物天然的"避风港"，也是本地区生物扩散和交流关键的"生态走廊"。为此，我们必须要加强对南岭地区沟谷地区的保护，保障生物多样性各个层面的交流，以维系该区域较高的生物多样性。

6.1.3　南岭地区陆生脊椎动物物种多样性空间分布格局的影响因素

本书引入10个变量对南岭地区陆生脊椎动物物种多样性空间分布格局的影响因素进行分析，这些变量与气候假说、生产力假说以及人类影响相关。气候假说是目前被广泛支持的假说，其认为物种的分布主要受到气候的影响。气候对物种多样性分布的直接影响源于特定生物对某气候因素的生理耐受性，气候直接限制了该物种的分布范围（Hawkins et al.，2003）。另外，气候还可以通过影响某个地区生物赖以生存的其他环境因素（如植被类型、食物丰度、栖息地环境等）来间接地影响生物的空间分布格局。生产力假说则认为，生产力高的生态系统中拥有更多的可用资源，能维持更大的种群增长，并减少了物种灭绝的风险；因此，物种多样性与生产力之间呈现出正相关（Hurlbert and Stegen，2014）。另外，值得注意的是，现代社会人类对自然界的影响日益增大，人类活动也成为影响动物分布的重要因素之一。实际上，生物多样性同时受到多个因素的影响，并不是单一因素所决定的。

气候因素在WorldClim数据库（https://www.worldclim.org/）获取，包括当代气候（年均气温、气温年较差、降雨、降雨季节性差异）和对应的末次盛冰期相关因素，共8个。另外，我们利用归一化植被指数（Normalized Difference Vegetation Index，NDVI）来代表初级净生产力；为了消除大气（如大气中的微粒和云等）对卫星图片的影响，本研究选取连续4年（2009～2012年）1月、4月、7月和10月的卫星遥感数据计算NDVI。卫星遥感数据来源于中国科学院计算机网络信息中心国际科学数据镜像网站（http://www.gscloud.cn/）。人类足迹指数是人口和基础设施数据的综合度量，在本研究中被用作人类影响的估计，数据从EARTHDATA网站获取。上述数据的提取在ArcGIS10.4软件中完成。

为了检验多个环境因素对物种多样性垂直分布格局的解释力，我们对物种多样性与环境因素进行多元线性模拟，并根据赤池信息量准则（The Corrected Akaike Information Criterion，AIC），寻找影响南岭陆生脊椎动物物种多样性空间分布格局的最优模型（AIC＜2）。通过最优模型包含的自变量（环境因素），推断影响南岭现生陆生脊椎动物物种多样性格局的主要影响因素。

多元线性回归的最优模型（AIC＜2）表明（表6.5），南岭现生哺乳类动物物种多样性空间分布格局的主要影响因素为当代降雨、当代降雨季节性差异、末次盛冰期降雨、末次盛冰期气温年较差；鸟类动物物种多样性空间分布格局的主要影响因素为当代气温年较差、末次盛冰期降雨季节性差异；两栖爬行类动物物种多样性分布格局的主要影响因素为当代降雨、当代降雨季节性差异、末次盛冰期降雨、末次盛冰期降雨季节性差异。

表6.5　多元线性回归最优模型（AIC＜2）及各自变量标准回归系数

类群	模型	标准回归系数										
		T	P	HFP	LT	LP	LPS	LTR	NDVI	PS	TR	Delta AIC
鸟类	1	0.183	−0.024		−0.175	−0.155	0.674	−0.139	−0.040	0.032	−0.356	0.00
	2	0.182	−0.025	0.006	−0.177	−0.155	0.673	−0.137	−0.039	0.033	−0.358	0.29

类群	模型	标准回归系数										
		T	P	HFP	LT	LP	LPS	LTR	NDVI	PS	TR	Delta AIC
哺乳类	1	−0.0435	0.533	−0.0244	−0.328	−0.770	0.039	0.377	−0.027	0.694	0.261	0.00
	2		0.545	−0.0248	−0.371	−0.784	0.046	0.389	−0.026	0.694	0.255	0.58
两栖爬行类	1		0.376		−0.23	−0.383	0.806	0.475	−0.018	0.600	−0.045	0.00
	2		0.377	−0.002	−0.230	−0.383	0.806	0.474	−0.018	0.600	−0.044	1.94
	3	−0.007	0.375		−0.224	−0.381	0.805	0.473	−0.018	0.600	−0.044	1.94

注：T代表当代气温；P代表当代降雨；TR代表当代气温年较差；PS代表当代降雨季节性差异；LT代表末次盛冰期气温；LP代表末次盛冰期降雨；LTR代表末次盛冰期气温年较差；LPS代表末次盛冰期降雨季节性差异；NDVI代表归一化植被指数；HFP代表人类足迹指数；Delta AIC表示每个模型相对于最佳模型的AIC值的差异。

　　虽然生物多样性格局的成因是复杂的，但是本节的研究结果表明，当代气候和第四纪冰期气候都对南岭的陆生脊椎动物具有重要的影响，特别是和降雨相关的因子。华南地区属于亚热带气候，除了极端天气，温度不会超过一般生物的耐受区间。同时，降雨也直接和植物的分布相关，所以水资源可能成为限制该区陆生脊椎动物分布的重要因素。

　　地区生物多样性的形成是一个漫长的历史过程。新近纪开始至第四纪，出现大约20个周期的冰期与间冰期的交替。冰期喜温生物向南方迁移而继续生存，间冰期重新向北方分布和发展。南岭地区（特别是南岭以南）保持了热带亚热带气候条件，成为起源于热带亚热带的生物在冰期的避难所，对生物的进化发展起到重要的作用。南岭地区特殊的位置及其经历的气候变迁塑造了该区的生物多样性分布。

6.2　南岭昆虫多样性概述

6.2.1　南岭昆虫多样性研究

　　南岭昆虫多样性的研究始于20世纪初。20世纪30～40年代，先后主持岭南大学自然博物采集所动物部工作的德国昆虫学家贺辅民（W.E. Hoffmann）和美国昆虫学家嘉理思（J.L. Gressitt）曾多次组织考察队前往南岭各地。他们的足迹遍及连南、阳山、乐昌、乳源、曲江、连平、新丰等地，在瑶山、南岭、九连山等地采集了大量的昆虫标本。采集的标本主要存放于享有盛誉的原岭南大学自然博物采集所昆虫标本馆。其研究成果主要发表在岭南大学《岭南科学杂志》（*Lingnan Science Journal*）上，该杂志从创刊到停刊先后30年，发表昆虫物种多样性文章176篇，与南岭相关的16篇，涉及鞘翅目4篇，鳞翅目4篇，双翅目2篇，直翅目2篇，蚤目、螳螂目、蜻蜓目、半翅目异翅亚目各1篇，发表新种84种。

1989年华立中教授编写了《中山大学昆虫标本名录》，报道了存放于中山大学标本馆的模式标本有499种（华立中，1989），以南岭为模式产地的有82种，分别为鞘翅目细花萤科1种，直翅目蝗科、半翅目猎蝽科、鞘翅目拟天牛科、鞘翅目大花蚤科、鞘翅目花蚤科各2种，同翅目角蝉科、半翅目缘蝽科、鞘翅目伪叶甲科各3种，鞘翅目叶甲科28种，鞘翅目天牛科34种，其模式产地为连县、连平、曲江和阳山。其中，叶甲及天牛的模式标本数最多，占以南岭为模式产地的模式标本种数的75%以上。究其原因，当时受聘于岭南大学的嘉理思专门从事中国天牛及叶甲科分类研究，因而这些科的标本收藏较为丰富，而且模式标本较多。存放于中山大学标本馆的两科的模式标本共360种，定名标本有1037种。嘉理思著有《中国的天牛》和《中国及朝鲜的叶甲科》，为中国天牛及叶甲科的分类研究奠定了基础（华立中，1988）。在岭南大学任教期间，他先后共报道南岭天牛近百种，其中新种43种，分布在5篇文章中。

南岭国家级自然保护区1993年底经国务院批准正式建立。这之前，庞雄飞院士提出了"南岭和岭南是生物多样性的特丰产地"的科学论断，奠定了南岭国家级自然保护区在华南生物多样性保护方面不可替代的重要地位。1996年庞雄飞应邀主编《广东南岭国家级自然保护区生物多样性研究》一书，于2003年出版，受到了各界的高度评价。

自中华人民共和国成立以来，为进一步调查南岭国家级自然保护区昆虫多样性的基本状况，广东多个高校和研究院所开展了大量的研究，并设立了不少野外实验基地，每年定期组成调查组到基地及其周边地区采集标本。

陈振耀等于1992年7月～1998年7月，曾先后组织10批研究人员前往广东南岭国家级自然保护区大东山管理站所辖林区及其周缘进行昆虫资源调查，2004年6月、2007年6月、2007年7月再次组织野外考察，采集到一批有观赏价值的昆虫标本，并掌握了某些昆虫的生物学特性，并于2001～2002年、2008年陆续发表了《广东南岭国家级自然保护区大东山昆虫名录》，共计16目184科1439种（陈振耀和陈志明，2008；陈振耀等，2001a，2001b，2002a，2002b，2002c）。其中，以鳞翅目的种类最丰富，为502种，鞘翅目次之，为291种。

贾凤龙等近年来在推进丹霞山生物多样性资源普查的工作中发挥了重要的作用，与此建立了良好的教学实习实践和科研合作关系，为生物多样性保育提供了有力的支撑。他通过对丹霞山的昆虫进行调查采集，编写了《丹霞山昆虫名录》，共计16目176科1047种。

此外，一些专家和学者针对自身研究的类群进行了较为系统的研究。华立中等（1993）出版的《海南、广东的天牛》中记载了南岭天牛种类为129种，主要采集于连县、曲江、乳源、乐昌、阳山等地。梁铭球（1996）在《广东、海南两省的蝗虫》中记录了采自仁化、始兴、乐昌、连县、乳源、阳山等地的蝗虫共计41种。

陈晓胜（2010）根据华南农业大学昆虫标本室馆藏标本和采自广东省各地的瓢虫标

本，完成了其硕士学位论文《广东省瓢虫资源调查研究》。其中，记述了南岭地区瓢虫科147种，采集地集中于乳源、车八岭、大东山、石门台、鹤山等地。

以王敏为代表的华南农业大学鳞翅目课题组近20年来对南岭地区的蛾类昆虫做了较为系统的调查，结果汇编成2011年出版的《广东南岭国家级自然保护区蛾类》及2018年出版的《广东南岭国家级自然保护区蛾类增补》，共记录了蛾类2082种，包括相关学者发表的南岭为模式产地的种类202种（亚种）（王敏和岸田泰则，2011；王敏等，2018）。他们还与石门台国家级自然保护区多年来共同调查鳞翅目昆虫，分别汇编成2020年出版的《广东石门台国家级自然保护区蝶类》《广东石门台国家级自然保护区蛾类》，共记述了蝶类305种、蛾类1008种（王厚帅等，2020；王敏等，2020）。而南岭的蝴蝶研究工作大约从20世纪90年代初期顾茂彬与陈锡昌各自开展的蝴蝶调查开始，其以采集标本和记录蝴蝶种类为主；2006年之后为南岭蝴蝶区域调查和固定样线连续监测阶段；顾茂斌等（2018）汇总了各方面数据，出版了《南岭蝶类生态图鉴》，记述了529种蝴蝶。

华南农业大学田明义课题组专注于研究步甲科昆虫，2009年在《广东南岭国家级自然保护区之步甲属昆虫（昆虫纲：鞘翅目：步甲科）》一文中简要记述了广东省南岭国家级自然保护区步甲科步甲属昆虫10种（亚种）。

最新资料显示（http://lyj.gd.gov.cn/news/forestry/content/post_3074182.html），截至2020年，广东南岭国家级自然保护区内已鉴定记录的昆虫有3195种，其中蝶类529种、蛾类2082种、甲虫584种。

6.2.2　南岭昆虫多样性特点及区系特征

南岭是我国昆虫种类资源最为丰富的地区之一，且具有极高的特有性，特有率高达50%～70%（陈开轩等，2009）。与全国其他地区相比，该比例是相当高的。这是因为青藏高原在第三纪的强烈隆起极大地改变了亚洲大气环流，出现了强大的东部季风环流，使得南岭保留大片的原始森林，成为我国南方生物物种重要的起源和分化中心。南岭作为同纬度地区仅存的面积最大的绿洲（与其同纬度的世界其他地区大都已变成了稀树草原或热带沙漠），保存了南亚热带季风常绿阔叶林、沟谷雨林、针阔叶混交林、针叶林和山顶矮林等多种植被类型。

南岭昆虫区系东洋区成分占绝对优势，伴有古北区种类以及广布种，且有一定比例的澳大利亚成分。南岭是中国东南部最大的山脉和重要的自然地理分界线，英国博物学家华莱士（1876年）就将该地区作为古北和东洋两界的东部分界线。南岭山脉是我国南部一条主要的东西走向的山脉，从地理位置上分割了长江流域和珠江流域，具有明显的屏障作用。然而，该地区地质历史复杂，大庾岭等东北、西南走向所形成的南北通道成为古北种类向南扩散、东洋成分向北延伸的天然通道，使得该地区动物区系成分颇为复杂多样，成为多种动物区系成分互相渗透的交汇地带。

由于地理环境的复杂，南岭小区域特征明显，不同自然保护区、不同海拔、不同植被等条件下，物种多样性及区系特征差别明显。广东南岭包括南岭、车八岭等多个国家级、省级自然保护区和诸多县市级自然保护区。地理环境的差异直接导致其昆虫多样性差异明显。不同海拔的变化，造就了南岭多种类型的气候环境。气候资源丰富使得这里植物生长茂盛，天然植被表现出南北交错和垂直分布的现象。而昆虫与植物在协同进化过程中形成了密切的关系，这些都让南岭的昆虫多样性尤为复杂多样。

除此之外，南岭昆虫多样性还表现出与东南亚、台湾均具有较高的相似性。南岭地区地处中亚热带南部边缘，属于亚热带湿润气候，自然景观具有明显的过渡性，既有亚热带特色，又显露出热带的某些特点。其水热条件优越，气候温暖湿润，与东南亚和台湾的气候类型具有一定的相似性，因而其昆虫种类也与这些地区有一定的相似比例。

6.2.3　昆虫多样性保护的意义

南岭是世界同纬度上罕见的物种基因库，又是珠江三角洲的生态屏障和分水岭，森林保护基础好，有着一流的原始森林而且植物种类和层次较复杂，这对昆虫资源的丰富度和物种多样性尤为重要。其自然地理条件复杂，生境类型多样，物种起源古老，种类繁多，保存着许多孑遗种和特有种，是我国生物多样性研究的关键地区之一，对探讨生物进化历史具有重要意义。

尽管有不同的组织或科研单位先后对南岭地区开展过不同规模的生物资源调查和研究，并取得了一些科研成果。但南岭除了鳞翅目有较好的研究基础之外，绝大多数类群物种多样性基础薄弱，空白类群很多。鞘翅目、膜翅目、双翅目等大目大科还没有被挖掘，目前仅记录3195种，这与实际的物种多样性差距很大。该地区昆虫物种数估计将超过1万种，还有大量新种、新记录种有待发现。

对南岭特有种的研究和发现是诠释其生态地理特征的关键，也是研究物种的分化和形成的重要载体，它对揭示南岭地区在全国乃至全球生物地理的地位和价值有着重要的意义。不同的昆虫类群可以对其生境环境具有指示作用，如在森林环境，一些珍稀昆虫，如凤蝶、蜻蜓、步甲、臂金龟均可对森林生境破碎化等人为干扰做出反应，通过监测这些昆虫的个体数量变化，可揭示森林生境的破碎化程度，进而反映森林生态系统的健康状况，因而南岭昆虫多样性的组成及变化能够直接揭示生态环境的变化，其对南岭昆虫多样性的长期检测与动态研究、生态安全及生态文明建设以及整个南岭生态修复及保护至关重要。

6.3 车八岭国家级自然保护区哺乳动物多样性格局及威胁因素

掌握动物多样性分布格局是动物监测和多样性保护的基础核心工作，可以使保护地管理者和科研人员能够快速了解区域内野生动物资源分布状况及其主要威胁因素，为自然保护地管理与生态安全决策提供定量化、高精度的空间信息支持与精准化服务。本节以南岭生物多样性地区之一——广东省车八岭国家级自然保护区的哺乳动物红外相机监测网络为例，分析研究南岭生物多样性热点区域哺乳动物多样性格局及威胁因素。2017～2020年，我们在车八岭采用红外相机技术和公里网格抽样方案，将保护区及其周边地区划分为100个1km^{2}网格（保护区内80个和保护区外20个公里网格）。每个网格寻找林间道路、山脊、垭口、林间开阔地、饮水地等动物活动频繁的位置布设1台相机，以记录出现在各个网格的野生哺乳动物，为开展哺乳动物多样性格局分析及其威胁因素分析提供基础数据。

6.3.1 车八岭栖息地概况

广东车八岭国家级自然保护区（以下简称为车八岭保护区）位于始兴县东南部，东面与江西全南县交界，地理坐标24°40′N～24°46′N，114°07′E～114°16′E，面积7545hm^2。车八岭保护区成立于1981年，并于1988年升级为国家级自然保护区。车八岭地处南亚热带向中亚热带的过渡区域，拥有保存较完整的中亚热带常绿阔叶林，区内气候温暖湿润，日照充足，分布着丰富的动植物资源，拥有"物种宝库、南岭明珠"的美誉。

车八岭保护区地处华南褶皱系，地表裸露古生代寒武纪地层，以及中生代侏罗纪燕山期的中性和中酸性火山岩，经过漫长、多次、复杂的地质构造运动，形成了复杂多样的地貌，山高谷深，海拔变化剧烈，保护区自西北向东南倾斜，最高海拔1256m，最低海拔330m，由于构造运动和水流侵蚀，形成了多条沟谷。

车八岭保护区属亚热带季风性气候区，背面山体海拔相对较高，阻挡了干冷空气的南下，特殊的岩层构造有利于水源涵养，因此造成了区内温暖湿润的气候特点，年均气温约17℃，热量充足，降水均匀充沛，河流水量充足而稳定，而复杂多变的地貌条件造就了多样的微气候类型（宋相金和邹发生，2017）。区内火山岩遍布，以火山凝灰岩最多，强烈的风化作用产生了厚实且富含磷、钾等矿质元素的肥沃土壤。这些均为保护区内的动植物提供了良好的生存条件。

6.3.2 车八岭哺乳动物组成

基于覆盖车八岭保护区全境的100个公里网格连续四年（2017～2020年）的红外相机监测（累计135930个相机日），我们获取了野生动物有效图像70多万份，记录哺乳动物19种，分属4目11科。其中，食肉目4科8种，占监测到哺乳动物的42%；偶蹄目3科4种，占比21%；啮齿目3科6种，占比32%；兔形目1种，占比5%。具体名录详见表6.1。

在记录的19种哺乳动物中（表6.6），属于国家重点保护野生动物的有4种，包括豹猫（*Prionailurus bengalensis*）、斑灵狸（*Prionodon pardicolor*）、中华鬣羚（*Capricornis milneedwardsii*）和水鹿（*Rusa unicolor*），占比21%，被IUCN评估为易危或近危物种的3种，包括水鹿、中华鬣羚和猪獾（*Arctonyx collaris*），占比16%。

表6.6 车八岭保护区2017～2020年红外相机监测哺乳动物物种的保护等级、独立有效照片数、网格占域率和物种相对多度指数（RAI）

物种	IUCN物种濒危等级	国家保护等级	独立有效照片数	拍摄网格数	RAI	网格占域率/%
（一）啮齿目（Rodentia）						
1. 鼠科（Muridae）						
（1）小泡巨鼠（*Leopoldamys edwardsi*）	LC		2413	93	1.775	93
（2）针毛鼠（*Niviventer fulvescens*）	LC		862	42	0.634	42
2. 松鼠科（Sciuridae）						
（1）赤腹松鼠（*Callosciurus erythraeus*）	LC		452	55	0.333	55
（2）红腿长吻松鼠（*Dremomys pyrrhomerus*）	LC		8093	97	5.954	97
（3）倭松鼠（*Tamiops maritimus*）	LC		462	71	0.34	71
3. 鼹形鼠科						
（1）银星竹鼠（*Rhizomys pruinosus*）	LC		38	17	0.028	17
（二）偶蹄目（Artiodactyla）						
1. 鹿科（Cervidae）						
（1）水鹿（*Rusa unicolor*）	VU	II	5	1	0.004	1
（2）小麂（*Muntiacus reevesi*）	LC		1101	75	0.81	75
2. 牛科（Bovidae）						
（1）中华鬣羚（*Capricornis milneedwardsii*）	NT	II	15	5	0.011	5
3. 猪科（Suidae）						
（1）野猪（*Sus scrofa*）	LC		1364	91	1.003	91
（三）食肉目（Carnivora）						
1. 灵猫科（Viverridae）						
（1）斑灵狸（*Prionodon pardicolor*）	LC	II	229	75	0.168	75
（2）花面狸（*Paguma larvata*）	LC		728	97	0.536	97
2. 猫科（Felidae）						
（1）豹猫（*Prionailurus bengalensis*）	LC	II	275	76	0.202	76

物种	IUCN物种濒危等级	国家保护等级	独立有效照片数	拍摄网格数	RAI	网格占域率/%
3. 獴科（Herpestidae）						
（1）食蟹獴（*Herpestes urva*）	LC		47	20	0.035	20
4. 鼬科（Mustelidae）						
（1）黄腹鼬（*Mustela kathiah*）	LC		167	75	0.123	75
（2）黄鼬（*Mustela sibirica*）	LC		14	9	0.01	9
（3）鼬獾（*Melogale moschata*）	LC		1731	98	1.273	98
（4）猪獾（*Arctonyx collaris*）	NT		45	26	0.033	26
（四）兔形目（Lagomorpha）						
1. 兔科（Leporidae）						
（1）华南兔（*Lepus sinensis*）	LC		33	4	0.024	4

在车八岭保护区应用基于红外相机的全域公里网格监测，共记录到4目11科共19种哺乳动物，包括4种国家Ⅱ级重点保护野生动物（占比超过20%），更新了该保护区的野生动物资源数据库和分布记录。相比于2014~2016年的红外相机调查结果（束祖飞等，2018），增加了6种，如水鹿、银星竹鼠等为保护区数量较少、分布范围小的物种，说明长期全域网格化的监测方法有助于发现稀有物种。

6.3.3 车八岭哺乳动物物种多样性格局

2017~2020年，每年在车八岭保护区记录到的哺乳动物物种数稳定在15~19种。平均每个公里网格记录到的哺乳动物为10.27种［标准误（SE）=0.18］，记录到10种以上的区域主要分布在保护区的核心区和缓冲区（图6.5）。

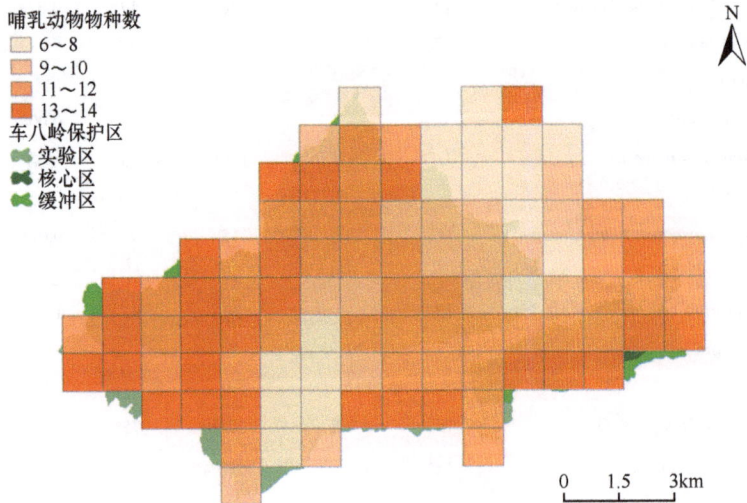

图6.5 车八岭保护区哺乳动物物种数全域公里网格分布图

　　红外相机监测到的哺乳动物以食肉目、偶蹄目和啮齿目动物为主（仅华南兔属于兔形目）。考虑到同一目物种的活动特征较为相似，本书分析了不同目哺乳动物的网格空间分布（图6.6）。结果显示，平均每个网格拍摄到的食肉目动物物种数为4.76（SE＝0.10），97%以上的网格记录到鼬獾和花面狸，分布较为广泛，超过75%的网格记录到斑灵狸、豹猫和黄腹鼬，而黄鼬、食蟹獴和猪獾仅分布在不足30%的网格内。平均每个网格拍摄到的偶蹄目动物物种数为1.72（SE＝0.07），野猪和小麂在保护区70%以上的网格有分布，中华鬣羚和水鹿仅在个别网格被拍摄到。平均每个网格拍摄到的啮齿目动物物种数为3.75（SE＝0.11），其中红腿长吻松鼠和小泡巨鼠在全保护区分布广泛，90%以上的网格均有分布。

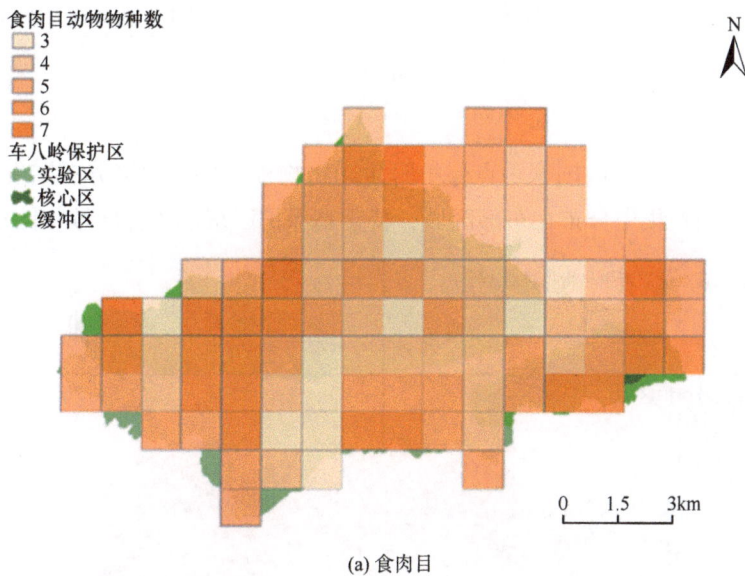

(a) 食肉目

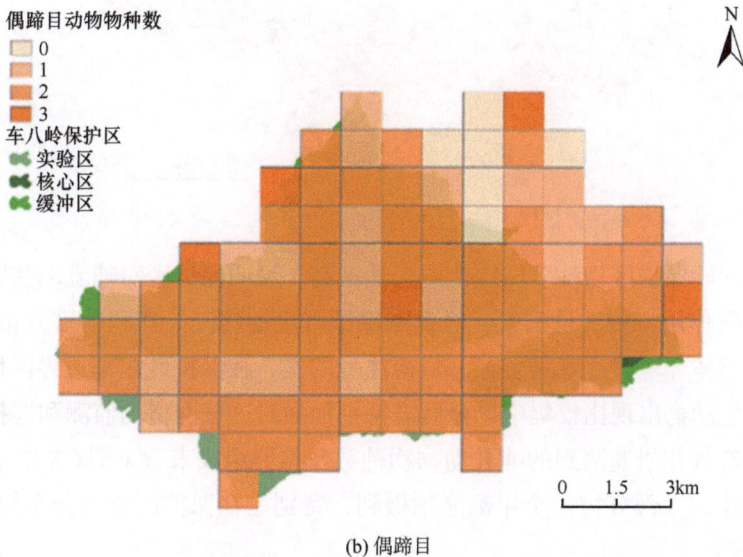

(b) 偶蹄目

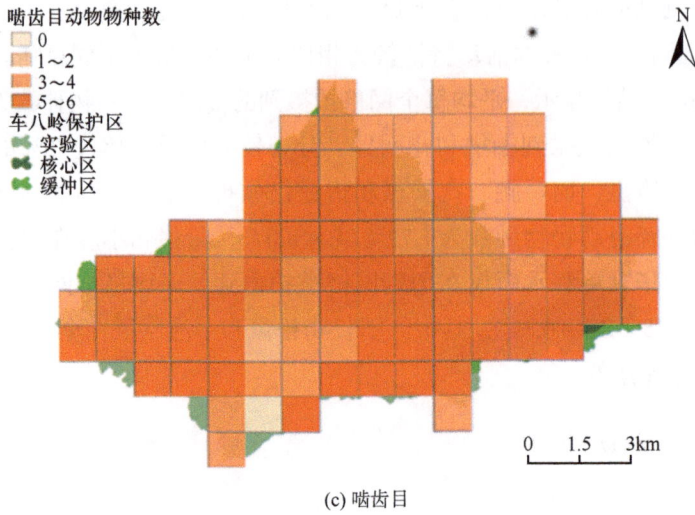

(c) 啮齿目

图6.6 车八岭保护区不同类群哺乳动物物种数全域公里网格分布图

通过绘制车八岭保护区国家重点保护野生动物物种数公里网格分布图发现，4种国家Ⅱ级保护野生动物集中分布在东部区域，特别是保护区东部边界区域（图6.7）。

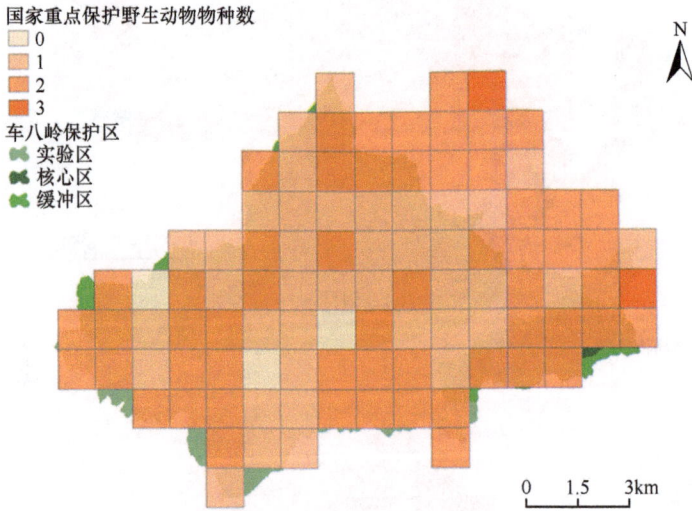

图6.7 车八岭保护区国家重点保护野生动物物种数全域公里网格分布图

综上，车八岭保护区物种多样性比周边地区高，说明保护区对哺乳动物物种多样性保护起到了有效作用，特别是国家Ⅱ级重点保护野生动物斑灵狸和豹猫分布较为广泛，说明保护区的整体环境较适宜其生存。值得注意的是，在保护区东部边界区域有两个网格重点保护野生动物出现比较集中，今后需特别加强对这些网格的监测和巡护工作。

从每个月红外相机监测到的哺乳动物物种数及类群组成来看（图6.8），每个月物种丰富度波动较小，大部分物种全年都能拍摄到，特别是在保护区全域分布较广的物种，如豹猫、鼬獾。

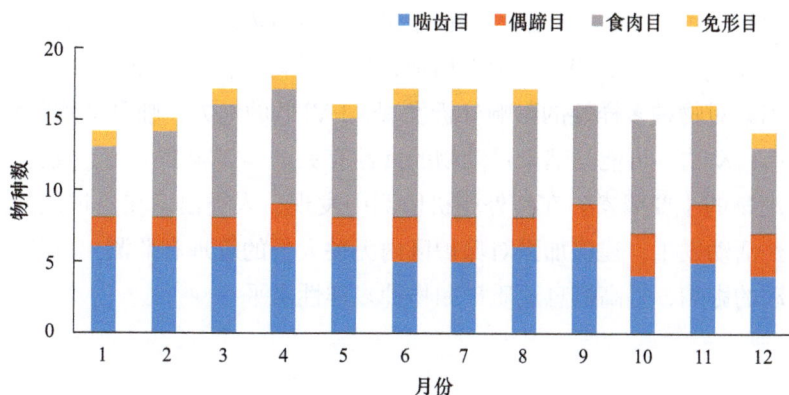

图6.8 车八岭保护区每月红外相机拍摄到的物种数

6.3.4 车八岭哺乳动物多样性格局的影响因素

我们应用广义线性模型分析了哺乳动物物种数与环境的关系，探索了影响物种多样性的环境因素和潜在过程。假设森林类型（原始林、次生林、人工林）、增强植被指数（EVI）、坡度、人类活动和家狗出现次数会对哺乳动物物种数有影响。

经过建立模型和模型选择分析发现，EVI、坡度、人类活动和家狗出现次数是影响哺乳动物物种数的主要因素（图6.9），其中EVI、人类活动次数对物种数有负影响，坡度和家犬出现次数对物种数有正影响，即随着EVI（$\beta=-0.08$，SE＝0.03）或人类活动

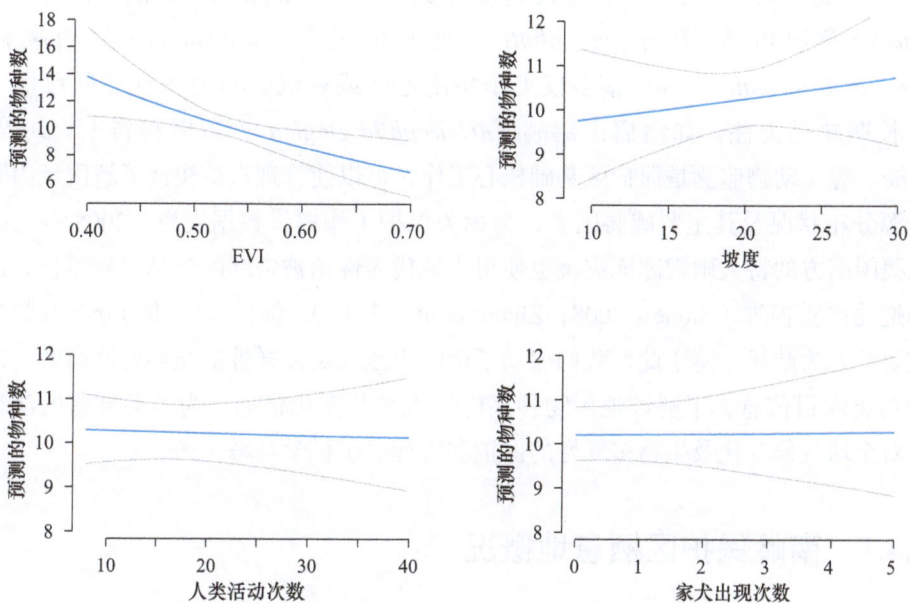

图6.9 车八岭保护区环境因素对哺乳动物物种数的影响

次数（$\beta=-0.01$，$SE=0.03$）的增大，哺乳动物物种数减少；坡度（$\beta=0.04$，$SE=0.03$）和家狗出现次数（$\beta=0.01$，$SE=0.03$）增加，哺乳动物物种数增加。

从环境因素对物种多样性的影响分析发现，EVI低的地方，哺乳动物物种数高，但主要影响啮齿目动物，可能与啮齿目动物的食性有关。人类频繁出入是威胁车八岭保护区野生哺乳动物的主要因素。在红外相机监测中发现，人类出现在保护区的范围较广，有采菜、采药活动发生，建议加强对保护区内无关人员的管理和监测，有效降低人为干扰对动物活动的影响，提高栖息地质量和物种多样性水平。

6.4 广东南岭保护区鸟类多样性监测

野生鸟类资源是自然保护区生物多样性的重要组成部分，对区内生态系统的平衡起着维护作用，而且是生态旅游的重要景观之一（郑光美，1995）。鸟类多处于生态系统中较高营养层次，对能量流动和物质循环影响较大，且对于环境条件的变化，常能在较短时间内感受到并做出响应，因而鸟类也可看作自然生态平衡及环境质量的"指示种"（Turner，1996）。鸟类多样性监测在发达国家已取得系统全面的进展，如美国的繁殖期鸟类调查和英国的野鸟监测项目。野生鸟类物种数与种群数量也被作为评价环境质量的重要参数（斯幸峰和丁平，2011）。

20世纪中叶以来，由于原生林植被砍伐及人为干扰的影响，南岭山地鸟类多样性受到严重威胁。根据《世界自然保护联盟红色名录》（IUCN，2017年）的最新评估，目前保护区受威胁鸟类高达8种，如海南鳽（*Gorsachius magnificus*）、鹊色鹂（*Oriolus mellianus*）、黄腹角雉（*Tragopan caboti*）、仙八色鸫（*Pitta nympha*）和白喉林鹟（*Rhinomyias brunneatus*）等；很多仅见于华南地区或狭域分布的物种种群数量下降明显，长期缺乏关注，如白眉山鹧鸪（*Arborophila gingica*）、短尾鸦雀（*Neosuthora davidiana*）等。动物监测是保护区基础核心工作，可以使管理人员快速了解区域内野生动物资源分布状况及其主要威胁因素，为相关保护工作提供数据支撑。2008年1~2月发生在我国南方的特大雨雪冰冻灾害也使得当地代表性植被常绿阔叶林受到重创，区内动植物遭受严重损失（Stone，2008；Zhang et al.，2016），保护区内动物分布及数量变动的重要性尤为凸显。鉴于此，我们启动了南岭山地鸟类多样性的长期监测研究，以完善区域鸟类编目信息，了解该地区物种多样性现状与变化格局，为鸟类群落的演替恢复、应对全球气候变化及生物多样性的保护和管理提供科学参考。

6.4.1 南岭保护区栖息地概况

广东南岭国家级自然保护区（24°39′23.0″N～24°59′45.7″N、112°40′20.8″E～113°8′

0.8″E，以下简称南岭保护区）地处南岭山脉中段南坡，是珠江支流北江的发源地。南岭保护区东邻乳源瑶族自治县，南接阳山县岭背镇，西靠连州市，北部与湖南省宜章县莽山国家级自然保护区接壤。南岭保护区总面积5.84万hm²，其中核心区面积2.36万hm²，缓冲区面积1.5万hm²，实验区面积1.98万hm²，是我国东南部常绿阔叶林的典型代表，是世界同纬度地区的宝贵自然遗产，也是广东省陆地森林面积最大的自然保护区。其地貌以中山山地为主，山脉多为西北—东南走向，海拔1000m以上的山峰有30多座，广东第一峰石坑崆（1902m）坐落其间。该区属于亚热带季风气候区，年均气温17.4℃，最冷月（1月）平均气温7.1℃，最热月（7月）平均气温26.2℃，极端最高气温36.9℃（1984年7月30日），极端最低气温−4.5℃（1982年12月2日），年均降水量2108.4mm。其水平地带性土壤为红壤，分布的土壤类型随海拔的不同而异（庞雄飞，2003）。南岭保护区是我国亚热带常绿阔叶林的中心地带，优越的地理条件和气候环境孕育了丰富的植物资源，共记录有高等植物268科1306属3760种（邢福武等，2011）。

6.4.2 南岭保护区鸟类动物组成

为了全面调查南岭保护区内分布的鸟类物种，我们根据植被类型和海拔设置具有典型代表性的固定样线，海拔范围为206～1902m，根据植被类型和海拔，调查样线可分为4类：农田−灌草区、常绿针阔混交林、常绿阔叶林和山顶常绿阔叶矮林（表6.7）。

调查采用固定距离样线法（fixed-distance line transect method），样线长度为2km，调查人员沿固定样线以1～2km/h的速度行进，用8×42双筒望远镜进行观察，记录样线两侧50m内发现的鸟类个体（听到和看到的），包括种类、数量、距离（水平、垂直）、活动行为、所在基质等。

2015～2019年每个季度开展一次监测，通常在1月、4月、7月、10月进行。调查多在无风晴天或阴天上午7～11点完成。有时行程紧迫，小雨天或有微风天也进行调查。

鸟类分类系统以及居留情况等主要参照《中国鸟类分类与分布名录（第二版）》（郑光美，2011年）。

表6.7 鸟类调查样线

序号	样线名称	生境	海拔/m
1	梯下	农田−灌草区	205～274
2	炉田村	农田−灌草区	206～250
3	炉田村	常绿阔叶林	355～381
4	怡坑	常绿针阔混交林	349～487
5	横水	常绿针阔混交林	401～674
6	天群	常绿阔叶林	458～584

续表

序号	样线名称	生境	海拔/m
7	仙洞	常绿阔叶林	566～661
8	阿婆庙	常绿阔叶林	585～706
9	仙坪	常绿阔叶林	673～802
10	六华里	常绿针阔混交林	678～966
11	茅坪	常绿阔叶林	689～753
12	双水电站水渠	常绿阔叶林	690～780
13	上山背	农田-灌草区	701～720
14	担杆冲	常绿阔叶林	759～829
15	石韭坑	常绿阔叶林	852～1005
16	鸡公坑	常绿阔叶林	979～1390
17	南木	常绿针阔混交林	1188～1353
18	小黄山	常绿针阔混交林	1193～1368
19	小黄山步道	常绿针阔混交林	1197～1522
20	相思坑	常绿阔叶林	1295～1380
21	相思坑-泽子坪路口	常绿阔叶林	1352～1471
22	白马坑-小黄山	常绿针阔混交林	1367～1488
23	竹坳	常绿针阔混交林	1390～1471
24	电视台	山顶常绿阔叶矮林	1371～1665
25	泽子坪	山顶常绿阔叶矮林	1471～1706
26	太平洞	山顶常绿阔叶矮林	1546～1651
27	第一峰新公路	山顶常绿阔叶矮林	1628～1692
28	第一峰	山顶常绿阔叶矮林	1706～1902

记录的200种鸟种中，留鸟居多，128种，占64%；夏候鸟33种；冬候鸟18种；旅鸟21种。该调查发现保护区新记录11种：中白鹭（*Egretta intermedia*）、黑翅鸢（*Elanus caeruleus*）、红脚隼（*Falco amurensis*）、水雉（*Hydrophasianus chirurgus*）、黄腿渔鸮（*Ketupa flavipes*）、棕腹啄木鸟（*Dendrocopos hyperythrus*）、山鹡鸰（*Dendronanthus indicus*）、丝光椋鸟（*Spodiopsar sericeus*）、金头扇尾莺（*Cisticola exilis*）、红喉歌鸲（*Luscinia calliope*）、栗耳鹀（*Emberiza fucata*）。

监测记录国家Ⅰ级重点保护鸟类1种：黄腹角雉（*Tragopan caboti*）；国家Ⅱ级重点保护鸟类19种：白鹇（*Lophura nycthemera*）、赤腹鹰（*Accipiter soloensis*）、凤头鹰（*Accipiter trivirgatus*）、松雀鹰（*Accipiter virgatus*）、黑冠鹃隼（*Aviceda leuphotes*）、黑翅鸢（*Elanus caeruleus*）、黑鸢（*Milvus migrans*）、蛇雕（*Spilornis cheela*）、红隼

（*Falco tinnunculus*）、红脚隼（*Falco amurensis*）、斑头鸺鹠（*Glaucidium cuculoides*）、领鸺鹠（*Glaucidium brodiei*）、黄腿渔鸮（*Ketupa flavipes*）、领角鸮（*Otus lettia*）、黄嘴角鸮（*Otus spilonotus*）、红角鸮（*Otus sunia*）、仙八色鸫（*Pitta nympha*）、褐翅鸦鹃（*Centropus sinensis*）、小鸦鹃（*Centropus bengalensis*）。

6.4.3　南岭保护区鸟类垂直分布

南岭保护区地形复杂、植被多样，为野生动物的栖息和繁育提供了良好的场所。南岭保护区内的主要植被类型有4种，分别为农田-灌草区、常绿针阔混交林、常绿阔叶林和山顶常绿阔叶矮林。不同植被类型的鸟类群落物种多样性差异较大。

农田-灌草区鸟种主要为白头鹎、红耳鹎、领雀嘴鹎、黑鹎、鹊鸲、白鹡鸰、金翅雀、树麻雀、白腰文鸟、褐翅鸦鹃、家燕、金腰燕、白颊噪鹛、黑脸噪鹛等，与森林鸟种较为不同。

常绿针阔混交林和常绿阔叶林生境鸟类群落优势种主要为栗背短脚鹎、淡眉雀鹛、灰树鹊、华南斑胸钩嘴鹛、灰喉山椒鸟、栗颈凤鹛、黑鹎等。

山顶常绿阔叶矮林生境气候寒凉潮湿，多云雾，常大风，林木低矮。植被以壳斗科（Fagaceae）植物为主，另有云锦杜鹃（*Rhododendron fortunei*）、南华杜鹃（*Rhododendron simiarum*）、假地枫皮（*Illicium jiadifengpi*）、山矾（*Symplocos sumuntia*）等。鸟种以画眉科（Timaliidae）的红嘴相思鸟、红头穗鹛、金胸雀鹛、斑胸钩嘴鹛、棕颈钩嘴鹛、红尾噪鹛、褐胸噪鹛、灰眶雀鹛及莺科（Sylviidae）的金头缝叶莺、比氏鹟莺、白眶鹟莺、栗头鹟莺、华南冠纹柳莺为主，小型鸟常集群出现。

6.4.4　南岭保护区鸟类资源

2015～2019年调查记录的鸟种200种，隶属14目45科，雀形目26科135种，是该国家级自然保护区当前记录342种的58.48%。截至2022年3月31日，南岭国家站周平组织完成的"广东南岭国家级自然保护区生物多样性科学考察"项目，结合历史文献资料及科考调查，发现保护区鸟类物种数现总计为342种，隶属18目62科。种类优势科为鹟科36种，莺科29种，画眉科24种，鹀科18种，鹰科17种，杜鹃科13种，鸥鹬科11种，鹭科、秧鸡科、鹡鸰科、鸠鸽科各10种。南岭保护区国家重点保护动物65种（Ⅰ级5种、Ⅱ级60种），中国脊椎动物红色名录受危种14种（濒危EN 7种、易危VU 7种），IUCN红色名录受危种8种（极危CR 1种、濒危EN 3种、易危VU 4种），详见表6.8。

表 6.8　南岭保护区鸟类重点保护物种

类别		物种名	种数
国家重点保护动物	Ⅰ级	海南鳽、中华秋沙鸭、白颈长尾雉、黄腹角雉、黄胸鹀	5
	Ⅱ级	鸳鸯、褐耳鹰、苍鹰、雀鹰、赤腹鹰、凤头鹰、松雀鹰、黑冠鹃隼、灰脸鵟鹰、普通鵟、白尾鹞、黑翅鸢、白腹隼雕、黑鸢、凤头蜂鹰、蛇雕、鹰雕、日本松雀鹰、游隼、燕隼、红隼、白腿小隼、红脚隼、白眉山鹧鸪、白鹇、棕背田鸡、水雉、绿皇鸠、斑尾鹃鸠、褐翅鸦鹃、小鸦鹃、草鸮、短耳鸮、雕鸮、领鸺鹠、斑头鸺鹠、黄腿渔鸮、鹰鸮、领角鸮、黄嘴角鸮、灰林鸮、褐林鸮、红角鸮、灰喉针尾雨燕、红头咬鹃、白胸翡翠、蓝喉蜂虎、蓝翅八色鸫、仙八色鸫、鹊鹂、白喉林鹟、短尾鸦雀、黑喉噪鹛、画眉、红嘴相思鸟、褐胸噪鹛、棕噪鹛、金胸雀鹛、红尾噪鹛、红喉歌鸲	60
中国脊椎动物红色名录	极危 CR	—	0
	濒危 EN	海南鳽、中华秋沙鸭、黄腹角雉、绿皇鸠、黄腿渔鸮、鹊鹂、黄胸鹀	7
	易危 VU	白腹隼雕、白腿小隼、白眉山鹧鸪、白颈长尾雉、白喉斑秧鸡、仙八色鸫、白喉林鹟	7
	近危 NT	鸳鸯、褐耳鹰、苍鹰、凤头鹰、灰脸鵟鹰、白尾鹞、黑翅鸢、凤头蜂鹰、蛇雕、鹰雕、游隼、红脚隼、中华鹧鸪、红胸田鸡、水雉、长嘴剑鸻、斑尾鹃鸠、翠金鹃、短耳鸮、雕鸮、鹰鸮、黄嘴角鸮、灰林鸮、褐林鸮、灰喉针尾雨燕、红头咬鹃、白颈鸦、绿背姬鹟、杂色山雀、金色鸦雀、短尾鸦雀、白眉鸫、寿带、画眉	34
IUCN红色名录	极危 CR	黄胸鹀	1
	濒危 EN	海南鳽、中华秋沙鸭、鹊鹂	3
	易危 VU	黄腹角雉、仙八色鸫、白颈鸦、白喉林鹟	4
	近危 NT	白眉山鹧鸪、白颈长尾雉、绿皇鸠、小太平鸟	4

6.5　华南虎分布与保护研究

华南虎（*Panthera tigris amoyensis*）隶属于哺乳纲食肉目猫科豹属虎种。虎种共有8个亚种，分别是孟加拉虎、里海虎、爪哇虎、印支虎、西伯利亚虎、苏门答腊虎、华南虎、巴厘虎。华南虎在8个亚种中个体中等，是中国特有的虎亚种，仅在中国分布，生活在中国中南部，亦称"中国虎"，野外已多年未发现其踪迹（黄祥云，2003）。华南虎头圆，耳短，四肢粗大有力，尾较长，胸腹部有较多的乳白色，全身橙黄色并布满黑色横纹。其毛皮上有既短又窄的条纹，条纹的间距较孟加拉虎、西伯利亚虎的大，体侧还常出现菱形纹。华南虎以草食性动物野猪、鹿、狍等为食，是中国的十大濒危动物之一、国家一级保护动物、IUCN红色物种名录极度濒危物种。

6.5.1　华南虎分布范围今昔对比

华南虎原始分布区东至浙闽边界（120°E左右）、西至青川边界（100°E左右）、北至秦岭黄河一线（35°N）、南至粤桂南陲（21°N）（黄祥云，2003）。从分布的省区来看，其分布除华南各省份以外，还曾广泛分布于华东、华中、西南各省份的广阔地区，以及陕西、陇东、豫西和晋南的个别地区（图6.10）。据记载，在20世纪50年代华南虎尚有4000头之多（刘振河和袁喜才，1983）。90年代初期联合国派专家组来我国华中、华南地区进行现存野生华南虎的数量调查，竟然未见1只活体，最后只能根据痕迹和访问估计出还有20～30只华南虎残存（马逸清和闫文，1998）。1999年7月江西省宜黄县久违的啸声显示，有5只华南虎在野外繁衍生息（徐国义和陈平福，2000）。

1966年IUCN将虎列为《哺乳动物红皮书》的E级濒危动物。1981年华南虎被列入CITES公约附录Ⅰ保护名单，1989年《中华人民共和国野生动物保护法》将华南虎列入国家一级保护动物。联合国1996年发布的《濒危野生动植物国际公约》将华南虎列为第一号濒危物种，列为世界十大濒危物种之首。2000～2001年，国家林业局和世界自然基金会（WWF）进行的全国野生华南虎及其栖息地大规模调查，没有看见一只野生虎的身影。在这次调查之后，国外一些学者认为野生华南虎已经灭绝。2007年冬季，华南濒危动物研究所开展了"粤北野生华南虎野外调查"项目，但最终未发现野生华南虎存在的痕迹。

6.5.2　华南虎迁地保护

1988年10月在中国杭州召开"国际动物园濒危物种饲养繁殖学术讨论会"讨论了华南虎的饲养和保护问题。1990年1月成立了广东粤北华南虎省级自然保护区，并在此基础上，于2008年在韶关国家森林公园内建立了华南虎繁育研究基地。1998年9月30日福建省梅花山华南虎繁育中心开始运作（金昆，1999）。根据国家林业和草原局（原国家林业局）野生动植物研究发展中心华南虎调查中心（2001年）的调查报告，当时华南虎在我国的潜在分布区可归为五大区：①以浙江省百山祖保护区和福建省梅花山保护区为主体的东部区域；②以湖南省壶瓶山和桃源自然保护区为主体的西部区域；③以江西省宜黄、乐安丘陵和湖南省莽山保护区为主体的中部区域；④以粤北车八岭等自然保护区为主体的南部区域；⑤以湖北省神农架保护区为主体的北部区域。根据中国动物园协会数据，至2018年我国圈养华南虎已达160余只，华南虎自然繁育及人工辅助技术已很成熟（孙国政等，2019）。截至当前，华南虎已达200余只（任小冬等，2021）。目前，华南虎的人工圈养地点有23个，其中22个地点在国内，1个在南非。人工圈养地点分别是厦门中山公园、南京动物园、长沙动物园、九江甘棠公园、武汉动物园、南宁动物园、南平九峰公园、福州动物园、长春野生动物园、深圳野生动物乐园（Shenzhen Safari）、南通公园、天津动物园、黔灵公园、洛阳王城公园、苏州动物园、齐齐哈尔动物园、保定动物园、重庆动物园、上海野生动物乐园（Shanghai Safari）、上海动物园、广州动物园、石家庄动物园、南非华南虎老虎谷（国外）。除此之外，华南

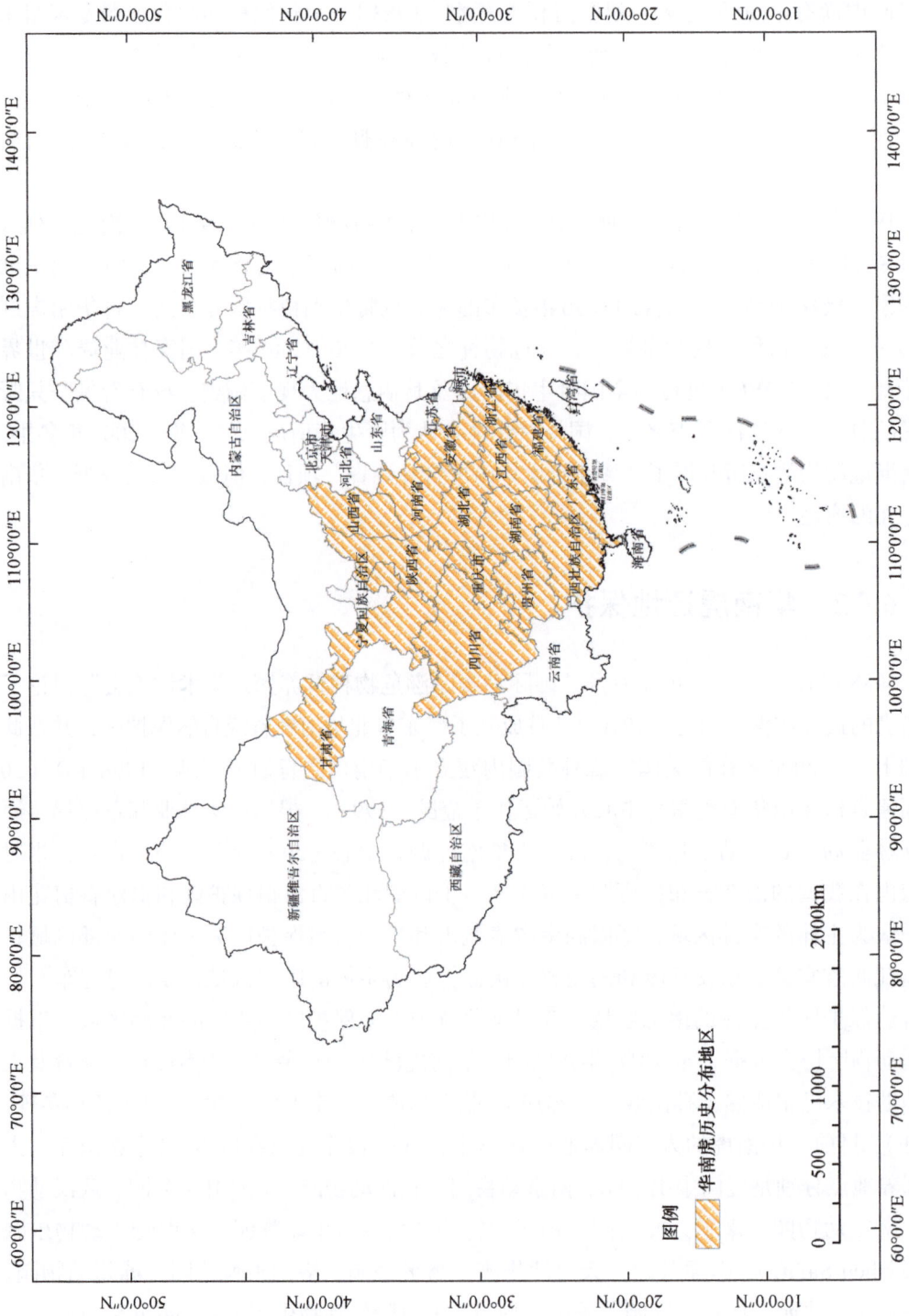

图6.10 华南虎历史分布所在省份

虎还有4个繁育野外中心，分别是广东粤北华南虎省级自然保护区、福建龙岩梅花山华南虎繁育基地、江西资溪九龙湖华南虎繁育及野外训练基地、湖南省长沙县华南虎繁育野化基地。近几年，国家林业和草原局启动建设了3个华南虎放归自然试验区，分别为湖北宜昌五峰后河自然保护区、江西九溪马头山自然保护区、湖南常德石门壶瓶山自然保护区。华南虎在国内迁地保护地点分布图详见图6.11。

6.5.3 华南虎保护面临的挑战和机遇

国家林业和草原局组织实施的华南虎繁育中心和华南虎放归自然试验区的设立，标志着我国继大熊猫、朱鹮后第三大拯救野生珍稀濒危动物的国家级工程的启动和实施。华南虎的拯救和保护面临着远超大熊猫和朱鹮的挑战，主要表现在以下几个方面。

（1）目前，国内圈养的华南虎种群是一个高度近亲的种群，遗传多样性丢失严重。1995年4月，中国动物园协会在苏州制定出"中国华南虎迁地保护计划"，对全国圈养虎进行谱系登录，发现1985～1995年10年间的种群增长率几乎为0。到1998年9月统计全国22家动物园和公园圈养的华南虎仅50只，并且都是来自野外的6只野生个体的第4、第5、第6代（Ullas，1995；谢钟和王梦虎，1996；王梦虎和谢钟，1998）。现存200多头圈养华南虎均为20世纪五六十年代捕获的6头华南虎的后代（任小冬等，2021）。如果不尽快引进野生遗传基因，圈养华南虎的近交系数过高，必然造成遗传多样性丢失严重、雄性精子活力减低和幼仔死亡率高等问题，其前景不容乐观。

（2）华南虎处于食物链金字塔的顶端，具有食量大、单独活动等习性，其野外生存需要有足够食物资源和足够大领域的栖息地。华南虎生存所需的三个要素为有蹄类动物的密度、隐蔽场所面积大小和水源丰富程度（黄祥云，2003）。袁喜才等（1994）认为，华南虎的领域面积一般为100～200km²/只。栖息地的丧失和破碎化曾经是华南虎分布区普遍存在的问题。我国目前在建和拟建的4处华南虎繁育野化基地中湖南、广东、江西三基地面积均不足3km²，而福建基地不足1km²。作为放归自然试验区的湖北省宜昌五峰后河、江西马头山、湖南壶瓶山三处自然保护区面积分别为103.4km²、138.67km²和665.68km²（孙国政等，2019）。对于野外华南虎所需的领地而言，前两处仍显得不足，且该面积还包含部分植被不适合的缓冲区。近几年，在山水林田湖草一体化生态修复等项目稳步实施的情况下，曾经退化的生境质量有所改善，但生态破碎化的现象仍然存在。另外，更加严峻的是，长期在圈养环境中长大的华南虎，捕食有蹄类动物的能力也在下降。人工饲养的华南虎不知道如何伏击猎物，寻找猎物的技术也相对较差，这也是未来放归自然面临的挑战。

华南虎的野外放归虽存在诸多难题，但也存在很多机遇。首先，我国圈养华南虎已达200余只，保有较丰富的华南虎人工种群资源（任小冬，2021）；其次，我国已建成多处繁育和野化训练基地，并具备成熟的繁育技术和丰富的野化训练经验；最后，华

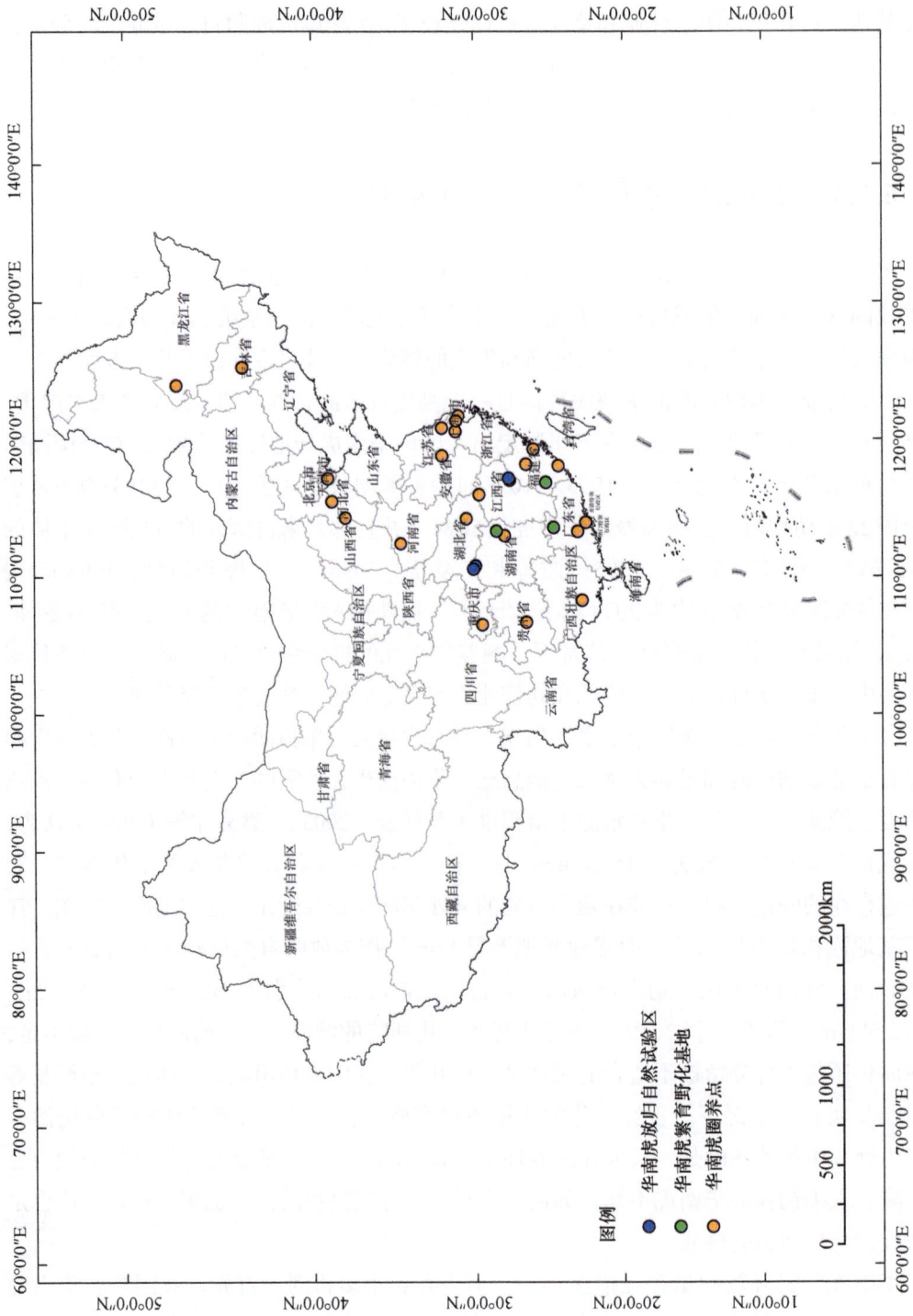

图6.11 华南虎迁地保护地点分布

南虎作为中国南方热带雨林、常绿阔叶林的伞护种，是国家重点保护对象，有国家政策的大力支持。除此之外，我国的国家公园体制建设也为华南虎的野外放归提供难得的机遇。在所选华南虎放归自然试验区目前均无法满足华南虎最小有效种群的野外繁衍需求的情况下，国家公园建设恢复和扩大适宜栖息地面积是促成华南虎放归的最有效手段。虽然，华南虎的野外放归还面临着诸多困难，但我国的国家公园体制建设为华南虎的野放和保护提供了契机。

参 考 文 献

陈开轩，高磊，龚粤宁，等. 2009. 广东南岭国家级自然保护区之步甲属昆虫（昆虫纲：鞘翅目：步甲科）. 中国科技论文在线，2（19）：2039-2043.

陈灵芝. 1993. 生物多样性保护现状及其研究. 植物杂志，（5）：7-9.

陈涛，张宏达. 1994. 南岭植物区系地理学研究——Ⅰ. 植物区系的组成和特点. 热带亚热带植物学报，2（1）：10-23.

陈晓胜. 2010. 广东省瓢虫资源调查研究. 广州：华南农业大学.

陈宜瑜，曹文宣，郑慈英. 1986. 珠江的鱼类区系及其动物地理区划的讨论. 水生生物学报，（3）：228-234.

陈振耀，陈志明. 2008. 广东南岭国家级自然保护区大东山昆虫名录（Ⅵ）. 环境昆虫学报，30（2）：188-191.

陈振耀，梁铬球，贾凤龙，等. 2001a. 广东南岭国家级自然保护区大东山昆虫名录（Ⅰ）. 生态科学，20（1，2）：109-114.

陈振耀，梁铬球，贾凤龙，等. 2001b. 广东南岭国家级自然保护区大东山昆虫名录（Ⅱ）. 生态科学，20（4）：42-47.

陈振耀，梁铬球，贾凤龙，等. 2002a. 广东南岭国家级自然保护区大东山昆虫名录（Ⅲ）.昆虫天敌，24（2）：70-76.

陈振耀，梁铬球，贾凤龙，等. 2002b. 广东南岭国家级自然保护区大东山昆虫名录（Ⅳ）. 昆虫天敌，24（3）：111-117.

陈振耀，梁铬球，贾凤龙，等. 2002c. 广东南岭国家级自然保护区大东山昆虫名录（Ⅴ）. 昆虫天敌，24（4）：159-169.

顾茂彬，陈锡昌，周光益，等，2018. 南岭蝶类生态图鉴. 广州：广东科技出版社.

何芬奇，周放，杨晓君，等. 2007. 虎斑夜鳽分布与亚群态势研究. 动物分类学报，32（4）：802-813.

华立中. 1988. 美国著名昆虫分类学家嘉理思（J.L. Gressitt）生平. 生物科学信息，1（1）：40-42.

华立中. 1989. 中山大学昆虫标本名录（庆祝中华人民共和国成立四十周年）. 广州：中山大学昆虫研究所分类室.

华立中，奈良一，余清金. 1993. 海南、广东的天牛. 台湾南投：木生昆虫博物馆.

黄祥云．2003．华南虎的生存现状及保护生物学研究．北京：北京林业大学．

金昆．1999．中国设立华南虎野外种群专项调查．野生动物，（2）：46.

雷雪芹，孙美玲，雷初朝，等．2001．安哥拉山羊染色体核型分析．畜牧兽医杂志，20（6）：10-11.

栗通萍，王绍能，蒋爱伍．2012．广西猫儿山地区鸟类组成及垂直分布格局．动物学杂志，47（6）：54-65.

梁铭球．1996．广东、海南两省的蝗虫．中山大学学报论丛，2：30-34.

刘振河，袁喜才．1983．我国的华南虎资源．野生动物（4）：20-22.

卢继承．2007．用核型分析的方法鉴定鸢尾的染色体．山东农业大学学报（自然科学版），38（1）：64-66.

马逸清，闫文．1998．老虎保护进展．野生动物，19（1）：3-7.

庞雄飞，等．2003．广东南岭国家级自然保护区生物多样性研究．广州：广东科学技术出版社．

权擎，唐璇，吴毅，等．2018．南岭山脉及周边鸟类β丰富度分析．热带地理，38（3）：321-327：DOI:10.13284.

任小冬，黄勉，李石洲，等．2021．圈养华南虎血液生化指标正常参考值初步研究．林业与环境科学，37（1）：48-55.

束祖飞，卢学理，陈立军，等．2018．利用红外相机技术对广东车八岭国家级自然保护区哺乳动物和鸟类资源的初步调查．哺乳动物学报，（38）：504-512.

斯幸峰，丁平．2011．欧美陆地鸟类监测的历史、现状与我国的对策．生物多样性，19（3）：8.

宋相金，邹发生．2017．车八岭鸟类图鉴．广州：广东科技出版社．

孙国政，罗伟雄，王继山．2019．建立国家公园体制对华南虎野外放归的机遇分析．林业建设，（1）：1-5.

谭邦杰．1984．存亡已到最后关头的华南虎．大自然，（4）：13-15.

谭邦杰．1992．保护雪豹和华南虎的两个国际讨论会．大自然，（4）：5-7.

王厚帅，陈淑燕，戴克元，2020．广东石门台国家级自然保护区蛾类．香港：香港鳞翅目学会有限公司．

王梦虎，谢钟．1998．拯救华南虎刻不容缓．大自然，（1）：6-7.

王敏，岸田泰则．2011．广东南岭国家级自然保护区蛾类．Keltern：Goecke & Evers.

王敏，岸田泰则，枝惠太郎．2018．广东南岭国家级自然保护区蛾类增补．Keltern：Goecke & Evers.

王敏，陈淑燕，黄林生，2020．广东石门台国家级自然保护区蝶类．香港：香港鳞翅目学会有限公司．

吴甘霖．2006．核型分析在细胞分类学中的应用．生物学杂志，23（1）：39-42.

肖治术．2019．自然保护地野生动物及栖息地的调查与评估研究——广东车八岭国家级自然保护区案例分析．北京：中国林业出版社．

谢钟，王梦虎．1996．华南虎的生死存亡迫在眉睫．大自然，（5）：20.

邢福武，陈红锋，王发国，等．2011．南岭植物物种多样性编目．武汉：华中科技大学出版社．

徐国义，陈平福．2000．久违的啸声：江西省宜黄县发现野生华南虎纪实．野生动物，21（4）：2.

姚登兵，何江虹．2018．医学遗传学实验和学习指导．南京：南京大学出版社．

袁喜才，陈万成，卢开河，等．1994．广东省华南虎及栖息地调查．野生动物，（4）：10-14．

张奠湘，李世晋．2011．南岭植物名录．北京：科学出版社．

张锡然，陈宜峰，朱红阳，等．1993．东北虎和华南虎染色体比较研究．动物学报，39（3）：334-336．

张锡然，朱红阳，陈俊才，等．1991．华南虎（Panthera tigris amoyensis）的染色体研究．南京师大学报（自然科学版），14（1）：68-71．

郑光美．1995．鸟类学．北京：北京师范大学出版社．

郑维平，吴云良，李文斌，等．2008．东北虎染色体核型分析.扬州大学学报：农业与生命科学版，29（1）：49-51．

周平，刘智勇．2018．南岭同纬度带典型区域气候特征差异与成因分析．热带地理，38（3）：299-311．

邹发生，龚粤宁，张朝明．2018a．广东南岭国家级自然保护区动物多样性研究．广州：广东科技出版社．

邹发生，卢学理，王新财，等．2018b．广东北部森林底层地面活动鸟类物种多样性．生态学杂志，37（4）：1227-1232．

邹发生，张英宏．2018．广东南雄小流坑-青嶂山省级自然保护区动植物资源调查成果汇编．广州：广东科技出版社．

Blyth S. 2002. Mountain watch: environmental change & sustainable development in mountains (No. 12). UNEP World Conservation Monitoring Centre: Mountain Watch.

Dong L, Zhang J, Sun Y, et al. 2010. Phylogeographic patterns and conservation units of a vulnerable species, Cabot's tragopan (*Tragopan caboti*), endemic to southeast China. Conservation Genettics, 11: 2231-2242.

Gao J Y, Wu Z L, Su D D, et al. 2013. Observations on breeding behavior of the White-eared Night Heron (*Gorsachius magnificus*) in northern Guangdong, China. Chinese Birds, 4 (3): 254-259.

Hawkins B A, Field R, Cornell H V, et al. 2003. Energy, water, and broad-scale geographic patterns of species richness. Ecology, 84: 3105-3117.

Hoorn C, Perrigo A. Antonelli A. 2018. Mountains, Climate and Biodiversity. New Jersey: Wiley-Blackwell.

Hu Y, Fan H, Chen Y, et al. 2021. Spatial patterns and conservation of genetic and phylogenetic diversity of wildlife in China. Science Advances, 7: 1-10.

Hurlbert A H, Stegen J C. 2014. When should species richness be energy limited, and how would we know? Ecology Letters, 17(4): 401-413.

Levan A, Ferdga K, Sandberg A. 1964. Nomenclature for centromeric position on chromosomes. Hereditas, 52 (3): 201-220.

López-Pujol J, Zhang F M, Sun H Q, et al. 2011a. Centres of plant endemism in China: Places for survival or for speciation? Journal of Biogeography, 38: 1267-1280.

López-Pujol J, Zhang F M, Sun H Q, et al. 2011b. Mountains of southern China as "Plant Museums" and "Plant

Cradles": Evolutionary and conservation insights. Mountain Research and Development, 31: 261-269.

Mi X, Feng G, Hu Y, et al. 2021. The Global Significance of Biodiversity Science in China: An Overview. National Science Review, 8: nwab032.

Moynihan E P. 1983. Quantitative karyotype analysis in the mussel *Mytilus edulis* L. Aquaculture, 33 (1): 301.

Qian H, Ricklefs R E. 2000. Large-scale processes and the Asian bias in species diversity of temperate plants. Nature, 407: 180-182.

Rahbek C, Borregaard M K, Antonelli A, et al. 2019a. Building mountain biodiversity: Geological and evolutionary processes. Science, 365: 1114-1119.

Rahbek C, Borregaard M K, Colwell R K, et al. 2019b. Humboldt's enigma: What causes global patterns of mountain biodiversity? Science, 365: 1108-1113.

Stone R. 2008. Ecologists report huge storm losses in China's forests. Science，319 (5868): 1318-1319.

Tang Z, Wang Z, Zheng C, et al. 2006. Biodiversity in China's mountains. Frontiers in Ecology and the Environment, 4: 347-352.

Tian S, López-Pujol J, Wang H W, et al. 2010. Molecular evidence for glacial expansion and interglacial retreat during Quaternary climatic changes in a montane temperate pine （*Pinus kwangtungensis* Chun ex Tsiang) in southern China. Plant Systematics and Evolution, 284: 219-229.

Turner I M. 1996. Species loss in fragments of tropical rain forest: a review of the evidence. Journal of Applied Ecology, 33(2): 200-209.

Ullas K K. 1995. Estimating tiger *Panthera tigris* populations from camera - trap data using capture - recapture models. Biological Conservation, 71 (3): 333-338.

Wang J, Gao P, Kang M, et al. 2009. Refugia within refugia: The case study of a canopy tree (*Eurycorymbus cavaleriei*) in subtropical China. Journal of Biogeography, 36: 2156-2164.

Zhang Q, Hong Y, Zou F, et al. 2016. Avian responses to an extreme ice storm are determined by a combination of functional traits, behavioural adaptations and habitat modifications. Scientific Reports, 6: 22344.

Zou F S, Zhang Q, Zhang M, et al. 2019. Temporal patterns of three sympatric pheasant species in the Nanling Mountains: N-mixture modeling applied to detect abundance. Avian Research, 10: 42.

第7章

南岭微生物多样性

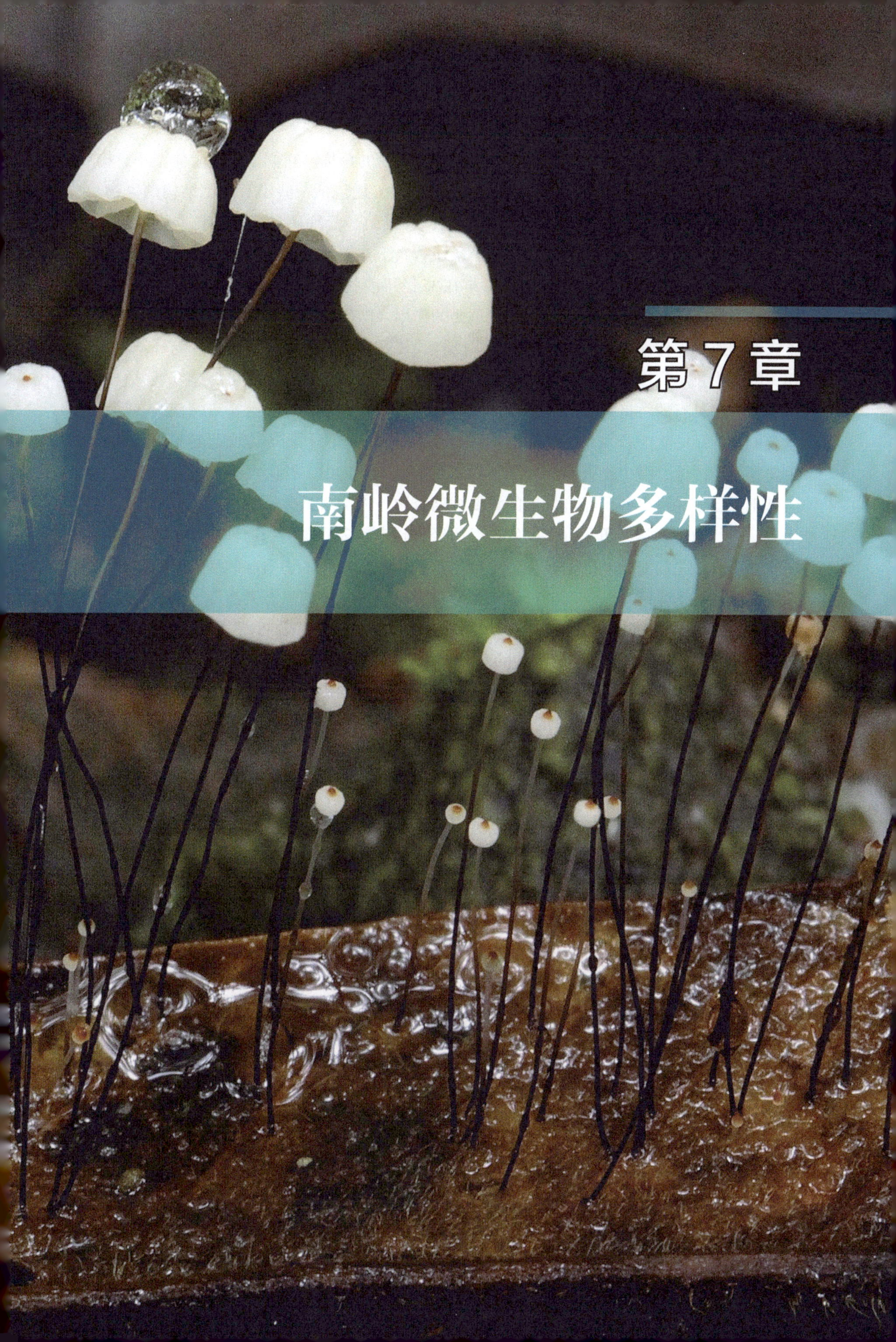

微生物是一切肉眼看不见或看不清楚的微小生物的总称。它们是一些个体微小、构造简单的低等生物，大多为单细胞，少数为多细胞，还包括一些没有细胞结构的生物。微生物主要有属于原核生物类的古菌、细菌、放线菌、蓝细菌、支原体、立克次体；属于真核生物类的真菌、原生动物和微藻；还有属于非细胞生物类的病毒、类病毒和朊病毒等。微生物是最古老的生命形式，早在35亿年前就已出现在地球上。微生物是自然界重要的分解者，在自然界具有十分重要的作用。微生物极其丰富的物种多样性决定了它们的遗传多样性和代谢产物的化学多样性，使其在工业、农业、医疗和与环境保护相关的生物技术领域具有广泛应用，其同人类、动植物和环境的健康可持续发展息息相关。微生物具有的可持续利用、高产低能耗、环境友好和安全性高等特点，使其在工农业及健康产品的生产开发、生态环境的保护及资源和能源的利用等方面起着不可替代的重要作用。因此，微生物资源与应用新技术是国民经济建设、社会可持续发展的重要物质基础，已成为世界各国经济发展的重要战略资源。人类对微生物的利用已有几千年的历史，近代微生物学经历几百年的发展，已经有越来越多的微生物物种和其功能被人类所知。一些微生物对人类的生产生活也造成不利影响，如微生物引起的疾病，微生物腐败、霉变导致的生产生活资料的损失，微生物大量繁殖导致的生态失衡等。

微生物也是自然界中物种多样性最为丰富的生物类群，据估计，自然界微生物超过1000万种，超过植物和动物物种的总和。然而，目前为人们所认识的微生物种类不到自然界中微生物种类总数的10%，其中被开发利用的则更少。世界各地对微生物多样性研究的深入程度不平衡。总的来说，欧洲多数发达国家和地区由于有较长的研究历史，研究资料积累丰富，而且物种多样性往往不如热带亚热带地区丰富，因此其研究得最为彻底。欧美发达国家（如英国、瑞典、荷兰和美国等）的一些著名专家，已从地区性的研究走向世界性研究，将研究的重点转移到热带亚热带地区（Núñez and Ryvarden，2000）。除欧洲外，以美国为代表的美洲国家也有较深入的研究（Singer，1986），但由于微生物物种多样性较为复杂，仍有不少值得进一步研究的地方。

我国幅员辽阔，微生物资源极其丰富，而我国特有的微生物资源是开发我国具有自主知识产权微生物种类的重要对象。南岭的亚热带复杂而多样的气候条件孕育了微生物的高度多样性，其也是我国微生物多样性最丰富的地区之一。对南岭微生物资源进行深入的调查、发掘和保护，有利于构建人与自然的和谐关系，提升科学研究水平，加大微生物在工业、农业、食品、医药保健等领域的应用，提高人类整体健康生活及认识水平。

7.1 南岭土壤细菌多样性

土壤微生物是地球生态系统中物种多样性最高的类群之一，在生态系统物质循环、能量流动和生物地球化学循环过程中扮演重要角色，对维持生态系统结构和功能的稳定起着重要作用。森林土壤细菌作为森林生态系统物种丰度和多样性最高的微生物类群之一，了解其群落组成和多样性动态变化，对保护森林生态系统稳定性具有重要意义。

南岭森林生态系统土壤中蕴藏着丰富的细菌资源，近年来笔者对该地区沟谷常绿阔叶林和山地常绿阔叶林土壤中可培养细菌物种多样性进行研究。笔者采用贫营养型的R2A和富营养型的TSA两种培养基，从中获得细菌408株，它们分别从属于厚壁菌门、变形菌门、放线菌门和拟杆菌门的35属。

7.1.1　南岭森林土壤可培养细菌物种多样性分析

采用贫营养型的R2A培养基和富营养型的TSA培养基对南岭森林土壤中的细菌进行分离，从中获得细菌408株，它们分别从属于厚壁菌门、变形菌门、放线菌门和拟杆菌门的35属。其中，优势类群为厚壁菌门，占分离总数量的71%。在属水平芽孢杆菌及其近缘属为优势类群。除芽孢杆菌外，假单胞菌、伯克霍尔德氏菌、草酸杆菌科山冈单胞菌属（*Collimonas*）和罗丹诺杆菌科戴氏菌属（*Dyella*）是分离获得的主要类群。R2A培养基在分离革兰氏阴性的变形菌门菌株方面表现出一定的偏好性，而TSA培养基分离得到的更多为快速生长的芽孢杆菌及其近缘的革兰氏阳性细菌。研究发现，15属的菌株具有一定的水解酶活性，大多表现出对淀粉和牛奶的水解活性，对有机磷的水解性能优于对无机磷的水解性能。降解纤维素的菌株则主要集中于芽孢杆菌及其近缘属中。研究还发现，潜在新物种26株分布于芽孢杆菌、戴氏菌、类芽孢杆菌等9属中。本章研究仅使用了两种营养类型的培养基，进一步借助培养组学技术，有望能更加全面反映南岭森林土壤中的可培养微生物多样性。

1. 南岭森林土壤可培养细菌物种多样性

采用R2A和TSA培养基从南岭森林土壤中共分离得到细菌408株。对分离菌株的16S rRNA基因进行比对发现，它们从属于厚壁菌门（Firmicutes）、变形菌门（Proteobacteria）、放线菌门（Actinobacteria）和拟杆菌门（Bacteroidetes）4门35属［图7.1（a）］。在属水平的优势类群为芽孢杆菌（*Bacillus*）、赖氨酸芽孢杆菌（*Lysinibacillus*）、类芽孢杆菌（*Paenibacillus*）、假单胞菌（*Pseudomonas*）、伯克霍尔德氏菌（*Burkholderia*）、山冈单胞菌属（*Collimonas*）和罗丹诺杆菌科戴氏菌属（*Dyella*），其中芽孢杆菌占分离菌株总数量比例高达55%［图7.1（b）］。从中选取35属代表菌株基于16S rRNA基因构建的邻接法系统发育树如图7.2所示，代表菌株稳定分布于4门中的不同属内。

1）厚壁菌门

分离得到的厚壁菌门细菌共计289株，从属于芽孢杆菌纲（Bacilli）的8属。芽孢杆菌及其近缘属在南岭森林土壤中占据了明显的优势地位，分离数量最多的为芽孢杆菌（224株），其次为赖氨酸芽孢杆菌、类芽孢杆菌、绿芽孢杆菌（*Viridibacillus*）、短芽孢杆菌（*Brevibacillus*）等。芽孢杆菌中占比较大的种包括苏云金芽孢杆菌（*Bacillus*

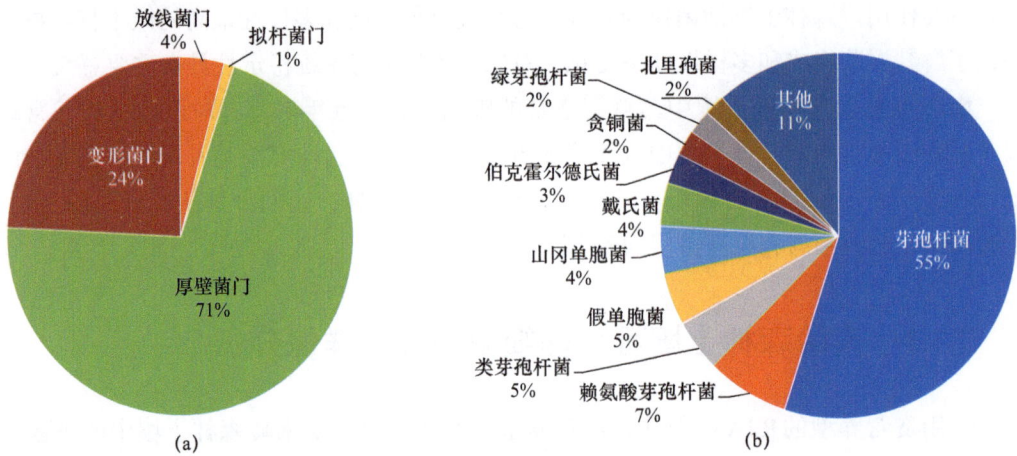

图7.1 南岭森林土壤可培养微生物门（a）和属（b）水平分布特征

thuringiensis）、蕈状芽孢杆菌（*Bacillus mycoides*）、高地芽孢杆菌（*Bacillus altitudinis*）、蜡样芽孢杆菌（*Bacillus cereus*）、解蛋白芽孢杆菌（*Bacillus proteolyticus*）、东洋芽孢杆菌（*Bacillus toyonensis*）和维德曼芽孢杆菌（*Bacillus wiedmannii*）等。

2）变形菌门

本研究分离得到的变形菌门菌株共计98株，涵盖了3纲（*α*-变形菌纲、*β*-变形菌纲、*γ*-变形菌纲）、6目伯克霍尔德氏菌目（Burkholderiales）、柄杆菌目（Caulobacterales）、肠杆菌目（Enterobacterales）、溶杆菌目（Lysobacterales）、假单胞菌目（Pseudomonadales）、根瘤菌目（Rhizobiales）和19属。在纲水平上优势类群为*β*-变形菌纲（46株）和*γ*-变形菌纲（45株），前者中的菌株均隶属于伯克霍尔德氏菌目（Burkholderiales），优势属为山冈单胞菌和伯克霍尔德氏菌，后者则以假单胞菌和戴氏菌为主。

3）放线菌门和拟杆菌门

本研究中获取的放线菌门和拟杆菌门菌株相对较少。其中，放线菌门17株，从属于节杆菌（*Arthrobacter*）、北里孢菌（*Kitasatospora*）、分枝菌酸小杆菌（*Microbacterium*）、红球菌（*Rhodococcus*）、链霉菌（*Streptomyces*）和分枝杆菌（*Mycolicibacterium*）5属，菌株分离数量较少且分布分散。拟杆菌门仅分离得到4株，分别从属于土地杆菌（*Pedobacter*）和类香味菌（*Myroides*）。

2. 不同培养基对可培养细菌分离效果的影响

本研究采用了贫营养型的R2A和富营养型的TSA两种培养基，分别获得菌株218株和190株，分别涵盖了21属和25属，两种培养基上分离到的属共有10个，其占比高达分离菌株总数的80%，其余属分布则差异较大［图7.3（a）］。R2A培养基上的菌株以芽孢杆菌、山冈单胞菌、戴氏菌、假单胞菌、伯克霍尔德氏菌、贪铜菌为主［图7.3（b）］，而TSA则以芽孢杆菌、赖氨酸芽孢杆菌、类芽孢杆菌和绿芽孢杆菌为主［图7.3（c）］。除了在两种培养基上均占据优势数量的芽孢杆菌外，R2A培养基上获得的山冈单胞菌、

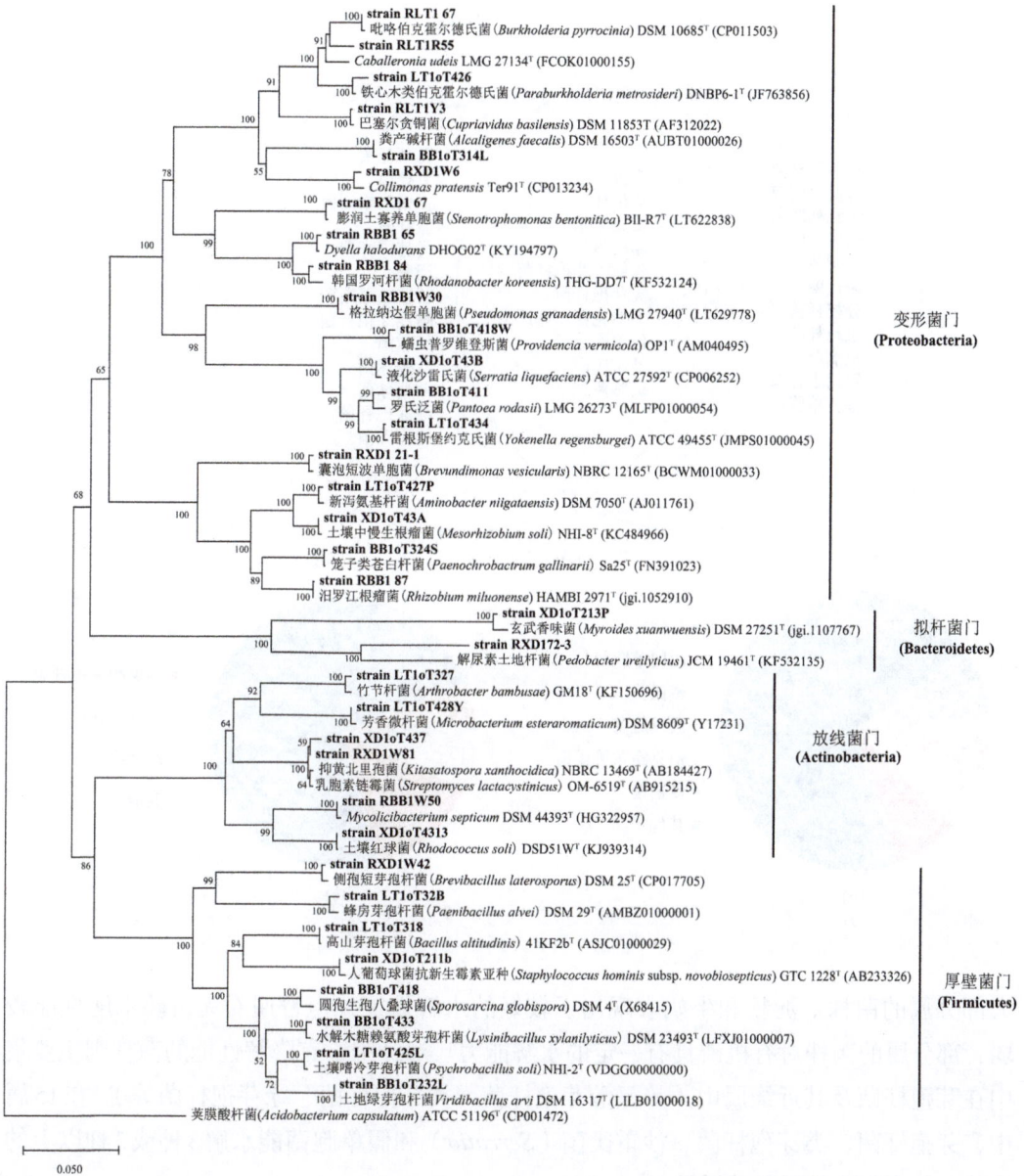

图7.2 南岭森林土壤中35属代表菌株基于16S rRNA基因构建的邻接法系统发育树（自举值＞50％，
1000次重复）

戴氏菌、假单胞菌、伯克霍尔德氏菌、贪铜菌等属主要为革兰氏阴性的变形杆菌，而TSA培养基获得的菌株仍主要是革兰氏阳性的芽孢杆菌近缘属，这表明不同营养类型的培养基对分离的可培养细菌种类有着较大的影响。

3. 南岭可培养细菌的水解特性

对各属代表性的菌株进行了水解纤维素、淀粉、牛奶、有机磷、无机磷等特性的筛选，结果如表7.1所示，从分离的菌株中发现了15属的菌株具有不同的水解酶学特性。

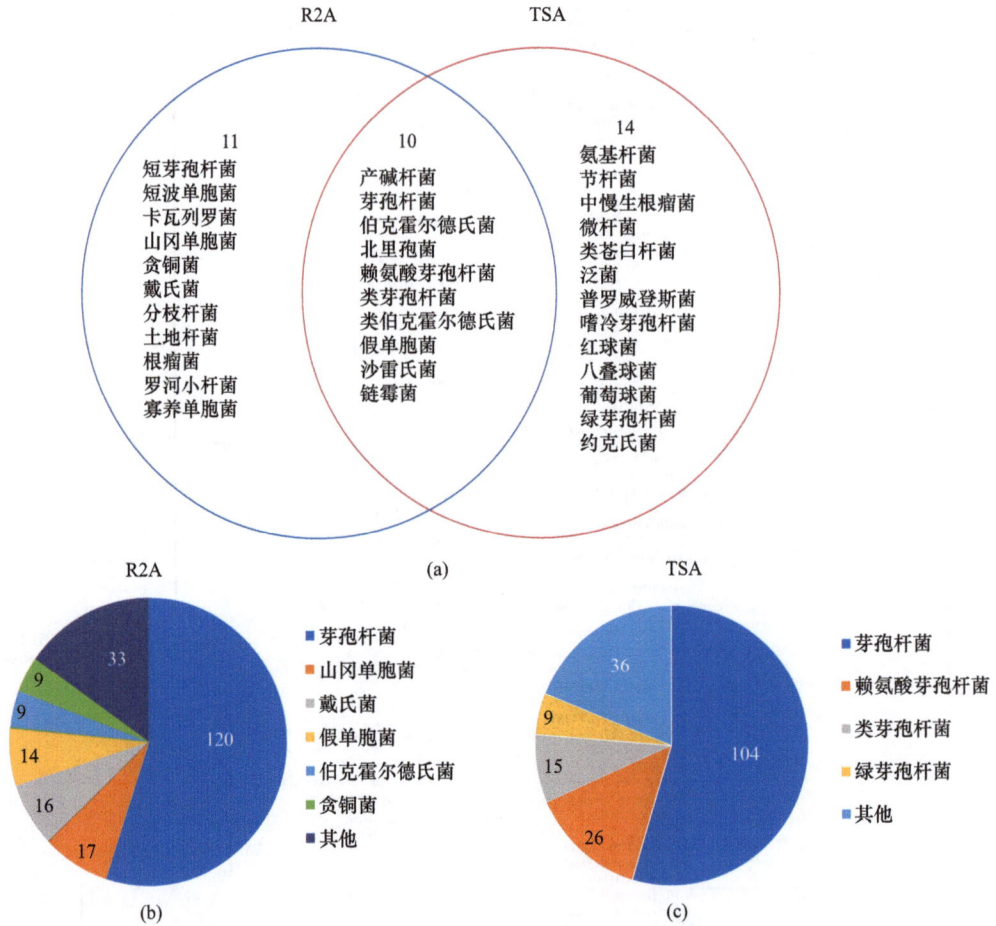

图7.3 不同培养基分离菌株的属分布特征

大部分属的菌株对淀粉和牛奶表现出了较好的水解性能，但普遍对无机磷水解性能较弱，部分属的菌株对有机磷具有一定的水解能力。对纤维素有降解性能的菌株则主要集中在芽孢杆菌及其近缘属中（赖氨酸芽孢杆菌、类芽孢杆菌、绿芽孢杆菌等）。在15属中，芽孢杆菌、类芽孢杆菌、沙雷氏菌（*Serratia*）和假单胞菌能水解3种或3种以上的底物，均表现出较强的酶活性。

表7.1 南岭原始森林土壤中可培养细菌的水解特性

代表属	拉丁名	水解特性				
		纤维素	淀粉	牛奶	有机磷	无机磷
芽孢杆菌	*Bacillus*	+	+	+	+	
短波单胞菌	*Brevundimonas*	+		+		
伯克霍尔德氏菌	*Burkholderia*			+	+	
卡瓦列罗菌	*Caballeronia*		+	+		
山冈单胞菌	*Collimonas*		+	+		

续表

代表属	拉丁名	水解特性				
		纤维素	淀粉	牛奶	有机磷	无机磷
北里孢菌	*Kitasatospora*		+			
赖氨酸芽孢杆菌	*Lysinibacillus*	+				
中慢生根瘤菌	*Mesorhizobium*		+			
类芽孢杆菌	*Paenibacillus*	+	+	+	+	
泛菌	*Pantoea*				+	+
假单胞菌	*Pseudomonas*		+	+	+	
沙雷氏菌	*Serratia*		+	+		+
寡养单胞菌	*Stenotrophomonas*			+		
链霉菌	*Streptomyces*		+			
绿芽孢杆菌	*Viridibacillus*	+				

7.1.2　南岭潜在细菌新物种

1. 潜在新物种信息

目前，国际上普遍认可将16S rRNA基因序列相似度98.65 %作为区分原核生物物种的标准（Kim et al.，1980），对分离菌株的16S rRNA基因序列分析发现，408株菌中有潜在新物种27株（表7.2），与已发表模式菌株的序列相似度为91.19 %～98.65 %（参与比对序列长度>1400bp）。它们分别从属于芽孢杆菌、卡瓦列罗菌、山冈单胞菌、戴氏菌、类芽孢杆菌、类伯克霍尔德氏菌（*Paraburkholderia*）、土地杆菌、沙雷氏菌、八叠球菌（*Sporosarcina*）、新鞘氨醇单胞菌10属。R2A培养基上获得的潜在新物种数量及种类明显多于TSA培养基。

表7.2　分离获取的潜在新物种16S rRNA基因比对结果

菌株编号	分离培养基	16S rRNA基因最大相似度模式菌株	相似度/%
RBB145	R2A	*Bacillus acidiceler* CBD 119[T]	98.58
RXD1W55	R2A	*Bacillus solisilvae* CGMCC 1.14993[T]	98.56
LT1oT423	TSA	*Bacillus vireti* LMG 21834[T]	98.42
XD1oT218L	TSA	*Bacillus wuyishanensis* FJAT-17212[T]	98.51
RLT172	R2A	*Burkholderia ubonensis* EY 3383[T]	97.49
RLT1R55	R2A	*Caballeronia udeis* Hg 2[T]	97.52
RLT161	R2A	*Caballeronia udeis* Hg 2[T]	97.50
RXD178	R2A	*Collimonas fungivorans* Ter6[T]	98.47
RXD159	R2A	*Dyella halodurans* DHOG02[T]	98.65

续表

菌株编号	分离培养基	16S rRNA 基因最大相似度模式菌株	相似度/%
RBB173	R2A	*Dyella tabacisoli* L4-6[T]	98.64
RBB181	R2A	*Dyella tabacisoli* L4-6[T]	98.57
RBB189	R2A	*Dyella tabacisoli* L4-6[T]	98.57
LT1oT435A	TSA	*Paenibacillus alvei* DSM 29[T]	98.03
LT1oT43A	TSA	*Paenibacillus alvei* DSM 29[T]	98.03
XD1oT521	TSA	*Paenibacillus anaericanus* DSM 15890[T]	96.81
RBB166	R2A	*Paenibacillus assamensis* DSM 18201[T]	97.05
RXD1W96	R2A	*Paenibacillus doosanensis* CAU 1055[T]	96.25
RXD18	R2A	*Paenibacillus ferrarius* CY1[T]	98.56
RBB1W78	R2A	*Paraburkholderia monticola* JC2948[T]	98.55
RXD172	R2A	*Pedobacter koreensis* WPCB189[T]	91.35
RXD172-1	R2A	*Pedobacter ureilyticus* THG-T11[T]	91.35
RXD172-3	R2A	*Pedobacter ureilyticus* THG-T11[T]	91.19
XD1oT215p	TSA	*Serratia marcescens* ATCC 13880[T]	98.58
XD1oT225P	TSA	*Serratia marcescens* ATCC 13880[T]	98.51
XD1oT22P	TSA	*Serratia marcescens* ATCC 13880[T]	98.44
BB1oT418	TSA	*Sporosarcina globispora* DSM 4[T]	98.38
FGD1	R2A	*Novosphingobium lindaniclasticum* DSM 25049[T]	98.80

2. 细菌新分类单元的多相分类鉴定

1）山岗单胞菌属（*Collimonas*）3株细菌多相分类鉴定

山岗单胞菌属（*Collimonas*）创建于2004年（de Boer et al.，2004），从属于草酸小杆菌科（Oxalobacteraceae），β-变形菌纲，至今有6个有效发表种（https://lpsn.dsmz.de/search?word＝collimonas）。该属分布于不同的土壤环境中，如偏酸性的沙丘土壤、草地土壤、天然洞穴中（de Boer et al.，2004；Höppener-Ogawa et al.，2008；Lee，2018），我们对从南岭森林土壤中分离到的疑似新种菌株RXD178[T]、RXD172-2和 RLT1W51[T]进行了多相分类研究。

菌株RXD178[T]、RXD172-2和 RLT1W51[T]的16S rRNA基因PCR扩增测序得到的长度分别为1501bp、1499bp、1503bp，GenBank 登录号分别为MW911808、MW911809、MW911810。序列相似度比对发现菌株RXD178[T]最大相似度菌株为 *C. fungivorans* DSM 17622[T]（98.7％），菌株RXD172-2和 RLT1W51[T]最大相似度菌株为 *C. pratensis* DSM 21399[T]（99.4％和99.2％），其次分别为 *C. fungivorans* DSM 17622[T]（99.0％和98.8％）、*C. arenae* DSM 21398[T]（99.0％和98.7％） 和 *C. antrihumi* DSM 104040[T]（98.5％和98.7％）。

基于16S rRNA基因构建的NJ、ML、ME系统进化树清晰地表明，菌株RXD178^T、RXD172-2和RLT1W51^{T}与 *C. antrihumi* DSM 104040^T、*C. arenae* DSM 21398^T、*C. pratensis* DSM 21399^{T}和 *C. fungivorans* DSM 17622^{T}形成稳定的分支（图7.4）。

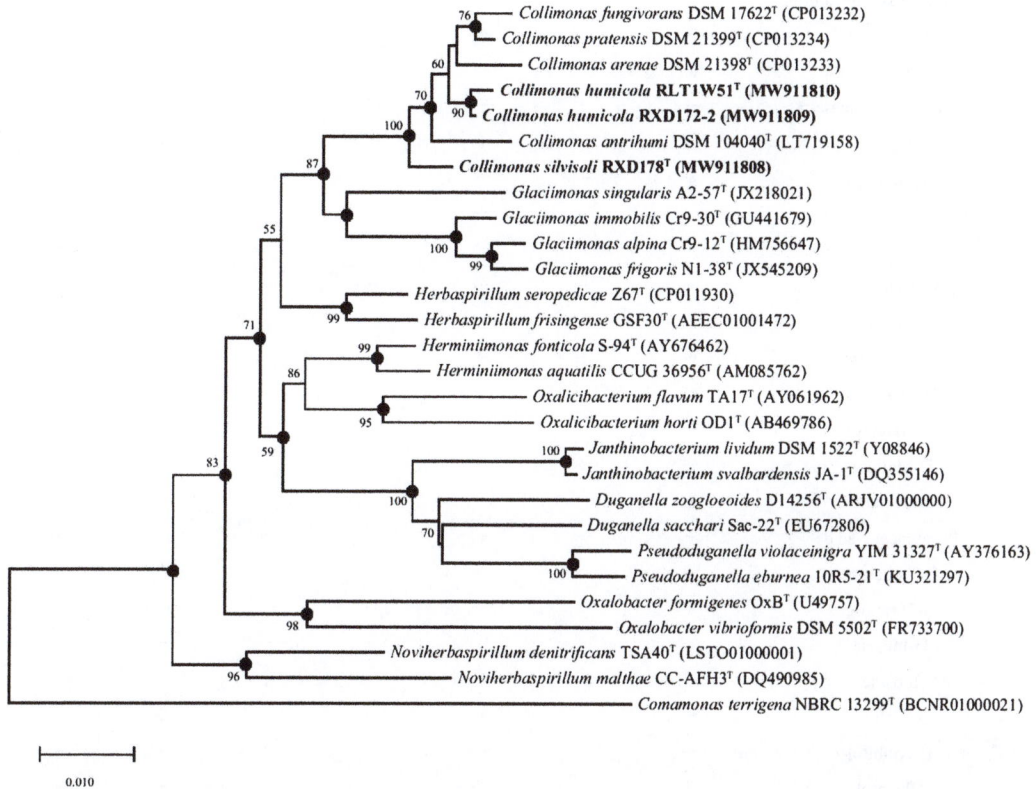

图7.4 南岭森林土壤中新分离的3个菌株与其近缘模式菌株基于16S rRNA基因构建的邻接法系统发育树（自举值＞50％，1000次重复）

在表型特征方面，测试发现菌株RXD178^T、RXD172-2和RLT1W51^{T}均能在R2A、TSA、NA和LB培养基上生长。菌株RXD178^T、RXD172-2和RLT1W51^{T}细胞革兰氏染色为阴性，好氧生长、无芽孢、无鞭毛、不能运动、短杆状。接种于R2A培养基上28℃培养2天，菌株RXD178^T、RXD172-2和RLT1W51^{T}菌落呈白色、凸起、半透明、边缘光滑，菌落直径为1～2mm。菌株的生长耐受范围为4～37℃、pH 6.0～8.0和0％～0.2％（*W/V*）NaCl浓度。菌株RXD178^{T}能够水解吐温40、吐温80、酪氨酸，但不能水解七叶灵、明胶、淀粉、纤维素、脱脂牛奶或胶体几丁质；菌株RXD172-2和RLT1W51^{T}能够水解吐温40、吐温80、酪氨酸、脱脂牛奶、明胶，但不能水解七叶灵、淀粉、纤维素或胶体几丁质，它们在表型特征上的差异如表7.3所示，新分离的3个菌株与其亲缘关系最近的4个模式种之间存在差异，显示新分离的3个菌株不同于已发表的物种。

表7.3 新分离3个菌株与其亲缘关系较近的参比菌株的表型特征

表型特征	1	2	3	4	5	6	7
Catalase	+	+	+	−	+	+	+
Hydrolysis of gelatin	−	+	+	+	+	+	−
Hydrolysis of skimmed milk	−	+	+	+	−	+	−
Lipase（C14）	+	+	+	−	+	+	
Valine arylamidase	w	−	−	−	w	+	w
Cystine arylamidase	−	−	−	−	w	w	−
Trypsin	−	−	−	−	−	w	
α-Chymotrypsin	w	−	−	−	w	w	−
Arginine dihydrolase	−	−	−	+	−	−	−
Urease	−	−	−	+	−	+	−
β-Galactosidase	−	+	+	+	+	−	−
Assimilation of:							
L-Arabinose	w	+	+	−	+	+	+
D-Mannose	−	+	+	−	−	+	+
D-Mannitol	−	+	+	+	+	+	+
D-Maltose	−	w	+	−	−	−	−
Gluconate	+	−	−	+	+	+	w
Phenylacetic acid	−	−	−	+	−	−	−
D-Trehalose	+	−	−	−	−	−	−
D-Turanose	+	−	−	−	−	−	−
D-Fucose	−	−	−	−	−	−	+
Inosine	−	+	+	−	+	+	+
D-Sorbitol	−	+	+	−	+	+	+
D-Arabitol	−	+	+	−	+	+	+
Glycerol	+	−	+	+	+	+	+
D-Glucose-6-phosphate	+	+	+	−	+	+	+
D-Fructose-6-phosphate	+	−	+	−	+	+	−
Glycyl-L-proline	−	−	−	−	−	+	+
L-Alanine	−	+	+	−	+	+	+
L-Histidine	−	+	+	+	+	+	+
L-Serine	−	−	+	−	−	+	+
D-Galacturonic acid	−	+	+	−	−	+	+
D-Gluconic acid	+	+	+	+	+	+	+
D-Glucuronic acid	+	+	+	−	+	+	+
Glucuronamide	+	+	+	−	+	+	+
Quinic acid	+	−	+	−	+	+	+
γ-Amino-butyric acid	+	+	+	−	+	+	+
α-Hydroxy-butyric acid	−	−	+	−	+	−	−
α-Keto-butyric acid	−	−	+	−	−	−	−
Acetoacetic acid	+	+	+	+	+	−	+

注：1，RXD178[T]；2，RXD172-2；3，RLT1W51[T]；4，*C. fungivorans* DSM 17622[T]；5，*C. pratensis* DSM 21399[T]；6，*C. arenae* DSM 21398[T]；7，*C. antrihumi* DSM 104040[T]。+，阳性；−，阴性；w，弱阳性。

在化学分类特征方面，菌株RXD178^T、RXD172-2和RLT1W51^{T}的主要呼吸醌类型为泛醌8（Q-8）。TLC分析和显色结果表明，菌株RXD178^{T}的极性脂包括磷脂酰乙醇胺（PE）、1个未知磷脂（PL）、3个未知氨基磷脂（AL）和1个未知脂类（L），菌株RXD172-2和RLT1W51^{T}的极性脂包括磷脂酰甘油（PG）、磷脂酰乙醇胺（PE）、双磷脂酰甘油（DPG）、未知氨基磷脂（APL）和氨基磷脂（AL），菌株RXD172-2还包含1个未知的磷脂（PL）（图7.5）。这些特征均与山冈单胞菌的特征相一致。脂肪酸分析结果显示，菌株RXD178^T、RXD172-2和RLT1W51^{T}主要脂肪酸为C$_{16:0}$、C$_{17:0}$ cyclo和 summed feature 3（C$_{16:1}\omega6c$和/或C$_{16:1}\omega7c$），菌株RXD178^{T}的主要脂肪酸还包括 summed feature 8（C$_{18:1}\omega6c$和/或C$_{18:1}\omega7c$），在主要脂肪酸类型上与近缘的4个模式种存在显著的差异。

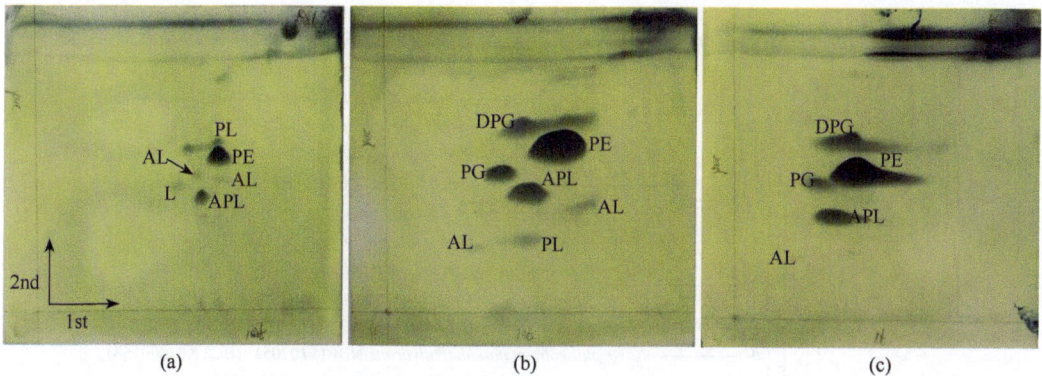

图7.5 新分离3个菌株的极性脂类型分析

（a）菌株 RXD178^T；（b）菌株 RXD172-2；（c）菌株 RLT1W51^T

综合表型特征、化学分类特征和系统进化分析的结果，可以证明菌株RXD178^{T}是山冈单胞菌属的一个新种，菌株RXD172-2和 RLT1W51^{T}是山冈单胞菌属的同种不同株的一个新种，分别将其命名为森林土壤山冈单胞菌（*Collimonas silvisoli* sp. nov.）和栖土山冈单胞菌（*Collimonas humicola* sp. nov.），模式菌株分别为RXD178^{T}和RLT1W51^T。

2）新鞘氨醇属（*Novosphingobium*）1株细菌多相分类鉴定

新鞘氨醇属（*Novosphingobium*）创建于2001年（Takeuchi et al.，2001），从属于红色杆菌科（Erythrobacteraceae），α- 变形菌纲，至今有56个有效发表种（https://lpsn.dsmz.de/genus/novosphingobium）。该属与鞘氨醇菌属（*Sphingobium*）和鞘氨醇盒菌属（*Sphingopyxis*）是由鞘氨醇单胞菌属（*Sphingomonas*）划分而来的（Takeuchi et al.，2001）。其菌株的典型特征是革兰氏染色阴性、好氧、有机化能营养、无芽孢、能运动、短杆状，主要多胺类型为亚精胺，主要醌型为泛醌10（Q-10）。该属菌株可降解芳香化合物（Kertesz and Kawasaki，2010；Nagata et al.，2019a，2019b；Khara et al.，2014），在环境保护及工业生产方面具有巨大的应用潜力。我们对从南岭土壤中分离到的疑似新种菌株FGD1^{T}进行了多相分类研究。

菌株FGD1^T的16S rRNA基因PCR扩增测序得到的长度为1489bp，GenBank 登录号为MW879401。序列相似度比对发现其较大相似度菌株为*Novosphingobium lindaniclasticum* DSM 25049^T（98.8 %）、*N. barchaimii* DSM 25411^T（98.7 %）、*N. guangzhouense* DSM 32207^T（98.2 %）和 *N. panipatense* DSM 22890^T（98.1 %）。基于16S rRNA基因构建的NJ、ML、ME系统进化树清晰地表明，菌株FGD1^T属于新鞘氨醇单胞菌属，与 *N. lindaniclasticum* DSM 25049^T 具有最近亲缘关系（图7.6）。

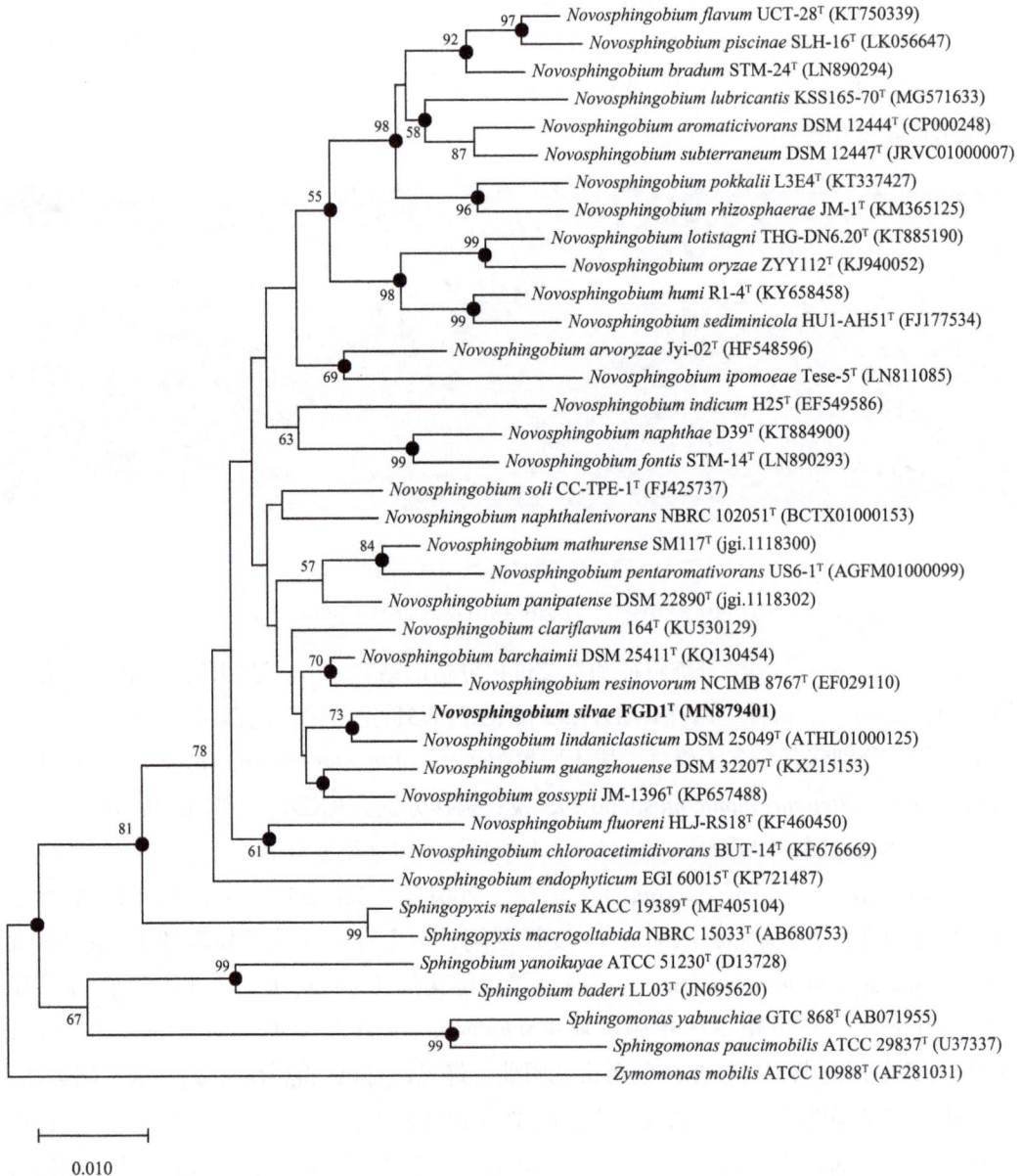

图7.6　南岭森林土壤分离菌株FGD1^T与其近缘模式菌株基于16S rRNA 基因构建的邻接法系统发育树（自举值＞50 %，1000次重复）

菌株FGD1^{T}在R2A、TSA和LB培养基上均能够生长。在表型测试发现，其革兰氏染色为阴性、好养生长、无芽孢、单端鞭毛、能运动、短杆状。接种于R2A培养基上28℃培养2天，菌株FGD1^{T}菌落呈黄色、凸起、不透明、边缘光滑，菌落直径为0.5～1.8mm。菌株的生长耐受范围为10～35℃、pH 6.0～9.0和0 %～3 %（W/V）NaCl浓度。菌株FGD1^{T}能够水解吐温20、吐温40、吐温60、吐温80、七叶灵，但不能水解明胶、淀粉、纤维素或胶体几丁质，在表型特征上的差异如表7.4所示，菌株FGD1^{T}与其亲缘关系最近的4个模式种之间存在差异，显示新分离的3个菌株不同于已发表的物种。

表7.4 菌株FGD1^{T}与其亲缘关系较近的参比菌株的表型特征

表型特征	1	2	3	4	5
Growth temperature/℃	10～35	15～37	15～37	20～30	10～42
Nitrate reduction	−	+	+	+	−
Hydrolysis of:					
Aesculin	w	+	w	+	−
Tween 20	+	+	−	+	+
Tween 80	w				+
Assimilation of:					
D-Glucose	+	+	w	+	−
D-Mannose	−	−	−	−	+
N-acetyl-glucosamine	−	−	−	+	−
Potassium gluconate	w	+	−	−	w
Capric acid	−	−	−	+	−
Adipic acid	−	−	−	−	w
Malic acid	+	+	w	−	w
Trisodium citrate	−	−	w	+	−
Enzyme activity:					
Esterase lipase（C8）	+	+	+	+	−
Lipase（C14）	+	+	+	+	−
Cystine arylamidase	w	+	−	+	w
β-Galactosidase	w	+	w	+	−
β-Glucosidase	−	+	+	+	−
N-acetyl-β-glucosaminase	−	−	−	w	−
α-Mannosidase	−	w	−	−	−
DNA G＋C content（mol%）	65.1	64.6	64.0	63.5	64.7

注：1, FGD1^T; 2, *N. lindaniclasticum* DSM 25049^T; 3, *N. barchaimii* DSM 25411^T; 4, *N. guangzhouense* DSM 32207^T; 5, *N. panipatense* DSM 22890^T。+，阳性；−，阴性；w，弱阳性。

在化学分类特征方面，菌株FGD1^{T}的主要呼吸醌类型为泛醌10（Q-10）。TLC分析和显色结果表明，菌株FGD1^{T}的极性脂包括神经鞘糖脂（SGL）、磷脂酰甘油（PG）、磷脂酰乙醇胺（PE）、磷脂酰甲基乙醇胺（PME）、双磷脂酰甘油（DPG）、1个未知的磷脂

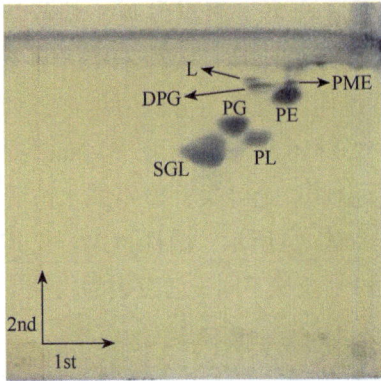

图7.7　菌株FGD1^{T}的极性脂类型分析

（PL）和一个未知脂类（L）（图7.7）。菌株FGD1^{T}的主要多胺类型为亚精胺，这与新鞘氨醇单胞菌属的描述特征相一致。菌株FGD1^{T}主要脂肪酸为summed feature 8（C$_{18:1}$ $\omega7c$和/或C$_{18:1}$ $\omega6c$）、summed feature 3（C$_{16:1}$ $\omega7c$和/或C$_{16:1}$ $\omega6c$）、C$_{14:0}$ 2-OH和C$_{16:0}$，这与新鞘氨醇单胞菌属的主要脂肪酸类型相一致，在脂肪酸含量上又区别于亲缘关系较近的4个模式种。

综合表型特征、化学分类特征和系统进化分析的结果，可以证明，菌株FGD^{T}是新鞘氨醇单胞菌属的一个新种，将其命名为森林新鞘氨醇菌（*Novosphingobium silvae* sp. nov.），模式菌株为FGD^T。

7.2　南岭土壤真菌多样性分析

土壤真菌多样性及其群落结构组成是评价所在生态系统健康稳定的重要指标。在整个森林生态系统中，子囊菌、担子菌、壶菌、球囊菌等土壤真菌是土壤微生物区系的主要成分，在森林凋落物的分解上起了关键作用，并在森林演替、物质循环、生物多样性维持中发挥重要的作用（郭良栋和田春杰，2013；王芳和图力古尔，2014；李香真等，2016）。随着森林生态系统的正向演替，物种多样性、群落结构、生产力以及土壤条件均会发生显著的变化，这些变化对土壤真菌类型和多样性会产生不同程度的影响（Johansen et al.，1996；Schloter et al.，2018）。

2010年之前，已有土壤真菌多样性研究主要采用可培养的方法进行。近年来，随着科学技术发展，高通量测序技术将微生物学和生态学水平的研究带入了一个新的时期，其最大的特点是数据产出通量高，在微生物物种、结构、功能和遗传多样性的研究中可以获得丰富的信息，也使经典生物科学家对真菌的认识和思考上升到一个新的水平。土壤真菌的高通量测序能够客观全面地反映整体微生物群落水平，使得对某一个物种或某一生态环境下的物种类群进行深入细致的研究成为可能（Tedersoo et al.，2014）。

南岭属典型的亚热带温湿气候，年均气温16.7℃，年均降水量达1705mm，年均相对湿度84%。区内成土母岩主要是花岗岩。土层较深厚，为山地红壤、山地黄红壤、黄壤。最高温34.4℃，最低温−4℃。年日照时数约1234h，日照率40%。南岭植被多样，海拔差异明显，植被类型有沟谷常绿阔叶林、山地常绿阔叶林、针阔混交林、高山草甸和山顶矮林等。南岭的这些特殊生态环境，使得其土壤真菌多样性较为丰富。笔者对南岭大东山、下洞、第一峰等不同植被下的土壤进行采样（表7.5），开展其土壤真菌高通量测序并分析其多样性。

表7.5 南岭不同植被类型土壤采样点概况

组别	植被类型	所在地	海拔/m	经度（°E）	纬度（°N）	坡度/（°）	土壤类型	植被群落高度/m
GG1	沟谷常绿阔叶林	大东山	843	112.747	24.922	12	红壤	8
GG2	沟谷常绿阔叶林	大东山	839	112.746	24.922	10	红壤	8
GG3	沟谷常绿阔叶林	大东山	842	112.745	24.922	15	红壤	8
SC1	山地常绿阔叶林	下洞	920	112.963	24.873	30	黄红壤	10
SC2	山地常绿阔叶林	下洞	918	112.964	24.873	32	黄红壤	10
SC3	山地常绿阔叶林	下洞	925	112.961	24.873	33	黄红壤	10
ZK1	针阔混交林	第一峰	1300	112.971	24.915	8	黄壤	20
ZK2	针阔混交林	第一峰	1350	112.969	24.914	5	黄壤	20
ZK3	针阔混交林	第一峰	1388	112.969	24.916	25	黄壤	20
GC1	高山草地	第一峰	1548	112.976	24.920	10	山地草甸土	0.5
GC2	高山草地	第一峰	1545	112.976	24.919	10	山地草甸土	0.5
GC3	高山草地	第一峰	1541	112.975	24.920	10	山地草甸土	0.5
SA1	山顶矮林	第一峰	1698	112.992	24.927	15	山地草甸土	4
SA2	山顶矮林	第一峰	1691	112.992	24.926	20	山地草甸土	4
SA3	山顶矮林	第一峰	1687	112.991	24.927	25	山地草甸土	4

7.2.1 南岭土壤的真菌多样性及群落结构

1. 南岭土壤的真菌多样性

通过高通量测序，南岭森林土壤样本共获得3211392条高通量序列，检测到1390个真菌OTU，涉及7门27纲71目145科346属。南岭典型植被类型土壤真菌门水平相对丰度见图7.8（a），平均相对丰度排前10的主要真菌门为担子菌门（Basidiomycota）（44.83%）、子囊菌门（Ascomycota）（38.12%）和被孢霉门（Mortierellomycota）（9.76%），它们为门水平的土壤优势真菌类群。其余3个门，罗兹菌门（Rozellomycota）（2.25%）、壶菌门（Chytridiomycota）（0.99%）和毛霉菌门（Mucoromycota）（0.25%）的平均相对丰度较低。担子菌门（Basidiomycota）真菌相对丰度从低海拔到高海拔变化，介于12.73%～66.52%，在沟谷常绿阔叶林中出现高值，呈现出随着海拔的升高逐渐降低的变化格局；子囊菌门（Ascomycota）真菌相对丰度介于19.48%～58.11%，随着典型植被类型变化呈现出先降低后升高的变化规律；被孢霉门（Mortierellomycota）真菌相对丰度介于0.64%～39.46%，随着典型植被类型的变化表现出先升后降又升的"N"形变化模式，即在中海拔和高海拔植被类型下其相对丰度较高。

南岭森林土壤样本中，平均相对丰度排前的目主要有：红菇目（Russulales）（18.94%）、被孢霉目（Mortierellales）（9.76%）、伞菌目（Agaricales）（9.61%）、柔膜菌目（Helotiales）（5.97%）、散囊菌目（Eurotiales）（4.32%）、蜡壳耳目（Sebacinales）（3.57%）、

（Venturiales）（3.52%）、肉座菌目（Hypocreales）（3.13%）、粪壳菌目（Sordariales）（3.04%）和革菌目（Thelephorales）（1.55%）［图7.8（b）］。不同真菌目在各植被类型土壤中丰度不同，如红菇目（Russulales）在沟谷常绿阔叶林（840m）和山地常绿阔叶林（920m）土壤中较为丰富，但在高海拔的高山草地（1540m）和山顶矮林（1690m）则较少；蘑菇目（Agaricales）在针阔混交林（1350m）和高山草地土壤中较为丰富；被孢霉目（Mortierellales）在低海拔的山地常绿阔叶林和高海拔的山顶矮林土壤中较为丰富。

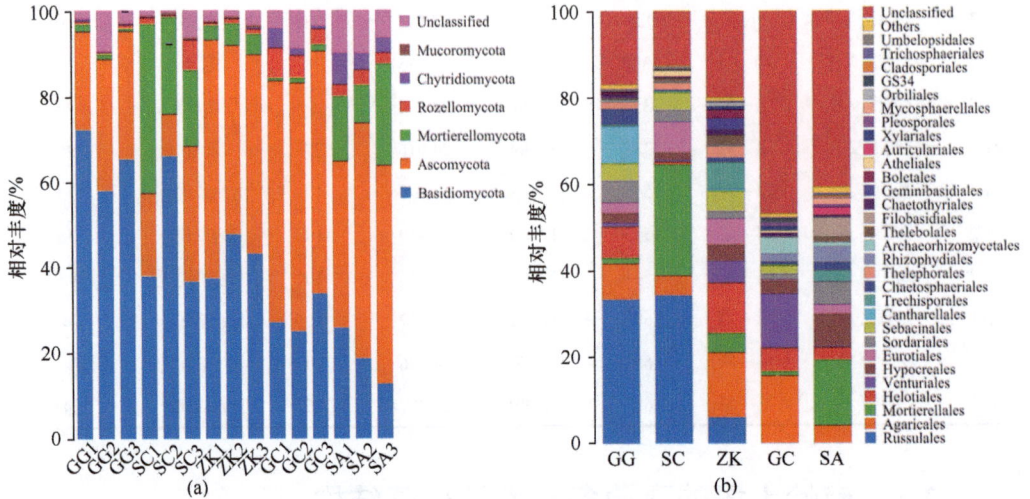

图7.8　南岭典型植被类型土壤优势真菌门（a）和目（b）水平相对丰度

（a）Basidiomycota：担子菌门，Ascomycota：子囊菌门，Mortierellomycota：被孢霉门，Rozellomycota：罗兹菌门，Chytridiomycota：壶菌门，Mucoromycota：毛霉菌门；Unclassified：未鉴定；（b）Russulales：红菇目，Agaricales：伞菌目，Mortierellales：被孢霉目，Helotiales：柔膜菌目，Venturiales：黑星菌目，Hypocreales：肉座菌目，Eurotiales：散囊菌目，Sordariales：粪壳菌目，Sebacinales：蜡壳耳目，Cantharellales：鸡油菌目，Trechisporales：粗糙孔菌目，Chaetosphaeriales：刺球壳目，Thelephorales：革菌目，Rhizophydiales：根生壶菌目，Archaeorhizomycetales：古根菌目，Thelebolales：寡囊盘菌目，Filobasidiales：线黑粉菌目，Chaetothyriales：刺盾炱目，Geminibasidiales：双担子目，Boletales：牛肝菌目，Atheliales：阿太菌目，Auriculariales：木耳目，Xylariales：炭角菌目，Pleosporales：格孢菌目，Mycosphaerellales：球腔菌目，Orbiliales：圆盘菌目，GS34：GS34分支，Cladosporiales：分支孢子菌目，Trichosphaeriales：假毛球壳目，Umbelopsidales：伞形目，Others：其他，Unclassified：未鉴定

基于OTU水平，对南岭典型植被类型土壤真菌群落进行非度量多维尺度（NMDS）分析，95%置信区间下考察样品间真菌群落结构的差异是否与生物学分组一致。结果表明，南岭典型植被类型土壤真菌群落差异较大，各典型植被类型土壤真菌群落各自聚为一类，与样本的生物学分类趋于一致（stress=0.2142）（图7.9）。南岭森林土壤真菌群落的分布受到植被类型的潜在影响，中低海拔的沟谷常绿阔叶林与山地常绿阔叶林以及针阔混交林真菌群落有少部分重合，表明它们具有共有的真菌类型；而中低海拔的植被类型与高海拔的高山草地、山地矮林土壤真菌群落明显分开，表明该区的土壤真菌群落具有明显的特异性。高山草地与山地矮林相互之间的土壤真菌群落有较多的重合，表明它们共有的真菌类型较多。

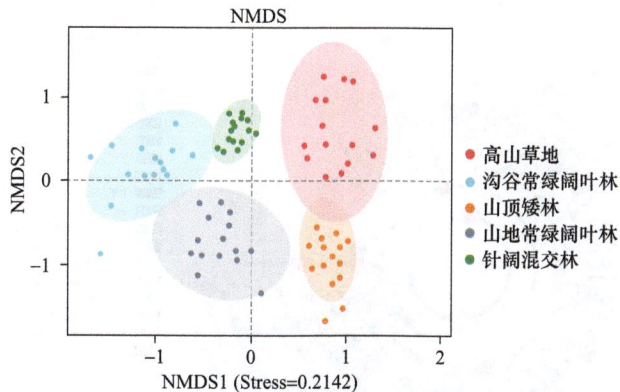

图 7.9　南岭典型植被类型土壤真菌群落非度量多维尺度（NMDS）分析

2. 南岭植被类型土壤真菌差异类群分析

进一步进行线性判别分析（Linear Discriminant Analysis Effect Size，LDA Effect Size，LEfSe），寻找南岭典型植被类型土壤真菌的差异类群，明确不同植被类型土壤真菌的指示物种。在南岭5种典型植被类型土壤中共获得4门10纲18目18科18属不同分类水平的真菌指示类群（LDA>4，$P<0.001$）（图7.10）。其中，针阔混交林（ZK）土壤真菌指示类群较为丰富，共检测到2门3纲7目8科8属。指示性较强的有：子囊菌门（Ascomycota）的生枝菌属（*Ramgea*）和树粉孢属（*Oidiodendron*），担子菌门（Basidiomycota）的丝膜菌属（*Cortinarius*）、双担子属（*Geminibasidium*）、蜡壳耳属（*Sebacina*）和粗糙孔菌属（*Trechispora*）。高山草地（GC）土壤真菌指示类群最少，仅有1属，为子囊菌门的古根菌属（*Archaeorhizomyces*）。山地常绿阔叶林（SC）土壤真菌指示类群为子囊菌门的青霉菌属（*Penicillium*）和担子菌门的多汁乳菇属（*Lactifluus*）。沟谷常绿阔叶林（GG）土壤真菌指示类群为子囊菌门、柔膜菌科（Helotiaceae）、棍螟属（*Coryne*）和刺球菌科真菌（Chaetosphaeridiaceae），以及担子菌门的膜菌属（*Membranomyces*）和红菇属（*Russula*）。山顶矮林（SA）土壤真菌指示类群为子囊菌门虫草科真菌（Cordycipitaceae）和毛壳菌科（Chaetomiaceae）真菌，担子菌门的土生球菌属（*Solicoccozyma*）以及壶菌门（Chytridiomycota）的陆栖根壶菌科真菌（Terramycetaceae）（图7.10）。

3. 南岭土壤的真菌群落结构的环境影响因素

考察南岭土壤真菌（目水平），选取丰度Top 15%的物种，相关性类型为Pearson，相关系数阈值为0.3，显著性P值为0.05，对南岭土壤真菌群落组成与土壤理化性质相关性做热图分析，发现子囊菌门中的肉座菌目（Hypocreales）的相对丰度与土壤中总氮（TN）、有效氮（AN）和总磷（TP）呈正相关，而与酸碱度（pH）呈极显著负相关（$P<0.001$）；古根菌目（Archaeorhizomycetales）与总氮、有效氮和总磷呈极显著正相关（$P<0.01$），而与总钾（TK）呈负相关；柔膜菌目（Helotiales）与有机物（OM）、

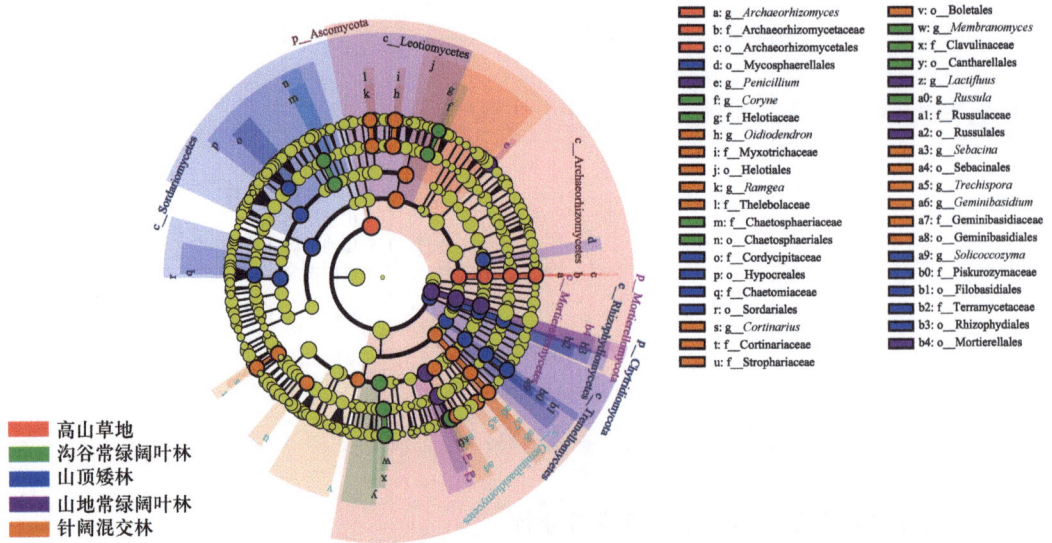

图例:
- a: g__Archaeorhizomyces
- b: f__Archaeorhizomycetaceae
- c: o__Archaeorhizomycetales
- d: o__Mycosphaerellales
- e: g__Penicillium
- f: g__Coryne
- g: f__Helotiaceae
- h: g__Oidiodendron
- i: f__Myxotrichaceae
- j: o__Helotiales
- k: g__Ramgea
- l: f__Thelebolaceae
- m: f__Chaetosphaeriaceae
- n: o__Chaetosphaeriales
- o: f__Cordycipitaceae
- p: o__Hypocreales
- q: f__Chaetomiaceae
- r: o__Sordariales
- s: g__Cortinarius
- t: f__Cortinariaceae
- u: f__Strophariaceae
- v: o__Boletales
- w: g__Membranomyces
- x: f__Clavulinaceae
- y: o__Cantharellales
- z: g__Lactifluus
- a0: g__Russula
- a1: f__Russulaceae
- a2: o__Russulales
- a3: g__Sebacina
- a4: o__Sebacinales
- a5: g__Trechispora
- a6: g__Geminibasidium
- a7: f__Geminibasidiaceae
- a8: o__Geminibasidiales
- a9: g__Solicoccozyma
- b0: f__Piskurozymaceae
- b1: o__Filobasidiales
- b2: f__Terramycetaceae
- b3: o__Rhizophydiales
- b4: o__Mortierellales

■ 高山草地
■ 沟谷常绿阔叶林
■ 山顶矮林
■ 山地常绿阔叶林
■ 针阔混交林

图7.10 南岭典型植被类型土壤真菌菌落LEfSe分析

a: 古根菌属（*Archaeorhizomyces*），b: 古根菌科（Archaeorhizomycetaceae），c: 古根菌目（Archaeorhizomycetales），d: 球腔菌目（Mycosphaerellales），e: 青霉菌属（*Penicillium*），f: 棒盘孢属（*Coryne*），g: 柔膜菌科（Helotiaceae），h: 树粉孢属（*Oidiodendron*），i: 粘毛囊菌科（Myxotrichaceae），j: 柔膜菌目（Helotiales），k: 生枝菌属（*Ramgea*），l: 寡囊盘菌科（Thelebolaceae），m: 毛球藻科（Chaetosphaeriaceae），n: 刺球壳目（Chaetosphaeriales），o: 虫草科（Cordycipitaceae），p: 肉座菌目（Hypocreales），q: 刺球壳科（Chaetomiaceae），r: 粪壳菌目（Sordariales），s: 丝膜菌属（*Cortinarius*），t: 丝膜菌科（Cortinariaceae），u: 球盖菇科（Strophariaceae），v: 牛肝菌目（Boletales），w: 膜属（*Membranomyces*），x: 锁瑚菌科（Clavulinaceae），y: 鸡油菌目（Cantharellales），z: 多汁乳菇属（*Lactifluus*），a0: 红菇属（*Russula*），a1: 红菇科（Russulaceae），a2: 红菇目（Russulales），a3: 蜡壳耳属（*Sebacina*），a4: 蜡壳耳目（Sebacinales），a5: 粗糙孔菌属（*Trechispora*），a6: 双担子属（*Geminibasidium*），a7: 双担子科（Geminibasidiaceae），a8: 双担子目（Geminibasidiales），a9: 土生球菌属（*Solicoccozyma*），b0: 皮斯库尔科（Piskurozymaceae），b1: 线黑粉菌目（Filobasidiales），b2: 陆栖根壶菌科（Terramycetaceae），b3: 根生壶菌目（Rhizophydiales），b4: 被孢霉目（Mortierellales）

总氮、总磷、有效钾（AK）和有效氮都呈现极显著的负相关（*P*<0.01）；担子菌门的红菇目（Russulales）与土壤酸碱度和有效磷（AP）、总钾（TK）呈极显著性正相关（*P*<0.01）；壶菌门的被孢霉目（Mortierellales）与有效钾和有机物呈极显著正相关（*P*<0.01）。分析发现，担子菌门的真菌主要与总钾和酸碱度呈正相关趋势，而与总氮、有效氮和总磷呈负相关趋势（图7.11）。

4. 南岭植被类型土壤真菌群落差异的环境主控因子

对南岭土壤真菌群落的Top 15%（目水平）以及10种环境因子进行冗余分析（RDA），结合Mantel Test分析环境因子与土壤真菌群落整体影响的显著性和相关性。在第一轴序中（RDA-1）发现酸碱度（pH）、总钾（TK）和有效钾（AK）是影响真菌群落的主要因子；在第二轴序中（RDA-2）发现有机物（OM）、总氮（TN）、有效氮（AN）和总磷（TP）为主要影响因子。蜡壳耳目（Sebacinales）、蘑菇目（Agaricales）与酸碱度（pH）和总钾（TK）呈正相关，与而与总氮（TN）、有效氮（AN）呈负相关；肉座菌目（Hypocreales）与海拔（EL）和植被类型（VT）呈正相关，与酸碱度（pH）呈负相关；红菇目（Russulales）与有效钾（AK）呈正相关（图7.12）。

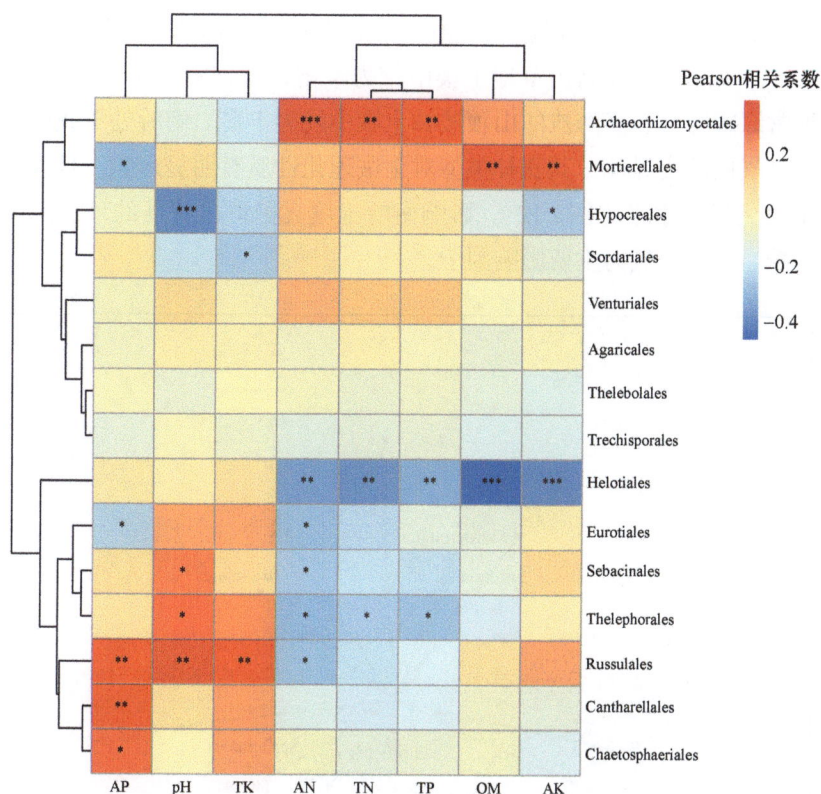

图 7.11 南岭典型植被类型土壤真菌群落组成（目水平）和理化参数的 Pearson 相关分析

*$P<0.05$；**$P<0.01$；***$P<0.001$；AP：有效磷；pH：酸碱度；TK：总钾；AN：铵态氮；TN：总氮；TP：总磷；OM：有机质；AK：有效钾；Archaeorhizomycetales：古根菌目，Mortierellales：被孢霉目，Hypocreales：肉座菌目，Sordariales：粪壳菌目，Venturiales：黑星菌目，Agaricales：伞菌目，Thelebolales：寡囊盘菌目，Trechisporales：粗糙孢孔目，Helotiales：柔膜菌目，Eurotiales：散囊菌目，Sebacinales：蜡壳耳目，Thelephorales：革菌目，Russulales：红菇目，Cantharellales：鸡油菌目，Chaetosphaeriales：刺球壳目

7.2.2 广东南岭土壤真菌多样性及其相关影响因素

南岭拥有中国最完整的中亚热带常绿阔叶林，也拥有世界同纬度地区最大的常绿阔叶林，是世界生物多样性关键地区之一。土壤真菌多样性是生态系统健康稳定的重要指标，相关研究可为南岭生态系统的监测与稳定提供科学依据。本节研究采集南岭典型植被类型土壤样本中相对丰度 Top 10 的主要真菌门担子菌门（Basidiomycota），相对丰度从低海拔到高海拔在 12.73%～66.52% 变化，在沟谷常绿阔叶林中出现高值，呈现出随着海拔的升高逐渐降低的变化格局；子囊菌门（Ascomycota）相对丰度介于 19.48%～58.11%，随着典型植被类型变化呈现出先降低后升高的变化规律；被孢霉门（Mortierellomycota）相对丰度介于 0.64%～39.46%，随着典型植被类型的变化，表现出先升后降又升的"N"形变化模式。不同真菌目在各植被类型土壤中丰度不同，

红菇目（Russulales）在沟谷常绿阔叶林和山地常绿阔叶林土壤中较为丰富；蘑菇目（Agaricales）在针阔混交林和高山草地土壤中较为丰富；被孢霉目（Mortierellales）在低海拔的山地常绿阔叶林和高海拔的山顶矮林土壤中较为丰富。南岭处于我国中亚热带气候和南亚热带气候的交界地，其森林类型对土壤理化性质有明显影响，且大部分因子之间的差异都达到显著水平（图7.12）。影响南岭土壤真菌群落特征的环境因子中酸碱度、有机质、总氮、有效氮为主要影响因子。

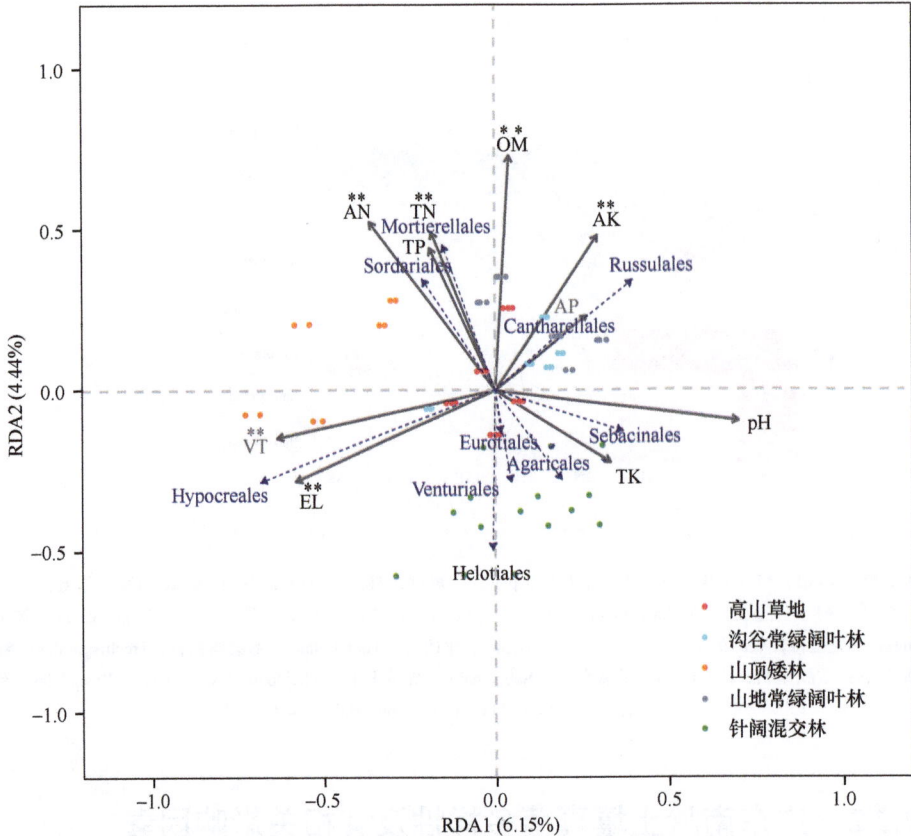

图7.12　南岭典型植被类型土壤真菌群落组成（目水平）和环境因子的冗余分析

**$P<0.01$；VT：植被类型；EL：海拔；pH：酸碱度；OM：有机质；TN：总氮；TP：总磷；TK：总钾；AN：有效氮；AP：有效磷；AK：有效钾

7.3　南岭大型真菌物种多样性

7.3.1　南岭大型真菌种类概述

大型真菌是指能形成肉眼可见的子实体、子座、菌核或菌体的一类真菌，主要包括子囊菌门（Ascomycota）和担子菌门（Basidiomycota）的部分类群。大型真菌分布广泛，具有许多著名的可食用和药用种类，如香菇［*Lentinula edodes*（Berk.）Pegler］、草菇［*Volvariella volvacea*（Bull.）Singer］、木耳（*Auricularia heimuer* F. Wu，B.K. Cui & Y.C. Dai）、金针菇［*Flammulina filiformis*（Z. W. Ge，X. B. Liu & Zhu L. Yang）P. M. Wang，et al.］、灵芝（*Ganoderma lingzhi* Sheng H. Wu，Y. Cao & Y. C. Dai）、冬虫夏草［*Ophiocordyceps sinensis*（Berk.）G.H. Sung et al.］等，它们与人类生产生活密切相关，具有重大的社会经济价值。大型真菌也是生态系统中不可或缺的组成部分，在地球生物圈的物质循环和能量流动中发挥着不可替代的作用，它们是森林生态系统中有机物分解还原的重要参与者，同时有些种类与一些动植物存在共生关系，可促进动植物的生长发育，具有重要的生态价值（姚一建等，2020）。此外，大型真菌还是"创造系数"很高的生物资源，其次生代谢产物结构多样且新颖，也是现代药物和农药先导化合物的重要宝库，对工农业及医学等行业具有不可估量的作用（刘吉开，2004）。但是，大型真菌也会产生严重的危害：有些大型真菌能引起树木的严重病害。例如，毛皮伞（*Crinipellis* spp.）和狭长孢灵芝（*Ganoderma boninense* Pat.）等可引起热带作物产生严重病害；密褐褶菌［*Gloeophyllum trabeum*（Pers.）Murrill］、毛栓孔菌［*Trametes hirsuta*（Wulfen）Lloyd］等数百种木腐菌可引起木材的腐朽，造成林木资源严重受损。当然，大型真菌对人们生命安全危害最大的是毒蘑菇。我国毒蘑菇中毒死亡人数占食物中毒死亡总人数的25%～55%（周静等，2016），对人们的生命安全和社会经济稳定带来很大影响。因此，开展大型真菌资源调查研究，对科学认识和利用其中的有益资源、预防有害种类的危害具有重要意义。

　　南岭是我国"两屏三带"生态安全屏障中"南方丘陵低山带"重要的组成部分，既是中亚热带与南亚热带植物区系的过渡区，也是华东与西南植物区系的过渡区，分布有世界同纬度地区保存最完好、面积较大、最具代表性的亚热带原生型常绿阔叶林，并保存着针叶阔叶混交林、针叶林和山顶矮林等森林植被类型。大型真菌与植物多样性密切相关，南岭丰富的植物资源为大型真菌的生长提供了良好的生态环境。20世纪50年代，我国邓叔群等真菌学家就对南岭的大型真菌开展了科学考察；随后，1980～1990年，毕志树等研究人员在南方山区大型真菌资源调查研究期间，对南岭国家级自然保护区的大型真菌资源进行了初步调查研究，采集了一批标本并开展了分类鉴定工作，研究人员对相关研究结果进行总结，撰写了《粤北山区大型真菌志》和《广东山区研究：广东山区大型真菌资源》两本著作，并分别在1990年和1991年正式出版；1990～1993年，毕志树等对南岭山地及其他广东地区的大型真菌资源继续进行调查研究，撰写了中、英文版的《广东大型真菌志》/*The Macrofungus Flora of China's Guangdong Province*著作；1994～1996年7月，李泰辉研究人员参加了南岭国家级自然保护区生物资源调查，在南岭国家级自然保护区的乳源五指山、天井山、大东山、秤架和龙潭角等地区采集和收集到大型真菌标本1400多份（不包括小型真菌的标本），拍摄大型真菌照片200多张，鉴定种类331种，其中有74个广东新记录种、17个国内新记录种和10个疑似新种（李泰辉等，1996，1997）；21世纪以来，研究人员对南岭的大型真菌资源继续开展了深入和系统研究，发表和出版了一系列的论文和著作（蔡爱群等，2008；宋斌等，2001；He et al.，2012；Zhang et al.，2015a，李泰辉等，2017），其中李泰辉等撰写的《车八岭大型真菌图志》是广东省第一部国家级自然保护区大型真菌著作。

笔者通过近年来对南岭大型真菌调查研究和梳理已有的相关文献，按照国际真菌名录数据库（http://www.indexfungorum.org）的最新分类系统，对南岭已报道的大型真菌物种名录进行了整理和修订，结果表明，目前南岭大型真菌共有1150种，隶属于361属94科21目7纲2门；其中，担子菌门物种数占总数的91.7%，包含5纲15目79科323属1054种；子囊菌门物种数占总数的8.3%，包含2纲6目15科38属96种。

7.3.2 南岭大型真菌优势科属组成与区系地理分析

1. 优势科组成

对南岭大型真菌94科361属1150种进行优势科分析（表7.6），结果表明，南岭大型真菌优势科有11科，占总种数的51.57%，其中种类最多的优势科为多孔菌科（Polyporaceae），共包含33属94种，占总种数的8.17%；第二大科是红菇科（Russulaceae），共包含5属93种，占总种数的8.09%；第三大科是牛肝菌科（Boletaceae），共包含27属90种，占总种数的7.83%。经统计，11个优势科中子囊菌门仅有炭角菌科（Xylariaceae）（含30种），其他10科均为担子菌门的类群。在子囊菌门中，含10种以上的科除炭角菌科外，还有羊肚菌科（Morchellaceae）（14种）、线虫草科（Ophiocordycipitaceae）（13种）、虫草科（Cordycipitaceae）（10种）以及Hypoxylaceae（10种）。

表7.6　南岭大型真菌优势科统计表

序号	优势科	种数	百分比/%
1	多孔菌科（Polyporaceae）	94	8.17
2	红菇科（Russulaceae）	93	8.09
3	牛肝菌科（Boletaceae）	90	7.83
4	小皮伞科（Marasmiaceae）	62	5.39
5	鹅膏科（Amanitaceae）	44	3.83
6	粉褶蕈科（Entolomataceae）	44	3.83
7	蘑菇科（Agaricaceae）	41	3.57
8	锈革孔菌科（Hymenochaetaceae）	39	3.39
9	炭角菌科（Xylariaceae）	30	2.61
10	小脆柄菇科（Psathyrellaceae）	29	2.52
11	层腹菌科（Hymenogastraceae）	27	2.35
	统计	593	51.57

2. 优势属组成

南岭大型真菌共有361属，对其进行优势属分析（表7.7），结果表明，含6种以上的优势属有40个，合计604种，占总种数的52.52%。种类最多的优势属为红菇属（*Russula*），包含59种，占总种数的5.13%；第二大属是小皮伞属（*Marasmius*），包含50种，占总种数的4.35%；第三大属是鹅膏属（*Amanita*），包含44种，占总种数的3.83%。其次是粉褶蕈属（*Entoloma*）（37种）和多汁乳菇属（*Lactifluus*）（30种）等。南岭大型真菌的优势属中，担子菌居多，有36属，子囊菌仅有4属，即炭角菌属（*Xylaria*）、线虫草属（*Ophiocordyceps*）、炭团菌属（*Hypoxylon*）和虫草属（*Cordyceps*）。

表7.7　南岭大型真菌优势属统计表

序号	优势属	种数	百分比/%	序号	优势属	种数	百分比/%
1	红菇属（*Russula*）	59	5.13	21	鳞伞属（*Pholiota*）	10	0.87
2	小皮伞属（*Marasmius*）	50	4.35	22	木层孔菌属（*Phellinus*）	10	0.87
3	鹅膏属（*Amanita*）	44	3.83	23	马勃属（*Lycoperdon*）	10	0.87
4	粉褶蕈属（*Entoloma*）	37	3.22	24	鸡油菌属（*Cantharellus*）	10	0.87
5	多汁乳菇属（*Lactifluus*）	30	2.61	25	丝盖伞属（*Inocybe*）	9	0.78
6	炭角菌属（*Xylaria*）	28	2.43	26	光柄菇属（*Pluteus*）	9	0.78
7	牛肝菌属（*Boletus*）	23	2.00	27	裸伞属（*Gymnopilus*）	8	0.70
8	栓孔菌属（*Trametes*）	18	1.57	28	炭团菌属（*Hypoxylon*）	8	0.70
9	小脆柄菇属（*Psathyrella*）	17	1.48	29	蜡蘑属（*Laccaria*）	8	0.70
10	湿伞属（*Hygrocybe*）	15	1.30	30	斑褶菇属（*Panaeolus*）	8	0.70
11	多孔菌属（*Polyporus*）	14	1.22	31	枝瑚菌属（*Ramaria*）	8	0.70
12	金牛肝菌属（*Aureoboletus*）	14	1.22	32	硬孔菌属（*Rigidoporus*）	8	0.70
13	小菇属（*Mycena*）	13	1.13	33	木耳属（*Auricularia*）	7	0.61
14	圆孔牛肝菌属（*Gyroporus*）	13	1.13	34	虫草属（*Cordyceps*）	7	0.61
15	乳牛肝菌属（*Suillus*）	12	1.04	35	靴耳属（*Crepidotus*）	7	0.61
16	微皮伞属（*Marasmiellus*）	12	1.04	36	灵芝属（*Ganoderma*）	7	0.61
17	粉孢牛肝菌属（*Tylopilus*）	11	0.96	37	锈革菌属（*Hymenochaete*）	7	0.61
18	线虫草属（*Ophiocordyceps*）	11	0.96	38	硬皮马勃属（*Scleroderma*）	7	0.61
19	环柄菇属（*Lepiota*）	11	0.96	39	干酪菌属（*Tyromyces*）	7	0.61
20	蘑菇属（*Agaricus*）	11	0.96	40	拟锁瑚菌（*Clavulinopsis*）	6	0.52

3. 区系地理成分分析

南岭属于亚热带地区，南岭真菌区系特征与世界热带真菌区系特征有着广泛的联系。依据笔者的初步研究，参考邓叔群（1963）、毕志树等（1994）、图力古尔和李玉（2000）、宋斌等（2001）、Mueller等（2001，2007）、杨祝良和臧穆（2003）、Kirk等（2008）及其相关文献，可把南岭地区大型真菌区系初步划分为12类：①广布成分，一般指广泛分布于世界各大洲而没有特殊分布中心的属和种。这类成分较多，如裂褶菌（*Schizophyllum commune* Fr.）、朱红密孔菌［*Pycnoporus cinnabarinus*（Jacq.）P.Karst.］等。②北温带成分，指分布于北半球（欧亚大陆及北美）温带地区，个别可到达南温带，但其分布中心在北温带的属，如蜡伞属（*Hygrophorus*）、乳菇属（*Lactarius*）、粉孢牛肝菌属（*Tylopilus*）、疣柄牛肝菌属（*Leccinum*）等。③泛热带成分，指分布于东、西两半球热带，或可达亚热带至温带，但分布中心仍在热带的属，如南方牛肝菌属（*Austroboletus*）、假芝属（*Amauroderma*）、条孢牛肝菌属（*Boletellus*）、小牛舌菌属（*Fistulinella*）、灵芝属（*Ganoderma*）、香菇属（*Lentinus*）等。④热带亚洲-热带美洲成分，指间断分布于亚洲和美洲热带地区的属，某些可达两洲的亚热带地区。例如，小藻孔菌属（*Antrodiella*）的某些种类，如柔韧小薄孔菌［*Antrodiella duracina*（Pat.）I.Lindblad & Ryvarden］等；异色牛肝菌属（*Sutorius*）的种类，如超群紫盖异色牛肝菌（*S.exmius*）等。⑤热带亚洲-热带非洲成分，指分布在热带亚洲至热带非洲分布的属，如蚁巢伞属（*Termitomyces*）。⑥东亚-北美洲成分，间断分布于东亚和北美洲温带及亚热带地区，如隐孔菌［*Cryptoporus volvatus*（Peck.）Shear］等。⑦古热带成分，一般是指间断分布于亚洲、非洲和大洋洲热带地区及其邻近岛屿的类群，如粉孔菌属（*Amylonotus*），此属世界仅4种，中国有2种，它们以热带分布为主。此类成分的种南岭有薄粉孔菌（*Amylonotus tenuis* G.Y.Zheng & Z.S.Bi），且是南岭的特有种类，其分布还有待进一步研究。⑧热带亚洲成分，主要分布于南亚、东南亚等，东面可到斐济等太平洋岛屿，但不到澳大利亚大陆，其分布的北缘可达我国西南、华南至台湾，甚至更北地区。此成分南岭有卵孢鹅膏（*Amanita ovalispora* Boedijn）、扣状炭角菌（*Xylaria fibula* Massee）等。⑨热带亚洲至热带大洋洲成分，指热带亚洲至大洋洲旧世界热带分布的东翼，一般不到非洲大陆。此成分的种类目前南岭发现得不多，仅有木生条孢牛肝菌［*Boletellus emodensis*（Berk.）Singer］等（Zeng and Yang，2011）。⑩热带亚洲、大洋洲至热带美洲成分，一般是指间断分布于热带亚洲、大洋洲和美洲的属种。此成分在南岭的种类有橙红二头孢盘菌［*Dicephalospora rufocornea*（Berk.&Broome）Spooner］和小扇菇［*Panellus pusillus*（Pers.ex Lév.）Burds.& O.K.Mill.］等。⑪东亚成分，指主要分布于东亚（中国、朝鲜、韩国、日本及俄罗斯远东地区）的属种，它们有时常向南延伸至我国南部甚至中南半岛，向西可达印度、尼泊尔乃至巴基斯坦。此成分在南岭的种类有假褐云斑鹅膏（*Amanita pseudoporphyria* Hongo）、红榛色蜡蘑（*Laccaria vinaceoavellanea* Hongo）、香菇［*Lentinula edodes*（Berk.）Pegler］等。⑫特有成分，一般是指分布于我国，向南有时也见于中南半岛的属种。这类大型真菌也包括模式产地在南岭的37个种，还包括一些模式产地在中国其他地方但也分布于南岭的种类，如昆明蘑菇（*Agaricus kunmingensis* R.L. Zhao）和小豹斑鹅膏（*Amanita parvipantherina* Zhu L.Yang, M.Weiss&Oberw.）等。随着大型真菌多样性和系统分类学研究的不断深入、研究方法的拓展、区系资料的不断积累和修正，对大型真菌区系特征和理论认识也在不断得到完善（Petersen and Hughes，2003；边禄森和戴玉成，2015），如干皮孔菌属（*Skeletocutis*）和原孢孔菌属（*Pachykytospora*）两属及其成员可能有更广泛的分布，属于广布成分的类群（Kirk et al.，2008；边禄森和戴玉成，2015）；Du 等（2012）对中国羊肚菌属的研究表明，在中国分布的30 种羊肚菌属中，有20 种迄今仅见于中国，为中国特有种类（当中包含11 个新种），并提出了东亚或中国是羊肚菌属的现代物种多样性中心。

7.3.3 大型真菌资源多样性保护

真菌多样性是生物多样性和森林生态系统维持稳定的重要因素之一。受人类活动造成的环境污染、植被破坏、全球气候变化等影响，真菌的生存环境也受到了不同程度的威胁，酸雨、过量氮沉降、真菌栖息地的退化和丧失被认为是大型真菌多样性和子实体发生频率下降的主要原因。近些年来，南岭山地由于开山修路、拦水筑坝、建设大量小水电站、开矿采石、乱砍滥伐等不断加剧的人为破坏，植被和大型真菌的生存状态受到了很大程度的影响。植被的破坏和植物多样性的减少，导致大型真菌外生菌根菌物种数量和子实体产量明显下降，而木材腐朽菌的某些种类的子实体发生量却显著增加。例如，目前，著名的食用外生菌根菌变绿红菇［*Russula virescens*（Schaeff.）Fr.］的子实体的自然产量明显比20 世纪90 年代少，在20 世纪80 年代发现的具有很好开发利用潜力的南岭特有种广东红菇（*Russula guangdongensis* Bi et T. H. Li），以及在南岭发现的新种如薄粉孔菌（*Amylonotus tenuis* G.Y. Zheng & Z. S. Bi）等在近10 年均没有采集报道记录，它们是否已面临濒临灭绝的危险？特别需要进一步的系统调查。因此，随着南岭生态环境的不断变化，有必要以大型真菌为主要研究对象，对代表地区进行系统调查，了解大型真菌资源分布特征和多样性，明晰真菌物种濒危状态，提出保护对策并构建重要珍稀真菌资源保护体系。

对于我国的大型真菌资源保护，菌物学家李玉等（2015）提出在菌物多样性调查的基础上，构建"一区一馆五库"体系，这对全面、持续和平衡地保护菌物物种多样性、遗传多样性和生态多样性等具有重要作用，也是一项功在当代、利在千秋的重要基础性工作。"一区一馆五库"是在国家级或省级菌物自然保育区的基础上建立的菌物标本馆、菌种库、菌体库、遗传物质库、有效化合物成分库和综合信息库，可从菌种驯化、发酵生产、生物活性物质筛选及功能基因筛选等方面，研发菌物资源可持续利用的关键技术，推动保护区菌物资源的可持续发展。物种是生物多样性保护的首要对象，但保护物种首先必须对生物本底的物种登记造册即编目，并根据物种受威胁程度将物种划分为濒危、易危、稀有和不确定等不同等级的红色名录，在此基础上提出相应的保育措施。因此，进行物种本底调查、建立红色名录对于生物多样性保护非常重要，其是物种保护的基础和依据。欧洲是全球范围内在菌物保护领域做得最出色的地区，目前大部分国家（地区）都已经发行了各种形式的真菌物种红色目录（Senn et al.，2007）。然而，我国的真菌研究相对较晚，真菌的红色名录编目才刚刚启动，现只有云南等少数地区开展了系统的大型真菌多样性调查并发布了云南大型真菌红色名录，而南岭作为华南地区生物多样性的重要区域，相关工作亟待开展。

7.4　南岭大型真菌资源分析

大型真菌中有许多人们可以开发利用的食用和药用资源，也有人们需要预防的有毒蘑菇。据统计，我国可食用野生蘑菇有1000多种，可药用的近700种，有毒的约500种（戴玉成和庄剑云，2010；图力古尔等，2014；Song et al.，2018；Li et al.，2020）。南岭大型真菌资源丰富，当地人们也有食用或利用野生食用菌或药用菌的习俗；同时也经常出现误食野生毒蘑菇中毒的事件。笔者对南岭的野生食用菌、药用菌及毒蘑菇进行了以下的统计分析。

7.4.1　南岭食用菌资源

基于本节研究和文献报道，笔者对南岭的食用菌资源进行统计分析，结果表明，该地区有食用菌198种，其中食用种类较多的有红菇属32种、乳菇属11种、鸡油菌属10种；具有较好食用价值的种类包括中华鹅膏（*Amanita sinensis* Zhu L. Yang）、毛木耳（*Auricularia cornea* Ehrenb）、淡蜡黄鸡油菌（*Cantharellus cerinoalbus* Eyssart. & Walleyn）、菊黄鸡油菌（*C. chrysanthus* Ming Zhang，C.O. Wang & T.H. Li）、蛹虫草（虫草花）[*Cordyceps militaris*（L.）Fr.]、黄喇叭菌（*Craterellus luteus* T.H. Li & X.R. Zhong）、金针菇[*Flammulina filiformis*（Z.W. Ge，X.B. Liu & Zhu L. Yang）P.M. Wang et al.]、皱柄白马鞍菌[*Helvella crispa*（Scep.）Fr.]、猴头菇[*Hericium erinaceus*（Bull.）Pers.]、红汁乳菇（*Lactarius hatsudake*）、鲜艳乳菇（*L. vividus* X.H. Wang）、香菇[*Lentinula edodes*（Berk.）Pegler]、花脸香蘑[*Lepista sordida*（Schumach.）Singer]、黑脉羊肚菌（*Morchella angusticeps* Peck）、卵孢小奥德蘑（黑皮鸡枞）[*Oudemansiella raphanipes*（Berk.）Pegler & T.W.K Young]、暗棘托竹荪（*Phallus fuscoechinovolvatus* T.H. Li，B. Song & T. Li）、纯黄竹荪[*P. luteus*（Liou & L. Hwang）T. Kasuya]、美丽褶孔牛肝菌[*Phylloporus bellus*（Massee）Corner]、巨大侧耳（猪肚菇）[*Pleurotus giganteus*（Berk.）Karun. & K.D. Hyde]、变绿红菇[*Russula virescens*（Schaeff.）Fr.]、红边绿菇（*R. viridirubrolimbata* J. Z. Ying）、间型鸡枞（*Termitomyces intermedius* Har. Takah. & Taneyama）、小果鸡枞[*T. microcarpus*（Berk. & Broome）R. Heim]、华南干巴菌（*Thelephora austrosinensis* T.H. Li，T. Li & B. Song）、银耳（*Tremella fuciformis* Berk.）、草菇[*Volvariella volvacea*（Bull.）Singer]等（图7.13）。其中，毛木耳、蛹虫草、金

茶树菇（*Agrocybe cyindracen*）

猴头菇（*Hericium erinaceus*）

海南鸡油菌（*Caatharellus hainanensis*）

皱木耳（*Auricularia delicata*）

香菇（*Lentinula edodes*）

羊肚菌（*Morchella* sp.）

暗棘托竹荪（*Phallus fuscoechinovolvatus*）

银耳（*Tremella fuciformis*）

图7.13　南岭部分常见食用菌

针菇、猴头菇、香菇、卵孢小奥德蘑、巨大侧耳（猪肚菇）、银耳和草菇目前已进行了规模化人工栽培。值得一提的是，野生猴头菇一般仅分布在我国东北、西北等地，在华南很少报道，尤其是广东南岭发现野生猴头菇尚属首次。鸡油菌、乳菇、红菇等是植物外生菌根菌，目前尚无人工栽培，鸡枞菌则是与白蚁共生的食用菌，目前也无法进行人工栽培。南岭有些野生食用菌产量较大，当地民众经常采食和出售，还有些近年来笔者团队发现的野生食用菌新资源尚未进行人工栽培，后续可加大培育研发，获得新品种，为食用菌产业提供新的经济增长点。

7.4.2 南岭药用菌资源

统计分析表明，南岭的药用菌有182种，其中药用种类较多的有虫草属7种、栓孔菌属6种、灵芝属5种；具有较好药用价值的种类包括具有消肿、止血、解毒、清肺、止咳等功效的小灰球菌 [*Bovista pusilla*（Batsch）Pers]，具有镇静、催眠、抗惊厥、镇痛解热、降血糖和抗肿瘤作用的蝉花（*Cordyceps chanhua* Z.Z. Li, F.G. Luan, N.L. Hywel-Jones, C.R. Li & S.L. Zhang），具有抗肿瘤和治疗胃肠道疾病的亚牛舌菌（*Fistulina subhepatica* B. K. Cui & J. Song），具有祛风湿、抗肿瘤、抗真菌、抗氧化、免疫调节和保护神经活性的马尾松拟层孔菌（*Fomitopsis massoniana* B.K. Cui, M.L. Han & Shun Liu），具有抗肿瘤和提高免疫力的南方灵芝 [*Ganoderma australe*（Fr.）Pat.]，具有补气安神、止咳平喘、抗癌、降血压、降血糖、抗氧化、肝脏保护和免疫调节作用的灵芝（*G. lingzhi* Sheng H. Wu, Y. Cao & Y. C. Dai），具有抗肿瘤、抗炎、利尿、免疫调节，治疗虚劳、咳嗽、气喘、失眠和消化不良的紫芝（*G.sinense* J.D. Zhao, L.W. Hsu & X.Q. Zhang）和抗锥虫活性的薄蜂窝孔菌 [*Hexagonia tenuis*（Fr.）Fr.]，具有治疗少尿、水肿和腰痛、降血压、抗炎、免疫调节的乳白齿粑菌 [*Irpex lacteus*（Fr.）Fr.]，具有益气补血、抗肿瘤、抗菌、抗氧化剂的硫磺菌 [*Laetiporus sulphureus*（Bull.）Murrill]，具有消肿、止血、抗菌、清肺、解毒、抗菌和抗氧化的网纹马勃 [*Lycoperdon perlatum* Pers.]，具有抗菌、抗肿瘤、止血、治疗风湿、止痒和抗氧化的血红密孔菌 [*Pycnoporus sanguineus*（L.）Murrill]，具有抗炎、利尿、改善胃功能、抗肿瘤、抗菌、抗氧化和免疫调节作用的血芝 [*Sanguinoderma rugosum*（Blume & T. Nees）Y.F. Sun, D.H. Costa & B.K. Cui]，可治疗神经衰弱、抗炎、抗肿瘤、抗菌、抗氧化和抗衰老的裂褶菌（*Schizophyllum commune* Fr.），具有解热、治疗肝病、抗炎、抗肿瘤、抗氧化剂和抗病毒功效的云芝栓孔菌 [*Trametes versicolor*（L.）Lloyd]，具有止咳、利尿、镇静、解热、抗肿瘤、调节肠道菌群、降血脂、抗氧化、抗乙肝病毒、抗炎、降血糖活性、镇静和催眠活性的茯苓 [*Wolfiporia cocos*（F.A. Wolf）Ryvarden & Gilb.]，以及具有利尿、补肾、提高免疫力、抗氧化、抗抑郁、肝脏保护和降血糖活性的黑柄炭角菌 [*Xylaria nigripes*

（Klotzsch）Cooke］等（图7.14）。随着科学研究的深入，药用菌已成为具有巨大开发潜能的产业，仅虫草产业目前就有近700亿元的产值。南岭丰富的药用菌可为后续的开发利用提供良好的资源。

7.4.3　南岭毒蘑菇资源

南岭除了具有丰富的食药用菌资源外，也有不少毒蘑菇种类。经统计，南岭毒蘑菇种类有112种，种类较多的类群为鹅膏属22种、红菇属9种、乳菇属5种。常见的毒蘑菇有灰花纹鹅膏（*Amanita fuliginea* Hongo）、拟灰花纹鹅膏（*A. fuligineoides* P. Zhang & Zhu L. Yang）、裂皮鹅膏（*Amanita rimosa* P. Zhang & Zhu L. Yang）、亚灰花纹鹅膏（*A. subfuliginea* Qing Cai, Zhu L. Yang & Yang-Yang Cui）、异味鹅膏（*A. kotohiraensis* Nagas. & Mitani）、拟卵盖鹅膏（*A. neoovoidea* Hongo）、欧氏鹅膏（*Amanita oberwinkleriana* Zhu L. Yang & Yoshim. Doi）、假褐云斑鹅膏（*A. pseudoporphyria* Hongo）、土红鹅膏（*A. rufoferruginea* Hongo）、残托鹅膏有环变型（*A. sychnopyramis* f. *subannulata* Hongo）、黄肉条孢牛肝菌（*Boletellus aurocontextus* Hirot. Sato）、近江粉褶蕈［*E. omiense*（Hongo）E. Horak］、中华格氏蘑（*Gerhardtia sinensis* T.H. Li, T. Li, C.Q. Wang & W.Q. Deng）、日本网孢牛肝菌［*Heimioporus japonicus*（Hongo）E. Horak］、毒蝇岐盖伞（*Inosperma muscarium* Y.G. Fan, L.S. Deng, W.J. Yu & N.K. Zeng）、江西虫草［*Ophiocordyceps jiangxiensis*（Z.Q. Liang, A.Y. Liu & Yong C. Jiang）G.H. Sung et al.］、粪生斑褶伞［*Panaeolus fimicola*（Pers.）Gillet］、疸黄粉末牛肝菌［*Pulveroboletus icterinus*（Pat. & C.F. Baker）Watling］、黄白乳牛肝菌［*Suillus placidus*（Bull.）Kuntze］和日本红菇（*Russula japonica* Hongo）等（图7.15），其中灰花纹鹅膏、拟灰花纹鹅膏、亚灰花纹鹅膏和裂皮鹅膏为剧毒菌，含极毒的鹅膏毒肽具肝脏损害型毒性，有很高的致死率；异味鹅膏、欧氏鹅膏、假褐云斑鹅膏和拟卵盖鹅膏为急性肾衰竭型毒菌，中毒严重时也可致死；土红鹅膏、残托鹅膏有环变型、江西虫草、毒蝇岐盖伞、粪生斑褶伞为神经精神型毒菌，中毒可导致神经错乱、致幻、头晕、乏力等症状；近江粉褶蕈、中华格氏蘑、日本网孢牛肝菌、疸黄粉末牛肝菌、黄白乳牛肝菌、日本红菇为胃肠炎型毒菌。

一些毒蘑菇和食用菌外形近似，很难分辨，人们常因误食导致中毒事件发生。毒蘑菇中毒70%以上都是自行随意采集野生蘑菇造成的。政府相关管理部门可与毒菇研究专家合作，通过电视、报刊、微信公众号等多种宣传渠道在毒蘑菇中毒事件多发地区（尤其是山区农村）进行针对性的科普宣传，让人们了解当地毒蘑菇的种类、毒性、鉴别方法及中毒治疗等知识；也可同时张贴毒蘑菇宣传海报、开展毒蘑菇知识讲座以及建立毒蘑菇的科普宣传基地等，在毒蘑菇经常出现的树林周围竖立警示牌，效果更为明显，可尽量避免人们采食野生毒蘑菇，预防中毒事件发生。

红皮丽口菌（*Calostoma cinnabarinum*）

南岭尾花菌（*Clathrus* sp.）

头状秃马勃（*Calvatia craniiformis*）

云芝（*Trametes versicolor*）

粉被虫草（*Cordyceps pruinosa*）

蝉花（*Cordyceps chanhua*）

赤芝（*Ganoderma lingzhi*）

血红密孔菌（*Pycnoporus sanguineus*）

图7.14　南岭部分常见药用菌

灰花纹鹅膏（*Amanita fuliginea*）

裂皮鹅膏（*Amanita rimosa*）

欧氏鹅膏（*Amanita oberwinkleriana*）

江西虫草（*Ophiocordyceps jiangxiensis*）

热带紫褐裸伞（*Gymnopilus dilepis*）

日本网孢牛肝菌（*Heimioporus japonicus*）

砖红垂幕菇（*Hypholoma lateritium*）

疣黄粉末牛肝菌（*Pulveroboletus icterinus*）

图7.15 南岭部分常见毒蘑菇

7.5 南岭大型真菌新种

南岭独特的地理位置和相对独特的生态环境，使得生物多样性十分丰富，区域内分布着一些特有或特色类群。经统计，南岭的大型真菌名录中，有163种是中国发表的特有种，其中40多种是在南岭发现的新资源。

7.5.1 南岭大型真菌新种概述

在对南岭山区近40年的大型真菌研究中，累计发现并发表大型担子菌新种49种，隶属于24科29属，物种的详细信息如表7.8所示；这些新物种的发现，极大地丰富了该区域的生物多样性，为该区域生物多样性研究和特有或珍稀物种的保护提供了基础数据；同时，进一步反映出南岭山区在物种多样性保护中具有重要地位。

表7.8 南岭发表的大型真菌新种统计表

编号	中文名	拉丁名	模式产地	文献出处
1	薄粉孔菌	*Amylonotus tenuis* G.Y. Zheng & Z.S.Bi	乐昌	Bi et al., 1986
2	迷路状粉孢菌	*Amylosporus daedaliformis* G.Y.Zheng & Z.S.Bi	始兴	Bi et al., 1986
3	美丽金牛肝菌	*Aureoboletus formosus* Ming Zhang & T.H.Li	莽山	Zhang et al., 2015a
4	变灰红金牛肝菌	*Aureoboletus griseorufescens* Ming Zhang & T.H. Li	车八岭	Zhang et al., 2019
5	栗褐金牛肝菌	*Aureoboletus marroninus* T.H.Li & Ming Zhang	车八岭	Zhang et al., 2015b
6	萝卜味金牛肝菌	*Aureoboletus raphanaceus* Ming Zhang & T.H. Li	莽山	Zhang et al., 2019a
7	独生金牛肝菌	*Aureoboletus solus* Ming Zhang & T.H. Li	南岭	Zhang et al., 2019a
8	纤细金牛肝菌	*Aureoboletus tenuis* T.H. Li & Ming Zhang	猫儿山	Zhang et al., 2014
9	华南鸡油菌	*Cantharellus austrosinensis* Ming Zhang, C.Q. Wang & T.H. Li	丹霞山	Zhang et al., 2021
10	菊黄鸡油菌	*Cantharellus chrysanthus* Ming Zhang, C.O. Wang & T.H. Li	南岭	Zhang et al., 2022
11	凸盖鸡油菌	*Cantharellus convexus* Ming Zhang & T.H. Li	南岭	Zhang et al., 2022
12	柠檬黄辣牛肝菌	*Chalciporus citrinoaurantius* Ming Zhang & T.H. Li	莽山	Zhang et al., 2017
13	糊精质孢矮菇	*Chamaeota dextrinoidespora* Z.S.Bi	始兴	Bi and Li, 1988
14	近杯伞状粉褶菌	*Clitopilus subscyphoides* W.Q. Deng, T.H. Li & Y.H. Shen	车八岭	Shen et al., 2013
15	黄喇叭菌	*Craterellus luteus* T. H. Li & X. R. Zhong	车八岭	Zhong et al., 2018
16	丛毛毛皮伞	*Crinipellis floccosa* T.H. Li, Y.W. Xia & W.Q. Deng	车八岭	Xia et al., 2015
17	蓝鳞粉褶蕈	*Entoloma azureosquamulosum* T. H. Li & Xiao Lan He	南岭	He et al., 2012
18	肉色粉褶蕈	*Entoloma carneum* Z.S.Bi	南岭	Bi et al., 1986
19	厚囊粉褶蕈	*Entoloma crassicystidiatum* T.H. Li & Xiao Lan He	南岭	He et al., 2012
20	结晶囊粉褶蕈	*Entoloma metuloideum* W.M. Zhang & T.H.Li	南岭	Zhang and Li, 2002

续表

编号	中文名	拉丁名	模式产地	文献出处
21	拟灰白粉褶蕈	*Entoloma pseudogriseoalbum* Z.S.Bi	南岭	Bi et al., 1986
22	邓氏粉褶蕈	*Entoloma tengii* W.M.Zhang & T.H.Li	南岭	Zhang and Li, 2002
23	新刺孢胶鸡油菌	*Gloeocantharellus neoechinosporus* Ming Zhang & T.H.Li	丹霞山	Song et al., 2019
24	橙褐裸伞	*Gymnopilus aurantiobrunneus* Z.S.Bi	车八岭	Bi et al., 1986
25	变蓝黑圆孔牛肝菌	*Gyroporus atrocyanescens* Ming Zhang & T.H.Li	丹霞山	Zhang et al., 2022
26	黄白圆孔牛肝菌	*Gyroporus alboluteus* Ming Zhang & T.H.Li	车八岭	Zhang et al., 2022
27	丛毛阳伞	*Heliocybe villosa* Ming Zhang & T.H.Li	南岭	Zhang et al., 2018
28	光柄径边菇	*Hodophilus glaberripes* Ming Zhang, C.Q.Wang & T.H.Li	丹霞山	Zhang et al., 2019b
29	橙亚齿菌大孢变种	*Hydnellum aurantiacum* var.*macrosporum* G.Y.Zheng & Z.S.Bi	南岭	Bi et al., 1986
30	沟纹湿星伞	*Hygroaster sulcatus* (Z.S.Bi) T.H.Li & Z.S.Bi	南岭	毕志树等, 1994
31	粗糙孢湿星伞	*Hygroaster trachysporus* Z.S.Bi	南岭	Bi and Li, 1988
32	灰褐湿伞	*Hygrocybe griseobrunnea* T.H.Li & C.Q.Wang	南岭	Wang et al., 2013
33	红尖锥湿伞	*Hygrocybe rubroconica* C.Q.Wang & T.H.Li	南岭	Wang et al., 2020
34	紫红环柄菇	*Lepiota purpureorubra* Z.S.Bi, T.H.Li & G.Y.Zheng	曲江	Bi et al., 1986
35	始兴环柄菇	*Lepiota shixingensis* Z.S.Bi & T.H.Li	车八岭	毕志树等, 1990
36	青黄小皮伞	*Marasmius galbinus* T.H.Li & Chun Y.Deng	车八岭	Deng et al., 2011
37	小型小皮伞	*Marasmius pusilliformis* Chun Y.Deng & T.H.Li	车八岭	Deng et al., 2017
38	拟聚生小皮伞	*Marasmius subabundans* Chun Y.Deng & T.H.Li	车八岭	Deng et al., 2012
39	拟胶粘小菇	*Mycena pseudoglutinosa* Z.S.Bi	车八岭	毕志树等, 1985
40	近细小菇	*Mycena subgracilis* Z.S.Bi	南岭	毕志树等, 1986
41	亚长刺毛小菇	*Mycena sublongiseta* Z.S.Bi	南岭	毕志树等, 1986
42	灰黑新湿伞	*Neohygrocybe griseonigra* C.Q.Wang & T.H.Li	车八岭	Wang et al., 2018
43	暗棘托竹荪	*Phallus fuscoechinovolvatus* T.H.Li, B.Song & T.H.Li	车八岭	Song et al., 2018
44	中国假牛舌菌	*Pseudofistulina sinensis* G.Y.Zheng & Z.S.Bi	南岭	Bi et al., 1986
45	丹霞瘦脐菇	*Rickenella danxiashanensis* Ming Zhang & T.H.Li	丹霞山	Zhang et al., 2018
46	大孢亚硬孔菌	*Rigidoporopsis macrospora* G.Y.Zheng & Z.S.Bi	南岭	Zheng and Bi, 1987a
47	近网纹乳牛肝菌	*Suillus subreticulatus* Z.S.Bi	南岭	毕志树等, 1990
48	华南干巴菌	*Thelephora austrosinensis* T.H.Li & T.Li	车八岭	Li et al., 2019
49	近烟色赖特卧孔菌	*Wrightoporia subadusta* Z.S.Bi & G.Y.Zheng	南雄	Zheng and Bi, 1987b

已发现的新种中包含具有较好经济价值和具有应用开发潜力的可食用真菌，如华南鸡油菌（*Cantharellus austrosinensis*）、橘黄鸡油菌（*Cantharellus chrysanthus*）、黄喇叭菌（*Craterellus luteus*）、新刺孢胶鸡油菌（*Gloeocantharellus neoechinosporus*）、暗棘托竹荪（*Phallus fuscoechinovolvatus*）和华南干巴菌（*Thelephora austrosinensis*）等，它们可为开发具有区域特色的食用菌新品种提供理论支撑。

7.5.2　代表物种介绍

对于南岭地区发现的大型真菌新种（图7.16），根据其生态特征、经济价值等特点，选取部分具有代表性的物种进行了描述与介绍，主要包括形态学特征描述、物种栖息地生态环境类型、模式标本及其分布地、物种的用途与讨论等相关信息，并对每个物种提供微观结构示意图。

图7.16 作者已发表的部分南岭大型真菌新种

1.美丽金牛肝菌（*Aureoboletus formosus* Ming Zhang & T.H. Li）；2.变灰红金牛肝菌（*Aureoboletus griseorufescens* Ming Zhang & T.H. Li）；3.栗色金牛肝菌（*Aureoboletus marroninus* T.H. Li & Ming Zhang）；4.华南鸡油菌（*Cantharellus austrosinensis* Ming Zhang，C.Q. Wang & T.H. Li）；5.菊黄鸡油菌（*Cantharellus chrysanthus* Ming Zhang，C.O. Wang & T.H. Li）；6.黄喇叭菌（*Craterellus luteus* T. H. Li & X. R. Zhong）；7.蓝鳞粉褶蕈（*Entoloma azureosquamulosum* T. H. Li & Xiao Lan He）；8.新刺孢胶鸡油菌（*Gloeocantharellus neoechinosporus* Ming Zhang & T.H. Li）；9.橙褐裸伞（*Gymnopilus aurantiobrunneus* Z.S.Bi）；10.光柄径边菇（*Hodophilus glaberripes* Ming Zhang，C.Q. Wang & T.H. Li）；11.灰褐湿伞（*Hygrocybe griseobrunnea* T.H. Li & C.Q. Wang）；12.红尖锥湿伞（*Hygrocybe rubroconica* C.Q. Wang & T.H. Li）；13.始兴环柄菇（*Lepiota shixingensis* Z.S. Bi & T.H. Li）；14.青黄小皮伞（*Marasmius galbinus* T. H. Li & Chun Y. Deng）；15.灰黑新湿伞（*Neohygrocybe griseonigra* C.Q. Wang & T.H. Li）；16.暗棘托竹荪（*Phallus fuscoechinovolvatus* T.H.Li，B. Song & T. Li）；17.丹霞瘦脐菇（*Rickenella danxiashanensis* Ming Zhang & T.H. Li）；18.华南干巴菌（*Thelephora austrosinensis* T.H. Li & T. Li）

1. 华南鸡油菌（*Cantharellus austrosinensis* Ming Zhang，C.Q. Wang & T.H. Li）

菌盖直径1.5～6cm，初期中间凸起，边缘内卷，后渐平坦，或中部浅凹陷，边缘内卷，或呈不规则和波浪状，表面棕色、黄棕色至淡黄色，中央有棕色斑点。菌肉白色至黄色，有较淡的芳香味。菌褶延生至近延生，稀疏，窄，具横脉，蛋黄色或橙黄色。菌柄长2～6cm，直径3～11mm，向下逐渐变细，褐色至黄褐色；担孢子5.5～9μm×3.5～5μm，椭圆形，淡黄褐色，光滑（图7.17）。

生态环境：夏秋季生于针阔混交林中地上。

模式产地：丹霞山国家级自然保护区。

模式标本：GDGM81249。

用途与讨论：可食用。

2. 新刺孢胶鸡油菌（*Gloeocantharellus neoechinosporus* Ming Zhang & T.H. Li）

菌盖直径3～10cm，初期半球形，后渐凸起至近平展，成熟后中部稍凹陷，边缘全，表面微黏，具绒毛，橘黄色至呈黄色，中部颜色深，边缘颜色稍浅呈淡黄色；菌肉淡黄色，伤不变色，或边淡粉红色；菌褶延生，白色至淡黄色，淡橙色，伤后边橙黄色至黄褐色；菌柄中生，3～7cm长，1～1.7cm粗，圆柱形，上下等粗或向基部膨大，表面淡黄色至橙黄色，基部菌丝白色。担孢子10～12μm×5～7μm，椭圆形至狭椭圆形，壁薄，粗糙，黄色至浅棕色，嗜蓝，表面具明显的刺状纹饰，小刺约1.5μm高（图7.18）。

生态环境：散生于华南热带至亚热带阔叶林中地上。

模式产地：丹霞山国家级自然保护区。

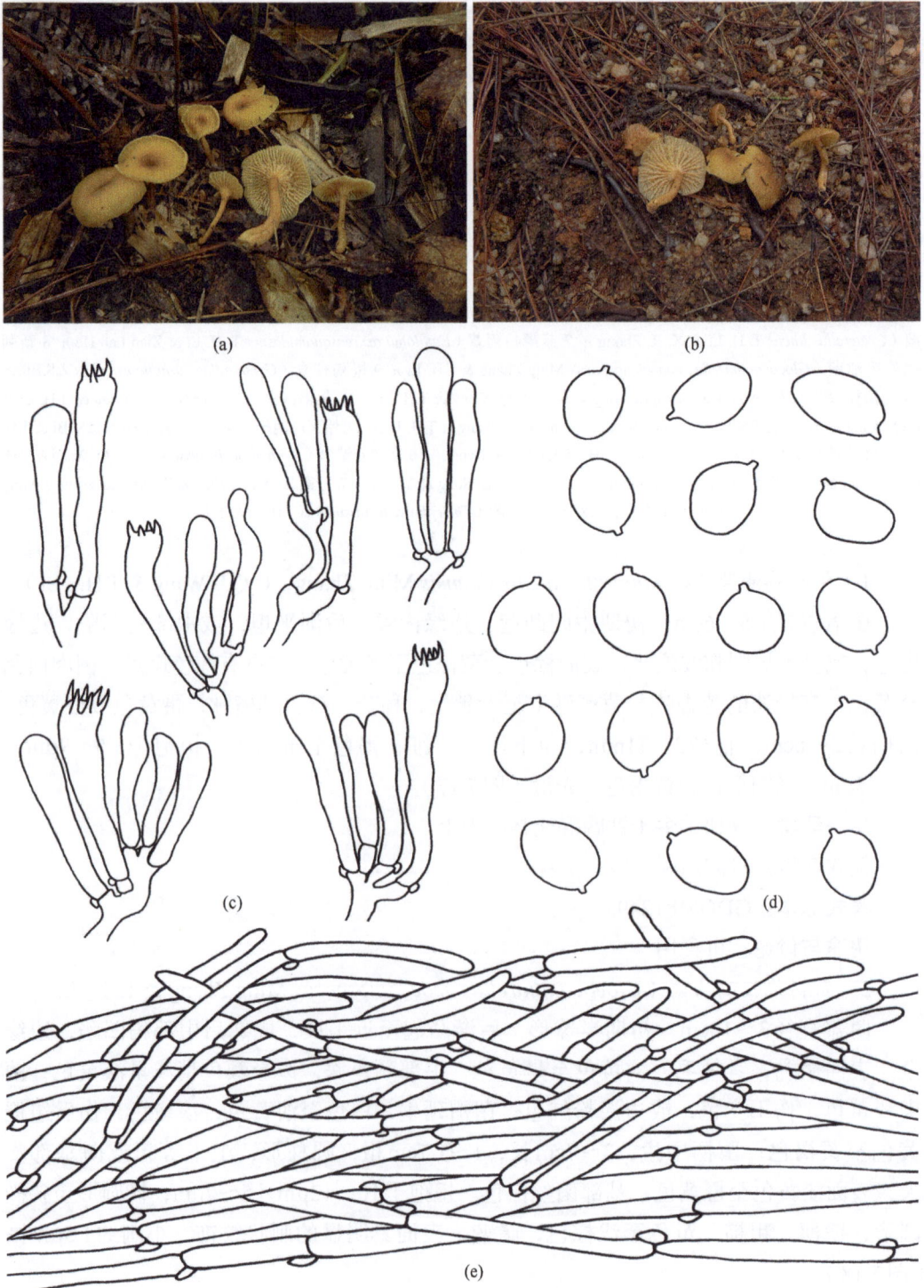

图7.17　华南鸡油菌

（a）和（b）担子果；（c）担子和拟担子；（d）担孢子；（e）盖皮层

图7.18　新刺孢胶鸡油菌

（a）和（b）担子果；（c）～（e）扫描电镜和光学显微镜下的担孢子

模式标本： GDGM75321。

用途与讨论： 该物种与描述与新加坡的刺孢胶鸡油菌（*G. echinosporus* Corner）较相似，但不同点在于后者具有橘红色菌盖，子实层体白色，具横脉，伤不变色，菌柄光滑，无菌环残余，可食。

3. 光柄径边菇（*Hodophilus glaberripes* Ming Zhang，C.Q. Wang & T. H. Li）

子实体小型。菌盖直径1.5～3.5cm，半球形至平展，中部常凹陷，初期乳白色至黄白色，成熟后呈棕褐色至红褐色，水浸状，光滑或被细绒毛。菌肉白色至米黄色。菌褶短延生，不等长，幼时乳白色至粉红色，成熟后黄褐色至红褐色。菌柄圆柱形，长8～10cm，直径0.3～0.5cm，表面光滑，乳白色至淡黄色。担孢子5～6.5μm×4～5μm，宽椭圆形至近球形，无色，光滑（图7.19）。

生态环境： 单生或散生于阔叶林中地上。

模式产地： 丹霞山国家级自然保护区。

模式标本： GDGM72518。

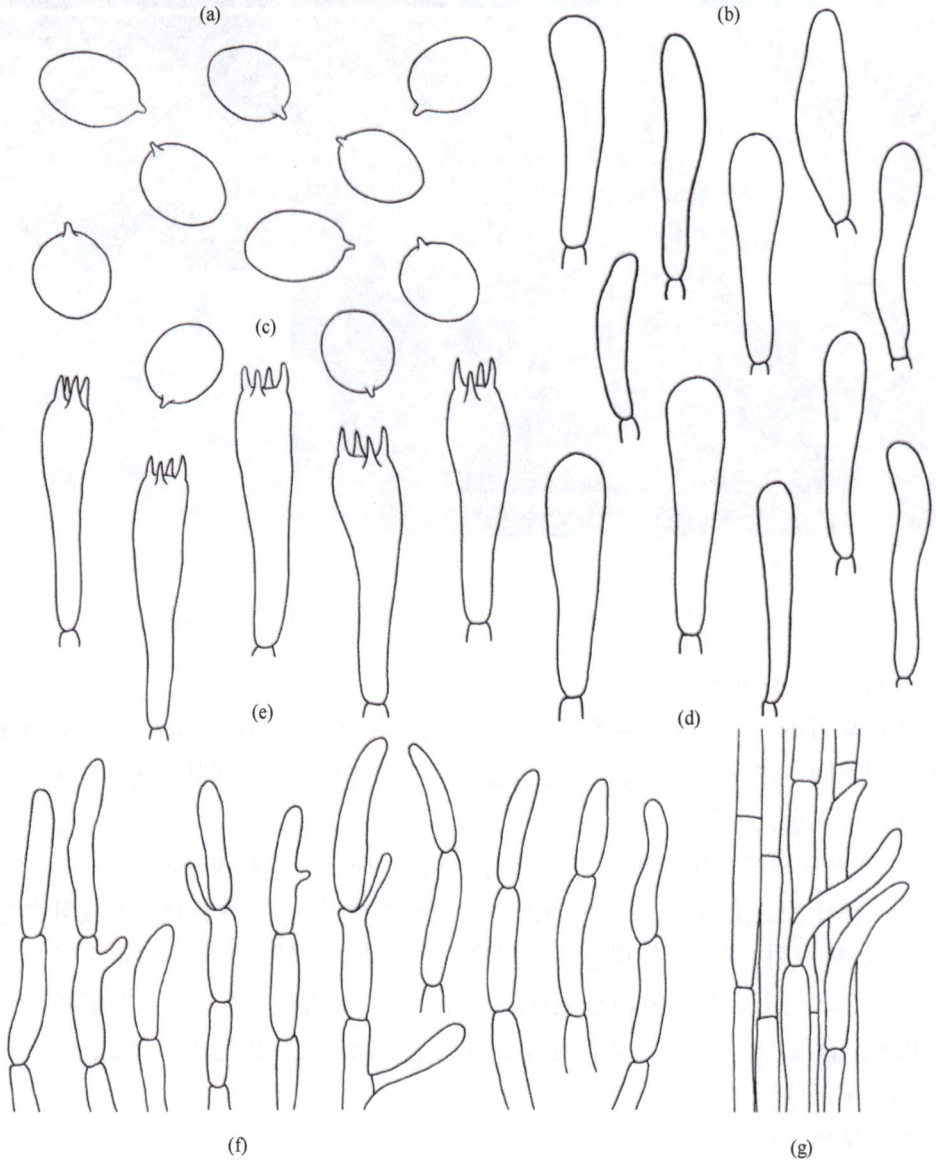

图7.19 光柄径边菇

（a）和（b）担子果；（c）担孢子；（d）拟担子；（e）担子；（f）菌盖皮层末端菌丝；（g）菌柄皮层末端菌丝

4. 红尖锥湿伞（*Hygrocybe rubroconica* C.Q. Wang & T.H. Li）

子实体小型。菌盖直径1～2cm，锥形，深红色，中部具尖锥，光滑，水浸状，受伤或成熟后变黑。菌褶弯生，不等长，橘黄色至橙黄色，伤后变黑。菌柄圆柱形，长2～3cm，直径2～4mm，橙红色至橘黄色，具不明显的纵向条纹，伤后变黑。担孢子8～11μm×7～8.5μm，长椭圆形至圆柱状，光滑，薄壁（图7.20）。

生态环境： 夏秋季节散生于路边地上。

模式产地： 南岭国家级自然保护区。

模式标本： GDGM45213。

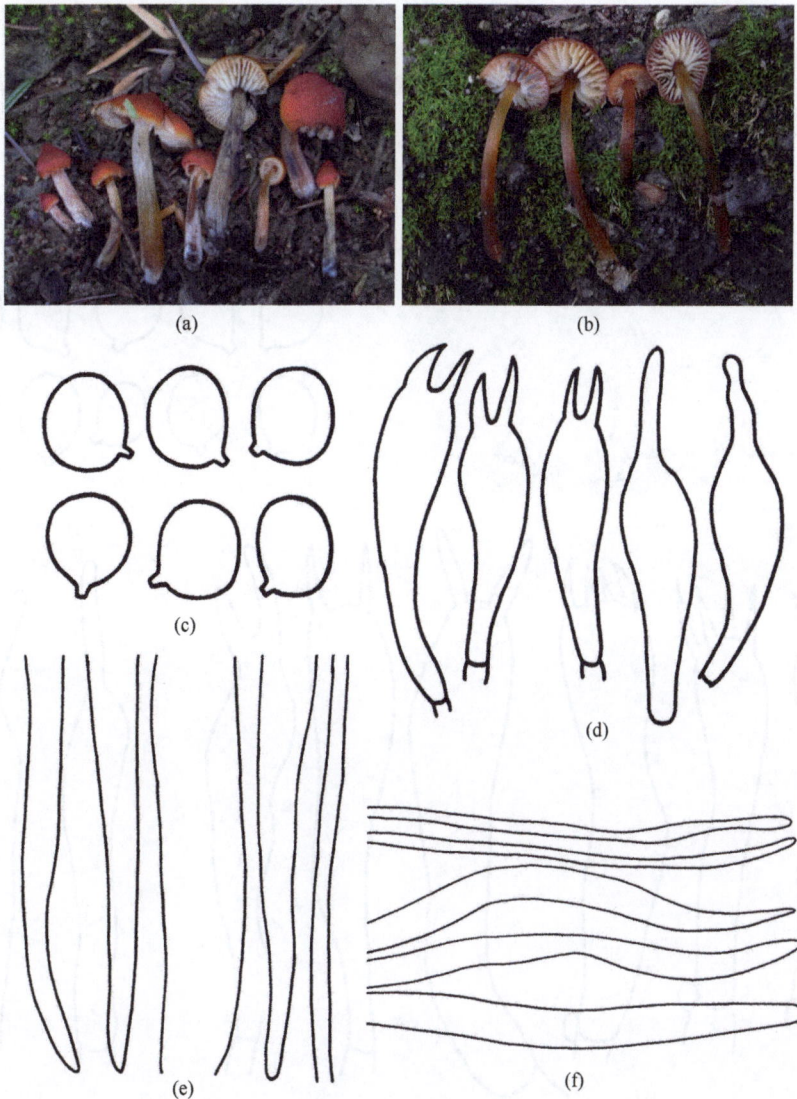

图7.20　红尖锥湿伞

（a）和（b）红尖锥湿伞担子果；（c）担孢子；（d）担子和囊状体；（e）褶髓菌丝；（f）盖皮层

5. 灰黑新湿伞（*Neohygrocybe griseonigra* C.Q. Wang & T.H. Li）

子实体小型。菌盖直径25～35mm，半球形至平展，中部具乳突，常穿孔，表面干，具放射状条纹，具绒毛，灰褐色至黑褐色。菌褶贴生，脆，白色至灰白色，受伤后变淡红褐色至灰褐色，蜡质。菌柄圆柱形，长2.5～5cm，直径3～6mm，中生，表面灰褐色至深灰黑色，具纵纹。担孢子7～9μm×4.5～6.5μm，光滑，近椭圆形（图7.21）。

生态环境：夏秋季节散生于阔叶林中地上。

模式产地：车八岭国家级自然保护区。

模式标本：GDGM44492。

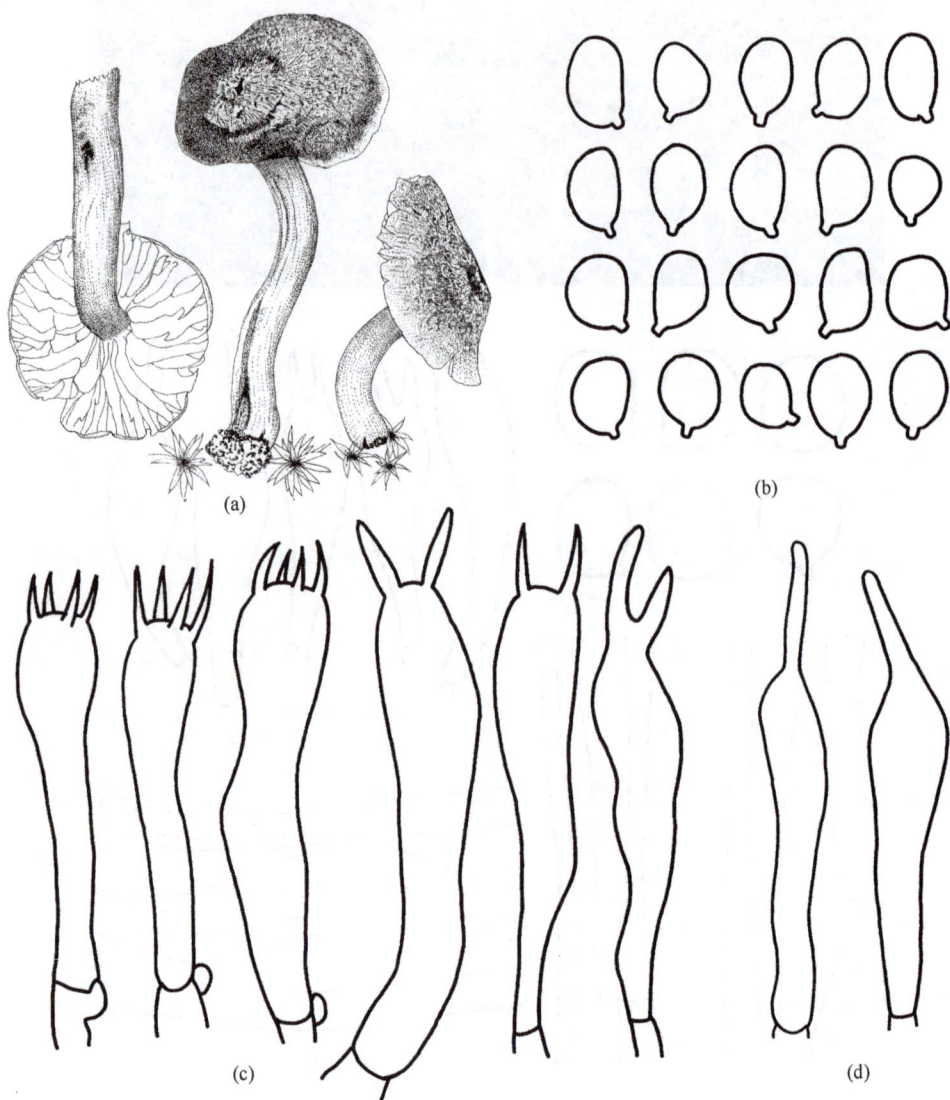

图7.21　灰黑新湿伞

（a）灰黑新湿伞担子果；（b）担孢子；（c）担子；（d）囊状体

6. 暗棘托竹荪（*Phallus fuscoechinovolvatus* T.H. Li，B. Song & T. H. Li）

子实体高8～16cm，初球形至卵圆形，深棕色至黑色，具白色至浅黄色棘刺，成熟后包被开裂形成菌托，菌体由菌盖、菌柄、菌裙和菌托组成。菌盖圆锥状至钟状，长2.2～4cm，直径1～2cm，具明显皱纹，顶部穿孔。孢体覆盖于菌盖表面，深绿棕色至橄榄绿棕色，黏液状。菌柄圆柱形，长12～14cm，直径0.8～1.5cm，污白色，中空。菌裙粗糙网格状，白色，网孔多边形。菌托宽3～4cm，球形至微倒卵圆形，暗褐色至黑色，具白色至暗褐色棘刺。担孢子2.5～4μm×1～2μm，圆柱状至杆形，亮橄榄绿色，薄壁，光滑（图7.22）。

生态环境：夏秋季节单生或群生于阔叶林中地上或腐木上。

模式产地：车八岭国家级自然保护区。

模式标本：GDGM48589。

用途与讨论：食药用菌。

7. 丹霞瘦脐菇（*Rickenella danxiashanensis* Ming Zhang & T.H. Li）

菌盖直径3～17mm，初半球形，后凸镜形至近平展，中部稍凹陷，边缘具条纹，表面光滑，黄色、橘黄色至橘红色；菌褶白色，下延，分叉，不等长；菌柄中生，长5～20mm，圆柱形，实心，白色至淡黄白色，具麸糠状腺点；担孢子4～6μm×3～3.5μm，椭圆形，光滑（图7.23）。

生态分布：冬季生长于潮湿的苔藓层上，分布于华南地区。

模式产地：丹霞山国家级自然保护区。

模式标本：GDGM45529。

8. 华南干巴菌（*Thelephora austrosinensis* T.H. Li & T. Li）

担子果小到中型，高4～7cm，宽3～6cm，革质，近喇叭状、莲座状，边缘薄，上翘呈波浪状，具幼时明显的白色环纹，上表面近光滑，或具有不明显的辐射状褶皱，具环纹，灰色至灰黑色，子实层近光滑或皱缩，淡紫色至暗紫色，边缘黄白色至灰褐色；菌肉薄，1～2mm；担孢子5～6.5μm×4.5～5.5μm，近球形，具疣凸（图7.24）。

生态环境：秋季生于阔叶林中地上。

模式产地：车八岭国家级自然保护区。

模式标本：GDGM48867。

用途与讨论：可食用。该种较干巴菌的子实体小，子实层边缘薄，片层边缘锯齿状，孢子相对较小。

南岭大型真菌物种资源丰富，是南岭自然生态屏障中生物多样性的重要组成部分。这些大型真菌资源对维护南岭森林生态系统的物质循环与生态功能等均具有重要作用，特别是南岭还蕴藏着许多可能是新种或新记录种类或许是全球生物多样性研究中不可或缺的特有种类，这些都还有待进一步深入研究。南岭大型真菌区系成分以广布成分为主，但许多种类含有热带成分，并与东南亚、日本、中国西南的种类具有较密切

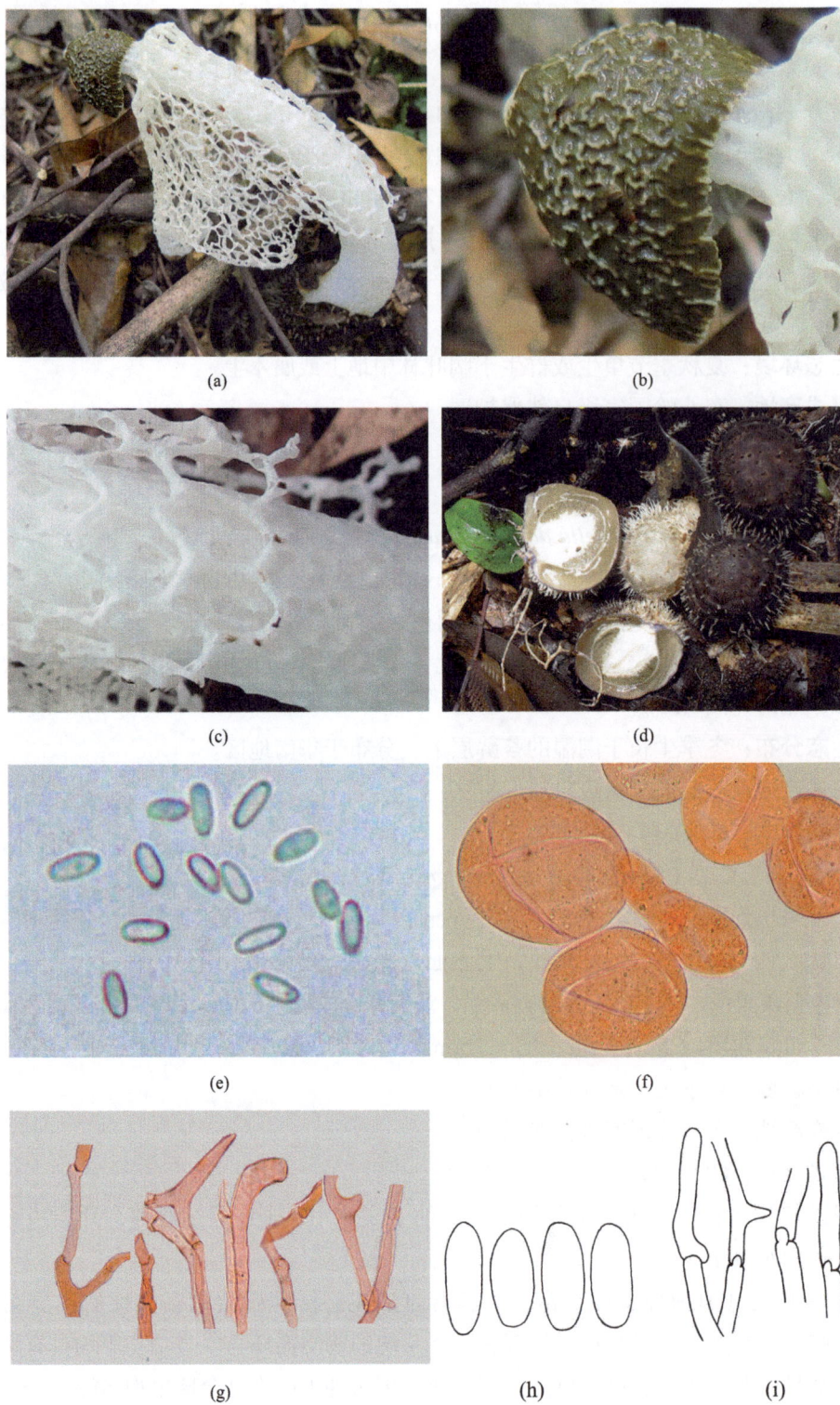

图 7.22　暗棘托竹荪

（a）～（d）暗棘托竹荪担子果；（e）担孢子；（f）菌裙球状细胞；（g）菌托菌丝；（h）担孢子；（i）菌托菌丝

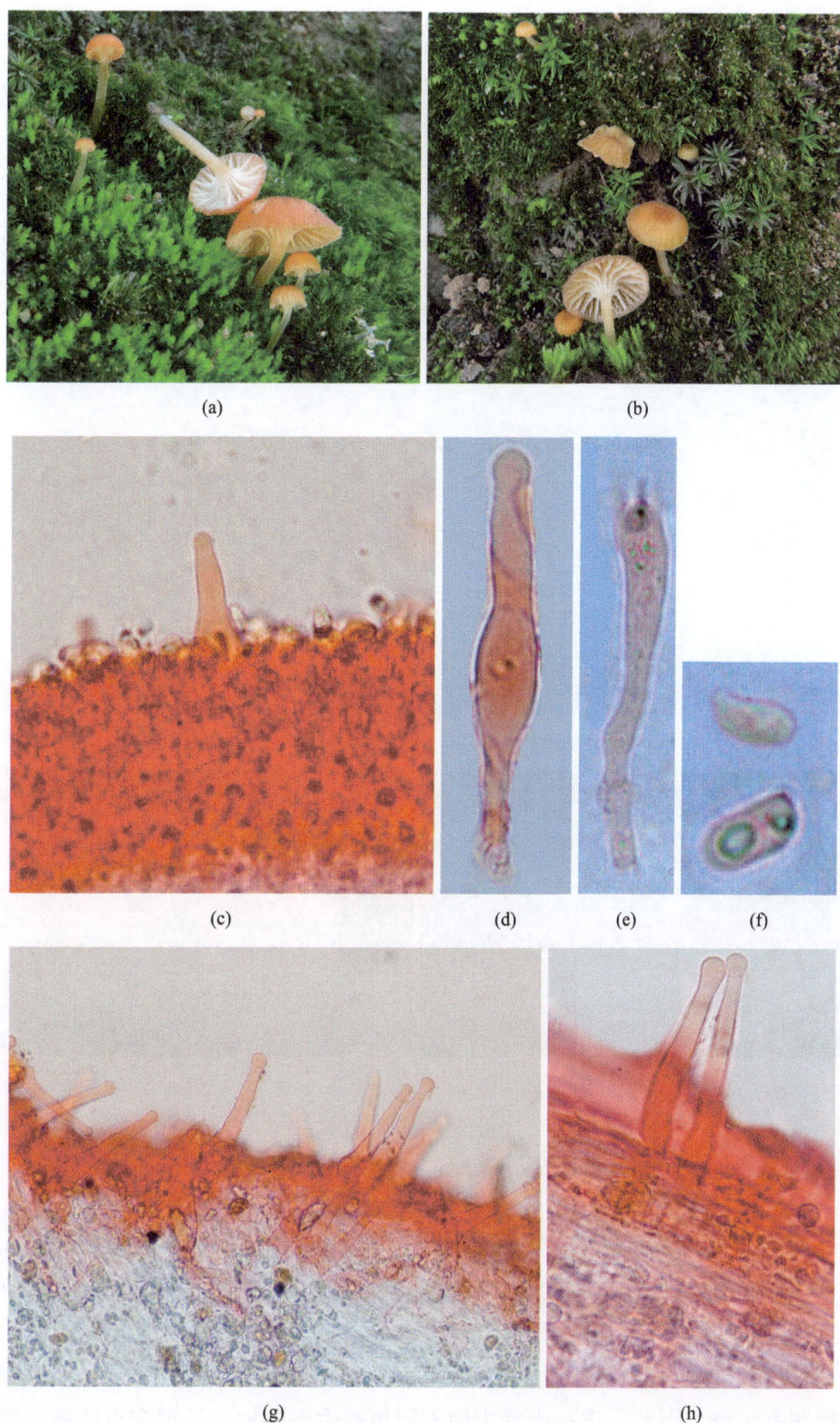

图7.23　丹霞瘦脐菇

（a）和（b）丹霞瘦脐菇担子果；（c）和（d）侧生囊状体；（e）担子；（f）担孢子；（g）盖生囊状体；（h）柄生囊状体

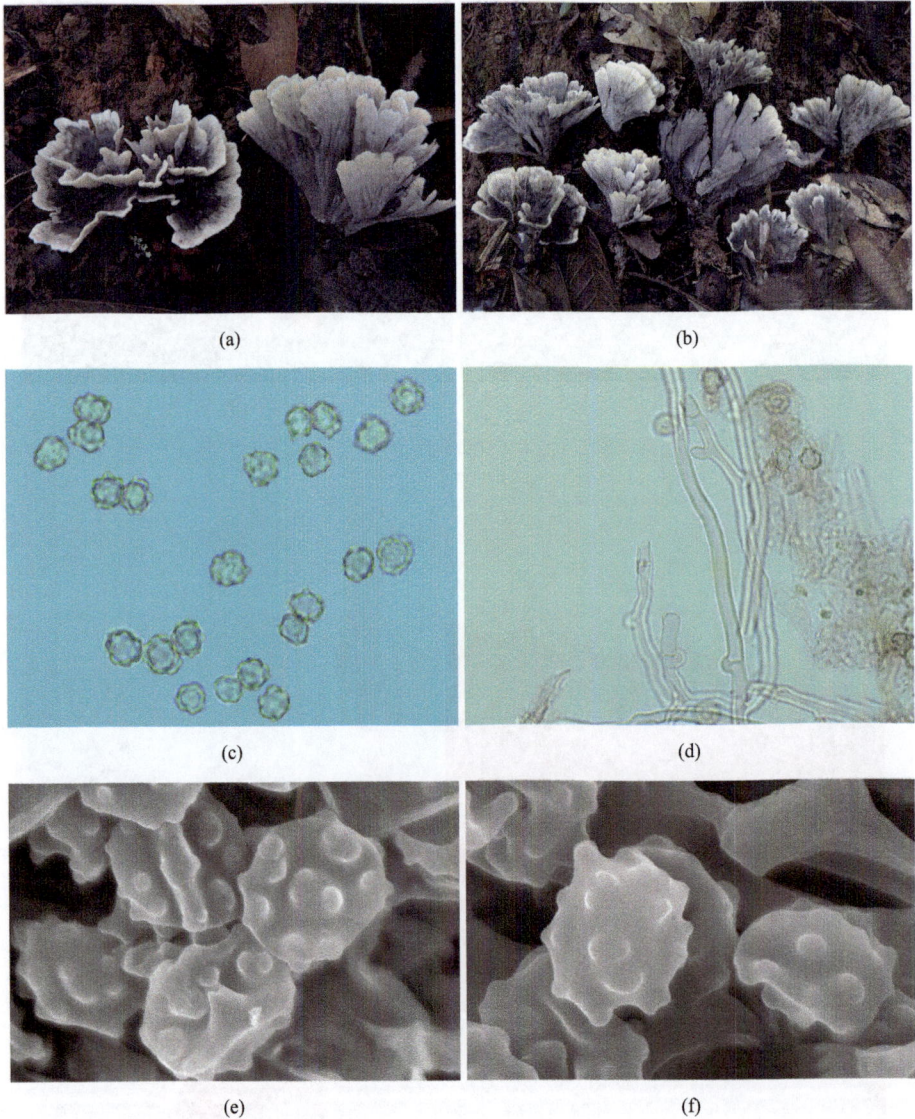

图7.24 华南干巴菌

（a）和（b）华南干巴菌担子果；（c）担孢子；（d）菌丝和锁状联合；（e）和（f）扫描电镜下的担孢子

的关系，而与欧美、非洲等成分区别较大（Mueller et al.，2001；Petersen and Hughes，2003）。南岭大型真菌可开发利用的物种资源丰富，新的物种随着研究的深入仍在增加，它们的可持续利用具有广泛的研究价值。大型真菌是一类生物学特性不同于动物和植物的生物，其生长周期一般较短。过去大型真菌的研究多以野外调查为主，但缺少定点长期的观察调查研究。因此，选择南岭山地不同植被生态样地，长期定点监测大型真菌群落结构与环境的变化，分析其变化规律；基于南岭山地的独特和不可替代性，探讨其南亚热带与中亚热带过渡类型的大型真菌多样性形成、演化和物种共存机制及其与动植物协同进化关系；针对南岭许多特有和未知的生物战略资源的调查与可持续开发利用的研究，可作为整个南岭生态屏障保护和利用研究的重要组成部分，不仅具有重要的科学意义，而且对未来国家生物产业的发展服务、南岭地区民众生活水平的提升和省际区域合作模式内容的拓展都将具有重要的现实意义。

参 考 文 献

毕志树，李泰辉，郑国扬. 1986. 广东小菇属的分类研究. 真菌学报，6（1）：8-14.

毕志树，李泰辉，郑国扬，等. 1985. 伞菌目的四个新种. 真菌学报，4（3）：155-161.

毕志树，郑国扬，李泰辉. 1990. 粤北山区大型真菌志. 广州：广东科技出版社.

毕志树，郑国扬，李泰辉. 1994. 广东大型真菌志. 广州：广东科技出版社.

毕志树，郑国扬. 1988. 粤北伞菌的两个新种. 植物研究，8（1）：97-102.

边禄森，戴玉成. 2015. 东喜马拉雅地区多孔菌区系和生态习性. 生态学报，35（5）：1554-1563.

蔡爱群，方白玉，宋斌，等. 2008. 广东南岭国家级自然保护区抗肿瘤的大型真菌. 吉林农业大学学报，30（1）：14-18.

陈作红，杨祝良，图力古尔，等. 2016. 毒蘑菇识别与中毒防治. 北京：科学出版社.

戴玉成，庄剑云. 2010. 中国菌物已知种类. 菌物学报，29（5）：625-628.

邓叔群. 1963. 中国的真菌. 北京：科学出版社.

郭良栋，田春杰. 2013. 菌根真菌的碳氮循环功能研究进展. 微生物学通报，40（1）：158-171.

李泰辉，宋相金，宋斌，等. 2017. 车八岭大型真菌图志. 广州：广东科技出版社.

李泰辉，章卫民，宋斌，等. 1996. 南岭自然保护区真菌资源调查名录之一. 生态科学，15（1）：57-62.

李泰辉，章卫民，宋斌，等. 1997. 南岭自然保护区真菌资源调查名录之三. 生态科学，16（2）：69-75.

李香真，郭良栋，李家宝，等. 2016. 中国土壤微生物多样性监测的现状和思考. 生物多样性，24（11）：1240-1248.

李玉，李泰辉，杨祝良，等. 2015. 中国大型菌物资源图鉴. 郑州：中原农民出版社.

刘吉开. 2004. 高等真菌化学. 北京：中国科学技术出版社.

柳春林，左伟英，赵增阳，等. 2012. 鼎湖山不同演替阶段森林土壤细菌多样性. 微生物学报，52（12）：1489-1496.

宋斌，邓旺秋，张明，等. 2018. 南岭大型真菌多样性. 热带地理，38（3）：312-320.

宋斌，李泰辉，章卫民，等. 2001. 广东南岭大型真菌区系地理成分特征初步分析. 生态科学，20（4）：37-41.

图力古尔，包海鹰，李玉. 2014. 中国毒蘑菇名录. 菌物学报，33（3）：32.

图力古尔，李玉. 2000. 大青沟自然保护区大型真菌区系多样性的研究. 生物多样性，8（1）：73-80.

王芳，图力古尔. 2014. 土壤真菌多样性研究进展. 菌物研究，12（3）：178-186.

温美丽，杨龙，王钧，等. 2018. 南岭森林的土壤保持功能. 林业与环境科学，34（2）：123-130.

徐卫，杨婷，李泽华，等. 2022. 广东南岭植物群落物种多样性沿海拔梯度分布格局. 林业与环境科学，38（1）：9-17.

严东辉，姚一建. 2003. 菌物在森林生态系统中的功能和作用研究进展. 植物生态学报，27（2）：

143-150.

杨祝良，臧穆. 2003. 中国南部高等真菌的热带亲缘. 云南植物研究，25（2）：129-144.

姚一建，魏江春，庄文颖，等. 2020. 中国大型真菌红色名录评估研究进展. 生物多样性，28：4-10.

赵智颖，张鲜姣，谭志远，等. 2013. 药用植物根系土壤可培养粘细菌的分离鉴定. 微生物学报，53（7）：657-668.

周静，袁媛，郎楠，等. 2016. 中国大陆地区蘑菇中毒事件及危害分析. 中华急诊医学杂志，25（6）：724-728.

Bi Z S, Li T H, Zheng G Y. 1986. Taxonomic studies on *Mycena* from Guangdong Province of China. Acta Mycologica Sinica, 6(1): 8-14.

Bi Z S, Li T H. 1988. Two new species of agarics from North Guangdong Province of China. Bulletin of Botanical Research Harbin, 8(1):97-102.

Cai Y M, Gao Z H, Chen M H, et al. 2018. *Dyella halodurans* sp. nov., isolated from lower subtropical forest soil. International Journal of Systematic and Evolutionary Microbiology, 68 (10): 3237-3242.

Chaudhary D K, Lee S, Kim J, et al. 2017. *Pedobacter kyonggii* sp. nov., a psychrotolerant bacterium isolated from forest soil. International Journal of Systematic and Evolutionary Microbiology, 67 (12): 5120-5127.

Chen M H, Lv Y Y, Wang J, et al. 2016. *Dyella humi* sp. nov., isolated from forest soil. International Journal of Systematic and Evolutionary Microbiology, 66 (11): 4372-4376.

Chen M H, Xia F, Lv Y Y, et al. 2017. *Dyella acidisoli* sp. nov., *D. flagellata* sp. nov. and *D. nitratireducens* sp. nov., isolated from forest soil. International Journal of Systematic and Evolutionary Microbiology, 67 (3): 736-743.

de Boer W, Leveau J H, Kowalchuk G A, et al. 2004. *Collimonas fungivorans* gen. nov., sp. nov., a chitinolytic soil bacterium with the ability to grow on living fungal hyphae. International Journal of Systematic and Evolutionary Microbiology, 54 (3): 857-864.

Deng C Y, Li T H, Li T, et al. 2012. New species and new records in Marasmius sect. Sicci from China. Cryptogamie Mycologie, 33(4):439-451.

Deng C Y, Li T H. 2011. Marasmius galbinus, a new species from China. Mycotaxon, 115:495-500.

Deng C Y, Wen T C, Huang H, et al. 2017. Marasmius pusilliformis, a new species from South China. Sydowia, 69:97-103.

Du X H, Zhao Q, O'Donnell K, et al. 2012. Multigene molecular phylogenetics reveals true morels (*Morchella*) are especially species rich in China. Fungal Genetics and Biology, 49: 455-469.

Fu J C, Gao Z H, Wu T T, et al. 2019a. *Dyella amyloliquefaciens* sp. nov., isolated from forest soil. International Journal of Systematic and Evolutionary Microbiology, 69 (11): 3560-3566.

Fu J C, Lv Y Y, You J, et al. 2019b. *Paraburkholderia dinghuensis* sp. nov., isolated from soil. International Journal of Systematic and Evolutionary Microbiology, 69 (6): 1613-1620.

Gao Z H, Ruan S L, Huang Y X, et al. 2019a. *Paraburkholderia phosphatilytica* sp. nov., a phosphate-solubilizing bacterium isolated from forest soil. International Journal of Systematic and Evolutionary Microbiology, 69 (1): 196-202.

Gao Z H, Yang Z, Chen M H, et al. 2019b. *Dyella solisilvae* sp. nov., isolated from mixed pine and broad-leaved forest soil. International Journal of Systematic and Evolutionary Microbiology, 69 (4): 937-943.

Gao Z H, Zhong S F, Lu Z E, et al. 2018. *Paraburkholderia caseinilytica* sp. nov., isolated from the pine and broad-leaf mixed forest soil. International Journal of Systematic and Evolutionary Microbiology, 68 (6): 1963-1968.

Giandomenico A R, Cerniglia G E, Biaglow J E, et al. 1997. The importance of sodium pyruvate in assessing damage produced by hydrogen peroxide. Free Radical Biology and Medicine, 23 (3): 426-434.

He X L, Li T H, Jiang Z D, et al. 2012. Four new species of *Entoloma* s.l. (Agaricales) from southern China. Mycological Progress, (11): 915-925.

Höppener-Ogawa S, de Boer W, Leveau J H, et al. 2008. *Collimonas arenae* sp. nov. and *Collimonas pratensis* sp. nov., isolated from (semi-) natural grassland soils. International Journal of Systematic and Evolutionary Microbiology, 58 (2): 414-419.

Huang Z, Dai W J, Zhou Z J, et al. 2016. *Paenibacillus terreus* sp. nov., isolated from forest soil. International Journal of Systematic and Evolutionary Microbiology, 66 (1): 243-247.

Johansen A, Finlay R D, Olsson P A. 1996. Nitrogen metabolism of external hyphae of the arbuscular mycorrhizal fungus *Glomus intraradices*. New Phytologist, 133 (4): 705-712.

Kertesz M A, Kawasaki A. 2010. Hydrocarbon-degrading sphingomonads: *Sphingomonas*, *Sphingobium*, *Novosphingobium*, and *Sphingopyxis*//Timmis K N. Handbook of Hydrocarbon and Lipid Microbiology. Berlin, Heidelberg: Springer: 1693-1705.

Khara P, Roy M, Chakraborty J, et al. 2014. Functional characterization of diverse ring-hydroxylating oxygenases and induction of complex aromatic catabolic gene clusters in *Sphingobium* sp. PNB. FEBS Open Bio, 4: 290-300.

Kim M, Oh H S, Park S C, et al. 2014. Towards a taxonomic coherence between average nucleotide identity and 16S rRNA gene sequence similarity for species demarcation of prokaryotes. International Journal of Systematic and Evolutionary Microbiology, 64 (2): 346-351.

Kimura M. 1980. A simple method for estimating evolutionary rates of base substitutions through comparative studies of nucleotide sequences. Journal of Molecular Evolution, 16 (2): 111-120.

Kirk P M, Cannon P F, Minter D W, et al. 2008. Dictionary of the Fungi, 10th edn. Wallingford: CAB International.

Kong D L, Zhang Q, Jiang X, et al. 2020. *Paenibacillus solisilvae* sp. nov., isolated from birch forest soil. International Journal of Systematic and Evolutionary Microbiology, 70 (4): 2690-2695.

Kumar S, Stecher G, Li M, et al. 2018. MEGA X: Molecular evolutionary genetics analysis across computing platforms. Molecular Biology and Evolution, 35 (6): 1547-1549.

Lee J C, Whang K S. 2015. *Burkholderia humisilvae* sp. nov., *Burkholderia solisilvae* sp. nov. and *Burkholderia rhizosphaerae* sp. nov., isolated from forest soil and rhizosphere soil. International Journal of Systematic and Evolutionary Microbiology, 65 (9): 2986-2992.

Lee S D. 2018. *Collimonas antrihumi* sp. nov., isolated from a natural cave and emended description of the genus *Collimonas*. International Journal of Systematic and Evolutionary Microbiology, 68 (8): 2448-2453.

Li T, Li T H, Song B, et al. 2020. *Thelephora austrosinensis* (Thelephoraceae), a new species close to *T. ganbajun* from southern China. Phytotaxa, 471 (3): 208-220.

Liu J J, Cui X, Liu Z X, et al. 2019. The diversity and geographic distribution of cultivable *Bacillus*-like bacteria across black soils of northeast China. Frontiers in Microbiology, 10: 1424.

Lladó S, López-Mondéjar R, Baldrian P. 2017. Forest soil bacteria: Diversity, involvement in ecosystem processes, and response to global change. Microbiology and Molecular Biology Reviews, 81 (2): e00063-16.

Lv Y Y, Chen M H, Xia F, et al. 2016. *Paraburkholderia pallidirosea* sp. nov., isolated from a monsoon evergreen broad-leaved forest soil. International Journal of Systematic and Evolutionary Microbiology, 66 (11): 4537-4542.

Mueller G M, Schmit J P, Leacock P R, et al.2007. Global diversity and distribution of macrofungi. Biodiversity and Conservation, 16 (1): 37-48.

Mueller G M, Wu Q X, Huang Y Q, et al.2001.Assessing biogeographic relationships between North American and Chinese macrofungi. Journal of Biogeography, (28): 271-281.

Nagata Y, Kato H, Ohtsubo Y, et al. 2019a. Lessons from the genomes of lindane-degrading sphingomonads. Environmental Microbiology Reports, 11 (5): 630-644.

Nagata Y, Kato H, Ohtsubo Y, et al. 2019b. Mobile genetic elements involved in the evolution of bacteria that degrade recalcitrant xenobiotic compounds//Nishida H, Oshima T. DNA Traffic in the Environment. Singapore: Springer Singapore: 215-244.

Núñez M, Ryvarden L. 2000. East Asian polypores. Oslo, Norway: Synopsis Fungorum, 14 (2): 170-522.

Ou F H, Gao Z H, Chen M H, et al. 2019. *Dyella dinghuensis* sp. nov. and *Dyella choica* sp. nov., isolated from forest soil. International Journal of Systematic and Evolutionary Microbiology, 69 (5): 1496-1503.

Pan T, He H R, Wang X C, et al. 2017. *Bacillus solisilvae* sp. nov., isolated from forest soil. International Journal of Systematic and Evolutionary Microbiology, 67 (11): 4449-4455.

Petersen R H, Hughes K W. 2003. Phylogenetic examples of Asian biodiversity in mushrooms and their relatives. Fungal Diversity, 13: 95-109.

Saitou N, Nei M. 1987. The neighbor-joining method: A new method for reconstructing phylogenetic trees. Molecular Biology and Evolution, 4 (4): 406-425.

Saxena A K, Kumar M, Chakdar H, et al. 2020. *Bacillus* species in soil as a natural resource for plant health and nutrition. Journal of Applied Microbiology, 128 (6): 1583-1594.

Schloter M, Nannipieri P, Sorensen S J, et al. 2018. Microbial indicators for soil quality. Biology and Fertility of Soils, 54: 1-10.

Senn I B, Heilmann C J, Genney D, et al. 2007. Guidance for conservation of macrofungi in Europe. European Council for Conservation of Fungi, 1-39.

Shen Y H, Deng W Q, Li T H, et al. 2013. A small cyathiform new species of Clitopilus from Guangdong, China. Mycosystema, 32(5):781-784.

Singer R. 1986. Agaricales in Modern Taxonomy, 4th ed. Knigstein: Koeltz Scientific Books.

Song B, Li T, Li T H, et al. 2018. *Phallus fuscoechinovolvatus* (Phallaceae, Basidiomycota), a new species with a dark spinose volva from southern China. Phytotaxa, 334 (1): 19-27.

Song J, Liang J F, Mehrabi-Koushki M, et al. 2019. Fungal systematics and evolution: FUSE 5. Sydowia, DOI 10.12905/0380.sydowia71-2019-0141.

Takeuchi M, Hamana K, Hiraishi A. 2001. Proposal of the genus Sphingomonas sensu stricto and three new genera, Sphingobium, Novosphingobium and Sphingopyxis, on the basis of phylogenetic and chemotaxonomic analyses. International Journal of Systematic and Evolutionary Microbiology, 51(4): 1405-1417.

Tang L, Chen M H, Nie X C, et al. 2017. *Dyella lipolytica* sp. nov., a lipolytic bacterium isolated from lower subtropical forest soil. International Journal of Systematic and Evolutionary Microbiology, 67 (5): 1235-1240.

Tedersoo L, Bahram B, Põlme S, et al. 2014. Global diversity and geography of soil fungi. Science, 346 (6213): 1256688.

Uroz S, Oger P. 2017. *Caballeronia mineralivorans* sp. nov., isolated from oak-Scleroderma citrinum mycorrhizosphere. Systematic and Applied Microbiology, 40 (6): 345-351.

Wang C Q, Li T H, Song B. 2013. Hygrocybe griseobrunnea, a new brown species from China. Mycotaxon,125:243-249.

Wang C Q, Zhang M, Li T H. 2018. *Neohygrocybe griseonigra* (Hygrophoraceae, Agaricales), a new species from subtropical China. Phytotaxa, 350 (1): 064-070.

Wang C Q, Zhang M, Li T H. 2020. Three new species from Guangdong Province of China, and a molecular assessment of *Hygrocybe* subsection *Hygrocybe*. MycoKeys, 75: 145-161.

Weisburg W G, Barns S M, Pelletier D A, et al. 1991. 16S ribosomal DNA amplification for phylogenetic study. Journal of Bacteriology, 173 (2): 697-703.

Xia F, Chen M H, Lv Y Y, et al. 2017. *Dyella caseinilytica* sp. nov., *Dyella flava* sp. nov. and *Dyella mobilis* sp. nov., isolated from forest soil. International Journal of Systematic and Evolutionary Microbiology, 67 (9): 3237-3245.

Xia Y W, Li T H, Deng W Q, et al. 2015. A new *Crinipellis* species with floccose squamules from China. Mycoscience, 56: 476-480.

Xia Z W, Bai E, Wang Q K, et al. 2016. Biogeographic distribution patterns of bacteria in typical Chinese forest soils. Frontiers in Microbiology, 7: 1106.

Xiao S Y, Gao Z H, Lin Q H, et al. 2019a. *Paraburkholderia pallida* sp. nov. and *Paraburkholderia silviterrae* sp. nov., isolated from forest soil. International Journal of Systematic and Evolutionary Microbiology, 69 (12): 3777-3785.

Xiao S Y, Gao Z H, Yang Z, et al. 2019b. *Paraburkholderia telluris* sp. nov., isolated from subtropical forest soil. International Journal of Systematic and Evolutionary Microbiology, 69 (5): 1274-1280.

Yang D J, Hong J K. 2017. *Pedobacter solisilvae* sp. nov., isolated from forest soil. International Journal of Systematic and Evolutionary Microbiology, 67 (11): 4814-4819.

Yoon S H, Ha S M, Kwon S, et al. 2017. Introducing EzBioCloud: A taxonomically united database of 16S rRNA gene sequences and whole-genome assemblies. International Journal of Systematic and Evolutionary Microbiology, 67 (5): 1613-1617.

Zeng N K, Yang Z L.2011.Notes on two species of *Boletellus* (Boletaceae, Boletales) from China. Mycotaxon, 115: 413-423.

Zhang M, Li T H, Chen F. 2018a. *Rickenella danxiashanensis*, a new bryophilous agaric from China. Phytotaxa, 350 (3): 283-290.

Zhang M, Li T H, Song B. 2014. A new slender species of *Aureoboletus* from southern China. Mycotaxon, 128: 195-202.

Zhang M, Li T H, Song B. 2017. Two new species of *Chalciporus* (Boletaceae) from southern China revealed by morphological characters and molecular data. Phytotaxa, 327 (1): 047-056.

Zhang M, Li T H, Song B. 2018b. *Heliocybe villosa* sp. nov., a new member to the genus Heliocybe (Gloeophyllales) . Phytotaxa, 349 (2): 173-178.

Zhang M, Li T H, Wang C Q, et al. 2015a. *Aureoboletus formosus*, a new bolete species from Hunan Province of China. Mycological Progress, 14 (12): 118-124.

Zhang M, Li T H, Wang C Q, et al. 2019a. Phylogenetic overview of *Aureoboletus* (Boletaceae, Boletales), with descriptions of six new species from China. Mycokeys, 61: 111-145.

Zhang M, Li T H, Xu J, et al. 2015b. A new violet brown *Aureoboletus* (Boletaceae) from Guangdong of China. Mycoscience, 56: 481-485.

Zhang M, Wang C Q, Buyck B, et al. 2021. Multigene phylogeny and morphology reveal unexpectedly high number of new species of *Cantharellus* Subgenus *Parvocantharellus* (Hydnaceae, Cantharellales) in China. Journal of Fungi, 7 (11): 919.

Zhang M, Wang C Q, Gan M S, et al. 2022. Diversity of *Cantharellus* (Cantharellales, Basidiomycota) in China with description of some new species and new records. Journal of Fungi, 8 (5): 483.

Zhang M, Wang C Q, Li T H. 2019b. Two new agaricoid species of the family Clavariaceae (Agaricales, Basidiomycota) from China, representing two newly recorded genera to the country. MycoKeys, 57: 85-100.

Zhang M, Xie D C, Wang, C Q, et al. 2022. New insights into the genus Gyroporus (Gyroporaceae, Boletales), with establishment of four new sections and description of five new species from China. Mycology, 13(3):223-242.

Zhang W M，Li T H. 2002. A new subgenus and a new species of Entoloma. Mycosystema, 21(2):153-155.

Zheng G Y, Bi Z S. 1987a. One new species of the genus Rigidoporopsis from the north Guangdong Province. Acta Mycologica Sinica, 6:147-149.

Zheng G Y, Bi Z S. 1987b. Three new species of Polyporaceae from the North Guangdong of China. Bulletin of Botanical Research Harbin, 7(4):73-79.

Zhong X R, Li T H, Jiang Z D, et al. 2018. A new yellow species of *Craterellus* (Cantharellales, Hydnaceae) from China. Phytotaxa, 360 (1): 35-44.

Zhou X Y, Gao Z H, Chen M H, et al. 2019. *Dyella monticola* sp. nov. and *Dyella psychrodurans* sp. nov., isolated from monsoon evergreen broad-leaved forest soil of Dinghu Mountain, China. International Journal of Systematic and Evolutionary Microbiology, 69 (4): 1016-1023.

第8章 气候变化与生态系统响应

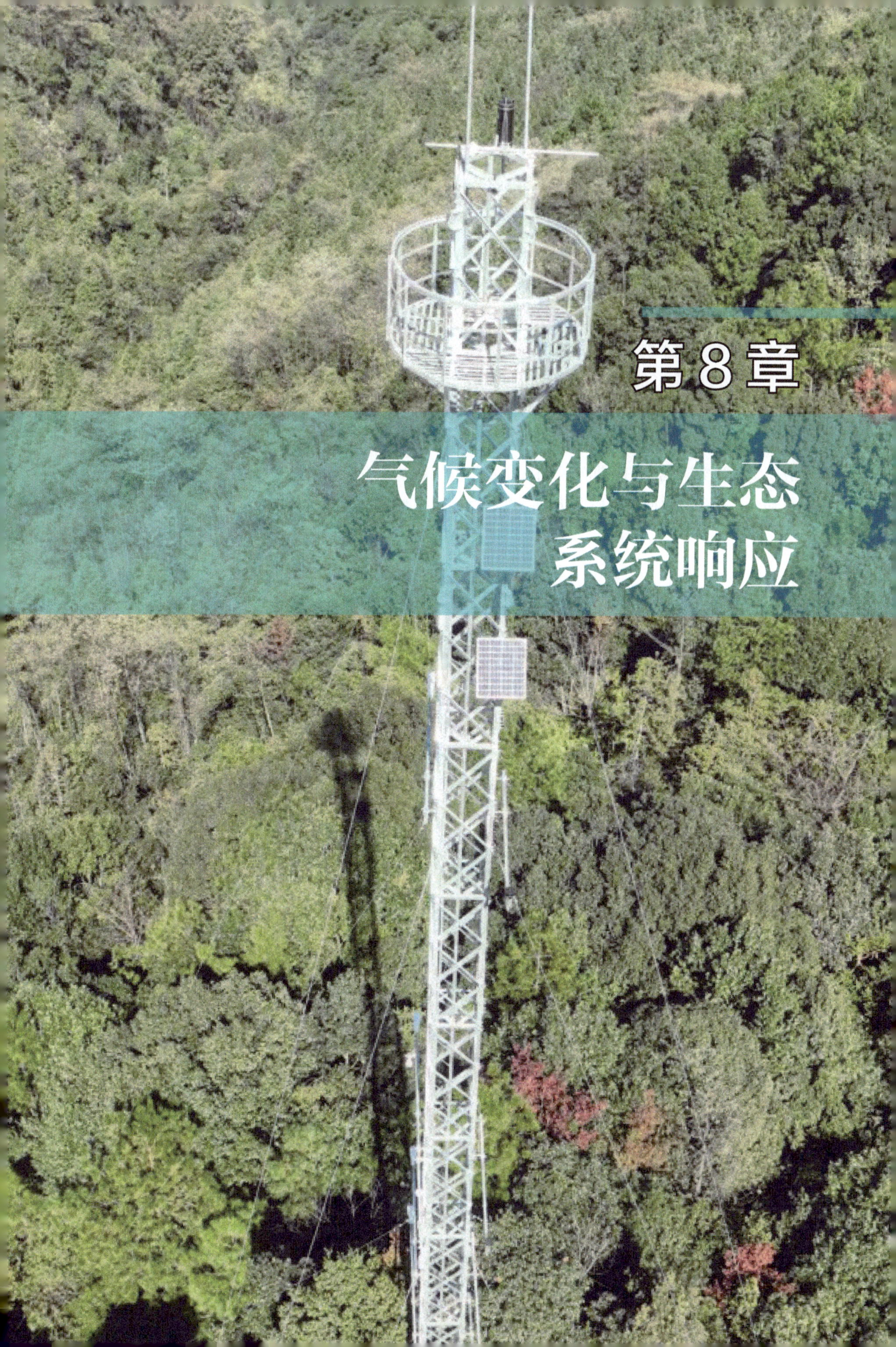

影响生态系统的外界因素包括气候、土壤、水分、营养、病虫害等，其中，气候是决定生物分布、生长和繁殖的根本因素，因为温度、降水等气候条件不仅直接参与土壤中物理、化学过程，而且通过影响岩石风化过程以及植被类型等间接影响土壤的形成和发育。气候决定降水的多少、时空分布。气候影响植物对养分吸收、运输和利用的快慢。气候决定着生物病虫害的发生与否和流行程度。气候变化不仅影响生物生境和物候，而且影响生态系统中种群分布及群落结构。南岭位于中亚热带湿润性气候区，在全球变化背景下，南岭的气候也发生了明显变化，并对南岭生态系统产生了显著影响。本章主要介绍南岭气候特征、粤北1991~2020年气候平均值的变化及其影响分析、基于立体气候观测的粤北山区热量资源特征、粤北植被NPP时空分布特征及其对降水和气温的响应、华南五针松的径向生长对气候变化的响应、粤北地区木本植物春季物候特征及其对气温的响应、华南五针松形成层物候研究、第四纪冰期旋回对南岭鸟类分布影响研究、南岭孑遗植物在第四纪冰期的分布和未来迁移趋势研究，以期为南岭减缓和适应气候变化、生态环境保护提供科学依据。

8.1　南岭气候特征

南岭位于北回归线以北，属南亚热带和北亚热带过渡带并以中亚热带为主的湿润性气候。其总体气候特征表现为气候温暖，雨量充沛，季风气候特征显著，山地气候特征明显。

8.1.1　气候温暖，夏长冬短

南岭年平均气温18~21℃，1月平均气温5~10℃，极端最低气温−6.0~−2.0℃，北部局部可达−7.0℃，7月平均气温23~29℃，日平均气温≥10℃的活动积温5300~6800℃，无霜期260~325天，按气候季节划分标准（中国气象局，2012），南岭只有不足1个月的短暂冬季，而夏季长达5个月以上（李曹明等，2020）。

8.1.2　雨量充沛，两个汛期

南岭年平均降水量1400~2000mm，全年降水约70%集中在4~9月的汛期，其中4~6月为前汛期，降水多由冷暖空气作用和季风暴发所致；7~9月为后汛期，降水多由台风所致；10月至次年3月降水较少，常有干旱发生。平均降水日数达150天以上，暴雨日数达7天以上，其中广东连山1970年降水日数多达265天（郑国光，2018）。

8.1.3　季风气候特征显著

（1）冬夏季风更替明显。南岭冬季盛行东北季风，气流来源于高纬度地区，寒冷干燥，容易出现灾害性天气，即寒潮。夏季盛行西南和东南季风，气流主要来源于低纬度海洋，温暖湿润。

（2）雨热同期。南岭降雨和高温季节同步性高，即气温高的季节也是全年降雨比较多和集中的季节，如韶关4～9月平均气温26℃，而降水占全年总量的近70%。

8.1.4 山地气候特征明显

（1）气温随海拔增加而降低。观测表明，在南岭山地，气温随海拔增加而降低，而且南坡平均气温递减率大于北坡，夏季平均气温递减率最大、冬季最小。南岭南、北坡年平均气温垂直递减率分别为0.41℃/100m和0.32℃/100m，南坡春、夏、秋、冬季平均气温递减率分别为0.40℃/100m、0.55℃/100m、0.27℃/100m、0.24℃/100m，北坡春、夏、秋、冬各季平均气温递减率分别为0.32℃/100m、0.40℃/100m、0.23℃/100m、0.19℃/100m（刘尉等，2013）。

（2）降水量随海拔增加而增加。观测表明，由于南岭山地对盛行气流的阻滞和抬升作用，在一定高度上，降水量随海拔增加而增加，低层递增率大，高层递增率小。800～1000m及1000m以上的山地多数是连续递增、少数出现递减，出现降水最大高度。随海拔增加，暴雨和暴雨日数也表现出增加的趋势（杨桂萍和涂悦贤，1996）。

（3）南岭南北气候差异较大。冬季来自北方的冷空气在岭北受到阻滞，导致南岭山地南、北最冷月平均气温相差达2℃以上，夏季来自海洋的暖湿气流受到南岭山地南坡的阻挡和抬升作用而成云致雨，导致南岭山地南侧降水比北侧稍多。例如，瑶山（属于南岭）以北的坪石，1月均温为7.5℃，而山南乐昌为9.5℃；萌渚岭以北江华1月均温为7.3℃，而岭南连州高达9.5℃。年均降水量山北坪石为1460mm，山南乐昌为1522mm。

8.2 粤北1991～2020年气候平均值的变化及其影响分析

气候平均值是指某一历史时段内某一要素的多年平均值，代表了某时段内的气候平均态，气候平均值的改变意味着气候态的改变（晏红明等，2022）。世界气象组织（WMO）规定，气象要素的气候平均值是其最近三个整年代的平均值或统计值，需每隔10年更新一次。全球变暖是近几十年来气候变化的最主要特征，IPCC第六次评估报告指出，2011～2020年全球地表温度比1850～1900年（工业化前）高1.09℃（IPCC，2021），但不同区域对全球气候变化的响应是不同的（符淙斌等，2003）。基于粤北地区（韶关、清远、河源、梅州四个地级市）27个地面气象观测站观测资料，对粤北的新、旧气候平均值进行对比分析，并对其影响进行探讨，以期为粤北区域减缓和适应气候变化、生态环境保护提供科学依据。

8.2.1 气温平均值的变化

1. 年平均气温变化

计算结果表明，粤北1991～2020年的年平均气温比1981～2010年升高了0.2℃。从空间分布（图8.1）来看，粤北除曲江持平外，其余地区均呈现一致的升高趋势，上升幅度在0.1～0.4℃。其中，仁化、连南、连州、龙川、清远5个台站年平均气温上升幅度较小，仅上升了0.1℃，兴宁和丰顺2个台站上升了0.4℃，升幅并列第一，阳山、乳源、始兴、连平、和平、大埔6个台站上升了0.3℃，其余台站上升了0.2℃。可见，粤北东部的河源、梅州整体增温幅度较西部韶关、清远两地大。

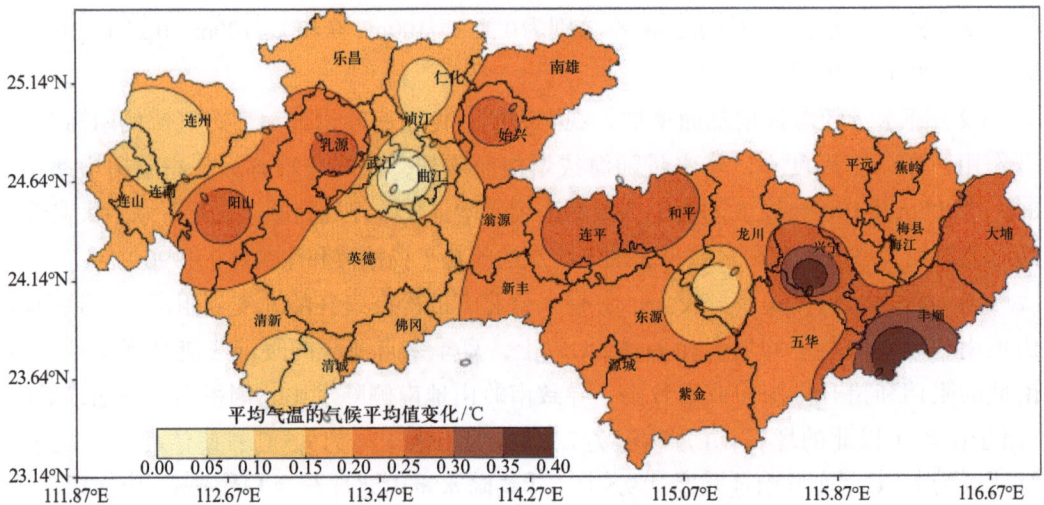

图8.1 粤北年平均气温的气候平均值变化

1991～2020年气候平均值减去1981～2010年气候平均值，下同

2. 季、月平均气温变化

粤北春（3～5月）、夏（6～8月）、秋（9～11月）、冬（12月至次年2月）四季平均气温变化均为上升趋势，其中春季、冬季上升了0.3℃，秋季上升了0.2℃，夏季上升了0.1℃。从空间分布来看，四季粤北绝大部分区域一致以升高为主，仅连南、曲江2个台站夏季分别下降了0.1℃、0.2℃，连州、平远、龙川3个台站夏季呈持平状态，曲江秋季下降了0.2℃。其中，春季阳山、丰顺两个台站上升了0.5℃，上升幅度并列第一，秋季始兴、连平、和平、大埔、五华、紫金6个台站上升幅度较明显，均上升了0.4℃。

从月平均气温变化来看，粤北除7月、8月、10月持平外，其余月份均呈现上升趋势（图8.2）。上升幅度排名较前的有2月、3月、11月，分别上升了0.5℃、0.4℃、0.4℃，1月上升幅度最小，为0.1℃，其余月份上升幅度介于0.2～0.3℃。

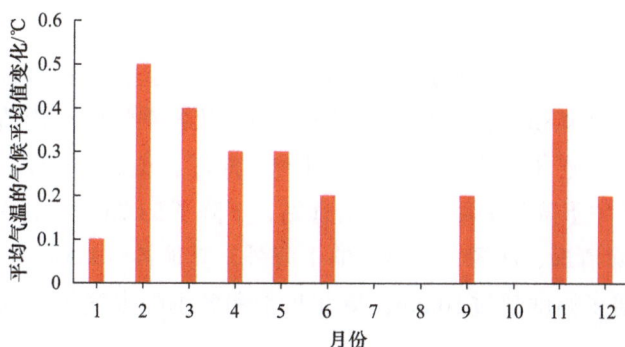

图8.2 粤北月平均气温的气候平均值变化

8.2.2 降水量平均值的变化

1. 年平均降水量变化

粤北1991~2020年的年平均降水量比1981~2010年增多了12.6mm。从空间分布（图8.3）来看，与年平均气温基本一致升高的变化不同，粤北年平均降水量的气候平均值变化空间差异较大，有15个台站为增多，增幅在3.7mm（始兴）~112.9mm（曲江）之间，增多最为明显的区域为韶关西北部、清远北部，其中连南、连州、阳山、乳源、曲江、英德增幅超过50mm，其余12个台站为减少，减少幅度在0.3mm（平远）~70.4mm（清远），减少最为明显的区域为清远城区、河源中南部、梅州西南部，其中清远、河源、紫金减少幅度超过50mm，这与段海花等（2022）2000~2019年河源、梅州湿润指数多为负距平的研究结论相吻合。

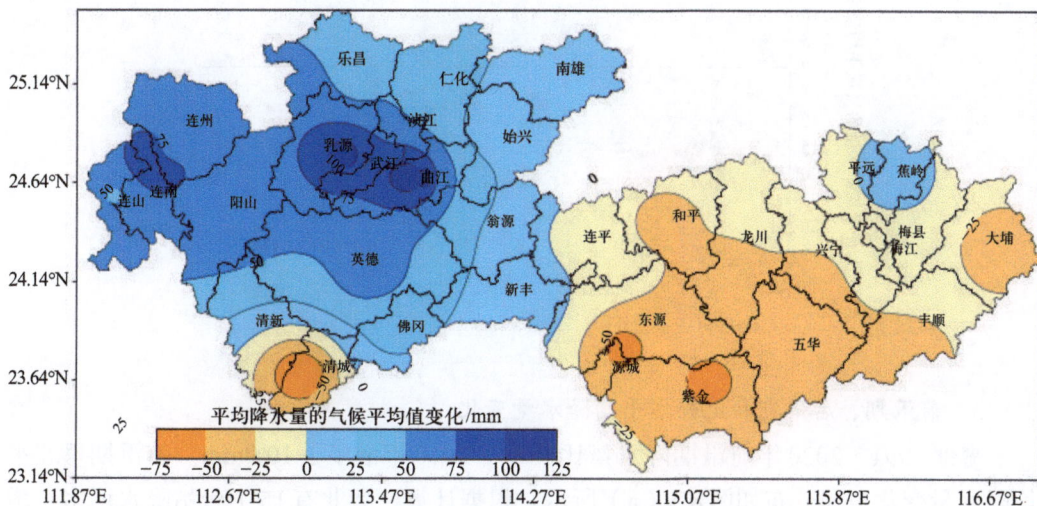

图8.3 粤北年平均降水量的气候平均值变化

2. 季、月平均降水量变化

粤北地区春季、夏季平均降水量变化最大，其中春季下降了10.8mm，夏季增多了24.1mm，秋季增多了4.8mm，冬季下降了5.5mm。从各季气候平均值变化的空间分布来看，春季除连南、连州、连山、阳山、乳源、曲江、英德7个台站增多外，其他各台站均为下降，其中下降最为明显的是清远站，下降了53.7mm，其次是丰顺站，下降了41.2mm；夏季除清远、河源、紫金站略下降外，其他各台站均为增多趋势，其中乳源、阳山、连南增多幅度超过50mm；粤北秋季和冬季降水气候态变化幅度相对较不明显。

月平均降水量的气候平均值变化呈现增多趋势的月份有1月、5月、6月、8月、10月、11月、12月，呈现下降趋势的月份有2月、3月、4月、7月、9月，变化较为明显的是2月、4月、6月、8月和12月，变动幅度均超过10mm，其中2月、4月分别下降了23.1mm、16.3mm，6月、8月和12月分别增多了19.0mm、12.8mm、10.8mm，其余月份变化幅度在2.6~8.2mm（图8.4）。变化幅度较大的2月和6月的降水量变化空间分布显示，2月粤北各台站的降水变化均呈现下降的特征，下降幅度在13.1（乐昌）~29.2（清远）mm，下降较为明显的区域主要位于清远中南部、韶关南部、河源中南部、梅江，如英德、翁源、新丰、龙川、梅县、清远、河源、五华、紫金9个台站减少幅度均超过25mm，2月气温呈升高的趋势，这与文献发现的广东1999~2019年2月为"暖干"的研究结论相吻合（胡蓓蓓和胡娅敏，2021）；6月，粤北除大埔站下降1.1mm外，其余各台站均呈现增多的特征，增多较为明显的站点主要位于韶关中西部、清远中东部，如乐昌、阳山、乳源、曲江、英德等7个台站增多幅度均超过35mm。

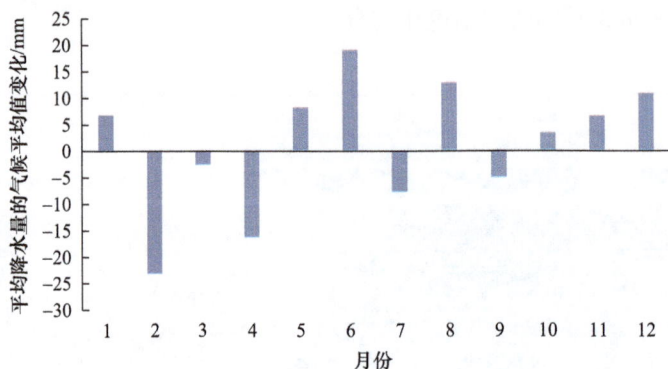

图8.4 粤北月平均降水量的气候平均值变化

3. 前汛期、后汛期和龙舟水平均降水量变化

粤北1991~2020年前汛期降水量比1981~2010年增多了10.9mm。前汛期粤北平均降水量变化空间分布如图8.5（a）所示。根据计算，粤北有15个台站降水增多，增多较为明显的主要位于韶关、清远中北部，如乐昌、仁化、连南、阳山、乳源、曲

江、英德7个台站增多幅度超过30mm，其中曲江增多最多，达80.7mm，其次是乳源，增多56.7mm；其余12个台站降水减少，减少较为明显的区域主要位于清远城区、河源、梅州中南部，其中清远城区减少最多，达46.9mm。后汛期降水量变化显示，后汛期粤北平均降水量呈持平状态，其中有12个台站降水减少，减少较为明显的区域主要位于河源，如和平、河源、紫金3个台站减少幅度超过20mm；其余17个台站降水增多，增多较为明显的区域主要位于韶关西南部、清远西北部，如乳源、连南2个台站增幅超过20mm［图8.5（b）］。

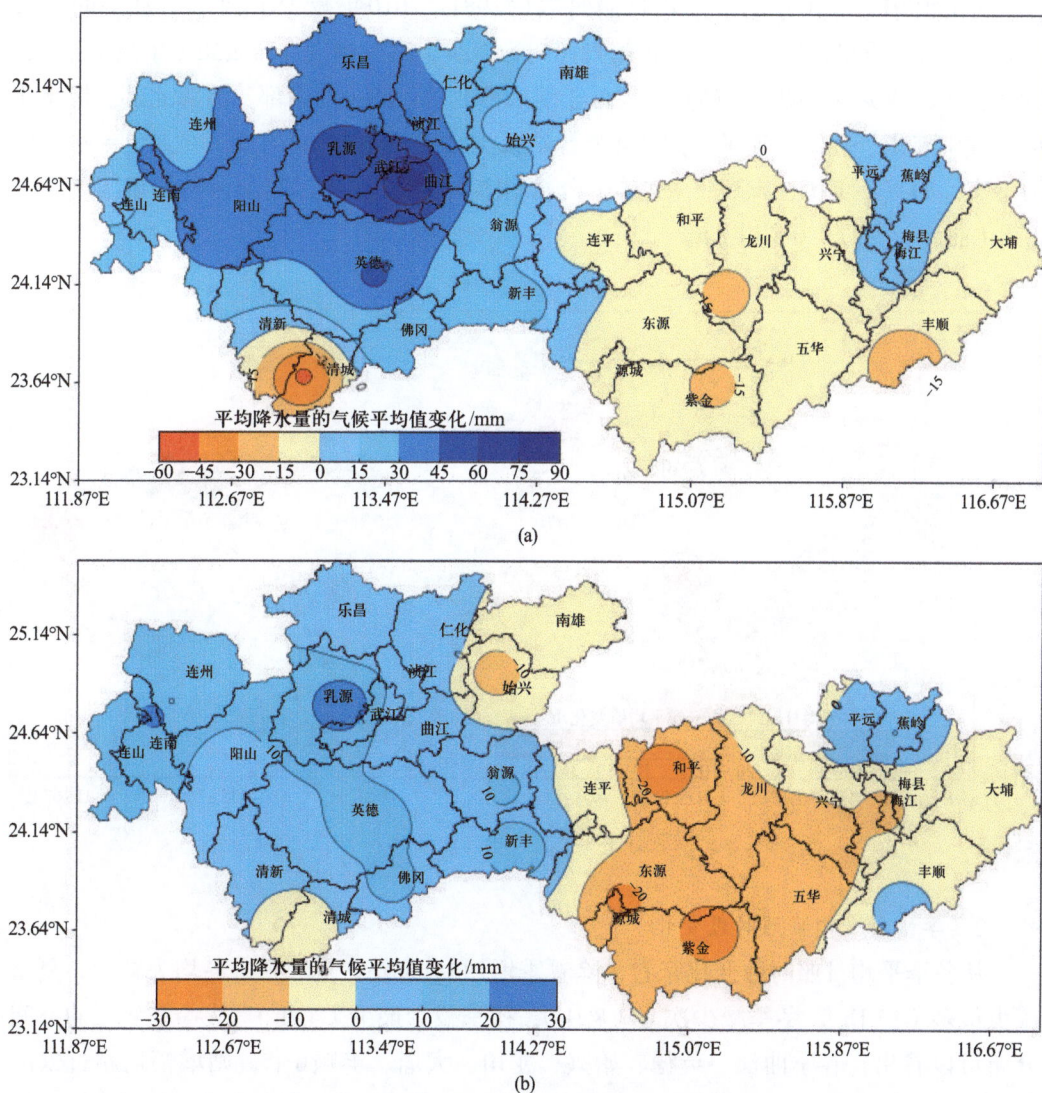

图8.5 粤北前汛期（a）、后汛期（b）平均降水量的气候平均值变化的空间分布

龙舟水期间新旧气候平均值相比，粤北平均降水量增多4.8mm。从空间分布来看，其中有18个台站降水增多，增多较明显的区域主要位于韶关中西部及南部、清远中东

部，与粤北暴雨中心区域基本吻合（陈芳丽等，2020），如乐昌、曲江、英德、新丰4个台站增幅均超过20mm，其余9个台站为减少，减少幅度介于1.6mm（大埔）～25.4（清远）mm。

8.2.3　日照时数平均值的变化

1.　年平均日照时数变化

粤北1991～2020年的年平均日照时数比1981～2010年减少了13.1h。从空间分布（图8.6）可以看出，粤北有19个台站日照时数减少，减少幅度介于2.5h（乐昌）～59.2（连山）h，减少较为明显的站点主要位于清远西北角、韶关西南部、河源北部、梅州北部，其中连山、乳源、连平、蕉岭4个台站减少幅度超过50；粤北其他8个台站变化为增多，始兴、英德、丰顺、大埔4个台站增多幅度超过30h，其余台站增多幅度介于2.3h（曲江）～27.4（龙川）h。

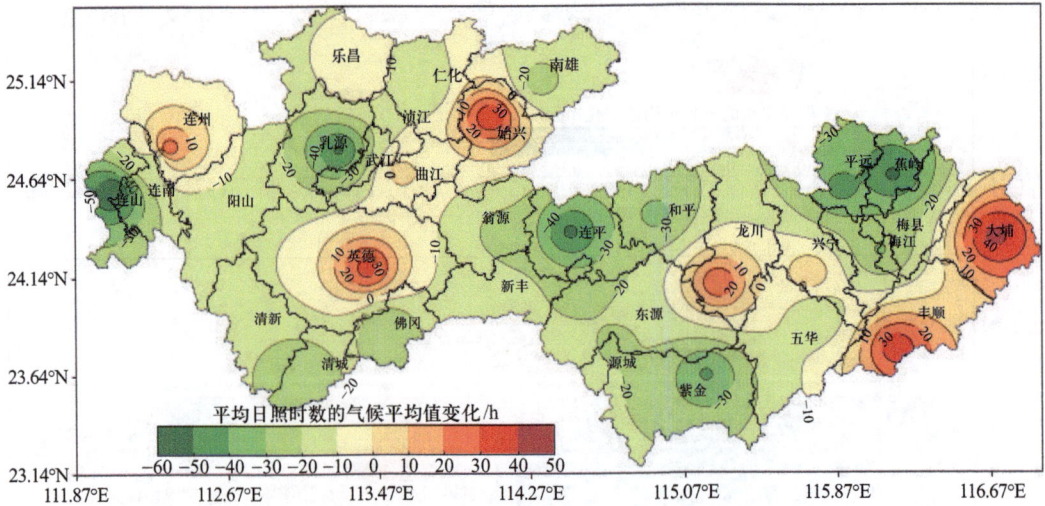

图8.6　粤北年平均日照时数的气候平均值变化的空间分布

2.　季、月平均日照时数变化

从各季平均日照时数变化来看，除春季增加14.5h外，夏、秋、冬均为减少，夏季减少最多（15.1h），冬季减少次之（8.1h），秋季减少最少（4.4h）。从各季变化的空间分布可以看出，春季曲江、英德、始兴、龙川、大埔、丰顺6个台站增幅均超过20h，其余台站增幅在0.1h（连平）～19.9（连州）h；夏季除英德、始兴、大埔、丰顺4个台站为增多外，其余台站均为减少，减少较为明显的区域主要位于清远西北角、韶关西南部、河源北部、梅州北部，如连山、乳源、连平、和平、平远、蕉岭减少幅度均超过25h，其余台站减少幅度在7.6h（连州）～23.3（紫金）h；秋季减少幅度在2.8h（新丰）～14.9（平远）h，冬季减少幅度在 2.4h（始兴、丰顺）～19.3（紫金）h。

逐月平均日照时数变化分析表明，1 月、7 月、8 月、11 月、12 月呈现减少趋势，分别减少了 4.0h、7.7h、7.5h、6.8h、13.2h，其余月份呈增多趋势，2 月、3 月、4 月增多较为明显，分别增多 9.1h、5.4h、8.6h，5 月、6 月、9 月、10 月增幅较小，仅分别增加 0.5h、0.2h、2.0h、0.4h（图 8.7）。分别以减少幅度最大的 12 月和增多幅度最大的 2 月来分析逐月平均日照时数变化的空间分布，结果表明，12 月粤北 27 个台站均呈现一致减少的趋势，减少幅度介于 7.9h（连州）～18.4（紫金）h，减少较为明显的区域为韶关西南部和北部、河源西北部和南部、梅州北部，如仁化、南雄、乳源、连平、和平、平远、蕉岭、紫金 8 个台站减少幅度均超过 15h；2 月粤北 27 个台站均呈现一致增多的趋势，增多幅度介于 5.2h（连山）～13.2（龙川）h，增多较为明显的区域主要位于韶关、清远局部、河源中部，如仁化、曲江、始兴、翁源、连州、英德、龙川、河源 8 个台站增多幅度均超过 10h。

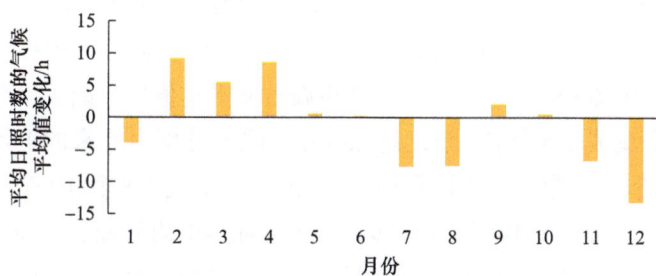

图 8.7 粤北月平均日照时数的气候平均值变化

8.2.4 气候平均值变化的影响分析

1. 对气候预测及评价的影响

长期以来，人们基于动力模式、遥相关关系、经验统计和非线性混沌理论等提出了许多短期和长期气候预测的方法和模型，常用的气候预测方法主要包括两种：动力方法和统计方法（王昱等，2021）。尽管气候预测正逐渐从过去以纯统计为主的方法趋向于更加依赖动力模式的方法，但统计和诊断分析方法仍然是预报员进行气候预测的重要辅助和参考。受冷暖空气作用和季风爆发影响，前汛期是华南区域降水量最大且相对集中的一个时期，对前汛期的降水量预测是每年气候服务的重点工作之一，2021 年韶关前汛期降水量为 732.9mm，较旧气候平均值偏多 1.8%，但与新气候平均值相比偏少 2.5%（图 8.8），预报员正是基于 2015～2020 年韶关前汛期降水出现相较旧气候平均值两年偏低、然后两年偏高的周期，结合综合动力模式判断 2021 年韶关前汛期降水为偏少两成，而实况表明，2021 年前汛期降水正常略偏多，可见气候平均值变化对气候预测有较大的影响。

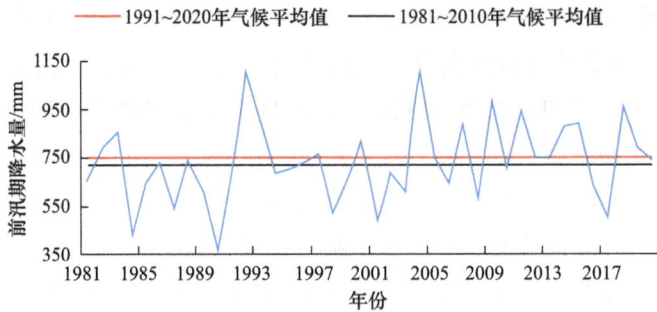

图8.8 1981~2021年韶关地区前汛期降水量逐年演变

冷冬、暖冬的统计对相关气候研究、气候评价、气候决策服务等有着重要影响（陈倩雯等，2016；林巧美等，2020；白素琴，2016）。1981~2021年粤北冬季气温距平的标准差为1，参照郝全成等（2018）对冷冬、暖冬定义的标准，定义≥1个标准差为暖冬、≤1个标准差为冷冬，根据此定义，分别使用1991~2020年气候平均值和1981~2010年气候平均值对韶关、清远、河源、梅州四个地级市1981~2021年的冷冬和暖冬进行了统计（图8.9），结果表明，使用新气候平均值后，韶关冷冬、暖冬分别由原来的19个和3个变成了8个和4个，河源冷冬、暖冬分别由原来的4个和13个变成了8个和4个，梅州冷冬、暖冬分别由原来的1个和22个变成了8个和5个，新气候平均值的启用使得河源、梅州冷冬年份明显增多，暖冬达标年份明显减少，而使得韶关冷冬年份明显减少，暖冬年份增多，因此，新气候平均值的启用，对冷冬、暖冬的统计特征会发生明显变化，且区域差异性较大。

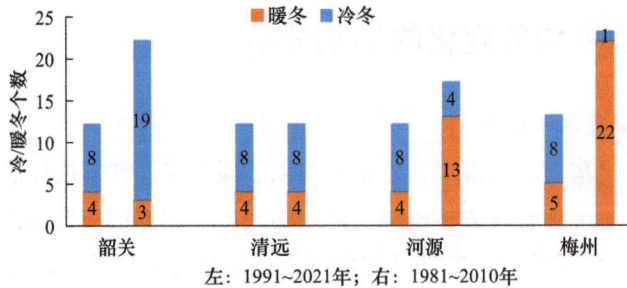

图8.9 粤北冷冬、暖冬个数随气候平均值更新的变化

2. 其他影响

农业是受气候变化影响最敏感和脆弱的行业，杜尧东等（2018）基于1961~2016年气温资料，研究了气候变化对广东双季稻种植气候区划的影响，结果表明，1998~2016年广东双季稻种植早熟＋晚熟区面积与1961~1997年相比，缩小近50%，而晚熟＋晚熟区面积增大近1倍。熊文等（2022）研究了气候变化对1992~2016年广东

水稻产量影响后发现，有效积温增加有利于水稻单产提高，而降水增多对水稻单产有不利影响，且早稻对气候变化的敏感性高于晚稻。沈平等（2020）利用1961~2016年的气象资料，研究气候变化对广东冬种马铃薯种植气候区划的影响后发现，自1997年以来马铃薯生长发育所需气候条件改善明显，使得广东冬种马铃薯的最适宜种植区向北扩大了7.4%，同样受影响的还有生态植被。邓玉娇等（2021）基于MODIS NDVI数据，研究发现，受气候条件驱动影响，2000~2018年广东地区NDVI呈波动上升趋势，其中粤北NDVI上升速率处于地市前列。郭永婷等（2022）研究发现，1965~2020年韶关春运期间大雨和暴雨日数呈上升趋势。罗瑞婷等（2018）研究发现，1976~2015年清远市森林火险气象指数增长趋势明显。综上表明，新气候平均值的启用对农业种植区划、生态环境保护及防灾减灾均具有重要指示意义。

8.3 基于立体气候观测的粤北山区热量资源特征

广东省北部的南岭山脉地形复杂，地势高低悬殊，山区最低点位于青莲小北江沿岸，海拔不到50m，最高点位于石坑崆，海拔1902m，高差达到1850m（薛丽芳等，2011）。由于海拔以及地形的差异，南岭山区形成了各种不同的气候带，不同坡面、不同海拔的热量资源差异明显。基于粤北山区南岭南坡6个高度（1807m、1565m、948m、839m、352m、154m）和北坡5个高度（1864m、1032m、836m、504m、200m）自动气象站2009~2011年逐日气温观测资料，统计平均气温≥10℃初日、平均气温≥15℃终日、10~15℃持续日数、平均气温≥10℃活动积温、最低气温≤5℃日数、逐月平均气温等热量因子，建立各热量因子与海拔的线性回归模型，分析各热量因子随海拔的变化特征，旨在为粤北山区气候资源利用、气候变化适应和生态环境保护提供支撑。

8.3.1 界限温度初终日及持续日数

界限温度又叫指标温度，是具有普遍意义的、标志某些重要物候现象或农事活动开始、终止或转折点的日平均温度。积温是指某一时段内逐日平均气温累积之和。积温常分为活动积温和有效积温，活动积温是植物在某时段内活动温度的总和，有效积温是植物在某时段内有效温度的总和（冯秀藻和陶炳炎，1994）。由图8.10可知，各热量因子与海拔有着明显的相关性，南北坡热量因子随海拔变化速率略有差异，但变化趋势一致。经 F 检验，各热量因子与海拔的线性回归方程均达到显著，多数通过99%置信度的检验（表8.1）。

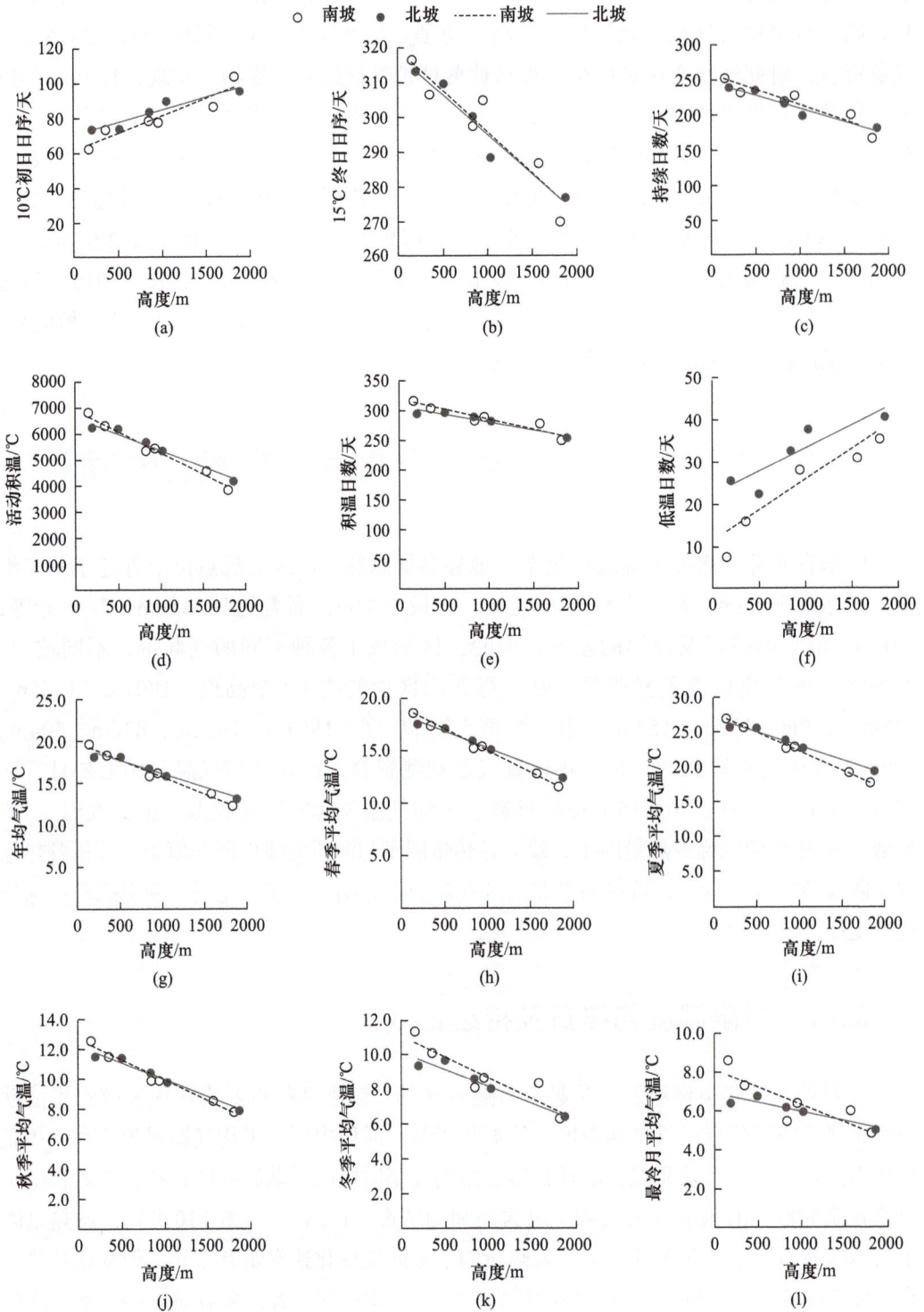

图8.10 南岭南、北坡各热量因子与海拔的散点图

表8.1　南北坡各热量因子与海拔线性回归模型、决定系数及 *F* 值

热量因子	坡向	回归方程	*F* 值
10℃初日日序	南坡	$y=0.02x+61.859$	30.038**
	北坡	$y=0.0143x+70.757$	27.028**
15℃终日日序	南坡	$y=-0.0238x+319.3$	31.412**
	北坡	$y=-0.023x+317.75$	49.381**
持续日数	南坡	$y=-0.044x+258.14$	33.149**
	北坡	$y=-0.0373x+247.99$	39.801**
活动积温	南坡	$y=-1.6648x+6949.9$	209.017**
	北坡	$y=-1.2958x+6664.7$	112.161**
积温日数	南坡	$y=-0.034x+318.22$	30.517**
	北坡	$y=-0.0274x+306.54$	35.688**
低温日数	南坡	$y=0.0147x+11.318$	13.025*
	北坡	$y=0.011x+22.323$	11.104*
年均气温	南坡	$y=-0.0041x+19.924$	247.835**
	北坡	$y=-0.0032x+19.227$	115.346**
春季平均气温	南坡	$y=-0.004x+19.008$	562.583**
	北坡	$y=-0.0032x+18.464$	382.976**
夏季平均气温	南坡	$y=-0.0055x+27.646$	1214.117**
	北坡	$y=-0.004x+27.009$	132.818**
秋季平均气温	南坡	$y=-0.0027x+12.661$	176.778**
	北坡	$y=-0.0023x+12.333$	120.297**
冬季平均气温	南坡	$y=-0.0024x+11.055$	20.110*
	北坡	$y=-0.0019x+10.109$	42.044**
最冷月平均气温	南坡	$y=-0.0017x+8.0725$	11.282*
	北坡	$y=-0.001x+6.9147$	17.288*

**$P<0.01$；*$P<0.05$。

由表8.1可以看出：10℃初日日序的系数为正值，即随海拔的抬升，10℃初日推迟，垂直变率在1.4～2d/100m。在0m海拔处，北坡10℃初日较南坡略迟9天，但随着海拔的抬升，这种差异逐渐缩小，表明低海拔处，在冷暖季节交替时，南坡较北坡更易回暖，但随着海拔抬升，南北坡回暖程度趋于接近。15℃终日日序的系数为负值，即随着海拔的抬升，15℃终日提前，垂直变率约2.3d/100m。无论是相同海拔15℃终日出现的日序还是其垂直变率，南北坡均无明显差异，表明由暖季向冷季交替时，南北坡降温趋势无明显差异。持续日数的系数为负值，表明随海拔升高，界限温度持续日数缩短，垂直变率在3.7～4.4d/100m。在0m海拔处，北坡的持续日数较南坡偏少10d左右，但随着海拔升高，持续日数南北坡趋于接近。

在500m以下的低海拔处，南岭南坡的10℃初日出现在3月上半月，北坡出现在3月中旬，至1500m以上的高海拔，则无论南北坡，其10℃初日均于4月才出现；在500m以下低海拔处，南北坡的15℃终日均出现在11月上旬至中旬，1800m以上的高海拔则提前至9月末至10月初（表8.2）。

表8.2　南岭南、北坡不同海拔界限温度10℃初日、15℃终日及持续日数

坡向	海拔/m	10℃初日（月-日）	15℃终日（月-日）	持续日数/天
南坡	154	03-03	11-12	254
	352	03-15	11-02	233
	839	03-20	10-24	219
	948	03-19	10-31	228
	1565	03-28	10-13	200
	1807	04-14	09-27	167
北坡	200	03-15	11-08	240
	504	03-15	11-05	236
	836	03-24	10-26	217
	1032	03-31	10-15	199
	1864	04-05	10-03	182

适宜作物生长的10℃初日随海拔抬升而推迟，其值为1.4～2d/100m；15℃终日随海拔抬升而提前，其值为2.3d/100m；持续日数随海拔抬升而缩短，其值为3.7～4.4d/100m。该结论与卢其尧（1987）在福建沙溪流域山区的研究结果接近。

8.3.2　积温、低温和平均气温

1. 活动积温及积温日数

活动积温随海拔升高而逐渐降低，南坡降幅较北坡更大，南北坡活动积温垂直递减率分别为167℃/100m和130℃/100m。0m海拔处，南坡的活动积温较北坡约高85℃，但随着海拔抬升，南北坡差异逐渐缩小，至海拔750m处，南北坡活动积温持平，并随着海拔的继续升高，北坡的活动积温逐渐大于南坡。活动积温在北坡的垂直递减率与马树庆和袁福香（1996）于长白山区开展的研究结果（129℃/100m）接近。

积温日数随海拔升高而减少，南北坡积温日数垂直递减率分别为3.4d/100m和2.7d/100m。0m海拔处的南坡积温日数较北坡多11天，随着海拔抬升至1800m处，南北坡积温日数趋于接近（表8.1）。

2. 低温日数

低温日数随海拔升高而增加，即海拔越高，低温时段越长。南、北坡的低温日数增幅接近，在1.1～1.5d/100m，相同海拔处，北坡的低温日数较南坡偏多10天左右，即北

坡较南坡的低温时段更长。

3. 年均气温及各季节平均气温

山地气候复杂，气候特征除了有水平地带性和垂直层次性外，还受不同季节的天气系统影响，因此，热量资源随海拔的垂直递减率因四季变化而不同。

研究区年均气温随海拔升高而下降，南岭南、北坡的垂直递减率分别为0.41℃/100m和0.32℃/100m，南坡春、夏、秋、冬各季平均气温垂直递减率分别为0.4℃/100m、0.55℃/100m、0.27℃/100m、0.24℃/100m，北坡对应季节平均气温垂直递减率分别为0.32℃/100m、0.4℃/100m、0.23℃/100m、0.19℃/100m。

从空间上看，南坡各季节平均气温垂直递减率大于北坡。从时间上看，平均气温垂直递减率夏季最大、春秋季次之、冬季最小，即夏季山区低海拔地区与高海拔地区温差大，而冬季山区，由于冷空气下沉等，低海拔地区气温与高海拔地区差异较其他季节略有缩小。年均气温在南坡的垂直递减率与郑成洋和方精云（2004）于福建黄岗山东南坡的研究结果（0.43℃/100m）接近。

8.3.3　热量因子的空间分布

阳山和乳源分别位于南岭山区的西南方向和东偏北方向，即南岭南坡和南岭北坡。随着海拔的抬升，热量因子在阳山存在西南方向至东北方向的显著变化，在乳源存在东偏北至西偏南方向的变化（图8.11）。

南、北坡低海拔地区的10～15℃持续日数较高海拔地区分别多80天和50天，随着海拔的抬升，10～15℃持续日数显著减少；南、北坡低海拔地区的活动积温较高海拔地区分别多3000℃和2000℃以上，随着海拔的抬升，活动积温显著减少；南、北坡低海拔地区的低温日数较高海拔地区分别多近30天和20天以上，随着海拔的抬升，低温日数明显增加；南、北坡低海拔地区的年平均气温较高海拔地区分别高约8℃和6℃，随着海拔的抬升，年平均气温显著下降。

南岭山区热量资源与海拔呈极显著相关性，相同海拔南北坡面的热量资源也有明显差异，低海拔地区南岭南坡热量资源明显高于南岭北坡，周旗等（2011）在对秦岭南北1951～2009年热量资源的分析中得到类似结论；各热量因子在垂直方向上的变率均为南坡大于北坡，表明北坡热量资源在垂直方向上的差异相对南坡小。

适宜作物生长的10℃初日随海拔抬升而推迟，其值为1.4～2d/100m；15℃终日随海拔抬升而提前，其值为2d/100m；10～15℃持续日数随海拔抬升而缩短，其值在3.7～4.4d/100m。该结论与卢其尧（1987）在福建沙溪流域山区的研究结果接近。

活动积温随海拔升高而逐渐降低，南、北坡活动积温垂直递减率分别为167℃/100m和130℃/100m；积温日数随海拔升高而减少，南、北坡积温日数垂直递减率分别为3.4d/100m和2.7d/100m。活动积温在北坡的垂直递减率与马树庆和袁福香（1996）于

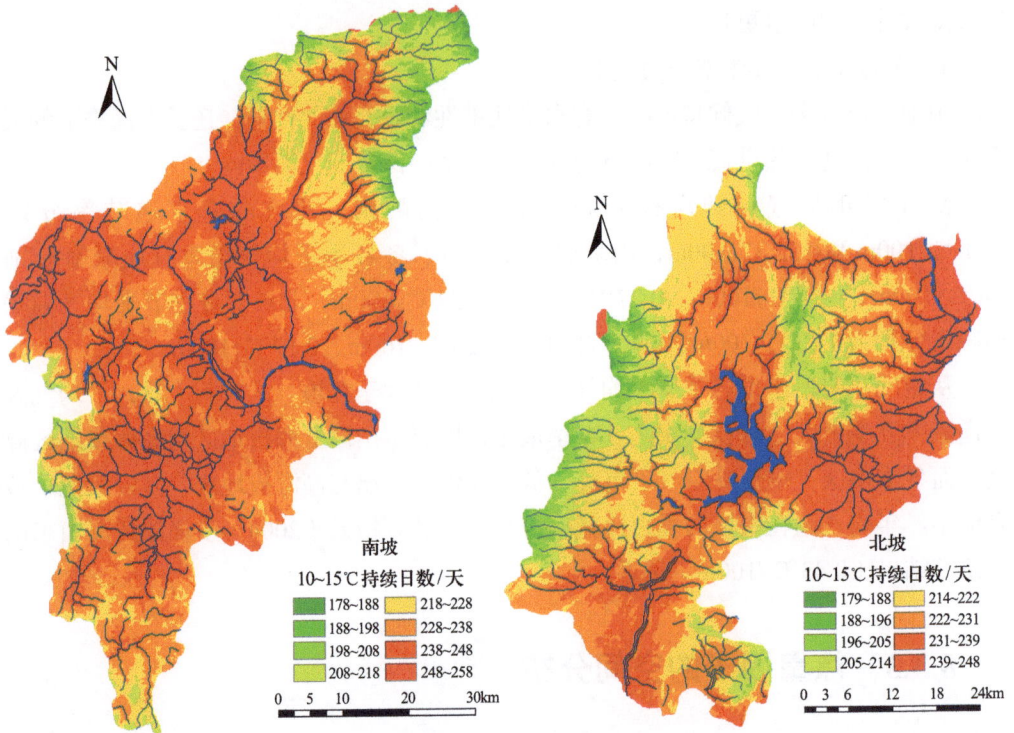

(a)

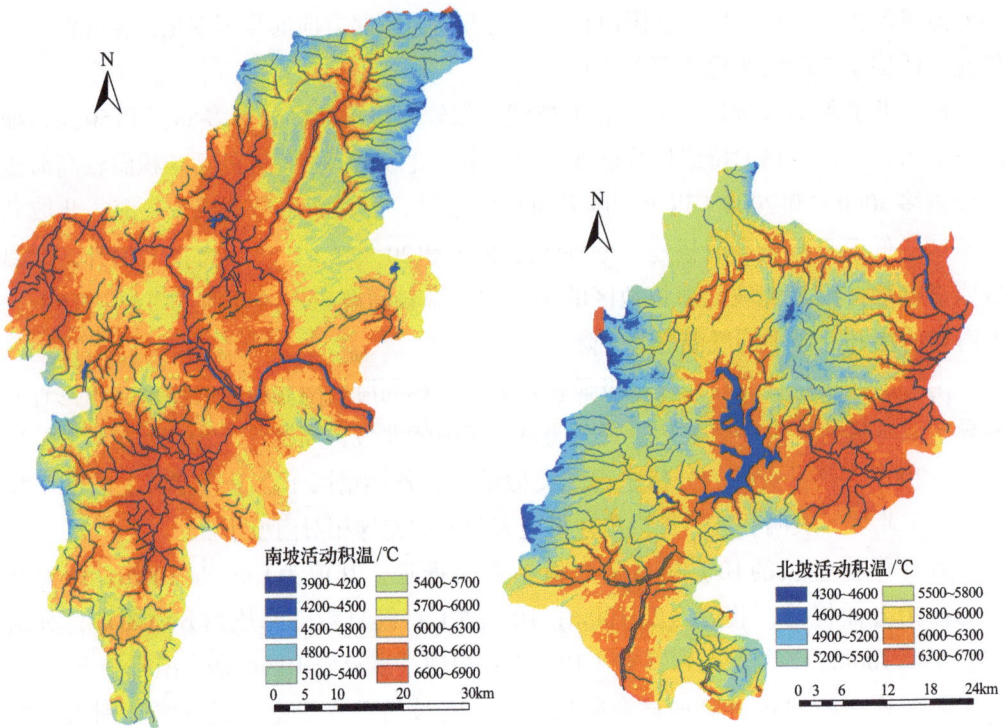

(b)

(c)

(d)

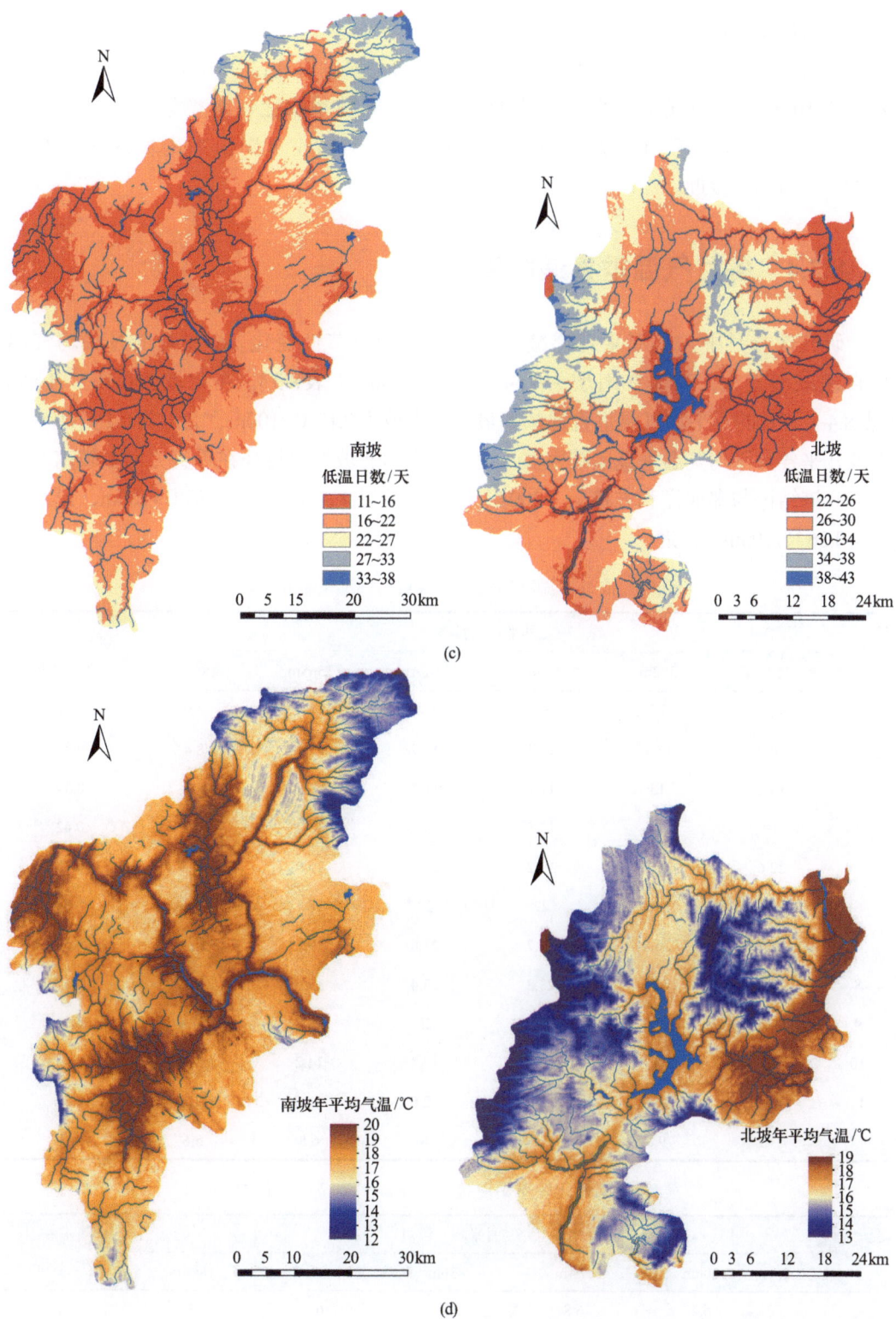

图8.11 南岭南、北坡10~15℃持续日数（a）、
活动积温（b）、低温日数（c）、年平均气温（d）空间分布

长白山区开展的研究结果（129℃ /100m）接近。

年均气温随海拔升高而下降，南、北坡年均气温垂直递减率分别为0.41℃ /100m、0.32℃ /100m；年均气温垂直递减率夏季最大、春秋季次之、冬季最小。年均气温在南坡的垂直递减率与郑成洋和方精云（2004）于福建黄岗山东南坡的研究结果（0.43℃ /100m）接近。

8.3.4　各月气温垂直递减率

研究区各月平均气温垂直递减率有着明显的季节性变化。6～8月的月平均气温垂直递减率较大，其值在南坡为0.54～0.59℃ /100m（表8.3），在北坡为0.41℃ /100m（表8.4）；1月的月平均气温垂直递减率最小，南坡为0.17℃ /100m，北坡为0.1℃ /100m；南坡几乎各月平均气温垂直递减率大于北坡，表明北坡气温特征在垂直方向上较南坡更均一。该结论与郑成洋和方精云（2004）的研究结果（9月最大：0.56℃ /100m，12月最小：0.26℃ /100m）接近。

表8.3　南岭南坡不同海拔逐月平均气温及垂直递减率

月份	月平均气温/℃						垂直递减率 / (℃ /100m)
	154m	352m	839m	948m	1565m	1807m	
1	8.6	7.3	5.5	6.4	6	4.9	0.17
2	14.2	13.1	11.2	11.5	12.1	8.4	0.25
3	14.2	13	11.1	11.3	9.3	8.5	0.33
4	19	17.8	15.5	15.6	13.2	11.7	0.42
5	22.6	21.4	19.2	19.3	15.9	14.9	0.46
6	25.7	24.4	22	22	18.1	16.8	0.54
7	28	26.8	23.7	23.6	19.6	18.1	0.59
8	27.7	26.6	23.3	23.4	19.6	18.3	0.57
9	26.1	24.7	22	22	18.7	17.4	0.51
10	21.5	20.1	17.7	17.4	14.2	13.3	0.49
11	16.3	14.8	12.4	12.6	11.6	10.3	0.32
12	11.2	9.8	7.5	8	6.8	5.6	0.3

表8.4　南岭北坡不同海拔逐月平均气温及垂直递减率

月份	月平均气温/℃					垂直递减率 / (℃ /100m)
	200m	504m	836m	1032m	1864m	
1	6.4	6.8	6.2	6	5	0.1
2	12.5	12.9	11.7	10.9	9	0.24

续表

| 月份 | 月平均气温/℃ | | | | | 垂直递减率 / (℃/100m) |
	200m	504m	836m	1032m	1864m	
3	12.9	12.4	11.3	10.7	8.5	0.27
4	18	17.6	16.4	15.5	12.7	0.33
5	21.7	21.3	19.9	19.3	16.2	0.34
6	24.8	24.5	22.8	21.9	18.3	0.41
7	26.6	26.7	24.8	23.8	20.3	0.41
8	26.4	26.2	24.5	23.2	19.9	0.41
9	25	24.6	23	21.9	19	0.38
10	20	19.8	18	17.2	14	0.38
11	14.7	14.7	13.5	12.3	9.8	0.32
12	9	9.3	8	7.3	5.3	0.25

8.3.5 南岭山区热量资源垂直分层

将南坡与北坡按海拔划分为上、中、下3层，其中下层为500m以下地区，中层为500～1000m地区，上层为1000m以上地区（表8.5）。

表8.5 南岭南北坡垂直各层热量资源概况

| 层次 | 活动积温/(℃·a) | | 年平均气温/℃ | | 1月平均气温/℃ | | 7月平均气温/℃ | |
	南坡	北坡	南坡	北坡	南坡	北坡	南坡	北坡
上	3790～5290	4200～5370	12.1～15.8	13.1～16.0	4.8～6.3	5.0～5.9	17.7～23.0	20.3～24.0
中	5290～6100	5370～6000	15.8～17.9	16.0～17.6	6.3～7.2	5.9～6.4	23.0～25.9	24.0～26.0
下	6100～6950	6000～6660	17.9～19.9	17.6～19.2	7.2～8.1	6.4～6.9	25.9～28.9	26.0～28.1

下层属中亚热带基带气候，活动积温6000～6950℃/a，年平均气温17.6～19.9℃，最冷月（1月，下同）平均气温6.4～8.1℃，最热月（7月，下同）平均气温25.9～28.9℃。本层热量资源丰富，是以水稻为主的重要粮食基地，同时可以种植柑橘、花生、豆类等经济类作物。

中层属中亚热带低山气候，活动积温5290～6100℃/a，年平均气温15.8～17.9℃，最冷月平均气温5.9～7.2℃，最热月平均气温23.0～26.0℃。本层可根据夏凉的气候特点，开展反季节冬季蔬菜的种植（涂悦贤等，1998），同时可以引进具有发展潜力的中亚热带和温带果树。

上层属中亚热带高山气候，活动积温3790～5370℃/a，年平均气温12.1～16.0℃，最冷月平均气温4.8～6.3℃，最热月平均气温17.7～24.0℃。本层原始植被覆盖率高，动植物资源丰富，可发展特有的林业特色品牌和牧业、药业等。

8.4 粤北植被NPP时空分布特征及其对降水和气温的响应

植被净初级生产力（net primary productivity，NPP）是指植被在单位时间、单位面积上通过光合作用产生的有机物质总量扣除自养呼吸耗费部分后剩余的部分（Lieth and Whittaker，1975；戚鹏程，2009），是生态系统中物质循环和能量运输的基础（仲晓春等，2016）。NPP不仅能够反映植被生长状况，而且也是判定生态系统结构与功能协调性的重要指标（Guo et al.，2017；穆少杰等，2013）。利用CASA模型（Field et al.，1995；Li J et al.，2018；张猛和曾永年，2018），结合2010～2019年粤北站点气象数据、归一化植被指数、土地覆盖分类数据，分析粤北NPP时空分布特征以及降水、气温对NPP的驱动作用，旨在为粤北生态环境的保护与改善提供科学依据。

8.4.1 植被NPP年际分布特征

粤北植被NPP年均值统计结果如图8.12所示，2010～2019年粤北植被NPP年均值介于628.74～737.68gC/m²，多年平均值为693.34gC/m²，最小值出现在2010年，较多年平均值低64.6gC/m²，最大值出现在2018年，较多年平均值高44.34gC/m²。从2010～2019年粤北植被多年平均NPP空间分布（图8.13）可以发现，粤北绝大部分地区植被NPP均高于400gC/m²，高值区主要分布在高海拔山区林地，以清远西北部及河源西部与韶关南部交界处较为显著，在韶关北部、河源及梅州大部呈不均匀分布，低值区主要分布在水域、人类活动地域及部分农用地，由此可知，植被覆盖率为决定NPP值高低的首要因素，植被越茂密，相应的NPP值越高。从粤北各地级市排名来看，清远NPP年均值最大（712.73gC/m²），其次是河源（694.33gC/m²）、梅州（682.66gC/m²），韶

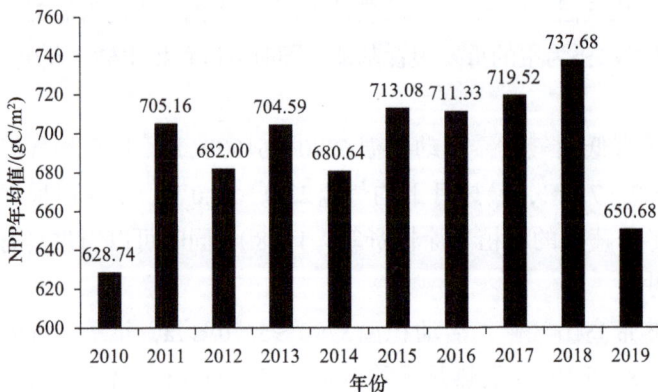

图8.12　2010～2019年粤北植被NPP年均值统计结果

关最低（664.52gC/m²）。粤北植被NPP变化趋势（图8.14）分析结果表明，2010～2019年粤北植被NPP显著上升区域占总面积的63.46%，主要分布在清远、韶关，显著下降区域占27.11%，主要分布在河源和梅州，其中河源南部和西部、梅州东部下降较为明显，无显著变化区域占9.43%，分布较分散。

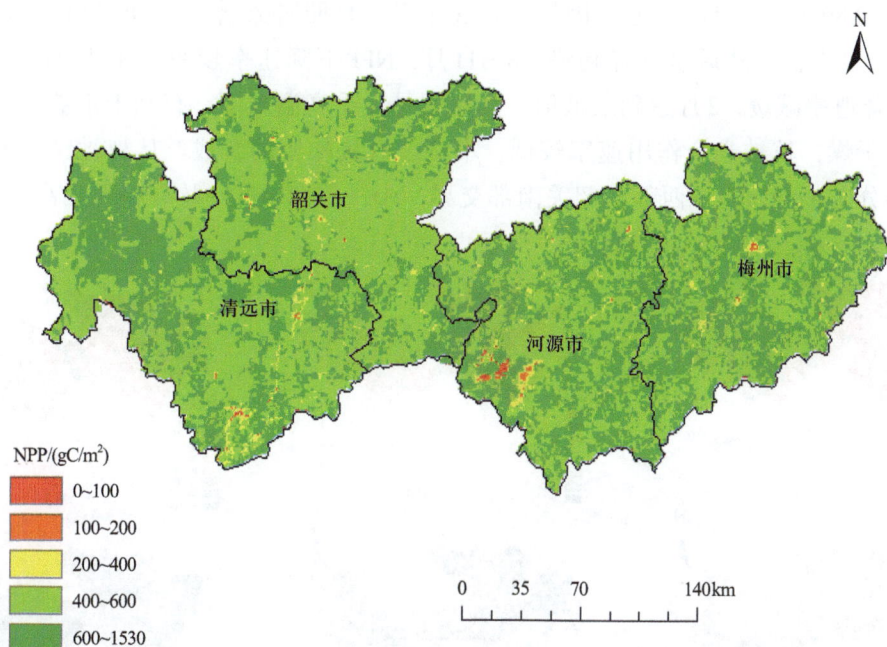

图8.13 2010～2019年粤北植被多年平均NPP空间分布

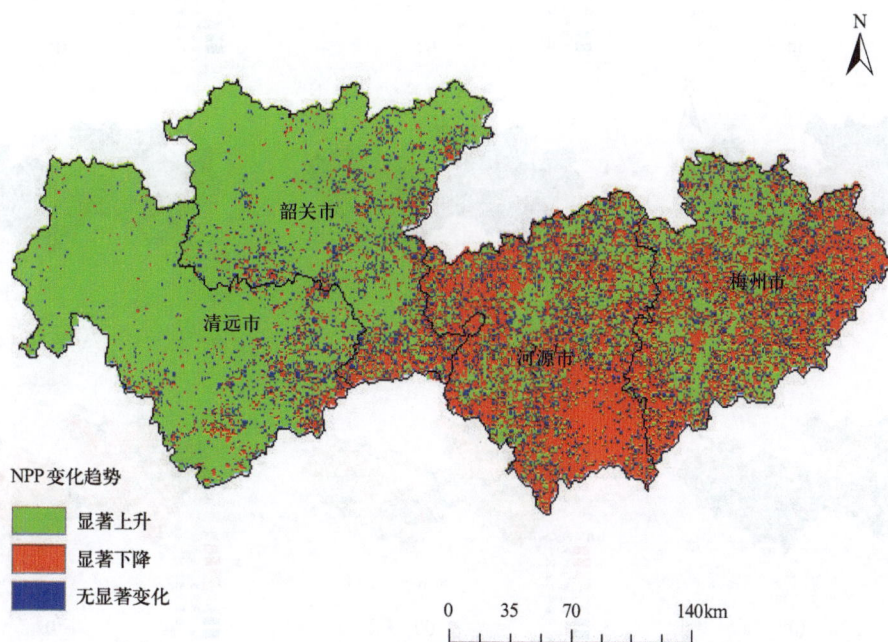

图8.14 2010～2019年粤北植被NPP变化趋势与显著性

8.4.2 植被NPP逐月分布特征

2010～2019年粤北NPP月均值分布不均匀（图8.15），差异明显，月均值介于25.73～92.89gC/m²。自3月起，因气温快速上升，日照时数增多，NPP迅猛增长，在8月达到最大值，随后呈下降趋势，8～11月，NPP下降速率较快，11月至次年2月，NPP下降速率减缓，2月达到最低值。其原因是夏季高温多雨，有利于植被生长，冬季寒冷干燥，植被光合作用速率较低，不利于有机物质的合成。从植被NPP不同月份空间分布来看，河源西部与韶关南部交界一带一年四季NPP均较高，均高于70gC/

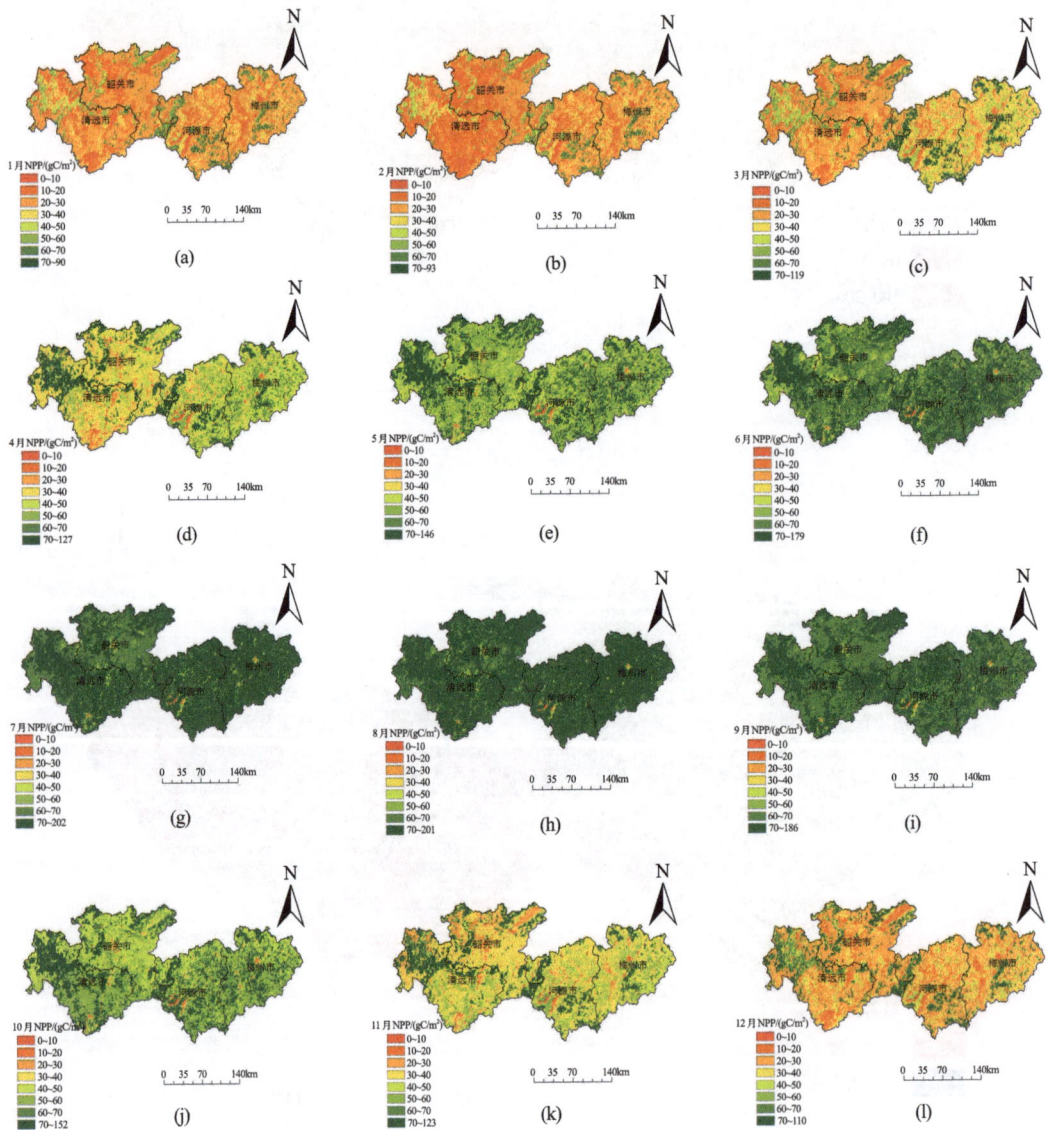

图8.15 2010～2019年粤北地区NPP月均值空间分布

（m²·月），清远西北部在春季（3～5月）、夏季（6～8月）、秋季（9～11月）三个季节NPP较高，均高于40gC/（m²·月），韶关中部地区除夏季外，其他季节均低于50gC/（m²·月），NPP相对较低。

8.4.3　降水、气温对植被NPP的影响

1. 降水、气温的变化趋势

由2010～2019年粤北的降水、气温变化趋势（图8.16）可以发现，粤北2010～2019年年降水在858.2～1651.7mm，多年平均值为1194.2mm，最大值出现在2016年，最小值出现在2011年；粤北2010～2019年年平均气温在20.3～21.4℃，多年平均值为21.0℃，最高值出现在2019年，最低值出现在2011年。从2010～2019年粤北降水、气温的多年平均值空间分布（图8.17）可以发现，粤北地区降水整体呈现南多北少的趋

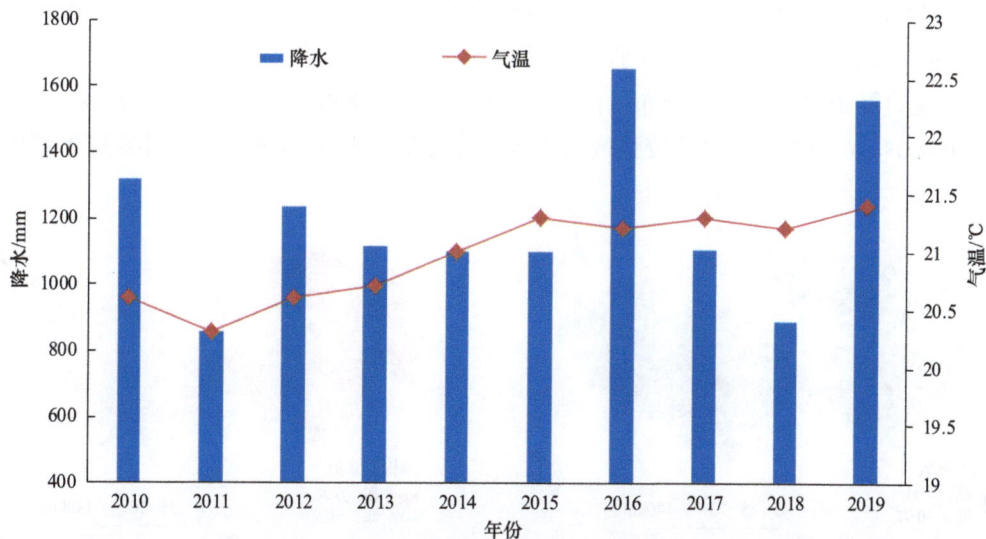

图8.16　2010～2019年粤北年降水、气温年际变化

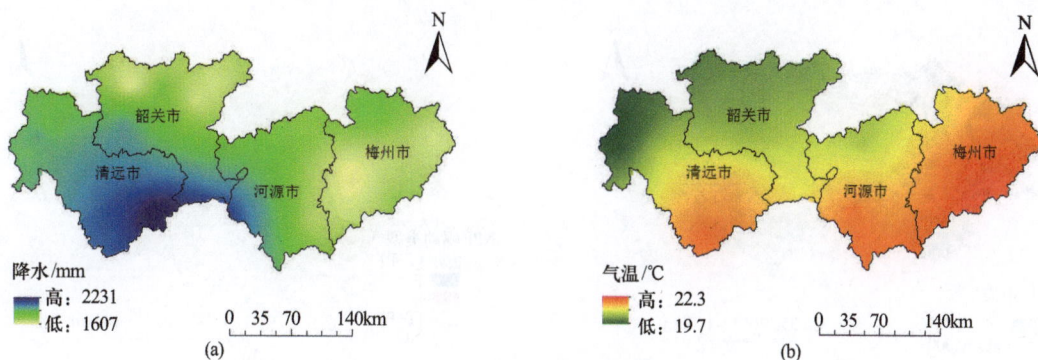

图8.17　2010～2019年粤北多年平均降水（a）、气温（b）分布

势，空间分布不均匀，清远、韶关南部及河源西南部多，韶关北部、梅州西南部和东部偏少；气温整体呈现南高北低的趋势，清远中南部、河源中南部、梅州大部偏高，清远西北部、韶关中北部气温偏低。

2. 植被NPP与降水、气温的相关性

2010～2019年NPP与同期年平均降水、年平均气温的偏相关系数结果（图8.18）表明，粤北NPP对降水、气温的响应空间差异性显著。NPP与年平均降水的偏相关系数在−0.97～0.94，其中NPP与降水呈正、负相关的区域面积分别占粤北总面积的31.9%和68.1%，正相关区域主要分布在河源东部、梅州大部，原因主要是上述区域降水相对较少，对降水的敏感性相对较高，负相关区域主要分布在清远、韶关、河源西部，对NPP与降水偏相关系数进行t检验可知，区域内仅有0.1%面积通过$P<0.01$显著性检验。NPP与年平均气温的偏相关系数在−0.97～0.96，正相关区域面积占63.2%，主要分布在清远西北部、韶关北部和西南部，原因主要是上述区域气温相对较低，植被生长受限，负相关区域面积占36.8%，主要分布在河源、梅州，t检验结果可知，区域内仅有0.2%面积通过$P<0.01$显著性检验，主要位于清远西北部和韶关西北部。从NPP与降水-气温的复相关系数空间分布［图8.19（a）］可知，NPP与降水-气温的复相关系数介于0.0003～0.9983，相关性较强区域主要分布在清远西北部和南部、韶关西北部和东

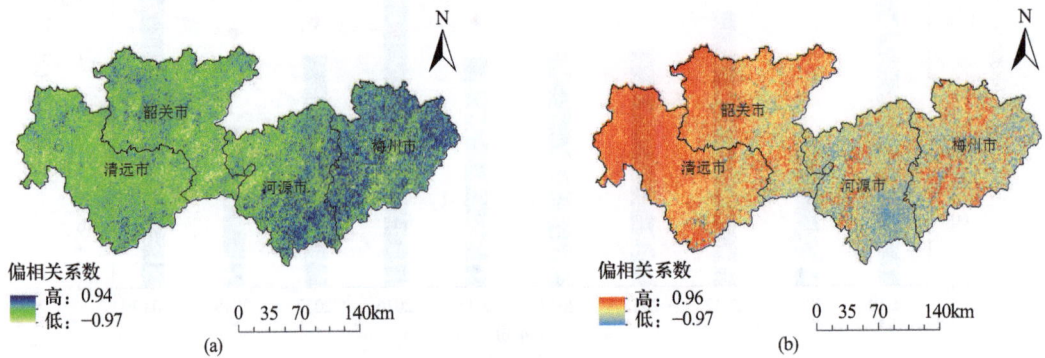

图8.18　2010～2019年粤北NPP与降水（a）、气温（b）的偏相关系数空间分布

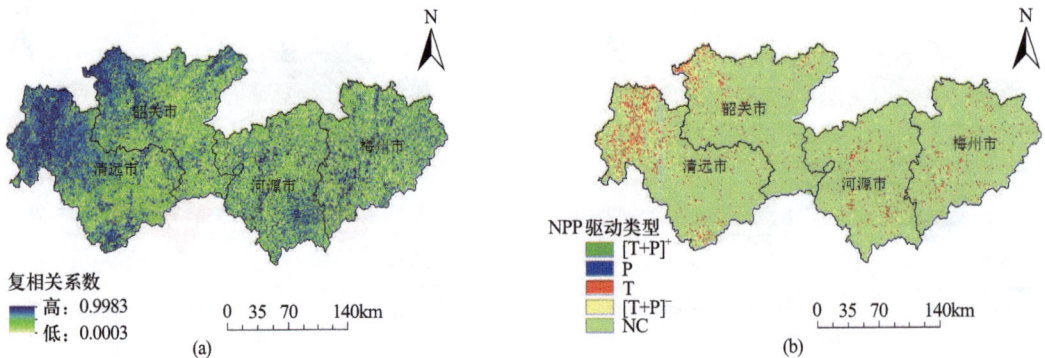

图8.19　2010～2019年粤北NPP与降水-气温的复相关系数空间分布（a）和NPP变化驱动分区（b）

NPP驱动类型的含义见表8.6

北部、河源的东南部，F检验通过$P<0.05$显著性检验区域占研究区域的11.9%，主要集中在清远西北部和南部、韶关西北部和东北部、河源南部、梅州西南部。

8.4.4 年际间植被NPP变化驱动

植被NPP的变化主要受气候变化及人类生产活动两个因素的驱动（潘桂行等，2017），其中气候变化尤其是降水和气温的变化是驱动NPP变化的关键因子（王芳等，2018）。参照陈云浩等（2001）和王强等（2017）专家学者的研究方法，对粤北NPP变化驱动分区进行分析，驱动分区规则见表8.6。从粤北NPP变化驱动分区[图8.19（b）]可以发现，2010~2019年NPP变化受到降水-气温强驱动型的面积仅占研究区域面积的0.12%；降水驱动型占0.07%；气温驱动型占3.00%，主要分布在清远西北部和韶关西北部，在河源、梅州有零散分布；降水-气温弱驱动型占10.11%，主要分布在清远西北部和韶关西北部；非降水、气温因子驱动型面积占比达86.70%，在粤北各地级市均有分布。综上可知，粤北大部分地区NPP变化主要受非降水、气温因子的驱动影响。

表8.6 NPP变化驱动分区规则

NPP变化驱动因子			分区规则		
			$R1$	$R2$	$R3$
气候因子	降水-气温强驱动型	$[T+P]^+$	$|t|>t_{0.01}$	$|t|>t_{0.01}$	$F>F_{0.05}$
	降水驱动型	P	$|t|>t_{0.01}$		$F>F_{0.05}$
	气温驱动型	T		$|t|>t_{0.01}$	$F>F_{0.05}$
	降水-气温弱驱动型	$[T+P]^-$	$|t|\leqslant t_{0.01}$	$|t|\leqslant t_{0.01}$	$F>F_{0.05}$
非降水、气温因子	非降水、气温因子驱动型	NC			$F\leqslant F_{0.05}$

注：$R1$、$R2$分别为NPP与降水、气温的t显著性检验；$R3$为NPP与降水-气温复相关的F显著性检验。

8.4.5 月植被NPP变化响应

植被在不同的生长阶段，气温、降水对植被生长的影响程度不一样，同时植被对气象因子的响应程度和响应时间也存在明显差异。气象因子对植被生长的季节驱动影响一般通过植被生长状况与当月、前1~2个月气象因子的相关系数来反映。表8.7为NPP月平均值与当月、前1~2个月气温、降水的相关系数。可以发现，粤北地区3月、6月、11月的NPP与当月气温存在极显著相关性，4月NPP与当月气温也存在较为显著的相关性，6月的NPP与前2个月气温也存在极显著的相关性；9月的NPP与前2个月的降水存在较为显著的相关性，10月的NPP与当月的降水存在较为显著的相关性，11月的NPP与前1个月的降水存在显著相关性。综上可知，在3~4月、6月，气温的驱动作用较明显；9～11月，粤北相对干旱，降水对植被NPP的驱动作用明显，其中11月气温的驱动作用也明显，12月至次年2月、5月、7～8月，降水、气温的驱动作用不明显，同时可知粤北地区植被NPP对气温、降水的响应存在一定的滞后性。

表8.7 粤北地区逐月NPP与当月、前1～2个月气温、降水相关系数

月份	R_{NPP}-$T0$	R_{NPP}-$T1$	R_{NPP}-$T2$	R_{NPP}-$P0$	R_{NPP}-$P1$	R_{NPP}-$P2$
1	0.44	0.11	0.11	0.19	−0.08	−0.03
2	−0.30	0.19	0.41	−0.65	0.25	0.33
3	0.80**	0.23	0.24	−0.02	−0.18	0.21
4	0.51*	−0.23	−0.07	−0.40	−0.15	−0.34
5	0.46	−0.03	−0.05	−0.65	−0.40	−0.36
6	0.83**	0.29	0.66**	−0.64	0.08	0.17
7	0.12	0.15	0.23	−0.06	−0.17	−0.26
8	0.02	0.02	−0.29	0.34	−0.13	0.10
9	−0.17	0.05	−0.47	0.01	0.23	0.54*
10	0.15	−0.19	0.15	0.48*	−0.41	−0.44
11	0.57**	−0.22	−0.38	0.35	0.56**	−0.16
12	−0.44	−0.57	0.18	0.37	−0.11	−0.47

注：R_{NPP}-$T0$、R_{NPP}-$T1$、R_{NPP}-$T2$、R_{NPP}-$P0$、R_{NPP}-$P1$、R_{NPP}-$P2$分别表示NPP与当月、前1个月和前2个月气温（T）、降水（P）的相关系数。*$P<0.1$，**$P<0.05$。

8.5 华南五针松的径向生长对气候变化的响应

树木在一定的环境条件中生长，其生长状况与该环境中各气候因子等综合作用有关。由于气候变化研究的需要，树轮生态学（dendroecology）已成为自然科学领域内的一门重要的分支学科。目前，国内树木年轮学研究多集中在北部中高纬度地区、干旱和半干旱地区（方克艳等，2015）。亚热带地区由于高温和雨水条件丰富，树木生长条件适宜，但变化多端的水热条件可能会使树木出现不规律的生长趋势，从而成为该区域树木年轮学研究的难点。已有的对亚热带地区树轮气候响应特征的研究多集中在东南季风区，研究重点为树木径向生长对温度、降水等气候因子之间的相关性，而海拔、纬度等地理因素造成的树木径向生长与气候因子之间的响应关系研究相对较少，因此在该区域开展相关研究显得尤为必要（吴祥定，1990）。

树木年轮学研究因其定年精准、分辨率高、连续性强、易于采样分析等特点，在区域性气候变化研究中运用广泛，成为研究树木径向生长与气候变化之间关系的重要代用资料之一（吴祥定，1990）。随着研究技术和分析手段的发展进步，树轮宽度资料

已经成为世界上很多国家研究气候变化重要的代用资料之一（Fritts，1976）。在树木年轮学的基础上形成包括树木年轮生态学、树木年轮气候学（dendroclimatology）和树木年轮水文学（dendrohydrology）等分支学科。其中，树木年轮生态学的定义可简单描述为，利用树木年轮学技术研究特殊生态事件与环境变化关系的学科，主要聚焦于研究树木年轮与环境作用的关系，可为树木年轮气候学研究提供基础资料。树木年轮与环境关系本身也能够反映环境演变，如全球变暖、CO_2浓度升高对森林生态系统的影响以及推测森林生态系统对全球变化的反馈作用。研究树木径向生长与气候要素之间的关系，对于了解全球气候变化对树木生长以及整个森林生态系统的影响具有重要的意义（Chen et al.，2017；Huang et al.，2007；Seneviratne et al.，2006）。国内树轮生态学研究多集中于西北中高纬寒冷地区以及干旱地区（康剑等，2020；Liu et al.，2010；秦莉等，2021；尚华明等，2018），而温暖湿润的亚热带地区开展的树轮生态学研究较少（Chen et al.，2012）。张慧等（2012）研究表明，在森林上限影响树木径向生长的主要因素为气温，在森林下限影响树木径向生长的主要因素则为降水，在降水充足地区出现树木径向生长受气温变化的显著影响，不同树种对气候因素的响应存在差异，且有关树木径向生长受日照时数影响关系的研究尚未形成一致结论。

华南五针松（*Pinus kwangtungensis*）是松科（Pinaceae）常绿针叶乔木、华南地区特有的珍稀濒危树种，分布于热带和亚热带海拔相对较高的生境中（沈燕等，2016；王俊等，2022；陶翠等，2012；Wu et al.，2017）。华南五针松在生长季初期，形成层细胞分裂速率加快，细胞径向直径变大，细胞壁薄，而在生长季晚期，形成层细胞分裂速率减慢，细胞径向直径变小，细胞壁厚，形成明显的年轮。该生长特征使得其成为树木年轮学研究的理想素材（黄蕴凯等，2021；Kuang et al.，2017；李越等，2016），在南岭山地开展华南五针松气候响应研究可以完善相关树种树轮气候学研究基础（史江峰等，2009；Yin et al.，2018）。本节研究以广东南岭国家级自然保护区范围内的华南五针松树轮样本为研究材料，以树木年轮学基本方法建立华南五针松年轮宽度年表，使用相关分析法研究树木径向生长与气候的相关关系，旨在探究华南五针松径向生长受气候变暖条件的影响，为深入认识影响华南五针松固碳的气候因素提供科学依据，为亚热带地区树轮重建工作提供科学支撑。

8.5.1　华南五针松树芯样品采集及年表制作

1. 研究区概况

研究区位于广东南岭国家级自然保护区内（112°30′ E～113°04′ E，24°37′ N～24°57′ N），总面积$5.84×10^4 hm^2$，属于中亚热带与南亚热带过渡的山地湿润气候。受北部寒冷空气以及南部暖湿气流的交互影响，该地区气候特征独具一格，表现为春季暖湿多雨，夏季炎热而无酷暑。该地区森林覆盖率92.8%，植被类型丰富。植被类型按照海拔从低到高分布有沟谷常绿阔叶林、山地常绿阔叶林、针阔混交林和常绿阔叶矮林等。华南五针松分布多为纯林或混交林,伴生种有长苞铁杉(*Tsuga longibracteata*)、福建柏(*Fokienia hodginsii*)、木荷(*Schima superba*)、五列木(*Pentaphylax euryoides*)等。土壤类型以山地黄壤为主(李泽华等,2022)。

2. 方法

1)年轮样本采集和预处理

采集合格的树木年轮标本,并建立理想的最终树木年轮年表,是树木年轮分析中最基础的工作,也是整个树木年轮气候学研究成败的关键。质量不高的样本显然不能建立起理想的年轮年表,当然从这类不合格的年轮序列中也无法推求出可靠的气候信息。即使树木标本是合乎要求的,但量测、定年等分析过程中的误差往往也会造成整个年轮分析工作的失败。因此,只有通过严格的取样、精确的量测和可靠的定年等一系列步骤,最终才能保证树木年轮年表的建立。

本节研究的华南五针松树轮样芯于2021年11月2日在广东省南岭国家级自然保护区内采集,采样时遵循树木年轮学敏感性原理,选择裸露的石块或者倾斜的山体对气候因素敏感的地点采样,每棵树上至少取两根样芯,满足复本量要求。在采样点内选取生长良好、树龄较大的华南五针松,用5.1mm口径的生长锥在每棵树胸高1.3m处钻取树心,取样时穿过髓心,将取出的树心装入塑料吸管中密封保存,标注取样点、树木编号以及树高、胸径等信息(图8.20),带回实验室进行进一步处理。本次采样共采30棵树,60根样芯,将采集到的树心用胶水固定在有凹槽的木条上,在室温下自然风干至树心完全干燥。然后分别用320目和600目砂纸将树心表面打磨平整光滑,再将已打磨的样芯置于紫光UNIS FM2800扫描仪之下,设置1200 DPI分辨率并扫描成像。之后使用树木年轮软件CooRecorder 9.4测量树轮图像并生成树轮宽度数据,再使用COFECHA程序对年表质量进行检验。最后使用ARSTAN程序进行去趋势处理(徐宏范等,2021)。

图8.20 打磨扫描后的树芯样本

2)气候资料获取

气象资料选择与采样点最接近的韶关市气象站,气象数据长度为1968~2015年,主要包括月均温(T_{mean})、月最高温(T_{max})、月最低温(T_{min})和月均降水量(PCP)。可以看出(图8.21),该区域气候特征明显,年均气温20.4℃,最低温出现在1月(约

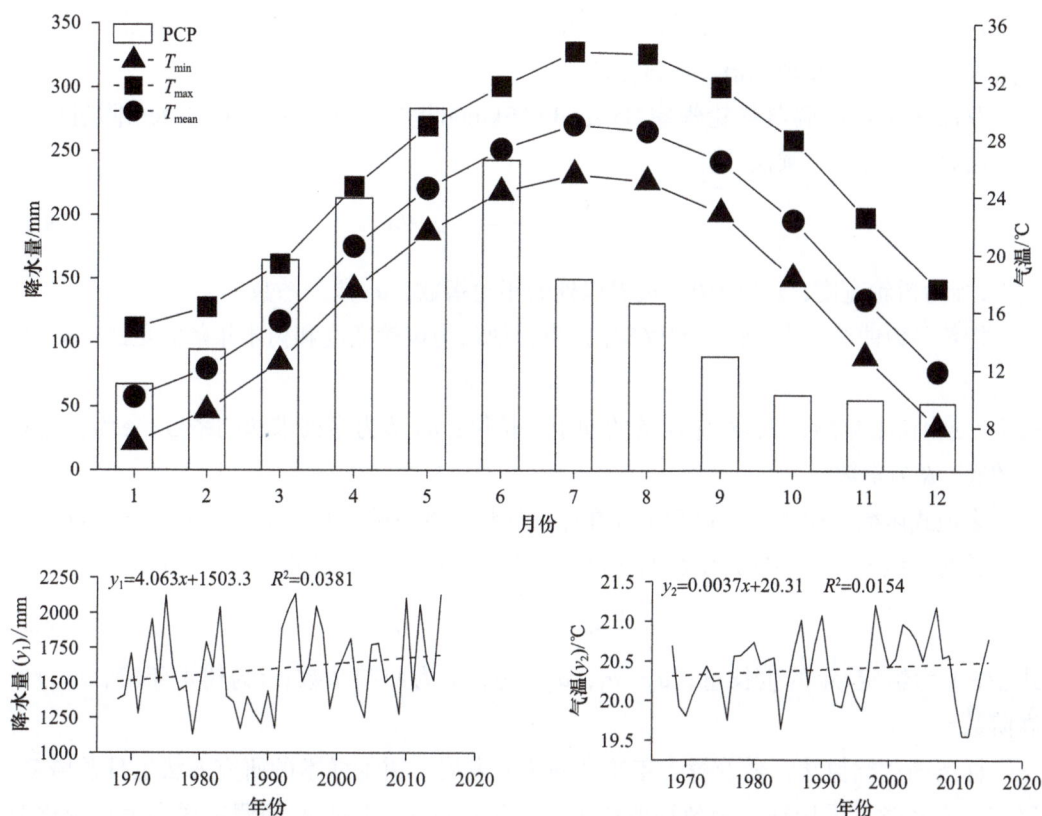

图8.21 韶关站的月均降水量、月最高温、月均温和月最低温年内分布以及降水、气温变化趋势

6℃），最高温出现在7月（达34℃）。年降水量1131.2～2132.1mm，多集中在3～8月，占全年降水量的74%左右，5月开始降水逐渐减少，12月降水量最少。年均相对湿度为76.4%，历年平均日照时数为1645h。从降水和气温数据的趋势变化结果可以明显看出，降水和气温在时间序列内都呈现出增长的变化趋势，但降水的增幅要高于气温。

3）年表研制

在进行年表研制之前还需要对样本做生长量订正和标准化处理，这是因为树木在生长过程中除了受到环境因子的限制外，还受到树木本身的生理学特性限制。一般表现为，在幼龄期树木年轮宽度窄，随着树木年龄的增长，树木年轮宽度的变化趋势为先增宽后快速变窄然后减慢变窄直至稳定，这就是树木生长趋势。一般有这几种方法对样本进行去趋势处理。

滑动平均曲线法：计算生长年份相同的树木年轮宽度，将年龄均值作为一个函数，再用滑动平均曲线法拟合一条曲线，作为树木随年龄生长的变化曲线。

滑动平均法：使用该方法对生长量订正时，需要将滑动端点放在生长量曲线的中间位置，这种方法有一个很明显的缺陷，就是头部和尾部的年轮被舍弃了，但是头部的年轮是很重要的，因此现在很少用该方法。

双曲线法：由瑞典年轮学家 Naslund 和 Eklund 提出，舍去接近树心 2cm 附近的年轮，然后按照最小二乘法计算：

$$y = a + \frac{b}{x}; \quad 或 \frac{1}{y} = -a + bx \tag{8.1}$$

式中，y 为树轮宽度；x 为距树心边界以外的年轮指数；a、b 为系数。

指数函数曲线：由 Fritts 于 1963 年提出，他认为树轮宽度和树木年龄满足式（8.2）：

$$y = ae^{-bx} + K \tag{8.2}$$

式中，x 为树木年龄；y 为对应年龄的期望生长值；a、b 为序列求解的系数；e 为自然对数的底；K 为常数。

多项式函数：树木生长过程中存在非气候噪声的影响，用指数或者其他方法订正是不合适的，该方法用多项式函数曲线进行拟合，其拟合单变量曲线的表达式为

$$y_t = a_0 + a_1 x_1 + a_2 x_1^2 + \cdots + a_x x \frac{m}{t} \tag{8.3}$$

式中，y_t 为给定 t 年的生长量；a_0，a_1，a_2，$\cdots$，a_x 为回归系数；t 为树木年龄；m 为最高阶数。

样条函数插值法：随着树木年轮学的研究发展，树木样本的研究方法也日益增多，研究工作者尝试采用样条函数插值法进行生长量订正，因此必须假定样本生长变化形式，直接用连续、光滑的插值进行拟合，该方法最早由 Reinsch 提出。

$$\sum_{i=1}^{n} \left[\frac{g(x_i) - y_1}{\delta y_1} \right]^2 \leqslant S \tag{8.4}$$

式中，y_1 为输入序列；δy_1 为权重序列；S 为尺度参数。样条函数的频率响应函数可由傅里叶变换计算：

$$u(f) = 1 - \frac{1}{1 + \dfrac{p(\cos 2\pi f + z)}{1 + 6(\cos 2\pi f - 1)^2}} \tag{8.5}$$

标准化：对于上述步骤中任何样本生长量订正的曲线，都需要进一步转换为完全消除遗传因子影响的新序列，采用比值方法得出新的指数序列就是标准化过程（吴祥定，1990）。

本节研究选用负指数函数对样本去趋势，对于个别不符合趋势的样本再使用 Friedman 参数进行去趋势，得出样本的三种树轮宽度指数年表：标准年表（Standard Chronology，STD）、差值年表（Residual Chronology，RES）和自回归年表（Arstan Chronology，ARS）。因标准年表同时含有更多的低频信息，本节研究最终选用标准年表进行树木生长气候响应分析（图8.22）。

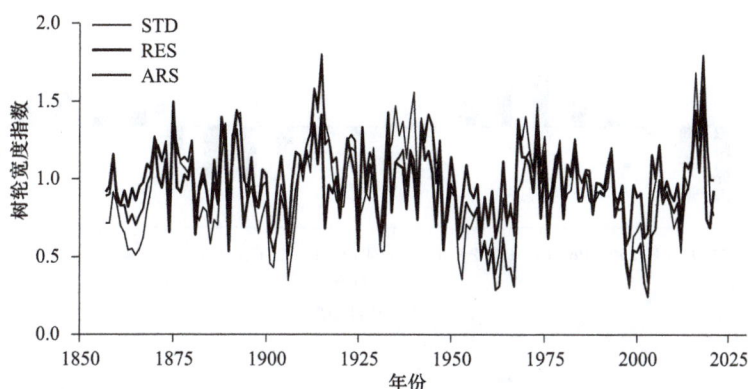

图8.22　华南五针松树轮宽度指数年表

8.5.2　华南五针松年表与气候要素响应分析

1. 年表特征统计分析

树轮宽度标准年表常见统计值参数。其中，平均敏感度代表环境因子对树木生长的限制作用，参数值越大所包含的环境信息就越多，该年表的平均敏感度为0.216，满足取值范围（0.1~0.6）；标准差为0.324，标准差值越大包含的气候信息就越多；一阶自相关系数值为0.533，其代表上一年的气候因子对当年树木生长的影响，值越大影响就越强；信噪比值为6.542，其表示气候信号与环境噪声的比值，信噪比值越大气候信息含量越高；样本总体代表性是对总体样本的抽样，通常样本总体代表性越大越能够代表该地区的树木径向生长，越便于进行树轮研究，该年表的样本总体代表性为80%；以上统计值参数充分说明本研究采样点能够很好地代表该区域华南五针松树轮宽度变化的基本特征。

2. 华南五针松径向生长对气候因子的响应

华南五针松树轮宽度标准化年表与气温和降水的响应分析结果表明（图8.23），华南五针松的树轮宽度变化与上一年7月的月均降水量呈显著负相关（$r = -0.389$，$P < 0.01$），与上一年以及当年4月、5月的月均降水量呈正相关但未达到显著水平；与上一年1月、2月、6月和9月、当年8月的月最高温具有显著相关性（$r = -0.302$、$r = -0.338$、$r = 0.295$、$r = 0.317$、$r = 0.32$，$P < 0.05$），与上一年7月、8月的月最高温呈显著正相关（$r = 0.472$、$r = 0.47$，$P < 0.01$）；与上一年1月、2月的月最低温呈显著负相关（$r = -0.365$，$P < 0.05$，$r = -0.379$，$P < 0.01$）；与上一年1月、2月的月均温呈显著负相关（$r = -0.368$，$P < 0.05$，$r = -0.38$，$P < 0.01$）。华南五针松的径向生长受降水影响较大，同时受月最高温影响较大，月最低温影响次之，月均温影响较小。

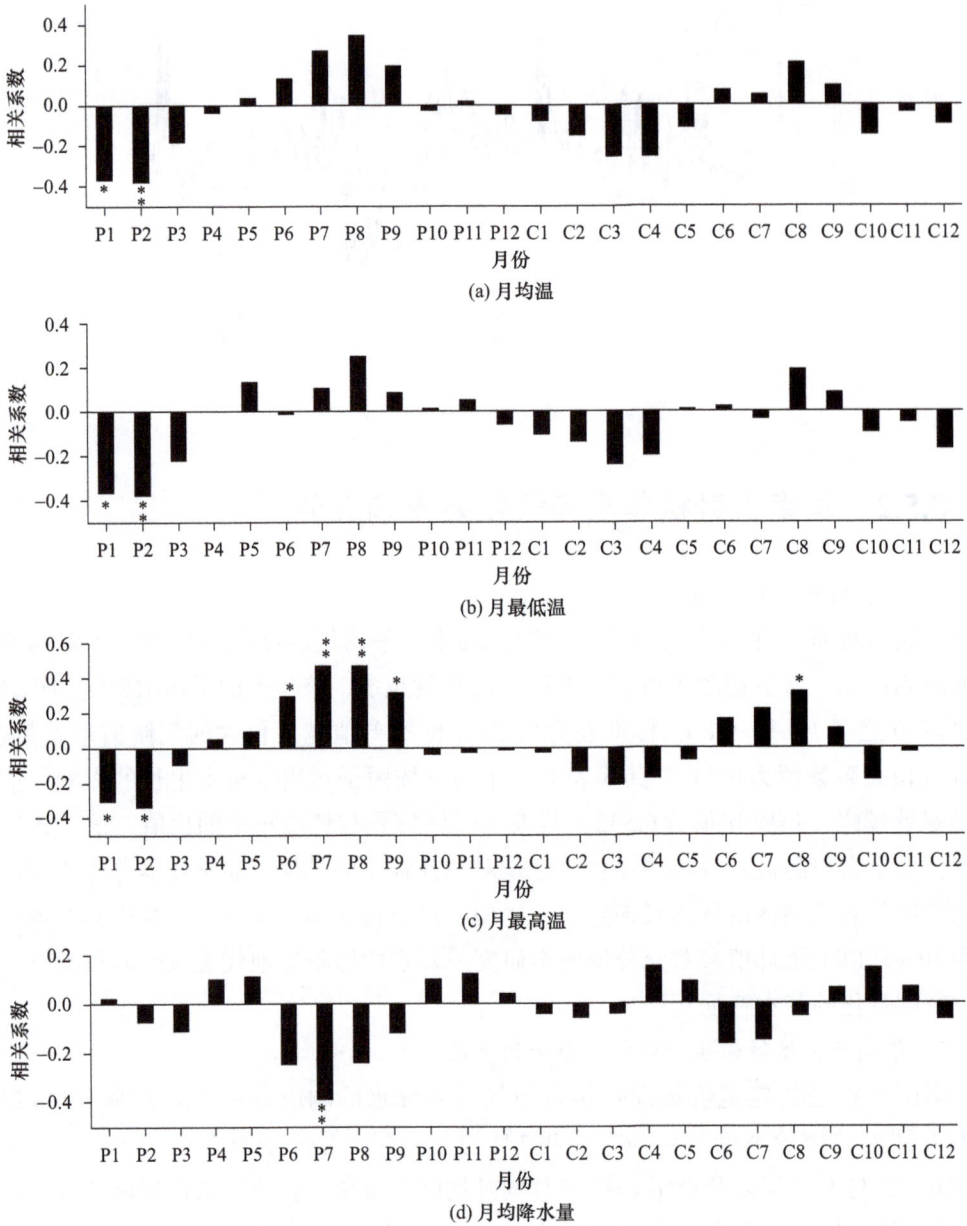

(a) 月均温

(b) 月最低温

(c) 月最高温

(d) 月均降水量

图8.23　华南五针松树轮宽度和气温、降水相关结果

**$P<0.01$；*$P<0.05$

8.6　粤北地区木本植物春季物候特征及其对气温的响应

植物物候是指植物受生物和非生物因子（气候、水文和土壤条件）影响而出现的以年为周期的自然现象，包括发芽、展叶、开花、落叶等现象。物候记录不仅反映了当时

的气候和环境状态，还反映了过去一段时间气象条件影响的积累情况（竺可桢和宛敏渭，1980a，1980b；葛全胜等，2010）。因此，物候变化在确定植物如何响应气候变化方面，被公认为是最敏感、最易于观测的重要感应器（陆佩玲等，2006；王连喜等，2010）。近年来，随着全球气候变暖，南岭植物物候期随之也发生了改变。基于曲江气象站木本植物苦楝物候观测和同期气象观测资料，分析粤北地区木本植物春季物候特征及其对气候变暖的响应。

8.6.1　气温变化特征

1983~2020年曲江年平均气温与全球气温变化趋势一致，即总体呈上升趋势（图8.24），气温的气候倾向率为每10年0.06℃，但没有通过0.05的显著性检验。20世纪90年代和21世纪初期，气温距平以负值为主，其中21世纪初期是31年中气温最低的时期，2014年以来气温距平以正值为主。曲江气温变化存在明显的季节差异，春季气温的气候倾向率达每10年0.27℃，升温趋势最显著；冬季升温幅度次之，气温的气候倾向率为每10年0.15℃；秋季和夏季气温的气候倾向率分别为每10年-0.06℃和-0.15℃。

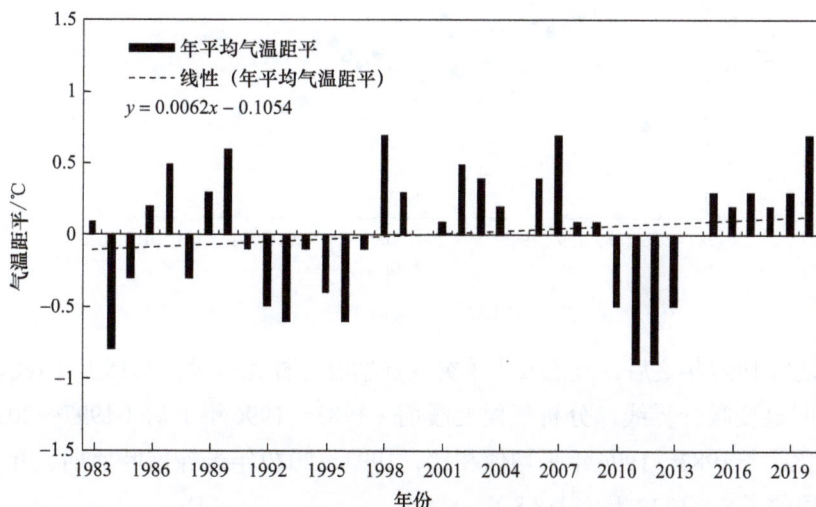

图8.24　1983~2020年曲江年平均气温变化

8.6.2　物候变化特征

1983~2020年，曲江苦楝的展叶盛期平均为3月20日，最早出现在2009年3月5日，最晚出现在1984年4月7日；开花盛期平均为4月5日，最早出现在2013年3月22日，最晚出现在1984年4月19日。从图8.25和图8.26可以看出，近40年来，曲江苦楝的展叶盛期和开花盛期均有提前的趋势，其中苦楝展叶盛期平均每年提前0.3天，开花盛期平均每年提前0.5天，均通过0.05的显著性检验。

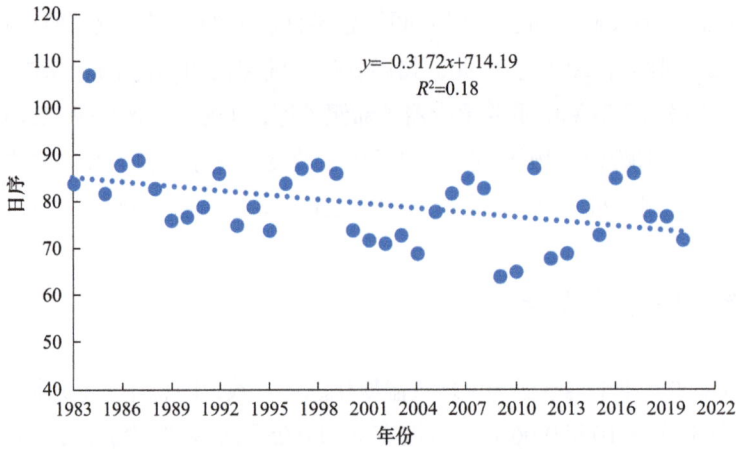

$$y=-0.3172x+714.19$$
$$R^2=0.18$$

图 8.25 曲江木本植物（苦楝）展叶盛期变化趋势

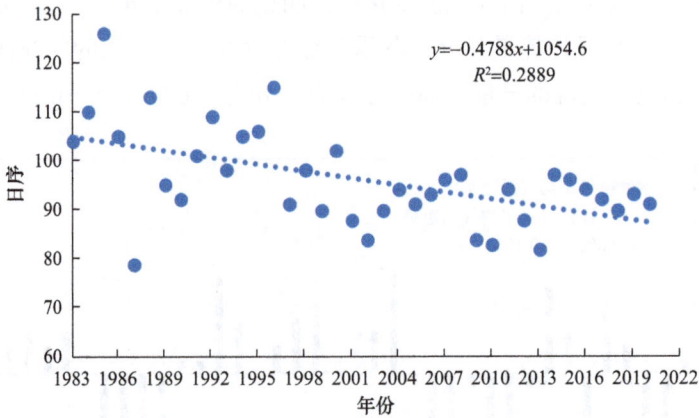

$$y=-0.4788x+1054.6$$
$$R^2=0.2889$$

图 8.26 曲江木本植物（苦楝）开花盛期变化趋势

华南地区 1997 年之后，气温发生了突变性增温（杜尧东等，2015），因此以 1997 年作为气候明显变暖分界线，分析气候变暖前（1983～1996 年）后（1997～2020 年）物候期的变化。与 1983～1996 年平均值相比，1997～2020 年苦楝展叶盛期、开花盛期平均值分别提前了 6 天和 13 天（表 8.8）。

表 8.8 曲江 1997 年前后木本植物（苦楝）春季物候期平均值差异

物候期	平均值		
	1983～1996 年	1997～2020 年	差值/天
展叶盛期	3 月 23 日	3 月 17 日	6
开花盛期	4 月 13 日	3 月 31 日	13

8.6.3 热量因子对木本植物春季物候期的影响

众多研究表明，影响春季物候期早晚的气候因子主要是温度，且植物春季物候起始日期与前2～3月的平均气温表现为高度的相关关系（Ahas et al., 2000），由于曲江苦楝的展叶盛期、开花盛期主要在2～4月，因此分析了1～4月各月均温以及1～3月均温、2～3月均温、冬季（12月至次年2月）均温、年均温与展叶盛期、开花盛期的相关性。另外，积温的多少体现了物候发生前热量的累积情况，因此，对1月1日到展叶盛期、开花盛期这一阶段≥10℃积温与展叶盛期、开花盛期的相关性也做了分析（表8.9）。

表8.9 曲江木本植物（苦楝）物候期与不同时段气温、≥10℃积温的相关系数

物候期	1月均温	2月均温	3月均温	4月均温	1～3月均温	2～3月均温	冬季均温	年均温	≥10℃积温
展叶盛期	−0.315	−0.536**	−0.29	−0.081	−0.527**	−0.507**	−0.266	−0.182	−0.557**
开花盛期	−0.293	−0.610**	−0.754**	−0.052	−0.760**	−0.811**	−0.023	−0.353*	−0.735**

**$P<0.01$；*$P<0.05$。

由表8.9可以看出，曲江木本植物（苦楝）展叶盛期、开花盛期与1～4月各月均温均呈负相关。总体来看，木本植物（苦楝）展叶盛期与2月均温的相关性最好，相关系数为−0.536，开花盛期和3月均温的相关性最好，相关系数达到−0.754，均通过$\alpha=0.01$显著水平的检验。就季尺度与年尺度来说，木本植物（苦楝）展叶盛期、开花盛期与1～3月、2～3月均温的相关性最好，相关系数为−0.811～−0.507，均通过$\alpha=0.01$显著水平的检验，表明1～3月、2～3月均温偏高，展叶盛期、开花盛期提前。展叶盛期与年均温无显著相关性，开花盛期和年均温的相关系数为−0.353，通过$\alpha=0.05$显著水平的检验。木本植物展叶盛期与前一年冬季气温也呈正相关，开花盛期与前一年冬季气温呈负相关，但整体来说相关性不如与春季气温的相关性好。展叶盛期、开花盛期与前期≥10℃积温呈显著负相关，相关系数为−0.735～−0.557，通过0.01显著水平检验，说明冬春季积温增多可促进展叶盛期、开花盛期提前。

8.6.4　春季物候对气温变化的响应模式

由于木本植物（苦楝）展叶盛期、开花盛期与1～4月各月均温以及1～3月均温、2～3月均温、冬季（12月至次年2月）均温、物候发生前≥10℃积温均呈负相关，而这些热量因子之间的相关性又十分明显，为此选择与展叶盛期和开花盛期相关系数均最大的2～3月均温为自变量，定量分析木本植物（苦楝）物候对气温变化的响应程度（图8.27）。由图8.27可以看出，曲江木本植物春季物候期与2～3月均温呈显著负相关，曲江2～3月均温上升1℃，苦楝展叶盛期、开花盛期分别约提前3.4天和5.4天。

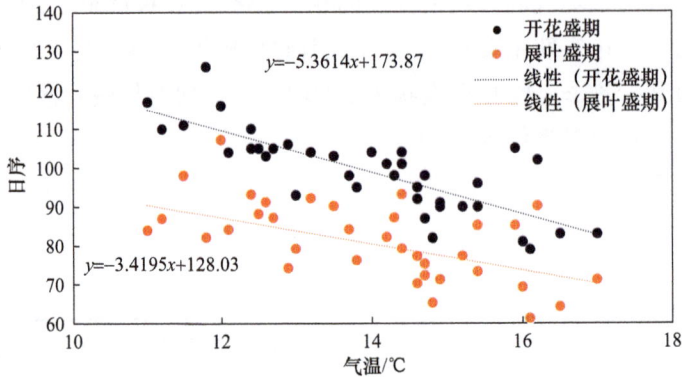

图 8.27　曲江木本植物（苦楝）展叶盛期、开花盛期与 2～3 月均温的关系

8.7　华南五针松形成层物候研究

维管形成层（Vascular Cambium）简称形成层，是裸子植物和双子叶植物的茎和根中，位于木质部与韧皮部之间的一种次生分生组织（Plomion et al.，2001）。在树木的生长季内，形成层沿树皮方向分裂产生次生韧皮部，沿髓心方向分裂产生次生木质部，树木年轮学所研究的主体也就是树木的木质部。树木枝、叶、芽等初级生长可以用肉眼直接观察，因此是树木物候学研究较为集中和热门的领域（Keenan et al.，2020）。树木径向生长则是形成层通过周期性分裂、分化，不断使树木直径加粗，但是这一过程并不能直接观察。树木在其生长过程中会记录与其生长息息相关的环境信号（Frankenstein et al.，2005），这些信号被保留在木质部中，周而复始记录着，不仅可以用于回顾过去的生长历史（Yang et al.，2014），还可以用于预测未来生长的变化（Eckes-Shephard et al.，2022），因此树木径向生长研究的重要性使其也越来越多地受到国内外学者的关注。木材解剖学方法为研究形成层物候提供了较为有效的研究手段（Rossi et al.，2006a），通过生长季内周期性采样，在细胞水平上观察形成层细胞分裂、分化所产生的次生木质部细胞在生长季内的动态变化，包括木质部细胞的扩大、次生细胞壁增厚、木质化及成熟阶段的发生时间节点、每个阶段的持续时间以及细胞数量，从而再现生长季内树木径向生长的整个过程。

华南五针松（*Pinus kwangtungensis* Chun ex Tsiang）是松科松属常绿乔木，因最早发现于广东省境内，又名广东松，是国家Ⅱ级重点保护植物，也是我国特有的珍稀濒危植物。华南五针松的高度可生长到 30m，胸径可达 1.5m，主要分布于湖南莽山、贵州独山、广西和广东北部地区以及海南五指山地区等海拔 700～1600m 的山地针阔混交林，或者在悬崖险峰形成纯林。虽然其现代地理分布范围跨度大（18°N～27°N，106°E～116°E），但多呈现零散分布、数量少且海拔高等特点。华南五针松在冬季能分泌一种白色粉末物质用以抵御严寒，在阳光下其针叶会呈现出浅蓝色，形成别具一格的"蓝松"景观。

华南五针松属于阳性树种，有较强的生态适应性，常作为群落的建群种，但是其天然更新较为缓慢（陶翠等，2012）。目前，围绕华南五针松的研究主要集中在部分分布区中种群、群落特征及种间关系方面。有研究认为，华南五针松种群在高海拔聚集强度降低，生存压力减小，会出现逐渐向高海拔迁移的可能，并最终会因分布区逐渐缩小、生存环境恶劣等因素而灭绝（王俊等，2022）。树轮学作为连接树木生长与气候之间关系的学科，可以反映气候变暖背景下华南五针松种群的生长趋势，目前相关研究还较为匮乏，主要讨论年际尺度的生长与气候之间的关系（李越等，2016），而一年之中华南五针松从何时开始生长，又在何时进入休眠期并没有具体的研究。

南岭作为我国中亚热带向南亚热带过渡的重要的气候分界线，影响着南北气流的运行，为研究我国亚热带地区森林生态系统对气候变化的响应提供了理想环境。广东南岭国家级自然保护区内有国内保存最为完好的华南五针松原始林，是南岭国家级自然保护区内独特且具有标志性意义的树种，对南岭地区的植物多样性保护、水土保持以及旅游开发等方面有重要生态和经济价值。

8.7.1 华南五针松形成层细胞数量的季节变化特征

基于2020年南岭国家级自然保护区华南五针松原始林的形成层物候的实验观测数据，发现华南五针松形成层在当年8月下旬至次年3月下旬处于休眠期，此时形成层细胞为4～5个（图8.28）。4月初，形成层细胞分裂活动开始[图8.29（a）]，进入活动期的形成层细胞数约为7个（图8.28）；5～7月是形成层活动的旺盛时期[图8.29（b）]；进入7月下旬至8月上旬，形成层细胞数量逐渐减少[图8.29（c）]，形成层细胞分裂能力减弱；8月下旬，形成层细胞数量恢复至休眠期水平。监测结果表明，采样年华南五针松形成层活动期持续时间约5个月，即4～8月。

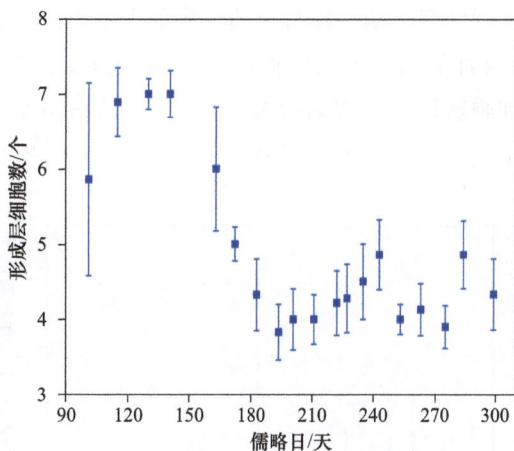

图8.28 华南五针松形成层年内活动细胞数量动态变化

8.7.2 华南五针松木质部分化各阶段细胞数量的季节变化特征

增大阶段是决定细胞最终大小的阶段，因为细胞增厚从细胞内侧开始，因此增大

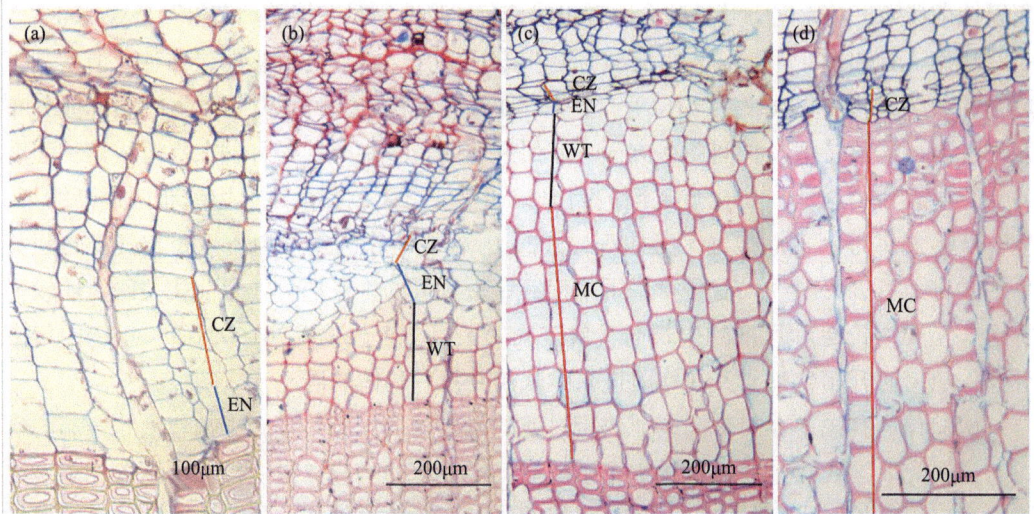

图8.29　华南五针松形成层活动及木质部分化各个阶段细胞组织切片

CZ：形成层细胞，EN：增大细胞，WT：次生细胞壁增厚及木质化细胞，MC：成熟木质部细胞

阶段的细胞可以决定树轮的宽度。此时形成的细胞由初生壁构成，细胞较为薄弱，容易破损。处于增大阶段的细胞数量很好地对应了形成层细胞分裂的时期，呈现出类似于"钟"形的数量变化（图8.30），即细胞数量在4月初由零开始逐渐增多，而后又逐渐减少为零，形成层分裂期增大细胞的数量平均为1~3个。进入休眠状态的形成层细胞不再进行分裂活动，相对应的木质部也不再产生新的增大细胞。

4月下旬，增大阶段的木质部细胞逐渐进入次生细胞壁增厚及木质化阶段，该阶段细胞数量开始逐渐增多，最高可增加至6个（图8.31）。形成层细胞分裂活动停止后，次生细胞壁增厚及木质化过程也会一直持续到10月。这一阶段，木质部细胞经过细胞

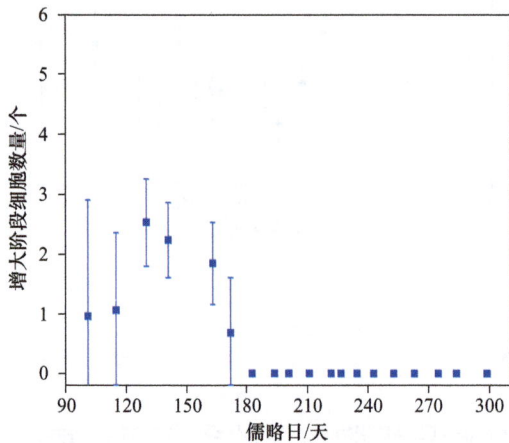

图8.30　华南五针松木质部增大阶段细胞数量
动态变化

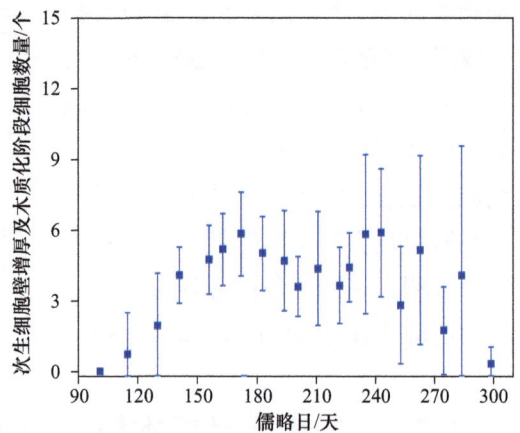

图8.31　华南五针松次生细胞壁增厚及木质化
阶段细胞数量动态变化

壁物质的沉积，由初生细胞壁逐渐发展为次生细胞壁，次生细胞壁比初生细胞壁更厚并且更加坚固，也是光合产物固定到木材结构中的主要形式。

处于成熟阶段的木质部细胞数量呈现出类似于"S"形生长曲线的季节变化规律（图8.32），即随着生长季的推移，细胞数量由零开始缓慢累积，然后出现一个快速增长的时期，在8月下旬形成层细胞进入休眠期之后，陆续有处于次生细胞壁增厚及木质化阶段的细胞逐渐转化为成熟的木质部细胞，最终木质部细胞数量在生长季结束后基本上趋于稳定。大部分细胞在10月下旬完全成熟，在显微镜底下呈现为红色［图8.29（d）］。因此，华南五针松生长季从4月持续至10月。

8.7.3 华南五针松木质部细胞数量累积变化特征

利用Gompertz方程对生长季内华南五针松木质部细胞进行拟合，结果显示，2020年最终形成的木质部细胞数平均为27.3个，其中4月生长量约占总生长量的9.1%，5月约占19.4%，6月约占24.8%，7月约占25.5%，8月约占21.1%（图8.33）。6~7月的木质部细胞生长量超过总生长量的50%，对应了Rossi等（2006b）关于最大细胞生长速率发生在6月下旬夏至日附近的结果。

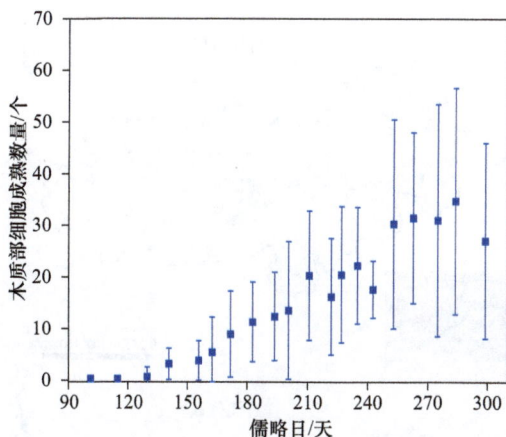

图8.32 华南五针松木质部细胞成熟阶段细胞数量动态变化

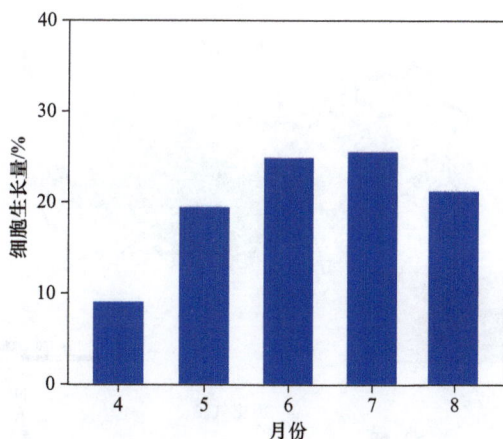

图8.33 华南五针松每月相对细胞生长量

8.8 第四纪冰期旋回对南岭鸟类分布影响研究

全球气候变化和环境破坏带来的各种生态问题受到人类社会的广泛关注。全球气候变化和环境破坏对物种多样性会造成何种影响是研究的重大科学问题，而探讨这个科学问题首先需要理清目前物种多样性分布格局的成因。物种当前的空间分布格局是过去历史条件下物种分化和环境变迁的结果,反映了物种对环境变化的适应情况,因此研究物种多样性的分布格局和机制不仅有助于了解影响和决定物种多样性空间分布格局的相关机制,也有助于预测全球气候变化对物种多样性的影响,这对探讨诸多生态学问题有着重大的科学意义。

1)第四纪冰期以来南岭气候变化

全球气候数据(WorldClim,www.worldclim.org)的生物气候变量(Bioclimatic Variables)显示,末次冰盛期(Last Glacial Maximum,LGM)(22000年前)以来南岭地区气温变化显著,年平均气温平均上升3.28℃,最暖月的最高气温和最冷月的最低气温分别平均上升1.98℃和3.32℃。但同时气温稳定性有所提高,气温日较差与年较差分别平均下降0.98℃和1.76℃。在降水方面变化幅度相对较小,年降水量平均减少57.74mm,最潮湿月降水量平均减少14.38mm,最干旱月降水量平均增加11.07mm。

2)气候变化下鸟类分布范围改变

通过物种分布模型模拟对比了185种鸟类在当代与历史气候场景下适宜栖息地的变化,结果显示,有141种鸟类在气候变化下适宜栖息地面积减少,占总数的76.22%,平均减少比例为60.72%。例如,棕背田鸡(*Zapornia bicolor*)气候变化导致其在南岭地区适宜分布面积减少比例达91.91%(图8.34)。另外,有44种鸟类在气候变化下适宜栖

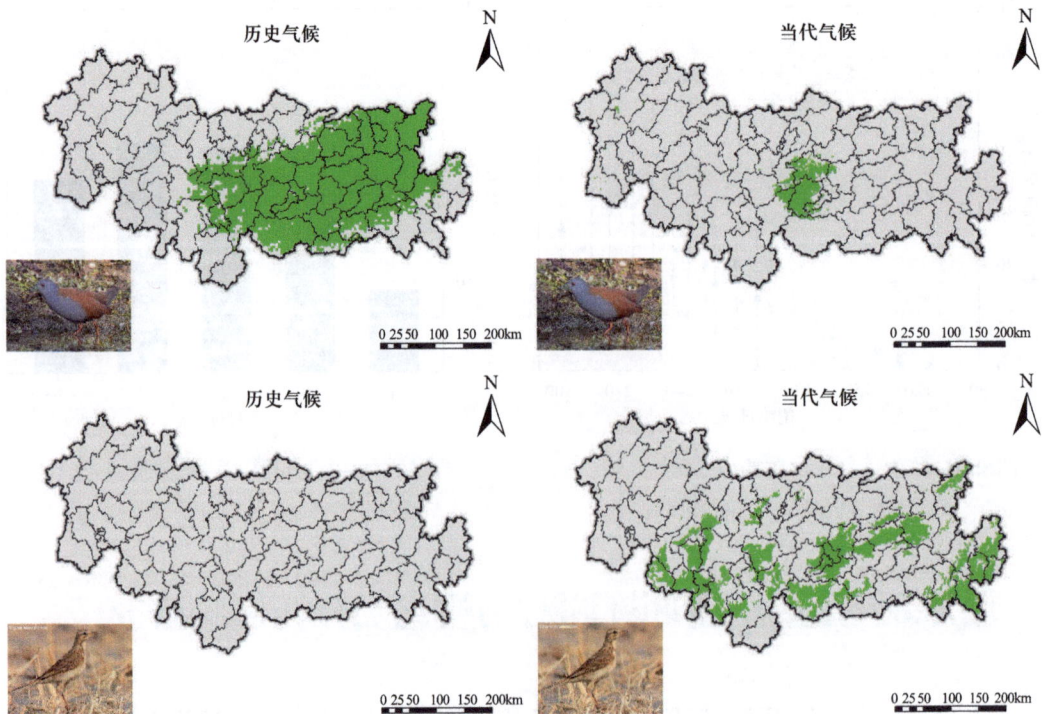

图8.34 第四纪冰期旋回对鸟类分布区影响(上:棕背田鸡;下:田鹨)

息地面积出现增加，占全部研究鸟类的23.78%，平均增加比例为10332.53%。这里面许多为气候变化后迁入南岭的物种，如在末次冰盛期气候条件下南岭并未有田鹨（*Anthus richardi*）分布，但气候变化后其在南岭的适宜栖息地大幅增加，比例达181393.75%。

3）气候变化下鸟类分布中心改变

模型分析的185种鸟类中，112种鸟类在气候变化下适宜栖息地中心发生南移，占总数的59.46%，平均纬度南移0.437°，如黑喉石䳭（*Saxicola maurus*）分布区南移幅度达1.745°。63种鸟类在气候变化下适宜栖息地中心北移，占总数的34.05%，平均纬度北移0.366°，如斑鱼狗（*Ceryle rudis*）分布区北移幅度达1.331°。95种鸟类在气候变化下适宜栖息地中心东移，占总数的51.35%，平均经度东移1.414°，如黄腰柳莺（*Phylloscopus proregulus*）分布区东移幅度达5.279°。80种鸟类在气候变化下适宜栖息地中心西移，占总数的43.24%，平均经度西移0.993°，如褐短翅蝗莺（*Locustella luteoventris*）分布区西移幅度达4.766°。

第四纪冰期旋回导致南岭地区气温总体上升和降水量总体下降，这两个气候条件的变化可以给鸟类度过冬季提供更干燥温暖的环境。另外，最干旱月降水量增加、最潮湿季度平均气温增加的气候变化则给鸟类提供了更加湿润的气候条件，这或许影响了鸟类分布范围与分布中心。推测适应更湿润、更高气温的鸟类分布面积会增加，而适应更寒冷气温、气候变化更多的鸟类分布面积会缩小。

第四纪冰期旋回影响下大部分南岭栖息鸟类分布区大幅度减少，研究的185种鸟类中，分布范围缩小的鸟类占全部研究鸟类的76.22%，平均减少比例为60.72%。另外，亦有部分能适应干燥炎热环境的鸟类的分布范围增加，这些鸟类占全部研究鸟类的23.78%。185种鸟类的适宜栖息地中心位置整体呈现南移多于北移、东移多于西移的趋势，且南移物种纬度变化平均幅度大于北移物种，东移物种经度变化平均幅度大于西移物种。需要提出的是，有10种鸟种在历史气候因子的条件下并不分布于南岭，因此没有纳入鸟类分布范围变化与各鸟类分布中心变化的研究。

8.8.1 数据来源与物种分布模拟

本节研究范围（图8.35）涵盖南岭的5个省及下属80个市（区、县），总面积约160000km²。我们将整个研究范围转化为1km²空间分辨率的网格体系，本节研究所有分析将在此网格体系上进行。

鸟类分布记录来源于中国观鸟记录中心网站（http://www.birdreport.cn/）上研究范围内的观鸟记录，所有记录均来自于2010～2020年。此外，为确保模型精度以及消除空间自相关所导致的模型偏差，我们仅选择具有30个以上分布数据的鸟类作为研究对象，并且同一个物种在同一个网格内仅保留一个记录（Shcheglovitova et al., 2013; Luo

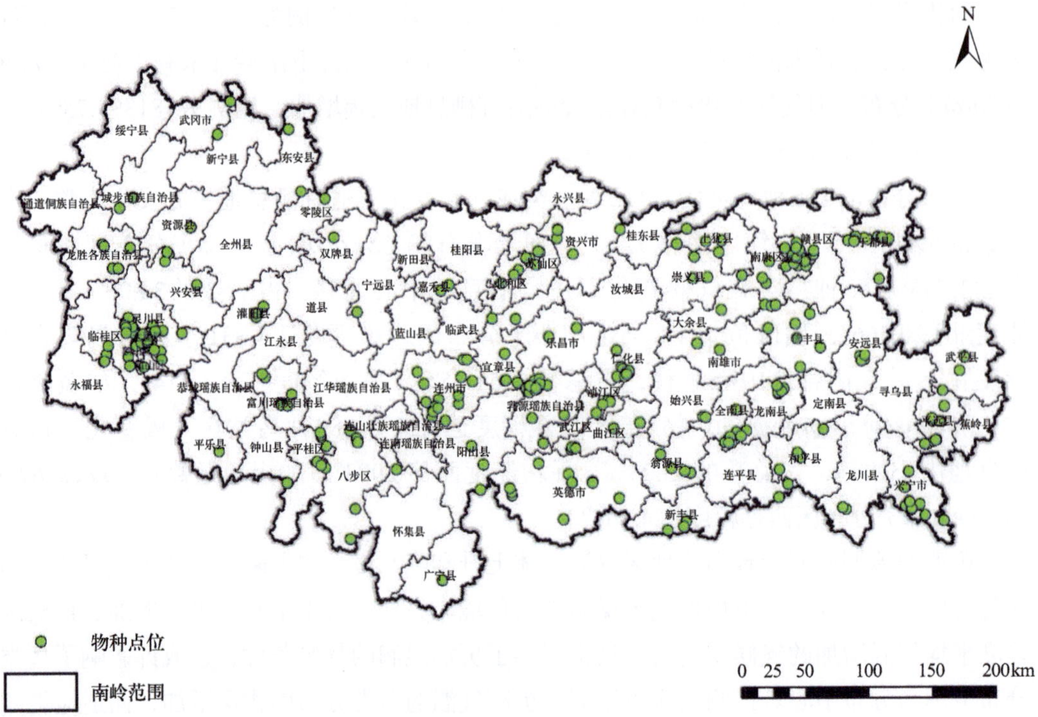

图8.35　研究范围与物种分布记录

et al.，2015），总共186种鸟类被纳入本节研究中，合计24990个分布数据。

本节研究使用WorldClim气候数据库（www.worldclim.org）的19个生物气候变量来对当代（1950~2000年）与历史气候场景（末次冰盛期进行模拟。其中，历史气候变量通过对CCSM4、MIROC-ESM、MPI-ESM-P三个全球气候模型（Global Climate Model，GCM）求平均值来获得。

本节研究使用最大熵模型（Maximum Entropy Model，MaxEnt）对当代与历史气候情景下的鸟类潜在适宜栖息地进行预测。对于每一种鸟类，我们首先根据其分布数据与当代气候因子数据，建立其在当代气候情景下的分布模型，然后通过将当代气候因子数据投影至历史气候因子数据（图8.36和图8.37），得到该鸟类在历史气候情景中的分布模型。

为了将预测结果从0~1的分布概率取值转化为（0，1）的二项取值，对于同一个物种在同一气候情景的10个分布模型，我们选取了10次交叉验证的平均阈值作为整合模型的阈值，若某一栅格的分布概率大于这一阈值，则认为物种在这一栅格内为"分布"，反之则为"无分布"。我们分别计算了当代与历史情景下鸟类潜在适宜栖息地的面积、其变化百分比（当代气候情景适宜栖息地面积－历史气候情景适宜栖息地面积/历史气候情景适宜栖息地面积）和栖息地中心位置变化程度（经度差值与纬度差值的平方和）。

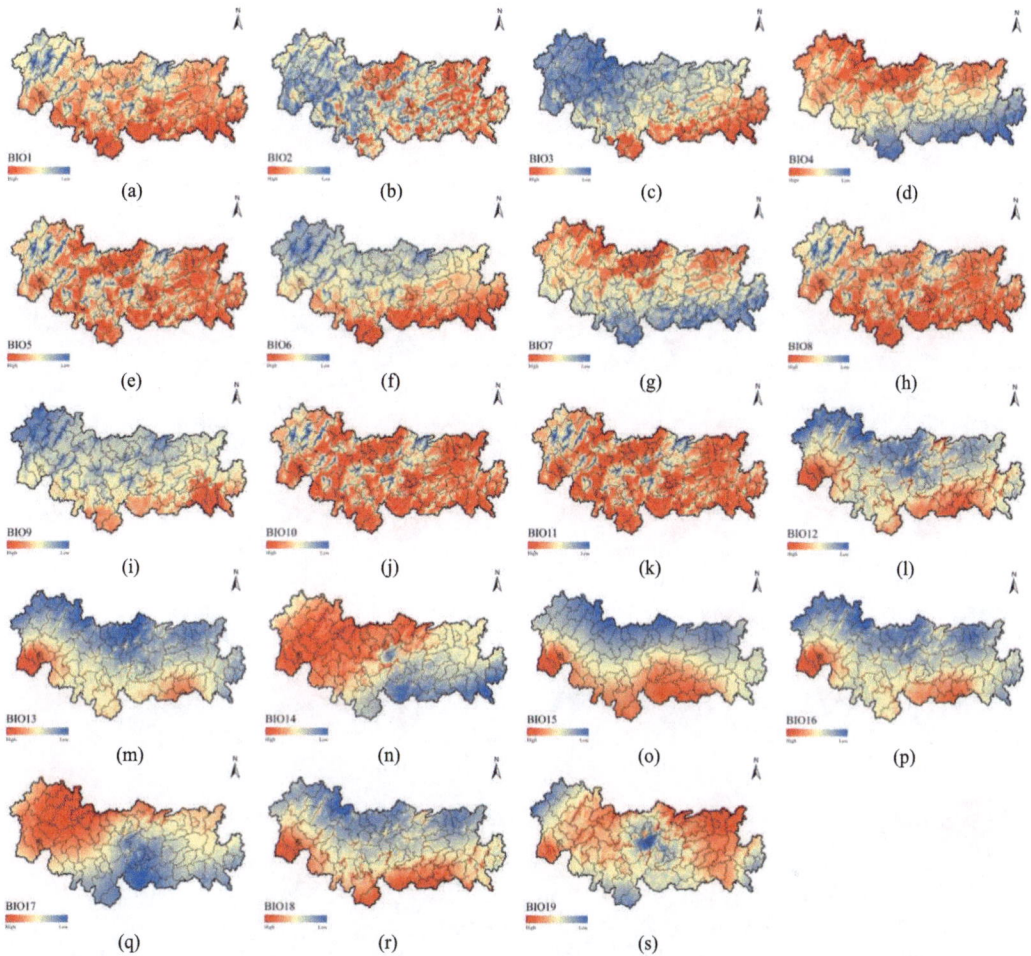

图8.36 当代气候因子（1950～2000年）

（a）年平均气温；（b）平均日差；（c）等温性；（d）气温季节变化；（e）最暖月的最高气温；（f）最冷月的最低气温；
（g）气温年变化范围；（h）最潮湿季度平均气温；（i）最干燥季度平均气温；（j）最热季度平均气温；（k）最冷季度平均
气温；（l）年降水量；（m）最潮湿月降水量；（n）最干旱月降水量；（o）降水量季节变化；（p）最潮湿季度降水量；
（q）最干燥季度降水量；（r）最热季度降水量；（s）最冷季度降水量

8.8.2 第四纪冰期旋回对鸟类分布范围的影响

151种鸟类在气候变化下适宜栖息地面积减少（表8.10），包括棕背田鸡（*Zapornia bicolor*）（15032.5km²，99.58%）、仙八色鸫（*Pitta nympha*）（136163km²，99.09%）、钩嘴林鵙（*Tephrodornis virgatus*）（138665km²，86.89%）、矛纹草鹛（*Babax lanceolatus*）（93335.7km²，83.48%）、黄腹角雉（*Tragopan caboti*）（124316km²，82.95%）、红头咬鹃（*Harpactes erythrocephalus*）（101795km²，81.90%）、白颊噪鹛（*Garrulax sannio*）（126022km²，80.50%）、金头缝叶莺（*Phyllergates cuculatus*）（85943km²，80.27%）、斑背燕尾（*Enicurus maculatus*）（104654km²，80.08%）、大斑啄木鸟（*Dendrocopos major*）

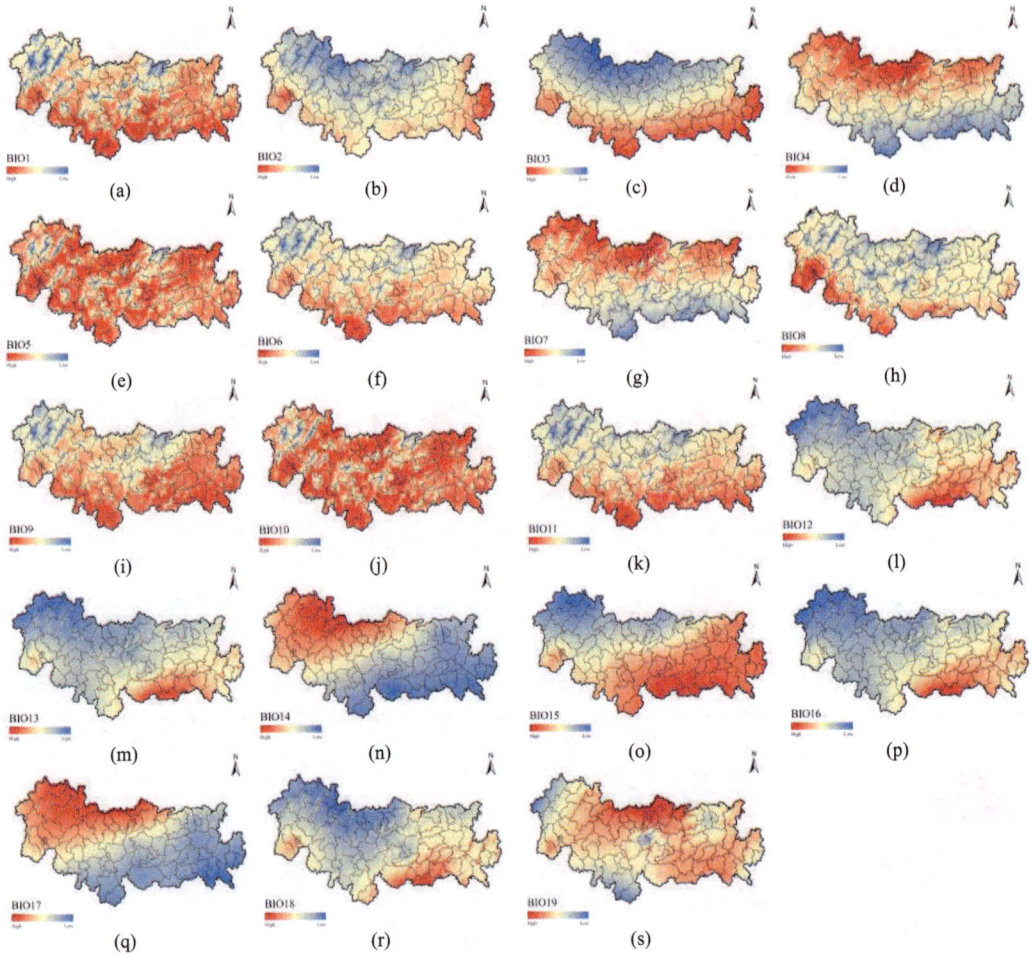

图8.37 历史气候因子（末次冰盛期，22000年前）

（a）年平均气温；（b）平均日差；（c）等温性；（d）气温季节变化；（e）最暖月的最高气温；（f）最冷月的最低气温；（g）气温年变化范围；（h）最潮湿季度平均气温；（i）最干燥季度平均气温；（j）最热季度平均气温；（k）最冷季度平均气温；（l）年降水量；（m）最潮湿月降水量；（n）最干旱月降水量；（o）降水量季节变化；（p）最潮湿季度降水量；（q）最干燥季度降水量；（r）最热季度降水量；（s）最冷季度降水量

（120193km^2，80.04%）等，占全部研究鸟类的81.18%，平均减少比例为65.90%。其中，适宜栖息地面积减少比例最高的为棕背田鸡（*Zapornia bicolor*）（99.58%），其次为仙八色鸫（*Pitta nympha*）（99.09%）（图8.38）。

表8.10 鸟类分布范围变化结果统计

物种		AUC	变化比例/%	分布区面积/km^2	
				历史	当代
棕脸鹟莺	*Abroscopus albogularis*	0.544	−68.75	156675.0225	48965.37873
赤腹鹰	*Accipiter soloensis*	0.712	−65.00	98924.01798	34623.40629
凤头鹰	*Accipiter trivirgatus*	0.849	−75.51	117322.9867	28732.42545

续表

物种		AUC	变化比例/%	分布区面积/km²	
				历史	当代
松雀鹰	*Accipiter virgatus*	0.433	1394.39	3709.355061	55432.21419
八哥	*Acridotheres cristatellus*	0.856	62.21	21071.31246	34178.80397
矶鹬	*Actitis hypoleucos*	0.449	−57.65	114027.4901	48290.19807
红头长尾山雀	*Aegithalos concinnus*	0.784	−72.15	135588.3382	37758.0892
叉尾太阳鸟	*Aethopyga christinae*	0.736	−69.95	118927.5754	35734.91211
小云雀	*Alauda gulgula*	0.785	—	0	13261.2104
普通翠鸟	*Alcedo atthis*	0.712	−70.12	115174.4696	34417.65947
褐顶雀鹛	*Alcippe-brunnea*	0.331	−48.48	86048.28726	44327.79806
灰眶雀鹛	*Alcippe morrisonia*	0.574	−70.79	109551.9055	31998.36063
灰眶雀鹛东南亚种	*Alcippe morrisonia hueti*	0.686	−69.28	144331.3956	44339.62259
红脚苦恶鸟	*Amaurornis akool*	0.683	−77.78	139226.746	30942.4301
白胸苦恶鸟	*Amaurornis phoenicurus*	0.776	47.15	20405.59142	30026.02903
红喉鹨	*Anthus cervinus*	0.835	—	0	37780.5558
树鹨	*Anthus hodgsoni*	0.775	−56.36	80600.72629	35175.61184
田鹨	*Anthus richardi*	0.748	—	0	30590.05911
黄腹鹨	*Anthus rubescens*	0.611	453.05	5795.202153	32050.38857
小白腰雨燕	*Apus nipalensis*	0.702	−76.06	111977.1166	26806.20951
白腰雨燕	*Apus pacificus*	0.073	−75.43	108835.339	26742.35705
白额山鹧鸪	*Arborophila gingica*	0.783	−74.74	119104.9433	30088.69904
池鹭	*Ardeola bacchus*	0.798	−71.56	106794.4251	30367.75795
黑冠鹃隼	*Aviceda leuphotes*	0.735	−72.46	137389.2141	37837.31355
矛纹草鹛	*Babax lanceolatus*	0.88	−83.48	111806.8434	18471.09831
灰胸竹鸡	*Bambusicola thoracicus*	0.739	−71.68	137683.6449	38996.11749
黄嘴栗啄木鸟	*Blythipicus pyrrhotis*	0.73	−73.30	117283.9657	31310.17299
白喉短翅鸫	*Brachypteryx leucophris*	0.703	−53.67	98652.05379	45710.08562
牛背鹭	*Bubulcus ibis coromandus*	0.669	−74.56	100579.4522	25589.46537
普通鵟	*Buteo japonicus*	0.724	2650.10	1184.817906	32583.67487
绿鹭	*Butorides striata*	0.722	−58.59	110201.0722	45639.13844
八声杜鹃	*Cacomantis merulinus*	0.763	311.85	8523.121224	35102.29976
普通夜鹰普通亚种	*Caprimulgus indicus jotaka*	0.614	−64.14	113126.461	40566.41507
金腰燕	*Cecropis daurica*	0.678	−67.74	111507.6828	35973.76762
小鸦鹃	*Centropus bengalensis*	0.73	−69.97	100328.7721	30125.35508
褐翅鸦鹃	*Centropus sinensis*	0.777	−70.32	102992.8388	30564.04514
斑鱼狗	*Ceryle rudis*	0.681	−53.67	75990.34205	35208.72053
金眶鸻	*Charadrius dubius*	0.802	—	0	40419.7909

续表

物种		AUC	变化比例/%	分布区面积/km²	
				历史	当代
橙腹叶鹎	*Chloropsis hardwickii*	0.75	−75.51	123760.2608	30309.81775
金翅雀	*Chloris sinica*	0.754	−77.08	134180.0366	30756.78498
褐河乌	*Cinclus pallasii*	0.817	−71.92	112003.1306	31446.15508
棕扇尾莺	*Cisticola juncidis*	0.738	34176.72	137.164548	47015.51373
红翅凤头鹃	*Clamator coromandus*	0.825	−72.53	137458.9788	37760.4541
鹊鸲	*Copsychus saularis*	0.77	−64.94	99000.87743	34710.90782
大嘴乌鸦	*Corvus macrorhynchos*	0.711	26121.21	117.062847	30695.29743
暗灰鹃鵙	*Coracina-melaschistos*	0.697	−76.46	134722.7826	31716.93682
白颈鸦	*Corvus pectoralis*	0.863	—	0	24933.20396
四声杜鹃	*Cuculus micropterus*	0.394	−24.13	61002.75027	46284.75778
小杜鹃	*Cuculus poliocephalus*	0.685	−41.46	68176.69262	39910.15366
白腹蓝鹟	*Cyanoptila cyanomelana*	0.431	−62.32	103900.9627	39145.10657
海南蓝仙鹟	*Cyornis hainanus*	0.623	−72.70	109490.418	29892.41184
烟腹毛脚燕	*Delichon dasypus*	0.514	792.84	6956.370999	62109.52628
星头啄木鸟	*Dendrocopos canicapillus*	0.755	−70.83	150629.1403	43944.68329
灰树鹊	*Dendrocitta formosae*	0.783	−69.59	123385.4232	37522.78105
山鹡鸰	*Dendronanthus indicus*	0.854	—	0	36873.61435
大斑啄木鸟	*Dendrocopos major*	0.748	−80.04	150169.1661	29976.366
发冠卷尾	*Dicrurus hottentottus*	0.726	−68.77	92350.76175	28844.75848
红胸啄花鸟	*Dicaeum ignipectus*	0.702	−71.64	108317.4246	30723.6763
黑卷尾	*Dicrurus macrocercus*	0.603	−73.37	108240.5652	28829.38659
白鹭	*Egretta garzetta*	0.783	−43.84	59321.3021	33315.61328
中白鹭	*Egretta intermedia*	0.353	590.52	7574.793918	52305.80846
黑翅鸢	*Elanus caeruleus*	0.792	−72.84	91462.73955	24839.79017
栗耳鹀	*Emberiza fucata*	0.62	4520.50	847.818801	39173.48544
小鹀	*Emberiza pusilla*	0.75	−62.94	89132.12469	33030.6421
灰头鹀	*Emberiza spodocephala*	0.763	0.75	31793.79626	32031.46932
白眉鹀	*Emberiza tristrami*	0.654	−65.14	98616.5802	34378.63852
白额燕尾	*Enicurus leschenaulti*	0.639	−61.47	101411.8991	39069.42957
斑背燕尾	*Enicurus maculatus*	0.852	−80.08	130685.888	26031.7028
灰背燕尾	*Enicurus schistaceus*	0.748	−67.83	117961.5113	37944.91677
白腹凤鹛	*Erpornis zantholeuca*	0.823	−69.93	115474.8126	34721.54989

续表

物种		AUC	变化比例/%	分布区面积/km²	
				历史	当代
噪鹃	*Eudynamys scolopaceus*	0.729	−71.77	115647.4508	32651.07469
铜蓝鹟	*Eumyias thalassinus*	0.797	−73.60	105293.8923	27797.10512
三宝鸟	*Eurystomus orientalis*	0.816	−71.55	111184.8731	31630.61775
红隼	*Falco tinnunculus*	0.568	−58.79	68972.48349	28421.44031
燕雀	*Fringilla montifringilla*	0.784	—	0	34165.79698
黑水鸡	*Gallinula chloropus*	0.764	−70.16	78918.09567	23549.73395
扇尾沙锥	*Gallinago gallinago*	0.899	2634.76	1496.985498	40938.88777
画眉	*Garrulax canorus*	0.764	−72.37	119062.375	32899.38982
松鸦	*Garrulus glandarius*	0.66	−33.06	49458.46163	33108.684
小黑领噪鹛	*Garrulax monileger*	0.719	−71.76	79165.22835	22360.18623
黑领噪鹛	*Garrulax pectoralis*	0.827	−77.70	126652.5408	28244.07236
黑脸噪鹛	*Garrulax perspicillatus*	0.814	−79.88	143915.1722	28955.90906
白颊噪鹛	*Garrulax sannio*	0.736	−80.50	156540.2229	30517.92948
领鸺鹠	*Glaucidium brodiei*	0.834	−77.93	115835.4608	25566.99877
斑头鸺鹠	*Glaucidium cuculoides*	0.759	−74.61	112601.4518	28591.71354
黑领椋鸟	*Gracupica nigricollis*	0.882	−69.04	77384.45413	23961.22759
蓝翡翠	*Halcyon pileata*	0.416	−51.86	103923.4293	50033.13379
红头咬鹃	*Harpactes erythrocephalus*	0.821	−81.90	124286.4524	22491.43851
栗背短脚鹎	*Hemixos castanonotus*	0.677	−71.35	136669.1002	39155.74864
大鹰鹃	*Hierococcyx sparverioides*	0.745	−72.83	128487.7079	34915.47218
家燕	*Hirundo rustica*	0.757	−73.79	130933.0207	34315.96851
强脚树莺	*Horornis fortipes*	0.739	−56.67	69088.36388	29934.98015
黑短脚鹎	*Hypsipetes leucocephalus*	0.715	−71.93	135647.4608	38073.80415
栗苇鳽	*Ixobrychus cinnamomeus*	0.715	48.83	16149.94307	24035.72213
绿翅短脚鹎	*Ixos mcclellandii*	0.772	−73.09	127538.1981	34320.69833
黄斑苇鳽	*Ixobrychus sinensis*	0.7	461.81	6307.204302	35434.56905
牛头伯劳	*Lanius bucephalus*	0.683	−58.92	96288.33024	39554.2353
红尾伯劳	*Lanius cristatus*	0.686	−69.87	112793.0092	33983.69922
棕背伯劳	*Lanius schach*	0.786	−70.16	136827.5489	40828.91964
红嘴相思鸟	*Leiothrix lutea*	0.717	−59.34	64949.77838	26408.9053
金胸雀鹛	*Lioparus chrysotis*	0.619	−66.59	128864.9104	43056.66109
棕褐短翅蝗莺	*Locustella luteoventris*	0.638	91.13	17765.17387	33954.1379

续表

物种		AUC	变化比例/%	分布区面积/km²	
				历史	当代
斑文鸟	*Lonchura punctulata*	0.794	−68.07	116682.0971	37250.81686
白腰文鸟	*Lonchura striata*	0.714	−56.03	84086.59774	36976.48776
白鹇	*Lophura nycthemera*	0.724	−75.97	129609.8558	31150.54183
黄颊山雀	*Machlolophus spilonotus*	0.769	−77.44	132973.9346	29996.4677
黑眉拟啄木鸟海南亚种	*Megalaima oorti faber*	0.773	−75.23	122491.4887	30339.37907
大拟啄木鸟	*Megalaima virens*	0.788	−75.68	121588.0946	29574.33198
蓝喉蜂虎	*Merops viridis*	0.756	−75.78	117790.0556	28529.04353
栗啄木鸟	*Micropternus brachyurus*	0.823	−61.60	110478.9487	42426.41364
黑鸢	*Milvus migrans*	0.762	—	0	19836.83153
蓝翅希鹛	*Minla cyanouroptera*	0.97	—	0	6379.333935
蓝矶鸫	*Monticola solitarius*	0.679	−43.03	99871.16283	56899.63836
白鹡鸰	*Motacilla alba*	0.759	−65.00	119885.3623	41956.9798
灰鹡鸰	*Motacilla cinerea*	0.721	−66.05	105524.4706	35822.41364
黄鹡鸰	*Motacilla tschutschensis*	0.555	352.94	10214.02901	46263.47363
北灰鹟	*Muscicapa latirostris*	0.569	−24.29	81047.69353	61363.39844
紫啸鸫	*Myophonus caeruleus*	0.703	−72.90	104373.9439	28280.7284
小仙鹟	*Niltava macgrigoriae*	0.74	−76.08	156372.3145	37400.98839
夜鹭	*Nycticorax nycticorax*	0.784	−3.66	25756.19125	24813.77621
黑枕黄鹂	*Oriolus chinensis*	0.645	−62.44	99033.98611	37198.78893
长尾缝叶莺	*Orthotomus sutorius*	0.801	−72.30	125789.3501	34845.70746
领角鸮	*Otus lettia*	0.784	−68.40	124352.6697	39289.36583
黄嘴角鸮	*Otus spilocephalus*	0.856	−70.03	108750.2024	32596.68185
红角鸮	*Otus sunia*	0.774	−63.55	115786.9802	42207.65984
欧亚大山雀	*Parus major*	0.673	−21.11	54611.59181	43082.67505
远东山雀	*Parus minor*	0.709	−72.38	146315.5518	40411.51373
绿背山雀	*Parus monticolus*	0.698	−62.51	97495.61476	36549.62223
麻雀	*Passer montanus*	0.784	−63.88	96089.67814	34708.54291
山麻雀	*Passer rutilans*	0.717	−69.90	160007.1751	48155.39843
灰喉山椒鸟	*Pericrocotus solaris*	0.654	−75.22	139311.8826	34527.6276
赤红山椒鸟	*Pericrocotus flammeus*	0.821	−79.23	134295.917	27894.06627
雉鸡	*Phasianus colchicus*	0.728	−63.67	68796.29799	24994.69151
北红尾鸲	*Phoenicurus auroreus*	0.765	−63.08	100216.4391	37001.31928
金头缝叶莺	*Phyllergates cuculatus*	0.836	−80.27	107073.4841	21130.43511
褐柳莺	*Phylloscopus fuscatus*	0.771	−72.67	99311.86256	27139.66126

续表

物种		AUC	变化比例/%	分布区面积/km²	
				历史	当代
华南冠纹柳莺	*Phylloscopus goodsoni*	0.789	−76.57	159663.0812	37412.81292
黄眉柳莺	*Phylloscopus inornatus*	0.735	−77.67	130792.3088	29208.95401
黄腰柳莺	*Phylloscopus proregulus*	0.768	−59.97	85279.69281	34140.96547
黑眉柳莺	*Phylloscopus ricketti*	0.674	349.17	10367.7479	46568.5465
灰头绿啄木鸟	*Picus canus*	0.772	−73.14	125519.7509	33720.0122
斑姬啄木鸟	*Picumnus innominatus*	0.791	−73.15	105690.014	28374.14219
喜鹊	*Pica pica*	0.762	−66.69	107262.6765	35725.45249
仙八色鸫	*Pitta nympha*	0.795	−99.09	137409.3158	1246.305462
小鳞胸鹪鹛	*Pnoepyga pusilla*	0.552	800.66	5231.172072	47114.83979
棕颈钩嘴鹛	*Pomatorhinus ruficollis*	0.736	−62.27	107691.907	40632.63244
锈脸钩嘴鹛	*Pomatorhinus erythrogenys*	0.826	−71.29	117397.4812	33703.45786
棕背田鸡	*Zapornia bicolor*	0.991	−99.58	15096.37745	63.852462
红胸田鸡	*Porzana fusca*	0.48	−77.95	142666.5018	31452.06735
黄腹鹪莺	*Prinia flaviventris*	0.789	−68.60	95730.21243	30063.86753
纯色山鹪莺	*Prinia inornata*	0.743	−63.62	99457.30428	36184.24425
山鹪莺	*Prinia superciliaris*	0.679	−66.25	90710.69944	30612.52572
白喉红臀鹎	*Pycnonotus aurigaster*	0.81	−74.38	125704.2135	32204.10746
红耳鹎	*Pycnonotus jocosus*	0.806	−44.87	71361.03855	39342.57622
白头鹎	*Pycnonotus sinensis*	0.753	−67.23	111970.0219	36690.33414
黄臀鹎	*Pycnonotus xanthorrhous*	0.473	−38.56	63113.42888	38777.36368
崖沙燕	*Riparia riparia*	0.455	−41.84	90256.63749	52493.81848
彩鹬	*Rostratula benghalensis*	0.792	189.61	14940.29366	43268.32018
灰林鵖	*Saxicola ferreus*	0.733	−61.80	100176.2357	38266.54399
黑喉石鵖	*Saxicola maurus*	0.666	−8.11	34216.64246	31442.60772
东亚石鵖黑喉石鵖亚种	*Saxicola stejnegeri*	0.733	−66.16	107211.8311	36280.02295
栗头鹟莺	*Seicercus castaniceps*	0.814	−72.33	119996.5129	33204.46269
比氏鹟莺	*Seicercus valentini*	0.594	−74.13	147349.0157	38124.64963
棕头鸦雀	*Sinosuthora webbiana*	0.752	1037.85	2418.116385	27514.49886
蛇雕	*Spilornis cheela*	0.635	−72.12	108329.2491	30197.48471
珠颈斑鸠	*Spilopelia chinensis*	0.793	−44.22	64275.78017	35850.79251
丝光椋鸟	*Spodiopsar sericeus*	0.774	−37.66	49631.09977	30938.88275
黄喉穗鹛	*Stachyridopsis ambigua*	0.658	−61.74	110966.1193	42458.33987
山斑鸠	*Streptopelia orientalis*	0.704	−62.68	100815.9428	37623.28955
火斑鸠	*Streptopelia tranquebarica*	0.562	−13.61	49707.95921	42943.1456

续表

物种		AUC	变化比例/%	分布区面积/km²	
				历史	当代
叉尾乌鹃	*Surniculus dicruroides*	0.712	−65.13	94279.3426	32879.28812
金色鸦雀	*Suthora verreauxi*	0.575	−76.67	77268.57374	18028.86089
红胁蓝尾鸲	*Tarsiger cyanurus*	0.737	4.79	37189.3293	38970.10352
钩嘴林鵙	*Tephrodornis virgatus*	0.817	−86.89	159590.9516	20925.87074
黄腹角雉	*Tragopan caboti*	0.909	−82.95	149867.6406	25551.62688
林鹬	*Tringa glareola*	0.767	—	0	35544.53718
白腰草鹬	*Tringa ochropus*	0.748	350.33	7788.817911	35075.10334
红尾噪鹛	*Trochalopteronh milnei*	0.517	−65.51	92616.81368	31946.3327
灰背鸫	*Turdus hortulorum*	0.761	674.88	3902.0949	30236.50566
欧亚乌鸫	*Turdus merula*	0.826	−53.35	67315.86684	31400.03942
白眉鸫	*Turdus obscurus*	0.825	−67.33	116418.4101	38037.1481
红嘴蓝鹊	*Urocissa erythrorhyncha*	0.67	−65.52	125734.9573	43357.00415
灰头麦鸡	*Vanellus cinereus*	0.717	453.49	8666.198037	47966.20595
栗耳凤鹛	*Yuhina castaniceps*	0.614	−28.48	77196.44411	55211.09548
栗颈凤鹛栗耳凤鹛亚种	*Yuhina torqueola*	0.806	−66.15	110364.2508	37360.78499
暗绿绣眼鸟	*Zosterops japonicus*	0.715	−66.43	112256.1756	37682.4122

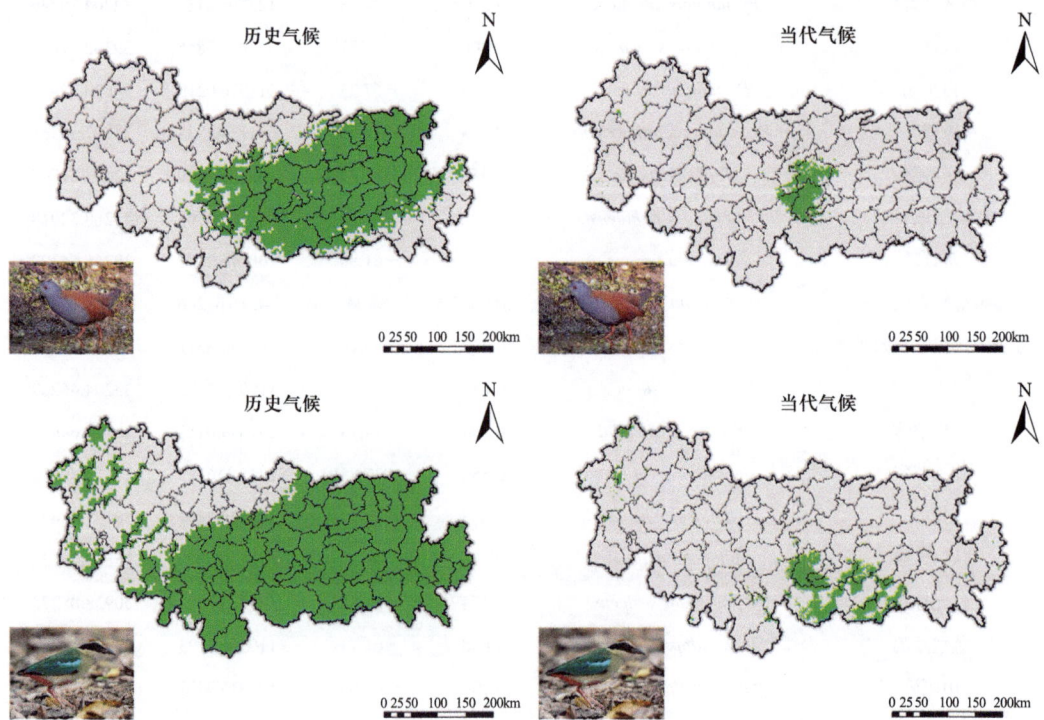

图 8.38　第四纪冰期旋回对鸟类分布区影响（上：棕背田鸡；下：仙八色鸫）

有25种鸟类在气候变化下适宜栖息地面积出现增加（表8.10），包括棕扇尾莺（*Cisticola juncidis*）（46878.35km², 34176.72%）、大嘴乌鸦（*Corvus macrorhynchos*）（30578.23km², 26121.21%）、栗耳鹀（*Emberiza fucata*）（38325.67km², 4520.50%）、普通鵟（*Buteo japonicus*）（31398.86km², 2650.10%）、扇尾沙锥（*Gallinago gallinago*）（39441.9km², 2634.76%）、松雀鹰（*Accipiter virgatus*）（51722.86km², 1394.39%）、棕头鸦雀（*Sinosuthora webbiana*）（25096.38km², 1037.85%）、小鳞胸鹪鹛（*Pnoepyga pusilla*）（41883.67km², 800.66%）、烟腹毛脚燕（*Delichon dasypus*）（55153.16km², 792.84%）、灰背鸫（*Turdus hortulorum*）（26334.41km², 674.88%）等，占全部研究鸟类的13.44%，平均增加比例为7380.39%。其中，适宜栖息地面积增加比例最高的为棕扇尾莺（*Cisticola juncidis*）（34176.72%），其次为大嘴乌鸦（*Corvus macrorhynchos*）（26121.21%）（图8.39）。

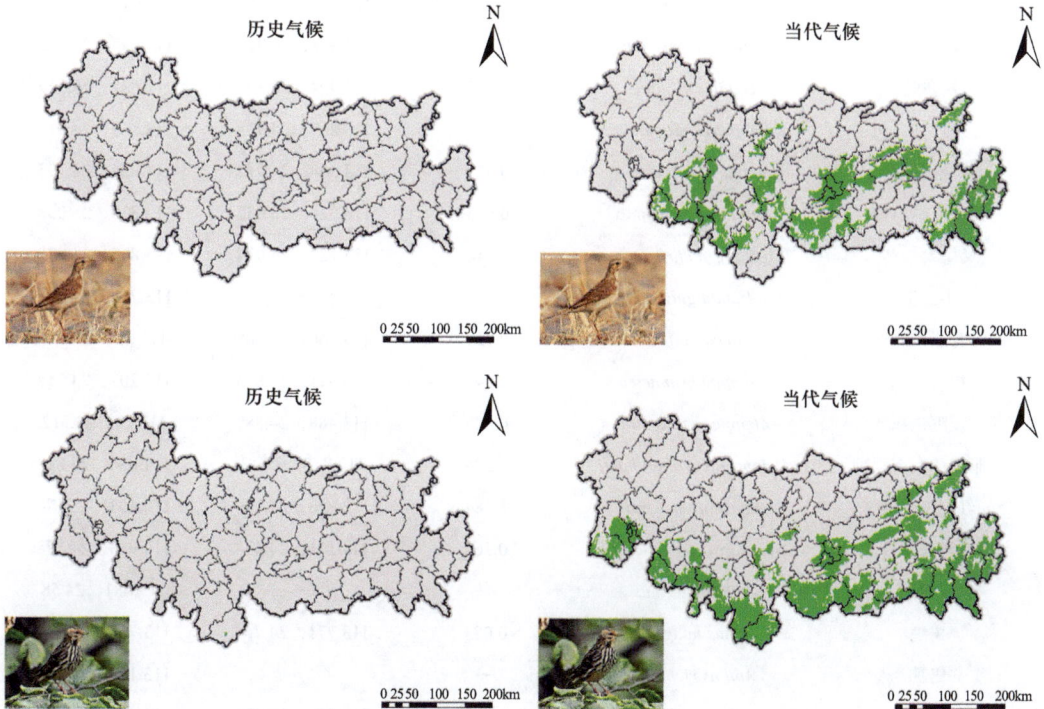

图8.39　第四纪冰期旋回对鸟类分布区影响（上：田鹨；下：红喉鹨）

8.8.3　第四纪冰期旋回对南岭各鸟类分布中心的影响

118种鸟类在气候变化下适宜栖息地中心南移（表8.11），占全部研究鸟类的63.44%，平均纬度南移0.2063°。其中，纬度南移最多的为棕头鸦雀（*Sinosuthora webbiana*）（1.133°），其次为仙八色鸫（*Pitta nympha*）（0.661°）。58种鸟类在气候变化下适宜栖息地中心北移（表8.11），平均纬度北移0.2056°。其中，纬度北移最多的为小鳞胸鹪鹛（*Pnoepyga pusilla*）（0.802°），其次为金色鸦雀（*Suthora verreauxi*）（0.499°）。75种鸟类在气候变化下适宜栖息地中心东移（表8.11），占全部研究鸟类的40.32%，平均经度东移0.787°。其中，经度东移最多的为白腰草鹬（*Tringa ochropus*）（3.90°），其次为扇尾沙锥（*Gallinago gallinago*）（3.617°）。101种鸟类在气候变化下适宜栖息地中心西移（表8.11），占全部研究鸟类的54.30%，平均经度西移0.781°。其中，经度西移最多的为金色鸦雀（*Suthora verreauxi*）（2.792°），其次为红尾噪鹛（*Trochalopteron milnei*）（2.465°）。

表8.11　鸟类分布中心变化结果统计

物种		变化程度/（°）	分布区中心（°E，°N）	
			历史	当代
棕脸鹟莺	*Abroscopus albogularis*	1.816	112.809，25.272	111.553，25.761
赤腹鹰	*Accipiter soloensis*	0.186	113.146，25.175	112.919，24.808
凤头鹰	*Accipiter trivirgatus*	0.462	113.358，24.925	112.693，24.782
松雀鹰	*Accipiter virgatus*	2.186	112.994，25.898	111.634，25.319
八哥	*Acridotheres cristatellus*	0.07	113.269，24.938	113.532，24.914
矶鹬	*Actitis hypoleucos*	0.327	113.364，24.912	113.924，24.795
红头长尾山雀	*Aegithalos concinnus*	0.663	113.026，25.085	113.839，25.038
叉尾太阳鸟	*Aethopyga christinae*	0.416	113.223，25.034	113.847，24.873
小云雀	*Alauda gulgula*	—	—	113.718，24.778
普通翠鸟	*Alcedo atthis*	0.025	113.269，25.088	113.23，24.935
褐顶雀鹛	*Alcippe brunnea*	2.942	113.911，24.873	112.202，24.718
灰眶雀鹛	*Alcippe morrisonia*	0.048	113.488，24.889	113.27，24.912
灰眶雀鹛东南亚种	*Alcippe morrisonia hueti*	1.324	112.978，25.13	114.086，24.818
红脚苦恶鸟	*Amaurornis akool*	2.584	112.858，25.276	114.463，25.176
白胸苦恶鸟	*Amaurornis phoenicurus*	0.369	114.371，24.438	113.953，24.878
红喉鹨	*Anthus cervinus*	—	—	113.681，24.58
树鹨	*Anthus hodgsoni*	0.083	113.771，24.764	113.726，25.048
田鹨	*Anthus richardi*	—	—	113.167，24.809
黄腹鹨	*Anthus rubescens*	1.689	112.273，25.291	113.492，24.842
小白腰雨燕	*Apus nipalensis*	0.409	113.412，24.928	114.027，24.753
白腰雨燕	*Apus pacificus*	0.507	113.51，24.922	112.805，24.824
白额山鹧鸪	*Arborophila gingica*	0.184	113.288，24.986	113.244，24.559
池鹭	*Ardeola bacchus*	0.039	113.188，25.061	113.261，24.877
黑冠鹃隼	*Aviceda leuphotes*	0.037	113.094，25.054	113.285，25.019
矛纹草鹛	*Babax lanceolatus*	1.772	113.232，25.164	111.93，25.439
灰胸竹鸡	*Bambusicola thoracicus*	0.147	113.05，25.058	113.417，24.95
黄嘴栗啄木鸟	*Blythipicus pyrrhotis*	0.062	113.371，24.932	113.128，24.88

续表

物种		变化程度/(°)	分布区中心（°E，°N）	
			历史	当代
白喉短翅鸫	*Brachypteryx leucophris*	3.722	113.686，24.875	111.762，25.015
牛背鹭	*Bubulcus ibis coromandus*	0.452	113.661，24.849	112.992，24.781
普通鵟	*Buteo japonicus*	2.325	114.306，25.456	112.789，25.309
绿鹭	*Butorides striata*	0.999	113.42，24.881	112.422，24.827
八声杜鹃	*Cacomantis merulinus*	1.08	112.827，25.093	113.818，24.78
普通夜鹰普通亚种	*Caprimulgus indicus jotaka*	0.437	113.389，24.895	112.729，24.856
金腰燕	*Cecropis daurica*	0.046	113.414，24.981	113.523，24.796
小鸦鹃	*Centropus bengalensis*	0.369	113.666，24.861	113.111，24.613
褐翅鸦鹃	*Centropus sinensis*	0.16	113.592，24.881	113.203，24.786
斑鱼狗	*Ceryle rudis*	1.09	113.54，24.908	114.583，24.87
金眶鸻	*Charadrius dubius*	—	—	114.06，24.686
橙腹叶鹎	*Chloropsis hardwickii*	0.405	113.222，25.003	113.849，24.889
金翅雀	*Chloris sinica*	0.023	113.081，25.163	113.213，25.09
褐河乌	*Cinclus pallasii*	0.821	113.376，24.886	112.486，25.055
棕扇尾莺	*Cisticola juncidis*	10.915	110.189，25.134	113.44，24.545
红翅凤头鹃	*Clamator coromandus*	0.298	113.081，25.06	113.414，24.627
鹊鸲	*Copsychus saularis*	0.238	113.653，24.855	113.173，24.943
大嘴乌鸦	*Corvus macrorhynchos*	0.245	111.68，25.341	112.087，25.059
暗灰鹃鵙	*Coracina-melaschistos*	2.919	113.158，25.04	114.859，24.881
白颈鸦	*Corvus pectoralis*	—	—	111.439，25.564
四声杜鹃	*Cuculus micropterus*	0.322	113.901，24.694	113.39，24.448
小杜鹃	*Cuculus poliocephalus*	3.639	114.254，24.828	112.349，24.718
白腹蓝鹟	*Cyanoptila cyanomelana*	0.451	113.625，24.879	113.022，24.583
海南蓝仙鹟	*Cyornis hainanus*	0.857	113.498，24.893	112.584，24.744
烟腹毛脚燕	*Delichon dasypus*	0.91	111.956，24.45	112.799，24.895
星头啄木鸟	*Dendrocopos canicapillus*	0.899	112.887，25.172	113.83，25.066
灰树鹊	*Dendrocitta formosae*	0.323	113.3，24.966	113.806，24.708
山鹡鸰	*Dendronanthus indicus*	—	—	112.124，25.354
大斑啄木鸟	*Dendrocopos major*	1.489	112.907，25.165	113.947，24.526
发冠卷尾	*Dicrurus hottentottus*	0.776	113.768，24.796	112.89，24.72
红胸啄花鸟	*Dicaeum ignipectus*	0.039	113.546，24.913	113.361，24.843
黑卷尾	*Dicrurus macrocercus*	0.573	113.357，24.935	112.603，24.878
白鹭	*Egretta garzetta*	0.078	113.257，25.264	113.379，25.013
中白鹭	*Egretta intermedia*	0.171	112.728，24.255	113.067，24.492

物种		变化程度/(°)	分布区中心（°E，°N）	
			历史	当代
黑翅鸢	*Elanus caeruleus*	1.978	113.748，24.831	112.342，24.798
栗耳鹀	*Emberiza fucata*	5.465	111.437，24.241	113.752，24.564
小鹀	*Emberiza pusilla*	0.195	113.671，24.857	113.377，25.187
灰头鹀	*Emberiza spodocephala*	0.037	113.784，25.003	113.593，25.03
白眉鹀	*Emberiza tristrami*	0.037	113.644，24.842	113.479，24.745
白额燕尾	*Enicurus leschenaulti*	0.142	113.202，25.052	113.523，24.854
斑背燕尾	*Enicurus maculatus*	0.923	113.156，25.032	112.197，25.082
灰背燕尾	*Enicurus schistaceus*	0.242	113.35，24.934	112.862，24.988
白腹凤鹛	*Erpornis zantholeuca*	0.312	113.36，24.912	112.833，24.725
噪鹃	*Eudynamys scolopaceus*	0.095	113.392，24.952	113.266，24.671
铜蓝鹟	*Eumyias thalassinus*	0.245	113.629，24.885	113.231，24.592
三宝鸟	*Eurystomus orientalis*	0.408	113.372，24.882	112.737，24.952
红隼	*Falco tinnunculus*	1.334	113.988，24.735	112.847，24.915
燕雀	*Fringilla montifringilla*	—	—	112.961，25.26
黑水鸡	*Gallinula chloropus*	0.001	113.624，24.989	113.638，24.957
扇尾沙锥	*Gallinago gallinago*	13.168	110.211，25.097	113.827，24.801
画眉	*Garrulax canorus*	0.044	113.317，24.989	113.497，24.882
松鸦	*Garrulus glandarius*	0.917	112.43，25.525	113.298，25.121
小黑领噪鹛	*Garrulax monileger*	2.561	114.081，24.878	112.498，24.641
黑领噪鹛	*Garrulax pectoralis*	0.618	113.219，24.988	113.932，24.656
黑脸噪鹛	*Garrulax perspicillatus*	1.265	112.769，25.283	113.892，25.226
白颊噪鹛	*Garrulax sannio*	0.162	112.814，25.222	113.215，25.252
领鸺鹠	*Glaucidium brodiei*	0.267	113.374，24.927	113.849，24.724
斑头鸺鹠	*Glaucidium cuculoides*	0.09	113.389，24.932	113.534，24.669
黑领椋鸟	*Gracupica nigricollis*	0.915	113.686，24.901	114.641，24.955
蓝翡翠	*Halcyon pileata*	0.649	113.461，24.843	112.662，24.741
红头咬鹃	*Harpactes erythrocephalus*	0.084	113.222，24.979	113.44，24.789
栗背短脚鹎	*Hemixos castanonotus*	0.248	113.109，25.075	113.568，24.882
大鹰鹃	*Hierococcyx sparverioides*	0.112	113.173，24.999	113.429，24.783
家燕	*Hirundo rustica*	0.121	113.108，25.084	113.402，24.898
强脚树莺	*Horornis fortipes*	1.63	114.012，24.788	112.741，24.912
黑短脚鹎	*Hypsipetes leucocephalus*	0.57	113.003，25.079	113.755，25.026
栗苇鳱	*Ixobrychus cinnamomeus*	0.482	113.374，25.017	112.728，24.76
绿翅短脚鹎	*Ixos mcclellandii*	0.174	113.211，25.024	112.8，24.96

续表

物种		变化程度/(°)	分布区中心 (°E, °N)	
			历史	当代
黄斑苇鳽	*Ixobrychus sinensis*	2.682	113.771, 24.422	112.147, 24.633
牛头伯劳	*Lanius bucephalus*	0.649	113.74, 24.824	112.99, 24.531
红尾伯劳	*Lanius cristatus*	0.25	113.388, 24.898	112.888, 24.881
棕背伯劳	*Lanius schach*	0.171	112.999, 25.093	113.408, 25.034
红嘴相思鸟	*Leiothrix lutea*	5.013	114.192, 25.059	111.954, 25.117
金胸雀鹛	*Lioparus chrysotis*	2.107	112.824, 25.453	111.449, 25.919
棕褐短翅蝗莺	*Locustella luteoventris*	4.388	113.156, 25.698	111.067, 25.544
斑文鸟	*Lonchura punctulata*	0.213	113.261, 24.929	113.721, 24.969
白腰文鸟	*Lonchura striata*	0.227	113.911, 24.858	113.504, 25.106
白鹇	*Lophura nycthemera*	0.002	113.165, 25.018	113.191, 24.979
黄颊山雀	*Machlolophus spilonotus*	0.947	113.06, 25.076	114.002, 24.83
黑眉拟啄木鸟海南亚种	*Megalaima oorti faber*	0.034	113.209, 25.01	113.204, 24.827
大拟啄木鸟	*Megalaima virens*	0.377	113.291, 24.957	113.825, 24.656
蓝喉蜂虎	*Merops viridis*	0.031	113.381, 24.951	113.412, 24.776
栗啄木鸟	*Micropternus brachyurus*	0.158	113.494, 24.908	113.418, 24.518
黑鸢	*Milvus migrans*	—	—	112.492, 24.981
蓝翅希鹛	*Minla cyanouroptera*	—	—	110.47, 25.549
蓝矶鸫	*Monticola solitarius*	1.32	113.547, 24.821	112.402, 24.717
白鹡鸰	*Motacilla alba*	0.047	113.268, 25.036	113.484, 25.04
灰鹡鸰	*Motacilla cinerea*	0.152	113.405, 25.014	113.794, 25.036
黄鹡鸰	*Motacilla tschutschensis*	3.707	112.008, 24.083	113.877, 24.545
北灰鹟	*Muscicapa latirostris*	0.026	113.67, 24.677	113.642, 24.519
紫啸鸫	*Myophonus caeruleus*	0.162	113.606, 24.88	113.207, 24.833
小仙鹟	*Niltava macgrigoriae*	1.992	112.824, 25.238	111.429, 25.447
夜鹭	*Nycticorax nycticorax*	0.147	112.819, 25.407	113.097, 25.143
黑枕黄鹂	*Oriolus chinensis*	0.293	113.459, 24.81	113.027, 24.485
长尾缝叶莺	*Orthotomus sutorius*	0.102	113.161, 25.113	113.333, 24.844
领角鸮	*Otus lettia*	0.123	113.34, 24.993	113.064, 24.775
黄嘴角鸮	*Otus spilocephalus*	0.222	113.507, 24.885	113.112, 24.629
红角鸮	*Otus sunia*	0.151	113.362, 24.923	113.096, 24.641
欧亚大山雀	*Parus major*	5.263	114.485, 24.854	112.204, 25.093
远东山雀	*Parus minor*	0.023	112.875, 25.164	113.019, 25.114
绿背山雀	*Parus monticolus*	2.07	112.614, 25.678	111.195, 25.912
麻雀	*Passer montanus*	0.141	113.576, 24.958	113.215, 25.06

续表

物种		变化程度/(°)	分布区中心（°E，°N）	
			历史	当代
山麻雀	*Passer rutilans*	0.699	112.793，25.241	112.029，25.581
灰喉山椒鸟	*Pericrocotus solaris*	0.719	113.083，25.079	113.919，24.935
赤红山椒鸟	*Pericrocotus flammeus*	0.971	113.071，25.045	114.016，24.765
雉鸡	*Phasianus colchicus*	0.089	113.486，24.846	113.292，25.072
北红尾鸲	*Phoenicurus auroreus*	0.062	113.647，24.862	113.667，25.111
金头缝叶莺	*Phyllergates cuculatus*	0.436	113.534，24.986	112.881，25.089
褐柳莺	*Phylloscopus fuscatus*	0.003	113.692，24.938	113.655，24.979
华南冠纹柳莺	*Phylloscopus goodsoni*	2.138	112.795，25.244	111.367，25.559
黄眉柳莺	*Phylloscopus inornatus*	0.104	113.137，25.025	113.437，24.903
黄腰柳莺	*Phylloscopus proregulus*	0.046	113.557，25.233	113.502，25.025
黑眉柳莺	*Phylloscopus ricketti*	4.402	113.627，25.391	111.541，25.168
灰头绿啄木鸟	*Picus canus*	0.067	113.213，24.979	112.994，24.843
斑姬啄木鸟	*Picumnus innominatus*	0.228	113.607，24.913	113.136，24.995
喜鹊	*Pica pica*	0.104	113.413，25.059	113.104，25.154
仙八色鸫	*Pitta nympha*	1.957	113.02，25.102	114.253，24.441
小鳞胸鹪鹛	*Pnoepyga pusilla*	0.952	112.255，24.012	112.809，24.814
棕颈钩嘴鹛	*Pomatorhinus ruficollis*	0.087	113.584，24.9	113.315，24.779
锈脸钩嘴鹛	*Pomatorhinus erythrogenys*	0.037	113.376，24.979	113.494，24.826
棕背田鸡	*Zapornia bicolor*	0.03	113.048，25.027	113.106，24.865
红胸田鸡	*Porzana fusca*	0.561	113.043，25.096	113.521，24.519
黄腹鹪莺	*Prinia flaviventris*	0.007	113.594，24.948	113.553，24.876
纯色山鹪莺	*Prinia inornata*	0	113.578，24.957	113.566，24.948
山鹪莺	*Prinia superciliaris*	0.418	113.834，24.947	113.205，24.798
白喉红臀鹎	*Pycnonotus aurigaster*	0.337	113.132，25.025	113.704，24.926
红耳鹎	*Pycnonotus jocosus*	0.05	113.728，24.695	113.515，24.764
白头鹎	*Pycnonotus sinensis*	0.113	113.463，24.926	113.168，25.089
黄臀鹎	*Pycnonotus xanthorrhous*	3.129	114.114，25.126	112.39，25.518
崖沙燕	*Riparia riparia*	0.796	113.68，24.779	112.821，24.537
彩鹬	*Rostratula benghalensis*	3.663	112.233，24.244	114.118，24.577
灰林䳭	*Saxicola ferreus*	1.271	113.217，25.08	112.107，25.282
黑喉石䳭	*Saxicola maurus*	1.559	114.554，24.615	113.309，24.704
东亚石䳭黑喉石䳭亚种	*Saxicola stejnegeri*	0.006	113.58，24.884	113.509，24.911

续表

物种		变化程度/（°）	分布区中心（°E，°N）	
			历史	当代
栗头鹟莺	Seicercus castaniceps	1.724	113.274，24.953	111.994，25.246
比氏鹟莺	Seicercus valentini	2.656	112.99，25.248	111.371，25.433
棕头鸦雀	Sinosuthora webbiana	5.066	110.029，26.56	111.974，25.427
蛇雕	Spilornis cheela	0.032	113.547，24.888	113.4，24.787
珠颈斑鸠	Spilopelia chinensis	0.303	113.978，24.75	113.513，25.044
丝光椋鸟	Spodiopsar sericeus	1.324	112.955，24.983	114.096，25.134
黄喉穗鹛	Stachyridopsis ambigua	0.076	113.493，24.906	113.217，24.911
山斑鸠	Streptopelia orientalis	0.009	113.413，25.097	113.507，25.079
火斑鸠	Streptopelia tranquebarica	4.024	114.436，24.703	112.439，24.512
叉尾乌鹃	Surniculus dicruroides	0.854	113.793，24.892	112.95，24.515
金色鸦雀	Suthora verreauxi	8.045	113.71，25.225	110.918，25.724
红胁蓝尾鸲	Tarsiger cyanurus	0.128	113.598，24.766	113.547，25.12
钩嘴林鵙	Tephrodornis virgatus	2.452	112.796，25.238	114.275，24.722
黄腹角雉	Tragopan caboti	1.845	112.896，25.19	111.545，25.336
林鹬	Tringa glareola	—	—	113.475，24.62
白腰草鹬	Tringa ochropus	15.302	110.261，25.194	114.165，24.945
红尾噪鹛	Trochalopteron milnei	6.086	113.224，25.544	110.76，25.648
灰背鸫	Turdus hortulorum	8.559	110.889，25.276	113.804，25.023
欧亚乌鸫	Turdus merula	0.303	113.854，24.804	113.357，25.04
白眉鸫	Turdus obscurus	0.916	113.379，24.942	114.188，24.429
红嘴蓝鹊	Urocissa erythrorhyncha	0.047	113.255，25.009	113.453，24.917
灰头麦鸡	Vanellus cinereus	1.358	111.622，25.714	112.775，25.547
栗耳凤鹛	Yuhina castaniceps	1.958	113.976，24.732	112.589，24.549
栗颈凤鹛栗耳凤鹛亚种	Yuhina torqueola	0.231	113.53，24.91	113.051，24.857
暗绿绣眼鸟	Zosterops japonicus	0.061	113.447，25.155	113.433，24.909

　　186种鸟类的适宜栖息地中心位置整体呈现南移多于北移、西移多于东移的趋势，且南移物种纬度变化平均幅度（0.2063°）大于北移物种（0.2056°），西移经度变化平均变化幅度（0.781°）小于东移物种（0.787°）。需要提出的是，根据最大熵模型的预测结果，有10种鸟类在历史气候因子的条件下并不分布于南岭，因此没有纳入鸟类分布范围变化与各鸟类分布中心变化的研究。

8.8.4 第四纪冰期旋回对南岭各鸟类物种多样性的影响

第四纪冰期气候下南岭鸟类物种多样性格局呈西北偏低、东南偏高的态势，其中西北部的湖南省永州市零陵区、双牌县、东安县等地区鸟类物种多样性最低；而相对地，东南部地区的鸟类物种多样性普遍显著高于西北地区，其中江西省赣州市定南县、龙南市等地区尤为明显。当时间转到当代，南岭鸟类物种多样性西北部偏低而东南部偏高的格局没有太大变化，但鸟类物种的总体多样性广泛降低，且受气候因子改变的影响，西部在广西壮族自治区桂林市灵川县、象山区、临桂区等地的交界区域出现了鸟类物种多样性增多的现象；而南岭东南部鸟类物种多样性高的区域则呈现收缩、破碎的趋势，鸟类物种多样性最高的区域变成广东省韶关市浈江区、曲江区、武江区、仁化县等地的交界处（图8.40）。

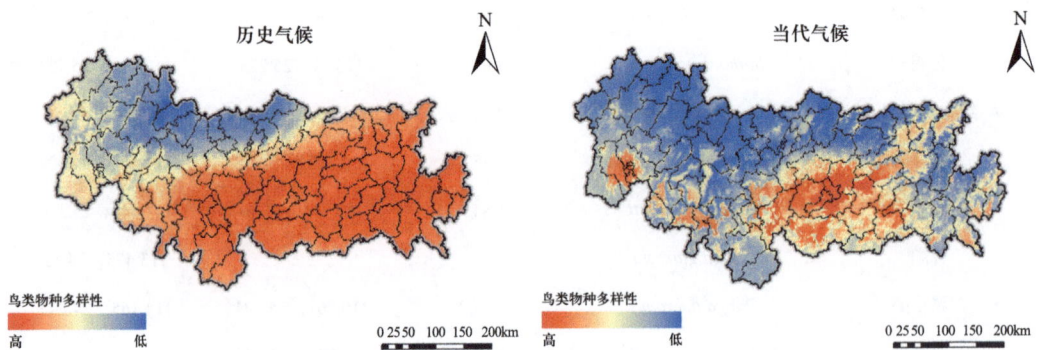

图8.40 第四纪冰期旋回对鸟类物种多样性的影响

第四纪冰期旋回导致南岭地区最冷月最低气温、最冷季降水、平均日差等气候因子表现为降低/减少，最冷季度平均气温、最干旱月降水、最潮湿季度平均气温等气候因子则明显上升/增加。最冷季度降水减少、最冷季度平均气温上升，这两个气候条件的变化可以为鸟类度过冬季提供更干燥温暖的环境，而最干旱月降水增加、最潮湿季度平均气温增加的气候变化则给鸟类提供了更加湿润的气候条件，这或许影响了鸟类分布范围与分布中心。推测适应更湿润、更高气温的鸟类分布面积会增加，而适应更寒冷气温、气候变化更多的鸟类分布面积会缩小。

151种鸟类分布范围减少了，占全部研究鸟类的81.18%，平均减少比例为65.90%，25种鸟类分布范围增加了，占全部研究鸟类的13.44%。少部分鸟类分布范围扩大且扩大幅度大，大部分鸟类分布范围缩小。这可能是因为适应气候因子变化的鸟类占据了更广阔的生存空间，而不适应的物种分布范围缩小。186种鸟类的分布区域中心整体呈现南移多于北移、西移多于东移的趋势，且南移物种纬度变化平均幅度（0.2063°）大于北移物种（0.2056°），西移物种经度变化平均幅度（0.781°）小于东移物种（0.787°）。

因此，鸟类物种的总体多样性广泛降低，且历史气候下南岭东南部鸟类物种多样性高的连续性区域则在气候因子变化后呈现收缩、破碎的趋势。从鸟种物种多样性保护的角度，建议重点在当代鸟类物种多样性高的热点斑块——即广西壮族自治区桂林市灵川县、象山区、临桂区等地的交界处，贺州市平桂区与钟山县的交界处，广东省韶关市的浈江区、曲江区、武江区、仁化县等地的交界处，增设或扩大鸟类保护区，并在三地之间建立生态廊道，使鸟类生存的空间格局呈整体性。

8.9　南岭孑遗植物在第四纪冰期的分布和未来迁移趋势研究

南岭山脉是中国境内重要的冰期避难所之一，也是中国种子植物孑遗属的分布中心。研究孑遗植物在冰期和未来气候变化下如何迁移避难、保存分化具有重要科学价值。本节研究首先以孑遗植物福建柏作为研究对象，结合微卫星位点（SSR）、叶绿体基因片段（cpDNA）、单拷贝核基因（nrDNA）等多种分子标记手段，探讨福建柏的谱系分化、遗传多样性分布以及群体动态历史变化。然后，以南岭地区的孑遗植物作为研究对象，利用MaxEnt模型重建物种在末次冰盛期的分布区，以及预测其在未来气候变暖情景下在中国的分布。研究结果表明，福建柏在第四纪冰期时原地保留多个避难所就地避难，其中罗霄山脉–南岭是其主要的避难所之一。MaxEnt模型模拟预测从第四纪冰盛期到21世纪末，亚热带地区孑遗植物的适生区从我国东南部向西北方向移动。

8.9.1　孑遗种及分布研究进展

1. 孑遗种及南岭冰期避难所研究

孑遗种是指在历史时期大量存在或者分布广泛，在经历了环境变迁以后大量消失，目前仅生长于某些特定区域，或者只残存部分种系的古老生物类群（Lomolino et al., 2006），也被称作"残遗种"。通常可将孑遗种划分成系统学孑遗种和地理学孑遗种（王荷生，1992；Habel and Assmann, 2010）。其中，系统学孑遗种是指在系统发育关系上占据了古老的位置，且在地质历史上曾经种类丰富，但是在环境变迁之后大量衰退，目前只保留了少数种类的生物类群，如穗花杉属（*Amentotaxus* Pilg.）、大血藤属（*Sargentodoxa* Rehd. et Wils.）等。地理学孑遗种是指在历史时期连续普遍存在，由于受到地质、气候变化等因素的长期影响，现存区域狭窄或间断的生物类群及其后裔（Habel and Assmann, 2010；廖文波等，2014），如金缕梅属（*Hamamelis* L.）、百山祖冷杉（*Abies beshanzuensis* M. H. Wu）、普陀鹅耳枥（*Carpinus putoensis* W. C. Cheng）等。虽然地理学孑遗种并不是依据其在系统上是否占据了古老或者原始分支来确定的（廖文波等，2014），但是由于这些类群在长期环境变化的影响下出现了间断，具有显著的间断现象，其也是判别孑遗属种的重要标准（赵万义等，2020）。一些古老的系统学孑遗种也往往是地理学孑遗种，典型代表为银杏（*Ginkgo biloba* L.），而较为年轻的孑遗种则主要受到第四纪冰期气候波动的影响。

从新生代早期开始，北半球一直处于温暖湿润的环境中，使得中高纬度地区保存有大量的植物类群（邱英雄等，2017）。这些物种以常绿类型为主，落叶类型仅分布在极北地区（Tiffney，1985）。但是早渐新世之后，全球气温逐步下降，高纬度地区成为冰川冰原，给物种的生存带来了巨大的影响，导致植物开始向低纬度地区迁徙（Wolfe，1975；邱英雄等，2017），同时更多的落叶类和草本家族出现，形成了由常绿-落叶树种加上草本植物组成的北半球植物区系（Wolfe，1969；Tiffney，1985）。从晚中新世至更新世时期，全球气候持续变冷，加上第四纪冰期的不断往复，大部分物种进一步向南退缩至东亚地区，或停留在欧洲和北美的部分环境适宜区域进行生存繁衍。强烈的环境改变促使生物群体一直处在收缩—扩散的动态变化中，并对物种当前分布格局的产生造成了深刻的影响，生物为了避免极端恶劣或者不适宜的环境对自身的影响，从而退缩或者停留在符合生存需求的区域，一般可以称为生物避难所（陈冬梅等，2011；张爱平等，2018）。

南岭山脉是中国境内重要的冰期避难所之一，也是中国种子植物孑遗属的分布中心，研究冰期动植物如何在南岭地区保存分化具有重要科学价值。依据孑遗属、种的概念及界定原则（Lomolino et al.，2006；廖文波等，2014；Tang et al.，2018；赵万义等，2020），南岭山脉地区共分布有孑遗属192属，含370种，其中裸子植物22属33种，被子植物170属337种。南岭山脉内保存有丰富的种子植物古老种系，以及多样化的孑遗植物群落，这一现状的形成受到新生代以来，尤其是第四纪的气候变化的影响。根据谱系地理学的研究结果，南岭山地在第四纪冰期过程中起到了物种避难所的作用，但对于不同的物种而言表现出不同的模式，南岭不仅是银杉（*Cathaya argyrophylla* Chun & Kuang）（Wang and Ge，2006）、*Eurycorymbus cavaleriei*（H. Lév.）Rehder & Hand.-Mazz.（Wang et al.，2009）等物种的就地避难中心，也是重要的冰后期物种扩散策源地，如莼菜（*Brasenia schreberi* J. F. Gmel.）、大血藤［*Sargentodoxa cuneata*（Oliv.）Rehd. & E. H. Wilson in C. S. Sargent］（Tian et al.，2015）、青钱柳［*Cyclocarya paliurus*（Batalin）Iljinsk.］（Kou et al.，2016）等物种的谱系地理学研究，显示在南岭山脉内保存有古老的特有单倍型，以及较高的群体遗传多样性，表明南岭山脉不仅是它们的第四纪冰期避难所，群体也在冰后期从南岭山脉向外扩散。

2. 气候变化对物种分布的影响

在时间尺度上，气候变化可以分为地质时期气候变化、历史时期气候变化和现代气候变化三个阶段。第一阶段气候变化中，地球气候呈现出明显的冰盖扩张和退缩的交替过程，当气候变冷时，地球表面被大规模的冰川所覆盖，这一地质时期便被称为冰期（刘静，2019）；之后气候回暖、冰川消退，这一时期便是间冰期。在数十亿年的地质历史中，世界各地都出现过多次大冰期。第四纪冰期（3Ma～10ka B. P.）是地质史上最近的重大事件，对现代北半球的生物多样性格局产生了深远的影响（Zhou et al., 2011；周浙昆等，2017）。第四纪初期，寒冷气候带向中低纬度地区迁移，高纬度地区和山地广泛发育冰盖或冰川。欧洲的冰盖南缘可以达到50°N附近，北美洲的冰盖甚至延伸到40°N以南，南极洲的冰盖也远远多于现在，赤道附近的山岳冰川和山麓冰川曾一度向下延伸至更低的纬度（Margot et al., 2012）。第四纪的末次冰期最盛期（73ka～10.4ka B. P.）是最后一次冰期的盛期，后来的冰川规模基本没有超过此次冰期（Pster et al., 2009）。

冰川一般可以分为大陆冰川、山岳冰川和山麓冰川。大陆冰川的主要特点是面积大、冰层厚、分布不受下伏地形限制，又称大陆冰盖，现代主要分布在南北极（崔之久等，2011）。在冰河时期，欧洲和北美洲大部分地区都被大面积的冰川覆盖，动植物被迫南迁，但却由于高山阻隔加速了灭绝，欧洲和北美洲的生物多样性遭到了毁灭性的打击（Hewitt，2000）。第四纪最后一次冰期结束后，全新世开始于1.2万～1万年前并持续至今，该时期气候转暖且波动较小，在冰期中幸存下来的较少的动植物逐渐发展成为现代欧洲相对年轻的动植物区系（Willis and Niklas，2004）。与第四纪冰期的欧洲和北美洲相比，东亚地区形成的冰川十分有限，无法全面覆盖大陆。吕洪波和杨超（2005）认为，中国华北地区曾存在第四纪大陆冰川，但其南缘仅到达山东泰山（36°16′N），此外中国南部有众多山脉和峡谷，这也为剧烈的气候波动提供了缓冲，因此当时中国的大陆冰川南缘以南仅存在着点状分布于高山上的山谷冰川和山麓冰川（邱英雄等，2017）。

第二阶段是历史时期气候变化，该时期主要利用历史文献、动植物种群变化、化石沉积物等来分析气候变化的特征。现代气候变化是第三阶段，指19世纪下半叶以来的气候变化，主要利用气象站记录的数据进行分析（刘静，2019）。自工业化以来，由于经济和人口增长引起的温室气体排放量增加，全球气候在短时间内持续变暖，带来了一系列的生态环境问题。

人们普遍认为，全球气候变暖是当前生物多样性面临的最大威胁之一。2021年，IPCC发布了第6次气候评估报告（AR6），与以往不同的是，该报告采用了新的由不同社会经济模式驱动的排放情景——共享社会经济路径（Shared Socioeconomic Pathways，SSPs），用以代替过去的代表性浓度路径（Representative Concentration Pathways，RCPs），包括SSP1-2.6、SSP2-4.5、SSP4-6.0和SSP5-8.5四种情景。其中，SSP1-2.6表示低资源、低能耗的可持续发展路线；SSP2-4.5表示沿当前模式继续发展的中度发展路线；SSP4-6.0表示采取部分减排措施的能源密集型经济驱动型发展路线；SSP5-8.5则表示高化石燃料消耗下基于能源密集型的经济驱动型发展路线。与RCPs相比，SSPs预测情景更加平缓，更接近真实值（O'Neill et al.，2017）。

全球气候变暖已成为了不争的事实，在全球变暖的背景下，物种潜在分布区的模拟和物种分布区变化分析已成为研究热点。物种对气候变暖的反应通常表现为灭绝、适应和迁移，大多数物种的迁移与温度变化有关（吕振江，2021）。受全球变暖影响，物种的地理分布格局发生了很大变化，分析全球变暖对物种适生区的影响，对于了解物种迁移的历史原因和地理分布具有一定意义，有利于制定适应气候变化的管理策略，为可持续保护提供理论依据。

气候条件是制约物种分布的关键因素，在气候变化的背景下，物种的适生区会发生迁移，从而改变物种的地理分布格局。在第四纪冰期和全新世气候转暖的过程中，为了应对气候变化，许多陆地和海洋生物不断改变其空间分布、迁徙路线、物种丰富度和种间相互作用（刘静，2019）。因此，温室气体的不断排放会造成气候的逐渐变暖，进而导致生态系统的破坏，迫使植物向高海拔或高纬度地区迁移。然而，北方高海拔地区的物种无法再退，面临着适宜栖息地缩小、生态多样性下降的风险。因此，未来持续的气候变暖将不断威胁物种的生态多样性，导致一些物种急剧减少甚至灭绝（Bellard et al.，2012）。南岭的子遗种和温带特有种作为具有重要理论和实用价值的濒危物种，保护其在气候变暖中不被灭绝迫在眉睫。研究其分布格局对气候变化的响应，可以为自然保护区的建立和调整提供理论支持，探索物种迁移、扩散的途径，使保护工作更有针对性和有效性，从而提出合理有效的生物多样性保护措施具有重要的意义。

3. 谱系地理学的主要研究手段

谱系地理学（Phylogeography）是探究近缘类群之间或者物种内部各个谱系之间的系统关系，进而阐明地质演变、气候波动等历史环境事件如何影响物种当下地理分布形成原因的学科（Avise et al.，1987）。谱系地理学通常需要结合群体遗传学、分子系统学以及古生物学、地质学、历史地理学等相关学科的理论与方法，是研究种下水平的微观进化/群体遗传学与种或种上水平的宏观大进化/物种形成研究之间的重要桥梁和纽带（Avise，1998；Hewitt，2000）。谱系地理学理论及研究方法广泛应用于阐述历史时期以来物种形成及种群迁移规律，揭示物种现代分布格局成因，尤其是揭示动植物在冰期时的避难模式和避难所位置（邱英雄等，2017）。

在谱系地理学研究中，不同避难所种群间由于地理隔离、祖先多态性的随机保留，单倍型类型也会存在较大的差异，并往往会产生特有的单倍型。在不同避难所的交汇处往往会呈现单倍型多态性或基因多态性的增加，因此依据单倍型多态性的地理分布格局基本上可以确定物种的冰期避难所和扩散路线。

常用于植物遗传多样性和亲缘地理学研究的遗传标记有等位酶分析和分子标记，后者包括限制性片段长度多态性（RFLP）、随机扩增多态性DNA（RAPD）、简单重复序列（SSR）、简单重复序列间扩增（ISSR）、扩增片断长度多态性（AFLP）和

DNA序列分析等。DNA序列包括核DNA和质体DNA，后者有线粒体DNA（mtDNA）和叶绿体DNA（cpDNA）。根据不同分子标记特点选择合适的研究方法是谱系地理学研究关键的一步。例如，利用合并的四个叶绿体基因片段（atpB-rbcL、psbE-petL、matK-2、psbA-trnH）和一个核基因par研究枫香和缺萼枫香的谱系地理学，推测东部的天目山，南部的黑石顶、南岭，西南重庆的秀山，贵州的凯里、黔灵山，广西的岑王老山都是可能的避难所。而西南和南部应该是枫香和缺萼枫香的多样性中心也是演化中心（吴伟，2009）。基于青钱柳（*Cyclocarya paliurus*）核基因和叶绿体基因的分子标记表明，青钱柳在中国南部有多个避难所，各分支（Clade）交汇于云贵高原东部和南岭山脉，推测这里是多样性中心与演化中心，估计共祖时间为16.69Ma（Kou et al.，2016）。

此外，白豆杉（*Pseudotaxus chienii*）基于核基因序列的研究（张丽，2018），银杉（*Cathaya argyrophylla*）、华南五针松（*Pinus kwangtungensis*）基于mtDNA序列的研究，刺栲（*Castanopsis hystrix*）基于SSR序列的研究，蕈树（*Altingia chinensis*）基于cpDNA序列的研究，均可推断出南岭地区是这些植物主要的避难所。

近年来，随着高通量测序技术的发展，谱系地理学基于基因组或简化基因组测序，并结合孢粉学、古地理学、地质学以及古生态学等学科，深入描述物种谱系格局的形成并探讨其成因。例如，Spalink等（2019）基于GBS（Genotyping by Sequencing）测序技术探讨*Scirpus longii*的谱系地理研究表明，现存居群起源于劳伦泰冰原，其遗传多样性高通量测序极低，没有明显的群体结构，急需保护。但在南岭地区，基于高通量测序的谱系地理学研究仍较少见。例如，基于基因组重测序数据的银杏种群结构分析显示，除了先前研究中已报道的中国东部和西南部两个避难所外，admixture结果显示，中国南部地区可以作为一个单独的谱系，PCA与NJ树也支持这一结果，推测包括福建、广西、江西及南岭等部分地区在内的中国南部谱系为潜在的第三个避难所（殷平平，2019）。

4. 生态位模型在预测物种分布研究中的应用

随着物种数据共享和地理信息技术的快速发展，生态位模型（ecological niche models，ENMs）在物种多样性保护领域发挥着重要作用。生态位是生态学中的一个基本概念，是指生态系统中每种生物生存所需的资源，它是物种属性特征的表现，能够定量地反映物种与生境之间的相互作用（吕振江，2021）。生态位最初是由美国R. H. Johnson在1910年提出的，但并没有给出具体定义，后来被很多国内外专家多次、具体地定义、补充和完善。1957年英国G. E. Hutchinson对生态位概念给出了数学的抽象，提出了超体积生态位（Hypervolume Niche）的概念，他提出在不受外界干扰的情况下，某一物种理论上能够利用的所有资源被称为基本生态位（Fundamental Niche）；但由于物种间的竞争，一种生物不可能完全利用其基本生态位，只能占据实际生态位（Realized Niche）。

自超体积生态位概念提出以来，如何用数学方法量化生态位成为生态学讨论的热点，进而出现了一系列的物种分布模型。起初，研究人员通过逐个分析影响物种分布的环境因子的响应曲线，推导出多维生态位空间的椭球体数学表达式（Austin et al.，1984；吕振江，2021）。后来随着研究的深入和计算机技术的发展，生态位模型应运而生。生态位模型是通过分析物种已知的分布点与相应环境变量的数学特征，推断物种生态位的空间分布规律，并反映到地理空间上，从而得出物种的地理分布结果。第一代基于生态位原理所构建的物种分布模型，如BIOCLIM、DOMAIN，采用的是单变量单维度的环境包络（Environmental Envelope）方法（吕振江，2021）。后来ENFA等生态位模型的出现，标志着生态位的表达从单变量单维度发展到单变量多维度。随着模糊数学、统计机器学习理论和生态学研究的紧密结合，更复杂的模型逐渐被开发出来。

生态位模型早期在生态学上的应用主要有以下5个方面：①量化物种的环境生态位；②检验生物地理、生态和进化的假说；③评估物种的入侵和扩散；④评估气候等环境变化对物种分布的影响；⑤为物种重新引入寻找合适的地点，以支持物种恢复、保护规划和保护区选择等。生态位模型正越来越多地应用于入侵物种防控、珍稀物种保护、全球气候变化与物种分布变化的关系等方面的研究（朱耿平等，2013）。

目前，生态位模型已被广泛用于预测22世纪气候变化背景下物种可能发生的重新分布，是研究各种生物多样性威胁的影响和支持相关保护决策最常用的方法之一（Guisan et al.，2013）。这些模型的应用在保护物种多样性方面提供了很大助力，如重新设计保护区系统、建立新的恢复区和管理区等。

在对物种分布范围和分布规律探究的过程中，常用的生态位建模方法有两种：一种方法是基于物种的生理特性，通过控制实验环境，对物种与各环境要素之间的响应关系进行模拟和预测，进而预测特定环境中的分布（白君君等，2022）。但该方法需进行大量生物实验，周期长且复杂，现在很少使用。另一种方法是基于相关关系，利用模型学习，寻找现有物种分布点与环境因子的相关关系，从而预测潜在分布区域（白君君等，2022；Guisan et al.，2013）。这种方法实用性、快捷、方便，所以占据了主流地位。初始的生态位模型尽管简单易用，但预测能力较差，后续发展出众多复杂的模型，使用比较广泛的如随机森林（Random Forest，RF）模型、遗传算法（Genetic Algorithm for Rule-set Prediction，GARP）、最大熵（MaxEnt）模型等。RF模型工作原理相对独特，可考虑多重因素，因此误差相对较低，但计算耗时，容易产生过度拟合；GARP是一种非参数方法，可以结合其他算法预测，但局部搜索变量空间的能力较差，计算费时；MaxEnt模型可以利用较少的分布点数据得到较为精确的结果，但环境因子的筛选等因素会对结果产生很大的影响（白君君等，2022）。

在古气候研究的应用中，基于生态位模型的原理，可以重建古气候的物种分布区域，进一步分析和探究古生物的地理分布格局。William等（2008）重建了北美驯鹿（*Rangifer tarandus*）和马鹿（*Cervus elaphus*）在末次冰盛期（Last Glacial Maximum，LGM）的生态位和潜在范围，为还原过去的物种动态提供了独特的视角。Wheatley等（2017）为确定保护决策的方法，把英国鸟类和蝴蝶的历史数据分成真实组和模拟组，将12种气候变化影响脆弱性评估方法的结果进行比较，得出不同研究对象适用于不同的方法，但在评估方法中加入历史趋势数据将有利于后来的分布趋势的结论。Brambilla等（2019）以四种洞巢鸟类为研究对象，探讨了气候变化下种间相互作用受到的限制，该研究表明，气候变化将导致物种间相互作用网络的变化和破坏。

在未来气候变化的研究中，同样可以基于生态位模型对物种的潜在分布区进行预测，寻找适生区。谭雪等（2018）探究长苞铁杉（*Tsuga longibracteata*）的分布对未来气候变化的响应，发现其原地避难的特性，提出应该加强对现有长苞铁杉野生资源保护的建议；张华等（2021）确定孑遗植物桫椤（*Alsophila spinulosa*）现代气候条件和未来气候变化情景下的潜在地理分布区及变化方向，发现影响桫椤潜在分布的关键因子是最干季降水量，分布中心向西北和高纬度地区迁移。昆虫对环境变化十分敏感，Engels等（2020）分析了摇蚊科（*Chironomus*）的多样性在空间变化上的趋势，认为在全球持续变暖的背景下，北极等寒冷地区的摇蚊多样性有望整体增加。

除此之外，Ren等（2020）确定了菟丝子（*Cuscuta australis*）在过去和未来的潜在适宜分布区及主导环境变量的区间；刘静（2019）使用随机森林模型对孑遗植物银杏（*Ginkgo biloba*）在不同时期潜在适生区进行预测，发现银杏的存在概率随着人类影响指数的增加而升高，说明人类活动尤其是对银杏古树资源的保护对银杏的生长有着良好的促进作用。

5. MaxEnt模型在预测物种分布的研究进展

最大熵原理（The Principle of Maximum Entropy）起源于统计力学，由物理学家E. T. Jaynes于1957年将信息熵和热力学熵联系起来后提出，后来由于多学科的融合，广泛应用于信息学、生态学、金融学、生物学等多个领域。在生态学中，最大熵的含义是指一个物种在没有约束条件的情况下，会无限地扩张扩散，最后近乎均匀分布（Steven et al., 2006）。最大熵模型（MaxEnt模型）是基于最大熵原理构建的生态学模型，可用于预测物种分布，通过已知的物种分布信息，计算分布概率，从而预测物种的地理分布（Korbel, 2021；Steven and Dudik, 2008）。Steven和Dudik（2008）编写的MaxEnt软件已成为物种分布模型（Species Disturbution Models，SDMs）领域中应用最广泛的分析方法之一。Maxent模型具有较高的精度和优越的稳定性（Steven et al., 2006），其主要优点有：①样本量对预测结果的影响较小，即使是小样本也能得到较准确的结果；②物种不存在的数据不是必需数据，容易获得；③数据类型可以是连续数据或分类数据；④可以防止模型过度拟合；⑤预测精度高，预测结果准确；⑥输出结果是连续的。

近几十年来，大量学者利用MaxEnt模型进行探索和研究，并在许多物种上取得了成功，极大地促进了生态学的发展。Volkov等（2009）使用两个互补的模型——MaxEnt模型和RF模型来推断样地中物种间的相互作用，得到了非常相似的结果，发现与种内相互作用相比，成对的种间相互作用强度的集体效应较弱；Williams（2009）使用MaxEnt模型构建了食物网度分布模型，为食物网度分布的动态机理提供了统计学解释；谭钰凡和左小清（2018）利用MaxEnt模型探寻了金花茶（*Camellia nitidissima*）潜在适生区的生态廊道；Abdelaal等（2019）系统研究了埃及特有植物阿拉伯蔷薇（*Rosa arabica*）的潜在分布。在物种入侵检测与控制研究中，张颖等（2011）利用MaxEnt模型预测了入侵植物春飞蓬（*Erigeron philadelphicus*）在全国的潜在分布区域，界定了春飞蓬在我国的潜在分布区域，为入侵植物的防控提供了参考；Susan等（2007）利用MaxEnt模型研究了入侵物种沙氏变色蜥（*Anolis sagrei*）的寄生天敌——佛罗里达疟原虫（*Plasmodium floridense*）的分布特征和对该入侵物种的影响。在动物栖息地研究方面，黎运喜等（2018）利用MaxEnt模型设计了四川小寨子沟国家级自然保护区，进一步推动了野生大熊猫（*Ailuropoda melanoleuca*）的保护实践。吕振江（2021）使用MaxEnt模型探讨了全球变暖下濒危植物杜松（*Juniperus rigida*）在中国适生区的变化，发现未来杜松的适生区面积锐减、破碎化程度加剧，总体向高海拔迁移。杨启杰（2021）使用MaxEnt模型对桫椤在第四纪冰期和未来气候变化环境下的分布格局进行了重建和预测，发现从末次冰期至今桫椤适生区总体向东北方向迁移，未来在不同的共享社会经济路径下适生区面积有不同程度的增加。

此外，MaxEnt模型也常用于探索传染病的风险分布区域。例如，Moffett等（2007）利用MaxEnt模型研究了非洲10种疟疾病媒的风险分布区域；余慧燕等（2019）研究了H7N9禽流感病毒与环境因素间的关系，并在此基础上预测了疫情的潜在风险区。在COVID-19新冠肺炎疫情暴发初期，Gianpaolo（2020）利用世界各国报道的数据集对风险指数进行了检验和计算，利用MaxEnt模型成功确定了世界上疾病潜在增量风险较高的国家和地区。可见，MaxEnt模型的研究范围愈发广泛，研究对象也总是与时俱进，在众多方向上都取得了巨大的成功。

尽管MaxEnt模型的发展和应用取得了极大的成功，但在研究中还需要注意分布点的数量、模型参数的设置、先验模型的选择、环境因子的筛选等因素，这对MaxEnt模型能否得到正确的结果有很大的影响。一般而言，可以使用模拟结果值来对结果进行评估，评估方法分为两种：阈值相关法（Threshold-dependent）和阈值无关法（Threshold-independent）。阈值相关法用于评估模拟结果是布尔值（0，1）的模型，0、1分别表示不能分布和可以分布（Liang et al.，2018）。阈值无关法则用于评估模拟结果是连续值的模型，评估指标如最大总体精度、最大真实技巧统计值、最大Kappa系数、基尼指数（Gini Index）和受试者操作特征（Receiver Operating Characteristic，ROC）曲线的下方面积（Area Under Curve，AUC）等。对比其他指标，AUC指标很好地继承了ROC曲线评估中无须手动设定阈值的优良特性，可以从整体上衡量结果，另外AUC对预测结果的相对值十分敏感，不受绝对值影响。AUC值在0~1，取值越大表示与随机分布相距越远，预测效果和精度就越高，AUC评估标准为：0~0.6，模型预测无效；0.6~0.7，模型预测较差；0.7~0.8，模型预测一般；0.8~0.9，模型预测良好；0.9~1.0，模型预测极好（Li and Ding，2016）。

本研究主要针对南岭孑遗种和温带特有种进行探讨，这些物种大都是濒危的珍稀物种，自然界中的分布区多为狭窄、破碎的状态，每个物种采样所得的有效分布数据较少，而MaxEnt模型只需很少的数据点就能够做出较为精准的预测，并且操作简便，可用于本研究中大量物种的分布区模拟。但也有研究显示（Ren et al.，2020；曾庆文，2013），使用太少分布点预测的结果可能有较大误差。当样本量较小时，MaxEnt模型的AUC值波动大，稳定性差，当样本量足够大时，AUC值越来越稳定。当分布点数达到30时，模型预测的结果便具有很高的模拟精度和稳定性，AUC值波动极小；当分布点数在15~30时，仍然有高质量的预测结果；当分布点数在10~15时，预测结果有较高的稳定性；当分布点数低于10时，预测结果的质量便不尽人意，AUC值有着很高的方差。

8.9.2 南岭孑遗植物分布动态研究方法

1. 福建柏样品采集

福建柏属（*Fokienia*）隶属于柏科（Cupressaceae s. l.），为典型的孑遗属，可能起源于晚侏罗世东亚环太平洋地区（林峰等，2004）。目前有关该属的化石信息很少，仅在加拿大（Mciver，1992）和美国（Brown，1962）的古新统地层、中国吉林的渐新统地层（Guo and Zhang，2002）、浙江的晚中新统地层（He et al.，2012），以及广西桂平盆地中新统地层有发现（Wu and Chaw，2016）。福建柏属现生种，仅有福建柏[*Fokienia hodginsii*（Dunn）A. Henry et Thomas]一种，广泛分布于我国长江以南各省区，向南可延伸至越南，并以南岭山脉为分布中心，一般生长于800~1300m的山地森林中，是亚热带常绿阔叶针叶林的重要组成部分（林峰等，2004；黄树军等，2013）。对比福建柏属在地质时期分布，可知该属的分布区自古新世以来已极度压缩，开展福建柏的谱系地理学研究可以为研究新近纪以来气候波动，尤其是第四纪冰期对其谱系分化、种群结构和物种分布格局的影响提供有价值的线索。

利用植物志书及在线物种分布数据库（如Iplant、CVH、GBIF、PPBC），以馆藏标本数据（如PE、HITBC、KUN、IBSC等），全面汇总出福建柏地理分布信息，选取具有代表性的区域开展野外采样。本研究共采集到福建柏居群28个（图8.38），共计497个个体，其中包括中国境内采集的22个群体，400个个体；越南地区采集的6个群体，97个个体。以扁柏属为外类群，本研究在中国台湾地区分别采集了2个红桧（*Chamaecyparis formosensis* Matsum.）居群以及1个台湾扁柏[*Chamaecyparis obtusa* var. *formosana*（Hayata）Rehd.]居群作为后续分析使用的外类群（图8.41）。

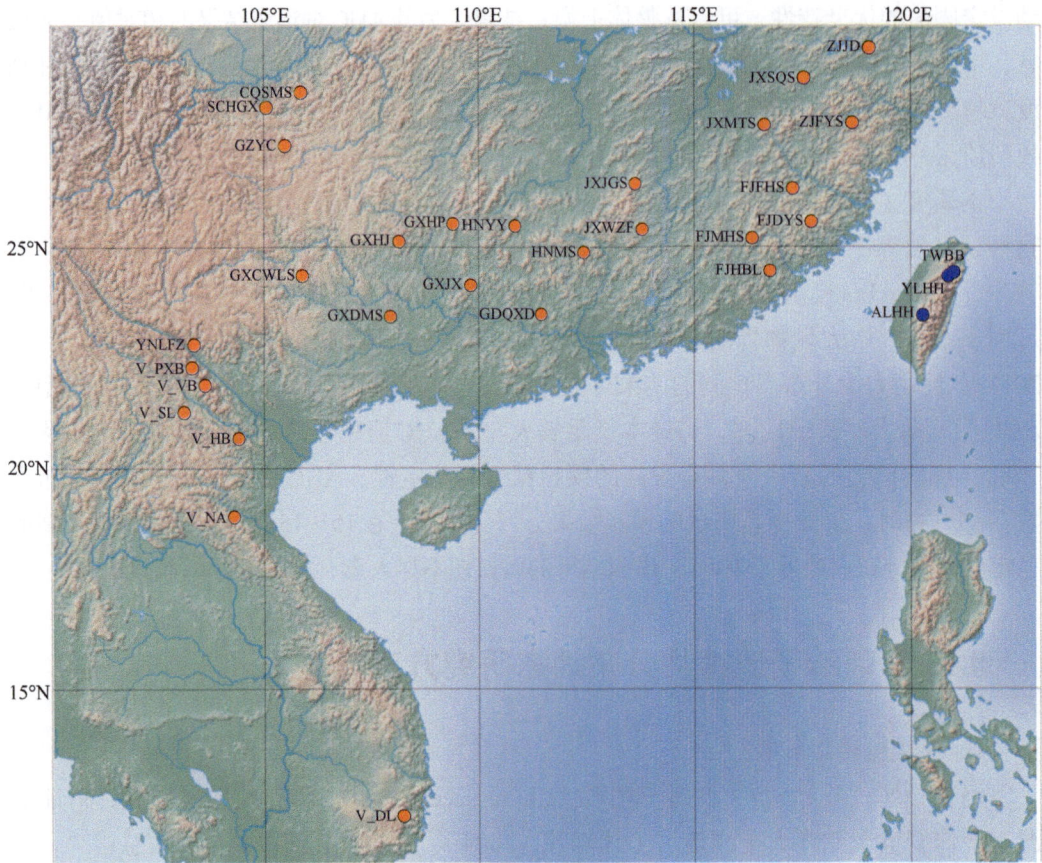

图8.41　本研究中28个福建柏居群和3个扁柏属居群的地理位置

其中福建柏居群以橙色表示，扁柏属居群以蓝色表示

实验材料采集标准为相邻群体之间的地理距离需大于100km，每个居群采集的个体均为成年大树，且彼此之间的距离保持在30～50m，个体数量保证在15个以上；对于分布数量较少的地区，保证采集个体数量在5个以上。所有采集的居群都记录其经纬度、海拔以及生境等信息。选择长势良好、完整、没有病虫害侵染的叶片3～5片，表面擦拭干净后放入分子样袋内并立即利用硅胶干燥，以备后续实验。每个采集的居群都制作3份枝叶标本留为凭证，并在中山大学植物标本馆（SYS）内保存。

2. 实验材料的DNA提取

对于干燥后的叶片材料，本研究使用步骤经过优化的CTAB法（Doyle J J and Doyle J L，1987）对其DNA进行提取。

3. 多态性微卫星引物的选择

实验室在以往的研究中已经基于福建柏的转录组数据开发出11对多态性引物（Ding et al.，2017）。但由于筛选引物所使用的居群之间的地理距离相隔不远，一些位点的多态性可能并不会得到充分的表达，因此本研究从三个位置相对较远的居群福建戴云山（FJDYS）、广东青溪洞（GDQXD）、云南老范寨（YNLFZ）中随机挑选了五个个体，对以前可以扩增的108对引物重新进行实验，用以寻找高多态性的位点。利用毛细管电泳仪（Ames，Iowa，USA）对各个位点的PCR产物条带大小进行测定，PROSize version 2.0（AATI）根据软件内置标准读取不同位点的等位基因大小，最终一共挑选出12个具有较高多态性的位点用来进行后续群体遗传规律的研究。

4. 叶绿体片段以及单拷贝核基因的筛选

针对叶绿体基因片段，本研究从GenBank数据库中下载了福建柏近缘物种红桧（Wu and Chaw，2016）的叶绿体基因组数据作为参照数据库，与福建柏的叶绿体基因组数据进行比对，限定序列同源性可靠值E-value的阈值为1×10^{-10}。比对后的结果显示，共有55条序列可以成功匹配。利用NCBI的BlastN功能找到这55条序列所对应的基因片段，软件Primer Premier 6.0基于这些序列信息共设计出引物64对，设计的标准为目的产物大小在300~900bp，其他参数按默认进行；对于长度超过1500bp的序列，本研究则设计了两对或两对以上的引物。利用上述提到的15个个体对这64对引物的通用性和多态性进行检测。其中，有55对可以成功扩增且得到较好的测序结果，有5对（psbB、atpB、atpI-atpH、psaI-ycf4和rps16-chlB）表现出相对较高的多态性，可以用于后续的实验分析。

核基因片段筛选，本研究将福建柏的转录组数据与下载的拟南芥959个单拷贝核基因进行比对，限定E-value的阈值为1×10^{-10}，最终找出最佳匹配的片段89个。分析时，初步认定这些片段可能是福建柏基因组中的单拷贝基因。利用Primer Premier 6.0对这89个片段进行引物设计，其中设定平均扩增温度在50℃左右，产物大小为500~1000bp，最后一共得到40对引物。引物的扩增检测结果显示，有8对引物能够完全扩增并且得到单一的条带，有2对表现出了明显的多态性（hgd和sqd1）。

5. 南岭子遗物种名录的整理

研究参考《中国种子植物子遗属列表》《南岭山地生物群落简史》《南岭国家级自然保护区植物区系与植被》《南岭植物名录》及相关研究文献（黄继红等，2013；Bellar et al.，2012；Wheatley et al.，2017；姬红利等，2018；李春香等，2010；王勇进等，2003；赵鑫磊等，2015；张莫湘和李世晋，2011；Chamberlain et al.，2017）整理南岭的子遗种，参考陈涛、董安强、王发国等植物区系研究，结合《南岭植物名录》整理南岭的温带特有种名录，并记录南岭子遗种和温带特有种在南岭地区的主要分布地。但由于各文献中植物学名存在差异，因此根据《中国植物志》将同种不同名的学名统一、将异名修正为正名、将分类学上的位置发生改变的物种修改为新的学名，并把同一物种的品种、亚种、变种合并，最终整理得到《南岭子遗种与温带特有种植物名录》，含子遗种296种、温带特有种40种。

6. 物种分布数据的提取与筛选

本研究所使用的物种分布点的经纬度数据来源于电子数据库：全球生物多样性信

息平台（GBIF，https://www.gbif.org/）和中国数字植物标本馆（CVH，https://www.cvh.ac.cn/），首先利用R中的"rgbif"包（Alexander et al.，2019），从GBIF中提取植物名录中各物种于1979～2013年在中国的分布数据记录，包含物种名称、经度、纬度、国家名称、省份、采样时间和坐标误差，将坐标误差高于100km的数据剔除，并添加在CVH中检索到的物种分布点。由于数据库中香港、澳门、台湾的分布点的所属地不是"CN"，所以搜索参数中的国家设置为"CN；HK；TW；MO"。然后利用"CoordinateCleaner"程序包（Brown et al.，2018）检测异常数据，如数据点是否落在国外、是否是重复数据、是否在种植园中、是否在海上等，去除异常数据后使用"plot"函数简单绘制物种分布图并查看，若仍然存在海上分布数据、国外分布数据则手动剔除。使用MaxEnt模型建模需提供物种分布点数据，因此将物种分布点数据统一地理坐标系为WGS-1984，经纬度保留至小数点后两位，在Excel表格中仅保留specious、lon、lat三列，保存为csv格式备用。

7. 子遗植物及温带特有种在南岭及周边保护区分布数据的获取与处理

根据《第四纪冰期旋回对南岭植物演化影响》研究（Wheatley et al.，2017）所含的22个地区的物种记录，得到了南岭子遗种和温带特有种在南岭五个管理处——乳阳、天井山、龙潭角、秤架、大东山以及周边17个保护区共22个地区（图8.42）的二值化数据（OTU），仅包含各保护区的物种有无数据，不含物种的丰度。但由于物种记录仅包含种子植物且部分温带特有种同时是子遗种，所以最终的OUT中共包含物种88种，包括子遗种76种、温带特有种26种。

图8.42　用于谱系分析的山地及保护区地图

8. 南岭地区环境因子的获取

植物的分布受很多因素影响，温度和降水是影响物种分布最重要的因素，海拔、坡向等地形因素也会对树种产生很大影响。研究选取20个环境因子用于模拟，包括19个生物气候因子（Bioclimatic）和1个海拔因子（表8.12）。

现代的生物气候数据来源于PaleoClim（http://www.paleoclim.org/），该数据库的全球气候数据采用的是1979～2013年全球气象站的气象信息。本书研究中国这一区域尺度下南岭子遗种和温带特有种的分布区变化，可选用较高分辨率数据，但由于古气候的环境因子最高分辨率为2.5′（5km），因此选用了空间分辨为2.5′的现代（1979～2013）环境因子数据。从地理空间数据云（http://www.gscloud.cn/）下载"SRTMDEM 90M分辨率原始高程数据"，并在ArcGIS中提取海拔数据。

表8.12 获取的环境变量

变量	说明
bio_1	年均温
bio_2	平均气温日较差
bio_3	等温性
bio_4	季节性温度
bio_5	最暖月最高温度
bio_6	最冷月最低温度
bio_7	温度年较差
bio_8	最湿季平均温度
bio_9	最干季平均温度
bio_10	最暖季平均温度
bio_11	最冷季平均温度
bio_12	年降水量
bio_13	最湿季降水量
bio_14	最干季降水量
bio_15	降水量季节性变化
bio_16	最湿季降水量
bio_17	最干季降水量
bio_18	最暖季降水量
bio_19	最冷季降水量
elevation	海拔

1）环境因子的处理与筛选

使用ArcGIS 10.7软件将海拔数据重采样为2.5′分辨率，并把所有环境因子以下载自COS（Capital of Statistics）（https://cosx.org/）的中国矢量地图为标准，裁剪为中国范围并保存为栅格数据。考虑到在模型中使用相关性较高的环境因子会导致结果过度拟

合，因此对环境因子进行Pearson相关性检验。利用ArcGIS对20个环境因子做相关性分析时，若直接提取环境因子的栅格数据，只能得到每个属性值的栅格数量，无法得到对应的经纬度位置。因此，将栅格图层转为点图层，提取点图层的属性表，在属性表中使用几何计算命令计算每个栅格的经纬度，得到经纬度位置与环境数据相对应的属性表，将属性表导出为dbf文件。再使用R程序包"foreign"（Borcard et al.，2014）的read. dbf函数读取所有环境因子的属性表，以栅格的经纬度位置为标准，将20个环境因子的数据进行匹配合并为1个表格，用cor函数计算Pearson相关系数，保留2位小数。若相关系数$|r| \geq 0.70$，则认为变量间存在较高相关性，因此将相关系数$|r| \geq 0.70$的变量保留至1个，$|r| < 0.70$的变量均保留，使用ArcGIS将保留的环境因子数据转换为ASCII格式，用于数据分析与模型构建。

2）构建系统发育树

2019年Jin和Qian（2019）发布的R程序包"V. PhyloMaker"中包含有目前最新最大的维管束植物发育树，其包括现存维管束植物的所有科74533种，使用该程序包可以根据物种的科名、属名在很短时间内构建出所需的系统发育树。相对于其他方法而言，研究者仅需提供一个属或科在系统发育中近亲的科名或属名，"V. PhyloMaker"便可以将原本不在大型发育树中的属或种纳入发育树中。本研究准备了包含物种拉丁名、属名、科名的CSV文件，使用bind. relative函数将所准备的文件与大型发育树中的科名、属名匹配，若大型树中无某物种的信息，则根据《中国植物志》中该物种的系统位置在文件中添加近缘科、属的名称，最后以大型树为骨架生成三棵系统发育树：南岭孑遗种的发育树、南岭温带特有种的发育树及南岭孑遗种和温带特有种的发育树。

3）主坐标分析

研究在R中使用"picante"程序包（Webb，2010）的prune. sample函数，参照OTU对系统发育树进行修剪，使发育树上仅包含OTU中存在的物种，使用pd函数计算22个地区的谱系多样性（PD）。因为所使用的OTU不含各物种的丰度数据，因此使用"GUniFrac"程序包（Chen et al.，2021）中的GUniFrac函数计算出各地区之间的unweighted UniFrac距离（非加权UniFrac距离），若两个群落样本间存在的物种种类完全一致，则距离为0。然后使用cmdscale函数计算各地区的相异矩阵，绘制PCoA的排序图。

4）MaxEnt模型构建

将物种的分布数据和处理后的环境因子数据导入MaxEnt 3.4.2，使用刀切法测定各环境因子对模型构建的贡献度（Merow et al.，2013），建立物种分布区与环境因子之间的响应曲线。自相关会影响模型的统计推断，从而导致偏差，为保证两个数据集之间的独立性，将数据划分为训练数据集和测试数据集，设分布数据的25%为随机测试数据集，其余75%的分布数据用于模型的建立，每次运行都使用随机种子抽取。设模型迭代次数为10次，迭代运行类型选择通过有放回抽样重新选择物种位点集合的自助法运行，取结果的平均值作为预测的结果，正则化乘数（Regularization Multiper，RM）设为1.1，其他参数为软件默认值，模型构建成功后使用AUC值对结果的准确度进行评估。

8.9.3　典型子遗植物谱系分化和分布动态

1. 12个微卫星位点的结果分析

根据MICROCHECKER的分析，本研究中12个SSR位点检测到的基因型错误频率明显低于限定值。Bonferroni多重校正结果显示，所有位点在福建柏居群中均未发现有明显的哈迪-温伯格平衡偏离现象。此外，各位点之间相互独立，并不存在连锁不平衡的情况（$P>0.05$）。上述的测验结果显示，12个位点的数据可以用于后续的分析。

根据F统计的结果，在所采集的28个福建柏居群中，群体内部的自交系数（F_{IS}）为0.165 ± 0.023，群体间分化系数（F_{ST}）为0.200 ± 0.021（表8.13）。

表8.13　12个微卫星位点显示的福建柏遗传多态性

Loci	NT	NE	AR	HO	HE	F_{IS}	F_{IT}	F_{ST}	Nm
F015	8	3.447	5.503	0.574	0.700	0.181	0.325	0.176	1.174
F017	7	2.654	4.317	0.528	0.609	0.133	0.312	0.207	0.958
F020	5	2.760	4.258	0.433	0.619	0.301	0.443	0.203	0.981
F036	9	3.157	5.028	0.498	0.666	0.253	0.398	0.194	1.037
F042	4	3.060	3.481	0.525	0.666	0.211	0.235	0.030	8.168
F049	7	2.503	5.220	0.569	0.589	0.034	0.318	0.294	0.602
F089	5	2.153	3.514	0.428	0.465	0.079	0.382	0.329	0.510
F127	7	3.469	0.830	0.587	0.702	0.164	0.280	0.139	1.544
F173	7	2.599	4.287	0.454	0.602	0.245	0.398	0.203	0.981
F204	6	2.727	4.499	0.561	0.627	0.104	0.287	0.204	0.977
F210	8	2.831	4.826	0.531	0.630	0.157	0.337	0.214	0.919
F217	6	2.820	4.629	0.556	0.626	0.112	0.302	0.214	0.919
平均		2.848±0.038	4.199±0.284	0.520±0.008	0.625±0.006	0.165±0.023	0.335±0.017	0.200±0.021	1.564±0.605

Mantle Test的结果显示，福建柏的群体分化系数和居群间的地理距离具有明显的正相关关系（$r=0.637$，$P=0.01$），说明福建柏群体分化符合地理隔离模式。另外，研究还发现群体的遗传分化与经度（$r=0.447$，$P=0.01$）、纬度（$r=0.372$，$P=0.02$）、海拔变化（$r=0.247$，$P=0.03$）、降水变化（$r=0.194$，$P=0.04$）和温度变化（$r=0.165$，$P=0.04$）之间还存在一定的相关性。

空间分子方差分析（SAMOVA）的结果表示，当$K=4$时，F_{CT}值达到了最大（$F_{CT}=$

0.3729，$P<0.05$）。因此，采集到的28个福建柏群体可以划分成4个地理组：东部组包括分布在中国东部的大部分群体，其主要位于武夷山地区；中东部组包括分布在中国南岭–罗霄山脉地区的居群；中西部组包括分布在中国四川盆地附近与云贵高原东缘一带的居群；西部组包括分布在越南地区的居群，另外还有云南的一个群体（YNLFZ）。根据SAMOVA的分组结果，本研究对28个福建柏群体进行分子方差分析（AMOVA），结果显示，福建柏群体分化现象明显（$P<0.01$），其中居群内的遗传变异达到79.04%，四个地区间的遗传变异占到18.48%，而地区内居群间的遗传变异仅为2.48%（表8.14）。

表8.14　福建柏四个地理组分间的分子方差分析

变异来源	方差总量	变异成分	变异占比	分化指数
地区间	704.186	0.90922	18.48	F_{ST}: 0.20961
地区内居群间	196.396	0.12193	2.48	F_{SC}: 0.03041
居群内	3763.679	3.88810	79.04	F_{CT}: 0.18483
总计	4664.261	4.91925	100.00	

根据Structure的群体聚类分析结果，当$K=4$时，ΔK值达到了最大，说明福建柏个体可以分成四个基因池（图8.43）考虑其地理分布位置，这四个基因池可以划分成东部、中东部、中西部和西部基因池（图8.44），这一结果与SAMOVA分析基本一致。其中东部地区的基因池以红色表示，中东部地区的基因池以黄色表示，中西部地区的基因池以绿色表示，西部地区的基因池以蓝色表示。所采集的28个居群中，分布在中国的居群（来自东部、中东部和中西部的群体）出现了一定的基因池混合现象，尤其是居群ZJFYS、JXSQS和YNLFZ的基因池混合现象尤为明显，而在越南的居群（西部群体）则基因来源相对单一。

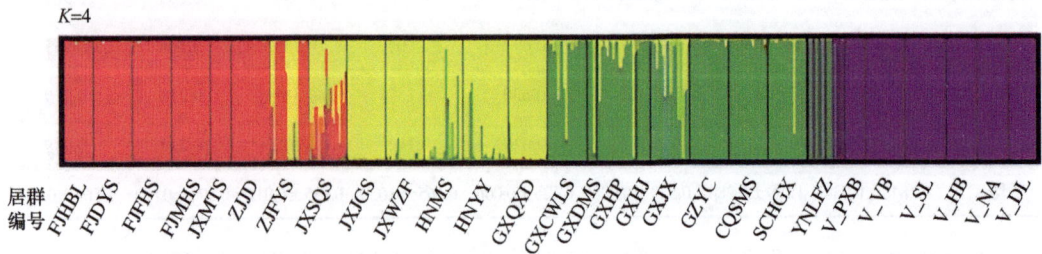

图8.43　最佳分组值（$K=4$）显示福建柏基因池来源情况

利用主成分分析对福建柏群体的聚类情况进一步验证，其中处在分布区西部的6个越南群体（V_PXB、V_VB、V_SL、V_NA、V_HB和V_DL）聚在一起，并与中国云南的居群（YNLFZ）一同位于坐标图的左侧。剩余的中国居群均位于坐标图的右侧，其中中西部群体位于右下方，中东部群体位于坐标图的右侧中间，东部群体位于右上

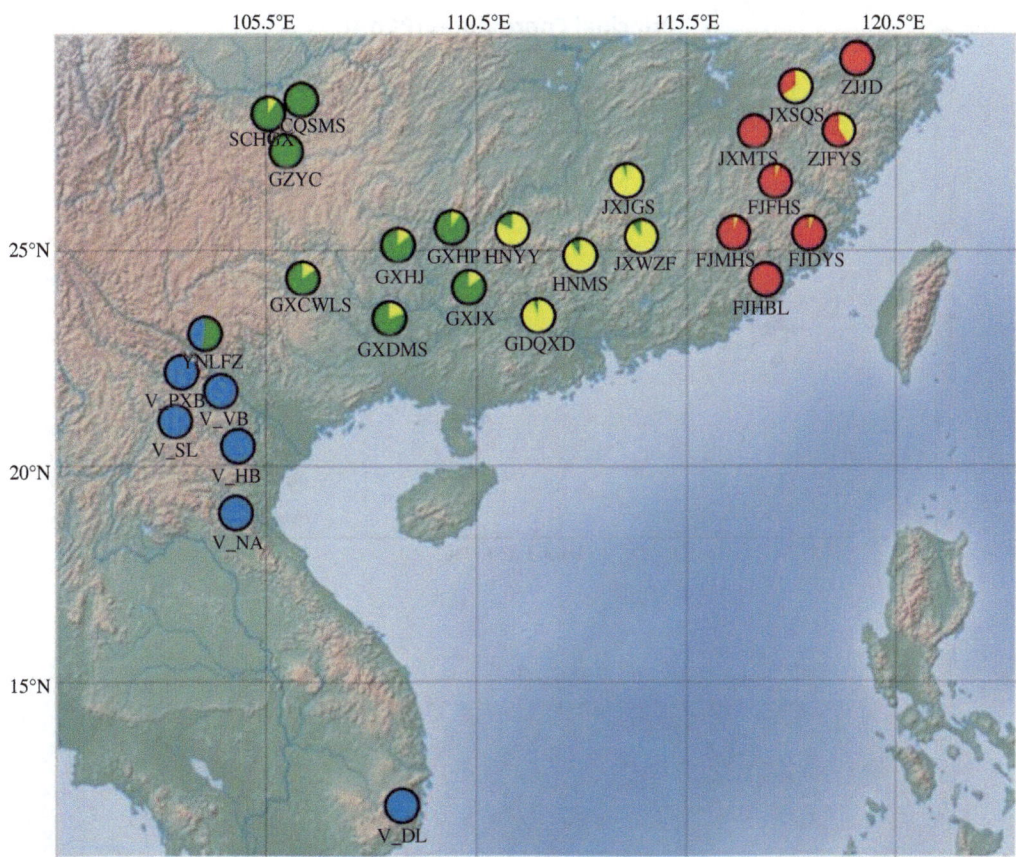

图 8.44　Structure 显示福建柏四个基因池的地理分布

方（图 8.45）。坐标图中的第一主成分和第二主成分分别代表了 54.72% 和 17.43% 的群体遗传变异，说明福建柏群体在这四个地区间的遗传分化现象十分明显。此外，基于种群间遗传距离的 Barriar 分析结果也显示，在福建柏分布区内存在三条明显的隔离屏障线，其将所有的群体划分成四个不同的组合（图 8.46），这与上述 SAMOVA 和 Structure 的分析结果基本相同。以上结果揭示了福建柏群体间存在着较为强烈的遗传分化和明显的遗传结构。

2. DNA 序列的分析结果

由于窄冠福建柏的叶绿体片段和单拷贝核基因的序列信息与福建地区分布的其他群体保持一致，因此本研究暂时认为福建柏和窄冠福建柏为同一类型，后续分析中不再分别讨论。

5 个叶绿体片段联合后的长度为 3076bp，其中基因 psbB 的长度为 624bp，atpB 的长度为 539bp，基因间隔区 psaI-ycf4 的长度为 845bp，rps16-chlB 的长度为 756bp，atpI-atpH 的长度为 312bp。在联合叶绿体片段中，一共可以检测到 15 个碱基变异和 3 个插入/缺失（长度为 4～23bp），这些变异共确定了 14 个单倍型。

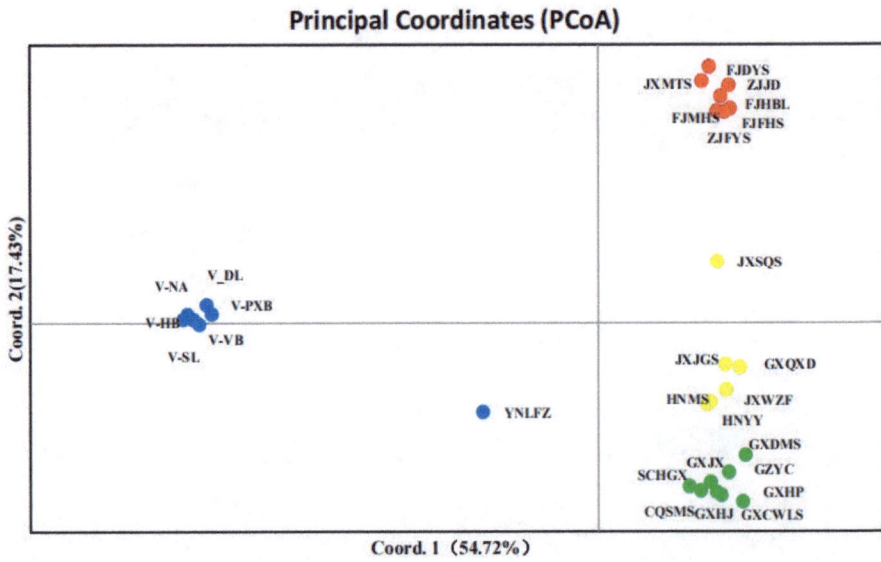

图8.45 福建柏28个群体的主成分分析结果

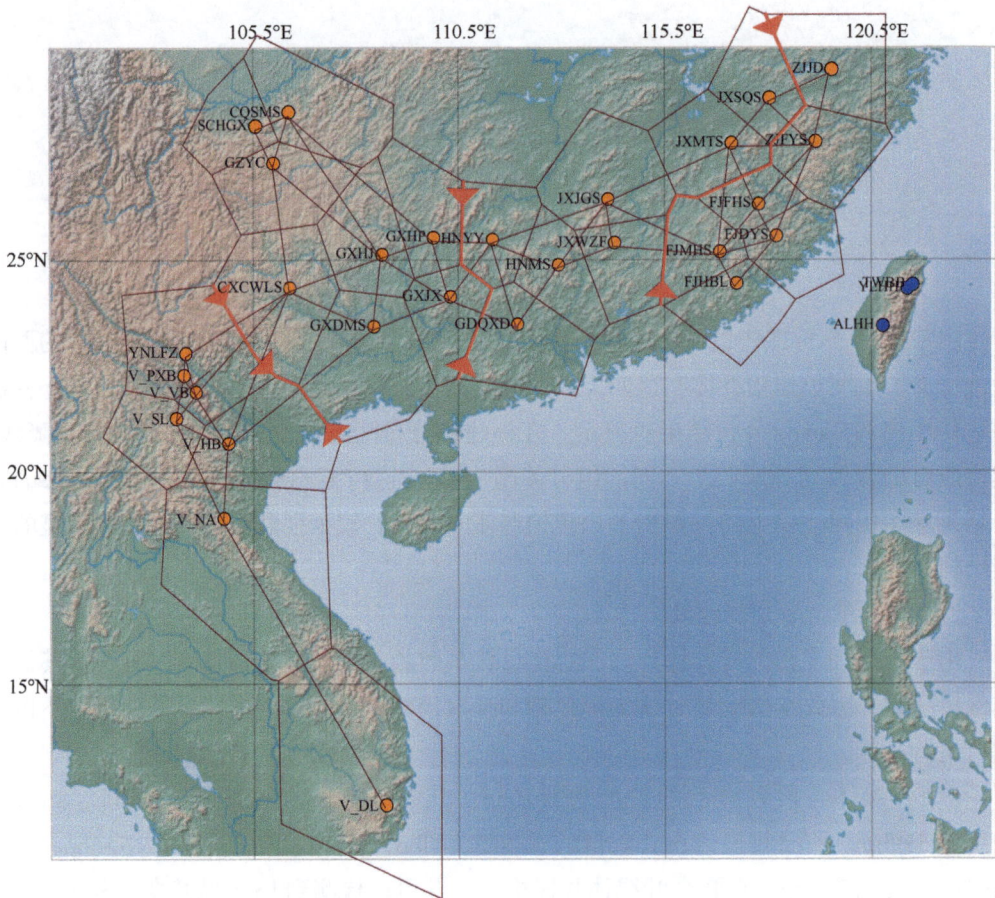

图8.46 Barriar分析所示福建柏群体存在的隔离屏障

从物种水平上看，叶绿体数据显示福建柏群体的遗传多样性保持在相对较高水平，单倍型总多态性（H_d）以及核苷酸总多态性（π）分别达到了0.846和0.00124。另外，群体内平均遗传多样性（$H_S = 0.381 \pm 0.0479$）低于总遗传多样性（$H_T = 0.860 \pm 0.0279$）。从群体水平上看，单倍型的多态性为0～0.711，平均值为0.343 ± 0.024；核苷酸多态性为0～0.00078，平均值为0.00024 ± 0.00009。在所采集的群体中，分布在中东部地区的居群JXJGS、分布在东部地区的居群FJDYS以及分布在西部地区的居群V_NA的遗传多样性明显高于其他群体。

对于核基因来说，比对后的hgd基因长度为572bp，其中17个分离位点可以确定16个单倍型；而基因sqd1的长度为890bp，一共检测到14个分离位点并确定出15个单倍型。福建柏群体在这两个单拷贝核基因上的平均单倍型多态性为$H_e = 0.832$；平均核苷酸多态性为$\theta_{wt} = 0.00304$，$\pi_t = 0.00309$；沉默位点的核苷酸多态性为$\theta_{wsil} = 0.00410$，$\pi_{sil} = 0.00520$；非同义位点的多态性为$\theta_{wa} = 0.00221$，$\pi_a = 0.00243$。中性检验的结果显示Tajima's D值、Fu & Li's D值以及F值均为正值。

福建柏叶绿体单倍型的网状关系图显示，14个单倍型可以分成四个分支：东部分支（Eastern Clade）包括单倍型H6～H8，这些单倍型主要分布在中国东部武夷山脉附近；中东部分支（Central-eastern Clade）包括单倍型H1、H2和H4，这三个单倍型彼此之间相差一个插入缺失，主要分布在中东部的罗霄山脉-南岭一线；中西部分支（Central-western Clade）包括单倍型H3和H5，这两个单倍型之间仅有一个插入缺失的变异，主要分布在中国四川盆地-云贵高原东侧以及邻近地区；西部分支（Western Clade）包括单倍型H9～H14，主要分布在越南地区，其中单倍型H9、H11和H14彼此间以一个插入缺失作为区分。单倍型H1位于网络关系图的中心位置且与外类群相连，推测H1可能为古老单倍型（图8.47）。

根据叶绿体联合片段，在物种水平上，遗传分化系数N_{ST}明显大于G_{ST}（$N_{ST} = 0.763 \pm 0.0365$，$G_{ST} = 0.557 \pm 0.0511$，$P < 0.05$），说明福建柏群体存在谱系结构。SAMOVA分析结果显示，当把福建柏群体分成四个地理组时，可以得到最高的F_{CT}值，且此时的地理分组也与单倍型四个支系的分布保持一致：东部组（Eastern Group）包括分布在中国东部地区的6个群体；中东部组（Central-eastern Group）包括分布在中国南部地区的5个群体和分布在中国东部地区的2个居群（ZJFYS和JXSQS）；中西部组（Central-western Group）包括分布在中国中西部地区的8个群体；西部组（Western Group）包括分布在越南的6个群体和分布在中国云南的1个居群（YNLFZ）。根据分组信息，SAMOVA结果表明，四个地理组之间的遗传变异可达到67.06%，居群内的变异占24.16%，而地理组内群体间的变异仅有8.78%。

两个核基因的单倍型网络图表现出明显的星状结构（图8.48、图8.49），并将所有的单倍型分为两大支，第一支（Clade I）包括分布在东部、中东部和中西部地区（主要位于中国）的单倍型，第二支（Clade II）包括分布在西部地区（主要位于越南）的单

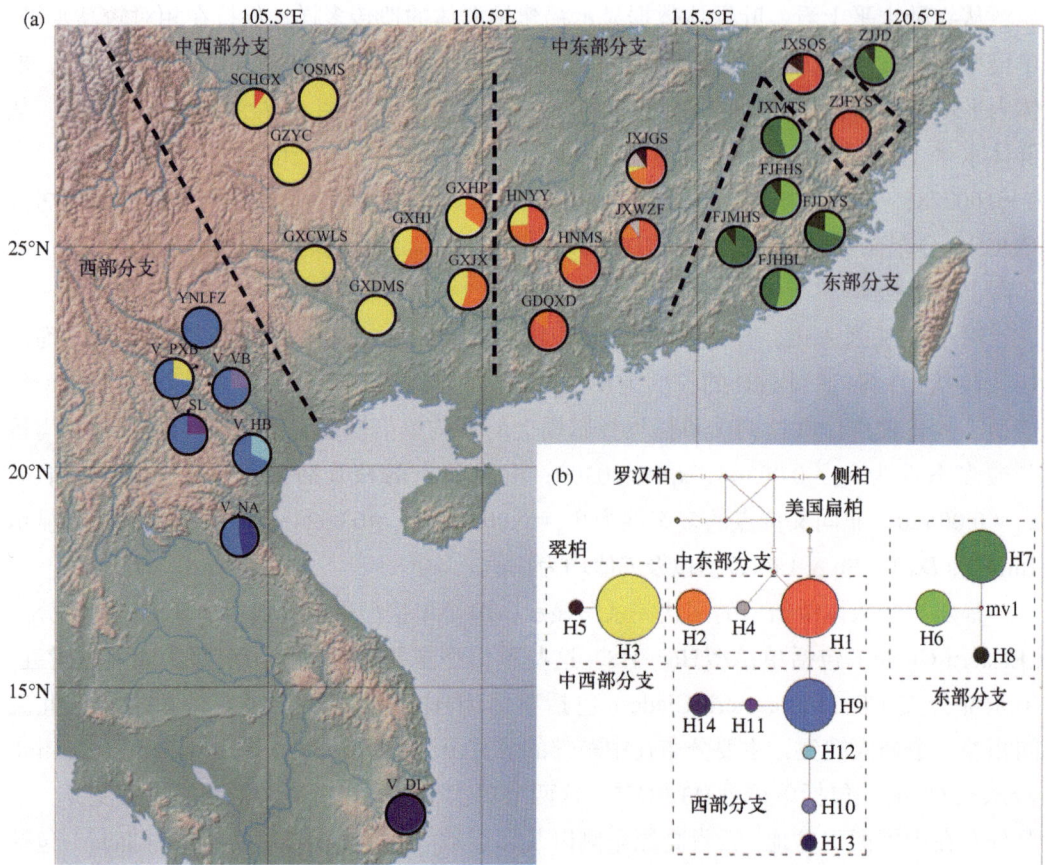

图8.47　福建柏14个叶绿体单倍型的分布情况（a）及14个单倍型之间的网络关系（b）

（a）黑色虚线为不同地理组分边界；（b）图中圆的大小代表单倍型个体数量的多少，红色圆点表示潜在的单倍型

倍型。SAMOVA分析同样将福建柏28个群体分成两个地理组，与单倍型网络图中两个分支的分布情况保持一致。根据分组信息，SAMOVA结果显示，大部分的遗传变异都出现在地理组之间（hgd：64.99%；sqd1：70.17%），其次为居群内部（hgd：21.20%；sqd1：21.57%），地理组内居群之间的遗传变异所占比例最小（hgd：13.81%；sqd1：8.26%）。

　　基于叶绿体片段构建的最大简约树、最大似然树以及贝叶斯树都支持福建柏是一个单系类群，且在种内发现有两个明显的谱系。第一谱系（Lineage Ⅰ）又可以分成三个亚谱系，分别为东部亚谱系（Eastern Sublineage）、中东部亚谱系（Central-eastern Sublineage）和中西部亚谱系（Central-western Sublineage）；但是这三个亚谱系之间的系统关系尚不明确。第二谱系（Lineage Ⅱ）主要为西部谱系（Western Lineage）。根据BEAST的分析结果，福建柏14个叶绿体单倍型的共祖时间可以追溯到19.34Ma（95% HPD：25.52～12.92Ma）。其中，第一支系（Lineage Ⅰ）的分歧时间为10.16Ma，第二支系（Lineage Ⅱ）的分歧时间为8.63Ma（95% HPD：17.10～2.54Ma）（图8.50）。另外，

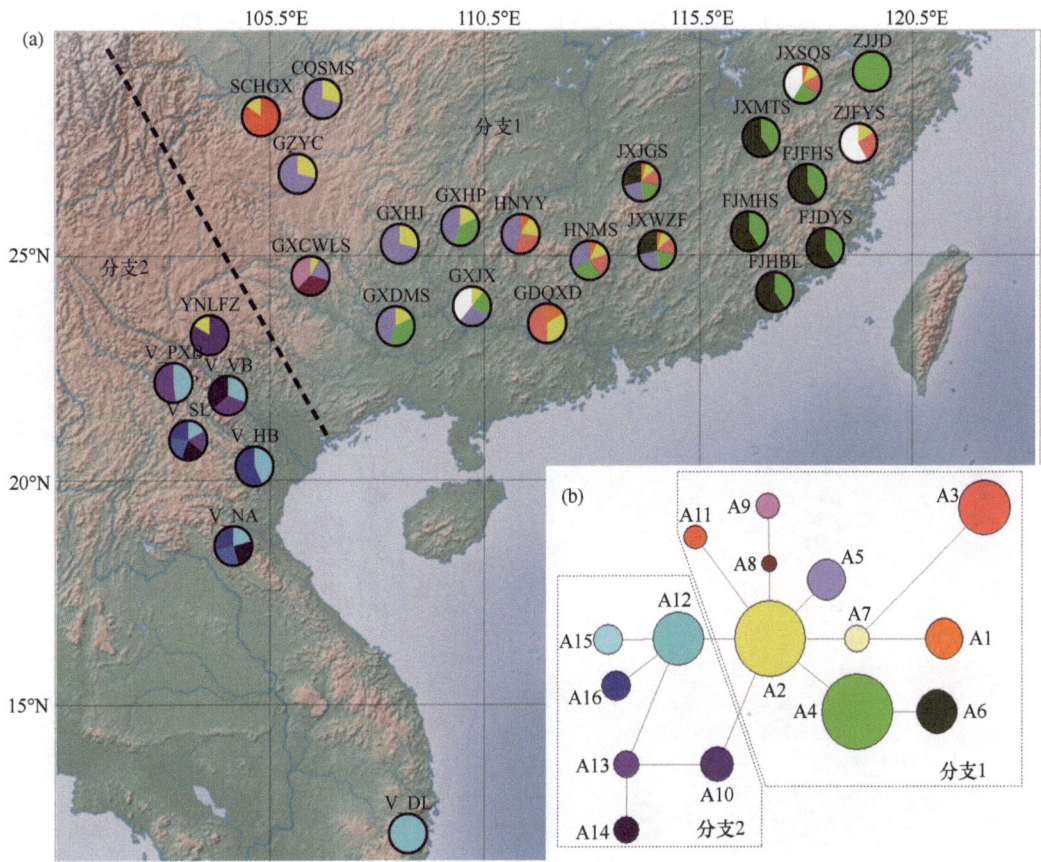

图8.48 核基因hgd所示福建柏单倍型及群体分布情况（a）及16个单倍型之间的网络关系（b）

（a）黑色虚线为不同地理组分边界；（b）图中圆的大小代表每个单倍型所含个体数量的多少

BEAST的结果显示，福建柏联合叶绿体片段的碱基替换速率为$1.895 \times 10^{-10}/(s \cdot y)$。

MaxEnt预测福建柏的适宜分布区具有很高的AUC值（AUC=0.970 ± 0.003），说明生态位模拟结果的准确度较高。预测的福建柏当前分布与实际情况基本一致，除了有一些预测的地区，如广西的中部和南部，云南的东北部以及越南的中部，目前的调查中并未发现有群体分布（图8.51）。生态位模拟结果显示，在末次盛冰期时，中西部和西部地区的福建柏分布范围与现代相比有所缩小且呈现出更破碎化的状态，而东部和中东部地区的福建柏在现代的分布更为连续。与末次盛冰期相比，当前的环境更适宜福建柏的生存，但总体来说，福建柏的分布范围并没有表现出明显的变化，尤其是在纬度上。

3. 第四纪冰期对福建柏分布范围和基因流的影响

第四纪时，冰期-间冰期的反复交替对物种的群体动态产生了深远的影响，尤其是对温带地区分布的物种的影响更为严重（Liu et al.，2012），并导致区域植被的复杂变化。基于孢粉的古生态重建结果也显示，我国亚热带地区的常绿阔叶植被在末次盛冰期时

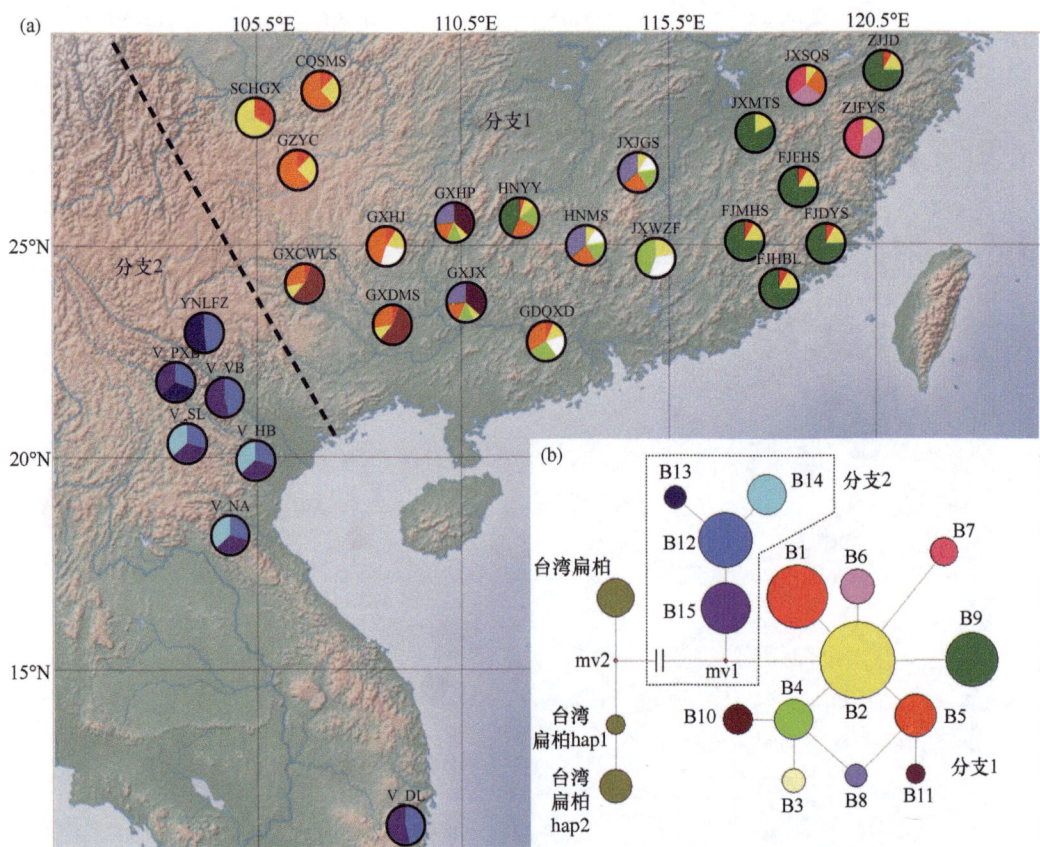

图8.49 核基因sqd1所示福建柏单倍型及群体分布情况（a）及15个核基因单倍型之间的网络关系（b）

（a）黑色虚线为不同地理组分边界；（b）单倍型网络图中圆的大小代表每个单倍型所含个体数量的多少

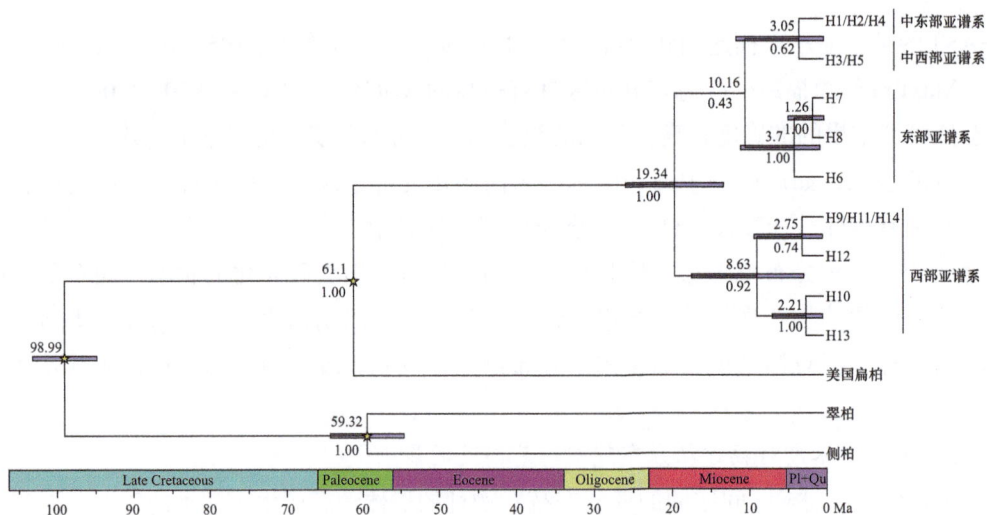

图8.50 福建柏联合叶绿体片段估算的所有单倍型分歧时间

蓝色横线代表节点时间95%的置信区间。其中分支的分歧时间表示在节点上面，分支后验概率表示在节点下面

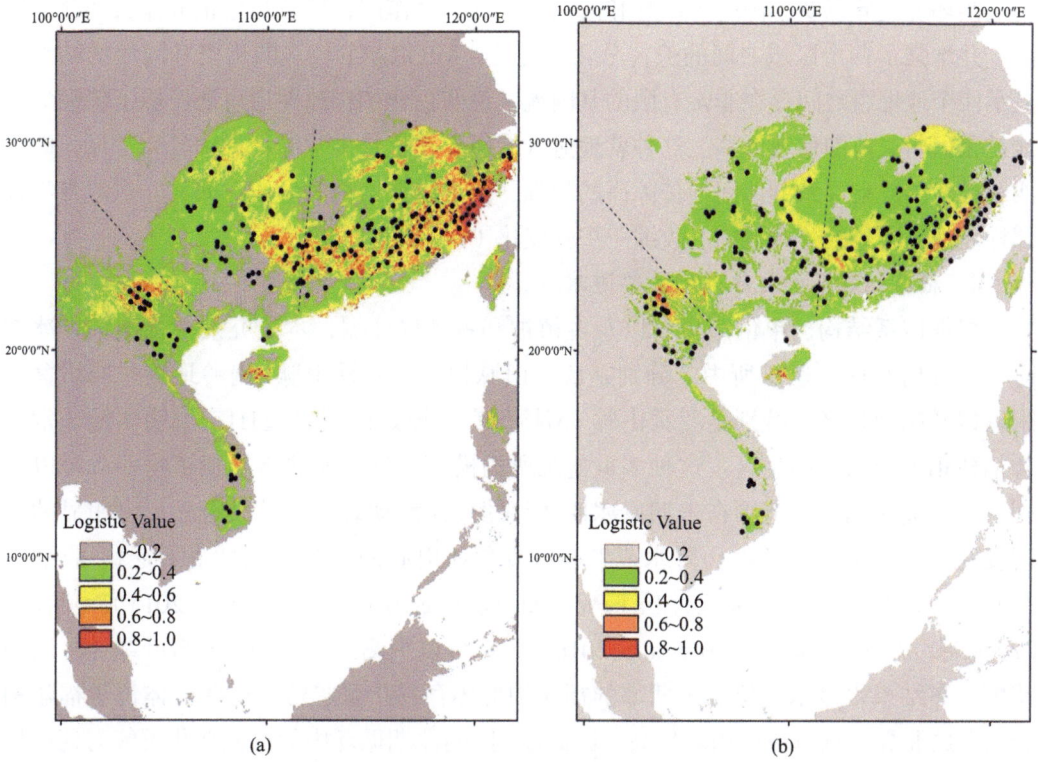

图8.51 生态位模拟显示福建柏的适宜分布区

（a）基于目前（1950～2000年）的气候数据；（b）基于末次盛冰期（21000年前）的气候数据。
黑色的点表示分析使用的地理位置点；黑色的虚线代表不同地理组的分界

完全退缩至24°N以南的地区，并在全新世气温回升后重新向北扩张，这一点在伞花木（*Eurycorymbus cavaleriei*）（Wang et al.，2009）和大血藤（*Sargentodoxa cuneata*）（Tian et al.，2015）的谱系研究中都得到了验证。然而，福建柏的生态位模拟结果显示，该物种在末次盛冰期时并没有表现出明显的向南退缩的趋势，且福建柏在盛冰期时的分布范围与现在相比也没有明显的缩小，特别是在纬度上。现在温暖湿润的气候环境仅为福建柏提供了更加适宜的生存环境和更加连续的分布范围。此外，福建柏的遗传多样性也并没有显示出随着纬度增加而下降的趋势，说明福建柏可能并未经历过大规模的群体动态变化。

事实上，福建柏显示出以长期的种群隔离、有限的基因流动以及限制性的群体动态变化为特点的遗传模式，这一特征可由空间上较为均匀的遗传多样性分布和明显的谱系地理结构（$N_{ST} > G_{ST}$，$P < 0.05$）所证明。叶绿体片段SAMOVA的结果显示，所有的福建柏居群可划分为四个地理组，这与微卫星数据的结果一致。同时，生态位一致性检验的结果表明，东部地区、中东部地区、中西部地区以及西部地区的生态位并不一致，说明这四个地理组分呈现出不同的环境背景。虽然末次盛冰期时剧烈的气候变化并未引发福建柏群体分布范围的改变，但却导致群体的碎片化。生境破碎化，加上不同地区间

的气候环境差异以及中国南部山脉和河流的地理屏障作用，导致福建柏群体长期就地隔离，并增强了四个区域之间的遗传分化。此外，MIGRATE计算的历史基因流的结果也显示四个地理组之间存在非常有限的基因流，说明福建柏在冰期后可能经历了轻微的本地扩张而非大范围重新迁移。这种就地避难的模式在亚热带常绿物种中较为常见，即第四纪的气候波动导致群体间遗传障碍的加强、促进谱系结构的形成，而并非像温带物种那样表现出明显的分布范围的收缩—扩张变化（Bai et al.，2016）。

4. 福建柏在第四纪冰期的主要避难所

根据谱系结构、单倍型分布以及古植被和古气候证据，本研究发现福建柏在冰期时主要保留在四个避难所中，分别是武夷山脉地区、罗霄山脉-南岭地区、四川盆地附近以及越南地区。特别是罗霄山脉-南岭保存了原始的单倍型H1，说明本地非常适合福建柏古老谱系的生存。这种多重避难所的模式在许多亚热带孑遗植物中都可以见到，虽然福建柏分布范围在末期盛冰期强烈的气候波动影响下并没有显示出明显的纬度变化，但是群体可能经历降水或者温度变化而引起的海拔周期性上下迁移/收缩扩张趋势，这种情况在华南五针松（*Pinus kwangtungensis*）（Tian et al.，2015）、领春木（*Euptelea pleiosperma*）（Cao et al.，2016）中都可以观测到。另外，联合叶绿体片段的错配分布结果也显示，位于中西部的福建柏群体存在扩张趋势。这些群体位于福建柏分布区的北界，且海拔也相对较高，因此冰期-间冰期循环中的气候变化可能对这些群体的影响更为强烈，尤其是居群GZYC、CQSMS和SCHGX。基于中西部群体经历过扩张的假设，研究发现其扩张的时间大约在51.46ka，与中更新世间冰期气候变暖的时间（100～41ka）（Tzedakis et al.，2009）相一致。类似的扩张时间也可以在青钱柳（*C. paliurus*）中发现（Kou et al.，2016）。

研究表明，福建柏在第四纪冰期时原地保留在多个避难所就地避难，其中罗霄山脉-南岭是其主要的避难所之一。同时，生境的不连续致使避难所间彼此隔离，群体间基因交流水平不高，加之福建柏的果实靠重力下落，种子的传播能力和范围十分有限，由此导致的群体间限制性基因交流进一步加强了不同地区间的遗传分化，并促进了遗传结构的产生。此外，南岭地区保存了福建柏最原始的单倍型，因此进一步加强南岭地区福建柏的生态保护是很有必要的。

8.9.4 孑遗植物在末次盛冰期分布

1. 南岭孑遗种和温带特有种在中国的分布

部分物种在中国的分布如图8.52所示。蕨类植物中，乌毛蕨（*Blechnum orientale*）广泛分布在我国东南地区，在广西、广东、湖南、江西、浙江都有较多分布；桫椤（*Alsophila spinulosa*）主要分布在横断山脉北部和四川东南部；芒萁（*Dicranopteris pedata*）、里白（*Diplopterygium glaucum*）、海金沙（*Lygodium japonicum*）主要分布在

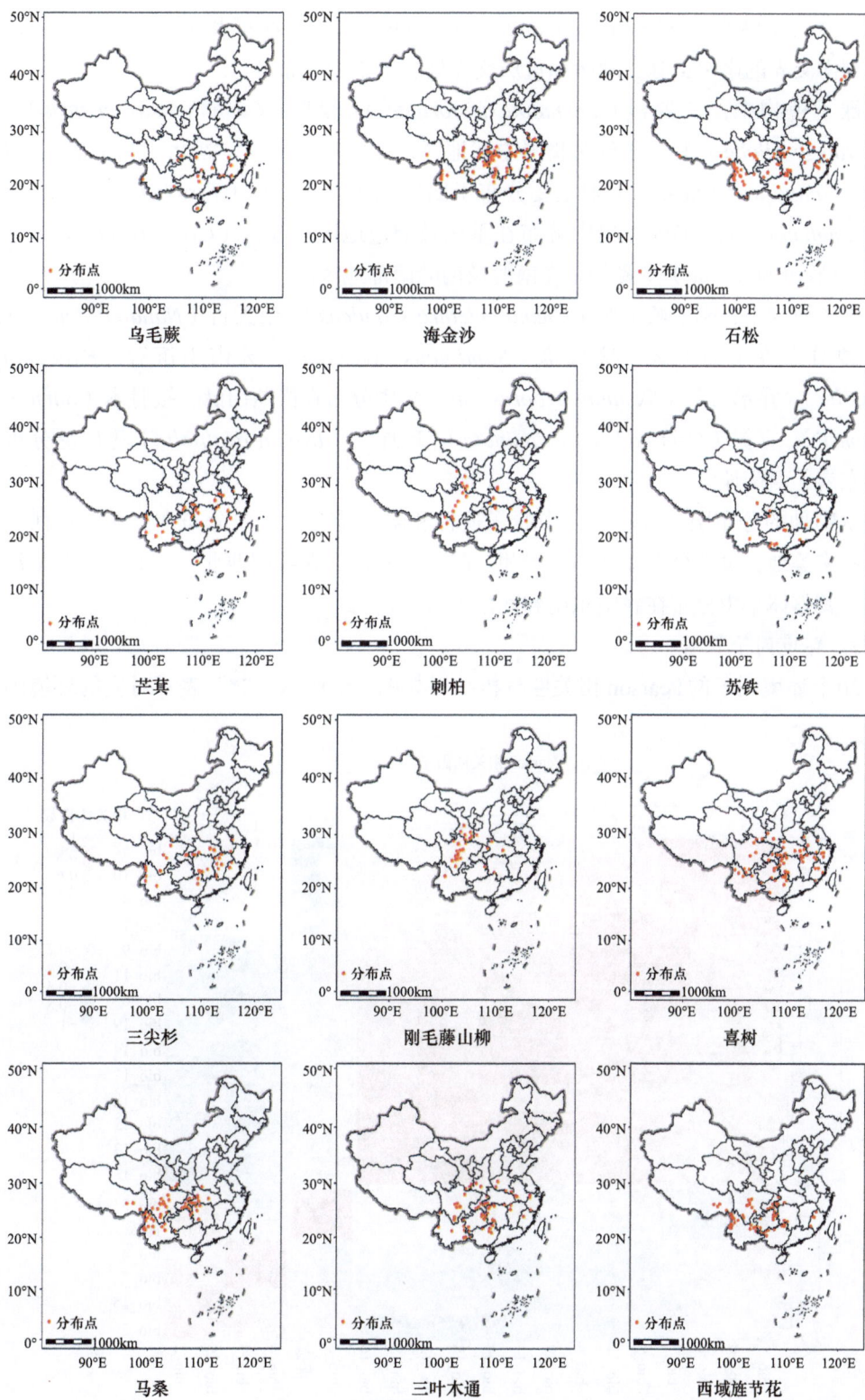

图8.52　部分物种在中国的分布点图

湖南、重庆交界处；石松（*Lycopodium japonicum*）则分布在横断山脉中部和北部、广西和湖南交界的南岭山脉、湖南和重庆交界处多个集中分布区。

裸子植物中，三尖杉（*Cephalotaxus fortunei*）、粗榧（*Cephalotaxus sinensis*）、银杏（*Ginkgo biloba*）主要分布在我国中部地区，在四川、重庆、湖北、湖南都有分布；刺柏（*Juniperus formosana*）则主要分布于四川地区；红豆杉（*Taxus chinensis*）、杉木（*Cunninghamia lanceolata*）集中分布在重庆及周边地区；苏铁（*Cycas revoluta*）、宽叶苏铁（*Cycas balansae*）主要分布在南岭及南岭南部地区。

被子植物中，刚毛藤山柳（*Clematoclethra scandens*）、南天竹（*Nandina domestica*）等主要分布在川蜀地区；接骨草（*Sambucus javanica*）、云南土沉香（*Excoecaria acerifolia*）、乔木茵芋（*Skimmia arborescens*）集中分布在横断山脉；接骨木（*Sambucus williamsii*）、喜树（*Camptotheca acuminata*）、珍珠花（*Lyonia ovalifolia*）等广泛分布在我国东南、西南地区。

从物种的分布图可以看到，南岭子遗种和温带特有种主要分布在广东、广西、四川、湖南等地，少数分布在江西、贵州、陕西等省份，在我国西北、东北地区几乎没有分布，其整体集中分布在我国东南和西南地区。

2. 环境因子数据

20个环境因子的 Pearson 相关性分析结果如图 8.53 所示，"*"表示对应的环境因子

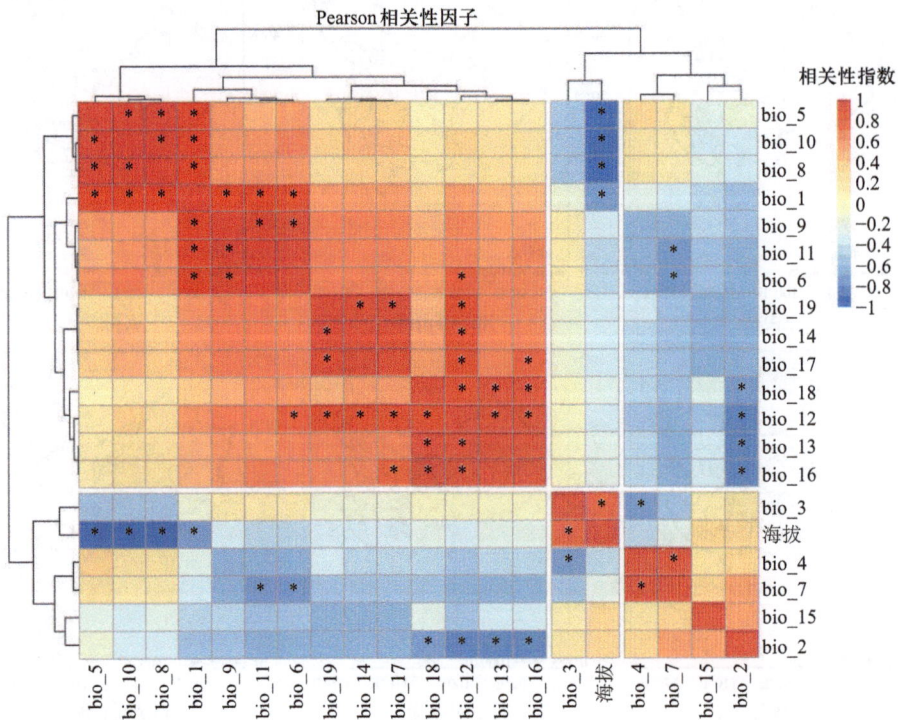

图 8.53　20 个环境因子 Pearson 相关性检验结果

间 Pearson 相关系数绝对值大于 0.70，去除掉相关性高的环境因子后，最终确定了 6 个环境因子用于物种分布区的预测（图 8.54），分别为 bio_1（年均温）、bio_2（平均气温日较差）、bio_3（等温性）、bio_7（温度年较差）、bio_15（降水量季节性变化）、bio_19（最冷季降水量）。

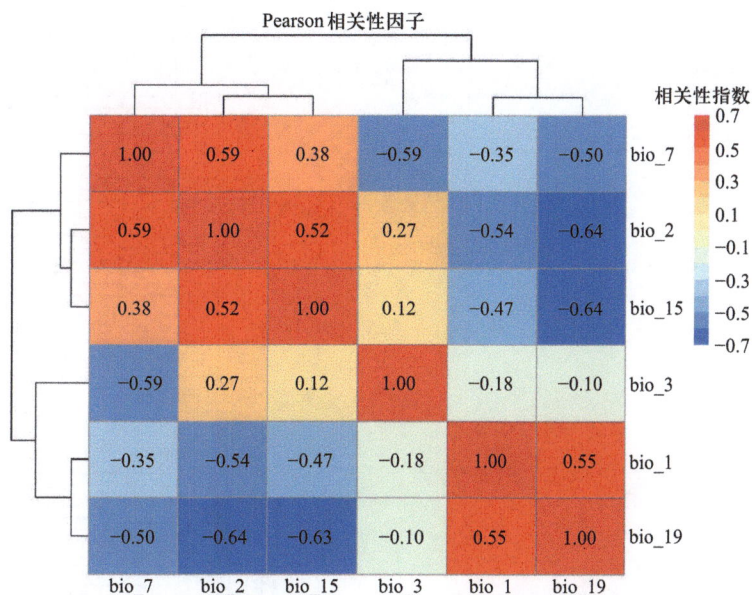

图 8.54　用于建模的环境因子 Pearson 相关性检验结果

3. 系统发育树

根据"V. PhyloMaker"程序包所构建的南岭子遗种和温带特有种系统发育树如图 8.55，图中节点处数字为谱系距离，"temp"表示温带特有种。

4. PCoA 结果

根据所整理的所有物种、子遗种和温带特有种的 OTU 矩阵构建的系统发育树对各山地、保护区进行主成分分析，结果如图 8.56 所示，南岭五个管理处（乳阳、天井山、龙潭角、秤架、大东山）标示为红色。

在所有物种的 PCoA 的排序结果中（图 8.56），南岭自身在 pc1 关联测度上跨度很大，UniFrac 距离最高达到 0.6 以上，五个管理处在 pc1 轴上分为天井山与龙潭角、秤架与大东山、乳阳三部分。其中，只有乳阳分布在 pc1＝0 的右侧，与其他四个管理处的距离较远，相异度高。在 pc2 关联测度上，南岭五个管理处间最大距离仅为 0.2 左右，相似度高；与鼎湖山、丹霞山、黑石顶等保护区距离较远，相异度高。

在子遗种的 PCoA 的排序结果中（图 8.57），各地区之间的排序关系与所有物种的结果类似，在 pc1 关联测度上跨度较大且分为三部分，但在 pc2 关联测度上，南岭五个管理处之间的 UniFrac 距离更大。温带特有种所得的排序结果与以上两种结果略有不同

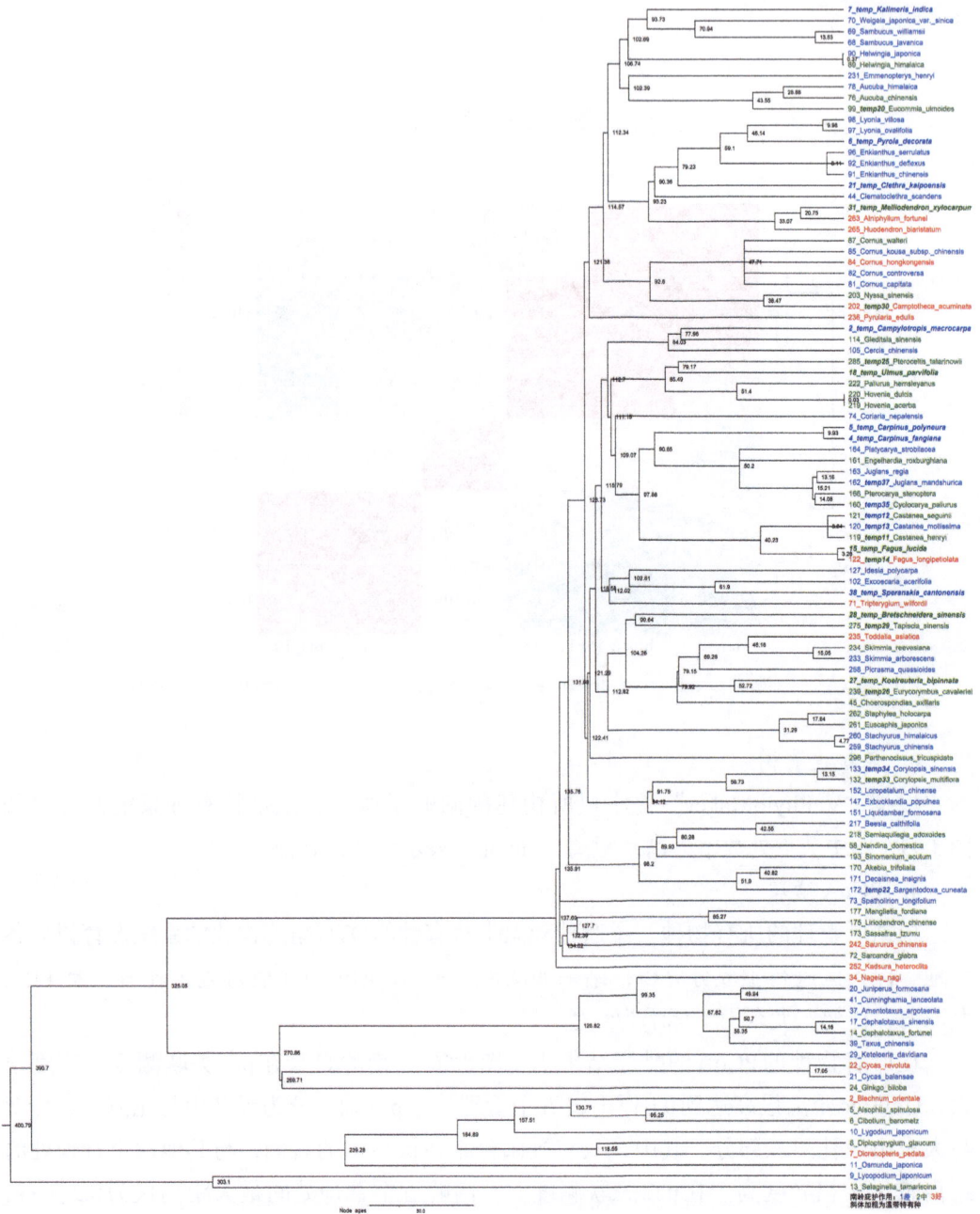

图8.55 南岭孑遗种和温带特有种的系统发育树

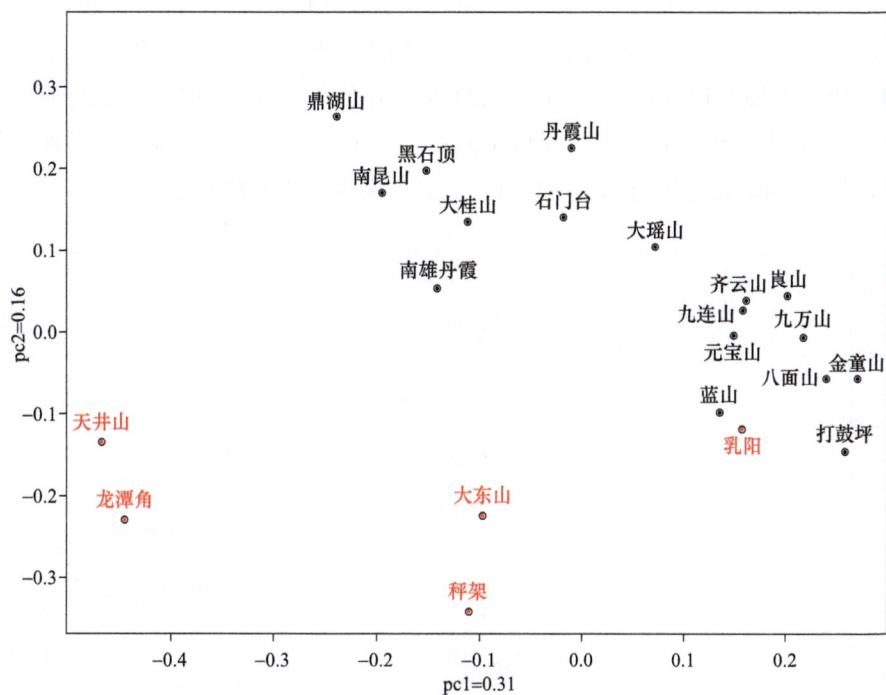

图8.56 所有物种的PCoA图

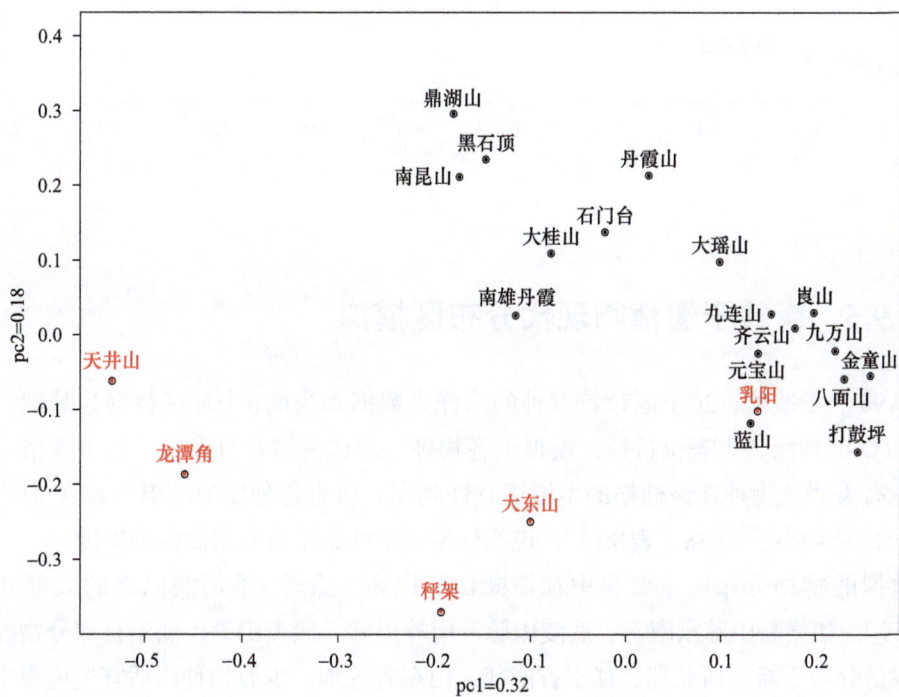

图8.57 子遗种PCoA图

（图8.58）。在pc1关联测度上，三个排序图均显示天井山与龙潭角相近、秤架与大东山相近、乳阳孤立；但在pc2关联测度上，温带特有种的结果与其他两种相差较大，在所有物种和子遗种的PCoA图中，五大管理处均分布在pc2＝－0.37～0，温带特有种的PCoA图中天井山、秤架和大东山分布在pc2＝0的上侧，龙潭角的温带特有种与其他四个管理处的距离较远，低至pc2＝－0.51，反而与南雄丹霞距离相近。

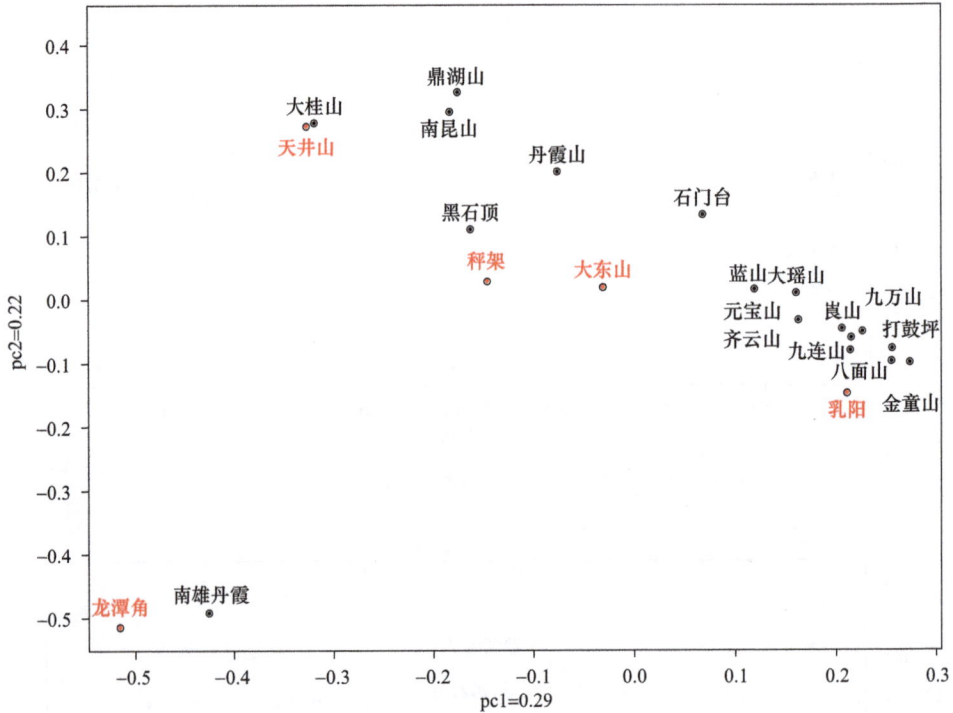

图8.58　温带特有种PCoA图

8.9.5　南岭子遗植物现代分布区模拟

以96个子遗种、26个温带特有种的采样点数据和当前6个环境数据为基础，基于MaxEnt模型预测其生态位特征，模拟了各物种在现代的潜在分布区，每个栅格对应的数值越高表明该物种在该栅格的生境适宜性越高。所有物种模拟结果的AUC值均大于0.9，标准差均小于0.038（表8.15），说明模型模拟的结果具有很高的准确度。

模拟的物种分布区主要集中在横断山脉以东、秦岭－淮河线以南的大部分区域（图8.59），如横断山脉东南部、武陵山脉、南岭山脉、武夷山等，偶尔有部分物种的分布区少量分布于新疆西北部、辽宁省南部、山东省等地。少数物种高适宜生境集中分布在横断山脉东南部边缘、西南部边缘；大多数物种的高适宜生境主要分布在东南丘陵、四川盆地、长江中下游平原等地，秦淮线以北几乎没有这些物种的适宜生境。

表8.15 部分物种MaxEnt模拟结果

序号	中文名	拉丁名	AUC	标准差
1	三叶木通	*Akebia trifoliata*	0.937	0.010
2	赤杨叶	*Alniphyllum fortunei*	0.956	0.009
3	桫椤	*Alsophila spinulosa*	0.944	0.012
4	穗花杉	*Amentotaxus argotaenia*	0.936	0.020
5	桃叶珊瑚	*Aucuba chinensis*	0.923	0.012
6	喜马拉雅珊瑚	*Aucuba himalaica*	0.985	0.005
7	铁破锣	*Beesia calthifolia*	0.954	0.009
8	乌毛蕨	*Blechnum orientale*	0.974	0.009
9	喜树	*Camptotheca acuminata*	0.941	0.009
10	锥栗	*Castanea henryi*	0.962	0.009
11	栗	*Castanea mollissima*	0.937	0.007
12	茅栗	*Castanea seguinii*	0.964	0.005
13	三尖杉	*Cephalotaxus fortunei*	0.937	0.008

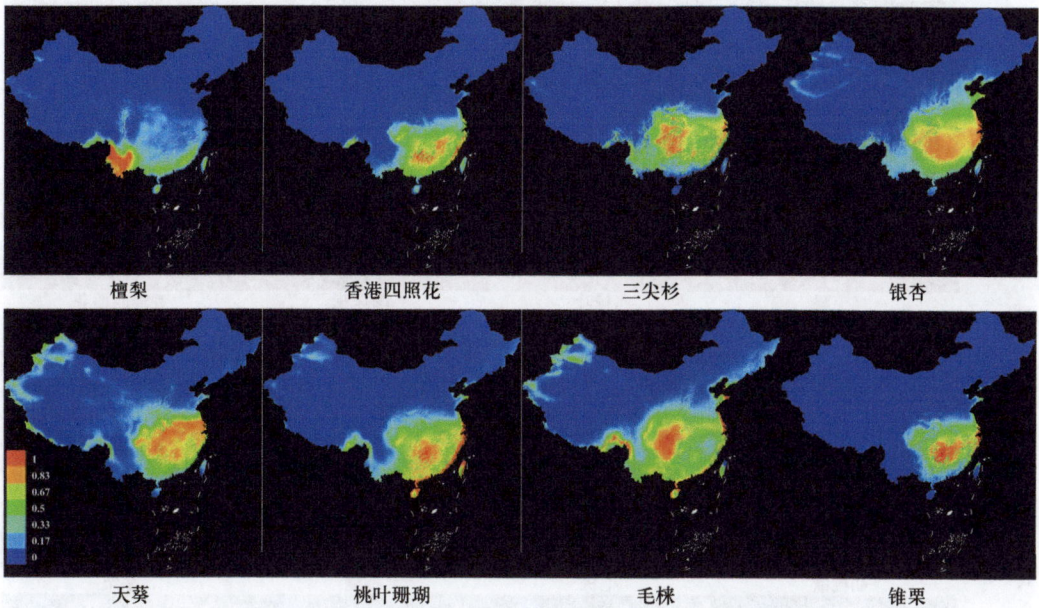

图8.59 部分物种的现代分布区模拟结果

1. 末次冰盛期物种分布区重建

基于MaxEnt模型预测了部分南岭孑遗种和温带特有种在末次冰盛期的潜在适宜生境,将其与现代的分布区对比、重合。受第四纪冰期旋回影响,大量物种向低纬度、低海拔的山谷迁移以寻求庇护。整体而言,末次冰盛期时所有物种在中国的总适宜生境面积比当前总适宜生境面积大幅下降,部分物种的高适宜生境几乎完全消失。相比当前时期，末次冰盛期物种适宜生境的变化趋势主要有以下两种：

一种是冰期向南收缩——冰期后向北扩张的模式（模式一），冰期时的分布区相对于现代呈现出向东南方向迁移的特征。其分布中心由我国中部的四川盆地、武陵山脉等地迁移至南岭山脉及其以南的地区，少数物种的适宜生境剧烈收缩，迁移至广东沿海、海南岛、台湾岛等地，甚至可能迁移至东南亚地区。例如，模型重建的乌毛蕨（*Blechnum orientale*）、赤杨叶（*Alniphyllum fortune*）等物种在末次冰盛期主要分布区在南岭山脉及其南部地区，与现代分布区存在重叠；珍珠花（*Lyonia ovalifolia*）现代的分布区主要在横断山脉西部，末次冰盛期时分布区收缩至横断山脉南部，同样与现代分布区重叠（图8.60）。

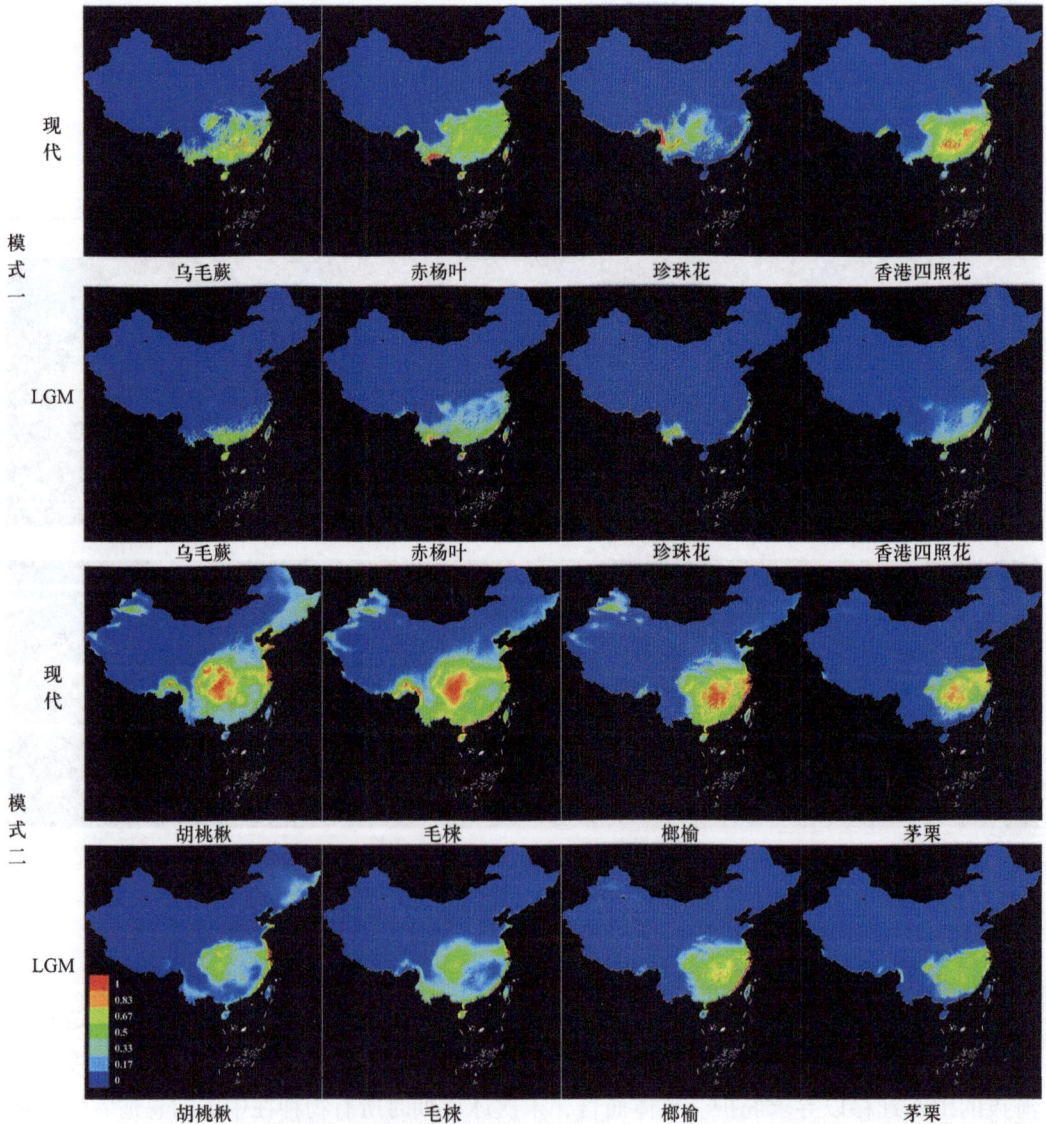

图8.60　部分物种现代与LGM的分布区预测结果

另一种是原地保留的模式，该模式中物种的分布区在原地收缩（模式二），地理位置未发生较大改变，冰期过后也仅在有限范围内扩张，如胡桃楸（*Juglans mandshurica*）、毛梾（*Cornus walteri*）等物种重建的分布区所示，由于气候变冷，原本生活在较高海拔的它们随着雪线的降低而向低海拔的山谷、山沟迁移，分布区主要集中在川蜀地区、云贵高原、海南岛等地（图8.60），川蜀、云贵地区山脉纵横，地形变化多端，为众多物种在冰期提供大量的避难所，但可能会导致不同避难所之间的物种彼此长时间、远距离隔离，很可能会发生谱系分化的现象。

重建的末次冰盛期物种分布区显示，部分物种如桫椤在我国的适宜生境向南迁移，仅分布于南部沿海地区，按照分布区的迁移趋势，其主要适生区可能位于东南亚等热带地区，双齿山茉莉（*Huodendron biaristatum*）、川黔千金榆（*Carpinus fangiana*）等物种的末次冰盛期分布区也有相同的迁移趋势；部分物种，如苏铁（*Cycas revoluta*）、檀梨（*Pyrularia edulis*）、石松（*Lycopodium japonicum*）等在末次冰盛期的适宜生境主要集中在云贵高原、横断山脉南段、台湾中央山脉；还有一些物种，如胡桃楸、茅栗（*Castanea seguinii*）、粗榧（*Cephalotaxus sinensis*）、刺柏（*Juniperus formosana*）、榔榆（*Ulmus parvifolia*）等则主要分布在我国中部及东南地区，这些物种多为温带特有种。

2. 第四纪冰期中国境内孑遗植物主要避难所分布预测

榔榆与茅栗等物种的分布区预测结果（图8.60）显示，末次冰盛期时其在我国的适宜分布区主要在东南地区，包括东南丘陵、长江中下游平原等地。东南地区位于我国的第三阶梯，地势平坦，分布着众多的平原和丘陵，东南丘陵中武夷山脉、南岭山脉和丹霞山脉地质构造十分古老，具有独特的地形，再加上位于夏季水温充足、冬季温和多雨的亚热带季风气候区，为植物物种的保存提供了得天独厚的条件，并进一步形成了丰富的动植物资源，至今保存有大量古老的孑遗种（Guisan et al., 2013）。但在重建的冰期分布区中，我国东部沿海地区的上海成为如胡桃楸等部分物种的高适宜分布地，然而上海北部并无高大连续的山体，寒流从华北平原可以长驱直下，上海地区的气候条件理应不足以成为这些喜温植物的分布中心，但上海地区的孢粉记录与MaxEnt模型预测结果相符（张玉兰和贾丽，2006），存在松属、榆属、青冈、苦楝的花粉，蕨类植物石松、卷柏的孢子也有少量出现，因此高大连续的山体并非物种在冰期保存下来的必要条件，上海地区在冰期时很可能保留有更多的珍稀物种。

胡桃楸与毛梾等物种在末次冰盛期和现代的分布区显示其避难所很可能位于我国中部地区的四川盆地、神农架地区。该地区分布着巫山、秦岭等高大山脉，可以阻挡来自西伯利亚的寒冷空气。属于秦巴山系的神农架山地位于我国第二阶梯向第三阶梯的过渡带，其也是亚热带与暖温带的过渡区，该地区山高谷深的特点造成了垂直梯度变化明显的气候，是我国生物多样性最丰富的地区之一（魏新增等，2009）。四川盆地地形闭塞，北方有秦岭山脉阻隔冷空气，气温高于同纬度其他地区，是中国突出的多雨区（张露，2018）；位于重庆的金佛山，第四纪冰期中受高山和云贵高原保护，还受西北部温暖多雨的四川盆地影响（丁博等，2014），与四川盆地一起为植物在冰期时的生存提供了有利的气候条件和地理环境。

受第四纪冰期旋回的影响，赤杨叶、珍珠花等物种的分布区退缩至横断山脉甚至更南的地区，待气温回暖再向北扩散。横断山脉位于青藏高原的东南部，地形变化剧烈，地势十分陡峭，位于地中海-喜马拉雅火山地震带，地质活动活跃。并且在第四纪冰期旋回的影响下，横断山脉地区的冰川多次进退、雪线多次移动，使得该地区的植被在垂直分布上具有十分复杂的结构，有从热带到高山高原等多种气候带的植被类型，形成了丰富的植物区系，成为众多物种在第四纪冰期的主要避难所，也是中国特有种丰富度最高的地区（Zhang et al.，2012）。

台湾中央山脉海拔落差大，且纬度较低，大部分是亚热带气候类型，因此可以满足适应不同气候的物种的生长发育，从热带到寒带生长的植物都可以在中央山脉找到适宜的生境。而且由于第四纪冰期气候寒冷，台湾与大陆之间的大陆架露出（Tian et al.，2018），香港四照花、枫香树等中国大陆的物种可以通过裸露的大陆架迁移至台湾，寻找适宜生境。

物种避难所不仅是物种逃避冰期恶劣气候的地点，也是冰期后物种扩散的起点。通过重建物种过去的分布区，与现代分布区进行对比，可以来推测物种的避难所。当然，仅通过软件运算确定的避难所还需要通过其他手段进一步验证，如寻找孢粉和化石、古地理、古气候、古植被的证据，才能真正确定物种的避难所。

8.9.6　南岭子遗植物未来分布区预测

随着全球气候变暖，部分南岭子遗种和温带特有种在我国的潜在适生区面积将整体增加。例如，2041～2060年，在SSP1-2.6、SSP5-8.5两种情景下，桫椤在我国的高适宜生境均从南部沿海地区迁移至云贵高原、天山等地（图8.61）。2061～2080年，两种发展路径下桫椤在我国的适生区面积进一步扩大，但SSP1-2.6情景下适生区的面积增加更多。从末次冰盛期到现代气候再到21世纪末气候变暖下的长时间尺度上来看，预测的桫椤适生区从我国东南部往西北方向移动，将我国广袤的南方地区占据，银杏、杜仲、喜树等大多数物种也呈现出这样的趋势。

少数主要在温带及较高海拔地区分布的物种，如化香树（*Platycarya strobilacea*）、长穗鹅耳枥（*Carpinus fangiana*）、青檀（*Pteroceltis tatarinowii*）等物种的预测结果显示，未来时期其在我国的适生区面积将大幅减少，甚至消失殆尽，其分布中心向我国西北部迁移，仅在新疆北部保留小面积的适生区（图8.62）。并且在SSP5-8.5情景下，物种在我国的适宜分布区消失得更多，面临的物种保护形势更加严峻。

植物的地理分布格局是植物与气候之间长期相互作用的结果。植物地理分布的变化主要由当前适宜区气候因素的变化导致，当然也与物种适应极端气候等因素变化的能

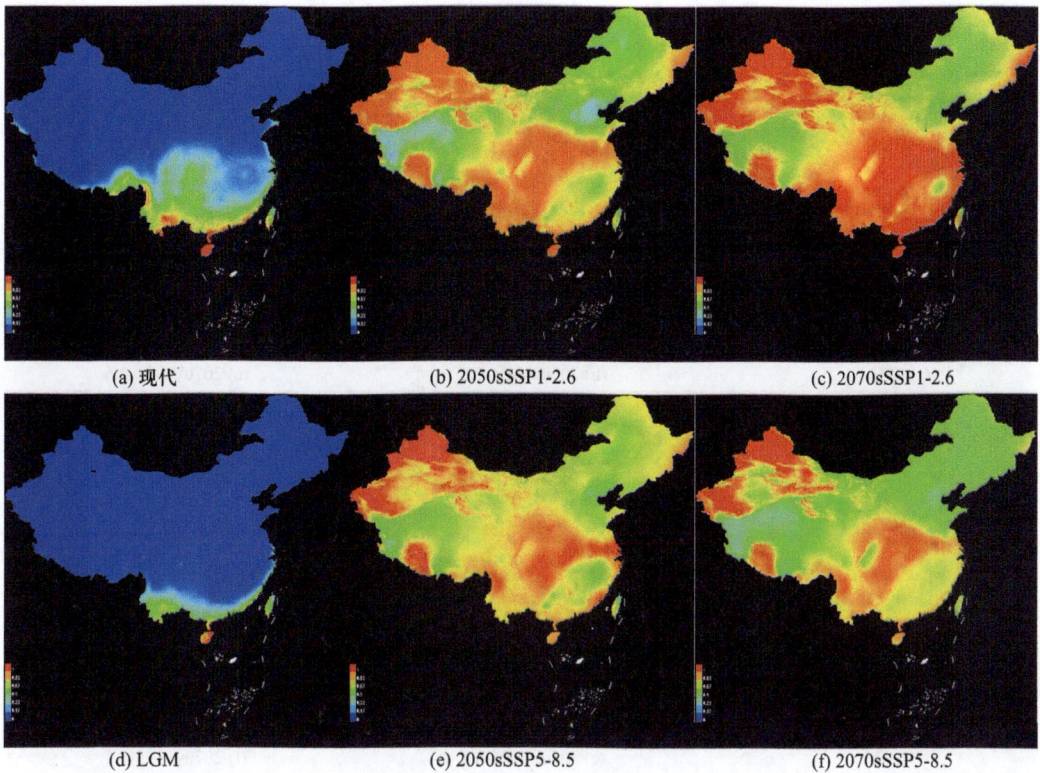

(a) 现代　　　　　　　　(b) 2050sSSP1-2.6　　　　　　　(c) 2070sSSP1-2.6

(d) LGM　　　　　　　　(e) 2050sSSP5-8.5　　　　　　　(f) 2070sSSP5-8.5

图8.61　桫椤各时期的分布区

力强弱有关，适生区的大小也会受物种适应能力所限制。一般来说，某物种的生态位越宽，适应环境变化和利用资源的能力也会越强（Ying et al.，2016）。

分析南岭子遗种和温带特有种在未来气候变暖下生境的扩张或收缩，可以看到，主要在热带、低海拔地区分布的以桫椤为代表的部分物种在SSP1-2.6和SSP5-8.5路径下的适生区面积均呈现扩张的趋势，但SSP1-2.6路径下物种的适宜分布区面积增加更多。这可能是因为在SSP1-2.6路径下，全球温度上升的趋势得到了一定的控制，尽管温度对孢子萌发的影响不是很大，但对种子的萌发、配子体的发育会有显著的影响（杜红红，2009）。这说明在一定范围内的气候变暖能够加快植物生长发育的速率、增强繁殖力、提高存活率，通过影响这些种群变化的关键因子，物种的适生区发生了扩张和迁移。而那些主要在温带和较高海拔地区分布的物种，如化香树等物种的分布区大都表现出面积缩小的趋势，向我国西北部的新疆天山山脉以及国外迁移，并且在SSP5-8.5情景下物种在我国的适生区面积更小。

从末次冰盛期到现代气候再到21世纪末的长时间尺度上来看，主要在热带地区分布的物种的适生区从我国东南部向西北方向移动，将我国广袤的南方地区占据，最后集中在四川盆地、天山山脉地区；主要在温带和较高海拔地区分布的物种的适生区集中在新疆天山山脉，并继续向西北移动。在气候变暖的影响下，大部分南岭子遗种和温带特

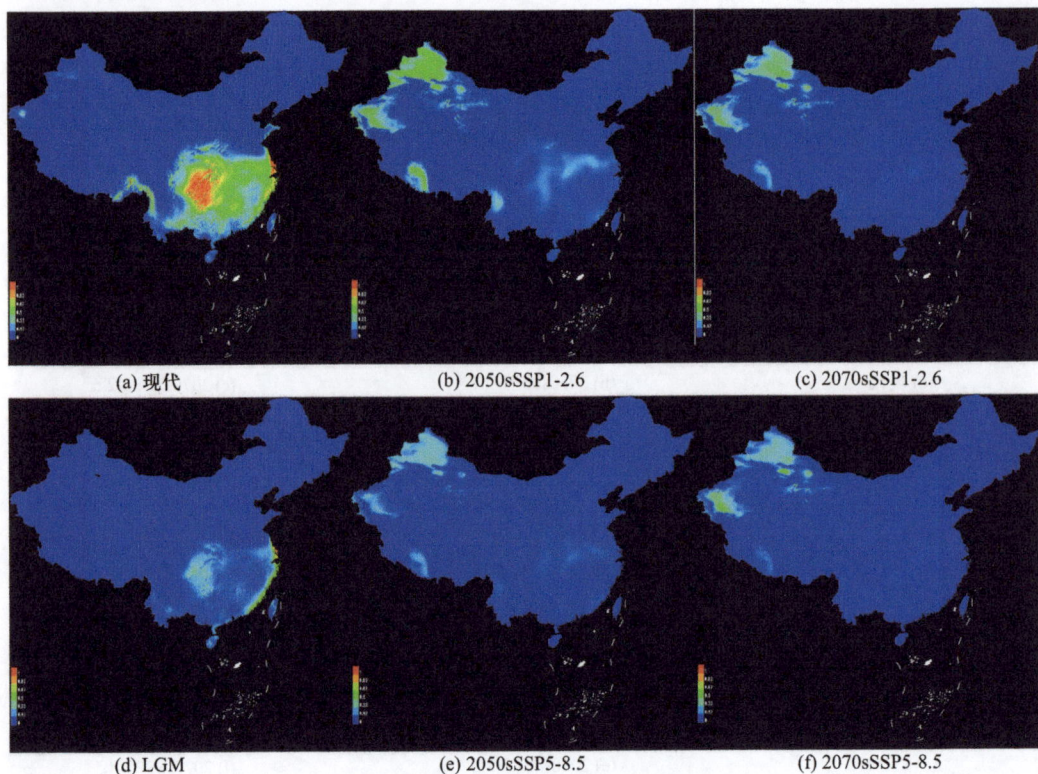

图 8.62   化香树各时期的分布区

有种向高纬度、高海拔地区迁移，原本在高海拔地区生长的物种则无路可退，在我国的适生区面积急剧减小，甚至灭绝。

参 考 文 献

白君君，侯鹏，赵燕红，等. 2022. 物种生境适宜性模型及验证的研究进展. 生态学杂志，（7）：1423-1432.

白素琴. 2016. 不同气候平均值对气候评价业务的影响. 沙漠与绿洲气象，10（1）：88-94.

班美玲，谢华，谢洲，等. 2018. 广西南岭区域生物多样性保护现状问题及对策分析. 南方农业，12（16）：65-68.

毕志树，郑国扬，李泰辉. 1991. 广东山区研究：广东山区大型真菌资源. 广州：广东科技出版社.

毕志树，郑国扬，李泰辉. 1994. 广东大型真菌志. 广州：广东科技出版社.

毕志树，郑国扬，李泰辉，等. 1990. 粤北山区大型真菌志. 广州：广东科技出版社.

蔡爱群，方白玉，宋斌等. 2008. 广东南岭国家级自然保护区抗肿瘤的大型真菌. 吉林农业大学学报，30（1）：14-18.

曹受金. 2015. 南岭山地松科树种径向生长与气候因子关系及气候重建研究. 长沙：中南林业科技大学.

陈冬梅，康宏樟，刘春江. 2011. 中国大陆第四纪冰期潜在植物避难所研究进展. 植物研究，31（5）：623-632.

陈芳丽，李明华，姜帅，等. 2020. 粤北暴雨中心的降水气候特征分析. 广东气象，42（1）：10-14.

陈惠君，莫雅芳，封红梅，等. 2021. 喀斯特峰丛洼地不同森林类型土壤真菌群落结构及影响因素. 农业现代化研究，42（6）：1146-1157.

陈倩雯，假拉，肖天贵. 2016. 近50年青藏高原冷暖冬气候特征研究. 成都信息工程大学学报，31（6）：607-613.

陈涛，张宏达. 1994. 南岭植物区系地理学研究——Ⅰ. 植物区系的组成和特点. 热带亚热带植物学报，2（1）：10-23.

陈云浩，李晓兵，史培军. 2001. 1983—1992年中国陆地NDVI变化的气候因子驱动分析. 植物生态学报，25（6）：716-720.

陈作红，杨祝良，图力古尔，等. 2016，毒蘑菇识别与中毒防治. 北京：科学出版社.

崔之久，陈艺鑫，张威，等. 2011. 中国第四纪冰期历史、特征及成因探讨. 第四纪研究，31（5）：749-764.

戴玉成，杨祝良. 2008，中国药用真菌名录及部分名称的修订. 菌物学报，27（6）：801-824.

戴玉成，周丽伟，杨祝良，等. 2010. 中国食用菌名录. 菌物学报，29（1）：1-21.

邓玉娇，王捷纯，徐杰，等. 2021. 广东省NDVI时空变化特征及其对气候因子的响应. 生态环境学报，30（1）：37-43.

丁博，华波，文海军，等. 2014. 金佛山自然保护区种子植物模式标本物种的区系分析及学名修订. 西南师范大学学报（自然科学版），39（12）：47-52.

杜红红. 2009. 光照、温度和pH值对4种桫椤科植物孢子萌发及早期配子体发育的影响. 哈尔滨：东北林业大学.

杜尧东，沈平，王华，等. 2018. 气候变化对广东省双季稻种植气候区划的影响. 应用生态学报，29（12）：4013-4021.

杜尧东，吴晓绚，王华. 2015. 华南地区温度变化及其对登革热传播时间的影响. 生态学杂志，34（11）：3174-3181.

段海花，贺发胜，杨家军，等. 2022. 近54年粤东北气候干湿状况的时空变化特征. 广东气象，44（2）：28-33.

段辉良，曹福祥. 2012. 中国亚热带南岭山地气候变化特点及趋势. 中南林业科技大学学报，32（9）：110-113.

方克艳，杨保，郑怀舟，等. 2015. 树轮学研究方法及其在全球变化中的应用. 第四纪研究，35（5）：1283-1293.

冯秀藻，陶炳炎. 1994. 农业气象学原理. 北京：气象出版社.

符淙斌，董文杰，温刚，等. 2003. 全球变化的区域响应和适应. 气象学报，61（2）：245-249.

葛全胜，戴君虎，郑景云. 2010. 物候学研究进展及中国现代物候学面临的挑战. 中国科学院院刊，

25（3）：310-316.

郭永婷，高翠翠，吴佳钰．2022．1965—2020年韶关市春运期间的天气气候特征．广东气象，44（1）：15-19.

郝全成，杜尧东，李芷卉．2018．广东省1981—2010年气候平均值的变化及其影响分析．广东气象，40（4）：1-5.

何月，樊高峰，张小伟，等．2012．浙江省植被NDVI动态及其对气候的响应．生态学报，32（14）：4352-4362.

胡蓓蓓，胡娅敏．2021．广东2月"冷干"和"暖干"年代际特征对比及其与海温异常的联系．热带气象学报，37（1）：61-72.

黄继红，张金龙，杨永，等．2013．特有植物多样性分布格局测度方法的新进展．生物多样性，21（1）：99-110.

黄树军，荣俊冬，张龙辉，等．2013．福建柏研究综述．福建林业科技，40（4）：236-242.

黄蕴凯，沈燕，王旭，等．2021．莽山不同海拔华南五针松径向生长对气候因子的响应．热带亚热带植物学报，（6）：605-615.

姬红利，詹选怀，彭焱松，等．2018．诸广山地区石松类和蕨类植物资源及区系研究．中国野生植物资源，37（5）：49-55.

康剑，蒋少伟，黄建国．2020．阿尔泰山萨彦岭4种优势树种径向生长对气候因子的响应．生态学报，40（17）：6135-6146.

黎运喜，赵军，李刚，等．2018．基于MaxEnt模型的四川小寨子沟国家级自然保护区大熊猫化学通讯位点适宜性评价．四川动物，37（3）：275-279.

李曹明，王文星，付炳秀，等．2020．韶关地区气候的季节变化特征．广东气象，42（6）：10-14.

李春香，陆树刚，马俊业，等．2010．里白科植物的系统发育和分歧时间估计——基于叶绿体三个基因序列的证据．古生物学报，49（1）：64-72.

李泰辉，宋相金，宋斌，等．2017．车八岭大型真菌图志．广州：广东科技出版社．

李泰辉，章卫民，宋斌，等．2003．广东南岭国家级自然保护区的真菌资源调查研究．广州：广东科技出版社．

李玉，李泰辉，杨祝良，等．2015．中国大型菌物资源图鉴．郑州：中原农民出版社．

李越，李胜利，杨昌腾，等．2016．南岭华南五针松树轮宽度对气候因子的响应．亚热带资源与环境学报，11（1）：26-31.

李泽华，周平，黄远洋，等．2022．南岭山地森林流域退水规律及影响因素．热带地理，42（3）：481-489.

廖文波，王英永，李贞，等．2014．中国井冈山地区生物多样性综合科学考察．北京：科学出版社．

林峰，侯伯鑫，杨宗武，等．2004．福建柏属的起源与分布．南京林业大学学报（自然科学版），（5）：22-26.

林巧美，陈裕强，梁洁华，等．2020．近59年揭阳市冬季气温的变化特征．广东气象，42（1）：

32-35.

刘静. 2019. 基于随机森林模型研究孑遗植物银杏的历史分布和迁移趋势. 西安：陕西师范大学.

刘尉, 王春林, 陈新光, 等. 2013. 基于立体气候观测的粤北山区热量资源特征. 应用生态学报, 24（9）：2571-2580.

柳春林, 左伟英, 赵增阳, 等. 2012. 鼎湖山不同演替阶段森林土壤细菌多样性. 微生物学报, 52（12）：1489-1496.

卢其尧. 1987. 山区积温分布推算方法的研究. 南京大学学报（自然科学）, 23（3）：596-606.

陆佩玲, 于强, 贺庆棠. 2006. 植物物候对气候变化的响应. 生态学报, 26（3）：923-929.

罗瑞婷, 殷美祥, 彭窈, 等. 2018. 清远市森林火险气象指数变化特征分析. 安徽农业科学,46（14）：163-165.

罗正明, 刘晋仙, 暴家兵, 等. 2020. 五台山亚高山土壤真菌海拔分布格局与构建机制. 生态学报, 40（19）：7009-7017.

吕洪波, 杨超. 2005. 山东新泰青云低山区发现第四纪冰川遗迹. 地质论评,（5）：130.

吕振江. 2021. 全球变暖背景下杜松适生区变化及主要化学成分对环境因子的响应. 杨凌：西北农林科技大学.

马树庆, 袁福香. 1996. 长白山区热量资源立体分布模式及其应用. 气象, 22（6）：15-18.

满百膺, 向兴, 罗洋, 等. 2021. 黄山典型植被类型土壤真菌群落特征及其影响因素. 菌物学报, 40（10）：2735-2751.

穆少杰, 李建龙, 杨红飞, 等. 2013. 内蒙古草地生态系统近10年NPP时空变化及其与气候的关系. 草业学报, 22（3）：6-15.

潘桂行, 申涛, 马雄德, 等. 2017. 人类活动和自然因素对海流兔河流域生态环境影响分析. 干旱区资源与环境, 31（4）：67-72.

庞雄飞. 1993. 南岭山地生物群落简史. 生态科学,（1）：13.

戚鹏程. 2009. 基于GIS的陇西黄土高原落叶阔叶林潜在分布及潜在净初级生产力的模拟研究. 兰州：兰州大学.

秦莉, 尚华明, 张同文, 等. 2021. 天山南北坡树轮稳定碳同位素对气候的响应差异. 生态学报,（14）：5713-5724.

邱英雄, 鹿启祥, 张永华, 等. 2017. 东亚第三纪孑遗植物的亲缘地理学：现状与趋势. 生物多样性, 25（2）：136-146.

权擎, 唐璇, 吴毅, 等. 2018. 南岭山脉及周边鸟类β多样性分析. 热带地理, 38（3）：321-327.

任美锷. 1982. 中国自然地理纲要. 北京：商务印书馆.

尚华明, 洪建昌, 张瑞波, 等. 2018. 树轮记录的西藏东北部过去552 a上年10月至当年5月降水量变化. 山地学报, 36（6）：821-832.

沈平, 陈荣, 杜尧东, 等. 2020. 气候变化对广东冬种马铃薯种植气候区划的影响. 广东气象,42（2）：52-57.

沈燕, 罗江平, 王旭, 等. 2016. 湖南莽山华南五针松群落特征. 中南林业科技大学学报, 36 (2): 1-7.

史江峰, 鹿化煜, 万建东, 等. 2009. 采用华山松树轮宽度重建秦岭东缘近百年冬半年温度. 第四纪研究, 29 (4): 831-836.

宋斌, 邓旺秋, 张明, 等. 2018. 南岭大型真菌多样性. 热带地理, 38 (3): 312-320.

宋斌, 李泰辉, 章卫民, 等. 2001. 广东南岭大型真菌区系地理成分特征初步分析. 生态科学, 20 (4): 37-41.

谭雪, 张林, 张爱平, 等. 2018. 孑遗植物长苞铁杉 (*Tsuga longibracteata*) 分布格局对未来气候变化的响应. 生态学报, 38 (24): 8934-8945.

谭钰凡, 左小清. 2018. 基于GIS与Maxent模型的金花茶潜在适生区与保护研究. 热带亚热带植物学报, 26 (1): 24-32.

陶翠, 李晓笑, 王清春, 等. 2012. 中国濒危植物华南五针松的地理分布与气候的关系. 植物科学学报, (6): 577-583.

图力古尔, 包海鹰, 李玉. 2014. 中国毒蘑菇名录. 菌物学报, 33 (3): 517-548.

涂悦贤, 王惠英, 张金标. 1998. 广州市北部山区发展渡夏蔬菜气候资源与区划. 中国农业资源与区划, 6 (2): 30-32.

王发国. 2013. 南岭国家级自然保护区植物区系与植被. 武汉: 华中科技大学出版社.

王芳, 图力古尔. 2014. 土壤真菌多样性研究进展. 菌物研究, 12 (3): 178-186.

王芳, 汪左, 张运. 2018. 2000—2015年安徽省植被净初级生产力时空分布特征及其驱动因素. 生态学报, 38 (8): 2754-2767.

王荷生. 1992. 植物区系地理. 北京: 科学出版社.

王俊, 潘鸿, 谢磊, 等. 2022. 华南五针松濒危机制的生态学研究. 生态学报, 42 (15): 1-9.

王连喜, 陈怀亮, 李琪, 等. 2010. 植物物候与气候研究进展. 生态学报, 30 (2): 0447-0454.

王强, 张廷斌, 易桂花, 等. 2017. 横断山区2004—2014年植被NPP时空变化及其驱动因子. 生态学报, 37 (9): 3084-3095.

王勇进, 张寿洲, 李勇, 等. 2003. 深圳市国家重点保护野生植物的区系特点与分布状况. 华南农业大学学报, (1): 63-66.

王昱, 杨修群, 孙旭光, 等. 2021. 一种基于全球动力模式和SMART原理结合的统计降尺度区域季节气候预测方法. 气象科学, 41 (5): 569-583.

魏新增, 何东, 江明喜, 等. 2009. 神农架山地河岸带中珍稀植物群落特征. 武汉植物学研究, 27 (6): 607-616.

吴伟. 2009. 阿丁枫科的自然杂交、亲缘地理学与物种形成模式. 广州: 中山大学.

吴祥定. 1990. 树木年轮与气候变化. 北京: 气象出版社.

熊文, 刘佳, 朱永彬. 2022. 广东省水稻产量关键影响气候因子识别与气候影响估算. 地球环境学报, 13 (1): 110-120.

徐宏范, 张合理, 尚华明, 等. 2021. 自然分布北界的大巴山黄杉树轮气候响应分析. 生态与农村环境学报, 37（6）: 761-768.

薛丽芳, 王春林, 申双和. 2011. 粤北南岭精细化气候资源分布及区划研究. 中国农业气象, 32（增 1）: 178-183.

晏红明, 袁媛, 王永光. 2022. 气候变暖背景下气候平均值更替对中国气候业务的影响. 气象, 48（3）: 284-298.

杨桂萍, 涂悦贤. 1996. 山区农业气候特征及开发利用. 广东气象, （2）: 26-28.

杨启杰. 2021. 基于MaxEnt模型的孑遗植物桫椤在不同时期的潜在适生区研究. 杭州: 浙江大学.

姚一建, 魏江春, 庄文颖, 等. 2020. 中国大型真菌红色名录评估研究进展. 生物多样性, 28: 4-10.

殷平平. 2019. 基于基因组重测序的银杏种群进化历史研究. 杭州: 浙江大学.

尤南山, 蒙吉军, 孙慕天. 2019. 2000—2015年黑河流域中上游NDVI时空变化及其与气候的关系. 北京大学学报（自然科学版）, 55（1）: 171-181.

余慧燕, 孙长奎, 霍翔, 等. 2019. 基于生态位模型的人感染H7N9禽流感病毒潜在风险区预测分析. 现代预防医学, 46（2）: 206-210.

曾庆文. 2013. 南岭珍稀植物. 武汉: 华中科技大学出版社.

曾昭璇, 黄伟峰. 2001. 广东自然地理. 广州: 广东人民出版社.

张爱平, 王毅, 熊勤犁, 等. 2018. 末次间冰期以来3种云杉属植物的历史分布变迁及避难所. 应用生态学报, 29（7）: 2411-2421.

张奠湘, 李世晋. 2011. 南岭植物名录. 北京: 科学出版社.

张华, 赵浩翔, 徐存刚. 2021. 气候变化背景下孑遗植物桫椤在中国的潜在地理分布. 生态学杂志, 40（4）: 968-979.

张丽. 2018. 中国特有裸子植物白豆杉（红豆杉科）谱系地理学研究. 南昌: 江西农业大学.

张露. 2018. 成都盆地第四纪古环境与古气候研究. 成都: 成都理工大学.

张猛, 曾永年. 2018. 融合高时空分辨率数据估算植被净初级生产力. 遥感学报, 22（1）: 143-152.

张颖, 李君, 林蔚, 等. 2011. 基于最大熵生态位元模型的入侵杂草春飞蓬在中国潜在分布区的预测. 应用生态学报, 22（11）: 2970-2976.

张玉兰, 贾丽. 2006. 上海东部地区晚第四纪沉积的孢粉组合及古环境. 地理科学, （2）: 2186-2191.

赵万义, 刘忠成, 王蕾, 等. 2020. 罗霄山脉种子植物区系的特有现象与残遗现象. 生物多样性, 28（7）: 854-866.

赵鑫磊, 张雨凤, 王星星, 等. 2015. 安徽大别山区蕨类植物新记录种——松叶蕨. 亚热带植物科学, 44（4）: 337-339.

赵智颖, 张鲜姣, 谭志远, 等. 2013. 药用植物根系土壤可培养粘细菌的分离鉴定. 微生物学报, 53（7）: 657-668.

郑成洋, 方精云. 2004. 福建黄岗山东南坡气温的垂直变化. 气象学报, 62（2）: 251-255.

郑度, 杨勤业, 吴绍洪. 2015. 中国自然地理总论. 北京: 科学出版社.

郑国光. 2018. 中国气象. 北京: 气象出版社.

中国气象局. 2012. 气候季节划分（QX/T 152—2012）. 北京：气象出版社.

仲晓春，陈雯，刘涛，等. 2016. 2001—2010年中国植被NPP的时空变化及其与气候的关系. 中国农业资源与区划，37（9）：16-22.

周旗，卞娟娟，郑景云. 2011. 秦岭南北1951-2009年的气温与热量资源变化. 地理学报，66（9）：1211-1218.

周浙昆，黄健，丁文娜. 2017. 若干重要地质事件对中国植物区系形成演变的影响. 生物多样性，25（2）：13.

朱耿平，刘国卿，卜文俊，等. 2013. 生态位模型的基本原理及其在生物多样性保护中的应用. 生物多样性，21（1）：90-98.

竺可桢，宛敏渭. 1980a. 物候学. 北京：科学出版社.

竺可桢，宛敏渭. 1980b. 物候学（增订版）. 北京：科学出版社.

Abdelaal M, Fois M, Fenu G, et al. 2019. Using MaxEnt modeling to predict the potential distribution of the endemic plant Rosa arabica Crép. in Egypt. Ecological Informatics, 50: 68-75.

Ahas R, Jagus J, Aasa A. 2000. The phenological calendar of Estonia and its correlation with mean air temperature. International Journal of Biometeorology, 44: 159-166.

Alexander Z, Daniele S, Tobias A, et al. 2019. Coordinate Cleaner: Standardized cleaning of occurrence records from biological collection databases. Methods in Ecology and Evolution, 10 (5): 744-751.

Austin M P, Cunningham R B, Fleming P M. 1984. New approaches to direct gradient analysis using environmental scalars and statistical curve-fitting procedures. Vegetatio, 55 (1): 31-32.

Avise J C, Arnold J, Ball R M, et al. 1987. Intraspecific phylogeography: The mitochondrial DNA bridge between population genetics and systematics. Annual Review of Evolution and Systematics, 18 (1): 489-522.

Avise J C. 1998. The history and purview of phylogeography: A personal reflection. Molecular Ecology, 7 (4): 371-379.

Bai W N, Wang W T, Zhang D Y. 2016. Phylogeographic breaks within Asian butternuts indicate the existence of a phytogeographic divide in East Asia. New Phytologist, 209 (4): 1757-1772.

Bellar C, Bertelsmeier C, Leadley P, et al. 2012. Impacts of climate change on the future of biodiversity. Ecology letters, 15 (4): 365-377.

Borcard D, Gillet F, Legendre P, et al. 2014. 数量生态学：R语言的应用. 北京：高等教育出版社.

Brambilla M, Gustin M, Cento M, et al. 2019. Predicted effects of climate factors on mountain species are not uniform over different spatial scales. Journal of avian biology, 50 (9): e02162.

Brown J, Hill D, Dolan A, et al. 2018. PaleoClim, high spatial resolution paleoclimate surfaces for global land areas. Scientific Data, 5: 180254.

Brown R W. 1962. Paleocene Flora of the Rocky Mountains and GreatPlains. Washington, D. C.: US Government Printing Office.

Cao Y N, Comes H P, Sakaguchi S, et al. 2016. Evolution of East Asia's Arcto-Tertiary relict Euptelea

(Eupteleaceae) shaped by Late Neogene vicariance and Quaternary climate change. BMC Evolutionary Biology, 16 (1): 66.

Chamberlain S, Barve V, Dan M. 2017. Interface to the Global 'Biodiversity' Information Facility 'API'.

Chen F, Yuan Y J, Wei W S, et al. 2015. Tree-ring response of subtropical tree species in southeast China on regional climate and sea-surface temperature variations. Trees, 29 (1): 17-24.

Chen J, Zhang X, Zhou H. 2021. GUniFrac: Generalized UniFrac Distances, Distance-Based Multivariate Methods and Feature-Based Univariate Methods for Microbiome Data Analysis.

Chen L, Huang J G, Stadt K J, et al. 2017. Drought explains variation in the radial growth of white spruce in western Canada. Agricultural and Forest Meteorology, 233: 133-142.

Ding M Y, Meng K K, Fan Q, et al. 2017. Development and validation of EST-SSR markers for Fokieniahodginsii (Cupressaceae). Applications in Plant Sciences, 5 (3): 1600152.

Doyle J J, Doyle J L. 1987. A rapid DNA isolation procedure for small quantities of fresh leaf tissue. Phytochemical Bulletin, 19: 11-15.

Eckes-Shephard A H, Ljungqvist F C, Drew D M, et al. 2022. Wood formation modeling-a research review and future perspectives. Frontiers in Plant Science, 13: 837648.

Engels S, Medeiros A S, Axford Y, et al. 2020. Temperature change as a driver of spatial patterns and long - term trends in chironomid (Insecta: Diptera) diversity. Global Change Biology, 26 (3): 1155-1169.

Field C B, Randerson J T, Malmström C M. 1995. Global net primary production: Combining ecology and remote sensing. Remote Sensing of Environment, 51 (1): 74-88.

Fierer N, Bradford M A, Jackson R B. 2007. Toward an ecological classification of soil bacteria. Ecology, 88: 1354-1364.

Frankenstein C, Eckstein D, Schmitt U. 2005. The onset of cambium activity-A matter of agreement? Dendrochronologia, 23 (1): 57-62.

Fritts H C. 1976. Tree rings and climate. New York and San Francisco: Academic Press.

Giandomenico A R, Cerniglia G E, Biaglow J E, et al. 1997. The importance of sodium pyruvate in assessing damage produced by hydrogen peroxide. Free Radical Biology and Medicine, 23 (3): 426-434.

Gianpaolo C. 2020. A global-scale ecological niche model to predict SARS-CoV-2 coronavirus infection rate. Ecological Modelling, 431: 109187.

Guisan A, Tingley R, Baumgartner J B, et al. 2013. Predicting species distributions for conservation decisions. Ecology Letters, 16 (12): 1424-1435.

Guo E L, Liu X P, Zhang J Q, et al. 2017. Assessing spatiotemporal variation of drought and its impact on maize yield in Northeast China. Journal of Hydrology, 553 (10): 231-247.

Guo S X, Zhang G F. 2002. Oligocene Sanhe flora in Longjing County of Jilin, Northeast China. Acta Palaeontologica Sinica, 41 (2): 193-210.

Habel J C, Assmann T. 2010. Relict Species: Phylogeography and Conservation Biology. New York: Springer-Verlag.

He W L, Sun B N, Liu Y S. 2012. Fokieniashengxianensis sp. nov. (Cupressaceae) from the late Miocene of eastern China and its paleoecological implications. Review of Palaeobotany and Palynology, 176: 24-34.

Hewitt G. 2000. The genetic legacy of the Quaternary ice ages. Nature. 405 (6789): 907-913.

Huang J G, Bergeron Y, Denneler B, et al. 2007. Response of forest trees to increased atmospheric CO_2. Critical Reviews in Plant Science, 26: 265-283.

IPCC. 2021. Climate Change. The Physical Science Basis. Working Group I Contribution to the Fifth Assessment Report of the Intergovernmental Panel on Climate Change. Cambridge, UK: Cambridge University Press.

Jin Y, Qian H. 2019. V. PhyloMaker: An R package that can generate very large phylogenies for vascular plants. Ecography, 42 (8): 1353-1359.

Keenan T F, Richardson A D, Hufkens K. 2020. On quantifying the apparent temperature sensitivity of plant phenology. New Phytologist, 225 (2): 1033-1040.

Kim M, Oh H S, Park S C, et al. 2014. Towards a taxonomic coherence between average nucleotide identity and 16S rRNA gene sequence similarity for species demarcation of prokaryotes. International Journal of Systematic and Evolutionary Microbiology, 64 (2): 346-351.

Kimura M. 1980. A simple method for estimating evolutionary rates of base substitutions through comparative studies of nucleotide sequences. Journal of Molecular Evolution, 16 (2): 111-120.

Korbel J. 2021. Calibration invariance of the MaxEnt distribution in the maximum entropy principle. Entropy, 23 (1): e23010096.

Kou Y X, Cheng S M, Tian S, et al. 2016. The antiquity of Cyclocaryapaliurus (Juglandaceae) provides new insights into the evolution of relict plants in subtropical China since the late Early Miocene. Journal of Biogeography, 43: 351-360.

Kuang Y W, Xu Y M, Zhang L L, et al. 2017. Dominant trees in a subtropical forest respond to drought mainly via adjusting tissue soluble sugar and proline content. Frontiers in Plant Science, (8): 802-815.

Kumar S, Stecher G, Li M, et al. 2018. MEGA X: Molecular evolutionary genetics analysis across computing platforms. Molecular Biology and Evolution, 35 (6): 1547-1549.

Li J, Wang Z L, Lai C G, et al. 2018. Response of net primary production to land use and land cover change in mainland China since the late 1980s. Science of the Total Environment, 639 (15): 237-247.

Li Y, Li S L, Yang C T, et al. 2016. Responses of tree-ring width of Pinus kwangtungensis to climatic factors in Nanling. Journal of Subtropical Resources Environment, 11 (1): 26-31.

Li Y L, Ding C Q. 2016. Effects of sample size, sample accuracy and environmental variables on predictive performance of MaxEnt Model. Polish Journal of Ecology, 64 (3): 303-312.

Li Z Z, Gichira A W, Wang Q F, et al. 2018. Genetic diversity and population structure of the endangered basal angiosperm Braseniaschreberi (Cabombaceae) in China. PeerJ, 6 (5): e5296.

Liang J, Xing W L, Zeng G M, et al. 2018. Where will threatened migratory birds go under climate change?

Implications for China's national nature reserves. Science of the Total Environment, 645: 1040-1047.

Lieth H, Whittaker R H. 1975. Primary Productivity of the Biosphere. New York: Springer-Verlag.

Liu J J, Cui X, Liu Z X, et al. 2019. The diversity and geographic distribution of cultivable Bacillus-like bacteria across black soils of northeast China. Frontier Microbiology, 10: 1424.

Liu J Q, Sun Y S, Ge X J, et al. 2012. Phylogeographic studies of plants in China: Advances in the past and directions in the future. Journal of Systematics and Evolution, 50 (4): 267-275.

Liu X B, Zhang S L, Zhang X Y, et al. 2011. Cruse, Soil erosion control practices in Northeast China: A mini-review. Soil and Tillage Research, 117: 44-48.

Liu Y, Linderholm H W, Song H M, et al. 2010. Temperature variations recorded in Pinus tabulaeformis tree rings from the southern and northern slopes of the central Qingling Moutains, central China. Boreas, 38 (38): 285-291.

Lladó S, López-Mondéjar R, Baldrian P. 2017. Forest soil bacteria: Diversity, involvement in ecosystem processes, and response to global change. Microbiology And Molecular Biology Reviews, 81 (2): e00063-16.

Lomolino M V, Riddle B R, Brown J H. 2006. Biogeography. Sunderland: Sinauer Associates.

Lu L M, Mao L F, Yang T, et al. 2018. Evolutionary history of the angiosperm flora of China. Nature, 554: 25485.

Lynch A H, Curry J A, Brunner R D, et al. 2004. Toward an integrated assessment of the impacts of extreme wind events on Barrow, Alaska. Bulletin of the American Meteorological Society, 85 (2): 209-221.

Margot B, Christopher L, Jonathan R L, et al. 2012. Quaternary glaciations of northern Europe. Quaternary Science Reviews, 44: 1-25.

Mattia B, Marco G, Michele C, et al. 2019. Predicted effects of climate factors on mountain species are not uniform over different spatial scales. Journal of Avian Biology, 50 (9): e02162.

Mciver E E. 1992. Fossil Fokienia (Cupressaceae) from the Paleocene of Alberta, Canada. Canadian Journal of Botany, 70 (4): 742-749.

Merow C, Smith M, Silander J A. 2013. A practical guide to Maxent: What it does, and why inputs and settings matter. Ecography, 36: 1-12.

Moffett A, Shackelford N, Sarkar S. 2007. Malaria in Africa: Vector species' niche models and relative risk maps. PloS One, 2 (9): e824.

O'Neill B O, Kriegler E, Ebi K L et al. 2017. The roads ahead: Narratives for shared socioeconomic pathways describing world futures in the 21st century. Global Environmental Change, 169-180.

Plomion C, Leprovost G, Stokes A. 2001. Wood formation in trees. Plant Physiology, 127 (4): 1513-1523.

Pster U C, Arthur S D, Jeremy D S, et al. 2009. The last glacial maximum. Science, 325 (5941): 110-714.

Ren Z, Zagortchev L, Ma J, et al. 2020. Predicting the potential distribution of the parasitic Cuscuta chinensis under global warming. BMC Ecology, 20 (1).

Romanowicz K J, Freedman Z B, Upchurch R A, et al. 2016. Active microorganisms in forest soils differ from the total community yet are shaped by the same environmental factors: The influence of pH and soil moisture. FEMS Microbiology Ecology, 92 (10): 1-20.

Rossi S, Anfodillo T, Menardi R. 2006a. Trephor: A new tool for sampling microcores from tree stems. IAWA Journal, 27 (1): 89-97.

Rossi S, Deslauriers A, Anfodillo T, et al. 2006b. Conifers in cold environments synchronize maximum growth rate of tree-ring formation with day length. New Phytologist, 170 (2): 301-310.

Saitou N, Nei M. 1987. The neighbor-joining method: A new method for reconstructing phylogenetic trees. Molecular Biology and Evolution, 4 (4): 406-425.

Saxena A K, Kumar M, Chakdar H, et al. 2020. Bacillus species in soil as a natural resource for plant health and nutrition. Journal of Applied Microbiology, 128 (6): 1583-1594.

Schloter M, Nannipieri P, Sorensen S J, et al. 2018. Microbial indicators for soil quality. Biology and Fertility of Soils, 54: 1-10.

Seneviratne S I, Luethi D, Litschi M, et al. 2006. Land-atmosphere coupling and climate change in Europe. Nature, 443 (7108): 205-209.

Song J, Liang J F, Mehrabi-Koushki M, et al. 2019. Fungal systematics and evolution: FUSE 5. Sydowia, 67: 81-118.

Spalink D, MacKay R, Sytsma K J. 2019. Phylogeography, population genetics and distribution modelling reveal vulnerability of Scirpuslongii (Cyperaceae) and the Atlantic Coastal Plain Flora to climate change. Molecular Ecology, 28 (8): 2046-2061.

Steven J P, Dudik M. 2008. Modeling of species distributions with Maxent: New extensions and a comprehensive evaluation. Ecography, 31 (2): 161-175.

Steven J P, Robert P A, Robert E S. 2006. Maximum entropy modeling of species geographic distributions. Ecological Modelling, 190 (3): 231-259.

Susan L P, Anna R, Eric W. 2007. Infections of the Malaria Parasite, Plasmodium Floridense, in the Invasive Lizard, Anolis Sagrei, in Florida. Journal of Herpetology, 41 (4): 750-754.

Tang C Q, Matsui T, Ohashi H, et al. 2018. Identifying long-term stable refugia for relict plant species in East Asia. Nature Communications, 9: 4488.

Tedersoo L, Bahram B, Põlme S, et al. 2014. Global diversity and geography of soil fungi. Science, 346 (6213): 1256688.

Tian S, Kou Y, Zhang Z, et al. 2018. Phylogeography of Eomeconchionantha in subtropical China: The dual roles of the Nanling Mountains as a glacial refugium and a dispersal corridor. BMC Evolutionary Biology, 18 (20): 1-12.

Tian S, Lei S Q, Hu W, et al. 2015. Repeated range expansions and inter-/postglacial recolonization routes of Sargentodoxa cuneata (Oliv.) Rehd. et Wils. (Lardizabalaceae) in subtropical China revealed by chloroplast phylogeography. Molecular Phylogenetics and Evolution, 85: 238-246.

Tiffney B H. 1985. The Eocene North Alantic land bridge: Its importance in Tertiary and Modern phytogeography of the Northern Hemisphere. Journal of the Arnold Arboretum, 66 (2): 243-273.

Tzedakis P C, Raynaud D, Mcmanus J F, et al. 2009. Interglacial diversity. Nature Geoscience, 2 (11): 751-755.

Volkov I, Banavar J R, Hubbell S P, et al. 2009. Inferring species interactions in tropical forests. Proceedings of the National Academy of Sciences of the United States of America, 106 (33): 13854-13859.

Wang C Q, Zhang M, Li T H. 2018. Neohygrocybegriseonigra (Hygrophoraceae, Agaricales), a new species from subtropical China. Phytotaxa, 350 (1): 064-070.

Wang C Q, Zhang M, Li T H. 2020. Three new species from Guangdong Province of China, and a molecular assessment of Hygrocybe subsection Hygrocybe. MycoKeys, 75: 145-161.

Wang H W, Ge S. 2006. Phylogeography of the endangered Cathayaargyrophylla (Pinaceae) inferred from sequence variation of mitochondrial and nuclear DNA. Molecular Ecology, 15: 4109-4122.

Wang J, Gao P X, Kang M, et al. 2009. Refugia within refugia: The case study of a canopy tree (Eurycorymbuscavaleriei) in subtropical China. Journal of Biogeography, 336: 2156-2164.

Webb C O. 2010. Picante: R tools for integrating phylogenies and ecology. Bioinformatics, 26 (11): 1463-1464.

Weisburg W G, Barns S M, Pelletier D A, et al. 1991. 16S ribosomal DNA amplification for phylogenetic study. Journal of Bacteriology, 173 (2): 697-703.

Wheatley C J, Beale C M, Bradbury R B, et al. 2017. Climate change vulnerability for species-Assessing the assessments. Global Change Biology, 23 (9): 3704-3715.

William E B, Francesco D, Townsend A P, et al. 2008. Reconstructing ecological niches and geographic distributions of caribou (Rangifer tarandus) and red deer (Cervus elaphus) during the Last Glacial Maximum. Quaternary Science Reviews, 27 (27): 2568-2575.

Williams R J. 2009. Simple MaxEnt models for food web degree distributions. Theoretical Ecology, 3: 45-52.

Willis K J, Niklas K J. 2004. The role of Quaternary environmental change in plant macroevolution: The exception or the rule?. Philosophical Transactions of the Royal Society of London. Series B, Biological Sciences, 359 (1442): 159-172.

Wimmer R, Grabner M. 1997. Effects of climate on vertical resin duct density and radial growth of Norway spruce Picea abies (L) Karst. Trees-Structure and Function, 11 (5): 271-276.

Wolfe J A. 1969. Neogene floristic and vegetational history of the Pacific Northwest. Madrono, 20: 83-110.

Wolfe J A. 1975. Some aspects of plant geography of the Northern Hemisphere during the late Cretaceous and Tertiary. Annals of the Missouri Botanical Garden, 62 (2): 264-279.

Wu C S, Chaw S M. 2016. Large-Scale comparative analysis reveals the mechanisms driving plastomic compaction, reduction, and inversions in Conifers II (Cupressophytes). Genome Biology and Evolution, 8 (12): 3740-3750.

Wu F, Zhou L W, Yang Z L, et al. 2019. Resource diversity of Chinese macrofungi: Edible, medicinal and poisonous species. Fungal Diversity, 98: 1-76.

Wu T T, Zhang K, Yang X B, et al. 2017. Community structure and stability of *Pinus kwangtungensis* forest in Hainan Province. Acta Ecologica Sinica, 37 (3): 156-164.

Xia Z W, Bai E, Wang Q K, et al. 2016. Biogeographic distribution patterns of bacteria in typical Chinese forest soils. Frontier Microbiology, 7: 1106.

Yang B, et al. 2014. A 3, 500-year tree-ring record of annual precipitation on the northeastern Tibetan Plateau.

Proceedings of the National Academy of Sciences of the United States of American, 111 (8): 2903-2908.

Yin Y H, Ma D Y, Wu S H. 2018. Climate change risk to forests in China associated with warming. Scientific Reports, 8 (1): 493.

Ying L, Liu Y, Chen S. 2016. Simulation of the potential range of Pistacia weinmannifolia in Southwest China with climate change based on the maximum-entropy (Maxent) model. Biodiversity Science, 24 (4).

Yoon S H, Ha S M, Kwon S, et al. 2017. Introducing EzBioCloud: A taxonomically united database of 16S rRNA gene sequences and whole-genome assemblies. International Journal of Systematic and Evolutionary Microbiology, 67 (5): 1613-1617.

Zhang M, Li T H, Chen F. 2018a. Rickenelladanxiashanensis, a new bryophilous agaric from China. Phytotaxa, 350 (3): 283-290.

Zhang M, Li T H, Song B. 2014. A new slender species of Aureoboletus from southern China. Mycotaxon, 128: 195-202.

Zhang M, Li T H, Song B. 2017. Two new species of Chalciporus (Boletaceae) from southern China revealed by morphological characters and molecular data. Phytotaxa, 327 (1): 047-056.

Zhang M, Li T H, Song B. 2018b. Heliocybevillosa sp. nov., a new member to the genus Heliocybe (Gloeophyllales). Phytotaxa, 349 (2): 173-178.

Zhang M, Li T H, Wang C Q, et al. 2015a. Aureoboletusformosus, a new bolete species from Hunan Province of China. Mycol Progress, 14: 118.

Zhang M, Li T H, Wang C Q, et al. 2019a. Phylogenetic overview of Aureoboletus (Boletaceae, Boletales), with descriptions of six new species from China. Mycokeys, 61: 111-145.

Zhang M, Li T H, Wei T Z, et al. 2019b. Ripartitellabrunnea, a new species from subtropical China. Phytotaxa, 387 (3): 255-261.

Zhang M, Li T H, Xu J, et al. 2015b. A new violet brown Aureoboletus (Boletaceae) from Guangdong of China. Mycoscience, 56: 481-485.

Zhang M, Wang C Q, Buyck B, et al. 2021. Multigene Phylogeny and Morphology reveal unexpectedly high number of new species of Cantharellus Subgenus Parvocantharellus (Hydnaceae, Cantharellales) in China. Journal of Fungi, 7: 919.

Zhang M, Wang C Q, Gan M S, et al. 2022. Diversity of Cantharellus (Cantharellales, Basidiomycota) in China with description of some new species and new records. Journal of Fungi, 8 (5): 483.

Zhang M, Wang C Q, Li T H. 2019c. Two new agaricoid species of the family Clavariaceae (Agaricales, Basidiomycota) from China, representing two newly recorded genera to the country. MycoKeys, 57: 85-100.

Zhang M G, Zhou Z K, Chen W Y, et al. 2012. Using species distribution modeling to improve conservation and land use planning of Yunnan, China. Biological Conservation, 153 (none): 257-264.

Zhou S Z, Li J, Zhao J, et al. 2011. Quaternary glaciations. Developments in Quaternary Science, 15.

第 9 章

南岭森林生态系统生态服务功能

南岭山地拥有广袤的森林、草地和湿地，起到了极为重要的涵养水源、调节径流、净化水质和调蓄洪水的作用。该区域既是中亚热带与南亚热带植物区系的过渡区，也是华东与西南植物区系的过渡区，是安息香科植物的原生地和分布中心，分布有世界同纬度地区保存最完好、面积较大、最具代表性的亚热带原生型常绿阔叶林，并保存着针阔叶混交林、针叶林和山顶矮林等森林植被类型，对维护生态平衡、拯救珍稀濒危物种、开展科学研究意义重大。截至2011年，本区共建立了国家级自然保护区12处、国家森林公园22处、国家湿地公园3处、国家级风景名胜区2处、世界文化自然遗产1处、国家地质公园2处。保护区域总面积达到70.18万 hm^2，占区域总面积的10.5%。区域内森林生态系统发挥着重要的涵养水源、固碳释氧、生物多样性保育等生态服务功能。

9.1 森林生态系统服务价值量评价方法

森林生态系统服务功能评估指标体系包括涵养水源、保育土壤、固碳释氧、养分固持、净化大气环境、生物多样性保护、森林康养、森林防护、气候调节9项功能16个指标，其指标体系见图9.1。

以南岭山地位于广东省的县域为测算单元，区分不同林分类型、不同林龄组、立地条件，评估全民所有森林生态系统的服务功能。按照《森林生态系统服务功能评估规范》（LY/T 1721—2008），对广东省8种森林类型（松树林、竹林、桉树林、阔叶混交林、针叶混交林、针阔混交林、其他软阔林、其他硬阔林）分类型建立数据集，并与广东省森林资源二类调查数据相耦合，评估服务功能的物质量和价值量。

9.1.1 涵养水源功能

森林涵养水源功能主要是指森林对降水的截留、吸收和储存，将地表水转为地表径流或地下水的作用。其主要功能表现在增加可利用水资源、净化水质和调节径流三个方面。因此，选定2个指标，即调节水量指标和净化水质指标，以反映森林的涵养水源功能。

1. 调节水量指标

1）年调节水量

森林生态系统调节水量公式为

$$G_{调} = 10A(P-E-C) \tag{9.1}$$

式中，$G_{调}$ 为林分年调节水量（m^3）；P 为林外降水量（mm/a）；E 为林分蒸散量（mm/a）；

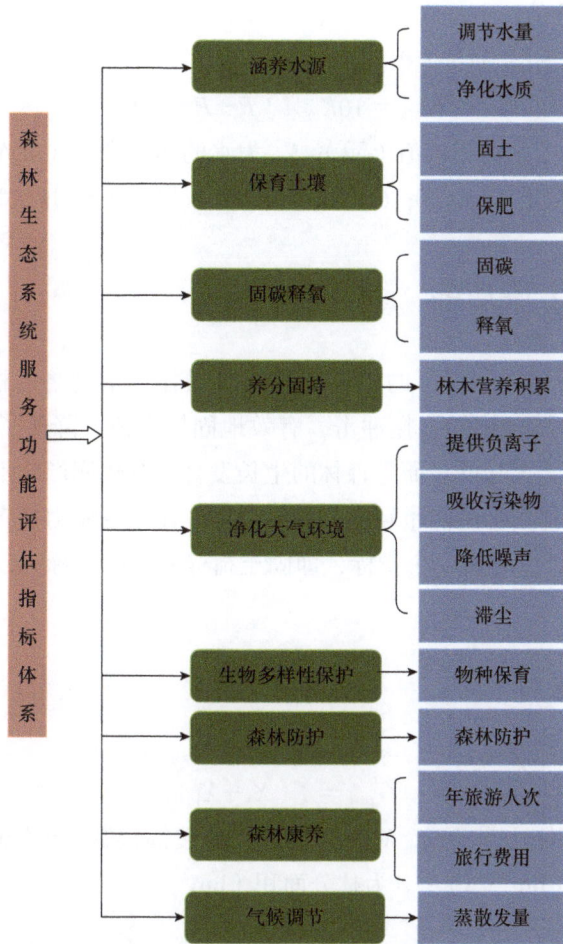

图9.1 森林生态系统服务功能评估指标体系

C为地表快速径流量（mm/a）；A为林分面积（hm^2）。

2）年调节水量价值

森林生态系统年调节水量价值根据水库工程的蓄水成本（替代工程法）来确定，采用式（9.2）计算：

$$U_{调}=10C_{库}A（P-E-C）\tag{9.2}$$

式中，$U_{调}$为森林年调节水量价值（元）；$C_{库}$为水库库容造价（元/m^3）；P为林外降水量（mm/a）；E为林分蒸散量（mm/a）；C为地表快速径流量（mm/a）；A为林分面积（hm^2）。

2. 净化水质指标

1）年净化水质

$$G_{净}=10A（P-E-C）\tag{9.3}$$

式中，$G_{净}$为林分年净化水量（m^3）；P为林外降水量（mm/a）；E为林分蒸散量（mm/a）；C为地表快速径流量（mm/a）；A为林分面积（hm^2）。

2）年净化水质价值

森林生态系统年净化水质价值根据净化水质工程的成本（替代工程法）计算，公式为

$$U_{水质}=10K_{水}A（P-E-C）\tag{9.4}$$

式中，$U_{水质}$为林分年净化水质价值（元）；$K_{水}$为水的净化费用（元/t）；P为林外降水量（mm/a）；E为林分蒸散量（mm/a）；C为地表快速径流量（mm/a）；A为林分面积（hm^2）。

9.1.2 保育土壤功能

森林凭借庞大的树冠、深厚的枯枝落叶层及强壮且呈网络的根系截留大气降水，减少或免遭雨滴对土壤表层的直接冲击，有效地固持土体，降低了地表径流对土壤的冲蚀，使土壤流失量大大降低。而且森林的生长发育及其代谢产物不断对土壤产生物理及化学影响，参与土体内部的能量转换与物质循环，使土壤肥力提高，森林是土壤养分的主要来源之一。为此，选用2个指标，即固土指标和保肥指标，以反映森林保育土壤功能。

1. 固土指标

1）年固土量

林分年固土量公式为

$$G_{固土}=A（X_2-X_1）\tag{9.5}$$

式中，$G_{固土}$为林分年固土量（t）；X_1为有林地土壤侵蚀模数 [t/（$hm^2·a$）]；X_2为无林地土壤侵蚀模数 [t/（$hm^2·a$）]；A为林分面积（hm^2）。

2）年固土价值

由于土壤侵蚀流失的泥沙淤积于水库中，减少了水库蓄积水的体积，因此根据蓄水成本（替代工程法）计算林分年固土的价值，公式为

$$U_{固土}=AC_{土}（X_2-X_1）/\rho\tag{9.6}$$

式中，$U_{固土}$为林分年固土价值（元）；X_1为有林地土壤侵蚀模数 [t/（$hm^2·a$）]；X_2为无林地土壤侵蚀模数 [t/（$hm^2·a$）]；$C_{土}$为挖取和运输单位体积土方所需费用（元/m^3）；ρ为土壤容重（g/cm^3）；A为林分面积（hm^2）。

2. 保肥指标

1）年保肥量

$$G_N=AN（X_2-X_1）\tag{9.7}$$

$$G_P=AP（X_2-X_1）\tag{9.8}$$

$$G_K=AK（X_2-X_1）\tag{9.9}$$

式中，G_N为森林固持土壤而减少的氮流失量（t/a）；G_P为森林固持土壤而减少的磷流失量（t/a）；G_K为森林固持土壤而减少的钾流失量（t/a）；X_1为有林地土壤侵蚀模数 [t/（$hm^2·a$）]；X_2为无林地土壤侵蚀模数 [t/（$hm^2·a$）]；N为土壤含氮量（%）；P为土壤

含磷量（%）；K 为土壤含钾量（%）；A 为林分面积（hm²）。

2）年保肥价值

计算年固土量中 N、P、K 的含量并换算成化肥即林分年保肥价值。林分年保肥价值采用固土量中的 N、P、K 数量折合成磷酸二铵化肥和氯化钾化肥的价值来体现，公式为

$$U_{肥}=A（X_2-X_1）（NC_1/R_1+PC_1/R_2+KC_2/R_3+MC_3）\qquad（9.10）$$

式中，$U_{肥}$ 为林分年保肥价值（元）；X_1 为有林地土壤侵蚀模数 [t/（hm²·a）]；X_2 为无林地土壤侵蚀模数 [t/（hm²·a）]；N 为土壤含氮量（%）；P 为土壤含磷量（%）；K 为土壤含钾量（%）；M 为森林土壤有机质含量（%）；R_1 为磷酸二铵化肥含氮量（%）；R_2 为磷酸二铵化肥含磷量（%）；R_3 为氯化钾化肥含钾量（%）；C_1 为磷酸二铵化肥价格（元/t）；C_2 为氯化钾化肥价格（元/t）；C_3 为有机质价格（元/t）；A 为林分面积（hm²）。

9.1.3　固碳释氧功能

森林与大气的物质交换主要是 CO_2 与 O_2 的交换，即森林固定并减少大气中的 CO_2 和提高并增加大气中的 O_2，这对维持大气中的 CO_2 和 O_2 动态平衡、减少温室效应以及对人类提供生存的基础都有巨大和不可替代的作用，为此选用固碳、释氧 2 个指标反映森林固碳释氧功能。根据光合作用化学反应式，森林植被每积累 1g 干物质，可以吸收 1.63g CO_2，释放 1.19g O_2。固碳释氧功能可以调节大气成分，在应对气候变暖和全球碳循环中发挥了至关重要的作用。

1. 固碳指标

1）植被和土壤年固碳量

$$G_{碳}=A（1.63R_{碳}B_{年}+F_{土壤碳}）\qquad（9.11）$$

式中，$G_{碳}$ 为年固碳量（t）；$B_{年}$ 为林分净生产力 [t/（hm²·a）]；$F_{土壤碳}$ 为单位面积森林土壤年固碳量（t/hm²）；$R_{碳}$ 为 CO_2 中碳的含量，为 27.27%；A 为林分面积（hm²）。

2）年固碳价值

森林植被和土壤年固碳价值的计算公式为

$$U_{碳}=AC_{碳}（1.63R_{碳}B_{年}+F_{土壤碳}）\qquad（9.12）$$

式中，$U_{碳}$ 为林分年固碳价值（元）；$B_{年}$ 为林分净生产力 [t/（hm²·a）]；$F_{土壤碳}$ 为单位面积森林土壤年固碳量（t/hm²）；$C_{碳}$ 为固碳价格（元/t）；$R_{碳}$ 为 CO_2 中碳的含量，为 27.27%；A 为林分面积（hm²）。

2. 释氧指标

1）年释氧量

年释氧量的公式为

$$G_{氧气}=1.19B_{年}A\qquad（9.13）$$

式中，$G_{氧气}$为林分年释氧量（t）；$B_年$为林分净生产力 $[t/（hm^2·a）]$；A为林分面积（hm^2）。

2）年释氧价值

年释氧价值采用式（9.14）计算：

$$U_氧=1.19C_氧AB_年 \qquad (9.14)$$

式中，$U_氧$为林分年释氧价值（元/a）；$B_年$为林分净生产力（t/hm^2）；$C_氧$为制造氧气的价格（元/t）；A为林分面积（hm^2）。

9.1.4 养分固持功能

森林养分固持功能主要是指森林在生长过程中不断从周围环境吸收营养物质，并固定在植物体中，其成为全球生物化学循环不可缺少的环节，尤其是在森林生长过程中不断地从土壤环境中吸收N、P、K等营养元素，并固定在植物器官内，用植物体N、P、K等营养元素的积累量可以来评估森林积累营养物质的效益，为此选用林木营养积累指标N、P、K来反映森林养分固持功能。

1）林木营养年积累量

$$G_氮=AN_{营养}B_年 \qquad (9.15)$$

$$G_磷=AP_{营养}B_年 \qquad (9.16)$$

$$G_钾=AK_{营养}B_年 \qquad (9.17)$$

式中，$G_氮$为植被固氮量（t/a）；$G_磷$为植被固磷量（t/a）；$G_钾$为植被固钾量（t/a）；$N_{营养}$为林木含氮量（%）；$P_{营养}$为林木含磷量（%）；$K_{营养}$为林木含钾量（%）；$B_年$为林分净生产力 $[t/（hm^2·a）]$；A为林分面积（hm^2）。

2）林木营养年积累价值

采取把营养物质折合成磷酸二铵化肥和氯化钾化肥的方法来计算林木营养年积累价值，其公式为

$$U_{营养}=AB（N_{营养}C_1/R_1+P_{营养}C_1/R_2+K_{营养}C_2/R_3） \qquad (9.18)$$

式中，$U_{营养}$为林分N、P、K年增加价值（元/a）；$N_{营养}$为林木含氮量（%）；$P_{营养}$为林木含磷量（%）；$K_{营养}$为林木含钾量（%）；R_1为磷酸二铵化肥含氮量（%）；R_2为磷酸二铵化肥含磷量（%）；R_3为氯化钾化肥含钾量（%）；C_1为磷酸二铵化肥价格（元/t）；C_2为氯化钾化肥价格（元/t）；B为林分净生产力 $[t/（hm^2·a）]$；A为林分面积（hm^2）。

9.1.5 净化大气环境功能

森林净化大气环境功能主要是指大气中的有害物质（主要包括二氧化硫、氟化物、氮氧化物等有害气体和粉尘）在空气中的过量积聚，会导致人体呼吸系统疾病、中毒，形成光化学烟雾和酸雨，损害人体健康与环境。研究发现，树木吸收氟化物的能力和抵

抗氟化物的能力是相同的，不同树种对有害气体的抵御能力不同，森林能有效吸收这些有害气体和阻滞粉尘，还能释放氧气与萜烯物，从而起到净化大气的作用。为此，选取提供负离子、吸收污染物和滞尘3个指标反映森林净化大气环境能力；二氧化硫、氟化物和氮氧化物是大气污染物中的主要物质，选取森林吸收二氧化硫、氟化物和氮氧化物3个指标评估森林吸收污染物的作用。

1. 提供负离子指标

1）年提供负离子量

$$G_{负离子}=5.256\times10^{15}\times Q_{负离子}AH/L \tag{9.19}$$

式中，$G_{负离子}$为林分年提供负离子量（个）；$Q_{负离子}$为林分负离子浓度（个/cm^3）；H为林分高度（m）；L为负离子寿命（min）；A为林分面积（hm^2）。

2）年提供负离子价值

国内外研究证明，当空气中负离子达到600个/cm^3以上时，才能有益人体健康，所以林分年提供负离子价值采用式（9.20）计算：

$$U_{负离子}=5.256\times10^{15}\times AHK_{负离子}(Q_{负离子}-600)/L \tag{9.20}$$

式中，$U_{负离子}$为林分年提供负离子价值（元）；$K_{负离子}$为负离子生产费用（元/个）；$Q_{负离子}$为林分负离子浓度（个/cm^3）；L为负离子寿命（min）；H为林分高度（m）；A为林分面积（hm^2）。

2. 吸收污染物指标

二氧化硫、氟化物和氮氧化物是大气污染物中的主要物质，因此选取森林吸收二氧化硫、氟化物和氮氧化物3个指标评估森林吸收污染物的作用。森林对二氧化硫、氟化物和氮氧化物的吸收量可使用面积-吸收能力法、阈值法、叶干质量估算法计算。采用面积-吸收能力法评估森林吸收污染物总量和价值。

1）吸收二氧化硫

（1）年吸收二氧化硫量：

$$G_{二氧化硫}=Q_{二氧化硫}A \tag{9.21}$$

式中，$G_{二氧化硫}$为林分年吸收二氧化硫量（t）；$Q_{二氧化硫}$为单位面积林分吸收二氧化硫量 [kg/（$hm^2\cdot a$）]；A为林分面积（hm^2）。

（2）年吸收二氧化硫价值：

$$U_{二氧化硫}=K_{二氧化硫}Q_{二氧化硫}A \tag{9.22}$$

式中，$U_{二氧化硫}$为林分年吸收二氧化硫价值（元）；$K_{二氧化硫}$为二氧化硫的治理费用（元/kg）；$Q_{二氧化硫}$为单位面积林分吸收二氧化硫量 [kg/（$hm^2\cdot a$）]；A为林分面积（hm^2）。

2）吸收氟化物

（1）年吸收氟化物量：

$$G_{氟化物}=Q_{氟化物}A \tag{9.23}$$

式中，$G_{氟化物}$为林分年吸收氟化物量（t）；$Q_{氟化物}$为单位面积林分吸收氟化物量 [kg/

（hm² · a）］；A 为林分面积（hm²）。

（2）年吸收氟化物价值：

$$U_{氟化物}＝K_{氟化物}Q_{氟化物}A \tag{9.24}$$

式中，$U_{氟化物}$ 为林分年吸收氟化物价值（元）；$Q_{氟化物}$ 为单位面积林分吸收氟化物量［kg/（hm² · a）］；$K_{氟化物}$ 为氟化物治理费用（元/kg）；A 为林分面积（hm²）。

3）吸收氮氧化物

（1）年吸收氮氧化物量：

$$G_{氮氧化物}＝Q_{氮氧化物}A \tag{9.25}$$

式中，$G_{氮氧化物}$ 为林分年吸收氮氧化物量（t）；$Q_{氮氧化物}$ 为单位面积林分吸收氮氧化物量［kg/（hm² · a）］；A 为林分面积（hm²）。

（2）年吸收氮氧化物价值：

$$U_{氮氧化物}＝K_{氮氧化物}Q_{氮氧化物}A \tag{9.26}$$

式中，$U_{氮氧化物}$ 为林分年吸收氮氧化物价值（元）；$K_{氮氧化物}$ 为氮氧化物治理费用（元/kg）；$Q_{氮氧化物}$ 为单位面积林分吸收氮氧化物量［kg/（hm² · a）］；A 为林分面积（hm²）。

3. 滞尘指标

森林有阻挡、过滤和吸附粉尘的作用，可提高空气质量，因此滞尘功能是森林生态系统中重要的服务功能之一。

（1）年滞尘量：

$$G_{滞尘}＝Q_{滞尘}A \tag{9.27}$$

式中，$G_{滞尘}$ 为林分年滞尘量（t）；$Q_{滞尘}$ 为单位面积林分年滞尘量（kg/hm²）；A 为林分面积（hm²）。

（2）年滞尘价值：

$$U_{滞尘}＝K_{滞尘}Q_{滞尘}A \tag{9.28}$$

式中，$U_{滞尘}$ 为林分年滞尘价值（元）；$K_{滞尘}$ 为降尘清理费用（元/kg）；$Q_{滞尘}$ 为单位面积林分年滞尘量（kg/hm²）；A 为林分面积（hm²）。

9.1.6　生物多样性保护功能

人类生存离不开其他生物，繁杂多样的生物及其组合即生物多样性与它们的物理环境共同构成了人类所依赖的生命支持系统。森林是生物多样性最丰富的区域，是生物多样性生存和发展的最佳场所，在生物多样性保护方面有着不可替代的作用。为此，选用物种保育指标反映森林的生物多样性保护功能。

森林生态系统的物种保育价值采用引入物种濒危系数的 Shannon-Wiener 指数法计算：

$$U_{总} = \left(1 + \sum_{i=1}^{n} E_i \times 0.1\right) S_{单} A \qquad (9.29)$$

式中，$U_{总}$ 为林分年物种保育价值（元）；E_i 为评估林分（或区域）内物种 i 的濒危分值；n 为物种数量；$S_{单}$ 为单位面积年物种损失的机会成本（元/hm²）；A 为林分面积（hm²）。

根据 Shannon-Wiener 指数和濒危分值计算生物多样性价值，共划分为 7 级：

当指数 <1 时，$S_{生}$ 为 3000 元/（hm²·a）；

当 1≤指数 <2 时，$S_{生}$ 为 5000 元/（hm²·a）；

当 2≤指数 <3 时，$S_{生}$ 为 10000 元/（hm²·a）；

当 3≤指数 <4 时，$S_{生}$ 为 20000 元/（hm²·a）；

当 4≤指数 <5 时，$S_{生}$ 为 30000 元/（hm²·a）；

当 5≤指数 <6 时，$S_{生}$ 为 40000 元/（hm²·a）；

当指数 ≥6 时，$S_{生}$ 为 50000 元/（hm²·a）。

濒危分值的取值如下：根据《中国物种红色名录》，将现存野生物种分为极危、濒危、易危、近危和无危 5 个等级，濒危的分值分别取值为 4、3、2、1、0。

9.1.7　森林康养功能

森林生态系统为人类提供休闲和娱乐场所而产生的价值包括直接价值和间接价值。森林康养功能具有巨大的经济效益和发展前景，在开发森林的同时，政府要制定完整的保护政策，加强对森林生态环境的保护，促进经济与生态的和谐发展。人类通过精神感受、知识获取、休闲娱乐和美学体验从生态系统获得非物质惠益，采用区域内自然景观的年旅游总人次作为文化服务的实物量评价指标。运用旅行费用法核算人们通过休闲旅游活动体验生态系统与自然景观美学价值，并获得知识和精神愉悦的非物质价值。

$$N_t = \sum_{i=1}^{n} N_{ti} \qquad (9.30)$$

式中，N_t 为游客总人数；N_{ti} 为第 i 个旅游区的人数；n 为旅游区个数，$i = 1, 2, \cdots, n$。

$$V_r = \sum_{j=1}^{n} N_j \times TC_j \qquad (9.31)$$

$$TC_j = T_j \times W_j + C_j \qquad (9.32)$$

$$C_j = C_{tcj} + C_{lfj} + C_{efj} \qquad (9.33)$$

式中，V_r 表示被核算地点的休闲旅游价值（元/a）；N_j 表示 j 地到核算地区旅游的总人数（人/a）；$j = 1, 2, \cdots, n$，表示来被核算地点旅游的游客所在区域（区域按距核算地点的距离划同心圆，如省内、省外等）；TC_j 表示来自 j 地的游客的平均旅行成本（元/人）；T_j 表示来自 j 地的游客用于旅途和核算旅游地点的平均时间（天/人）；W_j 表示来自 j 地的游客的当地平均工资[元/（人·天）]；C_j 表示来自 j 地的游客花费的平均直接旅行费用（元/人），其中包括游客从 j 地到核算区域的交通费用 C_{tcj}（元/人）、食宿花

费 C_{lfi}（元/人）和门票费用 C_{efi}（元/人）。

9.1.8　森林防护功能

林业是保障农牧业生产的生态屏障，能有效降低田间风速、减少蒸发、增加湿度、调节温度，为农作物生长发育创造良好的生态环境。

$$U_{防护}=AQ_{防护}C_{防护} \tag{9.34}$$

式中，$U_{防护}$ 为森林防护价值（元/a）；$Q_{防护}$ 为由于农田防护林、防风固沙林等森林存在增加的单位面积农作物、牧草等产量 $[kg/(hm^2 \cdot a)]$；$C_{防护}$ 为农作物、牧草等价格（元/kg）；A 为林分面积（hm^2）。

9.1.9　气候调节功能

1. 气候调节功能

生态系统气候调节服务是指生态系统通过植被蒸腾作用、水面蒸发过程吸收太阳能，降低气温、增加空气湿度，改善人居环境舒适程度的生态功能。选用生态系统蒸散发过程消耗的能量作为生态系统气候调节服务的评价指标。

2. 生态系统蒸散发过程消耗的能量

$$E_{tt}=E_{pt}+E_{we} \tag{9.35}$$

$$E_{pt}=\sum_i^3 EPP_i \times S_i \times D \times 10^6/(3600 \times r) \tag{9.36}$$

$$E_{we}=E_w \times q \times 10^6/(3600)+E_w \times q \tag{9.37}$$

式中，E_{tt} 为生态系统蒸腾蒸发消耗的总能量（kW·h/a）；E_{pt} 为生态系统植被蒸腾消耗的能量（kW·h/a）；E_{we} 为湿地生态系统蒸发消耗的能量（kW·h/a）；EPP_i 为 i 类生态系统单位面积蒸腾消耗热量 $[kJ/(m^2 \cdot d)]$；S_i 为 i 类生态系统面积（km^2）；D 为日最高气温大于 26℃ 天数；r 为空调能效比：3.0，无量纲；i 为生态系统类型（森林、灌丛、草地）；E_w 为蒸发量（m^3）；q 为挥发潜热，即蒸发1g水所需要的热量（J/g）。

9.1.10　森林生态系统服务功能价值总评估

广东省森林生态系统服务功能总价值为上述15分项之和，公式为

$$U=\sum_{i=1}^{15} U_i \tag{9.38}$$

式中，U 为广东省森林生态系统年服务功能总价值（元）；U_i 为广东省森林生态系统年服务功能各分项年价值（元）。

9.2　评价的公共数据来源

采用权威部门的15个社会公共数据，其主要来源如下：

1. 水库库容造价

根据1993~1999年《中国水利年鉴》平均水库库容造价为2.17元/m³，2005年价格指数为2.816，即得到单位库容造价为6.1107元/t。

2. 居民用水价格

采用网格法得到2007年全国各大中城市的居民用水价格的平均值，为2.09元/t。

3. 磷酸二铵含氮量

磷酸二铵化肥含氮量为14%，来自化肥说明。

4. 磷酸二铵含磷量

磷酸二铵化肥含磷量为15.01%，来自化肥说明。

5. 氯化钾含钾量

氯化钾化肥含钾量为50%，来自化肥说明。

6. 磷酸二铵价格

采用农业农村部中国农业信息网（http://www.agri.gov.cn/）2007年春季平均价格，为2400元/t。

7. 氯化钾价格

采用农业农村部中国农业信息网（http://www.agri.gov.cn/）2007年春季平均价格，为2200元/t。

8. 有机质价格

采用农业农村部中国农业信息网（http://www.agri.gov.cn）2007年草炭土春季平均价格，为200元/t，草炭土中含有机质62.5%，折合有机质价格为320元/t。

9. 固碳价格

欧美发达国家和地区正在实施温室气体排放税收制度，对CO_2排放征税。环境经济学家们多使用瑞典的碳税率150美元/t（根据2007年汇率，折合人民币为1200元/t），因此采用这个价格。

10. 氧气价格

采用原卫生部公布的2007年春季氧气平均价格，为1000元/t。

11. 负离子价格

负离子价格根据台州市科利达电子有限公司生产的适用范围30m²（房间高3m）、功率6W、负离子浓度1000000个/cm³、使用寿命为10年、价格65元/个的KLD-2000型负离子发生器而推断获得，其中负离子寿命为10min，电费为0.4元/度[①]。

12. 二氧化硫治理费用

采用国家发展和改革委员会等四部委2003年第31号令《排污费征收标准及计算方法》中北京市高硫煤二氧化硫排污费收费标准，为1.20元/kg。

13. 氟化物治理标准

采用国家发展和改革委员会等四部委2003年第31号令《排污费征收标准及计算方法》中氟化物排污费收费标准，为0.69元/kg。

14. 氮氧化物治理标准

采用国家发展和改革委员会等四部委2003年第31号令《排污费征收标准及计算方法》中氮氧化物排污费收费标准，为0.63元/kg。

15. 降尘清理费用

采用国家发展和改革委员会等四部委2003年第31号令《排污费征收标准及计算方法》中一般性粉尘排污费收费标准，为0.15元/kg。

16. 气候调节数据

水面蒸发量、植被蒸散发量、生态系统面积、单位面积蒸腾耗热量等数据来自气象、自然资源、林业等相关部门和文献资料。生态系统调节温度或湿度所耗能量由实物量核算得到。电价从核算地方发展和改革委员会发布的相关文件或供电部门获取，一般参考工业电价。

17. 森林康养数据

自然景观名录、旅游人数通过旅游、园林等部门获取，游客的社会经济特征、旅行费用情况等通过问卷调查获得。

9.3 南岭山地全民所有森林生态系统服务评估结果

9.3.1 南岭山地全民所有森林生态系统服务总价值

对南岭山地广东省范围内全民所有森林生态系统涵养水源、保育土壤、固碳释氧、养分固持、净化大气环境等9个方面指标的森林生态系统服务价值量进行统计，评估结果如表9.1所示。森林生态系统2020年涵养水源价值量为67744.70元/hm²；保育土壤价值量为23372.14元/hm²；固碳释氧价值量为57802.18元/hm²；养分固持价值量为365.53元/hm²；净化大气环境价值量为6019.96元/hm²；生物多样性保护价值量为14497.15元/hm²；森林康养价值量为5262.16元/hm²；森林防护价值量为11840.81元/hm²；

---

① 1度＝1kW·h。

气候调节价值量为 1197.55 元/hm²。整体而言，森林生态系统指标的单位面积价值量从大到小的顺序为涵养水源＞固碳释氧＞保育土壤＞生物多样性保护＞森林防护＞净化大气环境＞森林康养＞气候调节＞养分固持。

表 9.1　南岭山地（广东省内）全民所有森林生态系统服务价值量

序号	功能项	单位面积价值量/（元/hm²）	全民所有森林生态系统服务总价值量/亿元
1	涵养水源	67744.70	163.5406
2	保育土壤	23372.14	56.4220
3	固碳释氧	57802.18	139.5386
4	养分固持	365.53	0.8824
5	净化大气环境	6019.96	14.5326
6	生物多样性保护	14497.15	34.9972
7	森林康养	5262.16	12.7032
8	森林防护	11840.81	28.5846
9	气候调节	1197.55	2.8910

9.3.2　南岭山地全民所有森林生态系统服务单位面积价值

单位面积森林生态系统服务价值量为 154508.47～212342.11 元/（hm²·a）（图 9.2），

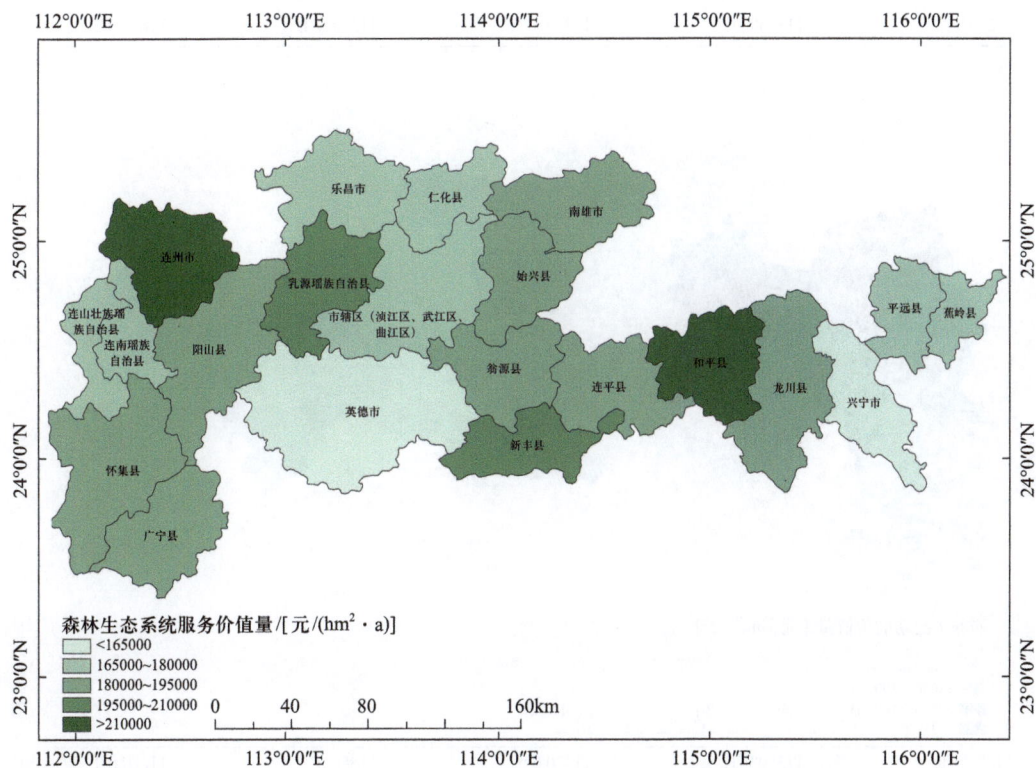

图 9.2　南岭山地（广东省境内）单位面积森林生态系统服务价值量

各地区由大到小的顺序为连州市＞和平县＞乳源瑶族自治县＞新丰县＞翁源县＞阳山县＞连平县＞龙川县＞始兴县＞南雄市＞怀集县＞广宁县＞连南瑶族自治县＞连山壮族瑶族自治县＞仁化县＞韶关市辖区（浈江区、武江区、曲江区）＞蕉岭县＞平远县＞乐昌市＞英德市＞兴宁市。从空间分布上看，西南地区的连州市和东部的和平县的单位面积森林生态系统服务价值量最高。

9.4 南岭山地各地区森林生态系统服务功能差异

9.4.1 森林生态系统涵养水源功能分析

广东省境内南岭山地各地区全民所有单位面积森林生态系统涵养水源功能价值量为47405.58～81808.55元/（hm²·a）（图9.3），各地区由大到小的顺序为连州市＞和平县＞乳源瑶族自治县＞阳山县＞新丰县＞翁源县＞始兴县＞连南瑶族自治县＞龙川县＞连平县＞南雄市＞平远县＞连山壮族瑶族自治县＞蕉岭县＞仁化县＞广宁县＞韶关市辖区（浈江区、武江区、曲江区）＞怀集县＞乐昌市＞英德市＞兴宁市。从空间分布上看，

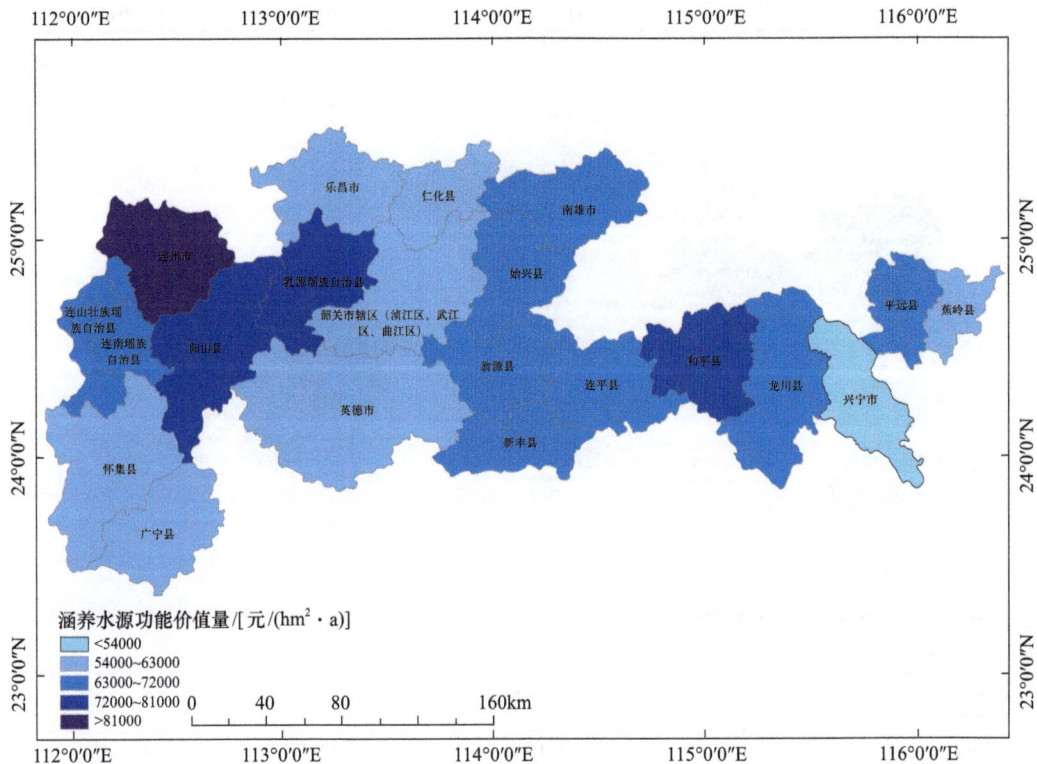

图9.3 南岭山地（广东省境内）单位面积森林生态系统水源涵养功能价值量

南岭西南的连州市、阳山县、乳源瑶族自治县和东部地区的和平县的单位面积森林生态系统涵养水源功能价值量较高，表明这些地区森林将地表水转为地表径流的作用较强，主要通过调节水量指标和净化水质指标反映。

9.4.2 森林生态系统保育土壤功能分析

广东省境内南岭山地各地区全民所有单位面积森林生态系统保育土壤功能价值量为14041.49～29264.32元/（hm²·a）（图9.4），各地区由大到小的顺序为连平县＞连州市＞新丰县＞龙川县＞乳源瑶族自治县＞南雄市＞怀集县＞广宁县＞和平县＞翁源县＞阳山县＞蕉岭县＞平远县＞始兴县＞韶关市辖区（浈江区、武江区、曲江区）＞连山壮族瑶族自治县＞仁化县＞连南瑶族自治县＞乐昌市＞英德市＞兴宁市。从空间分布上来看，中部地区的连平县和新丰县以及西部的连州市的森林生态系统保育土壤功能价值量较高，这里主要通过固土指标和保肥指标反映森林生态系统保育土壤功能价值。

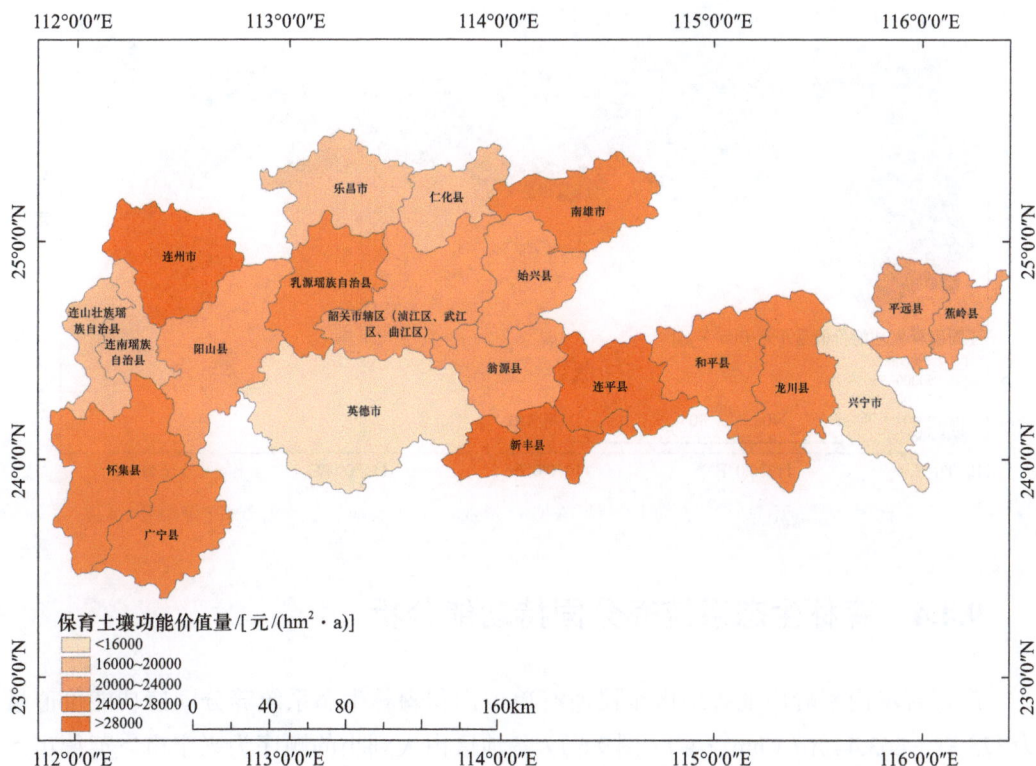

图9.4 南岭山地（广东省境内）单位面积森林生态系统保育土壤功能价值量

9.4.3 森林生态系统固碳释氧功能分析

森林生态系统通过吸收CO_2及释放O_2对大气起到维持碳氧循环平衡、减少温室效应的作用。广东省境内南岭山地各地区全民所有单位面积森林生态系统固碳释氧价值量为45646.30～65314.11元/（hm²·a）（图9.5），各地区由大到小的顺序为怀集县＞广宁县＞兴宁市＞连山壮族瑶族自治县＞英德市＞乐昌市＞韶关市辖区（浈江区、武江区、曲江区）＞仁化县＞南雄市＞新丰县＞连南瑶族自治县＞蕉岭县＞乳源瑶族自治县＞连平县＞始兴县＞翁源县＞阳山县＞龙川县＞连州市＞和平县＞平远县。从空间分布上看，西部的怀集县的固碳释氧功能价值量相对较高，这里固碳释氧功能价值量主要通过固碳和释氧两个指标综合反映。

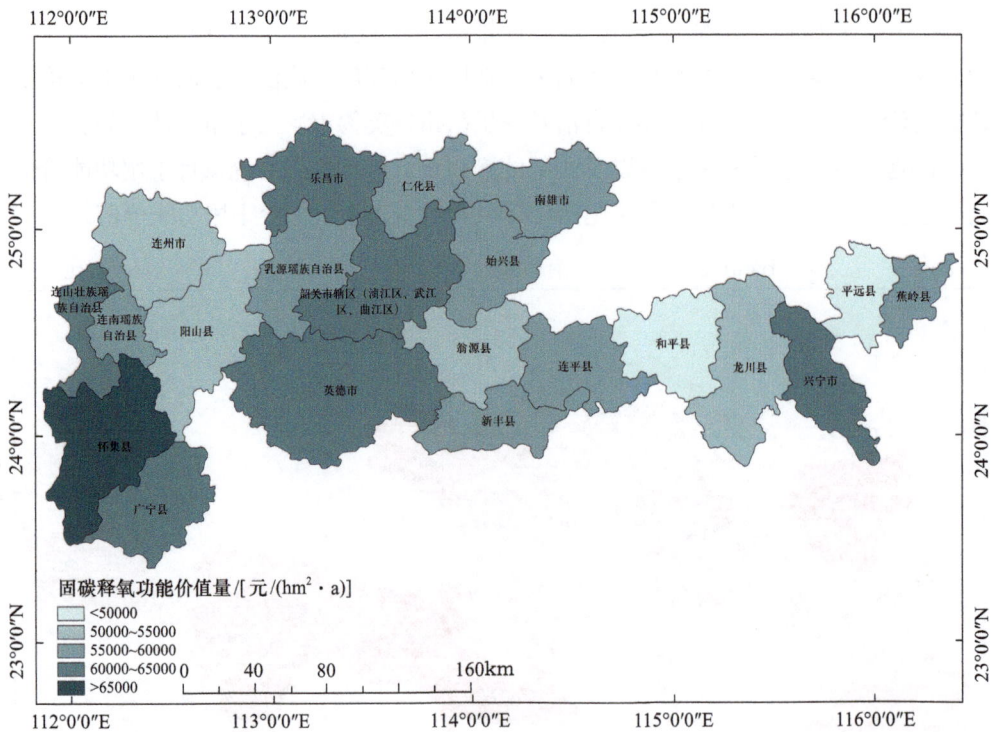

图9.5   南岭山地（广东省境内）单位面积森林生态系统固碳释氧功能价值量

9.4.4 森林生态系统养分固持功能分析

广东省境内南岭山地各地区全民所有单位面积森林生态系统养分固持功能价值量为325.31～463.44元/（hm²·a）（图9.6），各地区由大到小的顺序为兴宁市＞英德市＞怀集县＞连山壮族瑶族自治县＞仁化县＞广宁县＞乐昌市＞韶关市辖区（浈江区、武江区、曲江区）＞蕉岭县＞南雄市＞连南瑶族自治县＞翁源县＞平远县＞新丰县＞和平县＞始兴县＞连平县＞龙川县＞阳山县＞连州市＞乳源瑶族自治县。从空间分布上看，可以发现东部地区的兴宁市的养分固持功能较好。

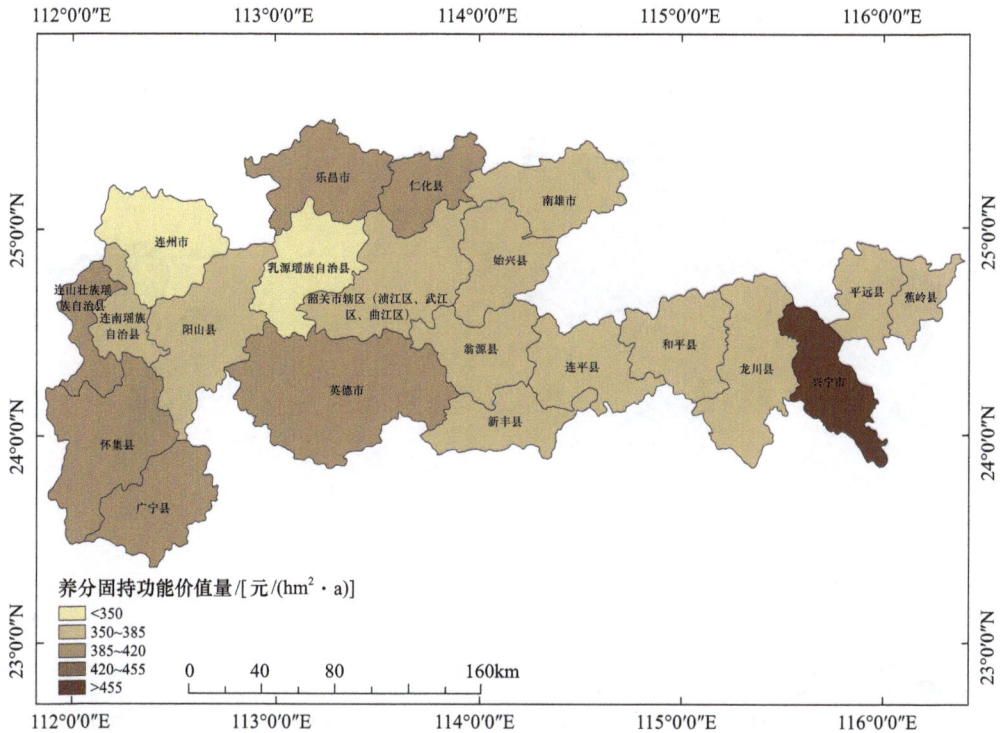

图9.6　南岭山地（广东省境内）单位面积森林生态系统养分固持功能价值量

9.4.5　森林生态系统净化大气环境功能分析

森林能够释放负离子，吸收和净化大气中的有害气体，尤其对低浓度的有害气体净化效果明显，森林还能降低空气中的尘埃浓度，释放出负离子。对于放射性物质，树木叶片可以将其吸收并及时过滤，使周围空气中的放射性物质浓度降低。广东省境内南岭山地各地区全民所有单位面积森林生态系统净化大气环境功能价值量为5640.78～6708.33元/（hm²·a）（图9.7），各地区由大到小的顺序为兴宁市>乐昌市>英德市>仁化县>韶关市辖区（浈江区、武江区、曲江区）>连山壮族瑶族自治县>怀集县>广宁县>连南瑶族自治县>蕉岭县>平远县>南雄市>始兴县>翁源县>阳山县>连平县>新丰县>龙川县>连州市>和平县>乳源瑶族自治县。从空间分布上来看，东部的兴宁市森林生态系统净化大气环境功能价值量较高。

9.4.6　森林生态系统生物多样性保护功能分析

广东省境内南岭山地各地区全民所有单位面积森林生态系统生物多样性保护价值量为9463.74～22586.02元/（hm²·a）（图9.8），各地区由大到小的顺序为和平县>连州市

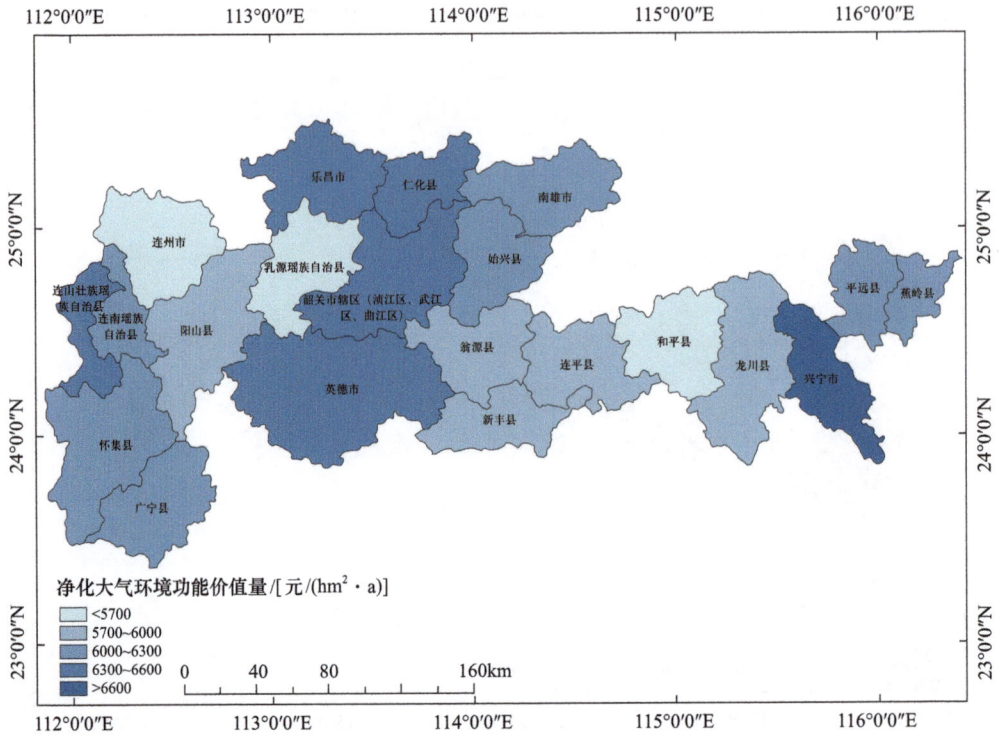

图9.7 南岭山地（广东省境内）单位面积森林生态系统净化大气环境功能价值量

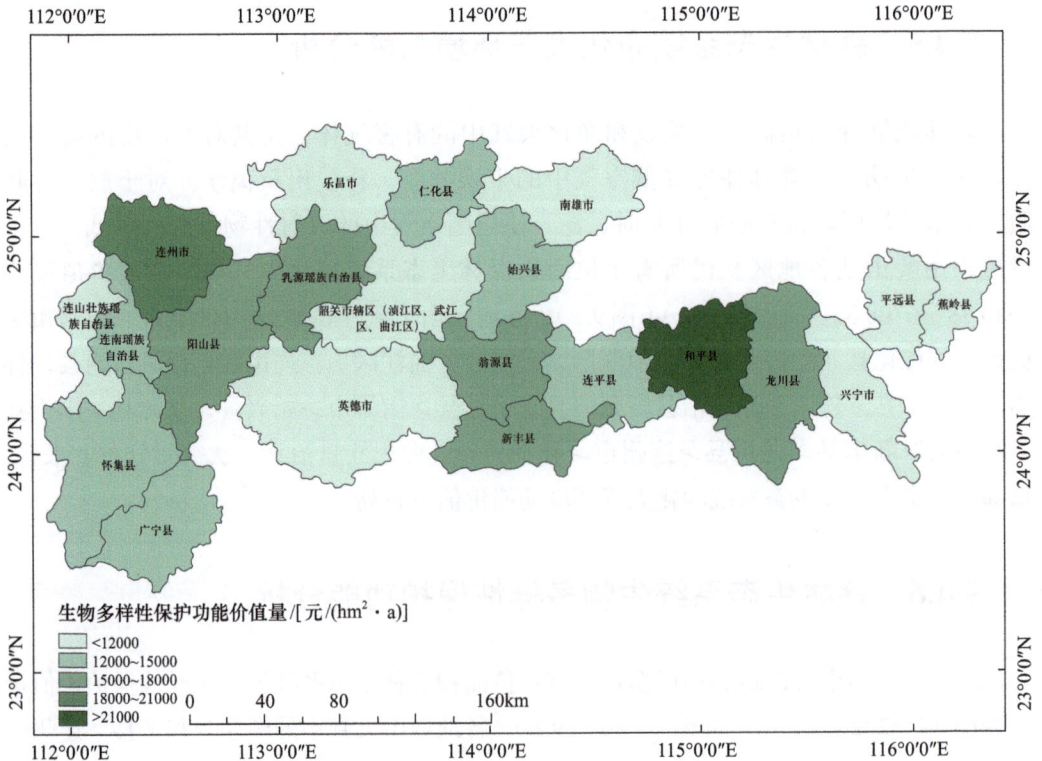

图9.8 南岭山地（广东省境内）单位面积森林生态系统生物多样性保护功能价值量

＞乳源瑶族自治县＞新丰县＞龙川县＞翁源县＞阳山县＞始兴县＞连平县＞连南瑶族自治县＞怀集县＞广宁县＞仁化县＞南雄市＞平远县＞韶关市辖区（浈江区、武江区、曲江区）＞乐昌市＞蕉岭县＞连山壮族瑶族自治县＞英德市＞兴宁市。从空间分布上看，东部的和平县以及西部的连州市的生物多样性保护功能价值量较高。

9.4.7　森林生态系统森林康养功能分析

广东省境内南岭山地各地区全民所有单位面积森林生态系统森林康养功能价值量为3369.82～13587.27元/（$hm^2 \cdot a$）（图9.9），各地区由大到小的顺序为和平县＞连州市＞翁源县＞龙川县＞新丰县＞始兴县＞阳山县＞仁化县＞连平县＞连南瑶族自治县＞蕉岭县＞乳源瑶族自治县＞兴宁市＞平远县＞英德市＞连山壮族瑶族自治县＞韶关市辖区（浈江区、武江区、曲江区）＞南雄市＞乐昌市＞怀集县＞广宁县。从空间分布上看，东部的和平县单位面积森林生态系统森林康养功能价值量较高。森林康养具有巨大的经济效益和发展前景，在开发的同时政府要制定完整的保护政策，加强森林生态环境的保护，促进经济与生态的和谐发展。

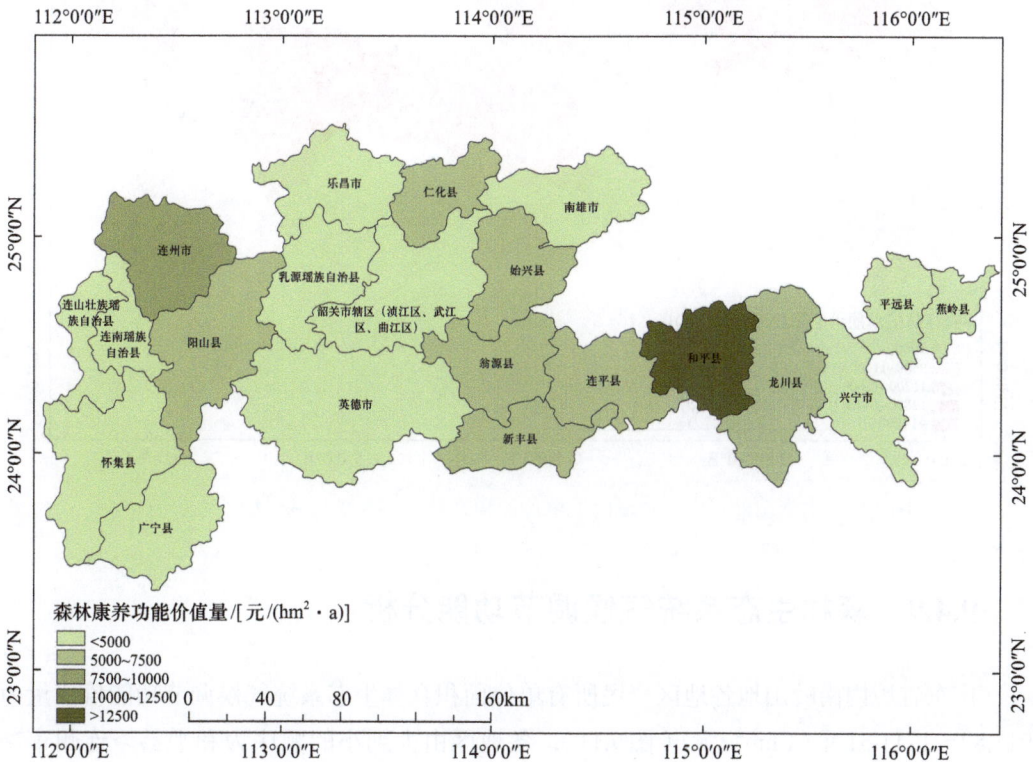

图9.9　南岭山地（广东省境内）单位面积森林生态系统森林康养功能价值量

9.4.8 森林生态系统森林防护功能分析

广东省境内南岭山地各地区全民所有单位面积森林生态系统森林防护功能价值量为8547.28～15821.58元/（hm²·a）（图9.10），各地区由大到小的顺序为和平县＞连州市＞乳源瑶族自治县＞阳山县＞龙川县＞翁源县＞新丰县＞连平县＞始兴县＞平远县＞南雄市＞连南瑶族自治县＞蕉岭县＞连山壮族瑶族自治县＞仁化县＞韶关市辖区（浈江区、武江区、曲江区）＞广宁县＞怀集县＞乐昌市＞英德市＞兴宁市。从空间分布上看，东部和平县的单位面积森林生态系统森林防护功能价值量较高。

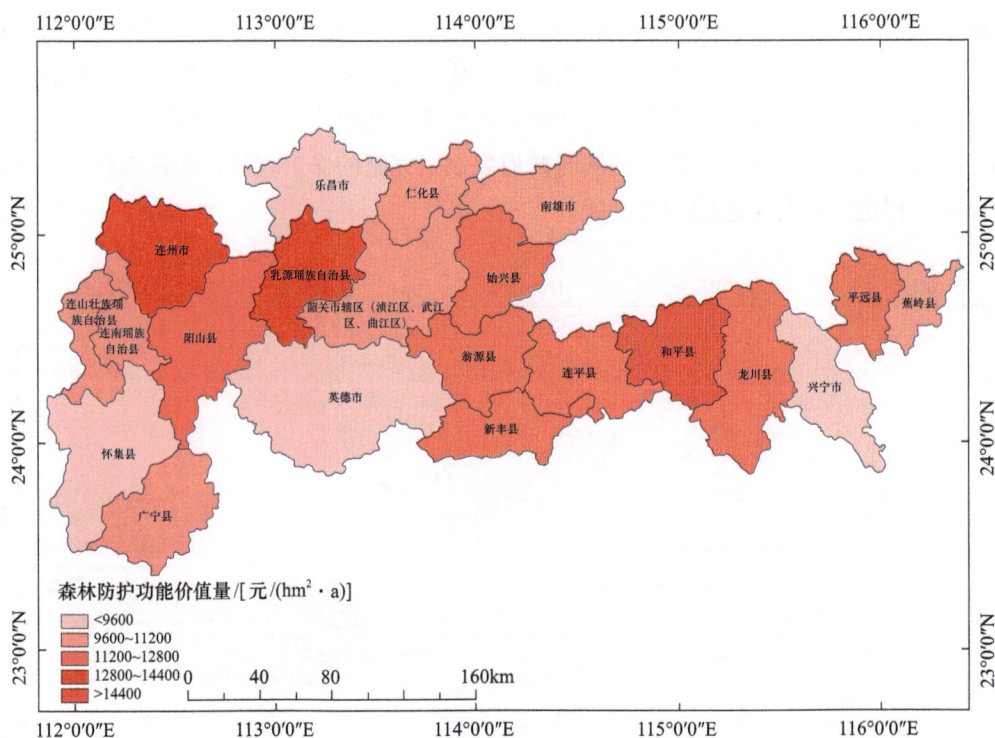

图9.10 南岭山地（广东省境内）单位面积森林生态系统森林防护功能价值量

9.4.9 森林生态系统气候调节功能分析

广东省境内南岭山地各地区全民所有单位面积森林生态系统气候调节功能价值量为911.82～1711.51元/（hm²·a）（图9.11），各地区由大到小的顺序为和平县＞连州市＞龙川县＞乳源瑶族自治县＞翁源县＞新丰县＞阳山县＞连平县＞始兴县＞怀集县＞兴宁市＞广宁县＞平远县＞连南瑶族自治县＞南雄市＞仁化县＞韶关市辖区（浈江区、武江

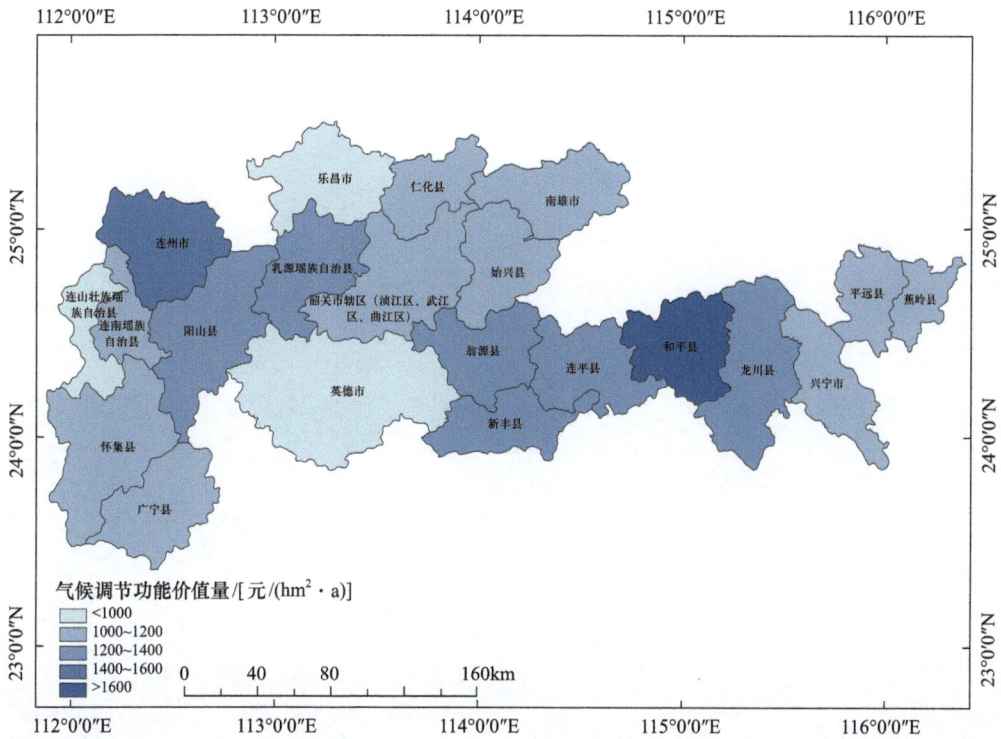

图9.11 南岭山地（广东省境内）单位面积森林生态系统气候调节功能价值量

区、曲江区）>蕉岭县>连山壮族瑶族自治县>乐昌市>英德市。从空间分布上看，东部和平县的单位面积气候调节功能价值量较高。

第 10 章

南岭生态保护
和绿色发展建议

南岭山地因地理环境的独特性、生态系统的典型性、生物多样性的丰富性，在国家和地方生态安全格局中起着重要作用。确立"生态优先、绿色发展"的大原则。对于位于广东省的南岭山地，明确其作为广东省自然生态的"北屏障"、粤港澳大湾区的"后花园"、粤桂湘赣闽省际交流的"桥头堡"、山区城市高质量发展的"示范区"的战略定位。确定其绿色发展目标，着眼融入珠江三角洲、服务粤港澳大湾区，明确区内相关地市细分定位、错位发展。对生态环境保护、财政转移支付、区域生态补偿、对口帮扶协作、基础设施建设、产业转型升级、基本公共服务均等化等提出建议，确保南岭在高水平生态保护中实现高质量发展，促进区域协调平衡发展。

区域生态经济是困扰南岭山地的又一问题。一直以来，"要'生态'还是要'发展'"是一个两难选择，单纯为了追求"发展"而付出"生态"的代价，将在根本上限制发展。"生态发展"为山区"既要生态也要发展"的目标提供了一条现实的路径，而要实现南岭山地生态、经济、社会的平衡和协调发展，还需要多学科综合研究自然系统的内生优势发展潜力、经济系统的经济转型和需求转变带来的发展拉力、社会系统带来的发展推力如何发挥作用。特别地，如何在生态目标导向下使南岭非金属矿产、亚热带农业经济、中央苏区红色文化、特色生态旅游等自然、经济和社会发展资源发挥协同作用，需要跨学科综合研究。此外，生态经济的和谐发展程度与区域尺度和开放状态紧密相关，南岭山地的生态经济发展也需要有更大的区域尺度去构建生态和谐、经济发展的自然与人类社会复合体。

1. 坚持生态优先，筑牢北部生态屏障

抓好自然保护地体系建设，加快推进广东南岭国家公园总体规划编制及前期论证工作，力争获准成为国家设立的第二批国家公园。整合优化各级各类自然保护地，合理划定核心保护区和一般控制区范围。通过调整分区或易地搬迁安置方式，妥善解决原保护地核心区、缓冲区内原住民生产、生活问题。搬迁补助可参照精准扶贫易地扶贫搬迁补助标准，注重解决生态移民户的就业问题，对生态移民就业困难户实施最低生活保障政策，暂时不能搬迁的，设立过渡期。通过赎买、租赁、合作和改造提升等方法，妥善解决保护地集体林矛盾问题，实现各产权主体共建保护地、共享资源收益。鼓励原住民以多种形式参与特许经营活动，使"资源变资产、资金变股金、农民变股东"。分类处置、有序推进保护地内探矿采矿、水电开发、工业建设等项目整治。落实保护地管护机构编制，在人才培养和激励上适当予以政策倾斜。明确各职能部门的法律责任和职责边界，避免多头管理。加大省级财政资金投入力度，进一步提高生态公益林补偿力度，将省级自然保护地管理所需经费全额纳入省级公共财政预算，提高资金使用效率，设立国家公园建设专项资金。

建立一体化的生态保护监测体系。以国家级野外平台"广东南岭森林生态系统国家野外科学观测研究站"为主，联合在南岭长期开展观测研究的省部级野外研究平台和重点实验室，建立系统的水、土、气、生监测体系，应用卫星遥感、无人机、大数

据、人工智能、高通量测序等先进技术，加强对南岭自然环境、森林生态系统和生物多样性等科学研究和科普示范。开展对南岭森林碳汇、森林水文和生物多样性、生态系统服务功能的深入研究，为合理确定生态产品价值提供科学依据，以深入推进实施低碳发展和碳汇交易、跨流域生态补偿和市场化生态补偿。探索建立资源环境承载能力监测预警机制，定期编制监测预警报告，依据评价结果科学制定和调整区域规划、产业准入等政策措施，推动区域产业规模和布局调整优化。加强对该地区生物资源的发掘、整理、检测、筛选和性状评价，推进相关生物科技在农业、林业、生物医药和环保等领域的应用。

实施山水林田湖草系统修复治理。加强对生态系统演变机制研究、生态环境保护与修复基础理论和实践研究，积极推进国家级韶关市山水林田湖草生态保护修复试点和梅州市开展的广东南岭山区韩江中上游山水林田湖草沙一体化保护和修复工程项目试点，探索可复制推广的生态保护修复广东模式。实施重大生态系统治理与修复工程，以自然生态修复为主，减少化学等人为强干扰因素，深入实施岩溶石漠化地区综合治理和沙化耕地整治，加强矿区生态综合治理，探索利用市场化方式推进矿山生态修复，构建政府为主导、企业为主体、社会组织和公众共同参与的环境治理体系，有效维护北部生态发展区国土生态安全。全面改善农村生态环境面貌，统筹推进碧道、绿道、古驿道等特色线性空间保护修复，努力建设天蓝、地绿、水净的美好家园，提升广东"北大门"形象。

2. 完善财政支持政策，缓解山区债务压力

加大转移支付力度。建立"基数＋增长"机制，完善分税制财政管理体制，对该地区在核定固定基数的同时，考虑未来增量部分，建立稳定增长机制，确保地方既得财力；坚持事权财权相统一，在下放事权的同时，配以相应财力保障，以免给地方造成更大的财政压力。对粤北五市市辖区制定单独的政策，加大一般性转移支付、均衡性转移支付、县级基本财力保障机制奖补资金等地方可支配资金的转移力度，使市辖区享受与县（市）同等待遇。

稳步减压地方债务。在推进落实配套政策事宜时，充分考虑南岭生态发展区各地市的客观发展需求和财政承受能力，减少配套任务，调整有关分配标准，压减地方刚性支出，消化前期配套政策形成的资金缺口。在确保风险可控的前提下，按照各地债务空间和债务限额进行分配，加大对南岭山地各地市新增债券额度分配的支持力度。降低减税降费等政策因素影响，支持各地通过发行置换债券的形式化解存量隐性债务。

优化转移支付方式。对于产业化目标明确的市场化、竞争性项目，通过科技和金融结合的方式，采用贷款贴息、融资担保、保费补贴等增信方式支持；对于创新平台提档升级等，采用"以奖代补"方式支持；改革科技投入绩效评估方式，分类制定公益项目、公共项目、产业技术项目和工程项目的不同考评方式，引入"第三方评估"和公告制度，提高财政投入的透明度和社会经济效益。由省级层面统筹生态补偿资金的划拨，

并适当拓宽资金使用用途。

3. 破解供地不足难题，增强建设发展活力

增加供地指标。落实省委省政府《关于构建"一核一带一区"区域发展新格局促进全省区域协调发展的意见》，实行差别化的用地、用林等政策，设立用于南岭生态发展区绿色发展的新增用地用林专项计划指标，缓解国家、省重点项目和各地市基础设施、民生保障项目用地用林指标严重缺乏问题，促进当地创新发展。

创新供地模式。支持南岭生态发展区积极探索"点状"供地模式，简化供地用地手续。对于乡村旅游、现代农业、农业农村基础设施、环保产业等项目用地涉及基本农田和林地占用调整的，加大政策支持力度，促进乡村振兴。出台生态保护红线定期评估和动态调整政策，对于各地特别重大的、关系到北部生态发展区建设发展大局的项目，经评估后允许申请调整，使保护与发展相得益彰。

盘活闲置土地。整合挖掘闲置建设用地资源，逐步盘活存量建设用地，新增建设用地指标重点服务国家及省、市重大战略。用足用好"三旧"改造政策，拓宽农村建设用地利用途径。以农村土地制度改革为牵引，扎实推动农村集体产权制度、宅基地制度等改革落地，打通城乡要素流通渠道。实施人地挂钩的用地指标分配方式，用地指标应优先保障农业转移人口进城落户用地需求。全面梳理统计省属单位在全省各地所占用的土地的使用情况，支持韶关先行试点，盘活省属单位在当地闲置低效利用土地，激活这些"沉睡的资产"。

4. 优化区域产业布局，推进产业转型升级

推动融"湾"融"核"。充分考虑南岭生态发展区的优势及定位，着力推进"一核一带一区"产业协同，优化区域产业布局，与湾区一道参与全球分工。推动《广东省人民政府关于培育发展战略性支柱产业集群和战略性新兴产业集群的意见》落实，在粤北南岭重点发展现代农业与食品产业集群，支持部署粤港澳大湾区"信誉农场"标准体系建设，打响区域公用品牌。重点发展生物医药与健康产业集群，主要建设化学原料药生产基地、道地药材和岭南特色中药材原料产业基地。在超高清视频显示产业集群、软件与信息服务业产业集群、安全应急与环保产业集群、前沿新材料产业集群、新能源产业集群等方面，促进粤港澳大湾区协同带动北部生态发展区配套发展上下游产业。指导北部生态发展区利用好南岭国家公园建设契机，整合资源、串珠成链，大力发展文旅、康养产业，促进乡村振兴。

发展园区经济。建议省财政继续加大对北部生态发展区工业园区基础设施建设投入，提升环保基础设施水平，加强园区建设与城市基础设施建设和公共服务设施建设的有机衔接，提升园区的产业承载能力。支持鼓励以效益好的园区为基础统筹用地规模，改造撤并"小而散"的低效益园区，实现集约开发。鼓励建设通用标准厂房，推动工业项目集中入园发展，对允许发展的新企业，全部集中到指定的工业园区，原有企业根据环保状况逐步淘汰或迁移、整合，集中发展，原则上园区以外不再安排工业项目落地。

促进多产融合，延伸产业链。紧抓"互联网＋"发展新机遇，加强物流和电商配套。

推进转型升级。根据生态保护的需要制定限制和禁止发展的产业政策。按照产业分工，支持制定生态发展区产业转型升级优惠政策，吸引资本投资，鼓励企业升级，持续推动化解落后和过剩产能。支持韶关全国产业转型升级示范区建设，力争率先在重点领域先行先试，取得突破。支持韶关高新区创建国家高新区。加大韶钢创新和技改力度，建设华南先进装备产业园，打造先进装备制造产业带核心配套区。发展大数据信息产业，为传统制造业转型升级"赋能""赋智"。依托和扩大现有区位优势，建设粤北物流中心。支持韶关打造红色教育高地和北部红色旅游发展核心区。

加强要素支撑。在北部生态发展区实施党政人才、高技能人才、创新人才培养提升计划，推进与产学研相结合的创新队伍建设，加强本土从业人员的业务培训，全面提高人才队伍素质。实施"绿色信贷"，因地制宜发展"科技贷""惠农贷"等金融产品，激发绿色发展的社会投资活力。鼓励私募资金、风险投资、社会捐资资金或国际援助资金对北部生态发展区的资金投入。加强"数字政府"建设，规范行政审批，提高服务效率，优化营商环境。

5. 补齐基础设施短板，强化区域发展基础

加强出省通道建设，调整《广东省高速公路网规划（2020—2035年）》，提前实施韶连高速、雄信高速建设，尽快形成连通韶清、通达桂赣的省际高速通道，改善粤北区位条件。加强各地与珠江三角洲核心城市连通。实施交通"毛细血管"畅通工程，优化高速公路与沿线重要经济开发区、产业园区、城市新区、重要城镇衔接。规划建设环南岭旅游公路，加强国省道和"四好农村路"建设。提高普通公路建设补助标准。

完善粤港澳大湾区经北部生态发展区至周边省（区）高速铁路通道建设，实现北部生态发展区市市通高铁。支持昆高铁（经梅州、韶关）、广贺铁路（途经怀集）建设，加强省际横向联系，并协调联合福建、广西、贵州、云南等，共同呼吁国家发展和改革委员会及中国国家铁路集团有限公司将其纳入国家《中长期铁路网规划》和国家铁路"十四五"规划。调整深惠城际轨道规划，使其延伸连接河源，加快广河客专建设。

航运方面。支持北江航道扩能升级和韶关港综合交通枢纽水运口岸建设，将韶关港乌石综合交通枢纽及白土港区项目纳入省"十四五"规划，协调交通运输部尽快批复完成项目一期工程岸线使用工作，落实韶关港白土港区项目一期工程前期工作经费，考虑对韶关港项目给予地方政府专项债、特别国债、中央投资等政策支持。

能源及其他方面。大力推进北部生态发展区天然气主干管网建设，积极推进全省农村电网改造升级任务，支持北部生态发展区建设骨干电网工程，增强电力输送能力。提高城乡水利防灾减灾能力，加快实施韩江高陂水利枢纽工程。完善北部生态发展区物流基础设施网络，深入实施信息基础设施建设三年行动计划。加快补齐环保基础设施短板。

6. 强化民生领域保障，不断缩小城乡差距

教育保障。鼓励省内重点高校在粤北南岭建设分校。提高北部生态发展区义务教育

公用经费、普通高中生均拨款、学前教育生均经费省级分担比例。制定实施中小学教师"县管校聘"管理改革指导文件，加大工作推进力度，探索通过"员额制"建立完善的聘用机制。设置小区配套幼儿园治理专项资金，出台学前教育教师编制相关配套政策。推进以镇为单位的办学模式改革。深入实施乡村教师支持计划，全面落实山区和农村边远地区教师生活补助政策，完善乡村学校绩效工资发放办法，加强农村学校教师周转宿舍建设，建立乡村教师定期体检和心理健康干预制度。统筹区域内外资源，扩大珠江三角洲城市对口帮扶教育覆盖面。

医疗保障。加大投入，加强各地卫生疾控工作，持续推进医联体建设，争取每个地市有两家以上三甲医院，支持韶关建设粤北区域医疗中心，扩大异地就医结算范围。加大医学院校定向招生比例，为欠发达地区培养高素质医技专业人才。推进基层医疗卫生机构人员"县招县管镇用"。鼓励中职学校开设农村医学班，培养农村卫技人才，缓解山区县村医人才"青黄不接"矛盾。大力解决基层医护人员山区岗位津贴问题，探索按村医数结合服务人口数发放村医补助办法。支持解决离职后赤脚医生和接生员生活补助问题。

养老保障。继续加大对北部生态发展区低保城乡统筹的支持力度，逐步缩小区域和城乡差异。改革城乡基本养老制度，提高农村居民参保积极性，完善城乡居民基本养老保险缴费机制调整，以人均可支配收入为基数，科学测算确定缴费比例。进一步理顺养老保险接续关系，充分考虑农民作为高流动性群体的特殊情况，在政策上予以倾斜，加快完善统一的信息平台，实现养老保险关系在大数据下的自然流动。

就业保障。提升人力资源储备，多形式灵活开展技能培训，通过创业培训大讲堂活动、新型职业农民培训、"广东技工"、"粤菜师傅"和"南粤家政"工程等形式，加大力度免费免试全面开展技能普惠培训。搞好城乡居民失业登记，摸清底数，发挥结对帮扶机制作用，筛选一批符合北部生态发展区各市劳动力特点的岗位，及时对接统筹，精准做好重点群体就业创业保障工作。

7. 强化政策体系支撑，促进绿色发展

改革考核管理模式。针对北部生态发展区功能定位，建立健全一套可以统计、跟踪、评价覆盖全域的《绿色发展考核评价体系》，提高生态指标的考核权重，降低经济指标比重，特别是对南岭国家公园所在县区地方政府重点考核生态空间规模质量、生态产品价值、产业准入负面清单执行、民生改善等方面指标，取消对地区生产总值、固定资产投资、工业、财政收入和城镇化率等指标的考核。大力引导生态功能区差异化发展，充分发挥考核"指挥棒"作用，建立基于绿色发展目标导向的领导干部考核与任用制度，"不再以GDP论英雄"，将绿色发展作为组织部门考核和任用领导干部的优先依据，调动广大干部群众的积极性、主动性、创造性。

完善生态补偿机制。实行生态保护和绿色发展成效与资金分配挂钩政策。建议以当地实际人口数作为补偿资金划拨的主要参考依据。支持珠江三角洲地区与北部生态发展区、流域下游与上游通过资金补偿、对口协作、产业转移、人才培训、共建园区等方式进行横向异地补偿。探索推行排污权交易、水权交易、林业碳汇交易等区域性补偿机制。鼓励各类社会资本进入生态保护市场，推广运用市场和社会资本合作模式支持生态保护。提高生态公益林效益补偿标准。

建设绿色制造体系。完善绿色设计产品建设标准体系，出台政策鼓励政府和企业采购获得绿色设计产品评价的产品。制定不同行业绿色工厂绩效指标对照标准及依据，完善重点行业绿色供应链管理相关指导性文件，指导企业搭建绿色供应链管理平台，补齐绿色供应链创建短板。加快绿色数据中心建设，发布推广一批节能、节水、资源综合利用、绿色制造等先进适用技术。制定工业固体废物管理及综合利用的标准，适当拓宽全省工业固体废物综合利用示范项目申报渠道，在北部生态发展区试点打造资源循环利用基地，为省内工业固体废物综合利用提供可行的方向。

后　记

在书稿付梓的这一时刻，我们充满了感激与欣慰的心情。首先，向庞雄飞院士致以崇高的敬意。他在20年前通过组织编写《广东南岭国家级自然保护区生物多样性研究》开创了南岭生物多样性系统研究的先河。如今，《南岭地理环境与生物多样性研究》即将付印，我们期望本书能为后续研究提供丰富的知识资源和深远的学术启示。这部著作不仅延续对先驱工作的敬意，更为未来学术探索注入新的动力。

广东南岭森林生态系统国家野外科学观测研究站（南岭国家站）的系统监测和研究为本书的编写奠定了坚实的基础，成为我们深入探讨南岭地理环境与生物多样性的重要支持。在整个编写过程中，李定强和周平又进一步凝聚了南岭国家站的力量，大家更是发挥了协同合作的精神，为本书的成功创作提供了强大支持。周平撰写了第1章；李定强和廖义善负责构思和技术把关，李定强、廖义善、谢真越和罗文合作完成了第2章；周平与李泽华合作撰写了第3章。袁再健和李定强负责构思，袁再健、黄斌、李定强、廖义善和王钧合作完成了第4章；周平与徐卫合作写作了第5章。胡一鸣、邹发生、杨星科、李志强、肖治术、刘志发、杨昌腾、周平、龚志海、任小冬合力完成了第6章；邓旺秋、李泰辉、张明、李挺、宋斌、朱红惠、谢真越、冯广达、李佳丽、刘阳、周杨合作撰写了第7章；杜尧东、周平、段海来、郝全成、黄观荣、刘尉、徐宏范、杜家铭、刘畅、曾巧、胡慧建、梁健超、彭少麟、虞文龙、赵万义、陈恩健、周婉诗、阴倩怡、周婷、凡强合力撰写了第8章；周平、刘新科、汪求来合作完成了第9章；李定强和周平合作完成了第10章。

在本书的修改完善过程中，我们衷心感谢一众辛勤付出的团队成员。感谢颜萍、艾夏晨、黄俊祥、黄明敏在整理出版社审稿意见，以及文字检查和格式检查方面的积极参与，感谢谭兆伟和陈昌佳在标准化制图和图件修改方面的辛苦工作。在书稿撰写的过程中，苏雅丽、丁冬静、刘秋莹、吴琰、陈正武、杨袁木、李一凡、谢勇的积极参与和修改完善，使得内容更加丰富、清晰。感谢黄韶峰、陈太平、许俊强、龙海石、刘丰在提供图片方面的大力支持，他们的贡献为书稿增添了生动的视觉元素。为了追求准确性、可读性和艺术性，作者和科学出版社的编辑团队共同努力，废寝忘食，共同奋战了无数个日夜。在此，我们一并表示深深的感谢！

本著作得以成功完成，深受南岭国家站每一位学术委员的指导之恩。他们的专业建议和深厚学术见解为本书赋予了坚实而丰富的学术背景。在这充满指导与启发的过程中，学术委员们为我们提供了宝贵的知识支持，为著作的深入探讨与全面呈现贡献了不可或缺的力量。感激每位学术委员在南岭地理环境与生物多样性研究中的专业指导，使我们更加深入了解这个美丽而丰富的生态系统。特别感谢南岭国家站的学术委员会主任傅伯杰院士，为本书作序，为本著作赋予了深厚的学术背景。

在完成这一著作的过程中，我们深感自身的成长和收获。衷心感谢每一位读者的支持与陪伴，也深深感激科学出版社和编辑团队的辛勤工作，他们的专业素养和耐心指导使得本书得以更好的呈现。

希望《南岭地理环境与生物多样性研究》能够为读者带来深刻的思考和启发，激发对南岭资源环境和生物多样性的更深层次关注。科学之路如同一条漫长的河流，永不停歇地向前奔流。让我们始终怀揣着好奇心和探索的激情，不断前行。愿我们共同关注和保护南岭，为其可持续发展贡献一份力量。期待在未来的研究中，与各位读者再次相遇，共同分享更多的科学成果与心得。

编写组

2023 年于南岭